U0886994

“煤炭清洁转化技术丛书”

丛 书 主 编：谢克昌

丛书副主编：任相坤

各分册主要执笔者：

《煤炭清洁转化总论》	谢克昌　王永刚　田亚峻
《煤炭气化技术：理论与工程》	王辅臣　于广锁　龚　欣
《气体净化与分离技术》	上官炬　毛松柏
《煤炭转化过程污染控制与治理》	亢万忠　周彦波
《煤炭热解与焦化》	尚建选　郑明东　胡浩权
《煤炭直接液化技术与工程》	舒歌平　吴春来　任相坤
《煤炭间接液化理论与实践》	孙启文
《煤基化学品合成技术》	应卫勇　钱炜鑫　马宏方
《煤基含氧燃料》	李　忠　付廷俊
《煤制烯烃和芳烃》	魏　飞　叶　茂　刘中民
《煤基功能材料》	张功多　张德祥　王守凯
《煤制乙二醇技术与工程》	姚元根　吴越峰　诸　慎
《煤化工碳捕集利用与封存》	马新宾　李小春　任相坤
《煤基多联产系统技术》	李文英
《煤化工设计技术与工程》	施福富　亢万忠　李晓黎

煤炭清洁转化技术丛书

丛书主编　谢克昌　　丛书副主编　任相坤

煤基含氧燃料

李　忠　付廷俊　等　编著

化学工业出版社

·北京·

内容简介

本书是“煤炭清洁转化技术丛书”的分册之一，全面呈现了煤基合成含氧燃料的制备和应用。全书在概述煤基替代燃料的现状与发展趋势基础上，分析了合成含氧燃料对煤基合成气的组分要求，介绍了合成气和甲醇两种主要平台原料的工业化生产路线及工艺，重点论述了醇类燃料、醚类燃料和酯类燃料的合成原理、催化剂制备、生产工艺和工业化应用，并结合传统化石燃料的性质对比，对煤基含氧燃料的机动车应用的技术特性进行了深入分析，探讨了煤基含氧燃料技术和产业的发展方向和趋势。

本书可供从事煤化工研究、替代能源研发的科研人员，以及关注替代能源特别是替代燃料发展的科研人员和管理者阅读参考，也可作为高校相关专业本科生、研究生以及教师的教学参考书。

图书在版编目（CIP）数据

煤基含氧燃料 / 李忠等编著. -- 北京 : 化学工业出版社, 2025. 4. --(煤炭清洁转化技术丛书).
ISBN 978-7-122-47123-9

Ⅰ. TQ517.2

中国国家版本馆 CIP 数据核字第 2025QQ3730 号

责任编辑：傅聪智　仇志刚　　文字编辑：郭丽芹
责任校对：宋　玮　　装帧设计：张　辉

出版发行：化学工业出版社
（北京市东城区青年湖南街 13 号　邮政编码 100011）
印　　装：北京建宏印刷有限公司
787mm×1092mm　1/16　印张 21¼　字数 512 千字
2025 年 10 月北京第 1 版第 1 次印刷

购书咨询：010-64518888　　售后服务：010-64518899
网　　址：http://www.cip.com.cn
凡购买本书，如有缺损质量问题，本社销售中心负责调换。

定　　价：168.00 元

版权所有　违者必究

“煤炭清洁转化技术丛书”编委会

主　任：

谢克昌　中国工程院院士，太原理工大学教授

副主任：

刘中民　中国工程院院士，中国科学院大连化学物理研究所研究员

任相坤　中国矿业大学教授

周伟斌　化学工业出版社编审

石岩峰　中国炼焦行业协会高级工程师

委　员（以姓氏汉语拼音排序）：

陈　健　西南化工研究设计院有限公司教授级高级工程师

方向晨　中国化工学会教授级高级工程师

房鼎业　华东理工大学教授

房倚天　中国科学院山西煤炭化学研究所研究员

傅向升　中国石油和化学工业联合会教授级高级工程师

高晋生　华东理工大学教授

胡浩权　大连理工大学教授

金　涌　中国工程院院士，清华大学教授

亢万忠　中国石化宁波工程有限公司教授级高级工程师

李君发　中国石油和化学工业规划院教授级高级工程师

李庆生　山东省冶金设计院股份有限公司高级工程师

李文英　太原理工大学教授

李小春　中国科学院武汉岩土力学研究所研究员

李永旺　中科合成油技术有限公司研究员

李　忠　太原理工大学教授

林彬彬　中国天辰工程有限公司教授级高级工程师

刘中民　中国工程院院士，中国科学院大连化学物理研究所研究员

马连湘　青岛科技大学教授

马新宾　天津大学教授

毛松柏　中石化南京化工研究院有限公司教授级高级工程师

倪维斗　中国工程院院士，清华大学教授

任相坤　中国矿业大学教授

上官炬　太原理工大学教授

尚建选　陕西煤业化工集团有限责任公司教授级高级工程师

施福富　赛鼎工程有限公司教授级高级工程师

石岩峰　中国炼焦行业协会高级工程师

舒歌平　中国神华煤制油化工有限公司研究员

孙启文　上海兖矿能源科技研发有限公司研究员

田亚峻　中国科学院青岛生物能源与过程所研究员

王辅臣　华东理工大学教授

王永刚　中国矿业大学教授

魏　飞　清华大学教授

吴越峰　东华工程科技股份有限公司教授级高级工程师

谢克昌　中国工程院院士，太原理工大学教授

谢在库　中国科学院院士，中国石油化工股份有限公司教授级高级工程师

杨卫胜　中国石油天然气股份有限公司石油化工研究院教授级高级工程师

姚元根　中国科学院福建物质结构研究所研究员

应卫勇　华东理工大学教授

张功多　中钢集团鞍山热能研究院教授级高级工程师

张庆庚　赛鼎工程有限公司教授级高级工程师

张　勇　陕西省化工学会教授级高级工程师

郑明东　安徽理工大学教授

周国庆　化学工业出版社编审

周伟斌　化学工业出版社编审

诸　慎　上海浦景化工技术股份有限公司

丛书序

2021年中央经济工作会议强调指出："要立足以煤为主的基本国情，抓好煤炭清洁高效利用。"事实上，2019年到2021年的《政府工作报告》就先后提出"推进煤炭清洁化利用"和"推动煤炭清洁高效利用"，而2022年和2023年的《政府工作报告》更是强调要"加强煤炭清洁高效利用"和"发挥煤炭主体能源作用"。由此可见，煤炭清洁高效利用已成为保障我国能源安全的重大需求。中国工程院作为中国工程科学技术界的最高荣誉性、咨询性学术机构，立足于我国的基本国情和发展阶段，早在2011年2月就启动了由笔者负责的《中国煤炭清洁高效可持续开发利用战略研究》这一重大咨询项目，组织了煤炭及相关领域的30位院士和400多位专家，历时两年多，通过对有关煤的清洁高效利用全局性、系统性和基础性问题的深入研究，提出了科学性、时效性和操作性强的煤炭清洁高效可持续开发利用战略方案，为中央的科学决策提供了有力的科学支撑。研究成果形成并出版一套12卷的同名丛书，包括煤炭的资源、开发、提质、输配、燃烧、发电、转化、多联产、节能降污减排等全产业链，对推动煤炭清洁高效可持续开发利用发挥了重要的工程科技指导作用。

煤炭具有燃料和原料的双重属性，前者主要用于发电和供热（约占2022年煤炭消费量的57%），后者主要用作化工和炼焦原料（约占2022年煤炭消费量的23%）。近年来，由于我国持续推进煤电机组与燃料锅炉淘汰落后产能和节能减排升级改造，已建成全球最大的清洁高效煤电供应体系，燃煤发电已不再是我国大气污染物的主要来源，可以说2022年，占煤炭消费总量约57%的发电用煤已基本实现了煤炭作为能源的清洁高效利用。如果作为化工和炼焦原料约10亿吨的煤炭也能实现清洁高效转化，在确保能源供应、保障能源安全的前提下，实现煤炭清洁高效利用便指日可待。

虽然2022年化工原料用煤3.2亿吨仅占包括炼焦用煤在内转化原料用煤总量的32%左右，但以煤炭清洁转化为前提的现代煤化工却是煤炭清洁高效利用的重要途径，它可以提高煤炭综合利用效能，并通过高端化、多元化、低碳化的发展，使该产业具有巨大的潜力和可期望的前途。至2022年底，我国现代煤化工的代表性产品煤制油、煤制甲烷气、煤制烯烃和煤制乙二醇产能已初具规模，产量也稳步上升，特别是煤直接液化、低温间接液化、煤制烯烃、煤制乙二醇技术已处于国际领先水平，煤制乙醇已经实现工业化运行，煤制芳烃等技术也正在突破。内蒙古鄂尔多斯、陕西榆林、宁夏宁东和新疆准东4个现代煤化工产业示范区和生产基地产业集聚加快、园区化格局基本形成，为现代煤化工产业延伸产业链，最终实现高端化、多元化和低碳化奠定了雄厚基础。由笔者担任主编、化学工业出版社2012年出版发行的“现代煤化工技术丛书”对推动我国现代煤化工的技术进步和产业发展发挥了重要作用，做出了积极贡献。

现代煤化工产业发展的基础和前提是煤的清洁高效转化。这里煤的转化主要指煤经过化学反应获得气、液、固产物的基础过程和以这三态产物进行再合成、再加工的工艺过程，而通过科技创新使这些过程实现清洁高效不仅是助力国家能源安全和构建“清洁低碳、安全高效”能源体系的必然选择，而且也是现代煤化工产业本身高端化、多元化和低碳化的重要保证。为顺应国家“推动煤炭清洁高效利用”的战略需求，化学工业出版社决定在“现代煤化工技术丛书”的基础上重新编撰“煤炭清洁转化技术丛书”（以下简称丛书），仍邀请笔者担任丛书主编和编委会主任，组织我国煤炭清洁高效转化领域教学、科研、工程设计、工程建设和工厂企业具有雄厚基础理论和丰富实践经验的一线专家学者共同编著。在丛书编写过程中，笔者要求各分册坚持“新、特、深、精”四原则。新，是要有新思路、新结构、新内容、新成果；特，是有特色，与同类著作相比，你无我有，你有我特；深，是要有深度，基础研究要深入，数据案例要充分；精，是分析到位、阐述精准，使丛书成为指导行业发展的案头精品。

针对煤炭清洁转化的利用方式、技术分类、产品特征、材料属性，从清洁低碳、节能高效和环境友好的可持续发展理念等本质认识，丛书共设置了15个分册，全面反映了作者团队在这些方面的基础研究、应用研究、工程开发、重大装备制造、工业示范、产业化行动的最新进展和创新成果，基本体现了作者团队在煤炭清洁转化利用领域追求共性关键技术、前沿引领技术、现代工程技术和颠覆性技术突破的主动与实践。

1.《煤炭清洁转化总论》（谢克昌　王永刚　田亚峻　编著）

以“现代煤化工技术丛书”之分册《煤化工概论》为基础，将视野拓宽至煤炭清洁转化全领域，但仍以煤的转化反应、催化原理与催化剂为主线，概述了煤炭清洁转化的主要过程和技术。该分册一个显著的特点是针对中国煤炭清洁转化的现状和问题，在深入分析和论证的基础上，提出了中国煤炭清洁转化技术和产业“清洁、低碳、安全、高效”的量化指标和发展战略。

2.《煤炭气化技术：理论与工程》（王辅臣　于广锁　龚欣　等编著）

该分册通过对煤气化过程的全面分析，从煤气化过程的物理化学、流体力学基础出发，深入阐述了气化炉内射流与湍流多相流动、湍流混合与气化反应、气化原料制备与输送、熔渣流动与沉积、不同相态原料的气流床气化过程放大与集成、不同床型气化炉与气化系统模拟以及成套技术的工程应用。作者团队对其开发的多喷嘴气化技术从理论研究、工程开发到大规模工业化应用的全面论述和实践，是对煤气化这一煤炭清洁转化核心技术的重大贡献。专述煤与气态烃的共气化是该分册的另一特点。

3.《气体净化与分离技术》（上官炬　毛松柏　等编著）

煤基工业气体净化与分离是煤炭清洁转化的前提与基础。作者基于团队几十年在这一领域的应用基础研究和技术开发实践，不仅系统介绍了广泛应用的干法和湿法净化技术以及变压吸附与膜分离技术，而且对气体净化后硫资源回收与一体化利用进行了论述，系统阐述了不同净化分离工艺技术的应用特征和解决方案。

4.《煤炭转化过程污染控制与治理》（亢万忠　周彦波　等编著）

传统煤炭转化利用过程中产生的“三废”如果通过技术创新、工艺进步、装置优化、全程管理等手段，完全有可能实现源头减排，从而使煤炭转化利用过程达到清洁化。该分册在介绍煤炭转化过程中硫、氮等微量和有害元素的迁移与控制的理论基础上，系统论述了主要煤炭转化技术工艺过程和装置生产中典型污染物的控制与治理，以及实现源头减排、过程控制、综合治理、利用清洁化的技术创新成果。对煤炭转化全过程中产生的“三废”、噪声等典型污染物治理技术、处置途径的具体阐述和对典型煤炭转化项目排放与控制技术集成案例的成果介绍是该分册的显著特点。

5.《煤炭热解与焦化》（尚建选　郑明东　胡浩权　等编著）

热解是所有煤炭热化学转化过程的基础，中低温热解是低阶煤分级分质转化利用的最佳途径，高温热解即焦化过程以制取焦炭和高温煤焦油为主要目的。该分册介绍了热解与焦化过程的特征和技术进程，在阐述技术原理的基础上，对这两个过程的原料特性要求、工艺技术、装备设施、产物分质利用、系统集成等详细论述的同时，对中低温煤焦油和高温煤焦油的深加工技术、典型工艺、组分利用、分离精制、发展前沿等也做了全面介绍。展现最新的研究成果、工程进展及发展方向是该分册的特色。

6.《煤炭直接液化技术与工程》（舒歌平　吴春来　任相坤　编著）

通过改变煤的分子结构和氢碳原子比并脱除其中的氧、氮、硫等杂原子，使固体煤转化成液体油的煤炭直接液化不仅是煤炭清洁转化的重要途径，而且是缓解我国石油对外依存度不断升高的重要选择。该分册对煤炭直接液化的基本原理、用煤选择、液化反应与影响因素、液化工艺、产品加工进行了全面论述，特别是世界首套百万吨级煤直接液化示范工程的工艺、装备、工厂运行等技术创新过程和开发成果的详尽总结和梳理是其亮点。

7.《煤炭间接液化理论与实践》（孙启文 编著）

煤炭间接液化制取汽油、柴油等油品的实质是煤先要气化制得合成气，再经费-托催化反应转化为合成油，最后经深加工成为合格的汽油、柴油等油品。与直接液化一样，间接液化是煤炭清洁转化的重要方式，对保障我国能源安全具有重要意义。费-托合成是煤炭间接液化的关键技术。该分册在阐述煤基合成气经费-托合成转化为液体燃料的煤炭间接液化反应原理基础上，详尽介绍了费-托合成反应催化剂、反应器和产物深加工，深入介绍了作者在费-托合成领域的研发成果与应用实践，分析了大规模高、低温费-托合成多联产工艺过程，费-托合成产物深加工的精细化以及与石油化工耦合的发展方向和解决方案。

8.《煤基化学品合成技术》（应卫勇 钱炜鑫 马宏方 等编著）

广义上讲，凡是通过煤基合成气为原料制得的产品都属于煤基合成化学品，含通过间接液化合成的燃料油等。该分册重点介绍以煤基合成气及中间产物甲醇、甲醛等为原料合成的系列有机化工产品，包括醛类、胺类、有机酸类、酯类、醚类、醇类、烯烃、芳烃化学品，介绍了煤基化学品的性质、用途、合成工艺、市场需求等，对最新基础研究、技术开发和实际应用等的梳理是该书的亮点。

9.《煤基含氧燃料》（李忠 付廷俊 等编著）

作为煤基燃料的重要组成之一，与直接液化和间接液化制得的煤基碳氢燃料相比，煤基含氧燃料合成反应条件相对温和、组成简单、元素利用充分、收率高、环保性能好，具有明显的技术和经济优势，与间接液化类似，对煤种的适用性强。甲醇是主要的、基础的煤基含氧燃料，既可以直接用作车船用替代燃料，亦可作为中间平台产物制取醚类、酯类等含氧燃料。该分册概述了醇、醚、酯三类主要的煤基含氧燃料发展现状及应用趋势，对煤基含氧燃料的合成原料、催化反应机理、催化剂、制造工艺过程、工业化进程、根据其特性的应用推广等进行了深入分析和总结。

10.《煤制烯烃和芳烃》（魏飞 叶茂 刘中民 等编著）

烯烃（特别是乙烯和丙烯）和芳烃（尤其是苯、甲苯和二甲苯）是有机化工最基本的基础原料，市场规模分别居第一位和第二位。以煤为原料经气化制合成气、合成气制甲醇，甲醇转化制烯烃、芳烃是区别于石油化工的煤炭清洁转化制有机化工原料的生产路线。该分册详细论述了煤制烯烃（主要是乙烯和丙烯）、芳烃（主要是苯、甲苯、二甲苯）的反应机理和理论基础，系统介绍了甲醇制烯烃技术、甲醇制丙烯技术、煤制烯烃和芳烃的前瞻性技术，包括工艺、催化剂、反应器及系统技术。特别是对作者团队在该领域的重大突破性技术以及大规模工业应用的创新成果做了重点描述，体现了理论与实践的有机结合。

11.《煤基功能材料》（张功多 张德祥 王守凯 等编著）

碳元素是自然界分布最广泛的一种基础元素，具有多种电子轨道特性，以碳元素作为唯一组成的炭材料有多样的结构和性质。煤炭含碳量高，以煤为主要原料制取的煤基炭材料是煤炭材料属性的重要表现形式。该分册详细介绍了煤基有机功能材料（光波导材料、光电显示材料、光电信息存储材料、工程塑料、精细化学品）和煤基炭功能材料（针状焦、各向同性焦、石墨电极、炭纤维、储能材料、吸附材料、热管理炭材料）的结构、性质、生产工艺和发展趋势。对作者团队重要科技成果的系统总结是该分册的特点。

12.《煤制乙二醇技术与工程》（姚元根　吴越峰　诸慎　主编）

以煤基合成气为原料通过羰化偶联加氢制取乙二醇技术在中国进入到大规模工业化阶段。该分册详细阐述了煤制乙二醇的技术研究、工程开发、工业示范和产业化推广的实践，针对乙二醇制备过程中的亚硝酸甲酯合成、草酸二甲酯合成、草酸酯加氢、中间体分离和产品提纯等主要单元过程，系统分析了反应机理、工艺流程、催化剂、反应器及相关装备等；全面介绍了煤基乙二醇的工艺系统设计及工程化技术。对典型煤制乙二醇工程案例的分析、技术发展方向展望、关联产品和技术说明是该分册的亮点。

13.《煤化工碳捕集利用与封存》（马新宾　李小春　任相坤　等编著）

煤化工生产化学品主要是以煤基合成气为原料气，调节碳氢比脱除 CO_2 是其不可或缺的工艺属性，也因此成为煤化工发展的制约因素之一。为促进煤炭清洁低碳转化，该分册阐述了煤化工碳排放概况、碳捕集利用和封存技术在煤化工中的应用潜力，总结了与煤化工相关的 CO_2 捕集技术、利用技术和地质封存技术的发展进程及应用现状，对 CO_2 捕集、利用和封存技术工程实践案例进行了分析。全面阐述 CO_2 为原料的各类利用技术是该分册的亮点。

14.《煤基多联产系统技术》（李文英　等编著）

煤基多联产技术是指将燃煤发电和煤清洁高效转化所涉及的主要工艺单元过程以及化工-动力-热能一体化理念，通过系统间的能量流与物质流的科学分配达到节能、提效、减排和降低成本的目的，是一项系统整体资源、能源、环境等综合效益颇优的煤清洁高效综合利用技术。该分册紧密结合近年来该领域的技术进步和工程需求，聚焦多联产技术的概念设计与经济性评价，在介绍关键技术和主要工艺的基础上，对已运行和在建的系统进行了优化与评价分析，并指出该技术发展中的问题和面临的机遇，提出适合我国国情和发展阶段的多联产系统技术方案。

15.《煤化工设计技术与工程》（施福富　亢万忠　李晓黎　等编著）

煤化工设计与工程技术进步是我国煤化工产业高质量发展的基础。该分册全面梳理和总结了近年来我国煤化工设计技术与工程管理的最新成果，阐明了煤化工产业高端化、多元化、低碳化发展的路径，解析了煤化工工程设计、工程采购、工程施工、项目管理在不同阶段的目标、任务和关键要素，阐述了最新的工程技术理念、手段、方法。详尽剖析煤化工工程技术相关专业、专项技术的定位、工程思想、技术现状、工程实践案例及发展趋势是该分册的亮点。

丛书15个分册的作者，都十分重视理论性与实用性、系统性与新颖性的有机结合，从而保障了丛书整体的“新、特、深、精”，体现了丛书对我国煤炭清洁高效利用技术发展的历史见证和支撑助力。“惟创新者进，惟创新者强，惟创新者胜。”坚持创新，科技进步；坚持创新，国家强盛；坚持创新，竞争取胜。“古之立大事者，不惟有超世之才，亦必有坚韧不拔之志”，只要我们坚持科技创新，加快关键核心技术攻关，在中国实现煤炭清洁高效利用一定会指日可待。诚愿这套丛书在煤炭清洁高效利用不断迈上新水平的进程中发挥科学求实的推动作用。

谢克昌

2023年6月9日

前言

燃料能源在工农业生产、交通运输以及人民生活方面起着重要的不可或缺的作用，特别是车用汽柴油燃料，随着我国交通运输业的飞速发展，需求不断增加。目前，我国车用运输燃料的生产主要依赖于石油路线，而石油对外依存度超过70%，已经威胁到我国的能源安全。同时，由石油制备的传统燃料的广泛使用也造成了严重的空气污染和碳排放，在日益严格的环保要求下传统燃料使用面临的压力越来越大。因而，寻找清洁替代燃料，对于降低石油对外依存度和减少机动车尾气污染有重要意义。

含氧燃料作为一种重要的清洁替代燃料，因本身含有氧而能使燃料燃烧更加充分，排放性能优越。我国化石能源的赋存形式以煤炭为主，以相对丰富的煤资源，发展煤制含氧燃料及应用技术，能够有效缓解我国燃料短缺，提高空气质量，也能促进煤资源的高效清洁转化。另外，这些含氧燃料也可以绿氢和可再生生物质为原料，以绿电为动力进行合成，成为"碳达峰、碳中和"驱动的下一代新技术。

近年来，在政策推动及产学研共同努力下，煤制含氧燃料的制备和应用技术取得重要进展。目前研究的可应用的煤基含氧燃料主要有：①醇类含氧燃料，主要是甲醇、乙醇和低碳醇；②醚类含氧燃料，主要是二甲醚、聚甲氧基二甲醚和甲基叔丁基醚；③酯类含氧燃料，主要是碳酸二甲酯和脂肪酸甲酯等。

醇类含氧燃料作为重要的煤基含氧燃料，辛烷值高，可以替代汽油使用，也可以和汽油混合使用，是点燃式内燃机的替代燃料。近年来，随着相应工业化生产技术的成熟，醇类燃料发展迅速，为其推广应用奠定了坚实的基础。煤经合成气制甲醇已经实现超大规模化生产，甲醇燃料技术的应用推广也非常成熟，已出台的相关政策和技术标准大力支持甲醇汽车和甲醇燃料推向汽车市场和燃料市场，逐步形成了自主可控的整车制造和燃料供给体系。乙醇燃料在汽油机上的应用技术也已相当成熟，特别是低比例乙醇汽油，不用对发动机进行大的改动即可使用，我国已从2017年开始全面推进乙醇汽油的应用。近年来不消耗粮食的大规模煤制乙醇技术取得了显著进步，生产规模和生产成本比生物乙醇具有明显的优势，为燃料乙醇产业的进一步发展带来了新的原料来源。低碳醇也是一类重要的醇燃料，主要来源于煤经合成气的制备路线，近年来也引起人们高度关注。

醚类燃料也是一类重要的煤基含氧燃料，在汽油车和柴油车燃料领域的应用取得了重要进展。二甲醚（DME）和聚甲氧基二甲醚（DMM_n）十六烷值较高，可替代柴油使用，也可与柴油混合使用，对减少 NO_x 和碳烟排放具有重要作用。而辛烷值较高的甲基叔丁基醚（MTBE）和汽油性质相似，被广泛应用于汽油添加剂，用来提高汽油的辛烷值和氧化稳定性。甲醇脱水可以大规模工业生产 DME，DME 目前主要应用于民用燃料领域，由于缺乏民用技术安全标准，应用市场受限。DMM_n 作为一种新型的绿色含氧柴油调和组分，应用前景值得期待，但其生产工艺复杂，成本较高，实际生产和应用进展缓慢。MTBE 仍然是汽油添加剂的主要成分，约占总消费量的 90%～95%，近年来随着乙醇汽油的推广及烷基化油、重整汽油等高辛烷值汽油组分的迅速发展，一定程度上降低了其作为汽油调和组分的需求，鉴于其生物毒性和对环境污染的影响，消费将会逐步减少。

酯类燃料以脂肪酸甲酯和碳酸二甲酯（DMC）为代表。DMC 具有较高的辛烷值，也能改善汽油和柴油的燃烧性能，减少 NO_x 和碳烟排放，作为汽油和燃油添加剂具有显著效果。近年来，国家有关油品添加剂的技术与标准部门做了大量工作，完成了 DMC 用作汽柴油添加剂的技术问题研究与标准的制定，部分 DMC 生产企业也进行了添加燃烧实践。随着 DMC 制备成本的不断降低，DMC 作为汽柴油添加剂将会大规模推广应用。脂肪酸甲酯，即生物柴油，主要以生物油脂和甲醇为原料生产，是化石柴油燃料优良的替代品。随着生物柴油制备技术的提升和生物质低碳燃料相关政策和措施的实施，未来生物柴油的应用具有广阔前景。

本书紧密结合煤基合成含氧燃料的制备和应用，系统归纳和总结了合成煤基含氧燃料的基本原理和应用技术，特别是催化剂制备、生产工艺和工业化应用技术，并结合与传统化石燃料的性质对比，对煤基含氧燃料的机动车应用的技术特性进行了深入分析，探讨了煤基含氧燃料技术和产业的发展方向和趋势。全书共分为 7 章，第 1 章结合机动车及燃料发展趋势，简要介绍了煤基替代燃料的现状与发展趋势，特别概括论述了煤基含氧燃料的发展现状与方向。第 2 章介绍了煤基含氧燃料的合成原料，简要概括了合成气和甲醇两种主要平台原料的工业化生产路线及工艺。第 3～5 章分别论述了醇类含氧燃料、醚类含氧燃料和酯类含氧燃料的合成原理、催化技术、生产工艺和工业化最新进展。第 6～7 章分别系统论述了煤基含氧燃料的燃料性质、车用性能评价与应用推广。

本书由太原理工大学李忠教授课题组人员编撰完成，其中李忠教授负责整体内容的设计、编排和统稿修改，付廷俊教授负责第 1～5 章部分内容撰写和初稿汇总修改，郑华艳副教授负责 3.1 甲醇和 4.1 二甲醚两部分内容初稿，孟凡会副教授负责 3.3 低碳醇部分内容初稿，李聪明教授负责 4.3 甲基叔丁基醚部分内容初稿，张国强博士负责 5.1 碳酸二甲酯部分内容初稿，杨甜甜博士负责第 6 章部分内容初稿，石晋宏博士负责第 7 章内容初稿，王铁教授负责第 6～7 章部分内容的编排和审查。此外参加编写工作的还有课题组部分博士生和硕士生。他们的辛勤工作使本书得以早日成文并付印，在此表示衷心感谢！

本书的出版发行得到了化学工业出版社领导和责任编辑的大力支持，在此表示衷心感谢！

本书在编写过程中，力求全面准确地体现煤基含氧燃料的现状和发展趋势，虽然作者编写目标明确、要求严格，也逐字逐句斟酌修改，但鉴于能力和水平限制，再加上内容涉及范围广、资料众多、观点不一，难免在内容选定、信息采集、论述深度以及写作等方面存在一些不足。因此，恳请读者和同行不吝指正，以便进一步修改和完善。

李忠　付廷俊

2025 年 8 月

目录

5 酯类含氧燃料 179

6 煤基含氧燃料的燃料性质 238

1 概述

2024 年底，全国机动车保有量达到 4.53 亿辆，其中汽车 3.53 亿辆，占机动车总量的 77.9%；摩托车保有量约 1 亿辆，约占 22%。相应的车用燃料消耗也快速增加，2024 全年中国汽油表观消费总量为 1.58 亿吨，柴油表观消费总量为 1.92 亿吨，煤油表观消费总量为 1969.2 万吨。然而，我国车用燃料主要来源于石油加工，导致石油消费量逐年递增，造成我国每年需要大量进口石油。自 1993 年中国成为石油净进口国以来，石油进口逐年增加。2008 年石油进口 1.80 亿吨，到 2020 年增加到 5.42 亿吨，相应的对外依存度从 50%增加到 73%（图 1-1）。2024 年中国原油进口数量略微上升，高达 5.53 亿吨。预计 2030 年，我国对外石油进口依赖度将高达 80%。

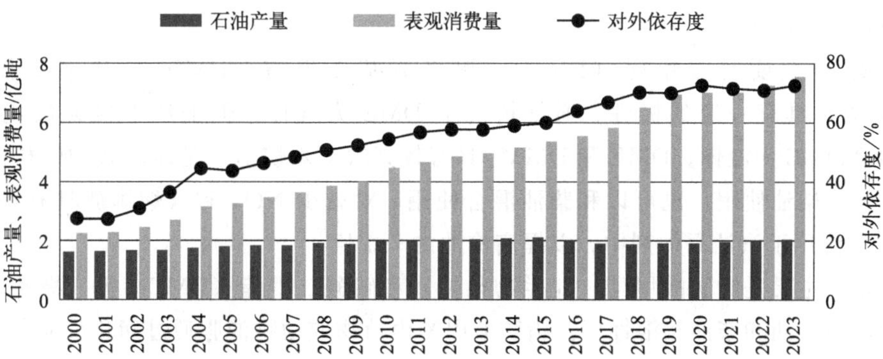

图 1-1　2000 年以来中国石油产量、表观消费量及对外依存度

另一方面，汽柴油机动车运行时，会排放含碳氢化合物（HC）、一氧化碳（CO）、硫氧化物（SO_x）、氮氧化物（NO_x）、颗粒物（PM）等污染物的尾气，造成大气污染。2020 年起，全国逐步实施全新的“国六排放标准”，进一步加强了机动车污染排放的限制，提高了机动车燃料燃烧对 CO、HC、SO_x 和 NO_x 等污染物的排放技术指标[1]。通过添加或直接使用氧含量高的有机化学品促进燃料的充分燃烧，改善燃烧效率，有效减少尾气污染物排放，是降低机动车尾气污染的主要手段之一。

鉴于我国化石能源“富煤、贫油、少气”的资源禀赋特点，积极发展煤转化含氧燃料，特别是甲醇、乙醇、低碳混合醇、二甲醚、聚甲氧基二甲醚、碳酸二甲酯、脂肪酸酯等醇、醚、酯清洁有机燃料，不仅能够降低机动车的尾气污染，而且能够充分利用我国的煤炭资源，实现清洁高效利用，降低石油对外依存度，保障能源供应安全，具有重要的现实意义和长远的战略意义。

1.1 含氧燃料

煤基含氧燃料主要是指以煤为原料，通过一系列的化学转化形成的分子结构中含有一定氧原子的醇、醚、酯等有机化合物。醇类、醚类和酯类等有机物含有一定的氧原子，在机动车内燃机中燃烧时，由于分子结构单一和结构氧的存在，拥有较好的燃烧性能，在内燃机中能够及时并充分燃烧，热效率高，而且能大幅减少 HC、CO、SO_x、NO_x、PM、碳烟等有害污染物的排放，显著减少大气污染[2]。特别是，这些有机燃料几乎不含 S 化合物，能满足严格的机动车燃料标准，是一种新型的机动车清洁燃料。

醇类含氧燃料主要是甲醇、乙醇和低碳醇等，具有较强的极性，通常情况下为液体，辛烷值较高，和汽油的燃烧特性相近，是点燃式内燃机的替代燃料，可以替代汽油使用，也可以和汽油混合使用，减少 HC、CO 等污染物排放。甲醇燃料在汽油机上使用，已经从低比例掺烧（M15，即甲醇的体积分数为 15%，下同）逐渐发展到高比例（M85～M100）掺烧。乙醇燃料目前是国家积极推广的交通运输燃料，将乙醇按 10%的比例混配入汽油中，可使氧含量达到 3.5%，助燃效果好，不仅使汽车有害尾气排放总量降低 33%以上，还能使辛烷值提高 2～3 个单位而提升油品抗爆性能。目前，甲醇燃料和乙醇燃料应用技术已经成熟，正在大面积推广应用。

醚类燃料主要是二甲醚（DME）、聚甲氧基二甲醚（DMM_n）和甲基叔丁基醚（MTBE）等，具有一定的极性。通常情况下 DME 为气体，但加压下极易液化为液体，DMM_n 和 MTBE 为液体。DME 和 DMM_n 具有较高的十六烷值，是压燃式内燃机的良好燃料，可以替代柴油使用，也可以和柴油混合使用，对减少 NO_x 和碳烟排放具有重要作用。MTBE 被广泛用于汽油添加剂中，以提高汽油的辛烷值。

酯类燃料主要是脂肪酸甲酯（即生物柴油）和碳酸二甲酯（DMC）等，极性较小，通常为液体，与汽油和柴油相溶性好。脂肪酸甲酯由植物或动物油脂通过酯化反应制备，属于可再生能源型燃料。特别是因与柴油性质相似，十六烷值高、润滑性好，添加到柴油中可提高十六烷值，改善燃烧性能，减少 NO_x 和碳烟排放。DMC 与汽油相似，辛烷值高，可以取代 MTBE 用作辛烷值添加剂并改善尾气排放，也可以添加到柴油中，提高柴油的燃烧效率，减少 NO_x 和碳烟的排放。

1.1.1 醇类燃料

醇类含氧燃料主要包括甲醇、乙醇和低碳醇等，这些醇类物质密度相近，20℃下约为 0.8kg/L，均具有较强的极性，通常情况下为无色液体，易挥发，能与水任意比例互溶，也是良好的有机溶剂。随着碳链的增加，醇类有机物的分子量逐渐增加，极性逐渐减小，饱和蒸气压逐渐降低，沸点逐渐增加，闪点逐渐增加，汽化热（汽化潜热）逐渐降低，爆炸极限也逐渐降低（表 1-1、表 1-2）。

表 1-1　甲醇、乙醇与汽油、柴油的理化性质比较

项目	甲醇	乙醇	汽油	柴油
化学式	CH_3OH	CH_3CH_2OH	C_5～C_{12} 烃类	C_{10}～C_{21} 烃类
分子量	32.04	46.069	—	—
含氧量/%	50	34.73	0	0
密度（20℃）/(g/cm³)	0.7918	0.7893	0.72～0.78	0.83～0.86
沸点/℃	64.7	78.4	40～210	180～370
凝点/℃	−96	−114.3	−60～−56	−35～10
闪点（闭）/℃	12	13～14	−45～−38	65～88
黏度（20℃）/(mPa·s)	0.55	1.20	0.28～0.59	3.0～8.0
汽化热/(kJ/g)	1.167	0.854	0.31～0.34	0.25～0.30
低热值/(MJ/kg)	—	26.778	43.9～44.4	42.5～42.8
着火温度/℃	463.89	434	350～468	270～350
火焰传播速度/(m/s)	0.523	—	0.38～0.58	—
着火界限/%	6.7～36.5	3.5～18.0	1.3～7.6	—
理论空燃比/(kg/kg)	6.5	8.45	14.7～15.0	14.3～14.6
理论混合气热值/(MJ/kg)	2650	2670	2780～2786	272～279
十六烷值	4	8	0～10	40～55
辛烷值（RON）	114.4	100～112	80～98	～20
辛烷值（MON）	94.6	90～94	—	—
溶解性	易溶于水	易溶于水	不溶于水	不溶于水
毒性/(mg/kg)	低毒 LD_{50}<5000	低毒 LD_{50}<5000	低毒 LD_{50}500～5000	低毒 LD_{50}500～5000

表 1-2　C_3 以上低碳醇主要理化性质

项目	丙醇	异丙醇	丁醇	异丁醇	叔丁醇	戊醇	异戊醇
化学式	$CH_3(CH_2)_2OH$	$CH_3(CH_2)_2OH$	$CH_3(CH_2)_3OH$	$CH_3(CH_2)_3OH$	$CH_3(CH_2)_3OH$	$CH_3(CH_2)_4OH$	$CH_3(CH_2)_4OH$
分子量	60	60	74	74	74	88	88
含氧量/%	26.7	26.7	21.6	21.6	21.6	18.2	18.2
密度/(kg/L)	0.804	0.785	0.810	0.802	0.790	0.817	0.812
沸点/℃	97.2	82.5	117.8	107.9	82.5	138.0	131.5
凝点/℃	−126	−88.5	−90	−108	25.3（高）	−79	−117.2
闪点/℃	15	12	34	28	≤19	33	40
自燃温度/℃	392	425	365	427	470	437	340
低热值/(kJ/kg)	29480	30060	32424	32500	33044	32555	32508
理论空燃比	—	—	—	—	—	—	—
汽化热/(kJ/kg)	691	700	—	680（低）	594	427（低）	—

续表

项目	丙醇	异丙醇	丁醇	异丁醇	叔丁醇	戊醇	异戊醇
饱和蒸气压（温度）/kPa	—	—	—	—	5.33（25℃）	1.33（45℃）（很低）	0.27（20℃）（很低）
雷德蒸气压（RVP）(37.8℃)/kPa	6.4	2.53	—	—	2.53	1.07	—
爆炸极限（体积分数）/%	2.0～13.7	2.0～12.0	1.45～11.25	1.7～10.6（窄）	2.3～8.0	1.2～10.0	1.0～5.5
辛烷值（RON）	106	118	110	110.7	110	—	—
辛烷值（MON）	99						
十六烷值（CN）	—	6	23	13	待测	30	20
溶解性	与水混溶	—	7.9%溶于水	10%溶于水	溶于水、醇、醚等	2.3%溶于水，溶于有机液	2.0%溶于水，溶于有机液
毒性/(mg/kg)	低毒，LD_{50}＜5000	低毒，LD_{50}＜5000	低毒，LD_{50}＜5000	低毒，LD_{50}＜5000	低毒，LD_{50} 3500＜5000	低毒，LD_{50} 500～5000	低毒，LD_{50} 500～5000

在燃料特性方面，随着碳链的增长，醇类燃料含氧量迅速降低，但十六烷值仍没有显著提高。醇类与柴油混合会降低燃料的着火性，增加HC和可溶性有机成分（SOF）排放。因此，醇类燃料一般不用作柴油添加剂。不同醇类含氧燃料的C、H和O的含量不同，表现出不同的燃烧性能。

（1）甲醇

甲醇作为最简单的饱和脂肪醇，化学式CH_3OH，分子量32.04，含氧量在醇类燃料中最高（达50%），燃烧热值低，每千克仅为4800kcal（1kcal＝4.1868kJ），完全燃烧时所需的空气量减少，空燃比为6.5，相对减少了尾气中CO和CH化合物的排放量，热量损失也相应减少，提高了甲醇发动机的总热效率。甲醇具有较高的辛烷值和抗爆震性能，可以通过提高发动机压缩比来提高发动机的热效率。因此，甲醇是良好的内燃机代用燃料，也是提高汽油辛烷值的优良添加剂。普通汽油与15%～20%的甲醇混合，辛烷值可以达到优质汽油的水平。甲醇的汽化潜热是汽柴油的3～4倍，高的汽化潜热以及低的蒸气压和较低的沸点，将导致混合气形成困难和发动机启动困难，但可以降低进气温度，提高充气效率。同时，可以改善发动机燃烧后的内部冷却，改善发动机的动力性，降低排气温度。甲醇的着火界限比汽柴油宽，能够使发动机在较稀的混合气下工作，这将使发动机的工况范围比较宽，对排气净化和降低油耗非常有利。甲醇的燃点比汽柴油高，不易于发生火灾事故，使用起来比汽柴油安全。甲醇可以与水互溶，而烃类燃料憎水性强，因而甲醇与汽柴油的相溶性较差，甲醇汽柴油混合燃料对含水量十分敏感，微量水分可引起甲醇汽油的相分离。另外，值得注意的是，甲醇属剧毒化合物，口服5～10mL可以引起严重中毒，10mL以上可以造成失明，60～250mL致人死亡，在使用过程中，严禁用嘴吸入，避免中毒危害。目前，甲醇作为燃料在汽油机上的应用技术已经成熟。

（2）乙醇

乙醇的化学式为CH_3CH_2OH，分子量为46，含氧量低于甲醇，为34.7%，使得热值相比甲醇更高，每千克热值可达6530kcal，理论空燃比为8.45。分子中更高的碳氢含量也使得燃烧产物中含有较多的水、较少的二氧化碳。乙醇的沸点低，有助于燃料和空气混合气的形成，但它缺少高挥发性的组分，对发动机的启动不利。它的汽化潜热较大，又不利于完全汽化，从而影响混合气的形成及发动机的启动。乙醇十六烷值低，着火性能差，通常不在柴油机中使用。乙醇辛烷值高，添加使用时能有效提高汽油的抗爆性。在保持原有动力性能的基础上，燃料乙醇的加入量可在5%～25%范围内变化。乙醇热值比汽油低，发动机的燃料消耗量随着乙醇掺入量的增加而增加，在燃料辛烷值相同的情况下，发动机的动力性也有不同程度的下降。乙醇分子中既含有烃基，又含有羟基，所以它既有亲烃油（汽油、柴油、煤油等）的特性，又有亲水的特性，但后者更为强烈，与汽柴油互溶性差，易发生油水分层。在汽油机中掺烧乙醇时必须均匀混合，如果醇、油分层，则会明显影响燃烧的均匀性，造成热效率下降、排污增加、发动机的振动和噪声加强。在运输、保管、储存和使用过程中，要特别防止因乙醇燃料的自然吸湿而发生分层。

1.1.2 醚类燃料

醚类燃料是具有醚官能团的一类含氧有机化合物，是由一个氧原子连接两个烷基或芳基所形成的。当前用于燃料的醚类化合物主要有DME、DMM_n和MTBE等。DME和DMM_n具有较高的十六烷值和氧含量，易于压燃。标准状态下DME为气态，但在加压下极易液化成液体，易于存储和运输。DMM_n作为优秀的柴油调和组分，可增加油品含氧量，在柴油中添加10%～20%，能够大幅减少尾气固体微粒物、NO_x和CO的排放。由于其物性与柴油相近，DMM_n调和到柴油中使用不需要对在用车辆进行任何改动。而MTBE辛烷值较高，和汽油性质相似，一般用作提高汽油辛烷值的添加剂。

（1）二甲醚

二甲醚（dimethyl ether，DME），又称甲醚、木醚，是一种结构简单的脂肪醚，其分子式为$CH_3—O—CH_3$。其基本物理性质见表1-3。在常温常压下，二甲醚是一种无色、有轻微醚香味的气体，常温下加压到0.54MPa即可液化，易于储存与运输。二甲醚在空气中十分稳定，长期暴露不会形成过氧化物，无腐蚀性，毒性很弱，无致癌性，具有优良的混溶性，能与大多数极性和非极性溶剂混溶，同时二甲醚也具有优良的溶解性能，易溶于汽油、四氯化碳、甲醇、乙醇、丙酮、氯苯等，是一种性能优良的溶剂[3]。在燃料特性方面，二甲醚分子含氧量与乙醇接近，为34.78%，其热值为64.686MJ/m^3，燃烧比较完全，不析碳，无残液，排放污染少。作为柴油代用燃料是DME应用的最大的潜在市场。常规发动机代用燃料如液化石油气、天然气、甲醇等的十六烷值都小于10，只适合于点燃式发动机。相比而言，二甲醚的十六烷值为55～60，高于柴油，具有优良的压缩性，非常适合压燃式发动机。使用二甲醚为燃料，尾气无需催化转化处理，氮氧化物及黑烟微粒排放就能满足相关排放要求，是理想的柴油发动机洁净燃料。且现有汽车发动机只需略加改造就能使用二甲醚燃料。与甲醇燃料相比，其除具有甲醇燃料所具有的优点之外，还克服了低温启动性和加速性能差的缺点，在柴油机上使用不需添加助燃剂或采取助燃措施[4]。另外，由于二甲醚的沸点、临界温度、汽化潜热与液化石油气相近，而饱和蒸气压低于液化石油气。在常温加压下为液态，常温常压下为气态，可以作为民用城市燃气，部分取代石油液化气形成混合燃料。

表 1-3 DME与天然气和柴油燃料及液化石油气特性参数比较

项目	DME	天然气	柴油	液化石油气
化学式	CH_3OCH_3	C_3～C_4	$CH_{16}H_{34}$	C_nH_{2n+2}
C含量/%	52.2	82～86	85	82.5
H含量/%	13	14～18	15	17.5
O含量/%	34.8	0	0	0
液体密度/(kg/m^3)	667	430～470	831	520
理论空燃比	9.0	15.5	14.6	0.04
沸点温度/℃	−24	−161.45	250～360	−35
临界温度/℃	128.8	−82.45	—	—
临界密度/(g/mL)	0.2174	—	—	—
自燃温度/℃	235	450	250	450
空气中爆炸极限（体积分数）/%	3.45～26.7	4～16	0.6～7.5	1.7～8.9
弹性模量/(N/m^2)	6.3×10^{-8}	—	1.49×10^9	2×10^{11}
低热值/(MJ/kg)	27.6	34.5～41.8	42.5	45.97
着火界限（气体）/%	3.4～18.6	—	0.6～6.5	—
蒸发压力/MPa	0.53	—	—	2～3
蒸发潜热/(kJ/kg)	467	—	300	—
十六烷值	55～60	—	0～8	<10

（2）聚甲氧基二甲醚

聚甲氧基二甲醚（DMM_n），又名聚甲醛二甲醚、聚氧亚甲基二甲醚、聚甲氧基甲缩醛，是一类以二甲氧基甲烷为母体、亚甲氧基为主链的低分子量缩醛类聚合物，其通式表示为：$CH_3O(CH_2O)_nCH_3$（其中，n 是≥2的整数，一般取值小于8）。DMM_n 是一种无色或淡黄色易挥发可燃液体，有轻微的醚类气味，溶解能力强，特别是 DMM_2、DMM_3 和 DMM_4，可以溶解树脂、油类和蜡，并与许多有机溶剂互溶[5]。由表1-4可知：当 n 从2变化到6时，DMM_n 的沸点从105℃上升到280℃，十六烷值从63上升至104，含氧质量分数 $w(O)$ 从45.2%上升至49.5%。$3\leqslant n\leqslant5$ 的 $DMM_{3\sim5}$ 物性与柴油性质相近，且由于无硫无芳烃，燃烧时清洁环保，且具有较高的氧含量（45%～50%）和高的十六烷值（>78），在降低柴油机碳烟和SOF排放上相对于其他含氧燃料更有优势（表1-4）[5]。作为清洁柴油调和组分，可以在不改动车辆与发动机的结构、不增加设备的基础上，通过改变燃料的物性，降低油中硫化物和碳氢化合物等有害物质含量，并提升燃油燃烧效率，节省燃油成本，提高柴油的经济效益，达到节能减排的目的。清华大学汽车研究所的台架试验表明，在常规石化柴油中添加20%的 $DMM_{3\sim5}$，在典型工况下尾气烟度可降低70%～90%以上，最高下降97%。

表 1-4 DMM_n 的物理性质

物质	沸点/℃	十六烷值（CN）	黏度（25℃）/(mPa·s)	熔点/℃	密度/(g/mL)	氧含量/%
DMM	—	—	0.58	−105	0.8600	—
DMM_2	105	63	0.64	−70	0.9597	45.2

续表

物质	沸点/℃	十六烷值(CN)	黏度（25℃）/(mPa·s)	熔点/℃	密度/(g/mL)	氧含量/%
DMM_3	156	78	1.05	−43	1.0242	47.0
DMM_4	202	90	1.75	−10	1.0671	48.1
DMM_5	242	100	2.24	18.3	1.1003	48.9
DMM_6	280	104	—	48	1.1004	49.5
DMM_7	313	104	—	—	1.1006	50.0
DMM_8	320	106	—	—	1.1009	50.3

(3) 甲基叔丁基醚

甲基叔丁基醚（methyl tert-butyl ether，MTBE）结构简式为 $CH_3—O—C(CH_3)_3$，其物理性质如表 1-5。MTBE 是一种无色但带有特殊醚样气味的流动液体，溶于乙醇、乙醚，微溶于水。和醇类燃料相比，沸点（55.2℃）较低。MTBE 分子中的醚键位于叔丁基和甲基之间，具有显著空间效应，使 MTBE 分子难以断裂，化学稳定性好，不与大部分酸、碱反应。MTBE 有一定的毒性，长期接触会对人的眼睛和呼吸道产生刺激，会使人皮肤干燥，高浓度时对动物等有高度致癌风险[6]。在燃烧特性方面（表 1-6），MTBE 易燃，闪点为−10℃，但由于分子中含氧量为 18.2%，明显低于 DME 和 DMM_n，燃烧需要的空气更多。但其辛烷值可达 117，能有效提高汽油的辛烷值，改善汽油的冷启动特性和加速性能，且对气阻没有不良影响。MTBE 的抗爆指数达到 107，明显高于甲醇和汽油。使用含 10% MTBE 的汽油能使燃料消耗下降 7%，并明显降低 CO 及其他有害物质如铅和多环芳烃的排放。另外，MTBE 具有较好的汽油溶解性，可和汽油以任意比例互溶，不发生分层现象，使其成为优良的汽油添加剂[7]。

表 1-5　甲基叔丁基醚的物理性质

性质	指标	性质	指标
相对密度（d_4^{20}）	0.7405	RON	117
常压沸点/℃	55.2	MON	101
冰点/℃	−108.6	热值/(kJ/mol)	35124
闪点/℃	−10	雷德蒸气压/mmHg①	396
蒸发潜热（55℃）/(kJ/kg)	336.8	MTBE 在水中溶解度（20℃，质量分数）/%	4.0
低热值/(kJ/kg)	3.73×10^4	在空气中的爆炸极限（体积分数）/%	1.65～8.4

① 1mmHg=133.322Pa。

表 1-6　甲基叔丁基醚的燃烧特性

性质	指标	性质	指标
燃烧性	易燃	燃烧分解物	CO、CO_2
闪点/℃	−10	爆炸上限（体积分数）/%	15.1
燃烧热/(kJ/mol)	−3360.7	爆炸下限（体积分数）/%	1.6
自燃温度/℃	375	临界压力/MPa	3.4
禁忌物	强氧化剂	临界温度/℃	223.9

1.1.3 酯类燃料

酯类燃料作为优质的柴油替代燃料，具有十六烷值高、硫含量低、润滑性好等优点。其主要包含脂肪酸甲酯（即生物柴油）和碳酸二甲酯（DMC）等。

（1）脂肪酸甲酯

脂肪酸甲酯主要成分是 C_{12}～C_{24} 之间的饱和与不饱和脂肪酸甲酯，可统一表示为 $RCOOCH_3$，分子量一般在600～1000之间。在常温常压下，一般是黄色透明、不易挥发、可燃的液体。脂肪酸甲酯不溶于水、醇等物质，可以与大多数的有机溶液及石化柴油无限互溶。脂肪酸甲酯分子的碳链平均长度要比石化柴油分子长，密度一般要比石化柴油高，闪点要高于石化柴油的闪点而利于储运。另外，闪点会随着残余醇含量的增加而降低。而水的存在会严重影响脂肪酸甲酯的燃烧性能，还会腐蚀发动机金属部件。水还会使脂肪酸甲酯的化学活性提高，和游离脂肪酸酯反应生成酸性溶液使其变质，从而降低储存稳定性。

脂肪酸甲酯的十六烷值和运动黏度比石化柴油高。高十六烷值使得滞燃期缩短，高黏度让雾化质量下降，低热值、高密度使得燃烧时的耗油量增大，输出功率降低。纯脂肪酸甲酯油耗要比柴油高出3.0%～8.0%，最大扭矩也由225.5N·m降低到217.5N·m。脂肪酸甲酯循环的石化能效比大约是柴油的4倍。在实际过程中，脂肪酸甲酯和石化柴油是掺混起来使用的，这样可以弥补各自的不足。由于绝大多数的生物柴油分子中只含有一个酯基（—COOR)，使其含氧量只有10%，对碳烟排放的降低作用并不显著。

（2）碳酸二甲酯

碳酸二甲酯，简称DMC，分子式为 $(CH_3O)_2CO$。常温时为无色透明、略有气味、微甜可燃液体，微溶于水。DMC是一种优良的溶剂，其熔点及沸点范围窄，表面张力大，黏度低，介质的介电常数小，蒸发热低，相对蒸发速度快，和其他常见溶剂如丙酮、异丁醇、三氯乙烷及甲苯相比，具有闪点高、蒸气压力低、空气中爆炸下限高等特点，可与醇、酮、酯等有机溶剂以任何比例混溶而无腐蚀性。DMC毒性很低，属于微毒或无毒化工产品。其主要性质见表1-7。DMC分子中氧含量高达53%，燃烧时能有效地降低排放中的碳烟。DMC与汽柴油具有良好的相溶性，但辛烷值较高，达到110，十六烷值仅为36，混入汽油中使用有利于提高汽油辛烷值，被认为是一种极具潜力的油品添加剂。跟MTBE相比，DMC具有更高的氧含量和相近的抗爆性能，有望取代MTBE作为汽油添加剂使用（表1-8）。

表1-7 DMC主要物理性质

名称	数值	名称	数值
分子量	90.08	黏度/(mPa·s)	0.625
密度/(g/cm^3)	1.069	表面张力/(10^{-5}N/cm)	28.5
沸点/℃	90.1	蒸发热/(kJ/kg)	369.06
熔点/℃	4	介电常数	2.6
蒸气压（20℃）/kPa	5.60	相对蒸发速度（以乙酸丁酯为1）	4.6
闪点（闭口杯）/℃	17	经口致死量 LD_{50}/(mg/kg)	12900
爆炸极限（体积分数）/%	3.8～21.3	—	—

表 1-8　DMC 与其他汽油添加剂的性能比较

项目	DMC	MTBE	甲醇	汽油
分子量	90.08	88	32	约 100
密度/(g/cm^3)	1.07	0.74	0.49	0.72～0.78
沸点/℃	90.2	55.3	64.4	1%馏出点 50～55 90%馏出点 160～165
冰点/℃	4	−108	−97.8	
燃烧热/(MJ/kg)	14.5	34.90	20.28	−43.96
雷德蒸气压（RVP）/kPa	<6.895	55.16～68.95	3.70	5.0～9.0
RON	110	116	106	84～96
MON	97	98	90	70～84
抗爆指数（RON+MON)/2	104	107	98	70～90
闪点（闭口杯）/℃	17	−28	12	约 40
空气中爆炸极限（体积分数）/%	3.8～21.3	1.65～8.4	6.0～36.5	

1.2　机动车发展趋势

汽车的发展经历了一百余年的漫长时期，凝聚了人类的智慧和匠心，并得益于石油、钢铁、铝、化工、塑料、机械设备、电力、道路网、电子技术与金融等多种行业的支撑，使其成为当今具有多种型式、不同规格和应用广泛的交通运输工具。发动机是汽车的“心脏”，发动机的进步与汽车的发展有着直接的联系。总体看来，机动车发展经历了从蒸汽机、内燃机到电动机的发展历程。而燃料是发动机的“血液”，汽车发动机的发展过程也正是发动机燃料的发展过程，与燃料的发展变化有着紧密的联系。

1.2.1　机动车类型

1.2.1.1　内燃机汽车

内燃机是通过使燃料在机器内部燃烧，并将其放出的热能直接转换为动力的热力发动机。广义上的内燃机不仅包括往复活塞式内燃机、旋转活塞式发动机和自由活塞式发动机，也包括旋转叶轮式的喷气式发动机，但通常所说的内燃机是指活塞式内燃机。其结构主要由曲柄连杆机构、机体、配气机构、供油系统、润滑系统、冷却系统、启动装置等组成。工作时将燃料和空气混合，通过工作循环完成能量转换，涉及进气、压缩、燃烧和膨胀、排气等过程，其中只有膨胀过程是对外做功的过程。具体来讲，燃料在其气缸内燃烧，释放出的热能使气缸内产生高温高压的燃气。燃气膨胀推动活塞做功，再通过曲柄连杆机构或其他机构将机械功输出，驱动从动机械工作。根据燃料不同，常见的内燃机可分为柴油机、汽油机、天然气内燃机和醇醚内燃机。

（1）汽油内燃机汽车

汽油内燃机汽车是以汽油作为燃料，将内能转化为动能的汽车。所使用的汽油机属于点燃式内燃机，由于汽油的闪点高，需要外界点火才能燃烧工作。而汽油黏性小，蒸发快，可以在气缸外部与空气形成均匀的混合气，然后将混合气吸入气缸，或用汽油喷射系统将汽油喷入气缸，使气体膨胀做功。汽油黏度低，馏程低，更容易蒸发汽化，与空气混合而成的可燃混合气燃烧速度快，产生的能量多，可以在单位时间内多次重复工作循环，用高转速输出高功率。很小的体积和轻盈的体重，就能拥有较高性能和更快的响应速度，宽泛的转速区间也能够带来更好的操控感觉。因此，汽油机具有转速高、结构简单、质量轻、运转平稳、使用和维修方便的特点。另外，汽油机转矩特性好，启动和加速性能较好，运转噪声较低，制造成本较低。汽油机在汽车上，特别是小型汽车上大量使用。但汽油机压缩比往往只有柴油机的一半，做功行程时缸内温度和压力比柴油机低很多，所以热效率比较低。另外，点火系统比柴油机复杂，可靠性和维修的方便性也不如柴油机。

(2) 柴油内燃机汽车

柴油内燃机汽车是用柴油作燃料的内燃机汽车，发动机属于压缩点燃式发动机。工作时由于柴油的蒸发性和流动性都比汽油差，需要将空气首先吸入到柴油机气缸内。因活塞的运动使空气受到较高程度的压缩，达到500～700℃的高温。然后雾状喷入的柴油，与高温空气混合形成可燃混合气，自动着火燃烧。燃烧中释放的能量作用在活塞顶面上，推动活塞并通过连杆和曲轴转换为旋转的机械功。因采用压缩空气的办法来提高空气温度，无需点火系统，且柴油机的供油系统也相对简单，因此可靠性要比汽油发动机好。由于不受爆燃的限制以及柴油自燃的需要，柴油机压缩比很高，热效率和经济性都要好于汽油机。同时在相同功率的情况下，柴油机的扭矩大，最大功率时的转速低。另外，在环保方面，柴油机的二氧化碳排放平均比汽油机的低30%～35%。传统柴油发动机一般用于大、中型载重货车上。

柴油机的燃油喷射装置，极其精密，制造难度大，如果使用了劣质燃油会严重缩短喷射装置的寿命。而柴油机压缩比很高，需要很高的结构强度，因此重量、体积会比较大，成本较高。另外，柴油机工作粗暴，振动噪声大；柴油不易蒸发，冬季冷车时启动困难，碳烟与颗粒（PM）排放比较严重。近年来各国都在注重改善燃烧过程，研究燃用低质燃油和非石油制品燃料。降低摩擦损失、广泛采用废气涡轮增压并提高增压度、进一步轻量化、高速化、低油耗、低噪声和低污染，也是柴油机的重要发展方向。另外，发展小型高速柴油发动机技术，能很好地解决原来柴油发动机存在的缺点，而受到广泛关注。

(3) 天然气内燃机汽车

天然气内燃机汽车是指以天然气为燃料的一种气体燃料汽车，按燃料使用状况的不同，可分为发动机只使用压缩天然气（CNG）或液化天然气（LNG）为燃料的单燃料天然气汽车，可以使用汽油或天然气为燃料的双燃料天然气汽车以及同时使用两种燃料进行燃烧的两用燃料天然气汽车。目前使用最为广泛的是单燃料天然气汽车。另外，根据其着火方式的不同划分，可以分为点燃式天然气发动机、压燃式天然气发动机和柴油引燃式天然气发动机。点燃式天然气发动机技术就是类似汽油机的工作方式，用火花塞引燃天然气混合气。压燃式天然气发动机的燃料供给方式是向缸内直喷高压天然气。与柴油机的混合气形成方式一样，边混合边燃烧，属于扩散燃烧的范畴。该类型的天然气发动机可以采用相对较高的压缩比，能够获得与柴油机相当的热效率。天然气发动机多是在柴油机基础上改装而来，主要对供气系统和点火系统进行了重新设计，即把柴油机的供油系统改成供气系统，增加火花塞点火。其他机械零部件大部分和柴油机通用。以潍柴天然气发动机为例，跟柴油机的区别如下：

① 取消了柴油机的燃油系统（高压油泵、喷油器、高压油管等），增加了燃气供给系统

（气瓶、高压切断阀、减压器、燃气热交换器和节温器、喷射阀等）。

② 采用点燃式燃烧方式（气缸盖上的喷油器安装孔改为火花塞安装孔），增加了点火控制系统（点火控制器、点火线圈、高压线、火花塞）。

③ 压缩比比柴油机的小，燃烧室形式（活塞）与柴油机不同。柴油机压缩比 17∶1，天然气发动机压缩比 11∶1。

④ 增加了信号发生器，用于判缸和测量发动机转速。

⑤ 增加了混合器和节气门，使燃气和空气在混合器中充分混合。

⑥ 排气温度高，增压器采用水冷中间壳。

对天然气发动机而言，燃烧稳定，积炭少，有利于减少气阻和爆震，并且冷热启动方便，便于延长发动机各部件的使用寿命，减少维修保养次数，大幅度降低维修保养成本。压缩天然气储运、减压、燃烧都在严格的密封状态下进行，不易发生泄漏，储气瓶经过各种特殊的破坏性试验，安全可靠。使用压缩天然气与汽油相比，可大幅度降低一氧化碳、二氧化硫、二氧化碳等气体的排放，并且没有苯、铅等致癌和有毒物质危害人体健康。

（4）醇醚燃料内燃机汽车

醇醚燃料内燃机汽车是以醇或醚类物质为燃料的内燃机汽车。使用醇醚类燃料全部替代或部分替代传统汽柴油，不但燃烧清洁，大幅降低常规有害物质如碳氢化合物、氮氧化物、一氧化碳、二氧化碳和颗粒物的排放，而且醇醚燃料来源丰富，合成技术成熟，是理想的石油替代品。用于内燃机使用的醇类燃料是指甲醇（CH_3OH）和乙醇（C_2H_5OH），以甲醇为燃料的汽车称为甲醇汽车，以乙醇为燃料的汽车称为乙醇汽车。

① 甲醇汽车　甲醇汽车是使用甲醇汽油作为主要动力燃料的机动车。甲醇燃料的汽化潜热大，十六烷值很低，自燃温度比柴油要高得多，着火性能较差，甲醇作为燃料在柴油机上直接使用难度比较大。采取乳化、电火花助燃、电热塞助燃、醇油双喷嘴等方案可以促进甲醇对柴油的替代，但由于甲醇与柴油性能相差大、难以互溶，甲醇柴油机还达不到市场推广的需求[8]。相比而言，甲醇燃料可以在汽油机上很好地替代或部分替代汽油使用。低比例甲醇汽油如 M3、M5，可以和汽油一样使用，发动机不需要做任何改动，但需要添加助溶剂以防分层。工作原理类同于汽油机工作原理。低比例添加甲醇（<15%）可在降低动力的前提下提高经济性能。而高比例甲醇汽油，特别是纯甲醇燃料（M100），需要对发动机进行结构改造。当前有三种方式可实现纯甲醇燃料的应用。其一是在原发动机上加装点火系统后即可改动压燃式发动机为点燃式发动机，利用多火花点火或高能量点火方式可以在高压缩比的发动机上燃用纯甲醇燃料。但由于点火式发动机的压缩比低，热效率差，采用点火式发动机不能充分利用甲醇辛烷值高的优势。甲醇燃料的十六烷值仅约为 3，而甲醇燃料本身的自燃温度却高达 465℃，因此当甲醇燃料采用压燃式的燃烧方式时，其直接应用于高比例的发动机上需添加一些十六烷值增高剂改善甲醇燃料本身的着火性能，目前，西安、贵阳等市的甲醇汽车均使用 M100 甲醇燃料，该燃料由 99%的精甲醇加上添加剂调配而成。甲醇自燃温度高但本身的自燃倾向比较高，热面助燃（电热塞）的方法可促使甲醇燃烧。对于高比例或纯甲醇汽车由于发动机压缩比的提高，动力性优于同类发动机。其二是生产专用发动机。这种方式是设计和生产专门用于燃烧纯甲醇燃料的发动机。这些发动机通常具有更高的压缩比和更强的点火能力，以便更好地适应纯甲醇燃料的特性。生产专用发动机可以在纯甲醇燃料下实现更高的燃烧效率和动力输出。其三是使用直接注入技术。这种技术是将纯甲醇燃料直接注入到发动机的燃烧室中。与传统的汽油喷射系统相比，直接注入技术可以更精确地控制

燃料的供应和混合，从而提高燃烧效率和动力输出。

② 乙醇汽车　乙醇汽车是使用车用乙醇汽油作为主要动力燃料的机动车。乙醇汽油在汽车上的运用主要分为两类：一种是使用传统的汽油发动机，燃料乙醇加入量为 5%～22%。目前使用最多的是含有 10%变性乙醇的汽油（标号如 90 号、93 号等），乙醇的添加使汽油辛烷值提高 3%，氧含量增加 3.5%，大大改善了汽油的使用性能，并降低了排放。美国、巴西已大量使用 20 多年，各方面收到巨大效益。我国当前也在努力推行乙醇汽油。值得注意的是，乙醇燃烧生成的乙酸酸性大大强于汽油燃烧产物的酸性，使用普通润滑油容易造成发动机磨损，在乙醇发动机中必须采用专用润滑油来防止这些磨损；乙醇对部分金属和橡胶具有腐蚀性，必须在发动机上采取相应保护措施。乙醇在抗磨损性能上和汽油无法相比，具体的磨损量需通过可靠性试验验证[9]。另一种则是使用单独研发的发动机，燃料乙醇加入量为 85%～100%。

③ 醚类燃料汽车　醚类燃料汽车是主要以二甲醚（DME）为内燃机燃料的汽车。DME 的十六烷值高，其在内燃机中的应用起始于甲醇内燃机的引燃机，用来改善其低温启动性能。通常会将一定比例的 DME 注入气缸，在压缩行程的后期先氧化燃烧，提高气缸的温度，从而对后期喷入的主燃料的着火起促进作用。当前，二甲醚作燃料主要替代柴油应用于压燃式发动机。DME 作为压燃式发动机燃料具有优越的低排放和高效率的性能，二甲醚发动机优势明显。其功率比柴油机高 10%～15%，热效率比柴油机高 2～3 个百分点，噪声比柴油机低 10～15 分贝。更大的优势是能实现无烟燃烧、超低排放，能满足欧Ⅲ甚至欧Ⅳ排放标准和美国加利福尼亚州超低排放（ULEV）标准[10]。DME 在压燃式发动机上的应用主要有纯 DME 缸内直喷压燃式和 DME/柴油双燃料压燃式两种。在柴油机上加装一套储气装置和加压设备即可把柴油发动机改造为纯 DME 发动机。工作时，在压缩冲程终了附近，液态 DME 经由原柴油机供油系统中的高压泵和喷嘴器喷入气缸，迅速与缸内的空气混合并在缸内的高温作用下自燃、进行扩散燃烧。双燃料压燃式按燃料供给方式不同又可分为混合喷射式和进气道预混 DME-缸内直喷柴油（或甲醇）的复合方式两种。混合喷射式是将 DME 加压以液态与柴油（或甲醇）混合，一同经由喷油器喷入气缸。进气道预混 DME-缸内直喷柴油（或甲醇）的复合式是 DME 以预混方式进入气缸，柴油（或甲醇）仍利用原喷油装置喷入气缸。相比较而言，纯烧 DME 发动机的综合性能最好[11]。

1.2.1.2 电动汽车

电动汽车，即电力驱动车，又名电驱车、电动车。电动车分为交流电动车和直流电动车。通常说的电动车是以电池作为能量来源，通过控制器、电机等部件，将电能转化为机械能，并以控制电流大小改变速度的车辆。电动车的发展已经接近 150 年，法国工程师 Gustave Trouvé 于 1881 年制造了第一辆电动车。该车是以铅酸电池为动力的三轮车，由直流电机驱动。近 10 年来电动车得到了较快的发展，截至 2024 年底，我国纯电动汽车保有量达 2209 万辆，占新能源汽车总量的 70.34%。不久的将来，电动车将会有飞速发展。2020 年 11 月国务院印发了《新能源汽车产业发展规划（2021—2035 年）》，计划到 2025 年，我国新能源汽车市场竞争力明显增强，动力电池、驱动电机、车用操作系统等关键技术取得重大突破，安全水平全面提升。值得注意的是，几乎所有主要国家都要求车企在 20 年内将燃油车替换成新能源汽车（仅指销售而不是存量），而挪威则要求到 2025 年 100%销售新能源汽车。按照动力来源，电动车主要分为纯电动汽车、混合动力汽车和燃料电池汽车。

(1) 纯电动汽车

纯电动汽车（battery electric vehicle，简称 BEV），它是完全由可充电电池（如铅酸电池、镍镉电池、镍氢电池或锂离子电池）提供动力源的汽车，避免了热机燃烧产生的氮氧化物、硫化物等污染物[12]。其组成主要有电力驱动及控制系统、驱动力传动等机械系统、完成既定任务的工作装置（如行驶、转向和制动系统）等[13]。电力驱动及控制系统是电动汽车的核心，由电源、驱动电动机和电动机的调速控制装置等组成，这也是与内燃机汽车的最大不同点。工作时，首先在车载充电机将交流电转化为直流电对电源按照一定要求充电，在充电完成后，电源通过氧化还原反应在电池管理系统的控制下对外电路进行放电，电源所放出的电流经驱动电机依靠电磁感应将电能转化为机械能，在控制系统的作用下，根据驾驶员输入的信号调变驱动电机及电动机的运转，实现电动汽车的启动、加速、减速及制动等。再结合电动汽车配套的车载显示系统、动力转向系统、导航系统等辅助设备提高汽车的操纵性和舒适性。相比于内燃机汽车庞大复杂的机械结构，电动汽车采用驱动电机驱动、电力控制系统控制，驱动电机结构简单、技术成熟、运行可靠，在相当宽广的速度范围内高效产生转矩，行驶过程中不需要换挡变速装置，操纵方便容易。电力控制系统结构简化，降低了机械摩擦导致的能量损耗，节省了汽车内部空间、重量。电动汽车的发动机效率远远大于燃油发动机，配合上现阶段电力系统的发电率明显提升，使得电动汽车整体的能量损耗远远少于燃油汽车，在节能方面具有显著的优势。在城市低速行驶时，电动汽车使用电机能够克服频繁启动和低负载运行的问题，操控体验感强，更加适合于城市低速行驶、堵车路段。

电动汽车作为清洁能源汽车，具有低污染、零排放、低能耗等优势，政府和广大消费者对电动车发展和优势普遍看好。然而，电动车的续航问题一直备受关注。电动车的核心部件，动力电池的能量密度决定了电动车的续驶里程，而功率密度决定了电动汽车的最高车速和加速性能。目前常用的铅酸电池、镍氢电池、镍铬电池能量密度较低，循环使用寿命短，铅、铬等对环境有一定的污染。相比而言，锂离子电池能量密度大、无污染、循环寿命长，但安全性和循环寿命等仍需要改善[14]。续航能力较好的特斯拉 Model S、小鹏 P7、蔚来 ET7 等电动汽车都搭载了三元锂离子电池。下一代电池技术固态锂电池目前正处在成熟技术到产业化的过渡阶段，市场预期 2025 年左右将实现商业化量产，届时整车续航里程将翻倍。

近年来，我国纯电动汽车发展迅速，但与发达国家相比，我国电动汽车产业的发展进程还有一段差距。首先，国产电池续航能力有待进一步提升，2022 年我国国产纯电动乘用车平均续驶里程达到 424 公里。对电动汽车整车能量管理、整车行驶安全性、驱动、故障诊断及状态监控起重要作用的整车控制器的制造水平上也有待持续攻关。绝缘栅双极型晶体管（IGBT）是电动汽车整车控制器的核心，具有能源转换与传输的作用。目前，英飞凌、三菱、ABB 在高压等级的工业 IGBT 技术领域几乎处于垄断地位，我国中高端 IGBT 行业起步晚，目前 90%依赖进口，价格昂贵[15]。除此之外，充电桩的建设依旧滞后，截至 2024 年底，国内车桩比为 2.45∶1，还远没有达到车桩比 1∶1 目标，仍需完善建设。

为了应对目前所面临的动力电池关键技术难以突破、整车控制系统核心技术对外依存度高及充电辅助设施不完善等挑战，企业应加大技术研发力度掌握关键核心技术，加快新能源汽车产业与技术的升级。国家应当继续完善新能源汽车相关产业政策加快市场模式的转变，激发市场竞争活力，降低企业对国家扶持的依赖，促进优胜劣汰。技术上应当着重开发高比能量动力电池以提升电动汽车续驶里程。此外，动力电池的回收利用也将成为未来新能源汽车产业发展的一个重要问题，后续应逐步建立全国性的动力电池回收网络，形成有效的回收模式。健全相应的市场规范，加快服务平台的建设，加速推进远程监控与故障维修快速响应系统的建设与完善。

（2）混合动力汽车

混合动力汽车（hybrid vehicle）是指车辆驱动系统由两个或多个能同时运转的单个驱动系统联合组成的车辆，车辆的行驶功率依据实际的车辆行驶状态由单个驱动系统单独或共同提供。通常所说的混合动力汽车是指油电混合动力汽车，即采用传统的内燃机（柴油机或汽油机）和电动机作为动力源，也有的发动机经过改造后使用其他替代燃料（例如压缩天然气或丙烷等)。混合动力装置既发挥了发动机持续工作时间长、动力性好的优点，又可以发挥电动机无污染、低噪声的优点，二者“并肩战斗”，取长补短，汽车的热效率可提高10%以上，废气排放可改善30%以上。混合动力汽车的关键是混合动力系统。经过十多年的发展，混合动力系统总成已从原来发动机与电机离散结构向发动机电机和变速箱一体化结构发展，即集成化混合动力系统总成。例如，丰田普锐斯作为一款混合动力电动汽车，在车辆启动时，由电池提供动力，具有起步加速快的特点；加速时，动力电池和内燃机共同工作，为车辆提供较大的功率；正常行驶时，只有内燃机在高速区工作，既提供车辆行驶的动力，又向电池充电；减速时，动力电池和内燃机均不工作，进行能量回收，向电池充电。这种工作模式，显著降低了车辆的燃油消耗和尾气排放。据官方数据介绍，2024年10月上市的新比亚迪唐DM-i混动汽车，搭载了第五代DM技术，最高热效率达到45.3%，百公里亏电油耗仅为4.95L，纯电续航里程为115km，综合最大续航里程达到1150km。混合动力电动汽车的研发符合我国国情，但是混合动力电动汽车没有从根本上解决对石油产品的依赖，在车辆使用过程中仍然会排放尾气污染物。混动汽车搭载双动力系统，配件增多，生产成本也较内燃机汽车更高。另外，动力电池的储能技术需要继续改进，充电站等配套设施尚未完善，大规模发展混合动力电动汽车仍然需要一段时间。

（3）燃料电池汽车

燃料电池汽车（fuel cell vehicle，简称FCV）是一种用车载燃料电池装置产生的电力作为动力的汽车。车载燃料电池装置所使用的燃料为高纯度氢气或含氢燃料经重整所得到的高含氢重整气。燃料电池汽车其实也是电动汽车，只不过“电池”是氢氧混合燃料电池。因此，FCV的关键是燃料电池。和普通化学电池相比，燃料电池可以补充燃料，可以直接注入氢气为原料，也可以注入甲醇，经重整过程合成氢气，用于电池使用。

纯氢燃料电池汽车是以氢作为车辆运行能源来源的汽车，它的原理是电解水的逆反应：把氢输入燃料电池中，氢原子的电子被质子交换膜阻隔，通过外电路从负极传导到正极，成为电能驱动电动机，作为车辆动力来源；质子却可以通过质子交换膜与氧化合为纯净的水雾排出，同时实现“零排放”（图1-2）。相比传统汽车，氢燃料电池汽车的行驶过程中只产生水，清洁无污染，能量转化效率高达60%～80%，是内燃机转化效率的2～3倍[16]。另外，由于动力系统不存在机械振动和热辐射等问题，汽车有关零部件有更长的使用寿命和更高的可靠性，而且运行平稳、噪声小、舒适度高。而相比纯电动汽车，氢燃料电池汽车具有续航里程长和加注时间短等优势。5kg的氢气可使汽车连续行驶400km以上。而达到相同的里程，纯电动汽车需搭载约半吨的锂电池。氢燃料电池汽车加氢快捷，几分钟就可以加满，而纯电动汽车“快充”需要30min，“慢充”则需7～8h。2020年12月10日丰田汽车公司发布的第二代 Mirai 燃料电池汽车的续航里程高达 850km，加气仅需 3min，远低于电动汽车充电所需时间。

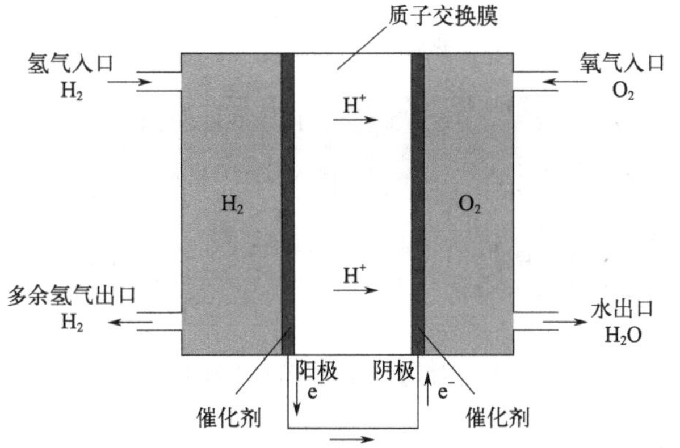

图 1-2　氢燃料电池工作原理[17]

氢燃料电池汽车续航里程和能源利用率高，充能时间短，有望成为未来环保汽车的首选技术路线。截至 2024 年底，全球氢燃料电池汽车预计保有量 9.8 万辆[18]。我国政府也高度重视氢燃料电池汽车的发展，连续颁布《能源技术革命创新行动计划（2016—2030 年）》《"十三五"国家战略性新兴产业发展规划》《节能与新能源汽车技术路线图》《新能源汽车产业发展规划（2021—2035 年）》和《新时代的中国能源发展》等系列政策文件支持氢燃料电池汽车的发展。根据规划，2025 年我国氢燃料电池汽车将达到 10 万辆的规模。2030 年将会形成 100 万辆的保有量，配套加氢站数量达 4500 座以上。到 2050 年，氢燃料电池汽车年产量达到 520 万辆，占有量将达 1000 万辆。

尽管国内氢燃料电池汽车发展迅速，但仍然存在一些问题待解决。尚未形成以企业为主体的协同创新机制、规模化、高可靠性产品的产业化能力；技术水平不高，特别是催化剂和质子交换膜等材料制备水平低，基本依赖进口；受限于技术发展阶段，相比传统燃油汽车和纯电动汽车，整车制造成本仍不具备优势。另外，氢能基础设施的建设相对滞后，储氢、加氢站的建设、运营、管理等多个环节仍需加强技术创新并降低成本。

相比直接采用纯氢为燃料，甲醇重整制氢燃料电池汽车可以自身产生氢气，该过程仅需加入甲醇为原料，在高温条件下甲醇水溶液反应生成二氧化碳和氢气。提纯后的氢气进入燃料电池系统，经质子交换膜阻隔，电子通过外电路从负极传导至正极成为电能驱动电机。而通过质子交换膜的质子与氧气反应生成水排出（图 1-3）。甲醇重整氢燃料电池汽车在加氢站未普及的情况下具有一定的便利性，对氢燃料电池汽车的推广也具有一定的积极意义。但甲醇重整制氢过程中得到的是氢气、二氧化碳等的混合气体，提纯需要额外的设备。同时甲醇重整电池是"电—氢—甲醇—氢—电"，过程更为复杂。另外，甲醇具有腐蚀性，存储装置和管路需特殊处理，也是额外的成本。

1.2.2　机动车燃料发展趋势

车用燃料的发展同发动机的发展是紧密相连的。首先是煤炭作为蒸汽机汽车的燃料，后来作为煤内燃机车的燃料，但煤炭的使用效能低，导致汽车动力装置体积大、重量大，最终

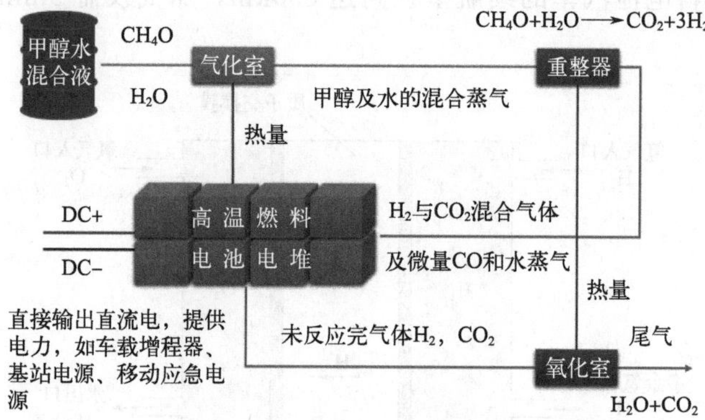

图 1-3　甲醇重整制氢燃料电池原理图

在燃油内燃机产生后不久便退出了舞台。1908 年，汽车史上第一辆在生产线上大量装配的使用汽油作为燃料的福特 T 型汽车在美国诞生，随后汽油成为汽车的主要燃料。狄塞尔制成了第一台柴油机之后，柴油也逐渐成为汽车的主要燃料。

车用汽油中硫、烯烃、芳烃、苯等的含量直接影响汽车排放尾气中 HC、NO_x 和 CO 等有害物质的含量，对大气污染具有直接的影响。硫会导致汽车尾气催化转化器中的催化剂中毒，降低其对有毒排放物的转化率，并可导致高温尾气氧传感器灵敏度下降，使排放量增加。烯烃挥发到大气中后，因发生光化学反应而加速臭氧的形成，同时由于烯烃受热不稳定，易使发动机及其进气系统形成胶质和积炭，影响发动机效率，使 NO_x 排放量有所增加。芳烃燃烧时容易形成积炭，并导致致癌物苯的形成，增加尾气中 HC、NO_x 和 CO_2 的排放。

为了降低汽车尾气对大气的污染，目前国际车用汽油质量发展趋势主要包括：全力降低硫含量，严格限制并进一步降低苯含量，限制芳烃和烯烃含量。2017 年国家第五阶段机动车污染物排放标准，简称为“国五标准”，主要针对汽油车的尾气排放进行限制，其中明确要求：

① 每千克汽油中硫含量不高于 10mg；

② 汽油中锰元素含量指标限值为 2mg/L，并禁止人为加入含锰添加剂；

③ 汽油中烯烃含量为 24%。

近年来，我国机动车污染物排放标准逐步提升（表 1-9）。国家已经在 2020 年 7 月 1 日实行“国六 A”标准，2023 年 7 月 1 日实行“国六 B”标准。“国六 A”阶段的排放标准与“国五”基本相同，仅仅是取了“国五”排放要求中的最严值。“国六 A”相当于“国五”与“国六”的过渡阶段，而“国六 B”是真正“国六”排放标准。国六排放标准在国五的基础上提高了 40%～50%，是目前史上最严格的排放标准，比起欧六的排放标准还要严格。值得注意的是，“国六”采用了燃料中性的原则，即无论采用哪种燃料，排放限值都是相同的。而在原先的“国五”阶段，柴油机车型和汽油机车型的排放标准各不相同。国六标准与国五相比，在排放标准方面，氮氧化物减少 77%，颗粒物减少 67%，引入颗粒数量（PN）的限值要求，并且加严了排放控制装置耐久性、车载诊断系统（OBD）的相关要求。

表 1-9 “国五”和“国六”标准的排放限值比较

排放物	国五（汽油车）	国六 A	国六 B
一氧化碳/(mg/km)	1000	700	500
碳氢化合物/(mg/km)	100	100	50
非甲烷烃/(mg/km)	68	68	35
氮氧化物/(mg/km)	60	60	35
氧化亚氮/(mg/km)	—	20	20
PM 细颗粒物/(mg/km)	4.5	4.5	3.0
PN 颗粒物/(个/km)	—	6.0×10^{12}	6.0×10^{11}

不论是汽油还是柴油作为汽车的主要燃料，都要依赖于不可再生能源石油的生产。在经历过几次能源危机之后，人们逐渐意识到寻找其他能源的必要性和紧迫性，而汽车尾气在环境污染中的比例逐渐增大，也更坚定了人们对于开发清洁车用燃料的决心。目前，替代车用燃料主要有天然气、醇醚酯燃料和氢气等。它们表现出较好的燃烧性能，不仅提高了热效率，而且显著降低了 HC、CO、NO_x、PM、碳烟等有害污染物的排放。同时，这些燃料含硫量较低，满足机动车燃料的严格标准。以上各种车用燃料不论是传统的石油系产品还是天然气燃料、煤基替代燃料，它们都是由不可再生的化石能源转化而来。为了可持续发展，车用燃料也朝着利用可再生能源的方向发展。

生物质能是人类一直赖以生存的重要能源，是仅次于煤炭、石油、天然气而居于人类能源消费总量第四位的能源。生物质燃料经历短短二三十年的探索，不论在其来源植物还是生产技术上都有了较大的发展，有些生物质燃料技术早已经成熟并实现了市场化生产。生物质车用燃料的生产技术就是生物质液化技术，是有效利用生物质能的最佳途径。生物质液化方法有热化法（气化、高温分解、液化）、生化法（水解、发酵）、机械法（压榨、提取）和化学法（甲醇合成、酯化），其产品主要是醇类燃料和生物油。随着煤基燃料、生物质燃料技术的发展，“醇醚燃料”逐渐成为了一个独立的车用燃料体系。它们来源广泛，制备方法多样，而且技术相对比较简单，已经成为近年替代燃料中发展较快的部分。

不论是化石燃料还是可再生燃料，其本质上都是“碳”和“氢”的燃烧，而相比碳，氢在地球上的储量更加丰富。所以经历过几次能源危机，经过了多年的替代燃料的开发，人们逐渐认识到：真正洁净无污染、取之不尽、用之不竭的燃料是氢。

以氢为能源的汽车，目前应用的技术途径主要有两个：内燃机改用氢气燃料和氢气燃料电池电动车。目前根据氢储存形式的不同，氢气汽车（内燃机车）分为压缩氢汽车、液化氢汽车和吸附氢汽车。虽然经过多年的研究，特别是吸附氢材料近年研究比较多，但对氢气汽车的研究还处于研究探索阶段。氢能汽车行车路远，使用寿命长，最大的优点是不污染环境。但推广氢能汽车需要解决廉价制氢、氢气的安全储运以及安全高效低成本的氢供给系统的问题。另外，近年来高速发展的甲醇重整制氢燃料电池汽车，可以自身直接产生氢气，该过程仅需加入甲醇为原料，对加氢站的依赖度低，没有加氢站的建设成本，推广较为容易。氢燃料电池汽车是未来发展前景广阔的新能源汽车。

综合当前的机动车及燃料的发展现状，车用燃料在今后很长一段时期内仍将以石油燃料为主。醇醚酯燃料将会逐渐成为今后车用燃料的主体，在更久远的未来，氢将成为最终车用燃料。

1.3 煤基替代燃料的发展

随着社会经济的不断发展，对能源的消耗也越来越多，造成我国石油消费严重依赖进口，对外依存度屡创新高，到 2022 年底，石油对外依存度已高达 70.9%，严重威胁能源供应安全。而我国煤炭资源相对丰富，是化石能源生产和消费主体，2022 年煤炭消费占我国能源消费的 56.2%。从煤出发，制取天然气和液体燃料等，特别是内燃机用清洁燃料，对缓解我国石油资源匮乏和需求之间的矛盾，实现我国长期可持续的经济发展和环境保护，特别是保证供应安全具有重要的现实和战略意义。

1.3.1 中国化石能源现状

化石能源是一种碳氢化合物或其衍生物，是一次能源，主要包括石油、天然气、煤等含碳能源。从资源总量上看，我国是一个化石资源较丰富的国家。据我国 2024 年矿产资源最新报告统计数据显示（表 1-10），2023 年底煤炭查明资源储量 2185.7 亿吨，相比 2022 年增加 5.6%；天然气查明资源储量 67424.52 亿立方米，相比 2022 年增加 2.6%；石油查明资源储量 38.51 亿吨，相比 2022 年储量增加 1.2%。

表 1-10 我国主要矿产查明资源储量

矿产	单位	2022 年	2023 年	增减变化/%
石油	亿吨	38.06	38.51	1.2
天然气	亿立方米	65690.12	67424.52	2.6
煤炭	亿吨	2070.12	2185.7	5.6

虽然我国资源总量相对丰富，但人均化石能源资源拥有量较低：煤炭资源人均拥有量相当于世界平均水平的 50%，石油、天然气资源人均拥有量仅为世界平均水平的 1/15 左右；能源资源赋存分布不均衡。煤炭资源主要赋存在华北、西北地区，石油、天然气资源主要赋存在东、中、西部地区和海域。而中国主要的能源消费地区集中在东南沿海经济发达地区，资源赋存与能源消费地域存在明显差别。大规模、长距离的北煤南运、北油南运、西气东输、西电东送，是中国能源流向的显著特征和能源运输的基本格局；能源资源开发难度较大，中国煤炭资源地质开采条件较差，大部分储量需要井工开采，极少量可供露天开采。石油、天然气资源地质条件复杂，埋藏深，勘探开发技术要求较高。

2024 年我国能源消费总量为 59.6 亿吨标准煤，同比增长 4.3%，其中，全国煤炭消费量 48.5 亿吨，同比增长 1.7%；国内原油表观消费量 7.64 亿吨，同比下降 1.2%；天然气表观消费量 4260.5 亿立方米，同比增长 7.3%。中国的原油净进口量为 5.62 亿吨，原油对外依存度为 72.2%。天然气净进口量为 1.32 亿吨，同比增长 9.9%，对外依存度约 40.9%。

1.3.2 煤炭消费的环境问题

煤炭为我国国民生活水平的提高和经济的发展作出了不可磨灭的贡献，而且在未来几十年内，煤炭仍将是主要能源的来源。然而，煤炭能源消费过程排放出的CO_2一直是CO_2排放的主要来源，其中以燃煤发电行业是CO_2排放第一大户，所占的比重一直维持在50%左右，预计到2030年达到54%（见表1-11）。

表1-11 各行业与能源有关的二氧化碳排放量 单位：10^6t

行业	1990年	2005年	2010年	2015年	2030年	2005～2030年①
发电	652	2500	3589	4450	6202	3.7%
工业	800	1430	2014	2186	2373	2.0%
交通运输业	121	337	486	664	1255	5.4%
民用和服务业②	479	468	550	622	715	1.7%
其他行业③	191	365	585	709	903	3.7%
总计	2243	5100	7224	8631	11448	3.3%

① 年均增长率；

② 包括农业；

③ 包括其他转化和非能源消费。

CO_2大量排放，导致大气的温室效应增加，使全球气温升高，发生严重的气候变迁。气温升高会使极地冰层部分融化，引起海平面上升，据报道海平面升高1m，直接受影响的土地约500万平方公里，人口约10亿，耕地约占总量的1/3。许多沿海城市、岛屿或低洼地区将面临被海水淹没的危险。更为严重的是，被冰封十几万年的史前病毒可能会重新出现，导致全球陷入疫病恐慌，人类生命受到严重威胁。此外，大气CO_2增加还将造成全球大气环流调整和气候带向极地扩展，气候将变得干燥等。

为应对CO_2排放对全球气候环境变化的影响，2016年4月22日，170多个国家领导人齐聚纽约联合国总部，共同签署气候变化问题《巴黎协定》，承诺将全球气温升高幅度控制在2℃的范围之内。在第七十五届联合国大会上，中国正式承诺二氧化碳排放力争于2030年前达到峰值，努力争取2060年前实现碳中和。绿色低碳发展是实现碳达峰碳中和的有效途径，近年来成果显著。2023年我国单位GDP二氧化碳排放较2018年降低17.2%，2012年至2022年，我国规模以上企业单位工业增加值能耗累计下降超过36%。在光伏、风电、水电方面，我国的装机总量占全球的三分之一左右，位居世界首位。未来，将进一步加快绿色低碳发展，积极推动调整优化产业结构和能源结构，大力发展新能源，加快建设全国用能权和碳排放权交易市场，完善能源消费的双控制度。

在煤炭能源的长期高强度消费过程中还产生了大量的二氧化硫和烟尘等污染物。中国工程院的研究报告指出，我国燃煤排放的SO_2已占到总量的85%，烟尘和NO_x分别为总量的70%和60%。这些排放物是大气污染的主要来源，对我国的环境造成了极大的影响。二氧化硫和三氧化硫在大气云层中与水分子结合形成酸雨，使土壤酸化，危害农作物，影响园林、森林、花草树木的生长，破坏生态环境。煤燃烧产生的NO_x具有致癌作用，对人体危害极大，而且 NO_2 不但会与水汽结合形成酸雨，还能在紫外线的作用下，生成化学雾气。除此之外，煤炭燃烧会产生大量的粉尘，含有大量的有毒、有害物质，是大气中 $PM_{2.5}$ 的主要来源。这些颗粒物在大气中的停留时间长、输送距离远，对人体健康和大气危害严重。

1.3.3 煤基合成替代燃料

针对我国以煤为主的能源结构和煤炭消费带来的环境问题，发展现代煤化工产业，是促进煤炭资源的高效清洁转化的重要途径。现代煤化工是指以煤为原料，通过气化、焦化和化学转化，使煤转化为气体、液体和固体燃料以及化学品的过程，主要工艺路线及产品如图 1-4 所示。在 20 世纪 30 年代，在世界化学工业中煤化工处于主导地位，被称为煤化工时代。60 年代后，由于石油化工的蓬勃兴起，全球煤化工发展进入低潮。70 年代世界石油危机后，又重新开始研究煤化工新技术。

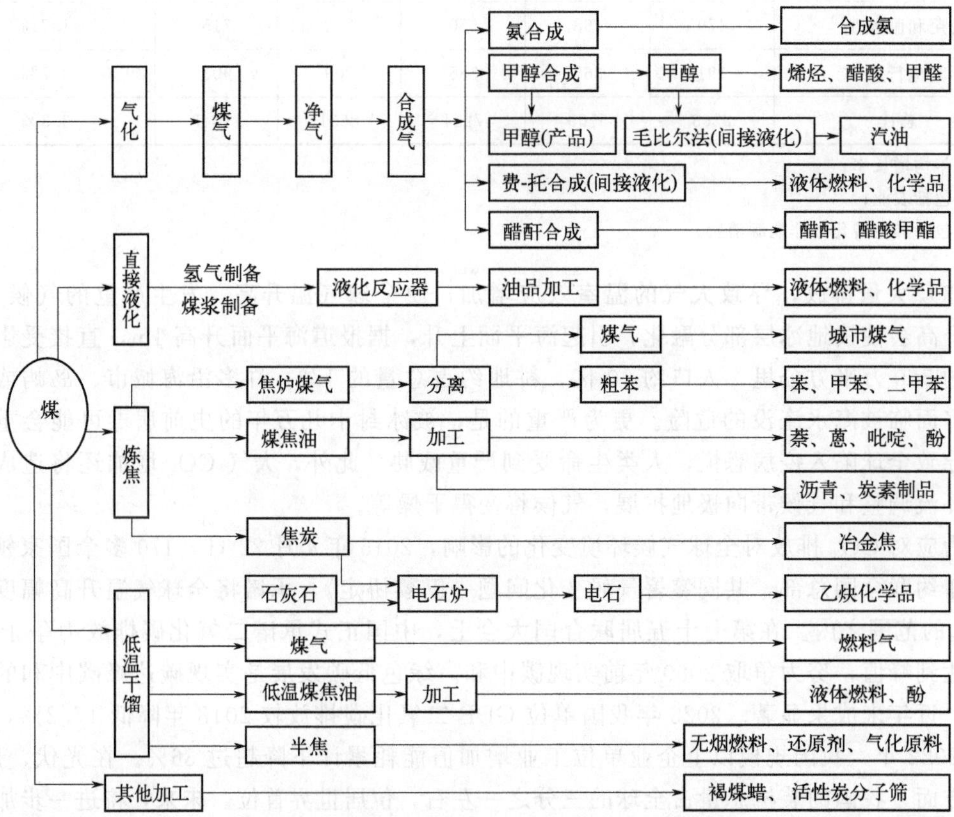

图 1-4 煤化工主要工艺路线及产品

以煤为初始原料，通过各种反应过程转化为汽油、柴油和天然气等可作为燃料或替代燃料使用的产品，是煤化工发展路线的重要选择。其中，煤制燃料油技术是将固态煤转化为类似于石油原油的液体，即以煤炭为起始原料，经物理或化学加工（热解/气化/液化等）过程，生产汽油、柴油、航空煤油和液化石油气等清洁燃料和高附加值石油化工产品的技术。具体说来，是指煤直接加氢液化制取油品和煤经气化再经费-托反应制取油品。这两种工艺生成的合成油品馏程很宽，相当于炼油厂的原油，须经过馏分切割分离和精炼才能得到符合质量标准的汽油、柴油、航煤、溶剂油和润滑油等成品油产品。另外，煤炭中低温热解得到的煤焦油以及煤基甲醇生产汽柴油组分也属于煤基油品。煤制油技术包括煤直接液化工艺、煤间接液化工艺、煤热解与焦油加氢工艺、煤油共炼工艺。

（1）直接液化合成油

煤直接液化是指煤炭在高温高压下，借助供氢溶剂和催化剂，经热溶解、热萃取、热分解和加氢等物理化学过程，脱除 O、N、S 等杂原子，将大分子煤转化成小分子油，生产洁净的液体燃料油和化工原料。直接液化工艺又可分为热裂解法、溶剂法、催化加氢法，以溶剂法和催化加氢法或两种方法结合为主[19]。国内神华集团建设运行了世界上第一套百万吨级煤直接液化工业装置。图 1-5 是煤直接液化工艺流程示意。

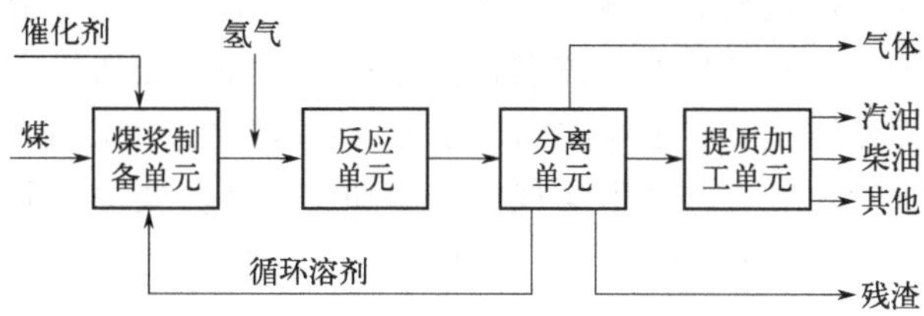

图 1-5　煤直接液化工艺流程示意

（2）间接液化合成油

间接液化是以煤为原料，先气化制成合成气，然后，通过催化剂作用将合成气转化成烃类燃料、醇类燃料和化学品的过程。该过程吸取了高压合成氨和合成甲醇的成功经验，技术核心是费-托（F-T）合成。煤间接液化合成油与直接液化相比，反应条件较为温和，典型反应条件为 250～350℃、3.0～5.0MPa。合成汽油产品的辛烷值不低于 90，合成柴油产品的十六烷值高达 75，且不含芳烃和硫、氮等污染物。但是煤间接液化反应是一个强放热反应，每生成一个—CH_2—基团，就要失去一个水分子，因而在合成油的过程中能量损失较大。煤间接液化技术主要包括：①大型加压煤气化、备煤和脱硫、除尘净化系统的造气单元；②在固定床、循环流化床、固定流化床和浆态床等合成反应器中进行合成反应的 F-T 合成单元；③将反应产物进行分离的分离单元；④后加工提质单元。国内兖矿集团、伊泰集团、神华宁煤集团分别建立了大规模工业化装置。图 1-6 是煤间接液化合成工艺示意。

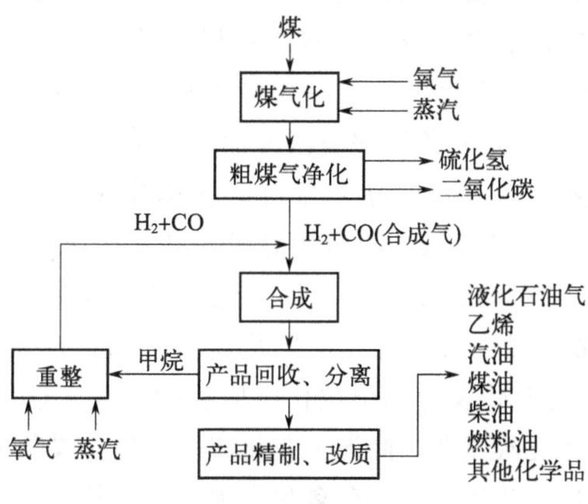

图 1-6　煤间接液化合成工艺示意

(3) 煤经甲醇合成汽油

煤经合成气催化转化合成的甲醇，在催化剂作用下转化可获得 C_{11} 以下烃类油组分(MTG)。该工艺技术对原料甲醇的纯度要求相对低，可以直接使用粗甲醇进行转化，转化得到的汽油低硫、低苯，可以直接销售或者与常规的汽油相调和使用。MTG 工艺主要有固定床 MTG 工艺、流化床 MTG 工艺、多管式 MTG 工艺、国内的一步法 MTG 工艺以及托普索的一体化汽油合成工艺（TUGAS）。

(4) 煤焦油加氢合成油品

煤焦油是煤炭在干馏或热解及气化过程中得到的液体产品。按照其来源和性质可分为中低温（500～800℃）煤焦油和高温（1000℃左右）煤焦油。我国煤焦油资源丰富，2023 年，我国煤焦油总产量约为 2630 万吨。煤焦油加氢是以生产清洁燃料油品为主要目的，将煤焦油在高温、高压、临氢和催化剂的条件下，脱除硫、氮、氧和金属等杂原子，饱和芳烃、烯烃等烃类，进而转化为较低分子量的液体燃料。近年来，煤焦油加氢产业化发展迅速，截至 2023 年底，煤焦油加氢企业合计产能约 1215 万吨/年。其中，中低温煤焦油性质相对较好，可以借用相对成熟的石油加工工艺技术实现全馏分加工生产汽柴油产品调和组分。加氢技术主要包括轻馏分加氢、延迟焦化-加氢、全馏分加氢、宽馏分加氢、沸腾床加氢、悬浮床加氢等一系列技术。

(5) 煤油共炼合成油品

煤油共炼技术也称为煤油共处理技术，是 20 世纪 80 年代在煤直接液化工艺基础上发展起来的一种煤制燃料油技术。基本原理是将煤直接液化工艺中所用的循环溶剂用石油重油或煤焦油代替，全部或部分取消循环溶剂。然后将煤和重质油混合后通过反应器并加氢裂解成轻、中质油和少量烃类气体。该工艺中煤与重质油之间存在协同效应、原料转化率高、产品质量好[20]，在煤液化的同时将石油衍生油提质，减少单位产品的投资和操作费用。煤油共炼工艺由于具有诸多技术优势而受到世界各国的关注。国外煤油共炼技术的研究较早，代表性工艺主要有美国碳氢公司（HTI）的 HTI 工艺、加拿大能源开发公司（CED）和德国煤液化公司（GFK）合作开发的 PYROSOL 工艺、加拿大矿产和能源技术中心（CANMET）的 CANMET 工艺等[21]。我国延长石油集团建设运行了世界上第一套 50 万吨/年规模煤油共炼工业示范装置。

(6) 煤制天然气

煤制天然气是以煤为原料，经气化、变换、净化工序，再经甲烷化生产天然气的过程，主要成分是甲烷。随着我国工业化、城镇化的发展和人民生活水平的提高，对清洁能源天然气的需求量迅速增长，天然气供不应求。利用我国煤炭资源相对丰富的特点发展煤制天然气产业，补充天然气资源的不足，是一条缓解我国天然气供求矛盾的有效途径，有着广阔的发展前景。煤制天然气能量转化效率高，产品质量好，比国家天然气质量标准规定的低热值高 17.8%～21%。煤制天然气的工艺路线主要分为直接法和间接法两大类。直接法是碎煤经循环载体加入气化反应器中，在催化剂的作用下，将气化反应制取的 CO、CO_2 或 H_2 直接反应得到甲烷混合气。间接法是煤经气化后，再经甲烷化得到合格产品气。直接法无需氧气参加反应，能够节省空分费用，而且气化反应和甲烷化反应温度不高，这也降低了成本。但工艺中催化剂的回收较为困难，过程也比较复杂，尚无工业化应用案例。煤制天然气间接法工艺路线主要包括煤气化、变换、净化、甲烷化以及空气分离和废水处理，其工艺过程中的两大核心技术是煤气化工艺技术和甲烷化工艺技术，过程简单，能源转化效率高，是目前的工业化生产路线。

1.4 煤基含氧燃料发展趋势

通过煤气化合成分子结构以 C 和 H 为主的汽柴油替代燃料，需要脱除合成气中 CO 的 O 才能获得，过程能量消耗大，原子利用率低。相比而言，合成含有 C、H、O 三种元素的醇醚酯煤基含氧燃料，可以充分利用合成气中的元素组成，产品收率高，能量利用率也较高。根据测算，煤直接加氢液化合成 1 t 油产品要消耗 4～4.5t 煤，间接加氢液化需 5～5.5t 煤，而合成 1t 甲醇燃料消耗 1.5～1.7t 煤，合成 1t 二甲醚燃料消耗 2～2.5t 煤。同时从煤出发合成含氧燃料，对煤种并无苛刻的要求，合成压力操作范围宽，合成条件相对温和。从产品纯度上看，含氧燃料的合成过程催化选择性高，产品单一，易于分离提纯。另外，合成含氧燃料的原料由于通过煤气化和净化手段，产品中基本不含 S、N 等杂原子，使用时不会产生 S、N 等化合物的污染问题，比较清洁。可见，煤基含氧燃料具有明显的优势，发展潜力巨大。

1.4.1 醇类燃料

醇类燃料，如甲醇、乙醇和低碳醇类，具有高辛烷值，可在火花点火式内燃机中用作汽油的替代品或与汽油混合。近年来，醇类燃料发展迅速，特别是工业生产技术的进步，为其广泛应用奠定了坚实的基础。其中甲醇燃料具有节能与环保的双重优势，在许多潜在领域有着广阔的发展前景，其推广有利于降低我国日益严峻的能源危机和改善日渐恶化的环境状况。乙醇可作为良好的汽油增氧剂和抗爆剂，能使汽油燃烧充分，达到节能和环保的目的。添加 10%时，现有的汽车结构无需改造，也不会影响汽车的动力性能。但受乙醇生产粮食原料不足，存在与人争粮问题的限制，乙醇汽油推广相对放缓。推进乙醇生产从粮食乙醇技术向非粮乙醇技术转变，是大势所趋。近年来，经济性好且不消耗粮食的煤制乙醇路线快速发展，拓宽了我国乙醇的供应来源。低碳醇燃料的研发和应用近年来也引起人们关注。低碳醇主要来源于合成气路线，而提高催化产品选择性是未来研究的重点。总体上看，随着我国经济的不断发展和对环境要求的不断提升，醇类燃料的推广和应用将更加广泛。本小节将分别重点介绍甲醇、乙醇和低碳醇的发展现状，特别是推广应用情况及目前存在的问题，分析发展前景。

1.4.1.1 甲醇

甲醇是非常重要的平台原料，目前甲醇生产技术成熟，我国是全球最大的甲醇生产国和消费国，产能和产量占全球一半以上。我国煤基甲醇燃料的车用研究始于 20 世纪 70 年代，在国家、行业及地方项目的共同支持下，已在低比例、高比例甲醇燃料发动机的研发，甲醇燃料的储存、输配、防腐、安全及甲醇汽车的维护保养、试验、检验等方面做了大量工作[22]。

在各项政策保障下，甲醇燃料应用取得了良好的进展。2012 年工业和信息化部发布《关于开展甲醇汽车试点工作的通知》工信部节〔2012〕42 号文件，正式在山西、上海、陕西、贵州和甘肃的 10 个城市组织开展甲醇汽车试点工作。试点共有 1024 辆甲醇汽车，由乘用车、厢式货车、公共客车和重型卡车构成，总行驶里程达 1.84 亿公里，采集了涉及经济性、环保性、可靠性、安全性、适应性的 5 亿多条的技术数据。2018 年初，10 个城市甲醇汽车试点工作全部通过验收。陕西省西安市在 2018—2019 年推广应用 10000 辆 M100 甲醇出租车，并在 2019 年底前将甲醇燃料加注站由最初的 15 座增至 45 座，配套解决甲醇汽车的燃料加注问题。连同其他试点城市仍在运行的甲醇车辆，截止到 2024 年，全国甲醇汽车保有量达 50000 辆。另外，江西省赣州市经开区与中商国信签订了“新能源智慧产业链”项目合同，计划投资 101.5 亿元人民币，大力发展甲醇汽车、甲醇设备等。以贵州省 M100 甲醇燃料的地方标准、陕西省 M100 甲醇燃料标准的实施为基础，全国醇醚燃料标准化技术委员会（SAC/T C414）于 2019 年 10 月 17 日在贵阳市召开《M100 车用甲醇燃料》和《M100 车用甲醇燃料添加剂》国家标准编制工作会议，推进甲醇燃料汽车的应用推广。2023 年吉利甲醇乘用车已规模化运行超 2.7 万辆，总运行里程达到 80 亿公里，最高单车运行里程已突破 120 万公里；甲醇商用车运行超 100 辆，市场运行总里程 227.24 万公里。2023 年我国甲醇汽车市场保有量近 3 万辆，总运行里程已接近 150 亿公里。此前在山西、上海、陕西、贵州、甘肃 5 省市组织开展甲醇汽车试点运行工作，系统地验证甲醇汽车的适用性、安全性、可靠性、经济性和环保性。甲醇汽车行业数据统计显示，预计未来 5 年甲醇乘用车市场年需求量在 5 万辆左右，甲醇商用车市场年需求量在 3000 辆左右。据统计，目前贵州省通过市场化方式推广甲醇汽车 16400 辆，总运行里程超过 65 亿公里，最大单车运行里程超过 95 万公里，全省投入运营甲醇燃料加注站超过 50 座，年消耗甲醇约 25 万吨，替代汽油约 15 万吨，已经成为全球甲醇燃料和甲醇汽车市场化推广规模最大、覆盖区域最广的城市。

近年来国家和相关省市出台了一系列指导意见和标准，推进甲醇燃料的推广应用。2017 年 10 月，《车用甲醇汽油添加剂》（GB/T 34548—2017）国家标准获得国家质量监督检验检疫总局、国家标准化管理委员会批准发布，甲醇汽油推广再进一步。2019 年 3 月由工业和信息化部等八个部委联合发布的《关于在部分地区开展甲醇汽车应用的指导意见》[23]，正式将甲醇汽车和甲醇燃料合法地推向汽车和燃料市场，对推动甲醇汽车和甲醇燃料应用发挥了重要的作用。2020 年 11 月 10 日，生态环境部批准《甲醇燃料汽车非常规污染物排放测量方法》（HJ 1137—2020）为国家环境保护标准，并发布实施。该标准为甲醇燃料汽车非常规污染物排放型式检验提供了依据，有利于推动甲醇燃料汽车环保信息公开，促进甲醇燃料汽车市场化推广应用。紧接着，12 月 15 日工业和信息化部装备工业发展中心发布了《关于调整甲醇汽车产品准入相关要求的通知》，这对甲醇汽车推广应用起到的导向作用和积极的技术引导作用毋庸置疑。近年来，山西省在醇基燃料应用方面做了诸多尝试，在甲醇汽车推广方面取得了不错的成绩。山西省已先后出台 12 项甲醇燃料和甲醇汽车推广应用相关地方标准，有力支撑了甲醇汽车的推广应用。2020 年 12 月 24 日，山西省工信厅、山西省发展改革委、山西省科技厅等 12 个部门联合出台《加快推进甲醇汽车产业发展和全省域推广应用的实施方案》。全省域推广应用的甲醇汽车必须列入国家《道路机动车辆生产企业及产品公告》。

随着国家甲醇燃料标准和规范的出台，甲醇燃料储运、使用等环节的社会化服务体系的建立，以及相关发动机和汽车技术的不断开发和完善，按照“低比例醇醚燃料适应汽车、汽车适应高比例醇醚燃料”的原则，低比例甲醇汽油（M15）和高比例甲醇燃料（M85）都将有不错的市场前景。甲醇汽车及其产业链已经迎来风口，可立足产业发展和市场推广实际需要，完善甲醇汽车及甲醇燃料相关地方标准，建立与产业发展相适应的标准体系，进一步推动甲醇汽车的推广运用。

1.4.1.2 乙醇

乙醇燃料是目前成熟的汽油替代燃料，在减少大气污染和温室气体排放、降低对进口石油的依赖等方面具有十分显著的作用。乙醇汽油的开始使用要追溯到20世纪20年代末。巴西政府于1931年起规定在全国使用的汽油中必须添加5%的酒精。而后受1973年第一次世界石油危机的严重影响，巴西政府实施了酒精计划，显著提高了酒精作为汽车燃料的使用水平。1984年，巴西生产的酒精汽车数量占当年全国汽车总产量的94.4%。美国也在同一时期，大力推广了10%乙醇汽油（E10汽油）。至2023年，美国乙醇产量约150亿加仑（1加仑=3.78543L），约占世界总产量的55%。

早在"十五"期间，我国出台了陈化粮燃料乙醇生产和开展车用乙醇汽油试点的扶持政策，并在9个省市推广使用乙醇含量为10%的车用乙醇汽油（E10）[24]。在后续的"五年"经济计划中，都将生物乙醇的生产列为重大项目。尤其是在2017年，国家发展改革委、国家能源局、财政部等十五部委联合印发《关于扩大生物燃料乙醇生产和推广使用车用乙醇汽油的实施方案》，极大推动了燃料乙醇产业的发展，为燃料乙醇产业提供了非常好的发展机遇。该方案指出，要在全国范围内推广使用车用乙醇汽油，到2020年全国范围内将基本实现车用乙醇汽油全覆盖[25]。到2025年，力争纤维素乙醇实现规模化生产，形成更加完善的市场化运行机制。

近年来，我国乙醇汽油发展迅速，当前我国已经成为仅次于美国和巴西的生物燃料乙醇第三大生产国。国家能源局数据显示，2023年我国燃料乙醇产量约为340万吨。然而，若按照10%的燃料乙醇添加比例，未来一旦在全国全面使用乙醇汽油，理论上燃料乙醇消费量将达1400万吨。可见，燃料乙醇供给量尚存在千万吨缺口，国内乙醇市场空间巨大。但我国燃料乙醇主要是通过生物质发酵生产，且以消耗库存余粮为目标。目前，库存余粮问题已得到解决，继续发展经粮食发酵制取乙醇的工业产业势必存在"与人争粮"问题，难以实现经济可持续发展[26]。因此，近年来国家逐渐将政策倾向非粮乙醇，2018年8月李克强总理主持召开国务院常务会议确定了未来生物燃料乙醇产业总体布局。即坚持控制总量、有限定点、公平准入，适量利用酒精闲置产能，适度布局粮食燃料乙醇生产，加快建设木薯燃料乙醇项目，开展秸秆、钢铁工业尾气等制燃料乙醇产业化示范。

相较于传统发酵工艺，煤制乙醇技术具有良好经济性且不消耗粮食，极具推广价值。我国现代煤化工技术也取得重要突破，为煤炭清洁转化提供技术支持。基于成熟的煤气化和煤液化技术，煤制乙醇技术已得到充分开发。延长集团自2012年开始与中国科学院大连化物所联合研发煤制乙醇技术，采用二甲醚羰基化工艺，2016年已经完成10万吨每年工艺包设计及建设，产品纯度超过99%，2022年全球首套20万吨每年焦炉气制乙醇装置在河南利源集团建成投产，全球规模最大的50万吨每年煤基合成气制乙醇装置在陕西延长集团建成投产。中国科学院山西煤化所科研人员经过多年的集中科研攻关，于2016年定向开发出由合成气制高附加值化工醇和燃料添加剂的廉价催化剂及其配套工艺路线。目前该项目已完成吨级工程制备放大并顺利通过工业中试验证。现代煤化工的发展为燃料乙醇生产提供了新方向。2021年4月19日，国家能源局印发《2021年能源工作指导意见》明确提出，要加快推进纤维素等非粮生物燃料乙醇产业示范，指出了发展纤维素燃料乙醇将是燃料乙醇的重点方向。发展燃料乙醇契合当下我国“双碳”目标背景下的现实需求，具有特殊的战略意义，值得我们在今后探索能源结构转型的路径上持续关注和研究。

1.4.1.3 低碳醇

低碳混合醇也可以用作燃料添加剂，提高辛烷值，促进燃烧，减少排放。值得注意的是，混合醇与汽油混合使用时相比单独添加甲醇或乙醇，表现出更好的互溶性。低碳混合醇用作燃料和燃料添加剂的研究较少，与商业化应用存在明显差距。当前对低碳醇的关注仍然主要集中在其合成过程上。低碳醇的合成主要采用合成气路线，该路线也是合成气生产甲醇工业化后的一次突破性进展。中国科学院山西煤化所自20世纪80年代初开始研究合成气制低碳醇，在催化剂的研发和反应器设计及工程放大等方面积累了丰富的理论和技术储备。2014年9月，神华煤制油化工有限公司5000吨/年合成气制低碳醇工业示范装置实现工艺全流程贯通，产出工业级甲醇和高附加值C_{2+}低碳醇。该技术由中国科学院山西煤化所与神华煤制油合作开发。研发团队采用新型铜基催化剂，定向开发了由煤基合成气制高附加值化工醇和燃料添加剂的温和化技术路线，在较低的反应压力和温度下实现低碳混合醇的高效合成。2016年10月，10万吨/年合成气制低碳混合醇工艺软件包设计审查会在东华科技顺利召开，为该技术后续推广奠定了坚实的基础。2017年12月18日，龙岩能化共轨循环经济绿色产业园建设正式启动，2025年全部建成投产后每年可产出50万吨低碳混合醇、40亿千瓦时电，可将煤炭的资源利用率提高到80％以上。当前，如何控制合成气制低碳醇的产品选择性和转化效率仍是未来低碳醇合成研究的重点[27]。我国一些科研机构如中国科学技术大学、北京大学、清华大学和厦门大学等都在积极从事合成气制低碳醇反应基础及应用研究工作。未来应该在积极推进低碳醇合成技术规模化应用的基础上，加强低碳醇在燃料应用领域的应用研究。

1.4.2 醚类燃料

醚类化合物具有辛烷值高、与汽油的互溶性好、毒性低等一系列优点，得到了广泛的应用。特别是推广无铅汽油、使用清洁能源以来，醚类对清洁空气作出的贡献备受关注。DMM_n作为一种新型的绿色含氧柴油调和组分，应用前景值得期待。但其生产工艺复杂，成本较高，其工业生产进程较慢，研究热点当前多在催化剂和工艺路线上。另外，应该积极推进DMM_n在车用燃料领域的应用特性研究。MTBE作为提高汽油辛烷值的主要调和组分，近年来产能增加迅速，且用作汽油添加剂的MTBE约占总消费量的90％～95％。但其毒性和对环境的污染也颇受争议，并且随着乙醇汽油的推广及烷基化油、重整汽油等高辛烷值汽油组分的迅速发展，MTBE的需求将会遭受一定的冲击。总体来看，我国的醚类燃料的产业格局还在孕育之中，市场占有率很小。加强技术开发与研究仍是关键，但更需要企业和政府的大力支持。

1.4.2.1 二甲醚

近年来，国内二甲醚发展迅速，二甲醚总产能约1020万吨/年，开工率仅约为12％。二甲醚主要作为民用燃料使用，国内二甲醚消费结构中，民用燃料占到了绝对主导地位，达到94％；车用燃料仅为2％，其他用途占4％[28]。

二甲醚在汽车上的应用发展缓慢。欧美、日、韩等发达国家和地区因为二甲醚的市场前景和环保效益，纷纷开展二甲醚燃料发动机与汽车的研发，在欧洲和日本，已分别研制出燃用二甲醚的大客车样车和卡车样车。国内西安交通大学与大连柴油机厂于 2000 年 9 月联合研制了国内第一辆二甲醚汽车。2005 年 5 月，上海交通大学与上汽公司成功研制了中国第一台 DME 城市客车，使用二甲醚后发动机功率提高 10%～15%，热效率提高 2%～3%，噪声降低 10%～15%，全部工况下实现无烟燃烧，NO_x 排放降低 40%，达到欧Ⅲ排放标准；2007 年进一步推出了 10 辆二甲醚城市公交客车在上海运营，并建成了中国第一座可满足 30 辆 DME 公交车加注的二甲醚车用燃料示范加注站。2005 年 7 月，中国第一台高速二甲醚城市中巴车在西安交通大学通过科学技术部验收，投入试运行。2005 年，山东久泰化工科技股份有限公司、上海交通大学、西安交通大学以捷达柴油轿车为基础共同开发的二甲醚轿车在山东临沂试运行[29]。2006 年，山东省临沂市计划实施 30 辆二甲醚公共汽车的示范运行。

研究结果表明：二甲醚发动机的动力性能超过柴油机，燃油经济性与柴油机相当，噪声低于柴油机；二甲醚发动机不需要复杂的电控和排气后处理系统，就能够达到欧Ⅲ标准，部分指标已达到欧Ⅳ标准。但二甲醚作为车用燃料代替柴油还存在一定障碍：现在柴油车的油箱、油路及进气系统都需要进行改造，储运和销售等方面需要专门建设，还需要加强二甲醚汽车实际应用可靠性和耐久性的研究。目前国内还没有二甲醚在汽车上应用的相关标准，有关原材料生产性标准的研究工作刚刚起步。

1.4.2.2 聚甲氧基二甲醚

DMM_n 是国际上公认的降低油耗和烟气排放的绿色环保新型柴油添加剂。关于 DMM_n 的研究国外起步最早，19 世纪初就有学者初步认识到醛和醇或缩醛在酸催化下合成聚甲氧基 R 基醚的反应原理。20 世纪末开始 DMM_n 作为绿色柴油调和组分备受关注，但大多只处于实验室研究阶段，并未达到工业化水平。

我国关于 DMM_n 的技术研究虽起步较晚，但以中国科学院、清华大学、中国石油大学、北京旭阳化工技术研究院等为主的科研单位、研究机构通过与企业合作，基于不同反应原料、催化体系、反应器和工艺路线开发了系列 DMM_n 的合成技术路线，积极推进 DMM_n 技术的工业化示范。2013 年，中国科学院兰州化学物理研究所率先在国内开展 DMM_n 的研究，与山东（菏泽）辰信新能源公司合作建设了 1 万吨/年的装置，不仅是国内第一个生产 DMM_n 的工业装置，也是离子液体第一个工业化应用范例。2014 年，北京旭阳化工技术研究院根据 DMM_n 的性质，将产品分为夏季产品 $DMM_{3\sim8}$、冬季产品 $DMM_{3\sim5}$，在河北邢台建成千吨级中试装置，并编制了 6 万吨/年的工艺包。2016 年，由北京东方红升新能源应用技术研究院、山东玉皇化工有限公司、清华大学等研究机构共同起草的《柴油调和组分：聚甲氧基二甲醚》和《聚甲氧基二甲醚调和柴油（D10）》的行业标准已经完成[30]。

针对目前 DMM_n 的产业化方面基本处于“零”状态的现状，在技术上应集中在改进生产工艺的同时简化合成路线，降低原料以及反应过程中的水含量，提升催化剂的选择性能等，在降低生产成本的同时提高目标产品的选择性和收率。值得注意的是，反应精馏技术将会成为推动 DMM_n 工业化发展的重要手段。DMM_n 的技术研究和市场应用需要国家、研究机构以及企业一起努力推进，并进一步完善其相应的行业标准，促使新型柴油添加剂 DMM_n 在环保和节能领域得到有效利用和生产推广。从工业效益来看，未来生产 DMM_n 作为能源燃料进行市场推广，必须是该产品的生产工艺具有显著成本优势，或是在环保方面存在压倒性优势，其才会在市场经济中占有一席之地并能够在应对市场风险时游刃有余[31]。

1.4.2.3 甲基叔丁基醚

MTBE 能与汽油很好地互溶，可用于生产无铅高辛烷值汽油，改善汽车行驶性能，降低有害物质的排放，很早就已经在世界范围内普遍使用。特别是无铅汽油的推广和应用，使 MTBE 在燃料应用领域的应用更为突出。但后来研究发现，MTBE 降解缓慢，会污染地下水源，且当汽油中的 MTBE 含量超过 7%时，汽车排放中的氮氧化物会增加。因此，早在 1999 年，美国加利福尼亚州（简称“加州”）空气资源委员会就规定从 2002 年 12 月 31 日起，禁止在加州新配方汽油中使用 MTBE。纽约州也签署法案，规定从 2004 年 1 月起禁止使用 MTBE。2010 年将全面禁用 MTBE。禁用 MTBE 一定程度上减少了 MTBE 在燃料领域的应用，促使许多厂家开始研究替代产品，如乙醇汽油、烷基化油，改产异辛烷、聚异丁烯添加剂等[32]。

亚洲应用 MTBE 时间较晚，各国并没有限制 MTBE 的添加，亚洲及中东地区的 MTBE 产能仍在上升。从 2007 年开始，中国稳居世界 MTBE 消费排名首位。近几年汽油消费量快速增长，国内 MTBE 产能仍是增长状态，目前我国 MTBE 生产装置超过 200 套，合计产能约 2400 万吨/年。从 2014 年开始，MTBE 市场价格大幅下滑，装置开工率仅六成左右。随着乙醇汽油的推广和新能源车的大量推广，会进一步降低对 MTBE 的需求，影响 MTBE 生产企业的开工率。届时预计 MTBE 需求量仅约 1250.0 万吨，产能过剩矛盾将更加突出，市场竞争将更加激烈。长远来看，MTBE 还应该向新兴能源的方向转型，不断开发新的用途，拓宽 MTBE 的销售市场。此外，《关于扩大生物燃料乙醇生产和推广使用车用乙醇汽油的实施方案》中，国六标准乙醇汽油要求其他含氧化合物的质量分数不大于 0.5%，因此，MTBE 装置转产势在必行。

1.4.3 酯类燃料

脂肪酸甲酯和碳酸二甲酯作为代表性的酯类燃料，可以作为燃油添加剂，改善燃烧性能，减少 NO_x 和碳烟排放，是很有发展前景的柴油机清洁替代能源。在目前研究的代用燃料中，酯类含氧燃料发展前景较好，在有效增加氧含量的同时，又保证燃料具有较高的十六烷值，因此酯类含氧燃料是一种理想的柴油替代品和添加剂。

1.4.3.1 碳酸二甲酯

碳酸二甲酯（DMC）作为汽柴油添加剂最早在 1943 年由美国提出，研究主要集中在 20 世纪 80 年代以后，美国和欧洲一些大的石油公司申请了相关专利，近年来国内的石油化工科学研究院、上海交通大学和西安交通大学等单位对 DMC 作为汽油和柴油添加剂做了详细的研究。

20 世纪 90 年代北京石油化工科学研究院详细研究了 DMC 作为汽油添加剂的性能。研究表明：相同体积下，DMC 的氧含量是 MTBE 的 2.345 倍。目前 MTBE 在汽油中的添加量为 15%左右，DMC 仅需 5%～6%即可；从汽油的燃烧热来看，MTBE 的燃烧热为 34.9MJ/kg（一般汽油为 43MJ/kg），DMC 的燃烧热为 14.5MJ/kg，两者之比为 2.4，该比值与氧含量的比值正好相抵。因此，在确保同样的氧含量情况下，添加 DMC 与添加 MTBE，对汽油燃烧热的影响是相似的；从饱和蒸气压来看，一般汽油的蒸气压要求在冬天最高不大于 88kPa，夏天不大于 7kPa，加入 6%（体积分数）的 DMC 后汽油饱和蒸气压的变化仍然符合质量指标要求，而加入 6%（体积分数）的 DMC 后对汽油的馏程也没有任何影响。另外，DMC 与 MTBE 相比，催化汽油在 6%（体积分数）的加入量下，具有相同的调和效应，调和辛烷值（BON）均为 109。但对直馏汽油，DMC 的敏感度比 MTBE 差一些。因此 DMC 对于催化汽油和重整汽油是适宜的，可以获得与 MTBE 相近的调和效果。

从 20 世纪 90 年代起国内外对 DMC 作为柴油添加剂也做了系统的研究。最早由美国通用化学公司开始研究，并申请了一系列 DMC 作为柴油添加剂的专利。研究表明，当 DMC 添加质量分数为 5%～10%左右时，能够大幅度地减少柴油燃烧过程中黑烟和颗粒物的排放。国内上海交通大学和西安交通大学自 2000 年起也对 DMC 作为柴油添加剂做了系列的研究。研究发现由于 DMC 的低热值较柴油的热值低，随着柴油中 DMC 含量的升高，发动机的扭矩和功率有下降趋势，但在柴油中 DMC 的质量分数不高于 15%的情况下，发动机的扭矩和功率下降不明显；无论是单缸机还是多缸机，添加 DMC 后，燃料的能量利用率都得到了提高，发动机热效率均高于纯柴油，其中以 10%添加比例的热效率最高，与柴油相比，热效率从 35%提高到 38%，提高了 3%；燃料添加 DMC 后发动机排气烟度得到改善，随添加比例的升高，排气烟度持续降低，当 DMC 比例为 10%～15%时，烟度值降低幅度为 50%左右。从以上对 DMC 作为汽油和柴油添加剂的研究来看，在汽油和柴油中添加 DMC，简便易行，效果显著，是提高燃料含氧量、降低碳烟排放的有效措施。然而，受 DMC 生产成本的限制，油品中添加 DMC 一直没有进行商业推广。

1.4.3.2 脂肪酸甲酯

生物柴油是化石柴油的优良替代品，在国外已经被广泛应用于交通燃料领域。欧洲的生物柴油份额已占成品油市场的 5%以上，美国现已推广使用 B20 号生物柴油（20%生物柴油和 80%普通柴油混合），印度尼西亚政府于 2020 年 1 月 1 日起实施使用 B30 号生物柴油，2019 年马来西亚政府在全国范围内推行 B10 号生物柴油。全球生物柴油的产量，欧盟接近 1000 万吨，占比 36%；中南美洲、北美洲、亚洲及大洋洲基本一致，产量 500 多万吨，占比在 20%左右。全球生物柴油的消费量，欧盟达到了 1200 万吨，占比 48%；中南美洲、北美、亚洲及大洋洲 400 多万吨，占比在 18%左右。

国内生物柴油仍处于行业发展初期。基于我国不与民争粮争地的基本方针，生物柴油以地沟油为原料，但是用地沟油来制取生物柴油存在原料供应数量有限和转化成生物柴油工艺要求较高等诸多不足，导致生物柴油厂家运营下来只有微薄利润。同时，相关政策法规尚不完善，生物柴油很难进入加油站等交通燃料销售渠道。近年来，国家先后颁布了一系列鼓励生物柴油进入石油流通领域的政策和行业标准，2014 年 11 月，国家能源局出台《生物柴油产业发展政策》，其中第三十七条规定："适时调整《柴油机燃料调合用生物柴油（BD100）》和《生物柴油调合燃料（B5）》国家标准为强制性标准。参照车用柴油质量升级标准，同步制定出台相应生物柴油调合燃料标准"。海南省政府出台了《海南省生物柴油市场推广使用工作方案》，要求省内柴油零售批发网点全面推广使用含 5%生物柴油的柴油机调和燃料（B5），逐步禁止普通化石柴油销售。这些政策和措施，为生物柴油进入我国交通燃料领域起到了重要的推动作用。

在“十四五”期间，规划明确提出要大力发展生物柴油等非粮生物燃料，特别是在不与粮争地、不与人争粮的原则下，提升燃料乙醇综合效益，积极推进先进生物燃料在市政交通等重点领域的替代推广应用；规划中还提到要建立生物质燃烧掺混标准，这有助于规范和推动生物柴油的应用和发展；规划要求积极开展生物柴油推广试点，推动化石能源向绿色低碳可再生能源转型。

参考文献

[1] 李玉茂. 国六与国五机动车污染物排放标准对比 [J]. 汽车维修与保养，2019：80-1.

[2] 宫艳峰，刘圣华，蒋德明. 含氧燃料对内燃机燃烧和排放性能的影响 [J]. 内燃机，2004，3：21-27.

[3] 韩景城. 二甲醚——作为石油替代品的竞争力分析 [J]. 中外能源，2007，12 (2)：15-22.

[4] 李强. 液化石油气二甲醚复合燃料 [J]. 科技创新，2017，9：170-171.

[5] 周义. 聚甲氧基二甲醚的合成与应用进展 [J]. 乙醛乙酸化工，2020，2：12-19.

[6] 梁增强，杨菁. 甲基叔丁基醚环境污染特性及修复技术研究进展 [J]. 环境与发展，2020：9-10.

[7] 张雯. 甲基叔丁基醚 [J]. 上海化工，1995，1：35-39.

[8] 姚春德. 甲醇在柴油机上应用的技术进展 [J]. 中外能源，2009，14：38-44.

[9] 谭涓，白燕，张海娟，等. 乙醇汽油发展趋势及不稳定性因素研究 [J]. 应用化工，2018，47 (4)：807-809.

[10] 崔心存. 二甲醚发动机的供油、燃烧与排放 [J]. 柴油机，2005，6：42-46.

[11] 秦洪武. 二甲醚 (DME) 汽车应用分析 [J]. 机械设计与制造，2006，9：172-174.

[12] 禄启龙. 电动汽车在节能和环保中的优势分析 [J]. 科技展望，2014，17：254-255.

[13] 刘丰赫，李良雨. 纯电动车技术发展趋势研究 [J]. 新能源汽车，2019，23：15-19.

[14] 周栋，戴能红，钟国华，等. 电动汽车关键技术发展综述 [J]. 市场论坛，2017，4-5：34-38.

[15] 武祥. 我国 IGBT 的产业现状和发展 [J]. 电子工业专用设备，2012，215：1-5.

[16] 杨健. 氢燃料电池的技术特点及应用探讨 [J]. 通信电源技术，2016，33 (3)：83-85.

[17] 潘丽君. 氢燃料电池汽车的发展探析 [J]. 移动电源与车辆，2019，1：40-43.

[18] IEA. Global Hydrogen Review 2024 [R]. 2024.

[19] 谢克昌，李忠. 煤基燃料：直接液化合成油、间接液化合成油、含氧燃料（甲醇、二甲醚）技术经济性比较 [J]. 2005 中国煤炭加工与综合利用技术、市场、产业化发展战略研讨会论文集，2005：148-151.

[20] 朱豫飞. 煤油共炼技术的现状与发展 [J]. 转化利用，2013，19 (4)：68-72.

[21] 黄格省，李顶杰，乔明，等. 煤油共炼技术发展现状及产业化前景分析 [J]. 石化技术与应用，2020，38 (1)：1-8.

[22] 罗艳托，丁少恒. 我国甲醇汽车发展需要解决的问题 [J]. 中国石化，2019 (11)：49-51.

[23] 廖健. 关于在部分地区开展甲醇汽车应用的指导意见 [J]. 石油石化绿色低碳，2019，4：60.

[24] 包艺扬. 醇醚燃料的应用及发展概述 [J]. 内蒙古石油化工，2015，18：78-79.

[25] 阳国军，杨忠华，罗莉. 我国燃料乙醇产业管理体制和运行机制初探 [J]. 酿酒科技，2020，1：124-126.

[26] 杨万辉，李跃金. 乙醇汽油的特点与推广分析 [J]. 化学工程与装备，2020，10：29-31.

[27] 钟慧娴，佟刚，于冬娥. 合成气制低碳醇催化剂研究进展 [J]. 乙醛乙酸化工，2020，1：8-11.

[28] 张绍伟. 二甲醚用作民用燃料的发展前景和面临问题 [J]. 煤气与动力，2011，31 (9)：B19-B22.

[29] 许伟康，黄舒宇. 二甲醚汽车的研究现状及发展前景 [J]. 技术应用，2011，12：56-58.

[30] 苏召飞，蒋淑敏. 聚甲氧基二甲醚产业化进展 [J]. 燃料与化工，2016，47 (3)：6-8.

[31] 耿雪丽，孟莹，从海峰，等. 聚甲氧基二甲醚合成工艺及产业化述评 [J]. 化工进展，2020，39 (12)：4993-5008.

[32] 石丕星，李凯华，胡清，等. 中国甲基叔丁基醚污染现状及防治对策研究 [J]. 环境污染与防治，2020，42 (10)：1310-1314.

2 煤基含氧燃料的合成原料

煤制合成气和甲醇是以煤气化为基础的现代煤炭清洁高效利用的主要中间产物或者平台基础原料。合成气可以直接转化为甲醇、乙醇、低碳醇和DME等产品，而合成的甲醇也可以作为基础平台原料，继续转化为DMC、MTBE、DMM_n和脂肪酸甲酯等产品。在这些转化过程中，特别是以合成气定向转化为不同化学产品的过程，金属为活性组分的催化剂具有不可替代的重要的催化作用，但这些催化活性金属通常对于硫化物、砷化物和卤素物质等比较敏感，易于相互结合而失活，因此要求合成气必须做净化处理，以脱除催化剂的中毒物质。另外，合成的含氧燃料产品的分子中对应的C、H、O元素含量不同，需要通过CO和H_2O的水气变换反应调整合成气原料的氢碳比。目前，采用氢碳比约为2的合成气为原料，百万吨甲醇以上的超大规模生产技术日趋成熟，而甲醇作为平台化合物转化应用的新技术不断涌现。由此可见，煤基含氧燃料合成的主要原料是以煤为初始原料，通过气化、变换和净化等过程转化为不同氢碳比需求的$CO+H_2$合成气，以及由此大规模转化制备的甲醇产品。

2.1 合成气原料

合成气作为合成原料，可直接转化合成甲醇、乙醇、低碳醇和DME等煤基含氧燃料。合成气中CO和H_2的比例决定着产品合成对应反应的活性和选择性，而合成气中的杂质又影响催化剂的稳定性。为了实现不同产品的高效定向稳定合成，需要控制合成气的组成和纯度。近年来，基于煤化工技术的快速发展，煤经气化合成气技术已经成熟，根据组成和纯度需要开展的净化和变换调氢工艺也取得了进步，为合成气的制备及后续的含氧燃料合成奠定了扎实的基础。本小节内容将结合含氧燃料的分子结构及反应过程，提出反应所需合成气的组成，然后进一步介绍近年来煤炭气化及相关的净化和变换调氢技术进展。

2.1.1 煤基含氧燃料对合成气组成的要求

2.1.1.1 合成气的氢碳比要求

(1) 甲醇

甲醇合成过程中，合成气的成分对甲醇的生产会造成较大的影响。甲醇的合成主要是合成气当中 CO 和 CO_2 与 H_2 之间的反应，具体反应式如下：

$$CO+2H_2 \longrightarrow CH_3OH$$
$$CO_2+3H_2 \longrightarrow CH_3OH+H_2O$$

由以上两式可知，H_2 与 CO 合成甲醇的化学当量比为 2，与 CO_2 合成甲醇的化学当量比为 3。当 CO 和 CO_2 都存在时，H_2 与 CO 和 CO_2 的总当量比应满足如下方程式的要求：

$$f=\frac{H_2}{CO+1.5CO_2}=2$$
$$M=\frac{H_2-CO_2}{CO+CO_2}=2$$

但是，生产中合理的氢碳比要求要比化学当量略高些，即 $f\approx 2.10\sim 2.15$ 或 $M\approx 2.0\sim 2.05$。过量的 H_2 有利于减少羰基铁的生成和高级醇的生成，也有利于将甲醇合成产生的大量热带走，在提高产物选择性的同时延长催化剂使用寿命。另外，由不同的原料经过不同的工艺制成的甲醇合成气的组成往往很不相同，经常偏离上述 f 或 M 值。因此，由不同的原料制得的合成气需经过进一步的调制来满足甲醇合成的需要。例如，用天然气为原料采用蒸汽转化法所得的原料气中 H_2 过多，需要在转化前或转化后加入 CO_2 来调节氢碳比；而用煤为原料所制得的粗原料气中氢碳比又太低，需设置变换工序使过量的 CO 变换为 H_2，再将过量的 CO_2 除去。

不仅如此，甲醇合成还需要关注 CO 与 CO_2 之间的比例。实践表明，甲醇合成气中含一定量的 CO_2 可以增加合成甲醇催化剂的催化活性，降低反应系统的热效应，使催化床的温度易于控制，减少催化剂由于超温而造成的热失活，从而延长催化剂的使用寿命。但是，过量 CO_2 存在时，产物中水的含量就会增加，从而降低压缩机的生产能力，增加气体压缩和精馏工序的能耗。CO_2 在原料气中的最佳含量，应根据甲醇合成所用的催化剂与甲醇合成操作温度做相应的调整。

（2）乙醇

在合成气直接制乙醇工艺路线中，金属催化剂催化合成气转化合成乙醇，涉及的主要反应如下：

主反应：

$$\text{乙醇生成反应：}2CO+4H_2 \longrightarrow C_2H_5OH+H_2O$$

副反应：

$$\text{水气变换反应：}CO+H_2O \longrightarrow CO_2+H_2$$
$$\text{甲烷化反应：}CO+3H_2 \longrightarrow CH_4+H_2O$$

H_2/CO 比作为合成气的关键参数之一，显著影响着合成气制乙醇过程中产物的选择性。在合成气制乙醇过程中，甲烷化反应是主要的副反应之一，该反应在热力学上极为有利，且与乙醇生成反应存在竞争关系。在铑基催化剂中，其竞争关系可用下式表示：

$$S=\frac{r_{EtOH}}{r_{CH_4}}=k\left[\frac{P_{H_2}}{P_{CO}}\right]^{0.55} P_{CO}^{0.15}$$

式中　S——选择性；

r_{EtOH}——乙醇的生成速率；

r_{CH_4}——甲烷的生成速率；

k——速率常数；

P_{H_2}——H_2 的分压；

P_{CO}——CO 的分压。

可见，高的 H_2/CO 比可提高乙醇的生成速率。在实际应用中所采用的 H_2/CO 比在 1～4 之间，具体值随催化剂种类的不同有所差别。铑基催化剂和钼基催化剂中所选用的 H_2/CO 比一般在 1～2，费-托合成催化剂中选用 H_2/CO 比为 2，改性甲醇催化剂中 H_2/CO 比一般在 0.45～1。实际生产过程中，要求氢碳比略高于化学计量比，过量的氢可以减少羰基铁的生成与高级醇的生成，抑制甲烷及醇的生成反应，并利于导出反应热，延长催化剂寿命。因此，合成过程中氢碳比一般控制在 3～5 左右。

(3) 低碳醇

由合成气生成低碳混合醇所涉及的反应相当复杂，主要包括费-托合成反应，生成甲醇、乙醇、高级醇的反应和水气变换反应。反应方程式如下。

$$nCO+2nH_2 \!=\!=\!= C_nH_{2n+1}OH+(n-1)H_2O$$

$$\Delta G^\ominus=-38.386n+11.098+(15.982n-0.114)\times10^{-2}T$$

$$CO+2H_2 \!=\!=\!= CH_3OH$$

$$\Delta G^\ominus=-27.288+0.05838T$$

$$nCO+(2n+1)H_2 \!=\!=\!= C_nH_{2n+2}+nH_2O$$

$$nCO+2nH_2 \!=\!=\!= C_nH_{2n}+nH_2O$$

$$\Delta G^\ominus=-38.386n+17.645+(5.982n-0.114)\times10^{-2}T$$

$$CO+H_2O \!=\!=\!= CO_2+H_2$$

$$\Delta G^\ominus=-8.154+0.771\times10^{-2}T$$

$$CO_2+3H_2 \!=\!=\!= CH_3OH+H_2O$$

$$\Delta G^\ominus=-18.774+5.067\times10^{-2}T$$

$$nCO_2+3nH_2 \!=\!=\!= C_nH_{2n+1}OH+(2n-1)H_2O$$

$$\Delta G^\ominus=-29.872n+11.098+(5.211n-0.114)\times10^{-2}T$$

$$nCO_2+(3n+1)H_2 \!=\!=\!= C_nH_{2n+2}+2nH_2O$$

$$\Delta G^\ominus=-29.872n+35.158+(5.211n-0.114)\times10^{-2}T$$

$$nCO_2+3nH_2 \!=\!=\!= C_nH_{2n}+2nH_2O$$

$$\Delta G^\ominus=-29.872n+17.645+(5.211n-3.434)\times10^{-2}T$$

$$CH_3(CH_2)_{n-2}CH_2OH \!=\!=\!= (CH_3)_2CH(CH_2)_{n-4}CH_2OH$$

$$\Delta G^\ominus=-1.355+0.258\times10^{-2}T$$

其中，$\Delta G^\ominus$ 为吉布斯自由能；T 表示热力学函数。

原料气氢碳比不同，会显著影响 CO 转化率（图 2-1），适当提高原料气中的 H_2 含量可以提高 CO 转化率。根据上述反应方程式，由合成气制低碳混合醇理论最佳氢碳比为 2，而以 CO_2 和 H_2 为原料气时，最佳氢碳比为 3。在实际生产中，为了获得最大经济效益，通常会加大 H_2 的含量，将氢碳比控制在 2.2～2.5，提高 CO 转化率。

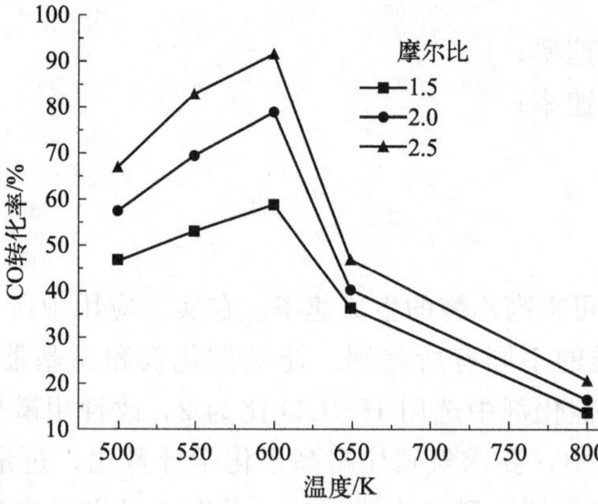

图 2-1　氢碳摩尔比对 CO 转化率的影响（压力为 3MPa）

（4）二甲醚

合成气直接合成二甲醚采用一步法，反应过程实际上是甲醇合成、甲醇脱水和水气变换的耦合，主要反应式有：

甲醇合成反应：

$$CO+2H_2 = CH_3OH \quad -90.4kJ/mol \tag{2-1}$$

甲醇脱水生成二甲醚反应：

$$2CH_3OH \longrightarrow CH_3OCH_3+H_2O \quad -23.4kJ/mol \tag{2-2}$$

水气变换反应：

$$CO+H_2O \longrightarrow CO_2+H_2 \quad -40.9kJ/mol \tag{2-3}$$

总反应为：

$$2CO+4H_2 \longrightarrow CH_3OCH_3+H_2O \quad -205.2kJ/mol \tag{2-4}$$

或：

$$3CO+3H_2 \longrightarrow CH_3OCH_3+CO_2 \quad -246.3kJ/mol \tag{2-5}$$

反应式（2-1）中生成的 CH_3OH 可以由反应式（2-2）立即转化为 DME，反应式（2-2）中生成的 H_2O 又可以被反应式（2-3）消耗，反应式（2-3）中生成的 H_2 又可作为原料参与到反应式（2-1）中。三个反应相互促进，实现了从 CO 到 DME 的高效转化。

图 2-2 给出了 H_2/CO 比对合成气一步法合成二甲醚平衡转化率的影响。可以看出，对于不同压力下反应来说，$H_2/CO=2$ 时，反应式（2-4）的 $CO+H_2$ 平衡转化率达到最大，而当 $H_2/CO<2$ 时，反应式（2-5）的 $CO+H_2$ 平衡转化率远高于反应式（2-4）的 $CO+H_2$ 平衡转化率。说明水气变换反应非常重要，能及时将反应式（2-2）中生成的水消耗，从而促进反应式（2-1）和反应式（2-2）向右进行。

2.1.1.2　合成气的纯度要求

以 CO 和 H_2 为主要组分的合成气，是由一些含碳矿物质如煤、石油、天然气以及焦炉煤气、炼厂气和生物质等转化合成。这些含碳原料除拥有 C、H、O 三种元素之外，还或多

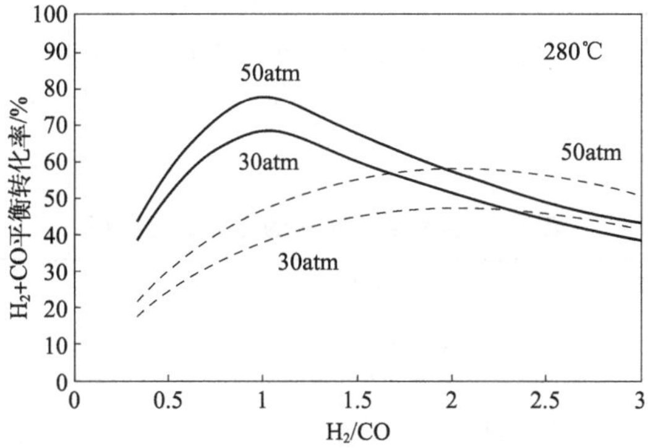

图 2-2 不同 H_2/CO 比下的平衡转化率

[虚线是反应式（2-4），实线是反应式（2-5），1atm＝101.325kPa]

或少地含有一些其他元素如 N 和 S 等。因此，经气化炉所制得的变换气中除含有 CO 和 H_2 外，还含有一定数量的杂质，如 CO_2、CH_4、N_2、Ar、H_2S、COS 等。这些杂质会对反应过程产生一定影响，需要控制其含量。

合成气中的硫组分包括硫化氢和硫氧碳等，会引发催化剂中毒，需要尽量减少合成气中的有毒气体。以甲醇和乙醇合成过程为例，合成甲醇反应中合成气中只要有极少量的 H_2S 和 COS 存在，就会导致铜催化剂表面上形成一层 Cu_2S，导致铜催化剂活性严重衰退。因此应控制好合成气中硫的总量，保证 H_2S 和 COS 的总质量低于 0.1mg/kg。由于硫的形态和含量不一，一般采用干法脱硫，使用 Fe_2O_3 和铂催化剂，要确保总硫含量不大于 0.1mg/m^3。根据需要，甚至需要采用多级脱硫工艺进行脱硫。另外，合成气中的杂质 NH_3 会吸附在乙醇催化剂活性金属表面，也是引起催化剂中毒的重要杂质。但相比而言，NH_3 不会与活性相反应，毒害作用相对较小。因此，必须严格控制合成气中 H_2S 和 NH_3 等杂质的含量，特别是 H_2S 的含量[1]。

杂质中的惰性气体如 CO_2、N_2、Ar 等，在合成的过程中并不会参与到反应当中，但是会影响反应的速率。以合成气制甲醇过程为例，在惰性气体含量过高时，反应速率会明显降低，也需要更高的单位产量能耗。但如果过度调低惰性气体的含量，就会导致放空量增加，损失更多的有效气体。需要充分考虑具体的情况动态调整惰性气体含量。在催化剂使用的初期，由于催化剂具有较高的活性，所以可以加入较多的惰性气体，但是随着反应的进行，催化剂的活性也在降低，因此惰性气体的含量也需要降低。

2.1.2 煤基合成气制备

2.1.2.1 煤炭气化

煤炭气化（即煤气化）过程是煤的热加工过程之一，是指煤在气化炉中，在气化剂作用下，于适当的温度和压力下，把煤转化成可燃气体的过程。根据所采用的气化剂（空气、富氧空气、纯氧、水蒸气、二氧化碳等）的不同和气化工艺的不同，可以制得各种不同成分的可燃性气体——煤气。

$$C+H_2O \longrightarrow CO+H_2$$

煤气化的整个过程是在煤气化炉内完成的，按照炉体的设计结构以及物料在炉内的流动状态不同，一般将煤气化技术分为固定床技术（如UGI煤气化炉、鲁奇煤气化炉等）、流化床技术（如温克勒煤气化炉）和气流床技术（如K-T煤气化炉、德士古煤气化炉）3大类。各种炉型的气化条件和生成气特征均不相同，见表2-1[2-6]。

表2-1 各种煤气化炉的主要工艺特征

煤气化炉名称	反应床类型	主要气化条件	生成气特征
UGI	固定床	常压，气化温度1000～1250℃，空气或富氧空气和蒸汽为气化剂	以无烟煤为原料时，甲烷含量较低，煤焦油、酚的含量也较低
鲁奇	固定床	2～3MPa，900～1050℃，氧和蒸汽为气化剂	甲烷及副产焦油、酚含量较多
温克勒	流化床	常压，气化温度900～1000℃，以空气、富氧空气或氧和蒸汽为气化剂	甲烷含量较低，不含煤焦油
U-gas	流化床	常压，气化温度900～1050℃，以空气或氧和蒸汽为气化剂	甲烷含量极低，几乎不含焦油、酚等副产物
K-T	气流床	常压，气化温度大于1300℃，熔融排渣，以氧和蒸汽为气化剂	甲烷含量极低，无焦油、酚等副产物
德士古	气流床	1.8～4MPa，气化温度大于1300℃，水煤浆为原料，氧为气化剂	甲烷含量极低，无焦油、酚等副产物

（1）固定床气化

固定床气化也称作移动床气化，是发展和应用最早的技术，主要以块煤和半焦等块状物质为主要原料。原料由气化炉顶加入，气化剂由炉底送入，流动气体的上升力不致使固体颗粒的相对位置发生变化，即固体颗粒处于相对固定状态，床层高度也基本上维持不变，因而称为固定床气化。固定床气化炉又可分为常压气化炉和加压气化炉，在运行方式上又可区分为连续式和间歇式。固定床的一些主要特点如下：

a. 需用粒度均匀的块煤为原料，因为细粒的煤容易被煤气从炉顶带出和增加炉内阻力，粒度大的煤反应速率慢而且也容易反应不完全；

b. 气化剂与煤反向送入气化炉；

c. 一般为固态干灰排渣，也有采用液态排渣方式的；

d. 煤的碳转化率高，耗氧量低；

e. 一般容量较小。

固定床气化技术在我国运用较广，大多数中小型合成氨厂均采用常压固定床间歇气化炉制取合成气，联产甲醇。该方法技术成熟，投资费用低，但由于气化能耗高，效率低，环境污染严重，而且一定要使用煤焦为原料，原料供给困难，工艺技术落后，生产成本高，随着时间的推移终将被淘汰。

（2）流化床气化

流化床气化是基于气固流态化原理，以小颗粒煤为气化原料，在气化炉内使之悬浮分散于垂直上升的气流中，使煤在气化炉中呈流化态进行气化反应。流化床气化克服了固定床气化只能使用中块煤，不能使用粒径在6mm以下的小颗粒煤屑及其在气化强度较高时带出物数量加大的缺点。其优点在于：可以使用10mm以下的小颗粒烟煤、褐煤、高硫煤以及性能较差的无烟煤等作为气化原料，并具有较高的生产能力；装置投资省，运行灵活，耗氧低；反应温度较低，煤气中的焦油和酚类的含量少，还可以在炉内添加石灰石进行固硫，因此净化系统较简单。其主要缺点在于：由于流化床中物料组成均匀、混合充分，因此要达到选择性排灰很困难，灰渣含碳量往往很高；煤中原有的小颗粒组分以及在气化过程中产生的小颗粒，一旦其极限沉降速度小于气流速度，就有可能会被气流带出，而来不及气化，造成碳的损失，带出物的含碳量可达40%～60%；因此，流化床气化的碳转化率往往较低。

(3) 气流床气化

气流床气化指的是气化剂（氧气与蒸汽）夹带着煤粉，通过喷嘴喷入炉膛进行并流气化[7]。由于在气化炉内气固相相对速度很低，气体夹带固体几乎是以相同的速度向相同的方向运动，因此称为气流床气化。反应在高温火焰区进行，火焰温度可高达1500～1900℃，煤粉在瞬间即转化为煤气和熔渣。在高温下，所有干馏产物也均迅速分解，转变为均相水煤气的组分。在反应区内，煤粒悬浮在气流中随气流运动，煤粒之间被气流隔开，各个煤粒均单独进行膨胀、软化、烧尽或形成熔渣，与邻近的煤粒毫不相干，使得原料煤的黏结性、机械强度、热稳定性等性质对气化过程不起作用。因此，气流床气化除了对熔渣的黏温特性有一定的要求外，原则上可适用于所有煤种，其主要特点如下：

① 以粉煤为原料　随着采煤技术自动化程度的日益提高，商品煤中粉煤的含量越来越多，因此采用粉煤就显得越来越重要，而且粉煤的比表面积大，粉煤的气化可以增大气化反应速率，从而提高气化炉的生产能力和碳的转化率。气流床气化要求煤的粒度越细越好，通常要求在0.1mm以下。

② 气化温度高　气化炉内火焰中心温度高达2000℃以上，出气化炉气固夹带流的温度也高达1400～1700℃。在如此高温条件下，气化炉内的各种反应速率进行得都非常迅速，煤的热解产物会被立即烧掉或进一步发生反应而转化掉，因此所产生的煤气不含焦油、酚类等煤气化常见的中间产物，甲烷的含量也显著降低，有效气体成分（$CO+H_2$）可达80%甚至90%以上，特别适合用作甲醇合成的原料气。高温下气化所生产的合成气的显热可通过废热锅炉回收来生产蒸汽。

③ 液态排渣　在气流床气化过程中，由于温度较高，其中的灰分呈现熔融状态，熔融状的灰分颗粒通过相互碰撞，逐渐结团、长大，从气流中得到分离或黏结在气化炉壁上，并沿炉壁向下流动，以熔融状态排出气化炉。由于是液态排渣，为了保证气化炉的操作稳定，气化炉的操作温度应在灰的流动温度（FT）以上。因此，煤的灰分、灰熔融性及黏温特性等会对气流床气化炉的经济、稳定运行有一定的影响。对于高灰熔点煤，如高于1500℃时，为了提高气化的可操作性，同时也为了延长耐火砖的使用寿命，可通过添加石灰石等助熔剂，降低灰的熔点和灰的黏度。因此，气流床气化对煤的灰熔点要求不是十分严格。

④ 易于大型化　气流床的一个显著特点是可以在加压下操作，气化能力大，易于尺寸放大，为大型化创造了有利的条件。

⑤ 进料方式可分为干法和湿法（水煤浆）两种　湿法（水煤浆）进料的设备及系统简单，技术成熟可靠，国内外有多家装置运行。

(4) 国内自主研发煤气化技术进展

除了引进国外各类型煤气化技术外，我国也大力推进煤气化技术的研究工作。经过几十年的不懈努力，涌现出一批有代表性的煤气化技术，包括GE气化技术、水煤浆-水冷壁气化技术（清华炉）、多喷嘴对置式水煤浆加压气化技术、GPS干煤粉加压气化技术、航天炉粉煤加压气化技术和科林粉煤气化技术。这些技术基本上都处于示范阶段，有的进展得比较快一些，有几个工厂已经运行，或者有几个工程正在建设，个别技术已经开始向国外推广（表 2-2）。20 世纪 70 年代起西北化工研究院开始进行水煤浆加压气化技术研发并建设了中试装置（投煤量 24～36t/d，气化压力 2.8～3.4MPa），为水煤浆气化技术在我国的应用奠定了基础。多喷嘴对置式干粉煤加压气化技术是由华东理工大学与山东能源集团联合开发的世界首套日投煤量 3000 吨级的工业示范装置，于 2024 年 7 月 21 日一次投料成功。该气化炉技术拥有完全自主知识产权，是继华东理工大学与山东能源集团、中国天辰工程有限公司等单位产学紧密合作开发多喷嘴对置式水煤浆气化技术后，取得的又一项重大技术创新成果。其有效气含量高达 92%，粗渣中可燃物含量最低仅为 0.1%，碳转化率超过 99%。

表 2-2　国内近年煤气化技术[8-14]

技术	原料	单位投煤量/(t/d)	开发单位
GE 气化技术	水煤浆	3000	神华集团
水煤浆-水冷壁气化技术（清华炉）	水煤浆	2350	清华大学
多喷嘴对置式水煤浆加压气化技术	水煤浆	3000	华东理工大学
GPS 干煤粉加压气化技术	粉煤	3000	中国五环工程有限公司
航天炉粉煤加压气化技术	粉煤	3500	中国运载火箭技术研究院
科林粉煤气化技术	粉煤	2000	内蒙古康奈尔公司

2.1.2.2　水煤气变换

合成气合成不同含氧燃料时，往往需要不同组成的合成气。然而，煤直接气化后产生的粗合成气氢碳比一般不能满足需要。因此，通常需要对粗合成气进行 CO 变换，调控氢碳比以满足反应要求。工业上一般通过水气变换工序，使部分 CO 与水蒸气反应生成氢气和 CO_2，来调整粗原料气的氢碳比。另一方面，通过水气变换工序还可以使粗原料气中的有机硫转变为无机硫，便于后续工序进一步将硫脱除。

$$CO+H_2O \xlongequal{} CO_2+H_2 \qquad \Delta H_{298K}=-41kJ/mol$$

水气变换反应是一个可逆的放热反应，从化学平衡来看，降低温度、增加蒸汽量和除去 CO_2，可以使平衡向右移动，提高 CO 的变换率。但是 CO 的变换反应只有一定的温度和物料浓度是不能达到工业生产要求的，因为即使在较高的温度下反应也极慢，工业上往往采用分段法变换，即第一段反应在高温下进行（320～450℃），以加快反应的速度，第二段在较低温度下（200～250℃）进行，以使反应进行得比较完全。另外，必须选取合适的催化剂，才能使 CO 的变换反应达到工业上要求的反应速率。许多材料都能对变换反应起催化作用，但到目前为止，只有 3 个系列的催化剂实现了工业化：铁系高温变换催化剂（300～450℃）、铜系低温变换催化剂（190～250℃）和钴钼系耐硫宽温变换催化剂（180～450℃）[15]。

① 铁系高温变换催化剂　铁系高温变换催化剂是 Bosch 和 Wild 在 1912 年开发成功的，1915 年开始工业应用，在 20 世纪 30 年代得到广泛使用，其活性相是由 Fe_2O_3 部分还原得到的 Fe_3O_4。在实际应用过程中，高温烧结导致 Fe_3O_4 表面积下降，引起活性的急剧下降，造成纯 Fe_3O_4 的活性温区很窄，耐热性很差。因此常加入结构助剂提高其耐热性，防止烧结引起的活性下降。最常用的结构助剂是 Cr_2O_3，因此铁系高温变换催化剂通常称为铁铬系高温变换催化剂。实验证明虽然 14% Cr_2O_3 催化剂的耐热性和抗烧结性最好，但

8% Cr_2O_3 催化剂单位表面积的催化活性最高，因此一般铁系高温变换催化剂的 Cr_2O_3 含量在 7%～9%之间[16]。这种催化剂的特点是在 350℃以上具有较好的活性，热稳定性好、寿命长，有一定的抗毒能力、价廉易得等。表 2-3 列出了世界上主要的工业化高变催化剂[17]。

表 2-3　工业化高变催化剂

生产商	型号	主要成分	工业化年份
美国 Süd-Chemie	C12-1	89% Fe_2O_3-9%Cr_2O_3	20 世纪 80 年代以前
	C12-3（G-3）	89% Fe_2O_3-9%Cr_2O_3	20 世纪 80 年代以前
	C12-4（G-3C）	Fe-Cr-Cu	1986
德国 BASF	K6-10	Fe-Cr	20 世纪 80 年代以前
	K6-11	Fe-Cr-Cu	
英国 ICI	15-4	Fe-Cr	20 世纪 80 年代以前
	15-5	Fe-Cr	20 世纪 80 年代以前
	71-3	Fe-Cr-Cu	1987
	71-4	Fe-Cr-Cu	1988
丹麦 Topsφe	SK-12	86% Fe_2O_3-8% Cr_2O_3	20 世纪 80 年代以前
	SK-201	Fe-Cr-Cu	1988

除了表 2-3 中列出的催化剂之外，得到广泛应用的还有国内生产的 B109、B112、BM-1、BX 等。

② 铜系低温变换催化剂　1963 年，美国在合成氨工业中首先采用了 Cu-Zn 系催化剂的低温变换工艺，国内在 1965 年实现了低温变换工业化。铜-锌系催化剂有铜-锌-铬和铜-锌-铝两个系列。铜-锌-铬系催化剂由于其中所含的铬对人体有毒及其他的一些缺点正逐步被淘汰，并向铜-锌-铝系列发展。铜-锌-铝系催化剂的组成以 CuO（反应条件下为 Cu 和 Cu_2O）为活性中心，ZnO 和 Al_2O_3 为促进剂和稳定剂，能在少毒的正常工艺条件下保持高活性地长期运转。表 2-4 列出了世界上主要的工业化低变催化剂。

表 2-4　工业化低变催化剂

生产商	型号	主要成分	开发年代	备注
美国 Süd-Chemie	C18HC	Cu/Zn=1	20 世纪 60 年代	应用广泛
	C18HCS	Cu/Zn=1	20 世纪 80 年代	改进了抗中毒能力
	C18-7	Cu/ZnO	20 世纪 90 年代	活性比 C18HC 高
德国 BASF	K3-10	Cu/ZnO/Al_2O_3	20 世纪 60 年代	BASF 经典催化剂
	K3-110	Cu/ZnO/Al_2O_3	20 世纪 80 年代	K3-10 的换代产品
	K3-111	Cu/ZnO/Al_2O_3	20 世纪 90 年代	BASF 第三代产品
英国 ICI	52-1	Cu/ZnO/Al_2O_3	20 世纪 60 年代	ICI 第一代产品
	52-8	Cu/ZnO/Al_2O_3	20 世纪 70 年代	ICI 第二代产品
	53-1	Cu/ZnO/Al_2O_3	20 世纪 80 年代	寿命可达 10 年
	83-2	Cu 含量增大	20 世纪 90 年代	活性高

续表

生产商	型号	主要成分	开发年代	备注
丹麦 Topsφe	LSK	$Cu/ZnO/Cr_2O_3$	20 世纪 70 年代	用作保护床
	LK-801	$Cu/ZnO/Al_2O_3$	20 世纪 70 年代	1980 年投入应用
	LK-821	含铜量高	20 世纪 80 年代	活性高

除了表 2-4 中列出的催化剂之外，得到广泛应用的还有国内生产的 B202、B203、B204、B205、B206 等。铜系低温变换催化剂的研究报道从 20 世纪 90 年代初开始逐渐减少，一般认为该催化剂能够满足现有生产工艺的要求，已基本定型。

③ 钴-钼系耐硫宽温变换催化剂　钴-钼系耐硫宽温变换催化剂是在 20 世纪 60 年代中后期研制的一种变换催化剂，主要是为满足以重油、渣油、煤或高含硫汽油为原料制取合成氨原料气的需要，具有很高的低温活性。它比铁系高温变换催化剂起活温度低 100～150℃，甚至在 160℃就显示出优异的活性，与铜系低温变换催化剂相当，且其耐热性能与铁-铬系高温变换催化剂相当，因此具有很宽的活性温区，几乎覆盖了铁系高温变换催化剂和铜系低温变换催化剂的整个活性温区。其最突出的优点是其耐硫和抗毒性能很强，另外还具有强度高、使用寿命长等优点；但其致命的缺点是使用前需要烦琐的硫化过程，使用中工艺气体需要保证一定的硫含量和较高的汽气比，以防止催化剂反硫化的发生，特别是在高温操作时更为严重，随着温度的升高，最低的硫含量和汽气比也随之提高，当原料含硫量波动较大时，造成操作过程控制复杂。

2.1.2.3　脱碳与净化

煤气化制成的粗原料气经过水气变换后会含有较多的 CO_2，考虑到含氧燃料合成原料气中 CO_2 的含量必须适量，需要将粗原料气通过脱碳工艺脱除过量的 CO_2。不仅如此，从气化炉出来的粗煤气还含有其他的一些有害的杂质，如灰尘、硫化物和氯化物等。煤气中的灰尘颗粒如大于 20μm，极易沉积堵塞后续设备及管道，而硫化物及氯化物等气态杂质不但会腐蚀设备及管道，还对催化剂的毒害性非常大。因此，合成气不但主要组分要符合要求，其有害杂质也需要经系列净化工艺净化如除尘、脱硫和脱羰基金属化合物等，以达到规定标准。

(1) 脱碳

工业上脱除 CO_2 的方法很多，总的来说可以分为两大类：一类是溶剂吸收法，包括物理吸收法、化学吸收法以及物理-化学吸收法；另一类是变压吸附（PSA）气体分离技术（也称干法脱碳）。

物理吸收法是利用 CO_2 能溶于水或某些有机溶剂而 CO 和 H_2 在其中溶解度很小的性质完成的，吸收 CO_2 后的溶液可通过减压解吸法再生。物理吸收法主要包括水洗法、碳酸丙烯酯法（Fluor 法）、冷甲醇法以及聚乙二醇二甲醚法（NHD 法）等。所用溶剂均为极性溶剂，在吸收 CO_2 的同时，也能很好地将硫化氢（H_2S）吸收，即在脱除 CO_2 的同时也能脱除硫化氢。

化学吸收法脱除 CO_2 是指用氨水、碳酸盐类以及有机胺类等碱性溶液作为吸收剂，吸收原料气中的 CO_2 和 H_2S 等酸性气体。化学吸收法的主要优点是吸收速度快、净化度高，按化学计量反应进行，吸收压力对吸收能力影响不大等；缺点是再生热耗大。化学吸收脱碳方法种类繁多，目前用得最多的是改良热钾碱法，而发展较为迅速的是甲基二乙醇胺（MDEA）法。

物理-化学吸收法顾名思义就是将物理吸收剂和化学吸收剂合并使用，使溶剂既有物理吸收功能又有化学吸收功能。用烷基醇胺与环丁砜的混合溶液作吸收剂，可以同时脱硫和脱碳，是物理-化学吸收法的典型代表。它的再生热耗比物理吸收法高而比化学吸收法低，是介于两种方法之间的一种方法，可以与改良热钾碱法进行竞争，但溶剂价格较高。

变压吸附脱碳技术是一种干法脱除 CO_2 的方法，是利用吸附剂对吸附质在不同分压下具有不同的吸附容量、吸附速度和吸附力，并且在一定压力下对被分离的气体混合物的各组分有选择吸附的特性，加压吸附除去原料气中杂质组分，减压脱除这些杂质而使吸附剂获得再生。该法具有工艺简单、操作稳定、能耗低、无“三废”排放问题等优点，是一种节能脱 CO_2 的新技术，有广阔的发展前景。

（2）除尘

除尘是指除去原料气中的固体颗粒，主要是针对通过煤气化所制备的粗原料气而言的。工业上应用较多的设备主要有旋风除尘器和电除尘器。分别用于高温部位和最后的净化。另外，湿法洗涤有时也可以和脱硫等过程结合进行[18]。

旋风除尘器是工业应用最为广泛的一种除尘设备，尤其是在高温、高压、高含尘浓度以及强腐蚀性环境等苛刻的场合。旋风除尘器的主要捕集力为离心力，它利用含尘气流做旋转运动时所产生的对尘粒的离心力将尘粒从气流中分离出来。旋风除尘器具有结构紧凑、简单，造价低，维护方便，除尘效率较高，对进口气流负荷和粉尘浓度适应性强以及运行操作与管理简便等优点。但是，旋风除尘器的压降一般较高，对小于 $5\mu m$ 的微细尘粒捕集效率不高。

电除尘器的主要特点是在一对电极之间加一定的高压直流电，在两极间就会产生电晕放电现象，当含尘气体流过该放电空间时，粉尘粒子被强制荷电，荷电粒子在库仑力的作用下向极板运动并被极板捕集。静电除尘器的除尘效率高、阻力小、电能消耗低，一般除尘效率可达 90%～98%，阻力不超过 100Pa，适合原料气的精除尘。

湿法洗涤除尘是在水滴与尘粒的相对运动过程中，水滴利用惯性碰撞、截留、扩散及凝聚等效应的作用而捕获粉尘。湿法除尘对于粒径大于 $2.0\mu m$ 的尘粒具有很好的除尘效率。其既可用于除去气体中颗粒物，又可同时脱除气体中的部分有害化学组分。但是，它只能用于处理温度不高的气体，排出的废液或泥浆尚需二次处理，以免形成二次污染。

（3）脱硫

硫是原料气中常见的毒物，是引起催化剂活性衰退的主要因素，决定了催化剂的活性和使用寿命[19]。原料气中硫一般以 H_2S 和 COS 形式存在，另外还有 CS_2、硫醚、噻吩等有机硫，它们相对含量比较少，但较难以脱除。

脱除气体中硫化物的方法很多，通常可分为湿法和干法两大类。一般说来，湿法脱硫生产能力大，操作连续性好，对气体中硫化氢含量的限制范围比较宽，适合净化高硫气体，吸收剂容易再生，操作费用低，但净化度不够高，每立方米只能脱除到几毫克或几十毫克。干法脱硫具有工艺简单、净化度高的特点，但是其设备庞大（因为生产能力小），操作不连续且费用高，一般用在精细脱硫或气体处理量较小的场合。

① 湿法脱硫　湿法脱硫采用溶液吸收的方法，根据其所用脱硫剂的性质及脱硫机理的不同又可细分为湿式氧化法、化学吸收法、物理吸收法以及物理化学吸收法。

湿式氧化法是指在吸收溶液中载氧体的催化作用下，将吸收的硫化氢氧化为硫黄，从而使吸收溶液获得再生的脱硫方法。该法主要包括改良 ADA 法、栲胶法、氨水催化法、PDS 法以及络合铁法等。

化学吸收法又称为中和法，系利用硫化氢溶液的酸性，采用碱性吸收剂来吸收。通常选择可以和硫化氢发生可逆反应的弱碱为吸收剂，当吸收富液温度升高、压力降低时，则放出硫化氢。该法主要包括烷基醇胺法、碱性溶液（如碳酸钠、氨水等）法等。

物理吸收法是利用硫化氢在某些溶剂中可以溶解的性质。往往是在加压条件下吸收，在减压、加热或汽提条件下将硫化氢释放出来，同时溶液得到再生。在吸收过程中不发生化学反应。属于这类方法的有冷甲醇法、聚乙二醇二甲醚法、碳酸丙烯酯法以及早期的加压水洗法等。

物理化学吸收法则是物理吸收法和化学吸收法的综合，因而兼有物理吸收和化学吸收两种性质，主要包括环丁砜法和常温甲醇法等。

应当指出的是各种湿法脱硫工艺中所脱除的硫化氢，只有湿式氧化法在再生时能够直接回收硫黄，其他各种物理和化学吸收法，在其吸收液再生时会放出含高浓度硫化氢的再生气，对此还必须采取相关技术对其进一步进行硫的回收。

② 干法脱硫　干法脱硫是采用固体脱硫剂来除去硫化物。干法脱硫剂按其性质及脱硫机理可以分为三种类型：加氢转化催化剂，如铁-钼、镍-钼、钴-钼、镍-钴-钼等；吸收型或转化吸收型，如 ZnO、氧化铁、氧化锰等；吸附型，如活性炭、分子筛等。

由前述可知，合成甲醇用原料气中的硫化物包括无机硫化物和有机硫化物。无机硫化物（硫化氢）可以通过常规的 ZnO 精脱的方法脱除至 $0.1mg/m^3$ 以下，在含有有机硫的情况下，则需要将有机硫化物进行加氢或水解反应，转化成无机硫（硫化氢）后进一步除去，或者使用活性炭或分子筛进行吸附脱除有机硫。

加氢转化催化剂如铁-钼及钴-钼等能将各种有机硫化物转化为硫化氢，特别是对含有噻吩的原料气更应该使用此法，转化生成的硫化氢由 ZnO 法除去，两者配合是高精度脱硫的可靠手段。

吸收型脱硫法最具代表性的方法是氧化铁法和 ZnO 法。氧化铁法可基本上除去硫化氢，而且其来源特别丰富，大量以氧化铁为主要成分的工业废料均可使用，所以至今仍用于天然气、水煤气等气体的脱硫上。当用在大型厂或硫化氢含量较高时，往往将湿法脱硫和氧化铁脱硫串联使用。ZnO 法的净化度高，空速大，能脱除硫化氢及除噻吩以外的有机硫化物，特别适用于 250～400℃的热气体脱硫，且操作简单可靠，缺点是价格昂贵，不能再生，一般用在最后的“精脱硫”。

吸附型脱硫法主要有活性炭脱硫法和分子筛脱硫法。活性炭脱硫剂通常要在活性炭上浸渍铁、铜、镍、钴、铬等盐类，使硫化物既能被活性炭吸附，也能在活性炭表面发生催化氧化反应，能脱除硫化氢及大部分硫化物，具有常温操作、净化度高（<1mg/L）、可再生等优点，广泛用于天然气、甲醇与合成氨原料气的脱硫上，缺点是价格昂贵，且不能用于 C_2 以上烃类及烯烃存在的场合。分子筛脱硫剂则是一种纯粹的吸附剂，用作精细脱除气体中的有机硫化物。分子筛的主要优点是吸硫性能比其他脱硫剂优越，如能吸附 15%～20%（质量分数）的噻吩，其能力是含铜活性炭的 8～9 倍，可高效地脱除气体中硫化氢和硫醇、噻吩等有机硫，经再生其寿命可达 3～5 年，其缺点是再生频繁与复杂。

由上述可知，脱硫方法多种多样。脱硫方法的选择应根据原料气的来源、原料气中硫的形态及含量、脱硫净化度的要求以及脱硫剂的供应等因素，通过技术经济的综合比较后，选择适宜的脱硫方法。一般情况下，干法脱硫的硫容比较有限，对含高浓度硫的气体不适用，需要先用湿法脱硫进行粗脱，再用干法脱硫进行精脱。

（4）脱除羰基金属化合物

羰基金属化合物是过渡金属与CO配位体所形成的一类特殊配位化合物，亦称羰基配合物。除铁系元素的单核羰基配合物及四羰基合镍在常温下为液体外，其他已知的羰基配合物都是固体。在较温和的压力和温度下将CO和铁粉或镍粉加热，即可得到挥发性的五羰基铁［$Fe(CO)_5$］或四羰基镍［$Ni(CO)_4$］。羰基金属的来源主要有两种：①原料气中的CO对设备与管道的腐蚀而成，在金属中只有铁和镍能在较温和的条件下与CO气体反应形成羰基化合物；②在造气过程中，CO与铁、镍结合生成$Fe(CO)_5$、$Ni(CO)_4$，其生成量与铁和镍的含量以及CO的分压有关。一般认为，在相对低的温度和特别高的压力下，气体中含有的大量CO与其所接触的容器、管道表面组分发生反应，或者与原料渣油带入的铁、镍杂质进行反应形成$Fe(CO)_5$、$Ni(CO)_4$。从动力学角度看，高的CO分压和高温有利于这些羰基金属化合物的形成；但是从热力学角度看，低温有利于羰基金属化合物的形成，最佳形成温度为100～200℃。

催化剂的表面性质是不均匀的，具有催化活性的物质按照一定的规律高度分散在催化剂表面上形成一系列催化剂活性中心。这些活性中心一旦遭到破坏，催化剂便很快丧失活性或引起其他副反应。因此，催化剂的中毒现象是由于引起中毒的物质被牢牢地吸附在催化剂的表面形成薄膜，使表面丧失活性或引起其他副反应。$Fe(CO)_5$、$Ni(CO)_4$很容易在低于反应器温度的条件下生成，又能在反应温度下分解而沉积在催化剂表面上，覆盖在催化剂表面或堵塞孔隙，使催化剂活性下降，使反应生成的热不能及时被带走，进而使催化剂床层温度升高，从而影响催化剂的使用寿命[20-21]。因此，通常情况下必须将原料气中的羰基金属化合物脱除至0.1mg/m^{3}以下。

国内外一些企业和研究单位都注意到了羰基金属对反应催化剂的影响，并在生产流程中的合成塔前设置过滤器，在其中装填脱除羰基金属的净化剂，以达到净化合成气中羰基铁、羰基镍的目的。经过压缩后的合成气在过滤器中除去羰基铁、羰基镍后才和循环气一起进入合成塔。国外羰基金属净化剂主要有德国南方化学公司（Süd-Chemie AG）生产的K306和丹麦托普索（Haldor Topsφe）公司开发的MG901吸附剂。K306属于活性金属吸附剂，主要组分为SiO_2和Al_2O_3，在50℃、常压、空速3000h^{-1}下可有效脱除气体中的羰基铁。MG901属加温型吸附剂，主要用于反应温度下分解甲醇催化剂中的$Fe(CO)_5$和$Ni(CO)_4$，使用空速可达6000～10000h^{-1}。国内主要有齐鲁石化公司研究院研制生产的QXJ-01和QMG-01型吸附剂，主要脱羰基铁、羰基镍净化剂的性能如表2-5所示。

表2-5　国内外主要脱羰基铁、羰基镍净化剂的性能比较

项目	型号			
	K306	QXJ-01	MG901	QMG-01
公司	德国南方化学	中国 齐鲁石化研究院	丹麦 托普索	中国 齐鲁石化研究院
外形尺寸/mm	ϕ4～ϕ5（球）	ϕ4～ϕ5（球）	ϕ4×4（圆柱）	ϕ3～ϕ5（球）
侧压强度/(N/颗)	60	60	70	110

续表

项目		型号			
		K306	QXJ-01	MG901	QMG-01
使用条件	压力/MPa	0.1～13.0	0.1～13.0	0.1～13.0	0.1～13.0
	温度/℃	50～120	50～120	190～300	190～300
	单醇空速/h^{-1}	2000～3000	2000～3000	6000～10000	6000～10000
	联醇空速/h^{-1}	5000～10000	5000～10000	18000～30000	18000～30000

另外，国内西北化工研究院开发了常温型和高温型两种应用于不同工艺条件下的羰基金属吸附剂，均可保证合成气中的羰基铁、羰基镍质量分数小于 0.1×10^{-6}。湖北化学研究院开发了 ET-7、ET-8 脱羰基铁、羰基镍净化剂，也可应用在甲醇生产装置中，可较好地脱除合成气中的羰基铁、羰基镍，对甲醇催化剂起到了保护作用。

(5) 脱氯

氯有未成键孤对电子，并有很大的电子亲和力，易与金属离子反应，并造成催化剂的永久中毒。氯离子还具有很高的迁移性，常随工艺气向下游迁移，造成催化剂的中毒往往是全床层性的、永久性的。对于工业生产甲醇铜基催化剂，氯的危害比硫的毒害约大 10 倍，入塔气体中含 0.1mg/L 的氯就会发生明显的中毒。因此，虽然原料气中的氯含量没有硫的含量高，但是其对催化剂的危害更大，必须脱除。

实际生产中的氯主要来源于原料煤、工艺蒸汽、空气以及所使用的化工助剂等。解决原料气中氯的脱除问题行之有效的办法就是使用脱氯剂进行干法脱氯。脱氯剂的主要成分为碱性氧化物，如 CaO、ZnO 及 Na_2O 等。净化后气体中氯的含量可以小于 $0.1mg/m^3$。

(6) 其他杂质脱除

其他的一些杂质主要包括少量的氨及油污。合成气中氨的来源主要有：①碳酸丙烯酯串中压氨洗脱碳工艺；②氨水脱碳工艺；③尿素联产碳氨工艺；④铜洗再生气回收技术；⑤煤及石油等碳源中含有的胺类及吡啶等含氮有机杂环化合物在造气过程中最终会转化为氨；⑥变换炉内由于金属催化剂对 N_2 和 H_2 起催化剂作用，也会合成部分 NH_3。氨与甲醇在催化剂上能发生胺化反应，生成甲胺类副产物；当有微量水存在时，氨还会与甲醇催化剂中的铜生成铜氨络离子，造成铜的流失，从而导致甲醇催化剂失活。可以通过改进脱硫、铜洗、脱碳等工艺使氨的产生尽量地减少或者使用脱氨剂脱除氨。

油污主要来源于压缩机和循环机的润滑油泄漏。原料气中的油污可堵塞甲醇催化剂的表面和内部孔道，降低催化剂比表面，从而减少活性中心的数目，降低甲醇催化剂的活性。解决油污污染可以通过采用无油润滑压缩机或者在甲醇合成塔前设置一个装填脱油剂的装置。

2.2 甲醇原料

甲醇不仅可以直接用作含氧燃料燃烧使用，还能作为反应原料，继续转化为 DMC、MTBE、DMM_n 和脂肪酸甲酯等含氧燃料产品。甲醇主要是由合成气（主要成分是 CO 和 H_2）经催化转化获得的，因此，能够转化为 CO 和 H_2 的资源如煤炭、天然气、生物质，均可作为原料，经合成气转化为甲醇。另外，将温室气体 CO_2 与 H_2 反应，也是合成甲醇的重要路线，未来发展具有良好的前景。我国天然气的储备量远不如煤炭资源，所以适应我国国情的产业主要是以煤炭制取甲醇。

2.2.1 煤制甲醇

煤制甲醇是当前最主要的甲醇合成路线，技术成熟，已经实现规模化工业生产。煤炭、焦炭、焦炉气、煤层气以及中煤和煤矸石等煤基材料，均可以作为起始原料生产甲醇。不同原料生产甲醇时，首先要经热催化转换为CO和H_2，然后对生成的CO和H_2进行净化提纯并调增碳氢比，再在工业催化剂作用下转化合成粗甲醇，最后通过精馏获取精甲醇产品。当前，煤制甲醇主要是从煤炭和焦炉气出发制甲醇两条原料路线。

2.2.1.1 煤气化制甲醇

煤炭是世界化石能源储藏量最多的能源，远远超过天然气和石油的储量。煤炭出发制甲醇是以煤为原料，通过高温高压将其转化为粗煤气，再经高温变换调节氢碳比，使多余的二氧化碳和硫化物脱除后得到净化后的合成气，再经压缩、甲醇合成和甲醇精制等几个主要环节，最终获得甲醇产品。随着大型煤气化和净化技术的发展，煤炭制甲醇越来越成为合成甲醇的主要原料路线。对于缺油少气富煤的国家和地区（如中国和南非），煤制甲醇是当前主要的原料路线。特别是我国，天然气资源贫乏，煤炭资源储量相对丰富，煤制甲醇是我国主流制备工艺。根据中国化工协会最新数据统计（图2-3），2023年我国以煤炭为原料合成的甲醇产量为6975.3万吨，占甲醇总产量的83.9%。而随着未来煤制甲醇的产能不断提升，这一占比仍在提高。不仅如此，世界上煤制甲醇的产能几乎全部位于中国[22]。需要指出的是，煤炭资源中的高硫劣质煤，不能作为动力煤直接燃烧，但通过气化脱硫后，也可以作为合成甲醇燃料的原料，促进了煤炭资源的高效洁净利用。

我国煤制甲醇产能主要分布在西北地区的新疆、宁夏，华北地区的内蒙古、河北，华中地区的河南，西南地区的贵州、重庆，华东地区的山东等地（图2-4）。其中，西北地区是我国煤制甲醇产能的主要聚集地，甲醇产能占比32.9%。另外，华北地区占比30.7%、华东地区占比18.9%。我国规模较大的煤制甲醇生产企业主要有兖州煤业榆林能化有限公司、陕西延长中煤榆林能源化工有限公司、神华包头煤化工有限公司、蒲城清洁能源化工有限责任公司、宁夏宝丰能源集团股份有限公司等。

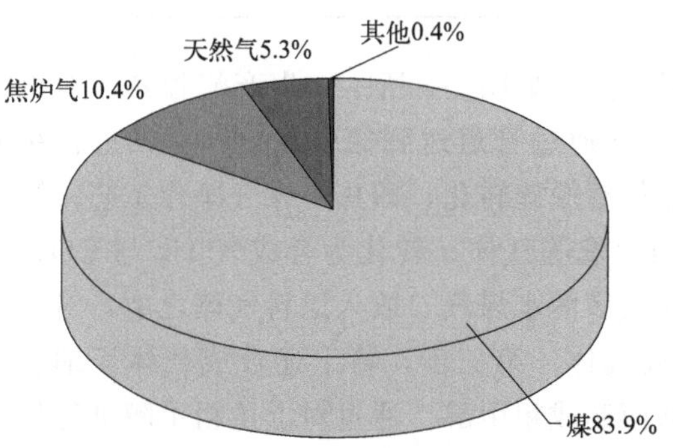

图2-3　2023中国甲醇生产原料占比

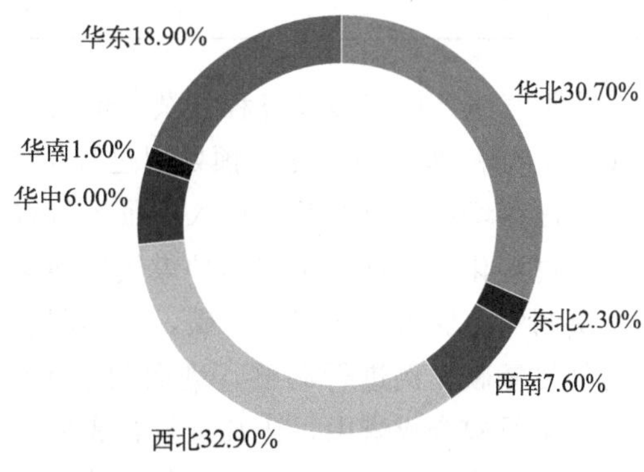

图2-4　国内甲醇产能分布情况比较

值得一提的是，近几年随着产能过剩行业的兼并重组，中国甲醇生产企业逐步向大型化、集团化发展。从甲醇装置及规模来看，目前已逐渐形成远兴能源、久泰、兖矿、中海化学等百万吨级以上规模企业。从烯烃配套百万吨以上甲醇装置来看，神华、大唐、宁煤、宝丰、延长等企业甲醇年产能均在150万吨以上。截至2024年国内已投产的单套规模最大的煤制甲醇装置是宝丰能源220万吨/年焦炭气化制甲醇项目。该项目于2020年5月29日一次开车成功并产出合格甲醇，采用当时世界单套产能最大的220万吨/年甲醇合成塔和国产最大的$10.5\times10^4m^3/h$（标准状况）空分机组，开创多项行业第一。预计未来几年，中国甲醇产业结构布局将随着新型下游产业的快速发展而继续深化调整。

2.2.1.2 焦炉气制甲醇

我国是钢铁生产大国，相配套炼焦产业发达。据中国炼焦行业协会日前印发的《焦化行业“十四五”发展规划纲要》指出，全国焦化生产企业500余家，焦炭总产能约6.3亿吨，其中，常规焦炉产能5.5亿吨[23]。2022年，我国焦炭产量为4.7亿吨，对应焦炉煤气年产量为1889.02亿立方米。其中，在这当中73%用于民用以及工业行业当中，剩余便通过燃烧直接排放到空气当中，不但使能源被浪费，而且对环境也带来了污染。所以，焦炉煤气的回收再运用对我国资源反复使用以及经济收益的长时期稳定进步均有着非常重要的作用[24]。

焦炉煤气是煤隔绝空气干馏得到的产物，干馏过程中，在450～600℃时析出大量气体和焦油，称为一次热分解产物，在600～1000℃时，一次热分解产物与热焦炭及高温炉壁接触，发生二次热分解，形成二次热分解产物。二次热分解产物的主要气相部分就是焦炉煤气，其主要成分为二氧化碳、氢气、一氧化碳、氮气、甲烷、氧气，还有少部分的硫化氢、苯、萘、噻吩类和焦油。其中，氢气和甲烷占比分别约为57%和25%。考虑到焦炉煤气富氢的特点，焦炉煤气被认为是生产甲醇的优质原料，也是除煤炭原料之外合成甲醇的最重要煤基原料（表2-6）。焦炉气制甲醇一方面可以实现“变废为宝”，将炼焦过程中副产的焦炉煤气转化为经济价值较高的甲醇；另一方面丰富了我国甲醇的生产工艺，可以摆脱“少气”的能源禀赋现状的束缚。焦炉煤气制甲醇具有投资低、建设周期短、生产成本低等优点，成为焦炭企业进行焦炉煤气利用、发展下游产品的重要方式。

表2-6 焦炉气主要成分

组分	CO_2	H_2	CO	N_2	CH_4	O_2	C_nH_m
体积分数/%	1.2～2.5	54～59	5.5～7	3～5	23～28	0.3～0.7	1.5～3

焦炉气生产甲醇涉及过程复杂，但已经相对成熟。如图2-5所示，生产流程具体有以下几步[25]：第一步，将焦化厂预处理过程的焦炉煤气通过管道送到储气罐中，对其进行缓冲稳压和压缩增压，再在其中加入适量的氢将其进行精脱硫转化，即焦炉煤气净化工艺；第二步，通过催化、非催化法把焦炉煤气中所含有的甲烷等气体，转化为合成气H_2与CO，再用煤炭制气、脱硫、压缩、脱碳，将其制成氢少碳多的水煤气，放入原料气体之中，对原料中的气体氢碳比例进行调整，进而制成甲醇合成气体；第三步，将上述合成气体压缩、增压，送至甲醇合成塔中，让其进行合成反应，从而制成粗甲醇。通过对上述粗甲醇进行精馏操作，可制成精甲醇。在上述煤制甲醇生产工艺中，最重要的就是净化、转化，这两道工序是焦炉煤制甲醇工艺中的最重要技术。

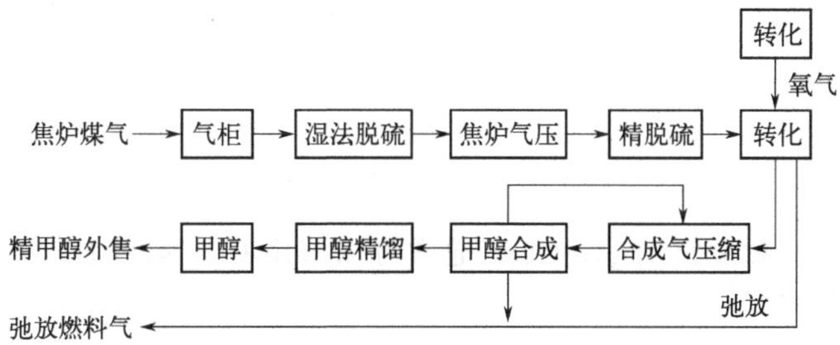

图 2-5 焦炉煤气制甲醇工艺主要流程

除了将焦炉煤气中的甲烷转化为合成气，一些地方也提出焦炉煤气和转炉煤气同时生产甲醇和 LNG 的方案。将焦炉煤气 CH_4 等轻烃分离液化出 LNG，剩余的富氢气送往甲醇合成工序，经过合成和精馏得到甲醇。图 2-6 是以 40000m^3/h 的焦炉气，辅以 10000m^3/h 的转炉气（用于补碳，使氢碳比合适）制 LNG 联产甲醇的主要流程[26]。

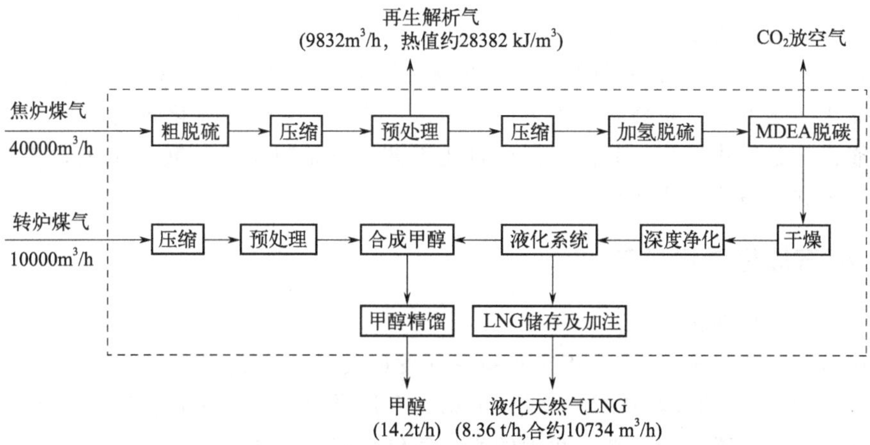

图 2-6 焦炉煤气和转炉煤气制 LNG 联产甲醇工艺主要流程

目前焦炉气制甲醇已经成为我国甲醇生产的重要组成部分。截止到 2023 年，我国焦炉气制甲醇年产能为 1418.6 万吨，占到甲醇总产能的 13.4%。而从数量上来看，我国焦炉气制甲醇企业共有 70 家左右，占整体数量的 30%。焦炉气制甲醇与煤制甲醇及天然气甲醇相比，在成本方面具备一定的优势，但也在规模大小及生产稳定性方面存在明显的劣势，这也让焦炉气制甲醇处于相对比较尴尬的位置。

尽管煤制甲醇工艺具有比较好的发展前景，但是仍然存在一定的问题。例如，煤制甲醇技术产能过剩、开工率相对较低、工艺需求分布与产能分布不匹配、行业投资大、工艺水耗高、环保设施处理效率不足、对于技术的依赖度很高等[27]。在今后的发展中应该致力于考虑市场的供需平衡，进一步促进甲醇下游市场的开发。相信随着化工产业的蓬勃发展，会拉动我国甲醇消费量快速增长，特别是甲醇燃料的推广和应用以及从甲醇出发合成其他含氧燃料的技术推广，甲醇的需求市场将会进一步扩张。

2.2.2 天然气制甲醇

天然气的主要成分是甲烷，甲烷通过与水蒸气发生重整反应生成以 CO 和 H_2 为主要成分的合成气，用于合成甲醇。在重整反应过程中，生成的 CO 还能与水蒸气发生变换反应，反应方程式如下：

$$CH_4+H_2O \xlongequal{} CO+3H_2$$
$$CO+H_2O \xlongequal{} CO_2+H_2$$

甲醇合成过程中需要适宜的 H_2/CO，通常可以采用 CO_2 取代蒸汽，调整 H_2 与 CO 适宜的比例，反应方程式为：

$$CH_4+CO_2 \xlongequal{} 2CO+2H_2$$

将天然气转化为合成气并进一步加工成甲醇产品是重要的甲醇生产技术。全球的天然气制甲醇生产主要集中在天然气资源比较丰富的中东、拉美和东亚等地区，在这些地区，天然气供给充足、价格较为低廉且生产过程较为清洁环保，因此天然气制甲醇是主流制备工艺，天然气制甲醇占比 95%以上。对我国而言，天然气供给紧缺，价格较高，我国政府在 2012 年左右就禁止新建或扩建以天然气为原料生产甲醇及甲醇生产下游产品装置。2021 年之前，天然气制甲醇产能占比很小，约占 5%。

目前，天然气作为原料制甲醇合成气可分为以下三类[28]：一是蒸汽催化转化工艺，包括水蒸气催化转化工艺、联合转化工艺、预转化工艺；二是部分氧化转化工艺，包括纯氧转化工艺、催化部分氧化工艺、非催化部分氧化工艺；三是热交换型转化工艺，典型的有 ICI 换热转化工艺和凯洛格换热转化工艺。

2.2.2.1 蒸汽催化转化工艺

(1) 水蒸气催化转化工艺

该催化转化工艺最早于 1915 年在实验室开发成功，后由美国标准石油公司将此工艺技术应用于工业化生产。我国自主研发设计的第一套烃类水蒸气催化转化工艺是抚顺石油化工设计院设计的制氢装置。近年来，我国的水蒸气催化转化工艺设计水平不断提高，在工艺可靠性、开停车方便与简单性、装置运行的安全稳定性、原料和燃料消耗指标等方面达到了世界先进水平。

蒸汽催化转化工艺（SMR）是天然气制甲醇合成气的典型工艺，工艺流程简单，可以说是各种转化工艺中流程最短、设备较少的；操作条件温和，转化气最高温度仅 900℃左右。工艺过程主要包括原料天然气的净化、催化转化反应、热回收、气液分离四个部分。首先，原料天然气中因为含有硫化物，需将硫化物脱除至 0.15～0.3mg/m^3，以避免转化催化剂中毒。净化后的天然气与补入的水蒸气达到工艺所需的水碳比，经过对流段预热后进入转化炉，发生转化反应，反应过程中所需的热量由转化炉辐射段的烧嘴燃烧燃料气提供。出转化炉的高温转化气，在热回收部分回收热量产生蒸汽，产出的蒸汽用于驱动透平或作为工艺热源。换热后转化气与凝液分离，得到甲醇产品[29]。

蒸汽催化转化工艺有以下几个特点：

① 转化系统压力一般在 2.0～2.5MPa，使合成气组分不好，压缩机功耗较高；

② 转化炉出口转化温度较高，一般在 890～920℃；

③ 转化炉炉管的管壁温度较高，一般在 930～940℃；

④ 转化气中 H_2 含量一般在 70%～75%，氢多碳少会增加转化、压缩及合成系统的设备投资；

⑤ 蒸汽转化是在高温下进行的，虽然有利于甲醇合成气的生成，但对转化炉炉管材质提出了要求；

⑥ 难以全部回收利用工艺中过多的热量，合成气冷却处理负荷较大。

（2）联合转化工艺

联合转化工艺由 Lurgi 公司开发，是一段蒸汽转化工艺与纯氧转化炉串联进行转化的工艺[30]。首先，天然气中的部分甲烷经过一段蒸汽重整（初级重整器尺寸较小，且可在较低温度下操作）反应产生 CO 和 H_2，之后 O_2 吹入自热重整装置，随后一段蒸汽重整得到的 CH_4、H_2 以及 CO 送入纯氧转化炉进一步发生转化反应。虽然联合转化工艺的不足之处是工艺流程复杂，还需要增设空分装置。但具备如下优点：

① 降低了转化反应的水碳比，一段转化炉出口转化气温度降低，并使转化压力降至 0.35～0.45MPa，相较于一段蒸汽转化工艺，降低了压缩机的投资；

② 操作条件温和，也减少了烟气的排放；

③ 所得合成气满足甲醇合成工艺所需的氢碳比，消除了氢的过剩。

（3）预转化工艺

预转化工艺最早是由英国气体公司开发的，在 1964 年，首套预转化工艺装置投产。到 20 世纪 80 年代，天然气水蒸气转化工艺中开始采用预转化工艺，成功降低了能耗。近年来，大型甲醇装置为进一步合理利用能量，常采用在转化炉前加预转化反应器的工艺流程。目的是将部分 CH_4 以及重组分进行预转化后再送入转化炉，这样可提高转化温度，降低水碳比，减少天然气单耗，提高能量的利用率。

预转化工艺过程中，首先对原料气进行调节，之后天然气在一定温度、催化剂作用下经加氢脱硫反应器进行脱硫处理，以避免蒸汽转化反应及甲醇合成反应催化剂中毒而失活。脱硫后的原料气（主要成分为天然气和水蒸气）在一定温度和催化剂作用下，经预转化炉将其部分转化得到由 H_2、CO、CH_4 组成的混合气。混合气预热至一定温度后，再送入转化炉内进一步发生深度转化反应。

预转化工艺具有以下优点：

① 预转化工艺能将进料中的重组分分解为轻组分 CO、CO_2、H_2、H_2O、CH_4，会大幅降低转化炉操作的苛刻条件，保护转化管，减少催化剂的析碳，促使蒸汽转化。特别是能增加催化剂对原料的适应性，提高生产能力，降低设备投资。

② 预转化工艺可脱除原料气中含有的硫和氯等杂质，可减少催化剂的中毒失活，提高转化催化剂的活性和寿命。

③ 预转化工艺没有设置空气预热器，大幅减少了氮氧化物的排放。

2.2.2.2 部分氧化转化工艺

随着天然气制甲醇工艺的不断探索与研究，甲烷催化部分氧化工艺越来越受到业内的青睐。此工艺过程主要是甲烷与氧气进行不完全氧化反应，主要包括非催化部分氧化和催化部分氧化两种转化反应形式。

（1）纯氧转化工艺

纯氧转化工艺是烃类、氧气和少量水蒸气在转化炉顶部混合发生部分氧化反应，然后高温混合气再与转化炉中的催化剂接触发生部分蒸汽转化反应而得到合成气。其中，部分氧化反应是放热反应，所释放的热量可以满足水蒸气转化反应所需，无需外部加热，能够降低操作费用和减少燃料的消耗。该工艺具有投资少、工艺简单、操作弹性大的优点，但需要增设空分装置，氧气的消耗量会增加。自热式催化部分氧化转化工艺将蒸汽转化的吸热反应与部分氧化的放热反应结合在一个反应器内进行，蒸汽转化反应所需能量刚好由部分氧化反应释放能量提供，能量利用充分，相较于蒸汽催化转化反应过程中所需能量由外界提供，可节省炉管的使用，降低设备投资费用[28]。

(2) 催化部分氧化工艺

天然气催化部分氧化工艺简称为CPOX工艺。该工艺是在750～790℃和催化剂参与下，天然气和氧气在反应器中发生催化氧化反应生成CO和H_2，合成气进一步直接制备得到甲醇。负载有Ni、Rh、Pt等活性组分的催化剂能够降低反应温度，使得整个工艺过程操作条件易控制，能量消耗低，氢碳比易控制，有利于甲醇合成。

该工艺中影响转化炉生产能力的主要因素是转化气的氢碳比，可以采用两种方法控制H_2/CO。一种是一段蒸汽法加二氧化碳转化法，此方法可减少天然气的消耗量，减少氮氧化物的排放。另一种是二段转化加纯氧转化法，此方法中，一股天然气加入一段转化炉中反应，一股天然气加入二段转化炉，可节省反应过程中蒸汽的用量，减少能量的消耗。总之，通过调节氧气的用量就可以调节适宜的氢碳比，简单易操作。

(3) 非催化部分氧化工艺

天然气非催化部分氧化工艺简称POX工艺。该工艺过程是在1000～1500℃的条件下，甲烷与氧气在气流床反应器中进行燃烧反应而产生合成气的过程。此工艺中由于没有催化剂参与反应，反应需在高温条件下进行，对反应器材质提出了高的要求，并且反应过程中产生的热量的回收和利用比较困难。而转化气H_2/CO较低，不利于甲醇的直接合成。另外，反应中会有烟灰生成，需增设合成气的水洗工序。因此，POX工艺合成甲醇效率较低，反应条件苛刻，不适宜大规模工业化生产。

2.2.2.3 热交换型转化工艺

热交换型转化工艺是在甲醇合成装置中为了充分利用热量，将二段炉工艺气的热量提供给一段炉，以减少一段炉炉管的使用。典型工艺有ICI换热转化工艺和凯洛格换热转化工艺。该转化工艺是在转化热交换器系统中进行，原料气通过设备顶部管板进入反应器，在催化剂的作用下发生转化反应后，再与自热转化炉中的气体混合，将一段炉剩余的热量供给二段炉利用，实现能源合理利用，促进氢碳充分氧化。关键设备热交换器的使用可有效提高热能的利用，减小一段转化炉的尺寸的同时，也降低了设备的材料费用。

总体而言，我国的天然气制甲醇生产技术水平与国外先进水平相比还有一定差距。应不断探索新的工艺技术，将蒸汽催化转化工艺、热交换型转化工艺、部分氧化转化工艺等工艺的优点有效结合，同时逐步提升甲醇装置自动化技术的应用及水平，实现甲醇装置的安全、稳定运行，在增加甲醇产量的同时力求减少能源消耗、降低投资、获取最大经济效益，实现最大化的节能和绿色生产。

2.2.3 生物质制甲醇

生物质，从广义上讲是指绿色植物通过光合作用产生的各种有机物。生物质资源主要分为两大类，一类是种植生产的能源作物，另一类是未充分利用的残余物。前者包括如甘蔗、木薯、玉米、油菜籽、甜高粱、油楠、麻风树以及能源林等陆生资源和海藻、微生物等水生资源。后者包括农业残余物，如秸秆、稻壳、蔗渣、蔬菜残余物等；林业残余物，如伐木残余物、木材加工废弃物等；渔业残余物；动物粪便；城市废弃物，如生活垃圾、有机废水等。将生物质合成甲醇，可实现生物质的高品位转化，不仅可以增加农业收入，还可以大幅度降低二氧化碳造成的温室效应，具有显著的经济、社会和环境效益。特别是与传统的原料相比，生物质里的组分如纤维素等都是多羟基结构，与甲醇较为类似。从碳、氧资源的利用率上讲，从生物质到羟基化合物有着不可比拟的优势。

目前，用于合成甲醇的生物质资源主要是农林植物生物质资源，如木材废料和农作物秸秆等，还有各种速生能源植物，如速生林、速生草本植物和富糖植物、富油脂植物等。全世界的农林植物等生物质资源丰富，全球年产量达到 1700 亿吨。数据显示，我国生物质每年产量超过 35 亿吨，具备约 4.6 亿吨标准煤的开发潜力。预计到 2030 年，生物质的利用将实现超过 9 亿吨的温室气体减排[31]。

生物质合成甲醇燃料技术和煤制甲醇的技术类似，总体划分为两大部分：第一部分为生物质热化学气化制生物气及合成气；第二部分为合成气在一定压力和温度下催化合成甲醇燃料。具体来讲，生物质制甲醇主要有生物质预处理、热解气化、气体净化、气体重整、H_2/CO 比例调节、甲醇合成及分离提纯等[32]（图 2-7）。为了提高整个系统的效率，降低甲醇产品的成本，还可利用以上过程中产生的余热、废气等实行热电联供。国外从 20 世纪 80 年代开始进行从生物质中获取甲醇燃料的相关研究，到 20 世纪 90 年代系统的研究得到了广泛的发展。美国 Brookhaven 国家能源实验室首创了 Hynol 生物质合成甲醇过程，先将木材碎片和氢气转化为合成气，然后合成甲醇燃料，在实验室规模中生物质碳转化率达到 87%；随后美国环保署和加州大学合作对 Hynol 生物质合成甲醇过程进行了中试。2005 年，日本三菱重工业公司（MHI）完成了处理能力为 2t/d 的生物质生产甲醇中试，测试过黑麦草、雪松等六种生物质，得到甲醇收率为 18%～21%，目前正准备 100t/d 生物质处理能力的中试[33-34]。沼气预处理过程中会产生 CO_2，则需要更多 H_2 与 CO_2 合成甲醇，进一步减少该工艺碳排放的方法是使用可再生能源电力加热重整炉，Haldor Topsφe 正在开发的工艺便是如此。2020 年末，柏斯托（Perstorp）宣布在瑞典斯泰农松德市（Stenungsund）的 Project AIR 下建立使用这一技术的甲醇工厂，该工厂旨在替代 20 万吨的化石基甲醇，并计划从 2025 年开始生产可再生甲醇。原料中的所有碳最终几乎都能够以甲醇产品中的碳形式存在，

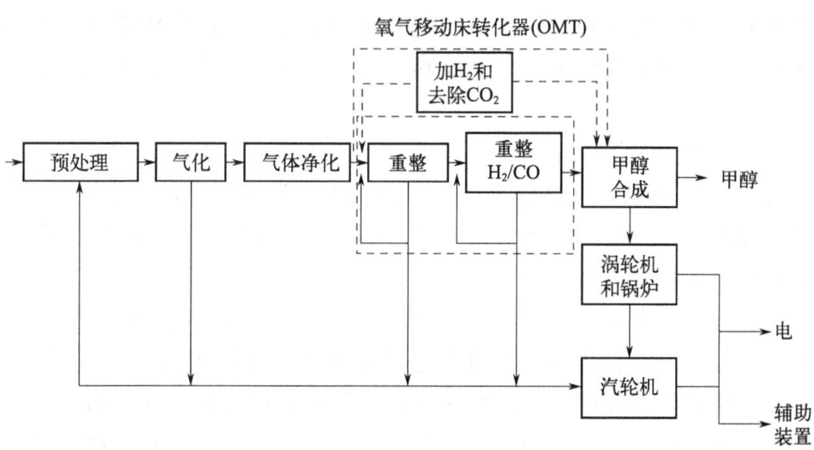

图 2-7　生物质气化制甲醇示意

从而大幅提高给定数量沼气的产能。从碳利用的角度来看，相比当前沼气应用于发电和供热或以生物甲烷形式作为车辆燃料的使用效率更高。2023 年 3 月，丹麦航运巨头马士基集团披露其首艘绿色甲醇动力集装箱船设计[35]，并随后与国内的金风科技股份有限公司、合肥德博生物能源科技有限公司等签订了绿色甲醇的采购协议，推动了全球范围内绿色甲醇生产的广泛研究与探索[36]。

国外的生物质制甲醇技术路线主要有 3 种：

① 利用氧气/水蒸气为气化介质，采用加压流化床气化炉将生物质气化，气化后合成气经过净化、CO 变换、CO/H_2 的比例调整、CO_2 和 H_2S 的脱除等过程，然后经甲醇合成反应器合成甲醇。

② 生物质在加氢气化炉中反应，产生富甲烷气，气化炉出来的气体在重整反应器中经水蒸气变换过程形成 CO 和 H_2，作为合成甲醇的原料气。

③ 气化后的气体，不经过水蒸气变换过程而直接进入甲醇合成反应器，即所谓的"一步法"合成，未反应的气体进行联合循环发电。虽然甲醇产量较低，但燃气和热电同时产生，系统效率得到提高。

值得注意的是，甲醇分子式中 $C/H_2=0.5$，当反应物中 $C/H_2<0.5$ 时，会造成 H_2 过剩，需补充 CO_2；反应物中 $C/H_2>0.5$ 时，需将 CO_2 从系统中脱除；生物质中 $C/H_2\approx0.7$，远大于 0.5，所以存在碳过量和氢不足的问题，生物质气化后的原料气很难达到这种要求。为了使原料气中的 H/C 满足传统合成甲醇的要求，通过以下方法可以实现：

① 向系统中供应水蒸气，通过变换反应 $CO+2H_2O=\!=\!=CO_2+2H_2$，将 CO 转换为 H_2 和 CO_2，并脱除多余的 CO_2。根据反应 $CH_4+H_2O=\!=\!=CO+3H_2$，将甲烷转化为 CO 和 H_2。但当水蒸气量增加的时候，反应温度下降，降低了反应速率。

② 从外部供应氢气，使原料气中的氢气含量为 CO 含量的至少两倍。氢气可通过水的电解获得，同时产生的氧气可作为气化介质。这种方法可实现生物质中碳的完全转换，并实现较高的甲醇合成产率。但氢气的加入需要附加投资电解水设备。

这两种方法因为需要大量的水蒸气和额外的氢气而面临着经济性条件的限制，过程的成本效应便成为系统经济性的关键环节。当然也可通过去除 CO_2 的形式调节化学当量比。CO_2 的脱除投资少，但碳转换率相当低，甲醇成本很高。还有就是通过加入电解氢气部分补偿碳的过剩，这样可以节约部分碳，又能避免相对较高的投资和电价；另一种技术路线就是降低甲醇转换率，而以整个系统的能量利用率作为指标，即以生物质气化为核心的多联产能源系统。该系统是指利用气化炉产生的原料气进行甲醇、燃气、热能及电能的联合生产。该系统的特点是：

① 提高了系统的整体经济性；

② 多个工艺过程优化耦合，使各个单一产品的生产流程简化，总投资相对降低；

③ 通过对合成气的集中净化，SO_x、NO_x 和粉尘等传统污染物接近零排放，温室气体 CO_2 的排放也因效率的提高而减少。

我国的生物质资源丰富，每年可利用的生物质资源高达 67 亿吨，占我国能源总量的 33%，仅次于煤。过去十年，我国生物质气化技术的研究取得了很大的进步，主要在供热、供气和发电等三个领域得到应用，并取得一定的经济和环境效益。而我国的生物质合成甲醇的研究工作起步较晚，但是近年来国内的一些高等院校和科研院所对生物质甲醇合成项目纷纷开展了相关研究。1998 年中国科学院广州能源研究所成功研制出了 1 MW 生物质发电系统，并在福建莆田建成生物质发电示范工程，后来又在海南三亚市建成一座中型生物质发电站并成功运行。国家发展改革委、国家能源局印发《煤电低碳化改造建设行动方案（2024—2027年）》明确指出，生物质掺烧是煤电机组碳排放水平显著降低的重要手段[37]。2023年7月14日，由赤峰绿色氢链技术有限公司建设的年产30万吨生物质甲醇项目在当地发展改革委正式备案。项目总投资10亿元，计划建设起止年限是2023年12月至2025年12月。采用可再生能源制绿色甲醇，建设年产30万吨生物质甲醇生产线[38]。2023年9月16日，中国能建中电工程与黑龙江省双鸭山市人民政府在双鸭山市签订百万吨级绿色甲醇生产基地项目（综合能源基地补充项目）投资合作协议。根据协议，中电工程在双鸭山市投资建设年产100万吨绿色甲醇生产基地，总投资约168亿元，一期先行建设年产30万吨生物质气化耦合绿氢制绿色甲醇示范项目。2023年10月16日，元鳇能源年产70万吨绿色甲醇示范项目备案，项目总投资24.5亿元。元鳇能源拟建设绿氢生物质合成甲醇项目，利用2GW风光电制氢一体化项目产出的绿氢及副产氧气、外采生物质（沙柳、果木枝和秸秆）为原料，合成绿色甲醇70万吨/年。项目包含2套35万吨/年制绿色甲醇，单套建设周期2年[39]。

我国发展BGMSS技术选用以氧气/水蒸气为介质的常压气化炉，辅以调整工艺参数，尽量优化原料气组成。我国目前商业化运行主要是以空气为介质的气化炉，选用以氧气/水蒸气为介质的气化炉需进行相应的攻关和匹配技术的研究；对于气体净化系统，可以借鉴煤制甲醇的经验或者利用生物质气化发电系统采用的技术来设计。专门针对生物质基合成气的净化工艺也有报道，可作为参考；如果选用传统工艺，需经过重整和H_2/CO的调节过程。这个过程可以借鉴煤制甲醇的经验设计。

值得注意的是，生物质中氧含量较高，所以利用传统气化方法制备的原料气中CO和CO_2含量偏高，而H_2明显不足，所以H/C和CO/CO_2距离传统甲醇合成工艺的要求较远。而且原料气中含有惰性气体、焦油、固体颗粒及碳氢化合物等，所以不能直接转换为甲醇，需要经过中间环节，如气体净化和原料气调整等。和矿物燃料相比，生物质存在分散、收集成本高和规模小的特点，所以发展每日上千吨的甲醇厂是不现实的，应考虑到整个甲醇厂的规模经济需要。可从以下几个方面考虑：

① 将气化合成气加入到一个大型甲醇厂的原料气中（如利用天然气或煤的甲醇合成厂），可减轻大规模生物质气化需求。

② 甲醇合成厂可通过选择生产燃料级甲醇代替化学级甲醇为产品，以适应生物质气化炉的小规模运行特性，同时简化或省略提纯过程。

③ 使用液相甲醇合成技术，采用“一步法”合成。该方法更适应原料波动，温度易控制，具有较高单程转化率，而且可接受较宽范围的$H_2/(CO+CO_2)$。“一步法”流程比传统工艺流程简化，“液体燃料-电力”联产实现了能量的梯级利用，可以降低投资费用和单位产品的生产成本。

④ 甲醇合成是强放热的反应，所以从转换路径中移去多余的热以及余热的利用是过程经济中的决定性因素。

虽然与化石能源煤、石油和天然气相比，生物质能源洁净、环保，而且可以再生。但是，以生物质为原料制甲醇，在经济性上还不能与以煤和天然气为原料制备甲醇进行竞争，目前还没有商业化的装置在运行。生物质制备甲醇在实际运行过程中，重点要从降低项目的固定投资成本、运营维护成本和提高能源利用效率等方面把总成本降到最低。可以预见，生物质制甲醇行业将会迎来更广阔的市场前景。从长远考虑，发展非粮食类生物质制取醇类液体燃料技术不仅对环境有益，也是保证可持续发展的重要途径。

2.2.4 二氧化碳制甲醇

二氧化碳、水蒸气、臭氧和甲烷等气体由三个以及三个以上原子构成，它们的化学键长且弱，并且电荷分布不均，在红外线的激发下，这些气体更容易发生共振现象，分子通过振动又向外辐射热能，使得这些气体可以更有效地保存和传递热量。正是这些气体的存在，使得地球的平均温度维持在 15℃，适合人类生存。

然而，近一个世纪以来，温室气体浓度有逐年增加的态势，特别是二氧化碳浓度。研究发现，20 世纪 50 年代二氧化碳质量分数年平均值约 315×10^{-6}，70 年代初已增加至 325×10^{-6}，1990 年已达 345×10^{-6}，平均每年增加 1.0×10^{-6}～1.2×10^{-6}，或每年约以 0.3%的速度增长。而综合多数测定结果，在工业革命以前的二氧化碳质量分数为 275×10^{-6}。从排放量的角度，据 BP 统计结果，整体上看来，2011～2023 年二氧化碳排放逐年增加（图 2-8）。

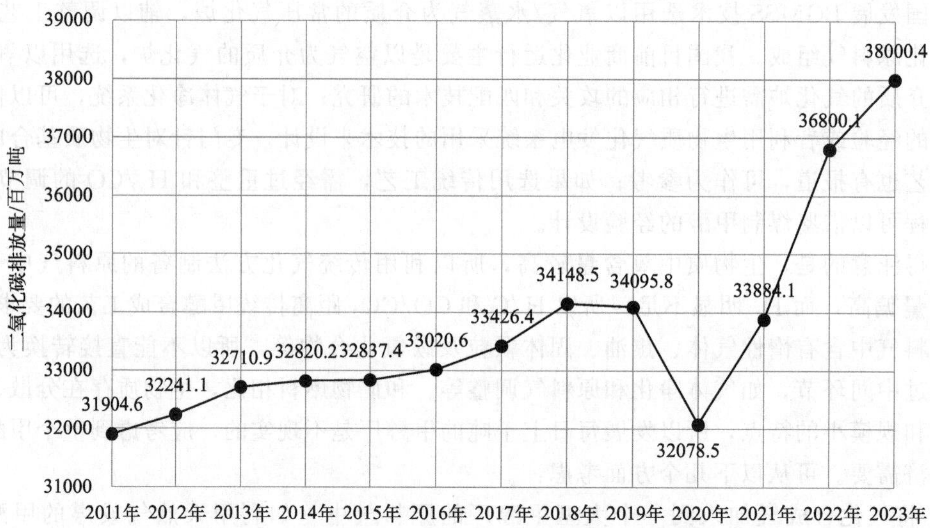

图 2-8 2011～2023 年世界二氧化碳排放量变化

根据以上综合分析，如果按现在二氧化碳等温室气体浓度的增加幅度，到 21 世纪 30 年代，二氧化碳和其他温室气体增加的总效应将相当于工业化前二氧化碳浓度加倍的水平，可引起全球气温上升 1.5～4.5℃，超过人类历史上发生过的升温幅度。由于气温升高，两极冰盖可能缩小，融化的雪水可使海平面上升 20～140cm，对海岸城市会有严重的直接影响。另外，令人担忧的是，若大气温度继续升高 3℃，人类再也无法控制全球变暖的趋势，地球将遭受毁灭性打击。

面对全球气候变化日益加剧的严峻形势，各国在《巴黎协定》框架下更新国家自主贡献（NDC）目标，推动落实全球碳中和承诺。例如，中美两国在 2023 年签署《关于加强合作应对气候危机的阳光之乡声明》，加强在可再生能源、碳捕捉与封存（CCS）等领域的合作，并承诺共同推动全球气候治理。发达国家计划在 2035 年前每年向发展中国家提供 2500 亿美元气候资金，以支持其减排和适应项目，接替此前的千亿美元承诺。同时国际金融机构推动资金流向与《巴黎协定》目标一致，例如通过混合融资、扩大气候债券发行等方式，加速资本向新兴市场流动。

我国作为一个发展中大国，经济的快速发展也带来了逐年增加的二氧化碳排放（图 2-9）。2020 年中国明确提出力争在 2030 年前实现“碳达峰”，争取 2060 年前 CO_2 排放量不再增加，实现“碳中和”。2023 年，中国 CO_2 排放量约为 126 亿吨，占全世界二氧化碳排放总量的 30%左右，并且仍呈现持续增长态势。在巴黎协定和“双碳”目标背景下，积极开展 CO_2 的高效转化利用对缓解全球气候变化问题、能源危机以及实现“碳中和”目标具有重要的战略意义。为此，国家能源局印发的《“十四五”能源领域科技创新规划》中明确指出，要鼓励开展 CO_2 资源化、能源化利用研究。

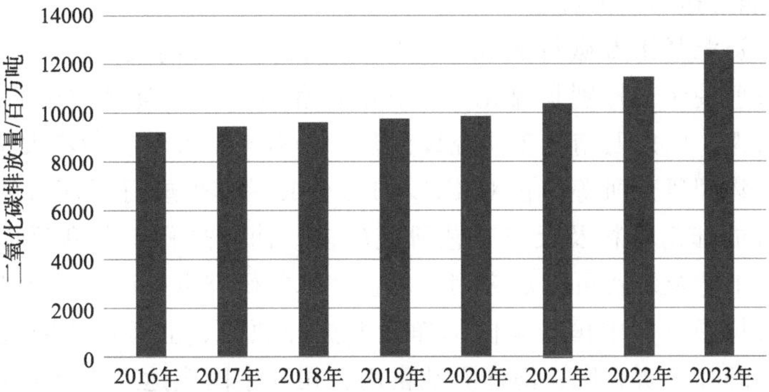

图 2-9　2016～2023 年中国二氧化碳排放量变化

目前，我国能源结构仍然以化石能源为主，煤炭等化石能源消耗量较高，2023 年，中国煤炭消费量 31.7 亿吨标准煤，同比增长 5.6%。因能源消耗排放的二氧化碳为 121 亿吨，其中，因煤炭消耗产生的排放量占比约为 80%。我国“碳达峰”至“碳中和”仅有 30 年，低于欧美国家 50～70 年的过渡期，碳中和承诺下，能源转型加速迫在眉睫。

将 CO_2 进行化学转化，合成其他高附加值化学品，是降低 CO_2 排放的重要选择。其中，CO_2 与 H_2 反应合成甲醇燃料，引起了人们的广泛关注。对 CO_2 加氢合成甲醇，国外一些国家很早就开展了相关研究。20 世纪 20 年代，美国工业溶剂公司率先建成了一套 400t/a 的甲醇生成装置，以体积分数 60%的 CO_2 和体积分数 40%的 H_2 为原料，采用 Zn-Cr-Cu 催化剂，在 31MPa 下产出质量分数 68%的甲醇和质量分数 32%的水。丹麦托普索公司已完成 CO_2 催化加氢合成甲醇工业化装置的设计工作，该装置需要对低浓度 H_2 富集提纯，然后在催化剂作用下，与 CO_2 在反应温度 220～270℃和反应压力 5.0～8.0MPa 条件下反应合成甲醇。美国 ISIS 公司开发的 CO_2 加氢合成甲醇技术，在反应压力 0.1～0.2MPa、反应温度 150℃和非极性溶剂的温和条件下即可进行，无需金属催化剂，H_2 在 $B(C_6F_5)_3$ 与吡啶构成的路易斯酸碱对的作用下异裂，CO_2 直接加氢生成高浓度甲醇产物。德国 Lurge 与 Süd-Chemie 公司将合作开发的 C79-5Gl 催化剂应用在合成甲醇装置上，以一定比例的 CO_2、H_2 和惰性气体为原料气，操作条件除反应温度外类似于传统的合成甲醇工艺，C79-5Gl 表现出相对较好的性能，并可连续运行 4 年。韩国科学技术研究院开发了 CO_2 分步加氢制甲醇技术，并完成了 100kg/d 合成甲醇中试试验，采用 Zn-Al 催化剂，H_2 与 CO_2 在反应压力 0.1MPa 和反应温度 600℃条件下，发生逆水煤气反应生成 CO 和 H_2O，出口气脱水后的 CO 与 H_2 再于 Cu-Zn-Zr-Al 催化剂作用下，在 5MPa 和 250℃条件下合成甲醇。2013 年，西班牙加泰罗尼亚化学研究所公开了 CO_2 直接合成甲醇技术，CO_2 在高压下催化加氢单程转化率达 95%。日本三菱重工业公司与关西电力公司共同开发了 Cu-Zn-Al 催化剂，在 9.0MPa 和 247℃条件下催化 CO_2 制甲醇，收率达 95%。日本三井化学公司投资建成了 100t/a 的 CO_2 加氢制甲醇工业示范装置，CO_2 来自燃烧废气，H_2 来自石脑油裂解。为提升单元能效和降低运行成本，三井化学公司对 CO_2 的提纯、光催化水分解制氢、催化剂优化和水与甲醇的分离等技术进行了研究开发，称此项技术可扩至万吨级工业装置。2023 年瑞典电力燃料公司 Liquid Wind 和丹麦公用事业公司共同投资建设的名为 FlagshipONE 的绿色甲醇项目已经在瑞典东北部 örnsköldsvik 市得到了环境许可。根据全球甲醇协会数据，截至 2023 年，全球已规划超过 80 个绿色甲醇项目，但投入运营的产能规模仅在 80 万吨左右；预计至 2027 年产能可达 800 万吨。

受环保压力、资源紧张及碳排放成本的影响，国内各大高校、研究机构及企业对 CO_2 再利用的研究愈来愈关注。特别是煤化工厂、电厂和石化厂等高排放企业对 CO_2 加氢制甲醇项目越来越感兴趣。国内西南化工研究设计院、华东理工大学、浙江大学、厦门大学、中国科学院大连化学物理研究所等单位对 CO_2 加氢合成甲醇也进行了深入的研究，但国内对 CO_2 加氢合成甲醇的催化材料及反应工艺研究较多，而对过程工艺和反应器研究较少，认为传统的甲醇生产工艺及装置可满足应用，对该技术的研究可扩试于千吨级中试装置。在中国海洋石油集团科技项目、中国科学院洁净能源先导项目、上海市科委重点重大项目支持下，中国科学院上海高等研究院、海洋石油富岛公司和中国成达工程有限公司合作开展了二氧化碳加氢制甲醇关键技术开发及中试放大研究，并于 2020 年 7 月建成 5000t/a 工业试验装置。该装置已于 9 月 21～24 日通过了中国石油和化学工业联合会组织的现场 72 小时考核。该项目率先建成了全球最大规模二氧化碳加氢制甲醇工业试验装置，与国内外同类技术相比，主要技术指标先进，对于我国二氧化碳资源化利用、减少温室气体排放具有重要意义。

四川维尼纶厂采用体积分数 12.4%～33.2%的富含 CO_2 的合成气（较高含量的 H_2 来自天然气转化，适宜比例的 CO_2 来自其他装置）为原料气，以 ICI51-1 为催化剂，于传统装置上生产甲醇，在反应压力 4.0～4.5MPa、反应温度 210～260℃、CO_2 体积分数 19.6%和 CO 体积分数 6.1%条件下，CO_2 和 CO 转化率分别为 10.7%和 29.0%，甲醇收率为 10.8%，运行数据表明，催化剂在该工艺条件下体现出了良好的催化寿命。

2020 年 7 月 11 日，国内首套二氧化碳加氢制甲醇工业化生产装置开工。该项目由吉利科技集团有限公司、河南省顺成集团煤焦有限公司、麦芬隆（上海）环境工程技术有限公司、河南省顺聚能源科技有限公司、安阳顺峰化工贸易有限公司共同出资建设。项目利用顺成集团产生的焦炉煤气作为原料，采用的技术为冰岛 CRI 专有的二氧化碳加氢制甲醇技术（ETL 技术），生产甲醇并联产 LNG，可大幅减少企业大气污染并充分实现资源的高价值综合利用。该项目所采用工艺不同于目前常用的以 CO 为碳源与 H_2 反应合成甲醇的传统工艺，而是以工业废气中捕集的 CO_2 为主要碳源和 H_2 反应合成甲醇，可有效实现碳减排。本项目建成达产后，预计可综合利用焦炉煤气（标准状况）3.6 亿米^3/年，生产甲醇 11 万吨/年和联产 LNG7 万吨/年，并减少 CO_2 排放（标准状况）0.44 亿米^3/年，具有良好的经济效益、社会效益和生态效益。该项目建成后将是我国国内第一套二氧化碳加氢制甲醇工业化生产装置，并是目前世界上规模最大的二氧化碳加氢制甲醇生产装置，对促进该工艺技术装置在我国的推广应用具有重大示范效应，对推动我国探索发展新的碳减排技术及大力发展“甲醇经济”具有重要借鉴意义。

2021 年 2 月 21 日，安阳顺利环保科技有限公司利用二氧化碳制绿色低碳甲醇工厂正式投产，它利用焦炉气中的副产氢气与从工业尾气中捕集的二氧化碳合成绿色低碳甲醇，甲醇工厂达产后，每年可综合利用焦炉气（标准状况）3.6 亿立方米，生产甲醇 11 万吨和联产 LNG 7 万吨，实现销售收入 5.6 亿元。同时，通过合成甲醇，每年还可直接减排二氧化碳 16 万吨、间接减排二氧化碳 55 万吨，相当于分别增加森林种植面积 16 万亩和 55 万亩。这是我国首套、全球规模最大的二氧化碳加氢制甲醇工业化生产装置，也是第一次大规模成功利用二氧化碳，成功利用排放的废气，大规模人工合成清洁能源的里程碑项目，对“碳中和”具有重大意义。

2021 年 9 月 27 日，江苏斯尔邦石化有限公司与冰岛 CRI 公司签署了协议，将建设一座年产 15 万吨的二氧化碳制甲醇工厂，形成二氧化碳捕集利用—绿色甲醇—新能源材料产业链。该项目通过对工业尾气中二氧化碳进行回收和利用，用冰岛 CRI 公司的 ETL 专有绿色甲醇合成工艺，将二氧化碳进行加氢合成甲醇。该项目将依托江苏帆船集团的甲醇制烯烃（MTO）装置和位于连云港的下游工厂进行深度加工，生产 2 万吨光伏面板的核心组件材料光伏级 EVA 树脂，并可生产 5000 万平方米的光伏膜。最终，该项目将实现装机量达 5 GW 的光伏发电，每年可产出电能 6 万亿～9 万亿千瓦时[40]。

2021 年 10 月 21 日，液态阳光加氢站应用示范项目发布会在河北张家口 2022 年冬奥会现场召开，该项目在中国科学院大连化学物理研究所李灿院士指导下由张家港产研院联合中集安瑞科控股有限公司等企业合作开发。液态阳光加氢站是利用液态阳光甲醇作为氢源的加氢站，液态阳光甲醇是利用风光水电等可再生能源电力分解水制氢、耦合二氧化碳加氢合成甲醇。在此基础上设计研发集在线制氢、分离纯化、升压加注及二氧化碳液化回收于一体的液态阳光制氢加氢技术，可日产绿氢 50～100kg。

2023 年 9 月 25 日，盛虹石化全球首创的“二氧化碳捕集利用—绿色甲醇—新能源材料”绿色负碳产业链项目重要节点——10 万吨/年二氧化碳制绿色甲醇装置在连云港正式投产。装置采用国际先进的 ETL 专利技术，设计主动吸收二氧化碳规模 15 万吨/年，可结合绿氢，每年转化为绿色甲醇 10 万吨，进而用于生产光伏新能源材料。与传统的植树造林相比，该装置“模拟光合作用”吸收二氧化碳能力更强，回收转化率高达 100%；同时可间接减排二氧化碳 55 万吨/年，相当于 3.7 万公顷森林种植面积，折合 370 平方公里土地面积，在降低碳排放、改善生态环境以及延伸绿色产业链上，具有积极意义和显著标杆效应。

CO_2 加氢制甲醇技术作为实现碳中和与资源循环利用的重要路径，尽管在实验室和中试阶段取得了一定进展，但在工业化推广中仍面临以下关键问题：

① 原料 CO_2 富集和 H_2 制取成本高是实现该技术广泛工业化应用需要解决的问题，如果通过传统的化石资源制 H_2，再将释放的 CO_2 还原成甲醇就失去了经济效益和现实意义。从工业排放中分离 CO_2 的成本占原料总成本的 30%～40%，需进一步开发低成本捕集技术。目前 H_2 主要是由不可再生的一次能源矿物燃料制取的。新能源制氢（如风电、光伏）的波动性与低运行时间（约 2000h/a）导致制氢装置利用率低，氢气储存与运输成本进一步增加。但从长远来看，H_2 可以通过电解海水、太阳能光解水和热化学循环分解水等方法大规模获得，是取之不尽、用之不竭的，其中电解海水所需的能量可以由核能和太阳能、风能、水能以及地热能等可再生能源提供，热化学循环分解水则可以利用核反应堆等产生的热作为热分解的能源。

② 催化剂是反应的核心，但目前仍存在一些问题：a. 活性金属分散度低。例如铜基催

化剂（占比 79%）虽然成本低、应用广，但活性金属的分散度不足，导致反应效率受限。b. 副反应多。高温条件下易发生逆水煤气变换等副反应，降低甲醇选择性。例如，部分实验显示 CO_2 转化率仅 4.9%～13.3%，甲醇选择性在 16.9%～99.1%间波动，且需依赖特定条件（如引入水蒸气）。c. 寿命短。催化剂易因烧结、积炭或局部过热失活，需频繁更换，增加了成本。目前工业和信息化部提出需将催化剂寿命延长 30%以上。

③ 现有反应器多由合成气制甲醇装置改进而来，存在以下缺陷。a. 传质与传热不均。流体短路、催化剂床层局部过热等问题显著，导致反应效率下降。b. 压降与结构限制。径向流反应器虽阻力小，但易形成物流死区；轴向流反应器适应性强但能耗高。理想反应器需兼顾高压低温条件与高效传质传热，针对反应放热、减分子和原料 CO_2 惰性大的特点系统优化反应工艺，包括反应温度、反应压力、空速和甲醇与水的分离等，开发与催化剂配套的工艺及反应器。

④ 政策与技术标准待完善。a. 缺乏统一标准。尽管中国已发布《二氧化碳制甲醇技术导则》，但在催化剂性能评价、反应器设计规范等方面仍需细化。b. 支持不足。绿色甲醇的碳减排价值尚未完全纳入市场定价体系，需通过碳交易或补贴机制提升竞争力。

参考文献

[1] 宫艳峰，刘圣华，蒋德明. 含氧燃料对内燃机燃烧和排放性能的影响 [J]. 内燃机，2004，3：21-27.

[2] 黄戒介，房倚天，王洋. 现代煤气化技术的开发与进展 [J]. 燃料化学学报，2002，5 (30)：385-391.

[3] 何正兆，宫经德，郑振安. 煤气化技术方案比较及选择 [J]. 甲醇与甲醛，2005，16：1-7.

[4] 陈仲波. 煤气化的工艺技术对比与选择 [J]. 化学工程与装备，2011，4：107-109.

[5] 张智立，张明飞. 鲁奇气化炉技术探讨 [J]. 中国科技博览，2011，22：20.

[6] 马凤美. 煤气化技术基础与炉型综述 [J]. 煤气与热力，1982，4：32-40.

[7] 刘霞，田原宇，乔英云. 国内外气流床煤气化技术发展概述 [J]. 化工进展，2010，29 (增 2)：120-124.

[8] 程奇兵. "双碳" 背景下我国煤气化技术发展与展望 [J]. 浙江化工，2023，54：38-44.

[9] 张能，乔二浪，鲁得鹏，等. 煤气化技术应用现状及发展趋势 [J]. 化工设计通讯，2022，48：1-3.

[10] 王利峰. 我国煤气化技术发展与展望 [J]. 洁净煤技术，2022，28：115-121.

[11] 史俊高，安晓熙，王帅. 我国水煤浆气化技术现状及发展趋势 [J]. 中外能源，2020，25：21-28.

[12] 贺树民，匡建平，姚敏，等. 大型干煤粉气流床气化技术国内应用与展望 [J]. 当代化工，2019，48：845-850.

[13] 程伟. 航天炉粉煤加压气化技术研究 [J]. 化工管理，2018，27：173.

[14] 何耀龙，温晓楠，张后进，等. 浅谈科林煤气化技术研究 [J]. 广州化工，2025，53：170-173.

[15] 刘全生，张前程，马文平. 变换催化剂研究进展 [J]. 化学进展，2005，17 (3)：389-398.

[16] Niczke L，Czechowski F，Gawel I，et al. Oxidized rapeseed oil methyl ester as a bitumen flux：Structural changes in the ester during catalytic oxidation [J]. Progress in Organic Coatings，2007，59 (4)：304-311.

[17] 许蓉，谢晖. 生物柴油的深加工技术进展 [J]. 中国油脂，2007，32 (10)：55-59.

[18] 刘芳芳. 煤制甲醇工艺及三废处理措施 [J]. 化工管理，2020，275 (32)：127-128.

[19] 魏丽斯，杜云贵，喻江涛，等. IGCC 合成气脱硫脱碳技术研究 [C] //中国电机工程学会. 2013 年中国电机工程学会年会论文集，2013：30-36.

[20] 国际壳牌研究有限公司. 用于从合成气物流中除去硫化氢、五羰基铁和四羰基镍的方法：CN200780035899.9 [P]. 2009-08-26.

[21] 熊绪茂，王国华，李新怀，等. 甲醇生产过程中羰基金属的危害及其净化剂的研究进展 [C] //中国氮肥工业协会. 2004 年全国甲醇及下游产品生产、技术、市场及发展研讨会论文集，2004：169-171.

[22] 观研报告网. 2019 年中国甲醇行业分析报告行业竞争现状与未来动向研究 [EB/OL]. [2024-07-15]. https：//baogao. chinabaogao. com/huaxuechangpin/450954450954. html.

[23] 中国炼焦行业协会. 焦化行业 "十四五" 发展规划纲要 [EB/OL]. (2021-01-06) [2024-07-15]. https：//

img80. hbzhan. com/4/20210111/637459744043108098422. pdf.
[24] 周军武. 焦炉煤气综合利用技术分析 [J]. 合成氨与尿素，2020，46 (5)：4-6.
[25] 吴代金，孔德顺. 焦炉煤气制甲醇及其污染防治研究进展 [J]. 化工技术与开发，2016，45 (11)：44-46.
[26] 李全权，钱卫强. 焦炉煤气和转炉煤气资源化利用途径探讨 [J]. 冶金动力，2020 (4)：17-20.
[27] 巍孙，杜美利. 浅析煤制甲醇工艺技术研究进展 [J]. 工艺技术，2019，11 (22)：78.
[28] 孙本阔. 天然气制甲醇合成气工艺及进展 [J]. 中国化工贸易，2014，18：154.
[29] 康英英，伦杜. 天然气制甲醇合成气转化工艺的分析 [J]. 中氮肥，2020，211 (1)：42-46.
[30] 刘宏建，盛于蓝. Lurgi 和 ICI 低压甲醇合成工艺比较 [J]. 煤化工，2011 (4)：18-19.
[31] 胡宏娇. 生物质制备绿色甲醇的可行性探讨 [J]. 天津化工，2025：1-5.
[32] 朱灵峰，明海涛，吴波. 生物质制甲醇的研究现状及展望 [J]. 安徽农业科学，2009，37 (6)：2653-2654.
[33] 解庆龙. 国内外生物质制甲醇的研究现状及展望 [J]. 中国环境科学学会 2010 年学术年会，2010：3965-3967.
[34] BP. Bp Statistical review of world energy 2022 [R/OL]. [2024-07-15]. https://www. bp. com/content/dam/bp/business-sites/en/global/corporate/pdfs/energy-economics/statistical-review/bp-stats-review-2022-full-report. pdf.
[35] 本刊讯. 马士基接收全球首艘甲醇动力集装箱船 [J]. 中国航务周刊，2023 (29)：18.
[36] 马达夫，温霄瑁，闻哲，等. 生物质制取绿色甲醇技术及经济性分析 [J]. 现代化工，2025，45：250-255.
[37] 王志轩，张晶杰，王晨龙，等. 中国生物质发电减污降碳关键问题研究 [J]. 电力科技与环保，2025，41：1-12.
[38] 王梦川，洪子鑫，李峰，等. 绿色甲醇产业发展现状及前景分析 [J]. 国际石油经济，2024，32：78-84.
[39] 氢能俱乐部. 总投资超 1500 亿，2023 年我国绿色甲醇项目盘点 [EB/OL]. (2023-11-22) [2024-07-15]. https://baijiahao. baidu. com/s?id=1783251596759110825&wfr=spider&for=pc.
[40] 钱伯章. 江苏斯尔邦石化有限公司将在中国建造 15 万 t/a CO_2 制甲醇工厂 [J]. 石化技术与应用，2021，39：461.

3 醇类含氧燃料

甲醇、乙醇和低碳醇等作为主要的醇类含氧燃料，其生产及燃料应用技术发展较早，相关技术已经较为成熟。特别是甲醇燃料，基于我国较为丰富的煤炭资源，煤制甲醇已经实现较大规模化生产。近年来，基于我国相对成熟的煤化工技术，煤制乙醇技术也不断走向成熟，生产呈现规模化。另外，低碳醇生产技术研发和应用也不断推进，为其在燃料领域的应用奠定了良好的基础。本章节内容主要介绍甲醇、乙醇和低碳醇三种煤基含氧燃料的合成原理、催化剂和反应工艺以及燃料生产的工业化发展趋势。

3.1 甲醇

甲醇作为低碳含氧燃料，具有燃烧高效、排放清洁和可再生特点，是全球公认的、理想的新型清洁可再生能源。甲醇在常温常压下为液态，使用安全便捷，因此被业内专家称作清洁的“煤”、便宜的“油”、简装的“气”、移动的“电”、液态的“氢”。目前，甲醇合成是将造气和净化工序制得的主要含 CO、CO_2 和 H_2 的新鲜原料气，在一定压力和温度下，经催化剂催化转化得到粗甲醇。

3.1.1 合成化学反应

合成甲醇是一个复杂的化学反应体系，除了主反应 CO 和 CO_2 加氢合成甲醇外，还伴随副反应的发生，生成少量的烃、高级醇、醛、醚和酸等化合物。其反应式如下：

合成甲醇：

$$CO + 2H_2 = CH_3OH$$

$$CO_2 + 3H_2 = CH_3OH + H_2O$$

生成烷烃：

$$nCO + (2n+1)H_2 = C_nH_{2n+2} + nH_2O$$

生成高级醇：

$$CH_3OH+nCO+2nH_2 \longrightarrow C_nH_{2n+1}CH_2OH+nH_2O$$

生成甲醛：

$$CO+H_2 \longrightarrow HCHO$$

生成二甲醚：

$$2CH_3OH \longrightarrow CH_3OCH_3+H_2O$$

生成有机酸：

$$CH_3OH+nCO+2(n-1)H_2 \longrightarrow C_nH_{2n+1}COOH+(n-1)H_2O$$

甲醇合成反应是一个可逆放热反应。从化学平衡考虑，随着温度的升高，甲醇平衡常数数值降低，反应平衡逆向移动。但从反应速率的角度来看，提高反应温度，反应速率加快。因而，甲醇合成存在一个最佳温度范围：230～310℃。对于不同催化剂，其反应温度范围是不同的，如 C307 型甲醇合成催化剂的最佳反应温度为 210～260℃。在实际生产中，为保证催化剂有较长的使用寿命，尽量减少副反应，应在确保甲醇产量的前提下，尽可能在较低温度下操作。另外，甲醇合成反应温度越高，副反应越严重，生成粗甲醇中有机杂质等组分的含量也会增加，给后期粗甲醇的精馏加工带来困难。

甲醇合成反应是一个体积减小的反应，增加反应压力，反应平衡向生成甲醇的方向移动；从动力学角度考虑，增加压力，提高了反应物分压，加快反应的进行；另外，提高压力也抑制了副反应。因此，提高反应压力对反应是有利的。但是压力过高不仅增加动力消耗，而且对设备和材料的要求也相应提高，导致投资费用增加。目前，甲醇合成适宜的操作压力为 5～15MPa。

3.1.2 催化剂

目前，工业上大规模应用的甲醇合成催化剂主要有锌铬基催化剂和铜基催化剂。锌铬催化剂（ZnO/Cr_2O_3）是德国 BASF 公司于 1923 年首先开发研制成功的一种固体高压催化剂，其操作温度为 320～400℃，压力为 25～35MPa。锌铬催化剂表现出优异的耐热性、抗毒性以及机械强度特性，且使用寿命长、使用范围宽、操作控制容易。其较大的缺点在于合成温度高，操作压力高，动力消耗大，致使设备复杂，产品质量差。随着 1966 年 ICI 公司开发的铜基低压（5MPa）催化剂正式投入使用，世界上甲醇的合成逐渐走向以铜基催化剂为基础的中、低压合成路线，致使锌铬催化剂的甲醇合成工艺逐渐被淘汰。目前，世界上新建的甲醇合成厂几乎全部使用以铜基催化剂为基础的中、低压合成工艺。

3.1.2.1 工业应用铜基催化剂

世界上对合成甲醇催化剂的研究较为广泛，目前主要工业合成甲醇催化剂列于表 3-1 和表 3-2。国外包括英国 ICI 公司及庄信万丰公司、瑞士科莱恩公司、美国 UCI 公司、德国 Lurgi 及 BASF 公司、日本三菱瓦斯（MGC）和丹麦 Topsφe 公司等。国内甲醇催化剂研究集中于 $CuO/ZnO/Al_2O_3$ 催化剂，主要研究单位包括西南化工研究设计院、西北化工研究院、南化集团研究院等。

表 3-1　国外主要工业合成甲醇催化剂[1]

国别	公司	型号	组分/%				外形尺寸/mm	操作条件		
			CuO	ZnO	Al_2O_3	其他组分		压力/MPa	温度/℃	空速/h^{-1}
美国	UCI	C79-2	√	√	—	—	ϕ4.3×4.8	1.5～11.7	220～330	—
		G106	√	√	√	—	ϕ5×5	4.9	220～330	—
英国	ICI	51-3	60	30	10	—	ϕ5.4×3.6	7.8～11.8	190～270	10000
		51-7	56.4	24.4	16.3	MgO,3	—	—	—	—
	庄信万丰	Katalco51-9	54	17	9	MgO,2	ϕ5×4～5	7.0	220～320	10000
德国	Lurgi	LG104	51	32	4	V_2O_5,5	ϕ5×5	4.9	210～240	—
	BASF	S3-85	35.4	44.3	2.7	—	ϕ5×5	5.0	220～380	—
		S3-86	√	√	√	—	—	4.6～10	200～300	—
丹麦	Topsφe	MK101	√	√	√	—	ϕ4.3×3.5	2.0～14.7	200～310	10000
		MK121	55	21	8	—	ϕ6×4	4～10	200～290	—
日本	三菱瓦斯	M-5	√	√	—	B_2O_3,√	ϕ6×5	5.0～15.9	230～285	—
瑞士	科莱恩	MegaMax 700	61	28	11	—	ϕ6×4	5.0	230～265	10000

注：√表示含有该组分。

表 3-2　中国主要工业合成甲醇催化剂[1]

型号	组分/%				外形尺寸/mm	操作条件			产率/[g/(mL·h)]
	CuO	ZnO	Al_2O_3	其他组分		压力/MPa	温度/℃	空速/h^{-1}	
C301	45～60	25～30	3～6	—	ϕ5×4～5	5～30	210～290	—	>0.1
C301-1	45～55	25～35	2～6	—	ϕ5×4～5	5～10	210～290	—	0.7
C302	45～55	25～35	2～6	—	ϕ5×4.5	5～26	210～270	0.5～3.0	1.8～2.2
C303	36	37		Cr_2O_3,20	ϕ4.5×4.5	3～15	210～290	—	—
C307	45～60	20～30	5～10	—	ϕ5×4～5	3～15	200～300	0.4～2.0	0.4
NC501-1	⩾50	√	√	—	ϕ5×4.5～5.5	3～5	220～300	0.6～1.2	—
NC310	55～65	15～25	5～10	√	ϕ5×4～5	3	220～250	—	—
CNJ202	>50	>20	~4	V_2O_5,>3	ϕ5×5	5.0	—	0.1	1.0
XNC-98	>52	>20	>8	—	ϕ5×4.5～5	5～10	200～290	—	—
RK-5	>52	—	—	—	ϕ5×4.5～5	3～5	210～250	—	1.5～2.0
LC308	>50	√	√	√	ϕ5×3～5	5～10	220～280	0.5～2.0	—

注：√表示含有该组分。

英国ICI公司于1966年开发了51-1型催化剂，其组分为铜-锌-铝。随后相继开发出一系列铜-锌-铝低压合成甲醇催化剂，通过制备工艺改进，使催化剂的分散度、比表面积、孔隙结构得到改善，从而大大提高其活性寿命和生产强度。尤其是51-7型以镁作稳定剂的甲醇催化剂[2]，活性极高，稳定性优异。

德国BASF公司的产品有S3-85型和S3-86型。S3-86新型催化剂，适用于4.6～

10.0MPa 的压力范围和 200～300℃的温度范围。该催化剂在整个反应期间保持较高的活性和选择性，且副产物少；在大范围的 CO/CO_2 比下，活性稳定，对硫及氯的抗毒性能强。同时，BASF 公司[3]还报道了一种新型甲醇催化剂，该催化剂是从首先制得的一种分子式为 $Cu_{2.2}Zn_{2.8}(OH)_6(CO_3)_2$ 的混合结晶出发，通过煅烧和还原制得。该催化剂由 38.3%Cu、48.8%Zn 和 12.9%Al 组成，其特点是含铜量低，活性高，稳定性好，且耐水蒸气。

德国 Lurgi 公司是世界上比较著名的甲醇催化剂研制开发公司之一，产品有 LG-104、C79-4GL、C79-5GL、C79-6GL、C79-7GL 等。如 C79-7GL 型催化剂[4]化学组成为 CuO 61%、ZnO 28%、Al_2O_3 11%，最高反应温度为 265～275℃，催化剂运行空速为 $10000h^{-1}$ 左右，循环比 3.3～3.8，氢碳比一般控制在 2.10～2.25，CO 单程转化率在 0.47～0.79，每立方米催化剂生产精甲醇 0.66t/h。合成反应温控容易，但催化剂耐热性较差，机械强度和低温活性均超过同类催化剂。

日本 MGC 公司作为资深的甲醇催化剂研究开发公司，仍致力于甲醇催化剂的研究改进，典型的商业催化剂是含 B 的 M-5 型铜基催化剂[5]。与其他催化剂相比，该催化剂每单位质量铜有 30%以上表面暴露在外表面，甲醇生产能力至少提高 50%。该催化剂已用于该公司与三菱重工业公司共同开发的甲醇合成超级转化器，一次性转化率超过 75%，碳利用率超过 98%。

英国庄信万丰公司研发了一系列 Katalco51 型甲醇合成催化剂[6]，包括 51-7 R、51-7 S、51-9 等，催化剂以 $ZnO-Al_2O_3$ 为载体，MgO 为助剂，适用于 H_2、CO 和 CO_2 混合气在低温、低压条件下合成甲醇。其最佳工艺条件为：氢碳比为 2.4，床层温度为 240～280℃。平均每立方米催化剂生产甲醇 0.85t/h，且在实际生产过程中，可实现超负荷生产，适合用于大型甲醇装置生产。

国内主要致力于铜基甲醇合成催化剂的研究开发，主要研发单位有西南化工研究设计院、西北化工研究院、南化集团研究院、山西煤化所、大连瑞克等，随着甲醇合成工艺逐渐向低压大型化发展，国内也成功开发出了一系列新型的低压甲醇合成催化剂，广泛应用于不同原料的低压甲醇合成生产。

西南化工研究设计院早期开发并生产 C302 型低压甲醇合成催化剂。最新推出 XNC-98 型催化剂[7]在 5.0MPa，$10000h^{-1}$，原料气 CO 12%～15%、CO_2 3%～8%、惰性气体 7%～10%、其余为 H_2 的条件下，催化剂的时空收率在 250℃时达 1.55g/(mL・h)。

西北化工研究院推出了 LC308[8]单醇催化剂。催化剂含有 $ZnAl_2O_4$ 尖晶石结构。在 5.0MPa，$10000h^{-1}$，210～270℃，原料气 CO 6%～8%，CO_2 2%～8%，H_2 70%～80%条件下，甲醇时空收率 STY 为 0.58～1.15g/(mL・h)，400℃耐热 3～5h 后活性下降不超过 20%。

南化集团报道了 C307 型催化剂[9]，在 210℃，5.0MPa，$20000h^{-1}$，原料气 CO 3.8%～4.2%、CO_2 0.6%～0.8%、H_2 70%～72%条件下，其时空产率达 1.30g/(mL・h)，经 350℃耐热 20h 后产率大于 1.00g/(mL・h)。

大连瑞克科技有限公司自主研发出 RK-05 甲醇合成催化剂[10]，其活性成分 CuO 含量≥52%，其结构为核壳结构，活性成分 CuO 处于核心，外围是 ZnO 和 Al_2O_3 及其复合物，CuO 晶粒被有效地隔离，提高其耐热稳定性。在 4.7MPa、CO 11%、CO_2 3%条件下，230℃时甲醇时空产率≥1.5g/(mL・h)，250℃时甲醇时空产率≥2.0g/(mL・h)。

3.1.2.2 铜基催化剂制备技术

影响 CO 加氢合成甲醇铜基催化剂活性的因素比较复杂。研究表明，Cu 物种周围存在的部分还原的 ZnO_x（$x<1$）纳米颗粒会促使 Cu 晶粒的晶格变形并迁移到 Cu 金属表面形成催化活性中心，催化剂中活性金属 Cu 和存在氧缺陷的 ZnO 形成的两相界面会产生显著的 Cu-ZnO 协同作用，提高 Cu/ZnO 催化剂的活性[11]。ZnO 与活性组分 Cu 之间的协同作用，即金属-载体强相互作用（strong metal-support interaction，SMSI），可以归结为两点：a. ZnO 以纳米颗粒的形式在 Cu 颗粒之间起到分散的作用，使催化剂的多孔微观结构变得更加稳定；b. ZnO 在 Cu 物种的表面形成薄层，共同组成活性中心，影响体系的吸附及催化性能。另外，在 Cu/ZnO 催化剂中，只有裸露在外的活性金属 Cu 才能接触反应物而具有催化活性，有效 Cu 比表面积越大，催化剂活性越高，二者呈线性关系。合成甲醇优良 Cu/ZnO 催化剂必须具备以下三个特性：a. Cu 物种应该具有较大有效比表面积；b. Cu 物种必须有晶格缺陷，从而可以在表面形成较多的活性位点；c. ZnO 和活性组分 Cu 有较强的协同作用，如图 3-1 所示[12]。

（1）工业制备方法

目前，工业上制备铜基催化剂多以沉淀法为主。典型的工业制备铜基催化剂流程图见图 3-2。

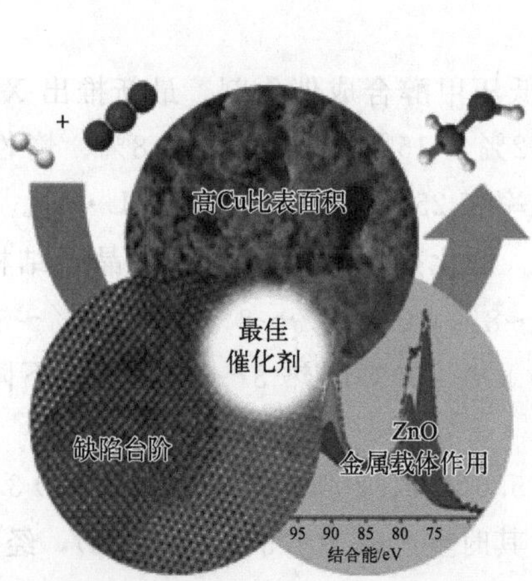

图 3-1 影响甲醇合成 Cu/ZnO 基催化剂性能的因素

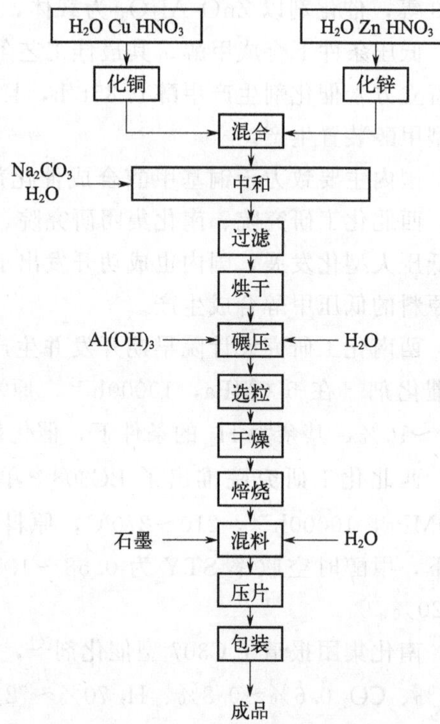

图 3-2 典型的工业制备铜基催化剂流程图

共沉淀过程中需要注意沉淀剂选择、加料方式、原料浓度、沉淀温度、沉淀 pH 值、搅拌速度、老化温度与时间等。常用的沉淀剂有 NaOH、Na_2CO_3、$NaHCO_3$、KOH、K_2CO_3、$KHCO_3$、NH_4OH、$(NH_4)_2CO_3$ 等。由于钠盐较便宜，工业上一般选用 Na_2CO_3

作为沉淀剂。但 Na 离子不容易清洗干净，而残留 Na 离子容易导致催化剂活性下降，需要控制催化剂中钠含量低于 0.05%。加料方式包括并流法、正加法和反加法等几种共沉淀方式。沉淀过程中温度一般选取 65～90℃，pH 值控制在 6.5～8.5 范围内。老化过程的温度和时间分别控制在 65～85℃和 1～6h。工业上铜基催化剂的干燥温度一般选取 110～150℃，而焙烧温度通常选取 350℃左右。

(2) 其他制备方法

近年来，国内外学者研究出了一些新的沉淀方法，如在共沉淀过程中引入了超重力[13]、超声[14]等辅助手段，或者采用酸-碱交替沉淀法[15]、凝胶网格共沉淀法[16]、草酸盐胶体共沉淀法[17]、共沉淀-蒸氨法[18]、旋蒸辅助沉积沉淀法[19]等。

采用超重力共沉淀法[13]将 Cu/Zn/Al 溶液及沉淀剂 Na_2CO_3 分别喷淋到旋转的填料中，在强大离心力作用下，在填料空隙中充分混合，瞬间生成晶核且其长大的速度相对较慢，进而得到粒度小，比表面较大的催化剂。

超声波作为一种能量作用于体系，可以影响或改变体系的结构、状态及功能等。超声的引入加速了液体中粒子的碰撞和相对运动[20]，改善催化剂中活性物种 Cu 的分散性和比表面积。采用频率为 40kHz 与 23.8kHz 复频超声技术制备的 Cu/Zn/Al/Zr 甲醇合成催化剂与普通共沉淀法制备的催化剂相比，其收率可以提高 34%。与单频超声相比，采用复频超声技术可进一步减小催化剂颗粒粒径，增加 Cu 与 Zn 组分间的分散程度，表明复频超声技术有明显的相互作用[14]。

采用共沉淀-蒸氨法[18]制备的 $CuO/ZnO/Al_2O_3$ 催化剂具有较小的颗粒尺寸、较大比表面积（$74m^2/g$）和 Cu 比表面积（$31.4m^2/g$）；以碳酸铵为沉淀剂常规沉淀法制备的催化剂尽管有最大的比表面积（$88m^2/g$），但 Cu 比表面积却相对较低；催化剂表面的 Na^+ 比 NH_4^+ 难洗脱，残留 Na^+ 导致催化剂表面铜组分聚集，减小 Cu 的比表面积。

火焰燃烧合成法是制取高比表面积金属氧化物催化剂的一种通用方法，喷灯设计和燃烧条件决定了催化剂的比表面积、结构和物相组成。将挥发性前体 Cu、Zn、Al 的乙酰丙酮化物和燃料（H_2 和 CH_4）、空气混合高温燃烧气化，使其分解、凝聚、重排、急冷得到催化剂。而且在气相中金属粒子可以更充分地混合，增加了组分间的相互作用。粒子的比表面、形貌和晶相结构都可以通过调变火焰温度、高温区的停留时间和溶液浓度加以改变。铜基催化剂属于结构敏感型材料，传统的沉淀法又很难控制焙烧过程，必然会造成活性表面的损失，而火焰燃烧合成法能有效减少活性表面的损失。

对于甲醇合成铜基催化剂，除了沉淀法外，近年来又有了一些新的合成方法。利用球磨研磨法[21]将铜和氧化锌两种粉末在空气和真空中分别研磨混合均匀，发现在空气中混合优于真空混合，因为在空气中发生了铜的部分氧化，加强了与氧化锌的相互作用，并且得到较高总比表面积和较高铜比表面积的催化剂。该方法制备过程简单，是一种潜在的制备混合氧化物催化剂和前驱体的有效方法。

3.1.2.3 催化活性中心

自 20 世纪 60 年代铜基催化剂应用于工业以来，人们对合成甲醇铜基催化剂的研究取得了很大进步，关于甲醇合成催化剂活性中心，总结起来主要有以下 3 种观点。

(1) Cu^0 是活性中心

以 ICI 为代表的观点认为，Cu^0 是低温低压甲醇合成催化剂中唯一有效组分，

Chinchen 等[22]采用不同载体的铜基催化剂，测定了反应活性和催化剂的金属铜表面积（N_2O 迎头色谱法）之间的关系，发现二者成正比关系。此外，对 Cu/SiO_2 催化剂和铜的表面积关系也进行过一系列研究[23]，结论与 Chinchen 等的结论一致。支持 Cu^0 为活性中心的另一实验结果是通过对还原或反应气氛中的催化剂进行原位检测，并未发现 Cu^+ 和 Cu^{2+} 存在，Fleisch 等[24]的原位表面分析表明，工业化的 Cu/Zn/Al 催化剂在合成条件下只存在 Cu^0。

（2）Cu^+ 是活性中心

早在 1955 年 Nata 就认为对于甲醇合成，真正起作用的是氧化态铜，而不是金属铜。Bart 等[25]利用 DRS、XRD、TEM、STEM 和 EDA 等手段对催化剂的体相进行表征，发现在煅烧、还原和反应后的催化剂中含有 2%～3%的部分氧化的铜，得到了 Cu^+ 溶解在 ZnO 中的证据，说明溶解在 ZnO 中的 Cu^+ 是合成甲醇的活性中心。Chu 等[26]通过 NMR 研究发现，含有不同碱金属助剂的铜催化剂，其合成甲醇的活性只与 Cu^+ 的量有关。Klier 等[27]认为 Cu^+ 还原转化为 Cu^0 会造成铜基甲醇合成催化剂失活，同时发现反应气中 CO_2 的存在有助于 Cu^+ 的稳定存在，进而提高了催化剂活性。

（3）Cu^0-Cu^+ 协同催化

Duprez 等[28]的 TPR 和 XPS 研究结果表明，在低 CuO 含量催化剂（<30%）中，溶解于 ZnO 晶格中的 Cu^{2+} 被还原成二维 Cu^0-Cu^+ 层或溶解于 ZnO 中的 Cu^0-Cu^+ 物种。由于二维 CuO 的易氧化还原性和 Cu^+ 的高度稳定性，他们认为二元 Cu/ZnO 催化剂中，二维 Cu^0-Cu^+ 物种是低温低压合成甲醇的活性物种，CO 吸附在 Cu^+ 上并逐步加氢生成甲醇，Cu^0 则是 Cu^+ 的前驱体，由 CO_2、H_2O 或其他氧化性物质氧化为 Cu^+。Denise B 等[29]研究 $Cu/ZnO/Al_2O_3$ 催化剂在常压下的活性和金属铜表面积的关系发现，甲醇的产率不仅和催化剂还原后（反应前）的金属铜表面积及在 $CO/CO_2/H_2$ 反应气中反应后催化剂金属铜的表面积成正比，而且和二者的差成正比，而这个差值正是在反应过程中被氧化的铜量，这进一步验证了以上的推论。

综上所述，三种主要观点都依据一定的实验证据对合成甲醇活性中心给予合理的解释，因此，任何一种观点都不能被完全排除。但大多数研究者认为，在 CO 加氢合成醇催化剂中，Cu^+ 为合成醇的活性中心更为合理一些，虽然支持 Cu^0 为活性中心证据证实原位 XRD 以及 XPS 没有发现 Cu^+ 信号，然而红外光谱表明铜在催化剂中被部分还原成 $Cu^{\delta+}$，$Cu^{\delta+}$ 被认为是合成甲醇的活性中心，但通过 XPS、XRD 等手段难以检测。

3.1.3 催化机理

研究人员在对铜锌催化剂研究不断深入的同时，对其催化机理的研究方面也做了大量的工作。对催化机理的研究结果不但可以用来指导工业生产，还可以为制备出性能更加优良的催化剂提供方向和依据。然而，由于合成甲醇过程的复杂性和各反应之间的强烈耦合作用，尽管人们应用各种手段对其催化机理进行了大量深入的研究，研究结果对指导生产和催化剂的制备也产生了许多积极的作用，但至今在许多问题上仍未达成统一的认识。其中最主要的争论集中在甲醇中碳的来源问题、CO_2 的作用以及铜锌催化剂的活性中心。

3.1.3.1 CO 为碳源机理

从 20 世纪 30 年代开始，Monroe 等就已经进行了 CO/CO_2 加氢合成甲醇过程机理的研究。最初认为 CO 是甲醇中碳的唯一来源，而 CO_2 的存在仅仅起到稳定晶格（Cu^+）的作用，即利用其弱氧化性保证低价铜不至于被过度还原，或通过逆变换反应转化为 CO，再经过 CO 在催化剂表面吸附生成中间物而合成甲醇。

Herman 等[30]研究了 CO/H_2 体系在 $Cu/ZnO/Al_2O_3$ 催化剂上的反应，他们认为催化反应的活性中心是 Cu^+，H_2 的解离吸附发生在 ZnO 上，并提出如图 3-3 反应机理。

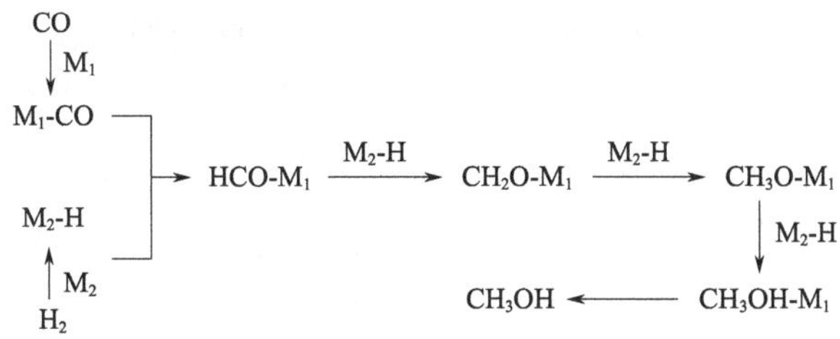

图 3-3　CO/H_2 体系在 $Cu/ZnO/Al_2O_3$ 催化剂上的反应机理

M_1—Cu_2O 活性吸附位；M_2—ZnO 活性吸附位

该机理不仅认为催化反应中 CO 是唯一的直接碳源，而且认为体系中存在两种不同的吸附中心，这能合理地解释活性中心 Cu^+ 和助剂 ZnO 的协同作用。

3.1.3.2　CO_2 为碳源机理

研究发现，CO/CO_2 加氢合成甲醇时，甲醇是由 CO_2 直接生成，甲醇中的 C 原子来源于 CO_2 分子中的 C 原子，O 原子可以来源于 CO_2，也可以来源于 H_2O，而 H 原子则来源于合成气中的 H_2，而非水中的 H 原子，而 CO 的作用则是作为一种还原剂使活化的 Cu 表面得以再生或用于清除 CO_2 加氢中所产生的吸附氧。邓景发等[31]通过对 CO_2、CO/CO_2 加氢合成甲醇以及水煤气逆变换进行原位红外分析发现，无论是 CO_2 直接加氢合成，还是 CO/CO_2 加氢合成，甲醇都是由 CO_2 直接生成，而且活化的关键中间物种是双齿配位的表面甲酸盐物种，反应机理如图 3-4 所示。

3.1.3.3　CO 和 CO_2 双碳源机理

上述两种观点都在不同程度上合理地解释了所观察到的实验事实。然而，由于合成甲醇过程的复杂性，简单地认为甲醇中的碳来源于 CO 或 CO_2，似乎根据不足，这不仅在于多次实验的结果反复表明，$CO+H_2$ 和 CO_2+H_2 两类原料气均能合成甲醇，而且现今的研究几乎成为定论的是，铜基催化剂上的甲醇合成过程存在多于两个的动力学独立反应。

朱起明等[32]对 CO 和 CO_2 加 H_2 合成甲醇反应进行原位红外光谱研究，发现 CO 和 CO_2 都可以加 H_2 生成甲醇，它们在不同能量状态的铜活性中心上，以不同形式被活化。反应机理如图 3-5 所示。

M—O 和 M—OH 存在于表面，生成甲醇的主要反应途径是：

$$\mathrm{M{-}OH + M{-}CO \longrightarrow M{-}O{-}C\overset{\displaystyle O}{\underset{\displaystyle H}{\lessgtr}} \xrightarrow{+H} CH_3OH + M{-}OH}$$

M—O 和 M—OH 会由于被 H_2 和 CO 还原或者因为 M—OH 自身歧化反应生成水而减少，因此 $CO+H_2$ 生成甲醇就会逐渐减少，总反应速率将会下降。这也是仅用 $CO+H_2$ 反应时，开始催化剂活性下降的原因之一。CO_2 的存在对催化循环的维持起了决定性作用。

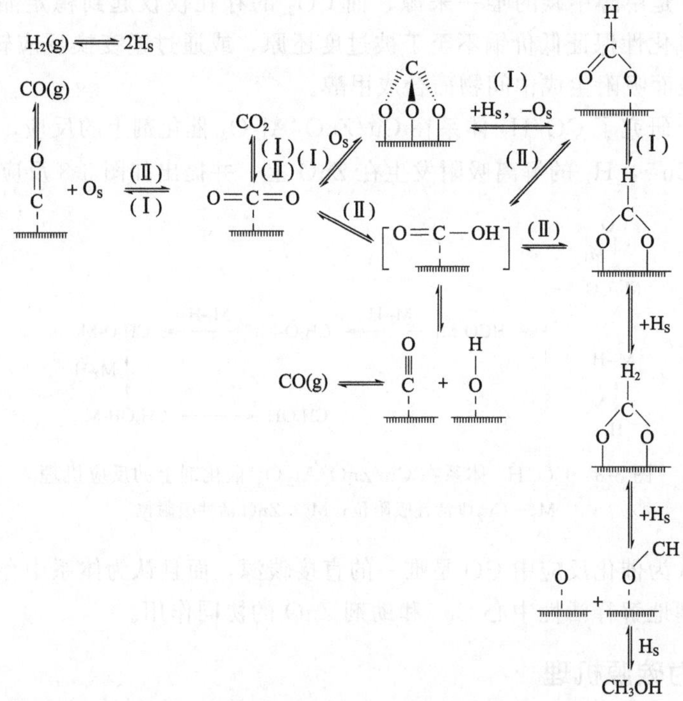

图 3-4　CO/CO_2 加氢制甲醇反应机理

[(Ⅰ)代表催化剂上 CO_2/H_2 合成甲醇的 RGWS 的反应途径。(Ⅱ)代表催化剂上 $CO/CO_2/H_2$ 合成甲醇的 GWS 的反应途径。H_S 指催化剂表面新生的氢。O_S 指催化剂表面解离吸附的氧]

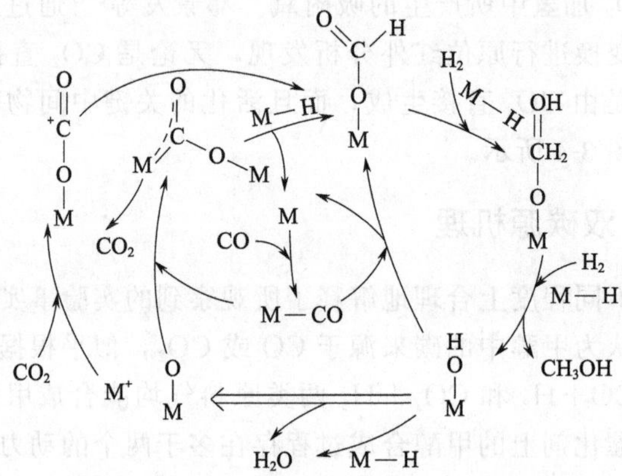

图 3-5　CO/CO_2 加氢制甲醇反应路径

CO_2 在自身反应生成甲醇的过程中，也生成了 M—OH，并可继续产生 M—O。这样就可使 M—OH 和 M—O 在表面再生，补偿了催化剂表面被还原所损失的 M—OH 和 M—O 表面物，使它们维持在一定浓度，也就使催化循环得以继续进行。

因此，考虑 CO 和 CO_2 同时竞争加氢合成甲醇的机理，可能更为合理。这种更为折中的双路线合成观点自 20 世纪 80 年代以来似乎越来越多地为人们所接受。持双路线合成机理观点的学者普遍认为反应 $CO+H_2$ 和 CO_2+H_2 必定发生，而逆变换反应则有可能发生，也有可能始终处于或接近平衡状态。

3.1.4 合成工艺

3.1.4.1 固定床合成工艺

目前，甲醇工艺技术多样化，大型甲醇工艺和工艺中的合成塔、催化剂等都在迅速优化，全球百万吨级以上的甲醇装置已有很多套在运行。普遍推广实行的大型甲醇合成工艺主要有 Davy、Lurgi、Casale 等。根据大型甲醇装置的发展情况，可以发现两种趋势，一是以 Lurgi 为代表的采用水冷气冷多塔串并联的复合流程。Lurgi 工艺的特点是循环比小，动力消耗低，因采用多塔串并联的方式使其有较高的单程转化率，但相对而言因使用反应器数量较多，该工艺建设前期设备投资大。另一种是以 Davy、Casale 为代表的径向流反应器结构，该类工艺一般仅设置一个反应器，且尽可能地装入较大量的催化剂，单塔负荷大，床层温度偏高，同 Lurgi 工艺相比，需要给反应器床层以较大的循环气量来带走反应产生的热量，故该工艺动力消耗大，但在前期投资上可节约不少成本。对国内外甲醇合成技术及优缺点分析如下。

(1) ICI 冷激型甲醇合成工艺

英国 ICI 公司开发成功的中、低压法合成甲醇工艺是目前工业上广泛采用的生产甲醇的方法之一，其典型的工艺流程见图 3-6。

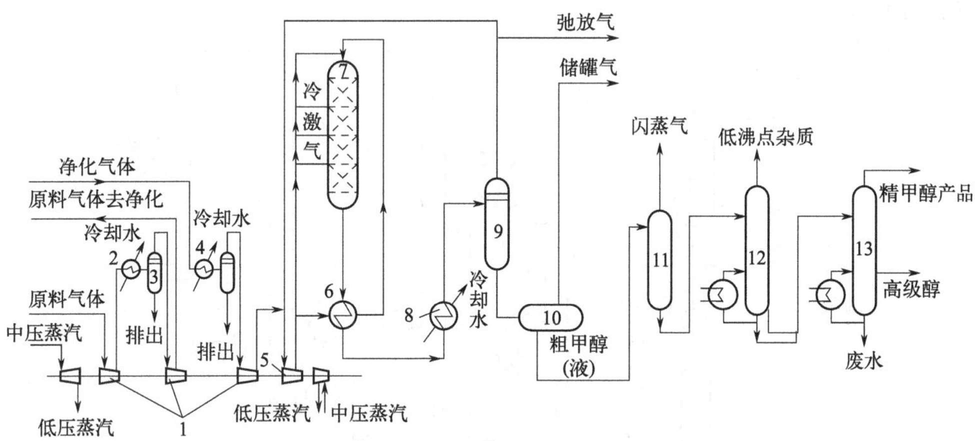

图 3-6 ICI 冷激型甲醇合成工艺流程

1—原料气压缩机；2,4—冷却器；3—分离器；5—循环压缩机；6—热交换器；7—甲醇合成反应器；8—甲醇冷凝器；9—甲醇分离器；10—中间槽；11—闪蒸槽；12—轻馏分塔；13—精馏塔

合成气经离心式透平压缩机压缩后与经循环压缩机压缩的循环气混合，混合气的大部分经热交换器预热至 230～245℃进入冷激式合成反应器，小部分不经过热交换器直接进入合成反应器作为冷激气，以控制催化剂床层各段的温度。在合成反应器内，合成气在铜基催化剂上合成甲醇，反应温度一般控制在 230～270℃范围内。合成反应器出口气经热交换器换热，再经冷凝器冷凝分离，得到粗甲醇，未反应气体返回循环压缩机升压。为了使合成回路中惰性气体含量维持在一定范围内，在进循环压缩机前弛放一部分气体作为燃料气。粗甲醇压力在闪蒸槽内降至 350kPa，使溶解在其中的气体闪蒸出来也作为燃料气使用。闪蒸后的

粗甲醇采用双塔精馏进行精制。粗甲醇送入轻馏分塔，在塔顶除去二甲醚、醛、酮、酯等低沸点杂质，塔釜液送入精馏塔除去高碳醇和水，由塔顶获得99.8%的精甲醇产品。

该工艺甲醇塔虽然结构简单，生产能力较大，但是床层轴向温差大，出口浓度低，合成效率低。为了降温而进行的分段式冷激，虽避免了反应中局部温度过高烧坏催化剂，但同时也降低了反应器单位体积的转化率，造成循环气量增加，压缩功耗加大，反应热的回收利用效率也降低。

(2) Lurgi管壳型甲醇合成工艺

德国Lurgi公司开发的中、低压甲醇合成技术是目前工业上广泛采用的另一种甲醇生产方法。其典型的工艺流程见图3-7。合成原料气经冷却后，送入离心式透平压缩机，压缩至5～10MPa的压力后，与循环气体以1∶5的比例混合。混合后的合成气经废热锅炉预热至220℃左右，进入管壳式合成反应器，在铜基催化剂的作用下反应生成甲醇。催化剂装在管内，反应热传给壳层的水，所产生的蒸汽进入汽包。出反应器的气体温度约250℃，含甲醇7%左右，经换热冷却至85℃，再用空气和水分别冷却，分离出粗甲醇，不凝气体在进循环压缩机前释放一部分气体作为燃料气，剩余气体经压缩后返回合成反应器。冷凝的粗甲醇送入闪蒸罐，闪蒸后粗甲醇采用三塔精馏进行精制。粗甲醇首先在初馏塔中脱除二甲醚及其他醛、酮、酯等低沸点杂质，塔底物送入第一精馏塔精馏，精甲醇从塔顶取出，气态精甲醇作为第二精馏塔再沸器的热源。由第一精馏塔塔底出来的含重馏分的甲醇在第二精馏塔中继续精馏，塔顶采出精甲醇，塔底为残液。从第一和第二精馏塔出来的精甲醇经冷却至常温后，产品甲醇送储罐。

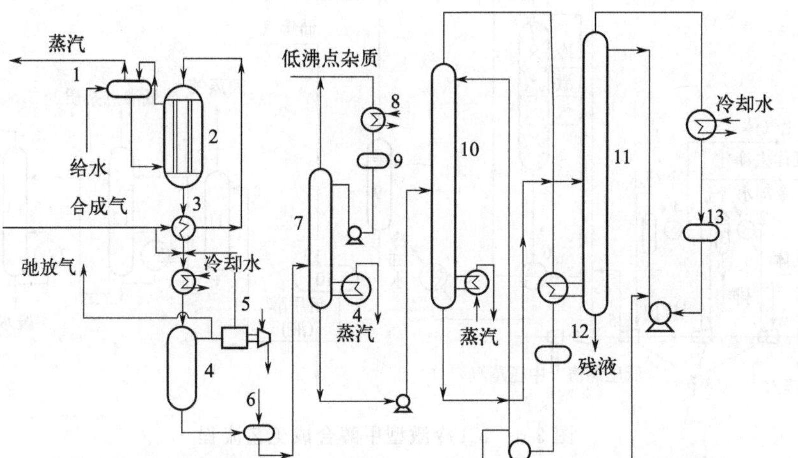

图3-7 Lurgi管壳型甲醇合成工艺流程

1—汽包；2—合成反应器；3—废热锅炉；4—分离器；5—循环透平压缩机；6—闪蒸罐；7—初馏塔；8—回流冷凝器；9,12,13—回流槽；10—第一精馏塔；11—第二精馏塔

该型式塔催化剂床层的温差较小，操作比较平稳，转化率也较高，还能副产中压蒸汽，但由于壳程占据了很大的空间，催化剂的装填系数小。这种塔为解决热膨胀应力问题，必须采用两种不同膨胀系数的特殊的不锈钢材质，管材需要进口，供货周期很长，设备造价也很高。

(3) Lurgi超大型复合塔式甲醇合成工艺

1997年德国Lurgi公司提出大甲醇概念之后，二十多年来该工艺技术不断发展成熟。

该工艺主要采用了“气冷＋水冷”两步反应联合合成甲醇技术，水冷式反应器利用副产中压蒸汽的方式带走反应热，气冷式反应器则通过与新鲜气及循环气进行换热带走热量，来稳定床层温度，同时还能预热工艺反应气，实现了热量的耦合。催化剂主要装填于气冷合成塔，该塔承担大部分的合成反应，其工艺流程见图 3-8。

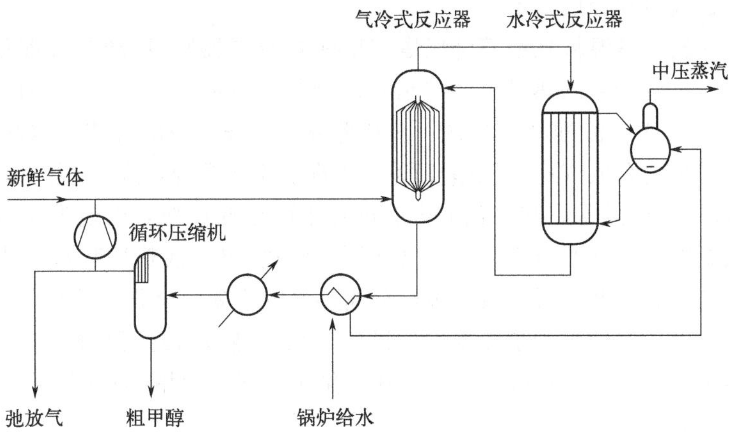

图 3-8　Lurgi 超大型复合塔式甲醇的合成工艺流程

Lurgi 复合塔式甲醇合成技术具有以下优点：①合成气单程转化率高；②热能利用率高；③合成工艺投资低。

(4) Davy 径向流动甲醇合成反应工艺

随着对甲醇生产技术的不断研究，Davy 公司研发出了区别于多段冷激式反应器的径向流动等温反应器。该反应器由壳体和换热器内件构成，换热器外壳为气体分布器，换热器内筒为气体收集器，换热管束为移热元件。其工艺流程见图 3-9。

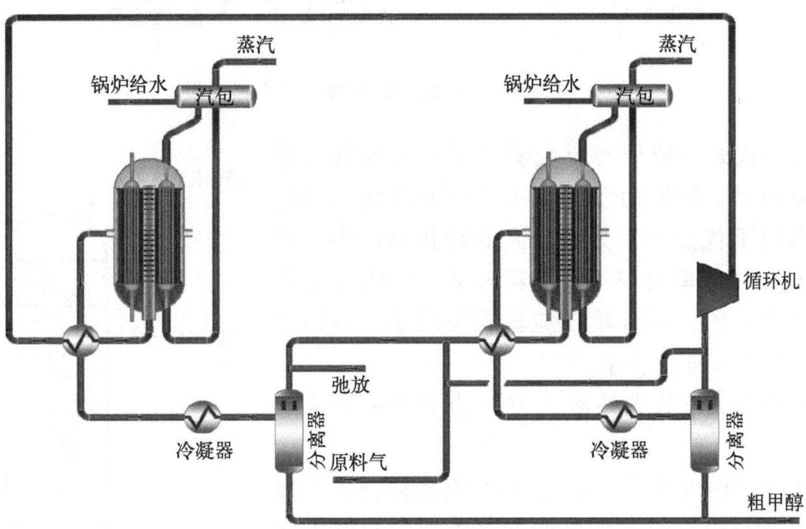

图 3-9　Davy 径向流动等温反应器工艺流程

反应气体由反应器壳体和内件的环隙，通过气体分布器径向流经催化床层后在中心管汇集，气体在催化剂床层的流路较短，压降较小。锅炉水由反应器底部通过分布器进入冷却管中，自下向上流动，在反应器顶部通过集水管流出，反应热由管内沸腾水带出，可副产中压蒸汽，催化剂床层温度可通过调节沸腾水压力来控制。该工艺反应器的催化剂装填在壳层，需要大量冷管才能维持足够传热面积以移走反应热，因此其设备造价相对较高。另外，径向流动反应器需要设置气体分布器和收集器，结构相对复杂，设计和制造要求较高。

(5) Casale板式甲醇合成技术[33]

Casale研制开发了等温板式甲醇合成塔（I. M. C反应器），甲醇合成催化剂填在浸入式的板式换热器间，反应产生的热量由锅炉给水移出带走并副产中压（2.5MPa）蒸汽，操作温度在240～250℃，工艺流程见图3-10。来自低温甲醇洗工段的合成气（40℃、5.0MPa），经压缩机提压后与来自合成气压缩机循环段出口的循环气混合，经进/出口换热器换热至约220℃后，由合成塔顶部进入，在催化剂床层进行甲醇合成反应，通过调节汽包的压力来控制催化剂的床层温度，并副产蒸汽。出塔气体再次经进/出口换热器和水冷器后，降到45℃以下，随后进入高压分离器进行气液分离，分离出来的主要气体作为循环气返回送到合成气压缩机循环段，部分气体抽出少量弛放气后循环使用，弛放气送至甲醇弛放气膜回收工序；分离出来的液体粗甲醇经过闪蒸罐进一步减压、解吸后送往粗甲醇贮槽；闪蒸气则送至甲醇合成蒸汽加热炉作为燃料气。

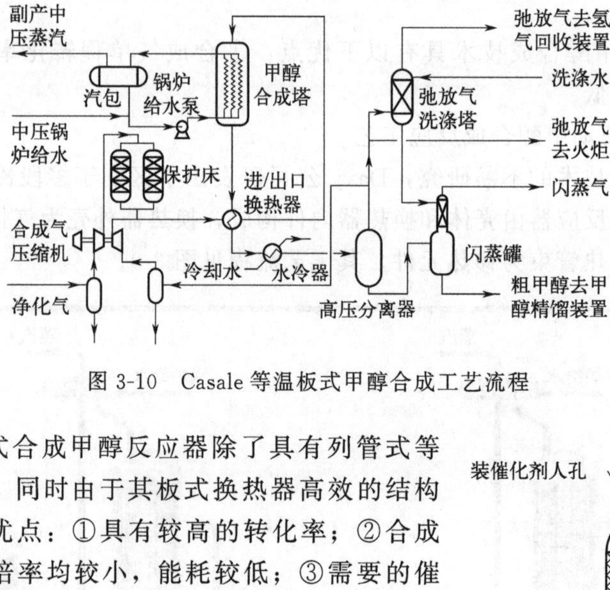

图3-10 Casale等温板式甲醇合成工艺流程

Casale等温板式合成甲醇反应器除了具有列管式等温反应器的优点外，同时由于其板式换热器高效的结构特点，还具有以下优点：①具有较高的转化率；②合成圈的阻力降及循环倍率均较小，能耗较低；③需要的催化剂装填量较低；④同等规模反应器直径较小，适用于大规模及超大规模工业化要求。

(6) 华东理工大学管壳外冷-绝热复合式甲醇合成反应器

华东理工大学研究开发出管壳外冷-绝热复合式甲醇合成反应器，该反应器设置二段催化剂床层，上段为绝热层，下段为水冷层，水冷层的结构类似于管壳式换热器，管内装催化剂，管外走沸腾水，其结构见图3-11。反应气体由反应器上部进入，流经绝热层后进入水冷层，绝热层可使进口反应气体快速升温，达到最佳反应

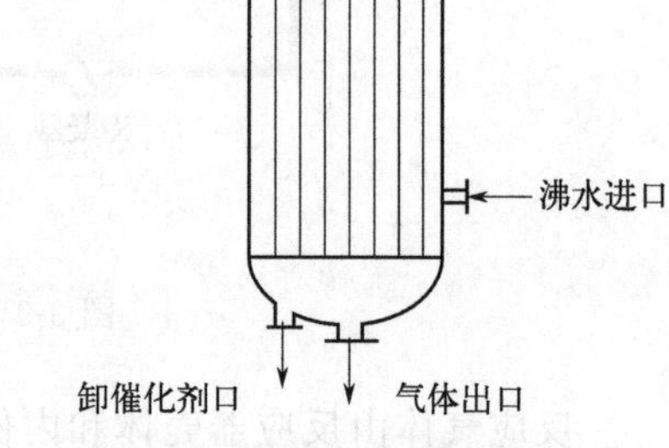

图3-11 管壳外冷-绝热复合式甲醇合成反应器工艺流程

温度，然后进入水冷层，在装有催化剂的管内继续反应，反应热由水冷层的管外的沸腾水移走，水冷层催化剂床层的温度可通过改变沸腾水的压力调节，整个反应器内反应沿着最佳温度曲线进行。与等温型甲醇合成反应器相比，该反应器催化剂装填量小，冷却段床层的温度分布更为均匀，有利于延长催化剂的寿命。该反应器是国内应用最广的甲醇合成反应器，已在国内多套装置上得到应用。

3.1.4.2 浆态床合成工艺

由热力学分析可知，甲醇合成反应是一个可逆的强放热反应，反应温度越低，反应的平衡常数就越高，而反应的温度是由所用的催化剂决定的；同时，反应过程中生成的大量的热也必须及时地移走，以保证甲醇的合成在一个稳定的温度环境下平稳地进行。因此，从20世纪70年代开始，人们就把甲醇合成工艺的研究重点集中在了新的低温催化剂的研究以及新型反应器的研制上。

目前的中、低压固定床合成甲醇的工艺在工业领域得到广泛应用，但是其所具有的一个最大的缺点——受传热限制的问题，没有得到根本解决。致使目前的气固相固定床合成工艺为了稳定反应的温度，而不得不降低单程转化率，加大循环比；由于循环比较大（一般大于5），合成气中的惰性组分有累积效应，新鲜原料气中的 N_2 含量不能过高。因此，合成气制备时若需要氧化，就不能使用节能型的空气部分氧化法，而只能使用纯氧部分氧化法。鉴于上述问题，1985年美国空气产品公司开发了以液相载体和流动反应器为基础的 LPMEOH™ 工艺，即甲醇合成的浆态床工艺。该法使用了热容高、热导率大的石蜡类长链烃类化合物为液相介质，将催化剂悬浮在惰性的液相介质中，使甲醇合成反应所生成的热可及时地移走，保证了反应器可以在等温条件下运行，很大程度上改善CO转化率，甚至接近或达到了平衡转化率。同时，对原料气的氢碳比及 N_2 含量的要求范围也变得很宽［可在（10：1）～（1：10）范围内变化］，从而使整个工艺的能耗大为下降。

美国空气产品公司采用 LPMEOH™ 工艺于1997年在美国田纳西州建成了一座年产7.2万吨的示范性的浆态床合成甲醇的工厂。其主要技术经济指标与传统气相合成甲醇相比较结果如表3-3所示，其具体的工艺流程如图3-12所示[34]。

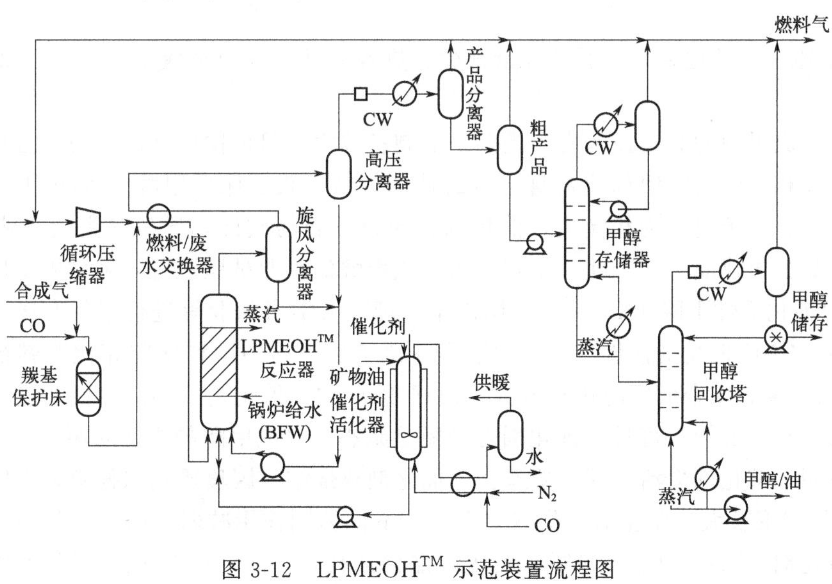

图3-12 LPMEOH™ 示范装置流程图

表 3-3 液相和气相合成甲醇工艺的技术经济指标比较

工艺类别	出口甲醇含量/%	热效率/%	甲醇相对成本/万元	相对投资/万元
气相合成	5.0	86.3	1.00	100
液相合成	14.5	97.9	0.70	77

CO 和平衡气混合后经过装有活性炭的用来吸附原料气中的羰基铁和羰基镍的催化剂保护床，然后和经过压缩的氢气和循环气的混合物再混合后进入热交换器和浆态床中出来的产物气进行换热后，被送入浆态床反应器，反应器中压力维持在 5.0MPa，温度维持在 227～272℃范围内。在反应器中，原料气在浆态的催化剂上被部分地转化成甲醇。反应热被浸在反应器浆液中的热交换管中的水蒸气带走，通过控制水蒸气的压力来调控反应器的温度。出反应器的产物气体经旋风分离器分离出夹带的少量石蜡烃及催化剂后，进入热交换器和将要进入反应器的原料气换热，被冷却至 122℃。分离出的少量石蜡烃和催化剂以及补充的石蜡烃又被送回了反应器。产物气经进一步空气冷却和水冷却至 41℃，液态的甲醇进入产品储槽，剩余的不凝气除一小部分弛放作为燃料使用外，大部分又经压缩被送回反应器继续反应。

浆态床合成甲醇过程具有如下优点：

① 浆态床合成反应器内液相处于全混状态，气相呈部分活塞流状态，不需要气体重新分配和纵向冷激，反应器设计简单，制造容易。

② 浆态床中一般采用 200 目甚至更小的细颗粒催化剂，催化剂表面积大，内表面利用率高，消除催化剂内扩散影响，其效率因子接近 1，从而获得较高的宏观反应速率。

③ 采用导热系数大、比热容大的惰性液相热载体以及气液固三相高度湍动，反应热能迅速分散并传向冷却介质，使得床层接近等温操作，不会出现床层温度不合理分布、局部过热及对催化剂和设备造成危害等情况。

④ 优良的传热性能使浆态床合成甲醇的原料气适应性强，反应物主要成分 CO 可大范围内变化，且单程转化率较高，接近平衡转化率（CO 的转化率为平衡转化率的 60%～90%），单位质量催化剂生产能力大，出口甲醇质量分数高，循环比小。

⑤ 由于床层压降低，反应操作气速或质量空速可在较大范围内变化，反应器操作弹性大。

⑥ 由于原料气转化率高、循环气量减少、热效率高，因而合成工序可节能 25%～30% 左右。

浆态床合成甲醇的关键技术之一是催化剂制备技术。目前国内外的浆态床合成甲醇研究大多采用气固相工业铜锌铝催化剂直接研磨使用，由于浆态床中甲醇、水和 CO_2 的共同作用，催化剂组成易于向矿物相流失，催化剂颗粒也较容易破碎，导致其失活很快。1997 年美国空气产品公司建成 7.2 万吨每年浆态床合成甲醇的工业试验装置，采用固定床工业催化剂，35 天内催化活性下降 18.2%[34]。国内华东理工大学房鼎业等进行了浆态床甲醇合成工业热模试验，C302 催化剂活性在 37 天内下降 43.8%[35]。中国科学院煤化所韩怡卓等采用 C301 催化剂对浆态床合成甲醇进行研究，发现 500h 内，催化剂平均活性仅 99.4g/(kg·h)，且失活率为 4.6%/h[36]。可见，催化剂寿命短是浆态床合成甲醇的主要问题。

研究表明，催化剂失活原因主要有：a. 催化剂热烧结，因奥氏瓦尔德熟化效应导致活性组分 Cu 晶粒团聚长大、催化活性位减少和 Cu-Zn 间协同作用减弱；b. 反应气中硫、氯等引起的铜基催化剂中毒；c. Fe、Ni 等杂质堵塞催化剂孔道导致活性位降低以及生成甲烷等副产物。提高催化剂的热稳定性的关键在于制备的催化剂形成 CuO-ZnO 单相固溶体（$Cu_xZn_{1-x}O$），还原后活性组分 Cu 晶粒会高度分散结合在 ZnO 晶格中，使其不易团聚长大导致催化剂热失活。

催化剂前驱体的物相组成是影响 CuO/ZnO 催化活性的主要因素。研究表明，前驱体 $(Cu_{1-x}, Zn_x)_2(CO_3)(OH)_2$ 和 $(Cu_x, Zn_{1-x})_5(CO_3)_2(OH)_6$ 物相热分解后能形成分子水平结合的 CuO-ZnO 固溶体，而不是颗粒尺度的 CuO/ZnO 混合物，从而提高催化剂的活性及稳定性。因此，制备前驱体的关键在于促进 Cu^{2+} 同晶取代 $Zn_5(CO_3)_2(OH)_6$ 晶相中的 Zn^{2+} 形成 $(Cu_x, Zn_{1-x})_5(CO_3)_2(OH)_6$ 物相，或促进 Zn^{2+} 同晶取代 $Cu_2(CO_3)(OH)_2$ 中的 Cu^{2+} 形成 $(Cu_{1-x}, Zn_x)_2(CO_3)(OH)_2$ 物相。

太原理工大学李忠团队[37]对多联产过程中浆态床合成甲醇专用催化剂进行研究，考察了 Cu/Zn 比、助剂添加、沉淀/老化温度、干燥方式和焙烧温度等制备条件对催化剂结构、活性及稳定性的影响。发现 Cu/Zn 摩尔比严重影响 Cu 在表面或体相的分布状态。当催化剂中 Cu/Zn≤1 时，随铜含量的增加，表面高分散的 CuO 增加，CuO 和 ZnO 之间相互作用增强，催化剂的活性增大；当催化剂 Cu/Zn＞1 时，体相 CuO 含量增加，且 ZnO 结晶度提高，CuO 和 ZnO 之间相互作用减弱，催化剂活性随铜含量增大而减小。助剂 Zr 的引入促进了前驱体中绿铜锌矿 $(Cu_x, Zn_{1-x})_5(CO_3)_2(OH)_6$ 物相的生成，焙烧后催化剂的铜锌协同作用增强，CuO 分散度提高，晶粒平均粒径可降至 4.2nm，同时 CO 吸附能力增强，显著提高了合成甲醇催化的活性和稳定性。70℃ 沉淀后再在 80℃ 条件下老化可获得以孔雀石 $Cu_2(OH)_2CO_3$ 和锌孔雀石 $(Cu_{1-x}, Zn_x)_2(CO_3)(OH)_2$ 为主的前驱体物相，结晶度高且焙烧后催化剂中 CuO 分布均匀，催化活性最高。同时发现采用喷雾干燥成型的方法，有利于形成适用于浆态床反应的细小、均匀球形颗粒铜催化剂，催化剂中 CuO 晶体的平均尺寸仅为 3.23nm，表现出较高的活性和稳定性。

3.1.5 工业化发展趋势

近十几年来，全球甲醇产能、产量和消费量持续增长，尤其在北美页岩油革命、甲醇制烯烃、甲醇燃料等新兴下游产业的推动下，甲醇行业开工率保持在较高水平，行业发展态势良好。截止到 2023 年全球甲醇产能超过 1.83 亿吨，国内的甲醇产能超过 1 亿吨，占全球总产能将近 60%。中东地区由于其资源优势，其产能占比高达 24%，甲醇下游需求相对较少，多数产品以出口为主。全球甲醇产能分布如图 3-13 所示。值得注意的是，预计到 2030 年全球甲醇产能有望大幅增长，产能将增至 3.1 亿吨，增长幅度达 82%。在预测期内，俄罗斯和美国的甲醇新增产能居前列，贡献全球甲醇新增产能的近 59%。

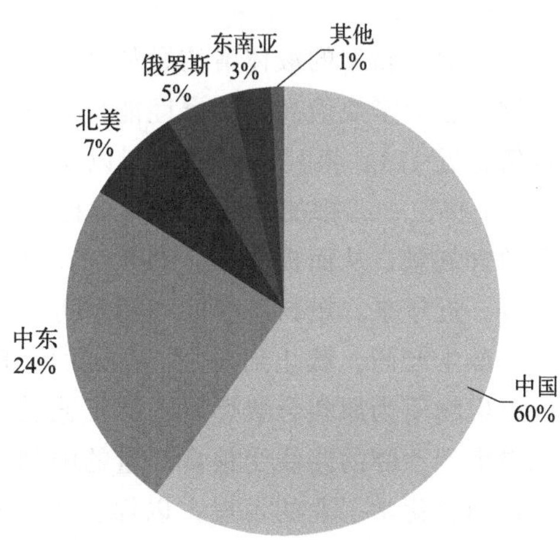

图 3-13　2023 年全球甲醇产能分布

随着煤、页岩气化工行业装备、技术大型化日渐成熟，以 CO、H_2、CH_4 为原料生产的基础化工原料甲醇产量激增，造成甲醇价格下挫，各地甲醇企业开工负荷不足，带来了下游产品的开发需求。从全球范围来看，甲醇主要用于制甲醛、

MTBE、乙酸等传统需求领域。其中，甲醛对甲醇需求量最大，约有 35%的甲醇用于甲醛生产；MTBE 对甲醇的需求约占到全球甲醇消费量的 27%，其主要用于生产高纯度异丁烯和汽油添加剂；约 8%的甲醇用于制乙酸。另外，还有少量甲醇用于生产烯烃、对苯二甲酸二甲酯、甲基丙烯酸甲酯、甲胺、溶剂和防冻剂、甲醇汽油、二甲醚等。目前，全球甲醇生产工艺主要有天然气制甲醇、煤制甲醇、焦炉气制甲醇，由于生产成本较低，天然气制甲醇工艺是目前国际上的主导工艺，产能约占甲醇总产量的 70%。

近年来，国内甲醇行业得到了快速的发展，尤其在生产规模、节能减耗、新型催化剂研发、流程控制等方面有了更高的水平。但由于核心技术、关键设备的限制，国内甲醇产业发展面临各种短板，甲醇产业出现高能耗、低效率现象。国内甲醇合成技术仍停留在小规模上，单系列大型甲醇合成塔还需依靠引进国外技术。除 CO 变换和甲醇精馏工艺之外，空分、气化、气体净化和甲醇合成等主要工艺技术均由国外引进，说明我国在大型煤制甲醇工艺技术方面与国外先进水平整体上还有差距。2021 年国内甲醇生产占比如图 3-14 所示。

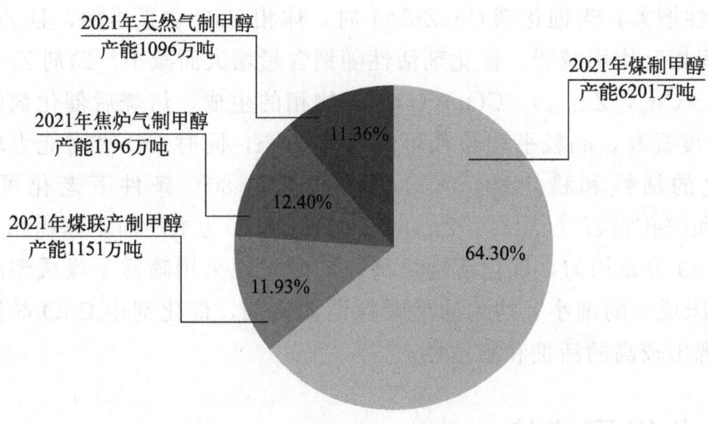

图 3-14 2021 年国内甲醇生产占比

3.2 乙醇

乙醇是新型的液体清洁燃料之一，同传统的汽油相比，燃料乙醇具有非常明显的优势：①燃料乙醇辛烷值高，抗爆性能优，传统车用汽油辛烷值约为 88～98，然而，燃料乙醇比数值将近 111，将其作为添加剂以 10%的含量加入传统汽油中，乙醇汽油的辛烷值提高近 3.4 个单位；②掺加的燃料乙醇对传统汽油的蒸气压具有一定的调和作用；③乙醇能增加汽油的含氧量，从而提高油品的燃烧充分性，进而降低汽车尾气中碳氢化合物以及氮氧化物的排放。近年来，燃料乙醇的产销量迅速增长，我国已成为继美国、巴西之后的世界第三大燃料乙醇生产国。截止到 2023 年，我国在全国范围内已基本实现了车用乙醇汽油的全覆盖。但以生物质为原料合成燃料乙醇工艺受限于原料相对短缺且能量密度低的缺点，且以粮食为原料生产乙醇的路线受粮食产量的限制，存在“与人争粮”的问题，难以实现经济可持续发展。随着化学工业的发展，以煤化工、石油化工产品为原料的化学合成路线可实现乙醇的生产。

最早得到研究并实现工业化生产的乙醇合成方法是以工业乙烯为原料的乙烯水合法。根据工艺路线的不同，可分为乙烯间接水合法和乙烯直接水合法。间接水合法采用硫酸催化剂，经两步反应将水和乙烯结合生成乙醇，因此又称为硫酸法。但是合成过程中会生成大量难以处理的稀硫酸，造成设备严重腐蚀，经济效益低下，因此间接水合法逐渐被直接水合法所取代。直接水合法是乙烯和水在催化剂、高温、加压条件下直接合成乙醇的方法，又称为一步法。该方法反应路径简单，技术经济相对较好，是当前石油化工领域乙醇生产的主要工艺路线，技术成熟，在石油资源丰富的区域具有一定的竞争力。结合我国“煤多、油贫、气少”的能源结构特点，煤经合成气催化转化为乙醇的煤基合成路线则可以有效避免对石油的依赖，缓解我国能源安全压力。煤基乙醇合成路线依靠成熟的煤气化技术，以煤气化产生的合成气为原料，或经甲醇/二甲醚、乙酸/乙酸酯、草酸酯间接合成乙醇，或直接催化转化为乙醇，过程清洁高效，是煤清洁利用的重要方式之一。目前，煤基合成路线已成为乙醇化学合成发展的新方向。乙醇合成工艺路线图见图 3-15。

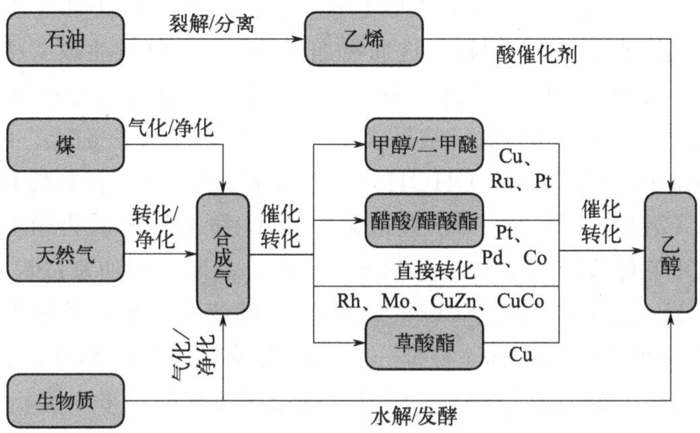

图 3-15 乙醇合成工艺路线图

3.2.1 合成气直接制乙醇

合成气是一种以氢气、一氧化碳为主要组分的混合气，具有廉价清洁的特性，又能够为众多的石化产品提供原料，在工业上有广泛的应用。采用适宜的金属催化剂，合成气中的一氧化碳可直接加氢生成乙醇，但受制于催化剂选择性和时空收率低的问题，合成气制低碳混合醇在经济上未能达到工业化要求。通过对催化剂的改性，可以有效提高低碳醇产品中乙醇选择性，实现合成气到乙醇的高选择性合成。

合成气直接制乙醇的反应式如下：

乙醇生成反应： $2CO+4H_2 \longrightarrow C_2H_5OH+H_2O$

水气变换反应： $CO+H_2O \longrightarrow CO_2+H_2$

甲烷化反应： $CO+3H_2 \longrightarrow CH_4+H_2O$

(1) 反应机理

合成气直接制乙醇的反应过程可以大致描述为四个主要步骤：CO 活化过程、CH_x 形成过程、CO 插入过程以及最后中间物种逐步加氢生成乙醇过程[38]。首先 CO 分子在催化剂表面吸附解离，生成 CH_x 物种；之后 CO 分子掺入产生的 CH_x 物种并氢化生成 C_2 含氧物种，进一步加氢生成乙醇；同时，部分 CH_x 物种会与 H 作用生成副产物甲烷。合成气制乙醇在催化剂上的催化反应机理如图 3-16。

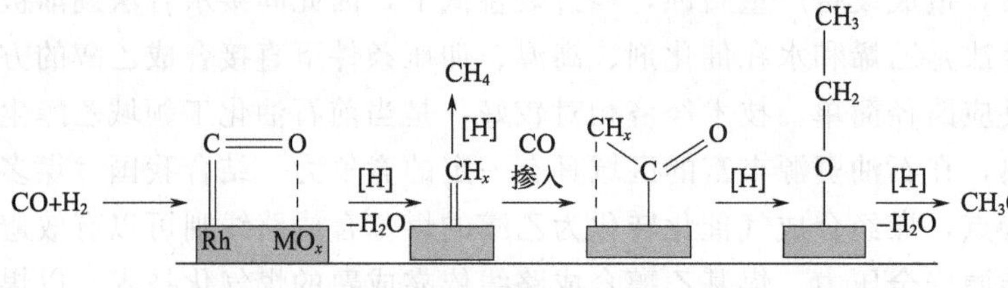

图 3-16 合成气制乙醇在催化剂上的催化反应机理

在整个乙醇生成过程中，CH_x 物种的形成和 C—C 键的形成是两个关键的步骤。中间产物 CH_x 物种由 CO 解离加氢生成。CO 解离存在直接解离和加氢解离两种途径，相应地，CH_x 物种存在两条生成路径。一条是由 CO 直接解离产生的 C 原子加氢所得，另一条是 CO 先在金属催化下加氢生成 C_1 含氧物种，进而再加氢断裂 C—O 键生成 CH_x 物种。两条路径的发生与金属表面性质密切相关。Kapur 等[39]采用密度泛函理论方法研究了 Rh(111) 和 Rh(211) 表面上的 CH_x 物种的形成。结果表明，在 Rh（111）表面上，CO 是在 H 辅助下解离的，首先 CO 加氢生成 CHO、CHOH 等 C_1 含氧物种，C_1 含氧物种进一步解离生成 CH_x 物种。在 Rh（211）表面上，CO 直接解离成 C 和 O，之后再氢化生成 CH_x 物种。Huang 等[40]通过 DFT 计算模拟了 CO 在 MoS_2（100）晶面上的加氢过程。发现 CO 以倾斜的桥式结构吸附于 Mo 边缘位，认为 CO 的解离以 H 助解离为主，并逐步加氢生成 C_1 中间物种。C_1 含氧中间物种主要为 CHO 物种、CH_2O 物种和 CH_3O 物种，其中甲酰基物种为最基础的 C_1 中间物种，其他的 C_1 含氧中间体可通过甲酰基进一步加氢获得[41-45]。由于更高的能量势垒，CH_2O 物种难以加氢生成 CH_3OH，CH_3O 难以离解得到 CH_3 物种，但是 CH_xO 物种能够通过 C—O 裂解而形成 CH 或 CH_2 物种[46]。产生的 CH_x 物种是重要的反应中间体，除与 CO 或 CHO 结合形成醇之外，还可进一步加氢转化为 CH_4。同时 CH_xO 物种解离得到的 OH 表面吸附物种可进一步分解成吸附态的 O 原子和 H 原子，最终生成水[47]。

C—C 键的形成是整个反应过程中最为关键的一步，也是争议较大的。目前，已提出的关于 C—C 键形成机制有 CH_2^* 插入机理、CO 插入机理、CHO^* 插入机理，其中 CO 插入机理研究最为深入，被广大研究者采纳。该机理认为 C—C 键的生成是由 CO 插入 CH_x^* 物种实现的，乙醇是由 CH_2CO^*、CH_2COH^*、$CH_2CH_2O^*$ 等物种加氢产生。王宝俊[48]等利用密度泛函理论计算了 Cu 系催化剂上物种的变化过程。在足量 H 存在的情况下，CO 相对而言更易形成 CHO^*，即 CO 首先与 H^* 结合生成 CHO^*，CHO^* 与 H^* 进一步结合生成 CH_2O^*。CH_2O^* 又存在两种变化途径，一种是与 H^* 结合生成甲醇，该路径较易发生，另一种是与 H 结合生成 CH_2OH，CO 再插入 CH_2^* 生成乙醇的前驱物 $CHCO^*$，该物种继续加氢生成乙醇。黄伟等[49]在利用密度泛函理论分析了合成气在 $CuZnOAl_2O_3$ 催化剂上的反应路径，认为首先 CH_3 中间体可由三种途径生成，之后经 CO 插入生成 CH_3CO 物种，并逐步加氢生成 CH_3CHO 和 CH_3CHOH 物种，最终生成乙醇。三种反应路径如下：

途径 1：$COH \rightarrow CHOH \rightarrow CH_2OH \rightarrow CH_3 \rightarrow CH_3CO \rightarrow CH_3CHO \rightarrow CH_3CHOH \rightarrow C_2H_5OH$。

途径 2：$CHO \rightarrow CH \rightarrow CH_2 \rightarrow CH_3 \rightarrow CH_3CO \rightarrow CH_3CHO \rightarrow CH_3CHOH \rightarrow C_2H_5OH$。

途径 3：$CH_3OH \rightarrow CH_3 \rightarrow CH_3CO \rightarrow CH_3CHO \rightarrow CH_3CHOH \rightarrow C_2H_5OH$。

(2) 催化剂

合成气直接制乙醇反应所用催化剂主要有四类，分别为以贵金属铑为主要活性中心的铑基催化剂，以金属 Fe、Co 为主要活性相的改性费-托合成催化剂，以金属 Cu、Zn 为主要活性相的改性甲醇合成催化剂，钼基催化剂。贵金属铑基催化剂所得产物以乙醇为主，但是产率较低，而非贵金属催化剂所得产物则多为含甲醇的混合醇。

① 铑基催化剂　二十世纪七八十年代，美国联碳公司就将铑基催化剂应用于合成气制乙醇以及 C_2 含氧化合物的反应中，并获得良好的催化效果[50]。复杂的反应机理决定了反应产物的复杂性，在合成气加氢制乙醇反应中，除生成产物乙醇外，还产生大量副产物，包括甲醇、甲烷、水的小分子副产物，长链烯烃、烷烃等烃类化合物，以及乙酸、乙醛等 C_{2+} 含氧化合物。这些物质的生成大幅降低了产物中乙醇选择性。

目前，已有超过 60 种元素被作为助剂应用于合成气制乙醇反应中，这些不同的元素在反应中发挥着不同的作用[51-52]。碱金属 Li 和过渡金属 Fe、Mn 的掺入能够抑制 Rh^{n+} 向 Rh^0 的还原过程，在催化剂表面维持更高的 Rh^+/Rh^0，有助于 $Rh^+(CO)_2$ 物种的产生并维持其稳定存在，从而抑制了 CO 的解离过程，促进 CO 的插入反应[53]。Mn 除了促进 CO 的插入过程，还能改善 CO 的解离[54]。

王野等[53]研究发现过渡金属氧化物的加入能显著提高 CO 转化率，同时降低产物中甲烷的选择性。在 FeO_x、MnO_x、CrO_x、VO_x、CoO_x 掺杂的 Rh/MO_x-SiO_2 催化剂中，$Rh/(CoO_x$-$SiO_2)$ 催化剂表现出最高的 CO 转化率，其值可达 93%，但是乙醇选择性只有 1.8%。而 FeO_x、MnO_x、CrO_x、VO_x 等掺杂的催化剂中乙醇选择性均在 20%以上，尤其是 $Rh/(FeO_x$-$SiO_2)$ 催化剂，其乙醇收率达到了 1.3%。

铑基催化剂的活性组分与载体之间存在着强烈相互作用，载体的种类和性质显著影响着催化剂的性能。目前被大量研究和应用的载体包括 SiO_2、Al_2O_3、SBA-15、CeO_2、ZrO_2、TiO_2 以及新型碳材料等载体。相较于常规 SiO_2 载体，MCM-41、SBA-15 拥有均匀一维孔道，高达 $1000m^2/g$ 甚至更高的外比表面积，这些特性能够使活性金属更好地分散于载体表面，从而提高催化剂催化性能。TiO_2、ZrO_2 载体还能起到电子助剂的作用，TiO_2 对活性组分 Rh 具有修饰作用，能够稳定表面 Rh^+ 的存在，改变催化剂对 CO 的吸附特性，促进 CO 向金属—CH_x 物种的插入过程[55]。

② Mo 基催化剂　Dow 公司最先在钼基催化剂上进行合成气制备低碳混合醇的研究，开发出一系列 MoS_2 体系催化剂。该系列催化剂高效耐硫、不易积炭、水气转换活性高，是合成气制乙醇催化体系中最具发展前景和工业应用价值的。经过多年的研究和发展，钼基催化剂体系已形成以 MoS_2、Mo_2C、MoO_x、MoP 为主要活性相，各类助剂添加，不同类型载体负载的庞大催化剂家族。

在钼基催化剂中，主要添加的助剂包含碱金属和碱土金属、过渡金属两类。碱金属和碱土金属，如 Na、K、Cs、Sr、Ba 等能够适度抑制 CO 在活性位上的解离吸附，抑制烃类的生成，从而提高醇的选择性。在 MoS_2 催化剂中，碱金属助剂的效果随着金属碱性的降低而减弱，顺序为 $Cs^+ > Rb^+ > K^+ > Na^+ > Li^+$。碱盐助剂的作用受其配位阴离子种类的影响，碱性越强的盐越有利于醇类选择性的提高，不同阴离子促进作用顺序为卤素离子 $< SO_4^{2+} < CH_3COO = CO_3^- < OH^-$[56-57]。在过渡金属中，研究较多的主要为 Fe、Co、Ni 三种过渡金属。Ni 助剂的加入能够显著降低反应中醇类生成的表观活化能，特别的是乙醇生成反应的

表观活化能由之前的113.32kJ/mol降低为25.46kJ/mol。Ni在MoS_2催化剂中以Ni-Mo-S配位结构和NiS_x物种两种形式存在，前者与MoS_2之间存在较强的电子作用，后者的电子作用较弱[58-60]。Ni的形貌结构与其掺加量有关，当Ni/Mo摩尔比过高时，Ni主要以较大的氧化物颗粒存在，此时Ni与Mo之间的电子相互作用较弱，更多的Mo以低价态的Mo^0和Mo^{2+}的形式存在；适宜的Ni掺加量能提高催化剂表面的NiO(OH)物种的物质的量，增强了Ni与Mo之间的电子相互作用，使催化剂表面Mo^{4+}和Mo^{5+}占比提高，而高价态的钼更有利于醇类选择性提高[61-63]。Co的掺入可降低MoS_2晶格中的Mo—S键能，使得S脱离原先的晶格位置并与Co形成Co-Mo-S结构，产生硫空穴。产生的硫空穴可为加氢反应提供活性位，促进CO转化[64]。Co-Mo-S结构的形成与Co添加量有关，当添加量较低时，Co以Co-Mo-S结构的形式存在，当添加量过高时，则以Co_9S_8相为主，而独立的Co_9S_8物种不具备催化活性[58]。

除钼的形态、价态、分散度以及金属助剂添加外，载体的性质也对其催化性能产生重要影响。常用载体大致可以分为两类，一类是以Al_2O_3、SiO_2、ZrO_2为代表的酸性催化剂，但是其表面酸位的存在不利于醇类的生成，反而能促进烃类的产生，因此这类载体在使用前必须经过高温焙烧以消除表面酸性基团，或者添加碱金属助剂以遮蔽表面酸性位；另一类是以活性炭（AC）、炭黑、碳纳米管（CNT）为代表的新型碳材料。尤其是CNT，除了具有与活性炭相似的性能外，如耐酸性、耐高热稳定等，还具有高度石墨化的管壁、纳米孔道结构、极高的机械强度、高的导热系数以及中高比表面积，特别的，碳纳米管在吸附-活化氢和促进吸附H物种溢出方面具有优异的性能。所有这些都使这种纳米碳结构成为一种新型催化剂载体或促进剂的材料[65]。Wang等[66]研究发现，在反应过程中，CNT能通过对H_2的吸附活化作用提高催化剂表面的H吸附物种，改变其微观环境，这种微观环境的改变促使催化剂表面催化活性Mo^{4+}/Mo^{5+}物种急剧增加。另外，吸附在碳纳米管表面的活性H物种可以很容易地通过CNT的氢溢流作用转移到$Ni_iMo_jK_k$活性中心，由此提升催化性能。

③ 改性甲醇合成催化剂　在1930年，人们便发现在甲醇合成催化剂中加入碱金属可以促进含氧物种的产生。之后碱金属改性甲醇合成催化剂便被广泛研究应用于合成气制低碳醇的过程中。在改性甲醇催化剂中，碱金属助剂的添加量对催化剂性能至关重要。适量的助剂可以中和表面酸位，有效抑制副反应的发生，同时增强C—C和C—O偶联过程。但是，过量的碱金属助剂添加会不可避免地遮蔽Cu活性位点，导致活性损失[67]。该类催化剂主要是以Cu-ZnO-Al_2O_3、Cu/ZrO_2、Cu/CeO_2为主的铜基甲醇催化剂，具有较高的支链醇合成性能，添加Cs、Rb、K等碱金属可以促进乙醇的产率的提高，操作条件一般为$T=523\sim623K$、$P=1\sim5MPa$、气体体积空速（GHSV）$=1200\sim9600h^{-1}$、H_2/CO摩尔比为1～2.5。

在Cu基甲醇合成催化剂中，碱金属都能中和或遮蔽催化剂表面酸位，抑制烃类物种的生成，促进醇类产生，提高醇选择性。Sun等[67]在Cu/ZnO/Al_2O_3催化剂上对比了Cs、K两种碱金属的作用，发现在相同条件下Cs比K具有更好的促进作用。在290℃，1875mL/(g·h)，5.4MPa条件下，掺杂摩尔分数为1.64%Cs的Cu/ZnO/Al_2O_3催化剂表现出最优性能，醇类选择性达到了24.9%，CO转化率为41.6%。Liu等[68]也发现Cs的加入能显著提高Cu/CeO_2催化剂的醇类合成性能，抑制甲醇的产生。在加入质量分数为6%的Cs后，Cs/Cu/CeO_2催化剂表现出更高的低碳醇合成性能，其产物中$C_{2+}OH$/MeOH质量比由原来的0.13增加至0.71。Fe、Co、Ni、Mo、Mn等过渡金属的掺杂能够促进Cu的分散，提高表面活性相的还原能力，因此该类金属也被广泛添加到 Cu-ZnO-Al_2O_3、Cu/ZrO_2、Cu/CeO_2 催化剂中以提高醇类合成性能。

④ 改性费-托合成催化剂　费-托合成催化剂经金属改性后可直接应用于 CO 加氢合成醇的反应中。这类催化剂最早由法国石油研究院（IFP）开发，根据活性组分的不同，可将其分为两类。一类是以 Co 和 Cu 为主要活性相的 Co 基催化剂。CoCu 双金属具有协同催化性能，Co 能够作为活性中心促进 CO 的解离，实现碳链增长并氢化生成 CH_x 物种，而 Cu 则促进 CO 的非解离吸附。Co 与 Cu 的紧密接触有利于 CO 插入 CH_x 物种，终止碳链增长，促进乙醇的生成[69]。在应用于乙醇合成反应中，需要额外添加助剂用以提高其催化乙醇合成性能。这些助剂除了 Li、Na、K、Rb、Cs、La 等常规金属助剂外[70]，研究者还将 Al_2O_3、SiO_2 等氧化物作为助剂[71]，甚至是 CNT[72]。相较于 Al_2O_3、SiO_2 等载体，CNT 特有的空间限域效应使得双金属间接触更加紧密，协同作用得到强化。由于 Ce 优良的助催化作用，CuCoCe/CNT 三元催化剂对乙醇的选择性超过了 30%，高于 CuCo/CNT 双金属催化剂。减小 CNT 孔径可增强 CNT 管壁与金属颗粒间的相互作用，促进氧化钴物种的氧化，乙醇选择性由此升高。在<8nm、10～20nm、20～30nm 三种孔径的 CNT 负载的 CuCo 催化剂中，孔径<8nmCNT 负载的催化剂中乙醇选择性最高，达到 39%[73]。

另一类是以 Fe 和 Cu 为主要活性相的 Fe 基催化剂，该催化剂中，Fe 能促进 CO 解离吸附并为碳链增长提供活性位，Cu 则为 H_2 的解离吸附提供活性位并能促进 CO 插入过程。但是由于 Fe 过强的碳链增长催化性能，未改性的 FeCu 催化剂往往具有高的烃类选择性，其值可达 70%～80%。因此需要添加 Mn、Zn、K、Zr、Ce 等助剂抑制烃类产生，提高醇类选择性。Mn 助剂的添加使得 Fe 和 Cu 颗粒呈现出高度分散的状态[74]。Zn 能作为电子助剂加入 FeCu 催化剂并与 Fe 相互作用，生成 $ZnFe_2O_4$ 混合氧化物，该物种在反应中能进一步转化为 Fe_2C 相，为反应提供活性中心[75]。Mn、Zn 助剂间存在一定协同作用，促进 CO 转化和醇选择性提高。

(3) 合成工艺

合成气直接制乙醇的工艺流程包含原料气净化压缩、催化合成和乙醇精馏 3 个工艺单元。在工业合成气原料中，含有硫化物、焦油、苯、萘和不饱和烯烃等杂质，尤其是硫化物对催化剂具有严重的毒性作用，因此工业合成气在通入反应器前需进行净化脱硫。催化合成过程可在固定床反应器中进行，反应温度一般为 250～300℃，反应生成的粗乙醇产物进一步通过精馏系统净化提纯。

宋庆英等[76]针对现有工艺中乙醇选择性低的问题开发出一种新的合成气直接制乙醇工艺。工艺采用两个反应器，首先合成气进入装有铑基催化剂的第一反应器，生成含有乙醇、乙酸、乙酸乙酯等 C_2 含氧化合物的第一股物流。之后 C_2 含氧化合物并同未反应的合成气进入第二反应器，C_2 含氧化合物在铜基催化剂的作用下加氢生成乙醇。在第一反应器中，选用 Rh/SiO_2 催化剂，反应温度在 305～315℃之间，反应压力为 2.0～5.0MPa，反应体积空速为 6000～12000h^{-1}。第二反应器中采用添加铁、钴、锌等助剂的铜基催化剂，为了减少副产物甲醇的生成，该催化剂未用载体负载。该阶段的反应温度在 180～220℃之间，反应压力为 2.0～5.0MPa，反应体积空速为 6000～12000h^{-1}。在该工艺中，乙醇选择性能够达到 54%左右。

(4) 工业化进展

虽然从原理上看，合成气直接制乙醇工艺生产效率高、原子经济性好、具有最短的反应路径，是一条最利于实现大型工业化生产的路线。但是由于原料转化率低，产物乙醇选择性低等因素限制，合成气直接制乙醇工艺至今未能实现大型工业化，对于其工业化进展也鲜有报道。2011年，大连化物所和索普集团合作进行的千吨级合成气制乙醇中试装置开工建设，于2012年12月完成工艺包编制，2016年6月完成600L催化剂制备，11月开始试车，2017年6月完成试车，并通过了专家组验收。中国科学院山西煤化所于2016年进行了合成气制高级醇和燃料添加剂的中试，采用列管固定床作为反应器，反应温度为230～280℃，压力为4.0～6.0MPa，在单程空速2000～4000h^{-1}反应条件下，CO转化率＞90%，C_{2+}高级醇选择性＞55%。产物经醇气分离器和精馏塔分离净化后获得产物乙醇。

3.2.2 甲醇羰基化加氢制乙醇

甲醇羰基化加氢制乙醇路线是以甲醇为最初原料，经乙酸直接加氢或间接加氢生产乙醇的路线。涉及的主要反应包含甲醇羰基化生成乙酸、乙酸初步加氢生成乙酸酯和乙酸酯加氢生成乙醇。甲醇羰基化合成乙酸技术成熟，发展较快，目前已有众多企业实现工业化生产。

3.2.2.1 甲醇羰基化合成乙酸

甲醇和CO进行羰基化反应生成乙酸，同时伴随着乙酸甲酯、二甲醚、二氧化碳等副产物的产生。

主反应：
$$CH_3OH + CO \longrightarrow CH_3COOH$$

副反应：
$$CH_3COOH + CH_3OH \longrightarrow CH_3COOCH_3 + H_2O$$
$$2CH_3OH \longrightarrow CH_3OCH_3 + H_2O$$
$$CO + H_2O \longrightarrow CO_2 + H_2$$

甲醇羰基化制乙酸所使用的工业催化剂以均相催化剂为主。巴斯夫公司最早开发出羰基钴-碘催化剂，该催化剂虽然表现出优良的催化性能，但是所需反应压力高达53MPa，反应条件苛刻。1968年，孟山都公司开发出铑基和铱基可溶性催化剂，并采用碘化物作为助剂。相较于羰基钴催化剂，这种贵金属催化剂可在温和的反应条件下表现出更优的催化性能，其反应压力只需3.5MPa。温和的反应条件大幅降低了生产成本，使得低压法甲醇羰基化成为全球主要的乙酸生产技术。对于钴基催化剂而言，真正起到催化活性作用的是羰基钴物种，是CO羰基化的重要中间体。在铑基催化剂上[77]，CO于催化剂表面Rh活性位上吸附形成［$Rh(CO)_2I_2$］$^-$物种。在经过CH_3I与［$Rh(CO)_2I_2$］$^-$的氧化加成、CO的进一步吸附插入形成［$CH_3CORh(CO)I_3$］$^-$、CO络合形成［$CH_3CORh(CO)_2I_3$］$^-$、经过水解得到乙酸。如图3-17，Ir基和Rh基体系催化机理相同，两者的主要差别在于速率控制步骤。对于氧化加成来说，Ir基体系要比Rh基体系快得多，CO的插入则慢得多。

采用更强供电能力的含氧或含氮有机配体可进一步提高Rh周围的电子密度，提高［$Rh(CO)_2I_2$］$^-$的亲核能力，从而促进氧化加成反应的进行。另外，碱金属碘化物的加入也可以有效地促进反应进行，提高产率。对Ir配合物催化剂而言，添加二碘化锡或甲醇可活化Ir—I键，促进CO插入过程。但是均相催化剂在实际使用时难以从反应体系中分离，回收利用率差。同时Rh、Ir等金属价格昂贵，且流失率大、有效利用率低，大幅增加了实际运营成本。大量碘化物助剂的加入也不可避免地造成了设备的腐蚀。

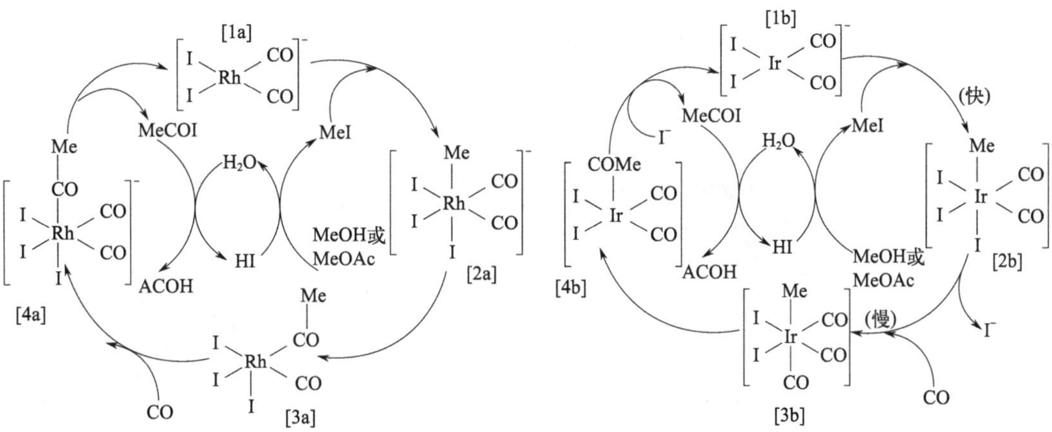

图 3-17　Rh、Ir 配合物催化甲醇羰基化机理

非均相催化剂、非贵金属催化剂以及无碘化物促进催化剂可以良好地克服这种劣势。Ⅷ族过渡金属元素的羰基化物是替代 Rh、Ir 贵金属最具潜力的材料，其中性能最好得到广泛关注的便是羰基 Ni 催化剂。但是 Ni 基催化剂的催化活性远低于 Rh、Ir 基催化剂，乙酸收率不到 30%。通过添加 Pd、W、V、Sn 等金属助剂可促进 Ni 的分散和还原，一定程度上提高其羰基化活性。在 Ni 基催化剂中添加一定量的 Pd 可将乙酸收率提升至 49.73%。相较于 Ni 的羰基化物，$NiCl_2$ 可在没有碘甲烷的参与下直接催化甲醇羰基化生成乙酸。在 $NiCl_2$/AC 催化剂中掺杂 $CuCl_2$ 可进一步将羰基化产物收率提高 25%。但与 Rh、Ir 基等工业化催化剂相比仍具有较大差距，目前 Ni 基催化剂尚处于实验室研究阶段，距工业化应用仍有较大差距。利用不同种类的树脂、联吡啶聚合物将活性金属固载化，可使得催化剂与液相易于分离，从而改善催化剂的性能。

3.2.2.2　乙酸直接加氢制乙醇

（1）反应式

在一定压力、温度下，乙酸可经催化加氢还原为乙醇，同时伴随着乙酸乙酯、丙酮、乙醛、异丙醇、丁醇及烃类等副产物的产生。部分反应如下：

$$CH_3COOH + 2H_2 \longrightarrow CH_3CH_2OH + H_2O$$

$$CH_3COOH + CH_3CH_2OH \longrightarrow CH_3COOC_2H_5 + H_2O$$

$$CH_3COOH + H_2 \longrightarrow CH_3CHO + H_2O$$

$$CH_3CH_2OH + H_2 \longrightarrow CH_3CH_3 + H_2O$$

$$CH_3COOC_2H_5 + 2H_2 \longrightarrow 2CH_3CH_2OH$$

（2）反应机理

在乙酸直接加氢制乙醇反应中，通常认为乙醇是由乙酸盐或酰基中间物种加氢获得。如图 3-18，首先吸附于催化剂表面的部分乙酸分子 O—H 键得到活化并与金属 Pd 形成乙酸盐中间体，而另一部分的乙酸 C—O 键得到活化形成乙酰基中间体。在氢气的作用下，乙酰基加氢变为吸附的乙醛，部分乙醛脱附、加氢生成乙醇，而未脱附的乙醛可以进一步加氢生成吸附的乙氧基，乙氧基可继续加氢转变为吸附乙醇分子，最后脱附生成乙醇[78]。

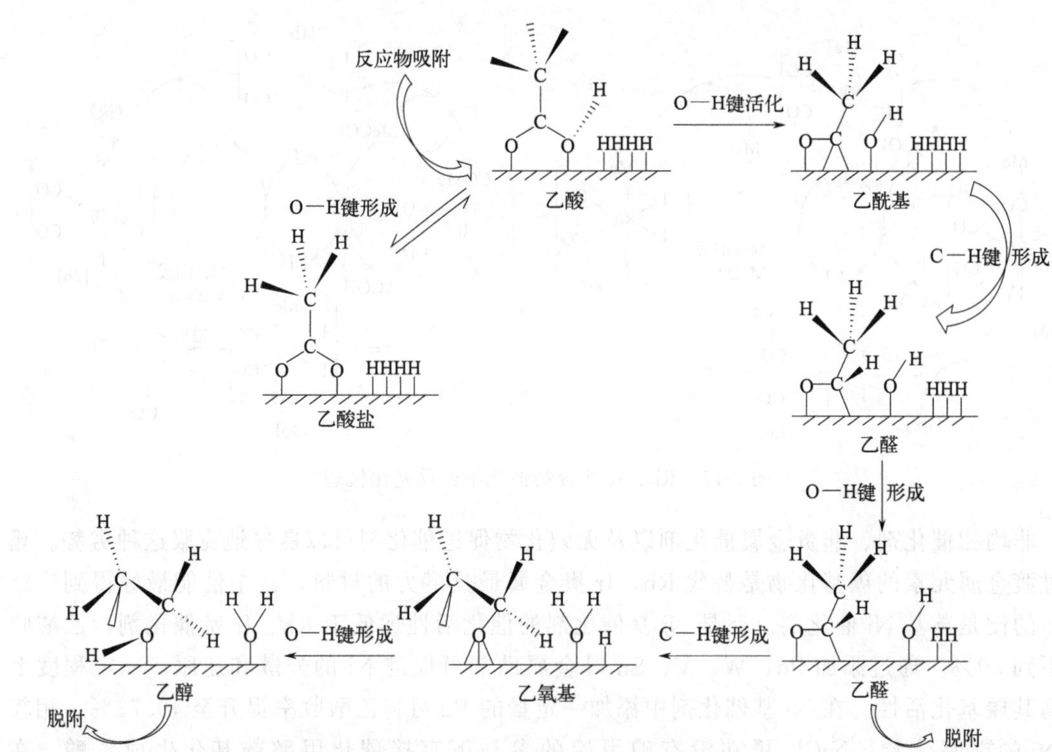

图 3-18 乙酸在金属 Pd 上的反应机理

乙酰基不但是羧酸发生 CO—加氢生成乙醇的关键中间物种，也是发生 C—C 键断裂生成烷烃等副产物的关键中间物[79]。Chen 等[80-82]利用 DRIFTS 光谱技术及 TPD、TPSR 表面反应技术分析了羧酸 C—C 键断裂、CO—加氢和 C—O 键断裂的反应机理。研究发现，乙酸分子首先在 Ru 催化剂表面吸附解离后直接生成或者通过乙酸盐物种间接生成酰基中间物。形成的酰基一方面通过醛中间产物加氢生成醇，然后继续经脱水-加氢反应生成相应的烷烃；另一方面通过 C—C 键断裂进行脱羰反应生成吸附的 CO 和烃基，最后进一步加氢生成甲烷和少一个碳的烷烃。

(3) 催化剂

乙酸直接加氢反应中使用的催化剂主要是负载型金属催化剂。依据金属种类的不同，可分为贵金属催化剂和非贵金属催化剂。贵金属催化剂主要包括 Ru 基催化剂、Pt 基催化剂、Pd 基催化剂等催化剂，但是这些贵金属催化剂在实际使用时反应条件较为苛刻，其反应压力可达几十兆帕且催化性能低下，加之贵金属本身价格昂贵，难以被工业界所接受[83]。为此，人们往往在此基础上加入第二金属或第三金属制成双金属、三金属催化剂以及金属合金，以减少贵金属使用量，促进贵金属颗粒分散，提高催化性能。其中研究最多、效果最好的便是 Pt-Sn 催化剂。在 Pt 催化剂中加入 Sn 能抑制 C—C 键的断裂，促进乙酸向乙醇的转化。Zhang 等[84]采用一步还原法制备出碳纳米管负载的 Pt-Sn 催化剂，在气相乙酸加氢制乙醇反应中表现出非常优异的性能，其乙酸转化率和乙醇选择性分别达到了 97%和 92%。此外，采用相同功效的非贵金属元素替代贵金属，减少贵金属的使用量是乙酸加氢制乙醇催化剂发展的必经之路，也是重大挑战。研究者发现将在其他加氢反应中表现优异的非贵金属催化剂适当改性后可应用于乙酸加氢制乙醇过程，并能取得优异效果。

近年来，研究者发现金属 In 掺杂的 Ni 基催化剂和 Cu 基催化剂表现出优异的乙酸加氢性能，乙酸转化率和乙醇选择性均可达 90%以上[85]。因为 In 的掺入能与表面 Ni 或 Cu 形成 Ni_2In、CuIn 高活性相，同时作为电子供体，In 增强 Ni、Cu 颗粒周围的电子密度，能有效阻止反应过程中 C—C 键的断裂，从而促进乙酸到乙醇的加氢过程[86]。同时，H_2 首先在 Cu 团簇上吸附解离并转移到 In_2O_3 上，之后转移的 H 原子与被 In_2O_3 氧空缺活化的乙酸分子反应。相较于 Cu_2 团簇，Cu_4 团簇更有利于上述过程的进行，并降低乙酸分解以及 CH_3COO^*、CH_3CHO^* 和 $CH_3CH_2O^*$ 等中间体加氢反应能垒，从而促进反应进行[87]。

(4) 合成工艺

乙酸直接加氢制乙醇技术较为成熟，经过多年发展，已有众多国内外公司开发相关工艺技术。乙酸直接加氢制乙醇工艺流程主要包括原料的预处理工段、反应工段和产品的分离提纯工段三部分。整个工艺流程具有流程短、能耗低、乙酸单程转化率高的特点。如江苏索普集团基于自身的产业特点与大连化物所合作开发的乙酸直接加氢制乙醇工艺技术[88]，其流程简图见图 3-19。

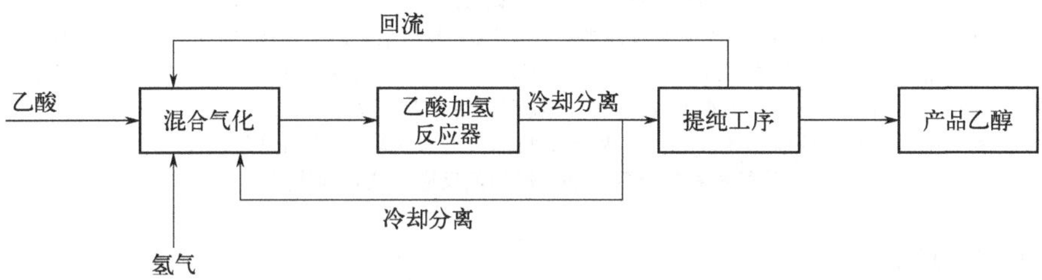

图 3-19　乙酸直接加氢制乙醇工艺简图

整个工艺过程分为三个阶段，首先乙酸和氢气混合气化，产生的原料混合气再通入装有 Pb 基催化剂的反应器中进行反应，反应后产生的物料经冷却分离后进入提纯工序，其间分离出的气相产物经回流后循环使用，液相产物则进一步经精馏提纯后获得乙醇产品。虽然该工艺过程简单，技术成熟且已实现工业化，但依旧存在酸对设备的腐蚀、乙醇选择性低的问题。如何降低设备的投资、优化工艺提高乙醇品质是该工艺路线发展所面临的重大挑战。

针对以上问题，蒲延芳等[89]在加氢反应器前增加了重质分离器，用以去除原料混合气化后产生的金属粉尘和乙酸液滴。除此之外，还在加氢催化剂中掺入了碱金属碳酸盐用以抑制丙酮、异丙醇以及乙酸乙酯等副产物的产生，从而提高乙醇选择性。并且对乙醇精制过程进行了改进，将酸碱中和过程设置在脱烃过程之后，有效避免了脱烃过程中碱性盐类对乙醛脱除的影响。通过一系列的改进，催化剂寿命可延长 45%，产品中乙醇含量可达 94%。

上海华谊于小芳等[90]从反应工段出发，改变进料方式，采用多段层酸加氢反应器实现了乙酸向乙醇的高选择性转化。如图 3-20，酸加氢反应床层之间填装惰性材料氧化铝瓷球，多股乙酸原料沿轴向从惰性材料区进入反应器。除第一股原料外，其余的乙酸原料要预先与酸加氢反应的产物物流进行换热，以提高热利用效率。反应产物则直接进入后续的酯加氢反应器，以提高物料利用率。酯加氢反应器产物进入后续的分离工序，经精制后获得产品乙醇。这种多段进料方式有效控制了床层温升，提高了能量有效利用率。同时使得每段反应都能在较高的氢酸比下进行，大幅提高了乙酸转化率和乙醇选择性，通过这种改进，乙酸单程转化率和乙醇选择性均可达 98%以上。

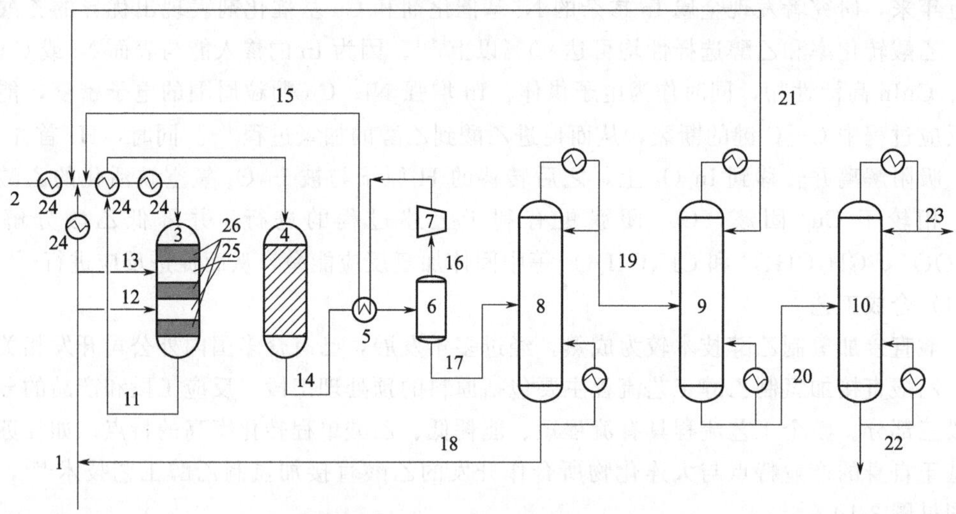

图 3-20　上海华谊工艺流程图

1—乙酸进料管线；2—氢气进料管线；3—酸加氢反应器；4—酯加氢反应器；5,24—换热器；6—气液分离罐；7—压缩机；8—脱酸塔；9—脱酯塔；10—脱水塔；11—酸加氢产物管线；12,13—乙酸轴向进料管线；14,17—粗乙醇产品管线；15,16—氢气循环管线；18—乙酸循环管线；19—脱酸塔塔顶馏出物管线；20—脱脂塔塔底残余物管线；21—酯及其他轻组分回流管线；22—工业废水管线；23—乙醇产品出料管线；25—酸加氢反应器惰性材料填充区；26—酸加氢反应器催化剂床层

（5）工业化进展

随着对贵金属加氢催化剂的深入研究，乙酸加氢制乙醇技术已日趋成熟，加之简单的工艺路线，乙酸加氢制乙醇的工业化得到了快速发展。在该领域，美国塞拉尼斯（Celanese）处于行业领先地位。该公司利用自己研发的 TCX 专有工艺技术在南京建成大型的乙酸直接加氢生产装置并投产运行，该装置年产 27.5 万吨乙醇并副产 5.1 万吨乙酸乙酯。目前乙醇产品已开始市场销售。中国石化北京化工研究院先后开展相关生产技术的研发工作，并与上海工程公司及中国石化集团四川维尼纶厂联合开发编制了 10×10^4 t/a 工艺包。2012 年，中国科学院山西煤化所在太原建成了 50t/a 乙酸加氢制乙醇的中试装置。该技术采用铂/银催化剂，在最佳反应条件下，乙酸转化率大于 99.8%，乙醇选择性大于 99.5%。2013 年 4 月上海浦景化工公司建成了 600t/a 的乙酸直接加氢制乙醇中试装置并开车成功。在反应温度 200～350℃、反应压力 2.0～5.0MPa 条件下，乙酸单程转化率大于 99%，乙醇选择性大于 92%，催化剂稳定性大于 1000h。2016 年，江苏索普集团，在镇江建设了 3×10^4 t/a 乙酸加氢制乙醇的示范装置并开车成功。该工艺技术由索普集团、大连化物所和中国五环工程公司三方共同开发完成。该工艺采用 Pd 基催化剂，在 240℃下乙酸转化率接近平衡转化率，产品中乙醇纯度可达 99.6%。

3.2.2.3　乙酸乙酯加氢制乙醇

乙酸间接加氢制乙醇包含乙酸酯化生成乙酸乙酯和乙酸乙酯加氢生成乙醇两个过程。如图 3-21 所示，首先乙酸与醇发生酯化反应生成乙酸乙酯，然后分离提纯后的乙酸乙酯在催化剂的作用下发生加氢反应生成乙醇。在实际生产中，一部分乙醇返回到酯化工序继续与乙酸反应，另一部分乙醇经过精馏后可得到精制乙醇产品。

（1）反应机理

乙酸乙酯加氢制乙醇的本质是酯还原过程。对非均相金属催化剂而言，首先乙酸乙酯和

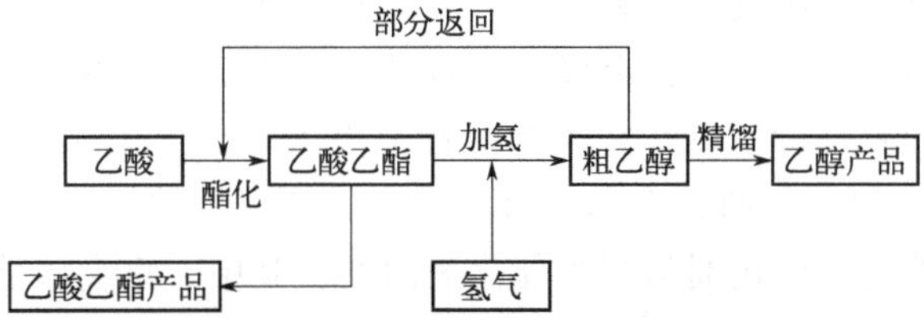

图 3-21　乙酸乙酯加氢制乙醇过程

H_2 吸附于金属活性位上并活化，其间 H_2 与金属形成 H—H—金属的结构，使得 H_2 具有亲电性。这种金属负载的活性 H 进攻乙酸乙酯的羰基 O 形成半缩醛中间体[91]，之后半缩醛经 C—O 断裂形成乙醛和乙氧基物种，乙氧基则在 H 作用下快速生成乙醇，形成乙醛与乙醇，之后乙醛进一步与 H 发生亲电加成，形成乙醇。表面吸附的乙酸乙酯分解过程被认为是整个反应的速控步骤。

Brewster 等[92]研究表明，[Cp* Ir(bpy-OMe)OH_2][OTf]$_2$ 催化乙酸乙酯液相加氢反应机理如图 3-22 所示。首先，Cp* Ir(bpy)$^{2+}$ 阳离子会与体系中的 H_2 形成二氢铱复合体，形成的二氢铱复合体在溶剂作用下脱氢生成氢化铱复合体，并将乙酸乙酯质子化。之后氢化铱复合体进攻质子化的乙酸乙酯分子生成半缩醛中间体，最终分解生成乙醇。

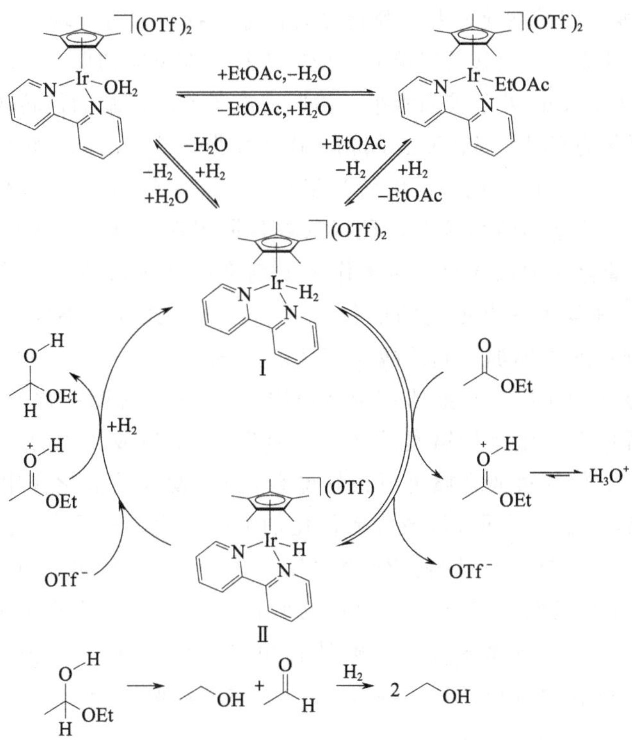

图 3-22　乙酸乙酯催化加氢在 [Cp* Ir(bpy-OMe)OH_2][OTf]$_2$ 催化剂上的反应机理

(2) 催化剂

基于上述机理，乙酸乙酯加氢过程是在金属催化下进行的。C—O 键的断裂、H_2 的裂解以及氢溢流过程均需在活性金属的参与下进行。催化剂的种类和制备方法对乙酸乙酯加氢制乙醇过程产生着重要影响。目前所研究和使用的乙酸乙酯加氢催化剂可分为均相与非均相两类。均相催化剂主要为金属氢化物和金属钌复合催化剂，但是存在催化性能差、价格昂贵以及环境不友好的问题。乙酸乙酯在金属钌复合催化剂上加氢速率很慢，生产100mol乙酸乙酯需要1mol催化剂持续催化4h，并且选择性只有86%，难以作为工业生产的优势催化剂[93]。相比而言，非均相催化剂具有催化性能高，且易于回收，对环境污染小的优点。非均相催化剂主要包括贵金属催化剂与铜基催化剂两类。其中，贵金属催化剂在酯加氢反应中对醇具有极高的转化率与选择性，但是对C—C键的解离能力较强，容易产生CO、CO_2、烷烃等副产物，且同样存在价格昂贵、成本高昂的问题。而以铜为主的催化剂价格低廉，反应条件温和，适合工业生产，具有极大的应用前景。

铜基催化剂是乙酸酯加氢制乙醇过程中广泛使用的催化剂，对于乙酸酯加氢还原过程具有优异的催化性能，且制备工艺成熟，成本低廉。除此之外，铜物种能选择性地断裂乙酸酯中的C—O键，同时抑制C—C键的断裂，由此在酯加氢制乙醇反应中表现出较高的醇类选择性。在铜基催化剂中，铜物种往往以多价态的形式存在（Cu^0、Cu^+、Cu^{2+}），不同价态的Cu具有较大活性差异。一般认为Cu^0/Cu^+是乙酸乙酯加氢制乙醇的反应活性位点，其中Cu^0吸附和活化乙酸乙酯和氢气分子，并促进氢溢流效应，Cu^+则极化乙酸酯分子中的C=O键并稳定反应中间体，Cu^0/Cu^+间的协同作用以及适宜的Cu^0/Cu^+比是铜基催化剂表现出优异酯加氢性能的关键。Ma[94]等发现乙酸乙酯分子能将Cu^0氧化为Cu^+，而Cu^+则进一步被H_2还原为Cu^0。反应组分便在Cu价态变化间被活化，并逐渐转变为目标产物。同时发现Cu^0/Cu^+比在反应中处于动态平衡过程中，其值的变化显著影响着反应的进行。在反应初期，由于乙酸乙酯分子未能将足够的Cu^0氧化，Cu^0/Cu^+处于较高水平，由此造成了乙酸乙酯的低转化率。随着反应的进行，更多的Cu^0被氧化为Cu^+，Cu^0/Cu^+间相互作用增强，乙酸乙酯的转化率也随之提高。因此调节和保持适宜的Cu^0/Cu^+是铜基催化剂表现出优异酯加氢性能的重要保障。

然而，单独的Cu催化剂活性较差，且铜颗粒容易团聚，难以表现出高效稳定的催化性能。因此需要在Cu催化剂中加入第二金属作为助剂来促进铜物种的分散，抑制其团聚，同时调节Cu^0/Cu^+比，使其表现出更优的催化活性和乙醇选择性。不同载体负载、不同金属助剂添加铜基催化剂乙酸乙酯加氢制乙醇反应性能如表3-4所示。Cr_2O_3对于提高铜基催化剂的酯加氢性能有显著的作用，早期研究中常使用金属Cr作为助催化剂。但是，铜-铬催化剂在制备和再生过程中会产生高价铬离子（Cr^{5+}和Cr^{6+}），造成环境的污染，因此，Cr助剂逐渐被人们所摒弃。其他的过渡金属可以很好地替代Cr发挥助催化作用。对于相同铜负载量的Cu/SiO_2催化剂而言，不同金属改性的催化剂酯的转化率按照由高到低依次为Mo＞Co＞Zn＞Mn＞Fe＞Y＞Ni＞Mg。因此Zn和Mn可作为最优金属助剂添加于铜基催化剂中[95]。Zn物种在催化剂表面主要以Al_2ZnO_4的形式存在，该物种的存在促进了Cu表面的氢溢流效应，使得Cu表面和载体表面能够储存更多的解离H[96]，但Zn^{2+}的表面能低于CuO，Zn^{2+}能够在载体表面进行迁移，降低CuO晶体的还原性能。

表3-4 不同载体负载、不同金属助剂添加铜基催化剂乙酸乙酯加氢制乙醇反应性能

催化剂名称	反应温度/℃	反应压力/MPa	氢酯比	空速/h^{-1}	乙酸乙酯转化率/%	乙醇选择性/%	文献
$Cu\text{-}Zn/SiO_2$	200			2	81.6	91.8	[97]
$Cu\text{-}Zn/Al_2O_3$	210	3	30	1	97.3	99.4	[98]
$Cu\text{-}Zn/Al_2O_3$	250	5	10	1	83.5	96.5	[99]

续表

催化剂名称	反应温度/℃	反应压力/MPa	氢酯比	空速/h^{-1}	乙酸乙酯转化率/%	乙醇选择性/%	文献
$Cu-Mg/SiO_2$	280	2	30	1	96.23	92	[100]
$Cu-Zn/Al_2O_3$	280				80	95	[101]
CZST 催化剂	250	2	20	0.5	96	99.5	[102]

（3）合成工艺

西南化工研究设计院从 2008 年开始开展乙酸加氢的研发工作，并报道了一种乙酸乙酯加氢制乙醇的工艺流程，如图 3-23 所示。该工艺路线中，乙酸首先与乙醇发生酯化反应生成乙酸乙酯，然后分离提纯后的乙酸乙酯在催化剂的作用下进行加氢反应生成粗乙醇。粗乙醇部分返回酯化工序代替乙醇原料，部分可通过精制得到乙醇产品。

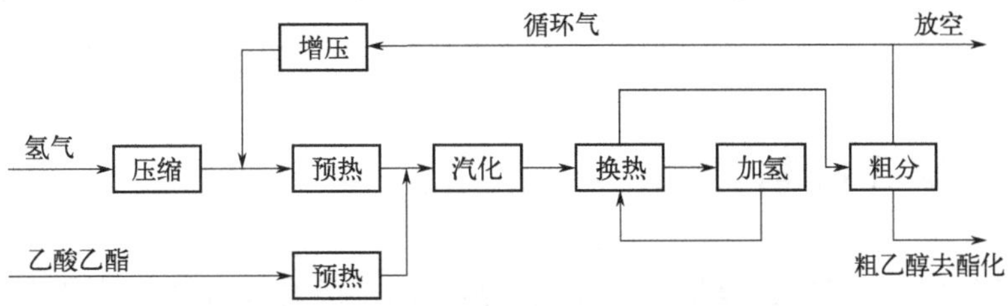

图 3-23　西南化工研究设计院工艺流程

上海华谊集团张新平等[103]研究开发了一种可在低氢酯比条件下进行的乙酸乙酯加氢制乙醇的工艺，可以直接得到无水乙醇。该工艺包含三部分（如图 3-24 所示）：乙酸乙酯的生成提浓过程、乙醇生产分离过程以及粗乙醇的提纯精制过程。在第一步骤中，以乙酸和乙醇为原料，采用浓硫酸为催化剂，获得的乙酸乙酯物流在经提浓塔和精制塔后输送至下一工段。乙酸乙酯加氢过程采用铜基催化剂在等温固定床进行反应，获得的乙醇物流经高低压气液分离后获得粗乙醇，粗乙醇进一步经过脱轻塔和脱重塔得到乙醇产品。

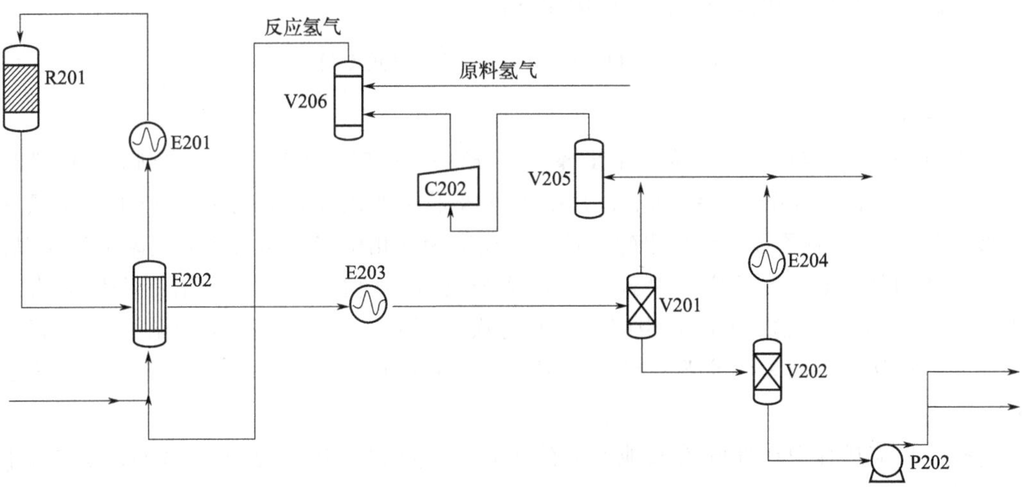

图 3-24　上海华谊集团工艺流程

R201—绝热固定床反应器；E201—原料加热器；E202—进料换热器；E203—反应物冷却器；E204—深冷器；V201—高压气液分离器；V202—低压气液分离器；V205—气体储罐；V206—气体储罐；C202—气体压缩机；P202—泵

（4）工业化进展

国内对酯加氢制乙醇的技术研究起步相对较晚，但是发展迅速。目前，乙酸乙酯加氢过程的研究已经进入中试和工业化阶段，催化剂主要采用铜系，反应过程的酯转化率达 98%，乙醇的选择性达到 98%以上，满足工业化应用的要求。国内乙酸乙酯加氢制乙醇工业化进度见表 3-5[104]。

表 3-5 国内乙酸乙酯加氢制乙醇工业化进度

单位名称	酯转化率/%	乙醇选择性/%	时空收率/%	产能/(10^4t/a)	工业化	进度
西南化工研究设计院	>98.0	>98.0	800	20	工业化	在建
江苏丹化集团	>98.0	>99.0	—	600	中试	完成
天津大学-惠生能源化工联合研发中心	>98.5	>99.5	—	2	工业示范	前期工作

3.2.3 二甲醚间接制乙醇

二甲醚（DME）间接制乙醇是一条绿色、高效的乙醇合成方法。该技术以二甲醚为原料，乙酸甲酯为中间产物，通过羰基化和加氢两步反应合成乙醇。该工艺具有原子经济性高、原料 CO 来源广泛、反应条件温和、目标产物选择性高且催化剂廉价易得的特点。与发酵法、直接合成法等生产工艺相比，该过程避免了乙醇和水生成共沸物，节省了后期分离导致的设备和能耗投资，具有较好的经济效益。

3.2.3.1 二甲醚羰基化反应

（1）反应式

二甲醚羰基化反应中涉及的主要反应如下：

$$CH_3OCH_3 + CO \longrightarrow CH_3COOCH_3$$

（2）反应机理

DME 羰基化过程可大致分为三个步骤[105]：第一步反应为 DME 在催化剂表面酸性位点上断裂 C—O 键，形成甲基和甲氧基，其中甲基吸附在催化剂表面的端 O 位上，甲氧基则可与酸性位上的 H 质子结合生成甲醇；第二步反应为气相中 CO 插入表面吸附的甲基基团，生成乙酰基物种，该步骤反应能垒最高，是整个反应的速控步骤[106]；第三步反应为气相 DME 分子进攻表面生成的乙酰基中间体，并再次断裂 C—O 键生成乙酸甲酯和甲基，乙酸甲酯作为产物从催化剂表面脱附，生成的甲基则重新吸附于催化剂酸位上参与下一步反应循环。

在整个反应过程中还伴随着其他反应的进行，如在第二步反应中，Z-CH_3 与体系中同时存在的 H_2O、CH_3OH、DME 反应生成 CH_3OH、DME 以及其他碳氢化合物。Z-$COCH_3$ 与 H_2O、CH_3OH 等反应生成相应的酸。图 3-25 为丝光沸石上 DME 羰基基元反应能垒变化，图 3-26 为二甲醚与 CO 在 H-MOR 8-MR 通道中的羰基化作用机理研究示意图。

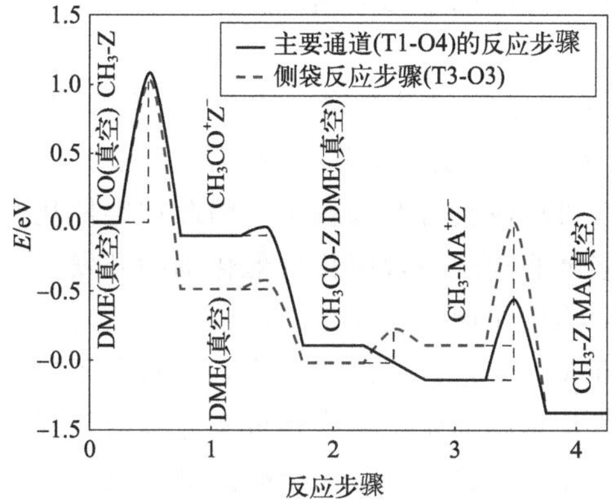

图 3-25 丝光沸石上 DME 羰基基元反应能垒变化[106]

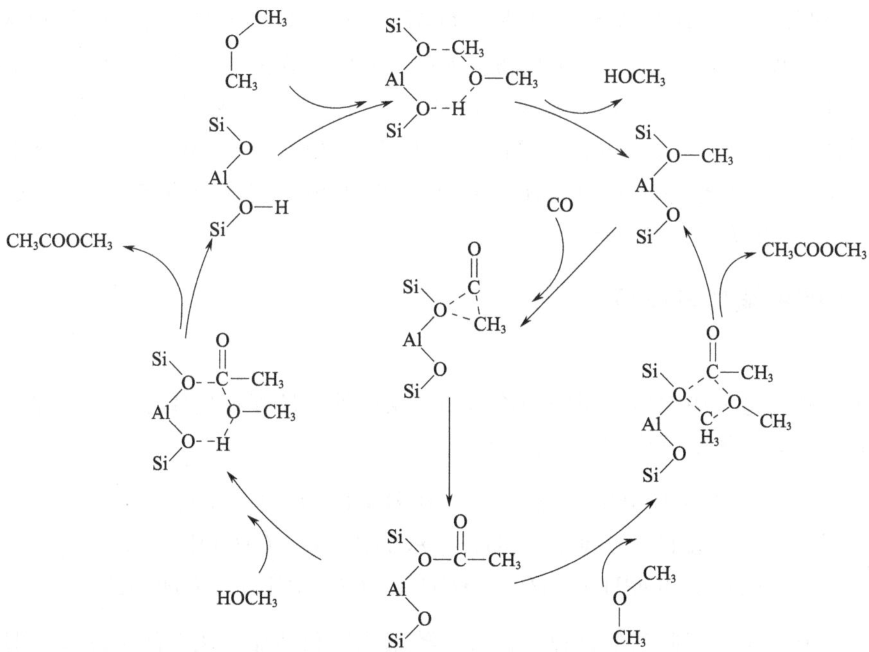

图 3-26 二甲醚与 CO 在 H-MOR 8-MR 通道中的羰基化作用机理研究[107]

随着对 DME 羰基化反应的研究深入，研究者发现 CO 插入甲氧基形成乙酰基的过程是经过乙烯酮（C_2H_2O）中间体完成的。该过程与 CO 进攻甲基的方式有关[108]。在乙酰基生成过程中，CO 可从上方或侧面进攻甲基。当 CO 从上方进攻甲基时，甲基中的一个 H 会被杂多酸中的端基氧夺走生成乙烯酮中间体，之后形成的乙烯酮中间体再与杂多酸中的端氧上的氢结合生成乙酰碳正离子（CH_3CO^+）并通过静电作用吸附于表面负电位上。同时由于静电作用，乙酰碳正离子中的一个 H 转移到分子筛的 O 负电位上，形成 B 酸位点，而乙酰碳正离子因失去一个 H 转变为 C_2H_2O 中间体并吸附于新生成的 B 酸位点。最后吸附于 B 酸位上的 C_2H_2O 中间体结构重组生成乙酰基。其间，乙酰碳正离子的生成是整个过程的速控步骤，其能垒最高达到了 99kJ/mol 以上，其他两步骤的反应能垒不到 20kJ/mol[109-110]。而在侧位进攻时，CO 直接插入到甲基碳与杂多酸端氧之间，一步生成乙酰基，但是该过程需克服的能垒远高于上方位进攻。因此，乙酰基的生成优先经过乙烯酮中间体。

（3）催化剂

早期的DME羰基化反应是在含过渡金属（Rh、Ir、Ru）和卤化物的均相催化体系中进行的[111]。但是均相催化体系往往存在产物分离困难的问题，反应中使用的卤化物易使催化剂中毒且具有高度腐蚀性，对反应设备要求较高，因此这类催化本身具有一定的局限性。所以，研究者将研究焦点转移至非均相不含卤化物催化剂的开发。目前，在二甲醚羰基化催化反应使用的催化剂中，分子筛催化剂和固体超强酸催化剂效果尤为显著。

① 分子筛催化剂。在DME羰基化反应过程中，沸石分子筛可以在较低的温度和压力下使用，且过程中无需添加卤化物助剂碘，生产和分离过程的能耗低，大幅降低了建设运行成本，使得整条工艺更加绿色环保。目前关于二甲醚羰基化反应的分子筛催化剂的研究已经进行了十多年，但是仍存在反应活性低、稳定性差的问题。在众多分子筛催化剂中，MOR分子筛研究最多，且催化活性最显著[112-113]。

② 固体超强酸。固体超强酸可以活化DME分子中C—O键，使其断裂形成CH_3^-和CHO^-基团，过程中无需添加任何卤化物。因此，固体超强酸也成为DME羰基化反应一类重要的非均相催化剂。这种催化剂不腐蚀设备，不污染环境，且催化反应温度低，制备简便，有广泛的应用前景。Keggin型杂多酸（如$H_3PW_{12}O_{40}$、$H_4SiW_{12}O_{40}$等）属于典型的固体超强酸，在许多重要的反应中被用作有效的催化剂。在该催化剂中引入CS^+、K^+、NH_4^+等可以显著提升羰基化活性。

3.2.3.2 乙酸甲酯加氢反应

（1）反应式

乙酸甲酯加氢过程中除生成甲醇和乙醇的主反应外，还存在生成乙醛和甲醇、乙酸乙酯和甲醇的副反应，具体的反应式如下：

$$CH_3COOCH_3 + 2H_2 \longrightarrow CH_3CH_2OH + CH_3OH$$

$$CH_3COOCH_3 + H_2 \longrightarrow CH_3CHO + CH_3OH$$

$$2CH_3COOCH_3 + 2H_2 \longrightarrow CH_3COOCH_2CH_3 + 2CH_3OH$$

二甲醚羰基化再加氢制乙醇过程中包含“羰基化”和“加氢化”两步过程，即二甲醚首先在酸性催化剂上与CO发生羰基化反应生成乙酸甲酯，之后乙酸甲酯在铜基催化剂作用下加氢生成乙醇。因此，在实际操作过程中，需要设计两个串联的反应器来完成上述过程。且对于原料合成气而言，需将其中的CO和H_2分离之后才能分段通入反应器中参与反应，这无疑增加了工艺运行成本。然而，从之前的热力学分析过程中我们可以发现，二甲醚羰基化反应和乙酸甲酯加氢反应具有相近的反应温度和压力。基于此，可以考虑将羰基化和加氢化两个过程进行耦合，实现二甲醚到乙醇的直接转化，从而简化工艺流程，降低运行成本。

日本富山大学Tsubaki团队[112]最早提出了羰基化和加氢化的耦合概念，并在一个反应器中实现了二甲醚到乙醇的直接转化。他们将原先串联的两个反应器整合成一个反应器，并采用双催化剂床层设计，其设计原理如图3-27所示。床层上段装填羰基化催化剂，即以H-MOR分子筛催化剂实现DME向丙烯酸甲酯（MA）的转化；床层下段装填铜基加氢催化剂，催化MA加氢制乙醇过程合成气与二甲醚混合物料直接从反应器上部进入反应器，依次通过两段催化剂后，在反应器底部收集反应物料。这种双床层催化剂反应器的设计大幅缩短了羰基化反应和加氢反应间的间距，使得二者间获得了独特的协同作用，整体的催化效率得到了大幅提升。

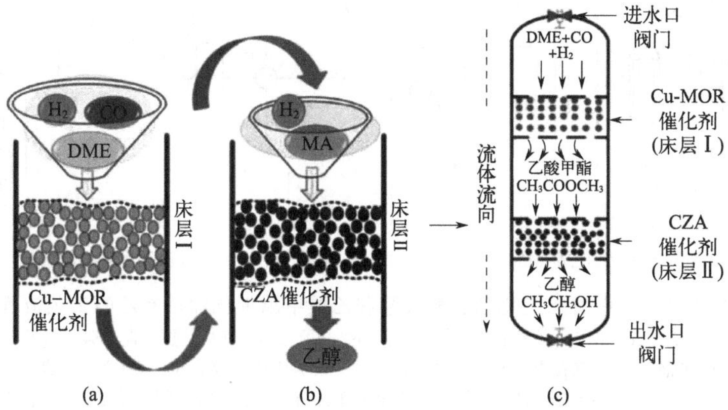

图 3-27　二甲醚与合成气一步法制备乙醇

在 DME 与合成气一步法制乙醇过程中，反应温度、反应压力以及催化剂装填方式的选取对整体的反应效能有重要影响。提高反应温度能够提高 DME 的转化率，但同时也增加了副反应的发生，导致羰基化反应段 MA 产率的下降。在该反应段最佳温度为 493K，此时 MA 产率可到 75%。升高压力能够提高 DME 转化率以及乙醇产物的选择性，但是羰基化产物 MA 的选择性却大幅下降，因此反应压力不宜太高。若采用 Cu/ZnO 为加氢催化剂，当采用物理混合装填方式时，催化剂上进行更多的是合成气制甲醇的反应，在最终产物中甲醇选择性可达 94%以上。而采用上下装填的方式可将羰基化和加氢反应分开，使得 CO 优先与 DME 反应，避免甲醇的生成，在 493K 的反应温度下，DME 转化率接近 100%，乙醇选择性超过 42%[114]。

（2）合成工艺

目前，合成气制二甲醚和乙酸酯加氢制乙醇技术均已成熟，部分企业已实现工业化生产。虽然二甲醚羰基化反应的催化剂存在稳定性差、选择性低的问题，难以满足工业需求，但经过多年发展，已取得一定进展。基于现有成熟的合成气制甲醇、合成气制二甲醚、乙酸酯加氢工艺以及相应催化剂的制备技术，二甲醚间接加氢合成乙醇的工艺也得到了快速发展，已有众多研究单位报道了相关工艺流程。根据工艺过程中反应进行的程度可将工艺分为两类，一类是羰基化和加氢过程分段进行的两步串联工艺，另一类则是一步耦合工艺。

两步串联工艺中，二甲醚羰基化和乙酸甲酯加氢制乙醇过程是在两个串联的反应器中进行的，如图 3-28（a）为二甲醚羰基化制备乙酸甲酯工艺流程，图 3-28（b）为乙酸甲酯催化加氢生产乙醇的工艺流程。整个工艺过程可分为三个核心单元，羰基化反应单元、加氢反应单元以及产品分离精制单元。首先，二甲醚和一氧化碳在酸性催化剂下进行羰基化反应，生成乙酸甲酯，同时乙酸作为副产物也会存在于反应流出物中；然后，乙酸甲酯与乙酸再一同与氢气进入后续加氢反应器中进行反应，生产粗乙醇；最后粗乙醇产品在经过分离提纯后获得精制乙醇。其间分离出的 CO、二甲醚等物质经回流后返回到羰基化反应器中循环利用，分离的乙酸甲酯和乙酸可回流到加氢反应器中继续反应，减少物料损耗[115]。

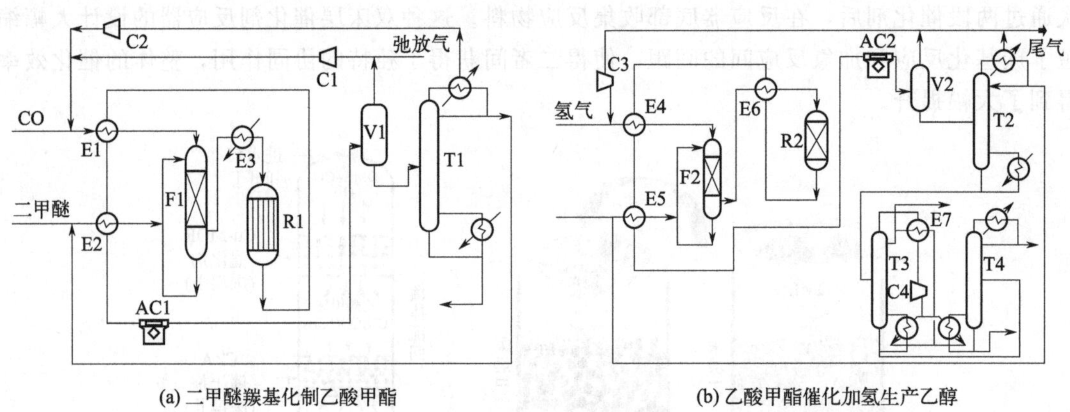

图 3-28　二甲醚羰基化制乙酸甲酯和乙酸甲酯催化加氢制乙醇工艺流程

C1—压缩机；C2—增压机；C3—压缩机；E1—预热器；E2—预热器；E3—过热器；E4—换热器；E5—换热器；E6—换热器；E7—过热器；F1—汽化器；F2—汽化塔；R1—羰基化反应器；R2—加氢反应器；AC1—空气冷却器；AC2—空气冷却器；V1—气液分离器；V2—气液分离器；T1—粗分塔；T2—粗分塔；T3—甲醇塔；T4—乙醇塔

在实际工业生产中，二甲醚主要来源于甲醇脱水过程，甲醇主要由合成气制得。同时，合成气还能够为二甲醚制乙醇过程提供 CO 和 H_2。因此利用现有成熟的合成气制甲醇、甲醇脱水制二甲醚工艺技术，在羰基化反应单元前添加甲醇合成、二甲醚合成单元可大幅减少整个工艺过程中原料处理工序，从而降低运行成本。

上海戊正工程技术有限公司报道了以合成气为原料间接生产乙醇的工艺[116]。整个工艺流程可简单分为七个过程，即合成气制甲醇的过程、甲醇精制过程、甲醇脱水制二甲醚过程、羰基化反应过程、羰化反应产物分离精制过程、加氢反应过程以及乙醇分离提纯过程。其中甲醇合成过程直接以工业级合成气为原料，所选用催化剂为常规甲醇合成催化剂，反应温度为 200～300℃，反应压力为 3～12MPa。甲醇脱水过程在反应精馏塔中进行，所用催化剂为固体超强酸催化剂。加氢反应在 190～320℃、1～10MPa 的条件下进行。加氢过程产生的甲醇经甲醇精馏分离单元精制后返回脱水反应精馏塔循环利用，产生的乙醇在经乙醇塔处理后获得乙醇产品。

两步串联工艺虽然技术相对成熟，且反应条件温和、单程转化率高。但是它所使用的工艺流程较长，这不仅会增加装置的成本，还会加大产物的分离操作难度。基于反应原理，通过催化剂改进和床层设计，将两个反应过程耦合于一个反应器中，可大幅降低设备投入成本，提高经济效益。

厦门大学报道了一条合成气经二甲醚一步制取乙醇并联产甲醇的生产路径[117]。该过程通过对催化剂的优化设计，将甲醇合成、甲醇脱水、二甲醚羰基化以及加氢制乙醇耦合于同一催化剂上进行，通过精密调控，大幅提高了产物选择性，乙醇选择性可达 60%以上。所采用的催化剂为负载 Cu 的混晶型分子筛，反应在 180～450℃、1～100bar（$1bar=10^5Pa$）条件下进行。一步法将 CO 活化和 C—C 偶联等基元过程耦合于同一催化剂上，缩短了反应步骤，提高了效率，且具有较高的乙醇选择性，表现出极高的工业价值和应用前景。

(3) 工业化进展

随着对二甲醚羰基化加氢制乙醇反应认识的不断深入，对相关工艺技术的不断研发，二甲醚羰基化加氢制乙醇的工业化进程也得到了快速发展。

2017 年 3 月，由大连化物所和陕西延长石油集团共同研发的、具有我国自主知识产权技术的煤基乙醇工业化项目——陕西延长石油集团10万吨/年合成气制乙醇工业示范项目打通全流程，生产出合格的无水乙醇，主要技术指标达到国际领先水平。该产品纯度达到99.71%，主要指标均达到或优于设计值。

2022年12月26日，全球首套20万吨/年焦炉气制无水乙醇项目在河南利源集团投产运行，该项目依托现代焦化装置，以焦炉气、甲醇和CO_2为原料，主要包括焦炉气净化、纯氧转化、脱碳、深冷、二甲醚羰基化、乙酸甲酯加氢、分离、乙醇脱水等单元装置。

2023年3月16日，延长石油集团榆神50万吨煤基乙醇项目正式投产。该项目以西湾煤为原料，设计转化煤炭150万吨/年，生产50万吨/年乙醇和45万吨/年甲醇等产品，该乙醇项目建设内容包含二甲醚羰基化、加氢分离、压缩、加热炉、冷冻站等单元。

2023年12月28日，全球规模最大的60万吨/年焦炉煤气制乙醇生产装置在淮北矿业集团碳鑫科技有限公司投产。截至2023年底，大连化物所以合成气为原料经二甲醚羰基化和乙酸甲酯加氢合成无水乙醇技术已签订13套工业装置技术实施许可合同，乙醇产能达395万吨/年。

3.2.4 草酸酯加氢制乙醇

合成气经草酸酯加氢制乙醇是一条新型的煤基乙醇制备路线，具体路线如图3-29。该路线由成熟的CO偶联制草酸酯工艺和草酸酯加氢工艺发展而来，具有原子经济性高、反应条件温和以及产物选择性高的优点，是一条绿色的工艺路线，在众多合成气间接制乙醇路线中具有强大的竞争力。

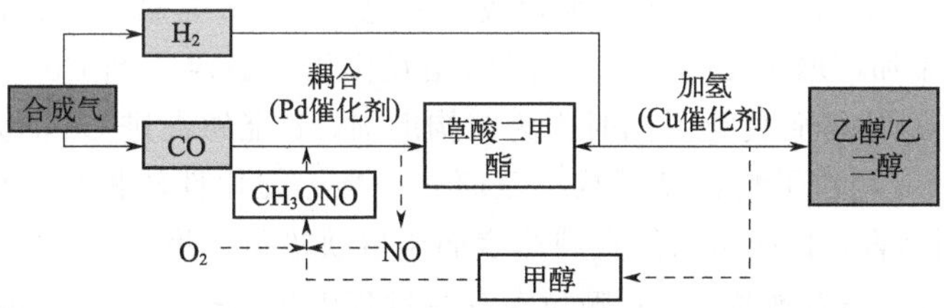

图3-29 合成气经草酸酯加氢制乙醇的具体路线示意图

(1) 反应式

合成气经草酸酯加氢制乙醇的相关反应如下：

$$2CO+2CH_3ONO \longrightarrow 2NO+(COOCH_3)_2$$

$$2CH_3OH+1/2O_2+2NO \longrightarrow 2CH_3ONO+H_2O$$

$$2CO+2CH_3OH+1/2O_2 \longrightarrow (COOCH_3)_2+H_2O$$

$$(COOCH_3)_2+2H_2 \longrightarrow HOCH_2COOCH_3+CH_3OH$$

$$CH_3OOCCH_2OH+2H_2 \longrightarrow HOCH_2CH_2OH+CH_3OH$$

$$HOCH_2CH_2OH+H_2 \longrightarrow C_2H_5OH+H_2O$$

$$(COOCH_3)_2+5H_2 \longrightarrow C_2H_5OH+2CH_3OH+H_2O$$

(2) 反应机理及催化剂

合成气经草酸酯加氢制乙醇过程分为两步反应：

第一步是CO氧化偶联生成草酸酯（DMO）的反应过程：首先，在氧气参与下，甲醇与一氧化氮反应生成亚硝酸甲酯，然后再在贵金属催化剂作用下与一氧化碳反应生成草酸二甲酯。第二步为草酸酯连续加氢生成乙醇的过程：首先，H_2 分子和 DMO 分子吸附于 Cu 活性位上，H_2 解离为 H^* 并进攻 DMO 分子中酯基中的 C—O 单键，使其解离为两分子的乙醇酸甲酯（MG）。然后 H^* 继续进攻 MG 分子中酯基的 C—O 单键，生成乙二醇中间体，并进一步氢化为乙二醇（EG），乙醇可由乙二醇进一步氢化得到。

草酸酯连续加氢过程依赖于 Cu^0 量以及 Cu^0 与 Cu^+ 间的相互作用。Cu^0 不仅能够活化 H_2，还能够吸附反应中间物种，推动加氢反应的进行，Cu^+ 则能够作为亲电试剂或路易斯酸极化 C═O 双键，使 DMO 中的酯基得到活化[118]。在催化剂制备过程中，载体的选择以及制备条件显著影响着催化剂表面 Cu^0 和 Cu^+ 的分布，从而影响着催化活性。常用的载体包括 Al_2O_3、SiO_2 以及碳纳米管（CNT）等，这些载体与 Cu 之间存在不同程度的相互作用，促进表面 Cu 物种的分散和稳定。由于强的相互作用，在高温焙烧过程中 CuO 可与 Al_2O_3 形成 $CuAl_2O_4$ 物种，从而促进 Cu 的稳定分散。通过对焙烧条件的优化可进一步调变表面 Cu^0 和 Cu^+ 比例，提高催化剂活性。经 750℃焙烧后，$Cu/ZrO_2/Al_2O_3$ 催化剂对乙醇选择性可达 94%以上，草酸二甲酯转化率可达 100%[119]。在草酸酯制乙醇反应中，由于反应温度（503～553K）接近于 Cu 的许蒂希（Hüttig）温度（597 K），在反应中，催化剂往往因铜颗粒的团聚长大而丧失活性。通过选择不同载体、添加助剂以及载体表面修饰来提高 Cu 物种分散度，缓解铜颗粒团聚是解决该问题的常用策略。马新宾等[120]采用多步浸渍法将 Cu 负载于层状硅酸铜纳米管中，该新颖的 Cu 鞘纳米反应器在草酸酯加氢反应中表现出优异的催化性能，对乙醇选择性达到了 91%以上，对乙醇的 TOF 值指单位时间内单位活性中心上反应物的转化量为 $44.7h^{-1}$，在 550K 的反应温度下，其寿命达到了 300h 以上。

除载体选取外，助剂的添加也可以大幅改善催化性能。B 常被作为助剂添加于铜基催化体系中，B 助剂的添加可增强 Cu 与 CNT 间的相互作用，稳定表面 Cu^+，从而使催化剂表面 $Cu^0/(Cu^0+Cu^+)$ 比得到优化。同时作为结构助剂，B 能够促进 Cu 的分散，当 B 掺杂量由 0 增加到 1 时，Cu 颗粒平均粒径可减小至原先一半，催化性能提高至原先的 1.7 倍[121]。对 Cu/SiO_2 催化剂而言，B 的引入能在载体表面制造缺陷位，增强 Cu 与 SiO_2 间相互作用，促进 Cu 分散和稳定，能有效抑制 Cu 颗粒在反应过程中的团聚。马新宾等[122-123]研究得出最佳 Cu/B 比为 3，在液体体积空速 LHSV＝$2.0h^{-1}$，P＝2.5MPa，H_2/DMO＝200（mol/mol），T＝553K 的反应条件下，乙醇收率达到了 85.6%，且相较于未掺 B 的 Cu/SiO_2 催化剂，CuB/SiO_2 催化剂具有更好的抗团聚性能。经 12h 热处理后，CuB/SiO_2 催化剂上乙醇收率只下降了 15%，而 Cu/SiO_2 催化剂则下降了 22%以上。

（3）合成工艺

由于草酸酯加氢制乙醇路线提出的时间较短，相关研究尚不充分，目前还未曾报道过成熟的得以应用于工业生产过程中的生产工艺。相关工艺的报道只见于少量的专利中。王树荣等[124]在专利中报道过一种草酸二甲酯加氢制乙醇的工艺。该工艺以合成气为原料，采用两段生产方式。首先 CO 和亚硝酸在氧化铝负载的钯催化剂上进行氧化耦合反应，制备草酸二甲酯。该反应在固定床上于常压下进行，反应温度为 100～150℃，CO 与亚硝酸酯的体积比为 1∶1～2∶1，产物草酸二甲酯在反应器底部收集直接参与后续的加氢反应。反应生成的副产物一氧化氮可进一步生成亚硝酸酯回收利用。之后，反应生成的草酸二甲酯经加热气化并与氢气混合，混合气体在二氧化硅负载的铜基催化剂上进行加氢反应，产物经冷却、蒸馏得到乙醇。该过程同样在固定床中进行，反应压力为 0.5～6MPa，反应温度在 220～300℃

之间，草酸酯与氢气的摩尔比为 1∶10～1∶500。该工艺具有较高的乙醇收率和选择性，其选择性达到 80%以上。

马新宾等[125]基于上述过程开发出两段法新工艺，根据反应温度的不同，将 DMO 加氢制备乙醇的反应拆分成两个串联的反应，分别为 DMO 加氢制备乙二醇（EG）和 EG 加氢制备乙醇。具体地在工艺中设置了两个串联的催化反应系统，第一段反应器中装填 Cu/SiO_2 催化剂，反应温度为 473K；在第二段反应器中，使用的催化剂为 Cu/SiO_2-1.0Al 催化剂，其反应温度为 553K。DMO/甲醇的料液经过高压泵向反应器中输送，中途与氢气混合，混合物先进入第一段反应器。原料催化加氢后，生成的混合物进入第二段反应器，在 553K 下进一步加氢，最终的产物经过冷凝器的冷却得到。如图 3-30 为 DMO 加氢制备乙醇的反应设备流程图。

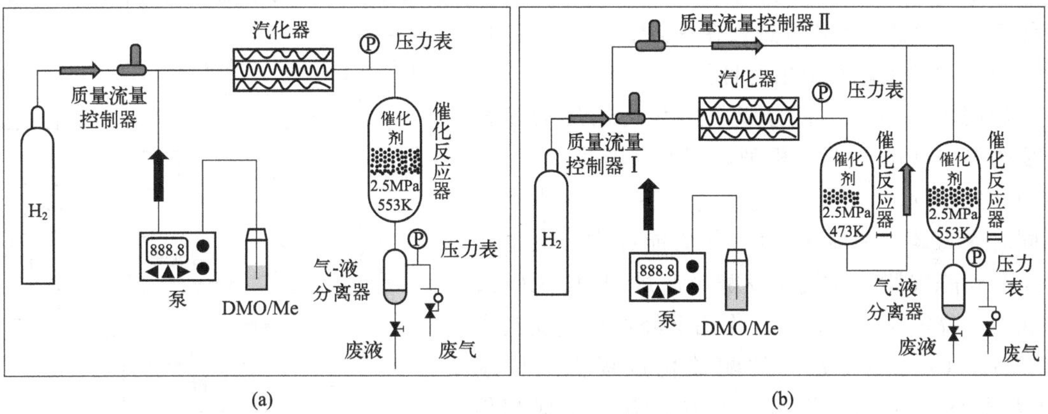

图 3-30　DMO 加氢制备乙醇的反应设备流程图

王胜平等[126]研发了一种集成催化剂耦合催化草酸酯加氢制乙醇方法，具体流程如图 3-31 所示。该方法采用固定床管式反应器，在反应器上下两段分别装填铁基催化剂和铜锌催化剂，通过贯序催化实现草酸酯向乙醇的高效转化。下段铜锌催化剂的装填可将铁基催化剂中产生的乙酸乙酯副产物进一步加氢转化为乙醇，大幅提高最终产品中乙醇选择性。在优化的工艺条件下，草酸酯的转化率可达到 100%，乙醇收率最高达到 98%，减少废物排放的同时也大幅降低了后续分离的成本。

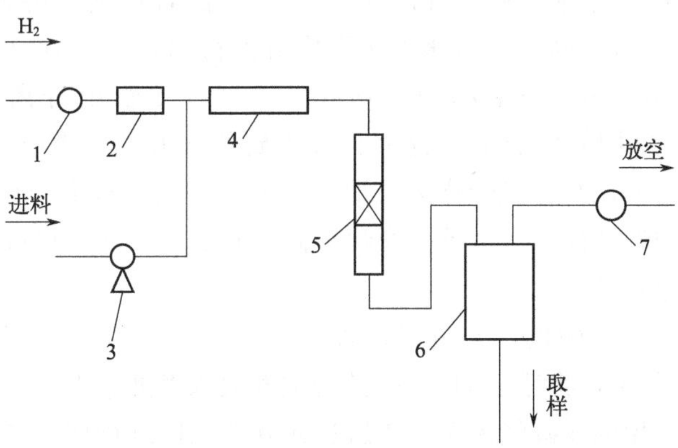

图 3-31　集成催化剂耦合催化草酸酯加氢制乙醇的反应器设计图

1—压力表；2—减压阀；3—进料泵；4—预热炉；5—反应器；6—冷凝；7—压力表

3.2.5 合成气发酵法制乙醇

合成气发酵过程中涉及的主要反应式如下[127]：

$$6CO+3H_2O \longrightarrow CH_3CH_2OH+4CO_2$$
$$4CO+2H_2O \longrightarrow CH_3COOH+2CO_2$$
$$3CO+3H_2 \longrightarrow C_2H_5OH+CO_2$$
$$2CO+4H_2 \longrightarrow C_2H_5OH+H_2O$$
$$2CO+2H_2 \longrightarrow CH_3COOH$$

所涉及反应的吉布斯自由能均为负值，说明合成气发酵过程在热力学上可以自发进行。相比较而言，发酵法生产乙醇过程在热力学上更为有利。

(1) 发酵机理及微生物种类

利用厌氧菌发酵将合成气转化为乙醇的途径主要为 Wood-ljungdahl 机理，即乙酰辅酶 A 机理，如图 3-32 所示[127-128]。在这一过程中，CO 或 CO_2 可同时作为碳源和能源、H_2 作为能源供应微生物生长和新陈代谢。在代谢发酵生产过程中，CO 最先在 CO 脱氢酶（CODH）作用下经过水气变换生成 CO_2，CO_2 经一系列的酶催化过程生成甲基（甲基支路）。接着，甲基在乙酰辅酶 A 合成酶作用下与 CO 反应生成重要中间体乙酰辅酶 A（CoA，碳基支路）。随后，乙酰辅酶 A 在一系列的酶参与下转为有机醇、有机酸等产物。如在乙酰磷酸转移酶作用下转化为乙酸，在乙醛脱氢酶和乙醇脱氢酶作用下转化为乙醇等。

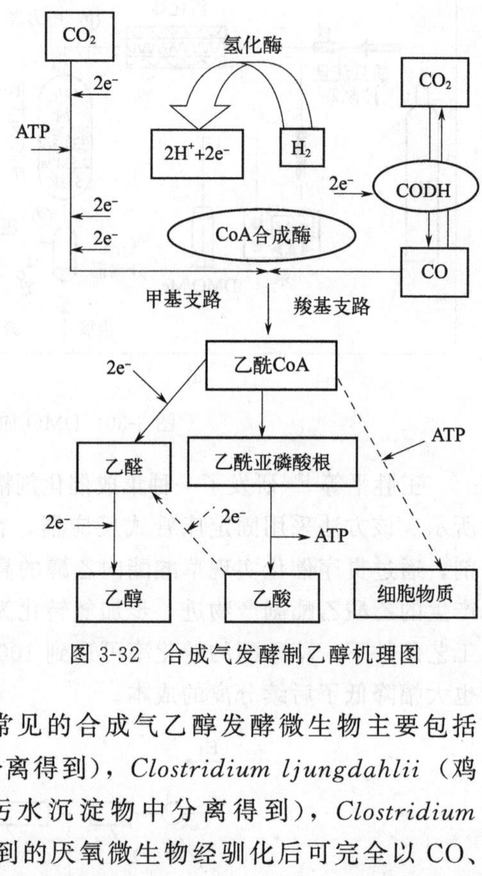

图 3-32 合成气发酵制乙醇机理图

合成气发酵制乙醇过程中所使用的微生物多为厌氧微生物，这些微生物最初从动物粪便、土壤以及污泥中提取，经人类特定驯化后得到[129]。常见的合成气乙醇发酵微生物主要包括 *Butyribacterium methylotrophicum*（水道污泥中分离得到），*Clostridium ljungdahlii*（鸡粪中分离得到），*Clostridium carboxidivorans*（污水沉淀物中分离得到），*Clostridium autoethanogenum*（兔粪中分离得到）。这些分离得到的厌氧微生物经驯化后可完全以 CO、H_2/CO_2 为底物进行生长，并将其转化为乙醇、乙酸等有机醇或有机酸[130-131]。发酵过程中环境的 pH 对于产物的选择性会产生重要影响，低的 pH（<6.0）更有利于乙醇的生成。

(2) 发酵工艺及反应器

合成气发酵生产无水乙醇的工艺过程包含发酵、气液分离、精馏以及分子筛脱水等过程，如图 3-33 所示。首先，将适宜 H_2/CO 的合成气通入发酵罐中，充分发酵后将混合物料送入气液分离工段，残留的发酵气体经分离后送入其他工段进行回收利用，液体则进入精馏工段进行初步提纯获得乙醇，乙醇进一步经分子筛脱水获得产品无水乙醇。富含微生物菌落的塔底液经离心后返回到发酵罐中重复使用。含死菌废水则送入污水处理车间进行处理[129]。

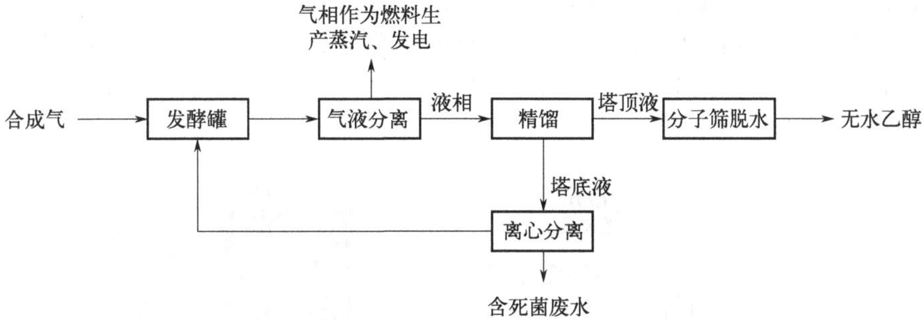

图 3-33　合成气发酵制乙醇工艺流程

在众多反应工段中，微生物发酵过程最为重要，且与发酵反应器的选取密切相关。合成气发酵过程是典型的气-固-液多相反应过程，气液间的传质效率是影响其最终性能的关键因素。因此，众多反应器的开发和设计都关注气液传质效率的提高。搅拌罐式反应器是最为简单和常用的反应器[132]。其搅拌桨的强力搅拌可将罐中气体卷入液体中并得到较为充分的接触，获得较好的气液传质效率，因此被广泛应用于合成气发酵的研究开发过程中。Haris Nalakath Abubackar[133]开发出一套两段连续的搅拌罐式反应器系统，如图 3-34 所示。该系统将两个常规罐式反应器进行串联，第一个反应器用于合成气到有机酸的发酵过程，维持环境 pH 为 6；第二个反应器则用于有机酸到乙醇的转化过程，维持环境 pH 为 5。通过两个反应过程的高效耦合，显著提高了反应产物中的乙醇浓度，达到 1.5g/L。

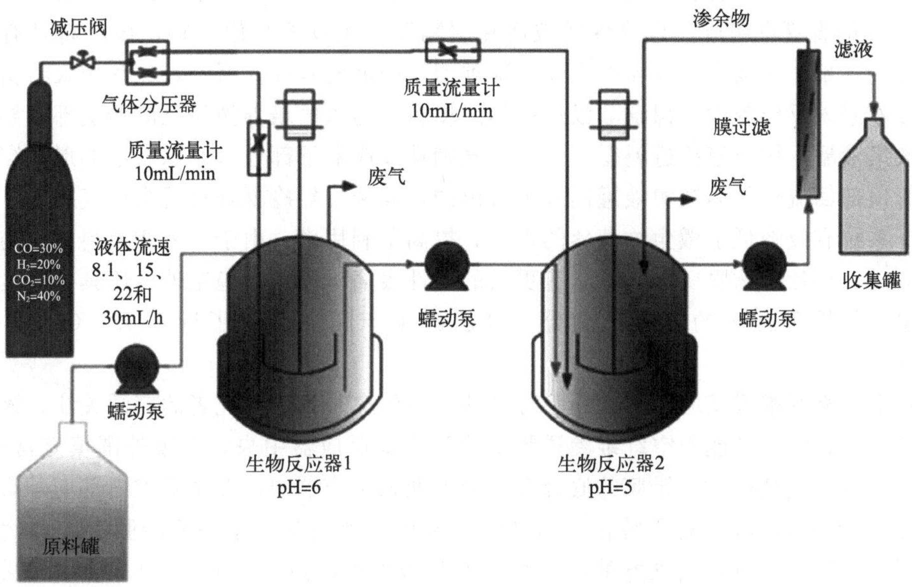

图 3-34　两段连续串联搅拌罐式反应器

旋转填料生物膜反应器具有更优的气液传质效率。该反应器的设计结合了连续搅拌罐式反应器和滴流床反应器的特点，如图 3-35[134]。该反应器中，微生物被固载于可旋转的网笼上，并将其装入水平放置的管式反应器中。网笼的下部浸泡于含有微生物的液体介质中（液体未充满整个反应器），上部则暴露在 CO 和 H_2 气体中。上部的合成气可通过网笼的旋转进入液体介质中，并进一步穿过气液界面接触到微生物，进行发酵。为提高气液传质效率，合成气气体从反应管的下部通入，穿过微生物介质后从管上部排出。微生物网笼的转速保持在较低的水平下（5r/min）以保证与反应物料的充分接触。相较于罐式反应器，旋转填料生物膜反应器可在连续的操作条件下运行，且比常规管式反应器拥有更广的气、液流量和压力选取范围。

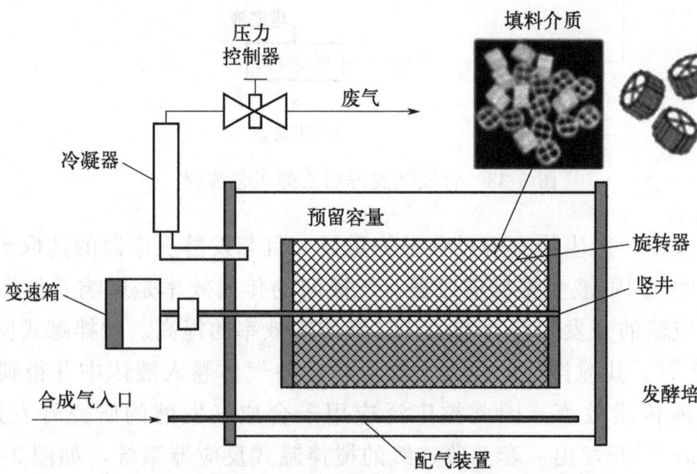

图 3-35　旋转填料生物膜反应器

为了减少连续操作条件下微生物菌落的损失，研究者将特殊的一体式填料装填于管式反应器中，开发出单片生物膜反应器，如图 3-36 所示。一体式填料由一系列互相平行的直径为 1～5mm 的直管束组成，且管束间被薄片层隔开。相较于其他填料，该填料具有更优的机械性能。在单片生物膜反应器的操作工况类似于鼓泡管式反应器。首先利用泵将富含微生物的培养液泵入反应管中，保证其没过一体式填料。通入的培养液经反应器上部的导管回流至培养液集液罐，构成液相进料循环。合成气则从反应器下部通入，以气泡的形式穿过填料层并经管顶部回流至培养液集液罐回收被带出的培养液，经冷凝处理后当尾气排出。特有的物料循环系统有效降低了微生物菌落的损失，提高了利用率。由于一体式填料的使用和鼓泡的进料方式，单片生物膜反应器除具有更大的活性表面积和机械稳定外，还具备优良的气液传质效率。相较于常规的管式反应器，其乙醇生产能力提高了近 50%，CO 转化率可达 84.9%。

近年来，高纤维膜反应器因其超乎寻常的传质效率受到了研究者的广泛关注。该反应器是将负载微生物的高性能中空纤维渗透膜安装于管式反应器中央，薄膜外围填充营养基质，如图 3-37。合成气从中空纤维膜的底部自下而上通入反应器中，并由膜腔内部向外渗透，被附着于纤维膜表面的微生物所转化。超高的气液传质效率赋予了高纤维膜反应器优良的性能，使用该反应器进行合成气发酵，产物中乙醇浓度可高达 16.9g/L[135]。操作灵活、高效低耗是高纤维薄膜反应器的优点，但是制作成本较高，且存在膜污染问题。

（3）工业发展

尽管仍有众多挑战存在于合成气发酵的研究中，但该工艺已实现商业化运行。美国 BRI 公司最先完成了该技术的开发，并于 2003 年左右建立了一套合成气发酵制乙醇的工业示范装置。2006 年美国克斯卡特（Coskata）第一套合成气发酵制乙醇的商业化运营装置，其产能为 23.7kt/a。在同一时期，新西兰的朗泽公司（LanzaTech）开发出自己的合成气发酵乙醇生成技术，并拥有自主知识产权的发酵菌株专利。2010 年前后，中国科学院、河南煤化集团、上海宝钢集团、潞安集团等多家国内单位与朗泽公司签署合作协议，开发利用钢铁厂废气、煤气化合成气等经发酵转化为乙醇燃料的技术。之后，国内外陆续建立了多家合成气发酵示范工厂，如表 3-6 所列为各企业合成气发酵制乙醇装置汇总。

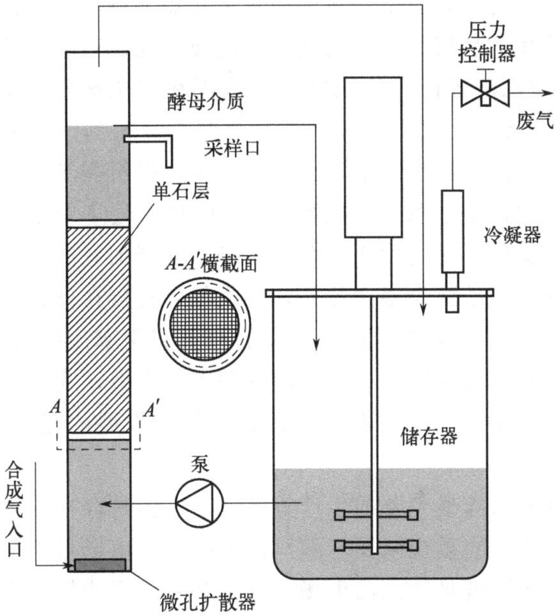

图 3-36　单片生物膜反应器

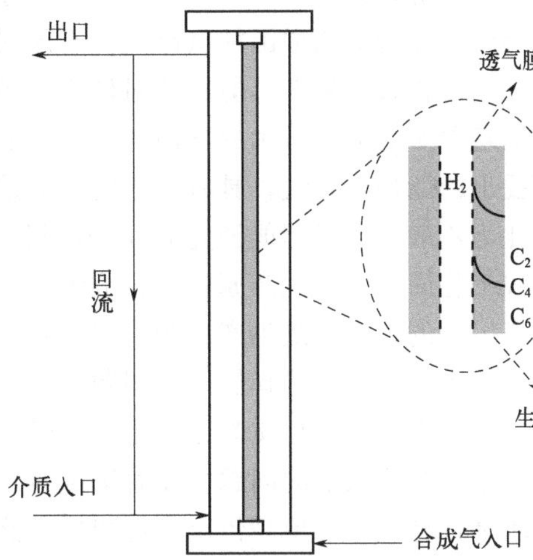

图 3-37　高纤维膜反应器

表 3-6　国内外合成气发酵制乙醇装置汇总

公司名称	地点	年份	原料	产品	状态
宝山钢铁厂	上海/中国	2012	钢厂烟气	乙醇	运行
首都钢铁厂	北京/中国	2013	钢厂烟气	乙醇	运行
LanzaTech	新西兰	2014	钢厂烟气	乙醇	运行
BRI	美国	2003	气化合成气	乙醇	运行
Coskata	美国	2006	气化合成气	乙醇	运行
INEOS Bio	英国		气化合成气	乙醇	运行

燃料乙醇行业是典型的政策扶持性行业，国家政策对车用乙醇汽油的大力推广是燃料乙醇行业发展的动力来源。虽然国家目前正在推动以纤维素乙醇为代表的非粮生物燃料乙醇生产技术，但是这种以生物质为原料生产燃料乙醇的路线始终存在原料供应问题，且其产能低下，生产成本远高于传统汽油燃料。因此生物燃料的发展高度依赖于国家财政支持，难以实现自主发展。煤制乙醇技术是以煤为初始原料，以煤气化产生的合成气为直接原料，通过不同生产路线合成乙醇的技术。合成气经甲醇/二甲醚间接合成乙醇工艺的发展可解决国内甲醇产能过剩的现状，为发展和补充甲醇的下游产业链提供可能的路径。该技术路线包含二甲醚羰基化生成乙酸甲酯和乙酸甲酯加氢生成乙醇两步反应，工艺具有原子经济性高、原料来源广泛、反应条件温和、目标产物选择性好且催化剂廉价易得的优点，是最具工业发展前景的煤基乙醇生产路线，但是高效稳定催化剂的开发仍然是关键的技术难点。经过多年发展，

该工艺已初步实现工业化，全球首套合成气经甲醇/二甲醚间接合成乙醇工业示范项目已建成投产，生产的乙醇纯度可达99.71%。合成气经乙酸/乙酸酯制乙醇路线既能利用乙酸的过剩产能，又能创造巨大的经济效益和环境效益，是解决乙酸产能过剩和乙醇需求量大的有效途径。该路线具体包含乙酸直接加氢与乙酸酯化加氢两条路线。前者是在贵金属催化剂的作用下，乙酸与合成气一步反应制得乙醇，具有工艺流程短、能耗低的优势。在后者中，乙酸先与甲醇/乙醇发生酯化反应生成乙酸甲酯或乙酸乙酯，生成的乙酸酯再在催化剂作用下加氢生成乙醇，其中一部分产物回流继续参与酯化反应，一部分经精馏提纯后得到产品乙醇。相较于前者，乙酸酯加氢路线具有原料吨耗低，催化剂来源广泛等优势，但所需工艺流程长，副产物较为复杂，能耗相对较高。虽然大部分乙酸/乙酸酯制乙醇项目尚处于中试阶段，但随着所需关键技术的突破，部分企业已实现工业化生产。合成气经草酸酯加氢制乙醇是新提出的酯加氢路线，具有最高的乙醇选择性和乙醇收率。此外，合成气可直接在催化剂上转化为乙醇，该过程能够充分利用原料中的C、O原子，具有较高的原子利用率。同时，该路线工艺简单，其生产原料、合成装置、合成工艺条件与合成气制甲醇工艺类似，完全可以参考甲醇的生产方式生产乙醇。但是合成气直接制备乙醇路线受催化剂研究发展的限制，存在转化率低、乙醇选择性差的问题。

总体来看，以生物质为原料生产乙醇是目前乙醇最主要的生产方式之一，但是存在原料供应有限、产能低下的问题。随着国家对燃料乙醇的重视以及乙醇汽油的推广，市场对乙醇的需求量日趋增长，单靠传统的乙醇生产路线难以满足庞大的市场需求。开发新型非粮乙醇生产路线是提高乙醇产能，推动燃料乙醇发展的关键内容。依靠我国丰富的煤炭资源，以煤气化和煤液化技术为基础，开发煤基合成乙醇生产技术，可为乙醇的生产提供新路径，促进燃料乙醇行业的大发展，同时可实现煤炭向清洁液体燃料的转化，推动现代煤化工的发展。煤基乙醇合成路线符合我国能源结构和能源发展规划，过程清洁高效，必将成为我国未来乙醇生产的主要方式。

3.3 低碳醇

低碳醇即低碳混合醇，一般是指合成气在催化剂作用下合成的以 C_1～C_5 醇类为主的混合物的总称。由于对环境友好且可燃，低碳醇被广泛用作燃料，具有可持续发展的潜力。相比于传统燃料，低碳醇具有以下优点：①低碳排放。由于产生较少的碳排放，低碳醇可降低温室气体的排放量，减缓全球气候变化。②可再生性。低碳醇往往来源于可再生能源，如生物质能、风能和太阳能，减少对有限资源的依赖，并促进可持续发展。③高能效性。低碳醇燃烧效率高，能够在相对较低的温度下释放大量的能量，提高能源利用率。由于醇类分子中含有氧原子，低碳醇按其所含的主要成分可分为以甲醇为主的甲基燃料和以乙醇为主的乙基燃料[136]。这种含有多种醇的甲基燃料或乙基燃料比单纯的甲醇燃料或乙醇燃料具有更优的性质，组分中含有较长碳链的高级醇，不存在与汽油的相分离问题，且低碳醇比汽油、柴油燃烧更为充分，且氮氧化物排放量少，可直接作发动机燃料使用。同时具有较高的辛烷值、优越的防爆及抗震性能可使其作为优良的汽油添加剂使用。与传统的汽油添加剂MTBE相比较，低碳混合醇容易在陆地环境中被微生物分解，具有低污染性的特点，因此低碳醇被广泛地认为是MTBE的优良替代品[137]。

3.3.1 化学反应

合成气制低碳醇反应是介于费-托合成和煤制甲醇之间的复杂反应。在反应过程中，包含较多的副反应，导致产物中 CO_2 增多，产生较多的烃类（烷烃+烯烃），同时伴随着醛和酯的生成。反应方程式如下：

$$nCO+2nH_2 = C_nH_{2n+1}OH+(n-1)H_2O$$

$$CO+2H_2 = CH_3OH$$

$$nCO+(2n+1)H_2 = C_nH_{2n+2}+nH_2O$$

$$nCO+2nH_2 = C_nH_{2n}+nH_2O$$

$$CO+H_2O = CO_2+H_2$$

$$CO_2+3H_2 = CH_3OH+H_2O$$

$$nCO+3nH_2 = C_nH_{2n+1}OH+(2n-1)H_2O$$

$$nCO_2+(3n+1)H_2 = C_nH_{2n+2}+2nH_2O$$

$$nCO_2+3nH_2 = C_nH_{2n}+2nH_2O$$

$$CH_3OH+nCO+2nH_2 = C_nH_{2n+1}CH_2OH+nH_2O$$

合成气制低碳醇反应是放热反应。升高反应温度，平衡常数数值降低，反应平衡逆向移动，对生成低碳醇不利；相反，降低反应温度，反应平衡正向移动，有利于低碳醇的生成。但从选择性来看，由于不同碳链的醇对温度的敏感度不同，其中甲醇尤为敏感，且随温度升高其热力学上自发形成的难度越大，所以增加反应温度有利于提高高级醇的选择性。合成气制低碳醇反应也是物质的量减小的化学反应，增加反应压力，反应平衡正向移动，有利于低碳醇的生成。

3.3.2 催化剂

合成气制低碳醇催化剂最先沿用甲醇合成催化剂，以 Zn-Cr 催化剂为主，加入一种碱金属有利于生成高级醇。但这种催化剂操作温度高（300～400℃），压力高（26MPa）。随后开发了 Cu-Co-Cr-K 催化剂，反应温度为 250～300℃，压力 5～10MPa。目前，用于制备低碳醇的催化剂可分为四类：①改性甲醇合成催化剂，产物以支链醇（异丁醇）为主；②改性 F-T 合成催化剂，直链混合醇为主要产物，产物分布符合 ASF 方程；③钼基催化剂，产物包含 70%～80%醇和 15%～30%的碳氢化合物；④贵金属催化剂体系。其中，改性甲醇合成催化剂主要用于生产甲基燃料；改性 F-T 合成催化剂既可以生产甲基燃料，也可以生产乙基燃料；钼基催化剂体系，产物中甲醇浓度可在 0%～90%变化。

3.3.2.1 改性甲醇合成催化剂

按照活性组分的不同，该体系基本分为 Zn-Cr 基催化剂和 Zn-Cu 基催化剂这两类。改性的 Zn-Cr 基催化剂主要是指碱金属 K 或 Cs 掺杂的 Zn/Cr 尖晶石结构催化剂。反应操作条件较为苛刻，一般为温度 350～400℃，压力 12MPa 以上。产物总醇选择性高达 90%，但是主要为甲醇和异丁醇，C_{2+} 醇的选择性较低。通常认为，该催化剂的活性组分为 ZnO 微晶，Cr

起到的是结构助剂和载体的双重作用。之所以称其有载体的作用是因为在催化剂的形成过程中会生成作为载体的$ZnCr_2O_4$尖晶石，从而来稳定活性组分ZnO，防止ZnO烧结，而且能够增加ZnO的表面积；通过加入碱金属进行改性或者加入其他组分来部分替代Cr，能够有效增加产物中异丁醇的生成，因为Cr又起着助剂的作用。碱金属由于可以中和催化剂表面的酸性，能够抑制副反应（如醇类脱水）的发生，并且能够减少积炭的产生。

与Zn-Cr基催化剂相比，使用Cu-Zn基催化剂制备低碳醇时，其操作条件较为温和，一般为温度220～320℃，压力6～10MPa。一般认为Cu-Zn基催化剂是双功能催化剂，CuO是主要活性中心，能够活化解离吸附H_2；ZnO是分散活性组分，可以防止活性组分的烧结；Al_2O_3或Cr_2O_3是助剂。研究发现助剂可以划分为提高催化剂活性和提高C_2含氧产物选择性两类，提高活性的助剂包括从第ⅡB族到第ⅥB族的过渡金属，提高C_2含氧产物选择性的助剂有Fe、Co、Ir、K、Li等。助剂与活性组分共同实现链增长，合成醇反应体现了多组分之间的协同作用。另外铜颗粒在反应过程中的烧结失活也是限制该类催化剂用于低碳醇合成的因素之一。该体系最早是由德国的Lurgi公司开发的，目前已进行了单管放大的实验，在国内，清华大学开发了Cu/Zn/MgO催化剂，并进行了700h的模试考察。

改性甲醇合成催化剂中由于碱性助剂的存在能降低表面酸性，抑制副反应的发生从而使产物中低碳醇的选择性提高。但总体来看，产物中甲醇还是占绝大部分，低碳醇选择性有待进一步提升。

3.3.2.2 改性费-托合成催化剂

在费-托合成反应中，Fe、Co、Ni、Ru这四种活性金属催化剂最为常用，由于Ni和Ru在CO加氢反应中会生成较多的甲烷，而甲烷是低碳醇合成的主要副产物之一，因此合成气制备低碳醇的催化剂研究主要集中在Cu-Co和Cu-Fe基催化剂这两类[139]。改性后的费-托合成催化剂所得产物中的醇类以直链醇为主，反应条件相对温和（3MPa和250℃），因此被认为是最具工业前景的催化剂之一。

（1）Cu-Co基催化剂

为保证双金属的均匀分布并发挥协同作用，催化剂的制备方法和前驱体结构尤为重要。刘源等[140]研究者利用$LaCo_{1-x}Cu_xO_3/SiO_2$钙钛矿和$(Cu_xCo_y)_2Al\text{-}LDH_s$类水滑石为催化剂前驱体，还原后能得到不同助剂修饰的Cu-Co双金属催化剂。CO加氢性能测试结果表明这两种前驱体的选择能够使各金属离子均匀分散且存在相互作用，这两个有利条件对Co-Cu纳米双金属的形成尤为重要，从而使得催化剂表现出了较高的低碳醇选择性。另外，不同的催化剂预处理条件可以调控催化剂的结构，用H_2或合成气对Cu-Co基催化剂进行活化可以得到Co@Cu核壳结构，而CO气氛下活化则会得到Cu-Co@Co结构。同时，近十几年的研究表明没有活性组分Cu的存在，单独的Co也能在CO加氢反应中生成低碳醇，这是因为催化剂在处理过程中出现了Co_2C相，实验证明Co_2C的作用与Cu类似，也能进行CO的非解离吸附，因此Co_2C与金属Co相互配合能够生成乙醇等低碳醇。

目前国内外关于Cu-Co基催化剂均已有相关工业中试探索，其中，法国石油研究院开发的基于Cu-Co催化体系的IFP工艺已获得多个专利，具有很高的低碳醇选择性和产率。国内山西煤化所与中国神华煤制油合作开发建成了5000t/a合成气制低碳醇工业化示范装置。这些均为Cu-Co催化剂成为目前最具有工业化前景的低碳醇合成催化剂奠定了基础。

(2) Cu-Fe 基催化剂

对比 Cu-Co 基催化剂，Cu-Fe 基催化剂的副产物甲烷选择性低，但其水气变换能力较强，副产物 CO_2 选择性较高。在 Cu-Fe 基低碳醇合成催化剂中，Cu 活性组分可以非解离吸附 CO 形成醇；Fe 活性组分使 CO 在 Fe 基上发生解离吸附，形成长链碳氢化合物[141]。因此，在 Cu-Fe 基催化剂中，Cu、Fe 活性组分需相互协同使得 CO 加氢形成低碳醇。Cu/Fe 摩尔比过低和过高都不利于低碳醇的合成，摩尔比过低则不能提供足够的合成醇活性中心，Cu/Fe 比过高提供碳链增长的 Fe 活性中心又不足，所以合适的 Cu/Fe 摩尔比对 Cu-Fe 基催化剂高效合成 C_{2+} 醇至关重要，一般认为 Cu/Fe 最佳摩尔比为 7∶3。

关于 Cu-Fe 基催化剂助剂的研究，主要集中在过渡金属、稀土金属和碱金属等。助剂通过与 Cu、Fe 活性组分相互作用，影响其电子性质，促进 Cu 对 CO 的吸附；提高双活性组分的分散度，增加催化剂表面活性中心数量，进而影响催化剂活性及产物分布。助剂 Mn 可以影响 Cu 的电子性质，促进 Cu 对 CO 的吸附；另一方面 Mn 可以提高 Cu 的分散度，可以使双活性组分接触面增加，有利于 C_{2+} 醇的生成。

3.3.2.3 钼基催化剂

合成气中常含有微量的硫，而这些微量的硫会使许多工业上的催化剂中毒而失效。因此合成气在使用前常需要先进行脱硫处理使其含量达到 ppm（10^{-6}）量级以下。但在工业生产中，将反应气脱硫到如此低的量级不仅对工艺要求苛刻而且增加了反应的成本。因此，研究具有抗硫性能的 Mo 基催化剂具有重要意义。

Mo 基催化剂合成低碳醇的活性中心一般认为是具有一定的氧化数的 Mo 物种。目前，研究主要是针对催化剂活性位低的缺点，通过添加各种助剂来改善催化剂体系的总体反应性能[142]。Mo 基催化剂主要分为 MoS_2、Mo_2C、MoO_x、MoP 和 Mo_2N 等，其中对于 MoS_2 基催化剂的研究较多。MoS_2 基催化体系具有独特的耐硫性，以 MoS_2 为主要成分，并加入碱金属（如 K、Cs 等）或者其他金属（如 Fe、Co、Ni 等）作为助剂，在较高的温度（250～350℃）和压力（5～10MPa）下有较高的总醇选择性，主要为低碳直链混合醇，产物分布大致符合 ASF 方程。

Mo 基催化剂对低碳醇的选择性受载体的影响比较大，一般认为，载体是通过它表面的酸性位以及载体和 Mo 之间的电子的相互作用来影响催化剂合成低碳醇的性能的。酸性位会导致产物进一步脱水，而载体和 Mo 之间的电子相互作用会影响 Mo 的还原性能。用作合成气合成低碳醇的载体有 SiO_2、Al_2O_3、TiO_2、活性炭和碳纳米管等。Al_2O_3 是一个性能优良的载体，因为催化剂的重要活性位组分可以在其表面充分地分散，但以 Al_2O_3 为载体的催化剂在合成醇反应中通常生成较多的碳氧化合物而醇的选择性较低，这主要是因为 Al_2O_3 表面酸性较强，导致了生成的醇容易脱水形成碳氢化合物。以活性炭为载体的催化剂具有很多的优点，例如对酸和一些常见介质具有强的抵抗力，在高温下催化剂的稳定性强和具有惰性石墨的界面。

钼基催化剂具有独特的抗硫特性，且表面不容易积炭，在含硫量较高、H_2/CO 摩尔比较低的环境也可以直接使用。但是该催化剂活性较低，寿命短，甲烷化严重，且产物中含硫，不宜被直接利用。

3.3.2.4 贵金属催化剂体系

主要以铑（Rh）基催化剂为代表。Rh 基催化剂目前被认为是活性最好的合成低碳醇催化剂，产物主要是乙醇及其他 C_{2+} 含氧物质[143-144]。研究表明 Rh 基催化剂对含氧化合物独特的活性源于它在周期表中独特的位置，即它位于非解离吸附 CO 金属元素（Ir、Pd、Pt）和解离吸附 CO 金属元素（Co、Fe）之间，如图 3-38。未经修饰的 Rh 基催化剂对甲烷的选择性很高，而对含氧化合物的选择性却很低。但是经过助剂或是载体修饰以后，Rh 基催化剂对含氧化合物的选择性有了明显的提高。

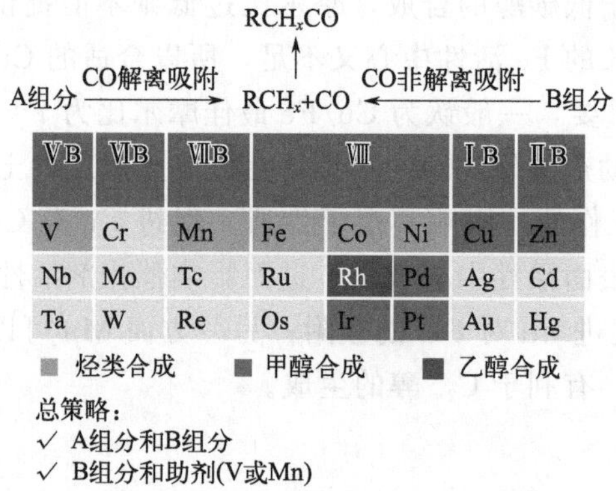

图 3-38 金属元素活化 CO 能力示意图

Chuang 等[145]将助剂按照其作用进行了分类：ZnO、MgO 等碱金属有助于 CO 加氢形成甲醇；Mn、V、Na、La 等金属有助于 CO 的解离；Fe、Ir、P 等有助于 C 物种在催化剂活性表面加氢；Ag、Zn、La、V 有助于 CO 的插入反应。

载体的类型对 Rh 催化剂的性能具有十分重要的影响[146]。将 Rh 金属担载在弱酸性的金属氧化物载体上（如 Cr_2O_3、TiO_2、La_2O_3 和 ThO_2），催化剂对乙醇的收率就会有很大的提高。当载体为强碱性的金属氧化物（如 MgO、ZnO），甲醇将会成为主要产物，而将 Rh 金属担载在酸性金属氧化物（如 Al_2O_3、V_2O_5、SnO_2 和 WO_3），产物则主要是甲烷和高碳烃。

综上，虽然各类催化剂体系均有多方研究，但由于每种体系都仍然存在一定程度的缺陷，因而开发反应条件温和、高活性和高 C_{2+} 醇选择性的催化剂依然是合成气制低碳醇领域的难点和重点。美国太平洋西北国家实验室对以上各类催化剂进行了最大时空收率的测试，以判断它们的工业化可行性。结果表明，除 Rh 基催化体系的主要产物为 C_{2+} 醇外，其余催化体系的主要产物均为甲醇或烃类。但考虑到工业生产需要的时空收率规模，Rh 基催化体系会有大量非醇类含氧化合物杂质，而在此规模下的改性费-托合成催化体系则可以提供高于其他催化体系的较高的 C_{2+} 醇选择性。因此，从催化剂活性、选择性、反应操作条件以及经济适用性等方面综合来看，改性费-托合成催化体系尤其是 Cu-Co 催化剂具有较高的实际应用价值，是目前最具有工业化应用前景的低碳醇合成催化剂。针对其在大规模应用中存在的问题，Cu-Co 催化剂主要的改进方向是提高催化剂活性位的稳定性，提高 C_{2+} 醇产物的选择性以及减少产物中甲醇和烃类的比例。

3.3.3 工艺条件

工艺条件对反应结果有很大的影响，如 Cu-Co-Cr-K 型催化剂，当在空速 $8000h^{-1}$、280℃、10MPa 下反应时产物主要为甲基燃料（甲醇 56%）；而在空速 $4000h^{-1}$、250℃、

6MPa 反应时，产物却主要为乙基燃料（甲醇 20%、乙醇 38%）。工艺反应条件主要涉及原料气组成、反应温度、反应压力、空速等。

（1）原料气组成

原料气中的氢碳比（H_2/CO）是合成低碳醇过程中的一个重要的影响因素。当原料气的总压一定时，H_2/CO 的变化会引起氢气和一氧化碳分压的变化，对合成低碳醇过程中不同的反应会带来不同的影响。生成甲醇的最佳 H_2/CO 比为 2，生成低碳醇的最佳 H_2/CO 比略大于 1。反应过程中，低碳醇的生成速率随 CO 分压的升高而加快，但由于合成低碳醇反应过程受水的强烈抑制，因此较低的 H_2/CO 比有利于水气变换反应向正方向进行。所以，综合 H_2/CO 比对于低碳醇生成速率的影响，生成低碳醇的最佳 H_2/CO 比应大于 1 而小于 2。

（2）反应温度

热力学计算表明，对于低碳醇合成反应，温度对 CO 和 H_2 转化率的影响程度不同，随着温度提高，H_2 的平衡转化率明显下降，而 CO 的平衡转化率则只是略有下降，变化不大。对于产物平衡组成而言，高的合成温度对应于高的醇含量及低的水含量。从热力学上看，温度降低对各醇的合成是有利的，但从选择性来看，提高温度有利于改善高级醇的选择性。对于低碳醇合成的最佳温度范围的选择，还必须考虑到低碳醇合成是一强放热过程，与甲醇合成相比，其反应的热效应高于甲醇，反应热的转移是一重要问题。除了反应热，体系中各产物（包括水）的相变热对于反应的热效应会产生巨大影响。此外，温度与合成成本、催化剂的性能都有非常密切的关系，这也是低碳醇合成温度选择所要考虑的因素。

（3）反应压力

CO 加氢合成不同碳数的醇均为体积减小的反应，提高反应压力，H_2 和 CO 转化率增加，且产物中各组分的含量也相应提高。通常较高的 CO 分压有利于 CO 的插入和碳链增长，因而可提高产物中 C_{2+} 醇的含量；但较高的 H_2 分压易导致产物中甲醇和烃类选择性升高。压力对水气变换反应影响甚微，但变换反应对体系中 CO 和 H_2 分压影响很大，此外 CO_2 及体系中副产物水的产生都是不可避免的。

（4）空速

合成醇反应主要为动力学控制，结合合成低碳醇的链增长反应机理，提高空速有利于甲醇的生成并提高产物收率，降低空速则有利于碳链增长反应，提高高级醇的选择性。综上可知，空速的选择需综合考虑系统压力、气量、气体组成和催化剂性能等诸多因素的影响。此外，合成气中存在的杂质气体也会对催化剂的催化性能造成显著影响。合成气中含 CO_2 较低时，CO 转化率几乎不变，但低碳醇选择性会降低，同时增加了水的含量；NH_3 气会使催化剂严重中毒，但由 NH_3 导致的催化剂中毒是可逆的，一旦将 NH_3 移除，催化剂活性又可恢复；少量的 H_2S 气体有利于提高 CO 的转化率及 C_{2+} 醇的选择性。Octamix 与 IFP 工艺采用的铜基催化剂对硫、氯等毒物很敏感，因而对原料气净化要求较高，MAS 工艺的催化剂虽耐硫性略强，仍不抗硫；只有 Sygmol 工艺采用硫化钼等催化剂，具有抗硫的优点。

3.3.4 催化机理

合成气催化合成低碳醇反应机理是进行实验研究的理论基础，合成低碳醇反应机理的研究能够指导我们优化低碳醇合成反应催化剂的选择、设计、制备和工艺条件等。低碳醇合成虽然只是将最简单的物质CO和H_2转化成低碳醇，但其过程却极其复杂，产物除了低碳醇之外，同时还包括其他一系列副产物，主要是低碳烃、石蜡、酯、醛、酮以及酸等碳氢化合物和含氧化合物。

低碳醇合成反应由许多基元反应共同组成。主要包括合成气在催化剂表面的吸附和活化、C—O键和H—H键的断裂、O—H键形成以及碳链的增长等。因此，合成气合成低碳醇的高效催化剂必须满足以下两个条件。对于反应物，要使反应充分地进行，CO和H_2必须充分有效地吸附在催化剂表面；对于反应产物，低碳醇中既含有羟基也含有醇羟基，羟基要求C—O断裂而醇羟基要求C—O键保留，因此高活性的合成醇催化剂必须含有未解离的CO的吸附位，同时还需要有促进CO在催化剂表面解离的活性位。低碳醇合成机理的研究是催化研究领域的一个热门话题。几十年来，世界各国的研究者利用先进的表征手段对合成气催化合成低碳醇的反应机理进行了广泛而深入的研究，提出了多种相关反应的机理模式，并且得到了相应实验的证实。

3.3.4.1 改性甲醇合成催化剂反应机理

早在20世纪30年代，Frolich和Cryder等[147]在研究Zn-Mn-Cr催化剂时就开始关注低碳醇的合成机理。他们发现醇产物中乙醇的含量明显比其他高碳醇的含量低很多。为此，他们提出了新的醇生成机理，高碳醇是由低级醇简单脱水缩合反应生成的。后来，Graves[148]对他们提出的机理进行了几点改进，他认为：① 在低级醇缩合反应生成高碳醇的过程中，β位的缩合快于α位的缩合，—CH位不发生缩合反应；②—CH_2的脱水优于CH。改性甲醇合成催化剂合成低碳醇机理如图3-39所示[149]。

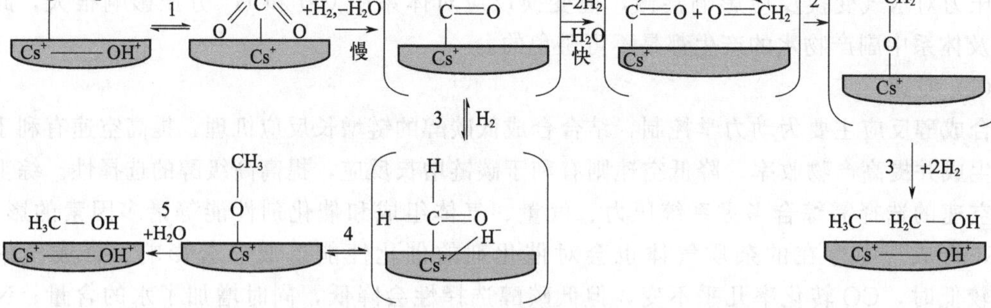

图3-39 改性甲醇合成催化剂上合成气转化生成低碳醇机理示意图

20世纪80年代初，美国理海大学（Lehigh University）的研究学者指出甲醇合成催化剂经碱金属改性后能生成高级醇。基于醇产物的分布，他们提出了三种碳链增长方式：①线性增长：CO或是Cl中间物种插入。②醇醛缩合：醛中间物种（H—OC*）＋含氧中间物种。③酯生成：醛缩合、醛中间物种和甲氧化物（CH_3O^*）。在所有的醇产物分布中，2-甲基直链醇是主要产物，而且乙醇含量比甲醇和C_{3+}醇含量低很多。研究人员认为缩合反应速率比碳链线性增长速率快很多，而且他们的动力学模拟结果与最后产物分布也是一致的。

3.3.4.2 改性费-托合成催化剂反应机理

对于改性的费-托合成催化剂生成高级醇的机理目前被广泛接受的是 Xu 等[150]提出来的 CO 插入机理，如图 3-40 所示。在 CO 插入机理中，高级醇合成是由 F-T 合成和甲醇合成共同组成的合成过程，或是介于这二者之间的过程。链引发（k_d，k_1）和链增长过程与 F-T 合成类似，形成表面烷基物种（$C_nH_z^*$），烷基物种的终止反应决定了最终产物的形成。烷基物种通过 CO 的插入反应能形成表面酰基物种（$C_nH_zCO^*$），然后再通过加氢形成醇产物。然而，烷基物种也可以通过脱氢反应和加氢反应分别生成烯烃和烷烃物种。从图 3-40 可以看到，醇的生成反应与烃的生成反应是竞争的关系。CO 插入机理解释了改性的费-托合成催化剂生成线性醇的原因，而且线性醇服从 ASF 分布。虽然 CO 插入机理给出了改性费-托合成催化剂表面物种详细的反应路径，但是催化剂的活性位结构依然不是很清楚。郑华艳等[150]认为对于改性的 F-T 合成催化剂来说，Cu 作为非解离 CO 的活性位点，Co、Fe 和 Ni 金属都具有很强的 CO 解离吸附能力，作为解离 CO 的活性位点。图 3-41 为 Cu-M 双活性位上合成混合醇示意图。

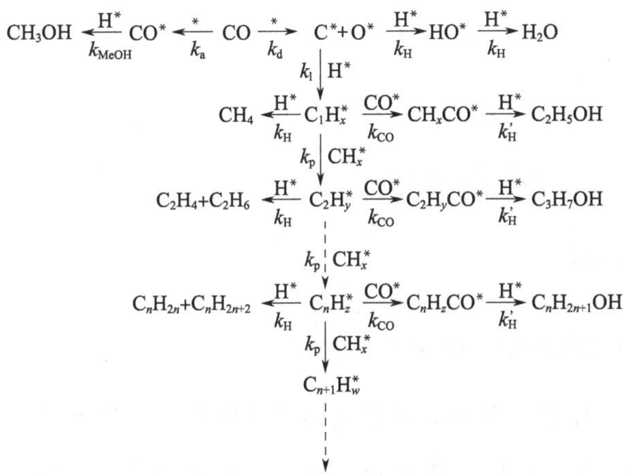

图 3-40 改性 F-T 合成催化剂上合成气转化生成低碳醇机理示意图

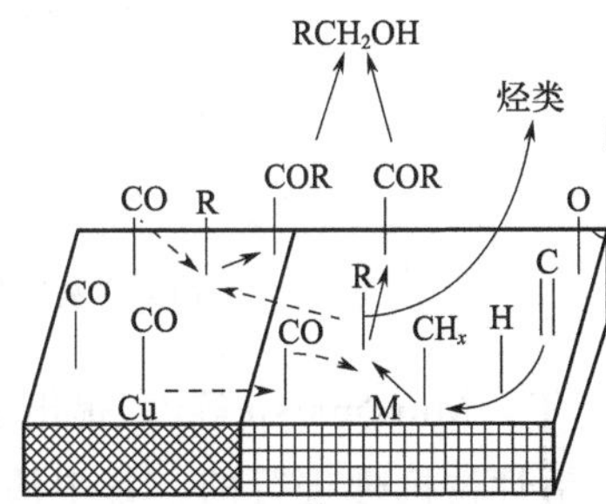

图 3-41 Cu-M 双活性位上合成混合醇示意图

3.3.4.3 Mo 基催化剂反应机理

碱助剂改性的硫化钼基催化剂 CO 加氢反应产物主要以 C_1～C_5 直链醇为主，而且不同碳数的直链醇服从 ASF 分布机理。然而，硫化钼基催化剂上的碳链是以 CO 插入方式而非亚甲基插入方式增长的。硫化钼基催化剂生成低碳醇的机理如图 3-42 所示[151]。一般认为，硫化钼基催化剂中至少同时存在着两种过渡金属助剂物种，即过渡金属硫化物（MS_x，M＝Fe，Co，Ni）和含 Mo 元素的混合硫化物（M-$KMoS_x$）。MS_x 物相是 CO 和 H_2 的解离吸附活性中心，而 M-$KMoS_x$ 是 CO 插入、碳链增长和醇生成活性中心。MS_x-$MKMoS_x$ 对形成了硫化钼基催化剂的活性中心。这两种活性位的协同作用不仅增加了催化剂对醇的选择性，而且也增加了碳链增长概率。另外，MS_x 物种上活化的 H^* 物种通过溢流作用迁移到 M-$KMoS_x$ 活性位上，提高了催化剂的活性。助剂 M 加入到硫化钼基催化剂中形成醇活性位生成中心 M-$KMoS_x$ 物种，增加了催化剂对醇的选择性。

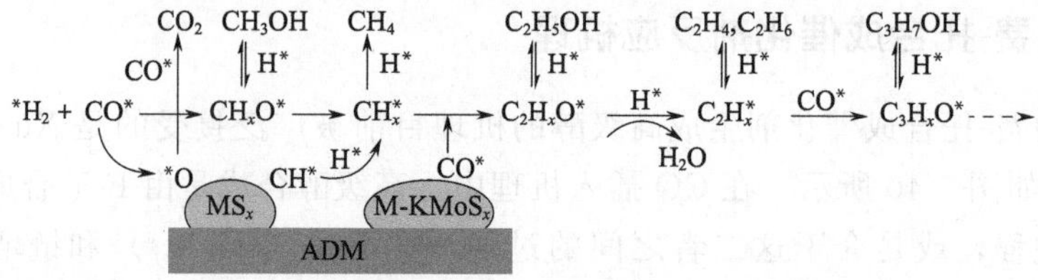

图 3-42 MoS_2 基催化剂上合成气转化生成低碳醇机理示意图

碳化钼基催化剂被认为由两种不同的 Mo 物种组成[152]，即低价态 Mo 物种（Mo-Ⅰ，$Mo^{(0\sim2)+}$）和高价态 Mo 物种（Mo-Ⅱ，$Mo^{(4\sim5)+}$），如图 3-43 所示。Mo-Ⅰ物种是 CO 解离吸附、加氢反应和碳链增长生成表面烷基物种的活性位中心，而 Mo-Ⅱ物种是 CO 非解离吸附、CO 插入和醇生成活性位中心。增加催化剂中 Mo-Ⅱ物种含量能够提高催化剂对总醇的选择性。然而，Mo-Ⅰ物种数量的减少则会降低碳链增长概率和高级醇的选择性。因此，要获得较高的低碳醇选择性和高级醇选择性，Mo-Ⅰ物种和 Mo-Ⅱ物种的含量必须要达到平衡。

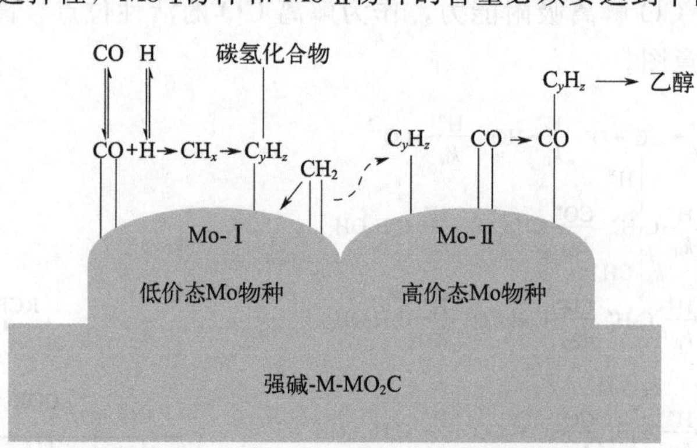

图 3-43 Mo_2C 基催化剂上合成气转化生成低碳醇机理示意图

1992 年，Muramatsu 等[153]提出了氧化态钼基催化剂合成低碳醇的反应机理，认为该反应是按双活性位机理进行的，其中活性位是由 MoO_{2-x} 和金属 Mo 构成，如图 3-44 所示。首先，CO 解离吸附在金属 Mo 上形成表面碳化物，然后再加氢生成卡宾和甲基物种。同时，CO 也会非解离吸附在 MoO_{2-x} 活性位上。产物醇和烃碳链增长的机理都是相同的，都发生在金属 Mo 活性位上，即卡宾物种插入到烷基—金属键之间形成碳链更长的烷基基团。但是，醇和烃的碳链终止步骤却发生在不同的活性位中心上。金属 Mo 活性位通过烷基—金属键氢解反应和脱氢反应生成碳氢化合物，而于金属 Mo 上形成的烷基基团则迁移到 MoO_{2-x} 活性中心上发生 CO 插入反应形成醇。

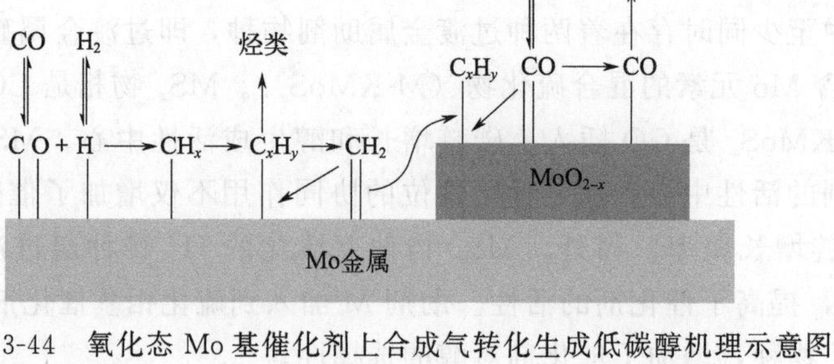

图 3-44 氧化态 Mo 基催化剂上合成气转化生成低碳醇机理示意图

3.3.4.4 贵金属 Rh 基催化剂反应机理

由于反应过程十分复杂，许多研究学者根据实际实验情况提出了 Rh 基催化剂反应路线。虽然在机理细节上存在着一些差异，但是研究学者还是给出了 Rh 基催化剂催化 CO 加氢合成低碳醇的一般机理，如图 3-45 所示[149]。步骤 1、2 表示的是 H_2 和 CO 的吸附，吸附的 CO 可以以非解离形式通过加氢直接生成甲醇（步骤 3），或是直接发生解离反应（步骤 4）。CO 在活性中心 Rh 上的吸附被认为是关键步骤，因为在很多情况下 CO 吸附是反应的决速步骤。CO 在活性中心 Rh 上的吸附行为受到的影响因素很多，如助剂、Rh 催化剂粒子大小和形貌、载体预处理方式和反应条件等。这是因为这些因素决定了 CO 的吸附方式是解离形式，还是非解离形式。乙醇的生成需要这两种 CO 吸附方式相互结合，因此 Rh 基催化剂的组分、制备方法在很大程度上决定着催化剂的活性和选择性。解离的 CO 可以通过加氢生成表面碳氢化合物 $(CH_x)_{ad}$（$x=2$，3；步骤 5）。这些 $(CH_x)_{ad}$ 物种可以通过直接加氢反应生成甲烷和高碳烃（步骤 6），或是非解离吸附的 CO 插入到催化剂与表面 $(CH_x)_{ad}$ 物种形成的金属—碳键之间形成中间物种"烯醇"（步骤 7）。"烯醇"中间物种可以与吸附的氢原子和 CO 分子反应生成高碳的含氧化合物，或是仅与吸附的氢原子反应形成醇物种（步骤 9）。

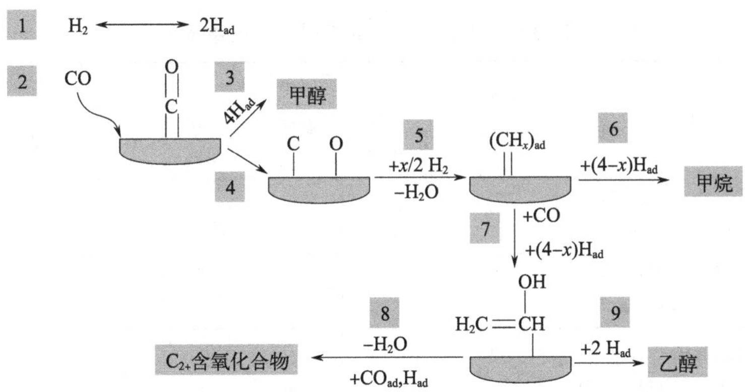

图 3-45 Rh 基催化剂上合成气转化生成低碳醇机理示意图

3.3.5 合成工艺

自 1976 年法国 IFP 首先提出合成低碳醇的方法以来，经过近四十年的研究，目前合成低碳醇的代表性工艺有 MAS 工艺、Octamix 工艺、IFP 工艺以及 Sygmol 工艺。其中 MAS 工艺和 Octamix 工艺一般采用改性甲醇合成催化剂，产物以甲基燃料为主；IFP 工艺一般采用改性费-托合成催化剂，既可以生产甲基燃料也可以生产乙基燃料；Sygmol 工艺一般采用硫化物催化体系，产物中甲醇浓度可在 0%～90%变化。然而，由于反应体系复杂，副产物多，C_{2+} 醇选择性低，受催化剂性能和稳定性等方面的限制，距离真正意义上的大规模工业应用仍有较大差距[154]。

3.3.5.1 MAS 工艺

该工艺由丹麦 Topsφe 和意大利 Snam 公司联合开发，通过改进合成甲醇催化剂及生产工艺条件，使生成甲醇的同时也生成部分低碳醇，即甲基燃料。其中试生产流程示意图见

图 3-46。该工艺采用碱金属或碱土金属改性的高压甲醇合成催化剂，催化剂组成包含 ZnO、Cr_2O_3 以及 Cs、K 等助剂。反应条件为 350～420℃、12～16MPa，CO 转化率为 17%。产物组成中甲醇和异丁醇的比例较大，同时伴有少量的乙醇和正丙醇，C_{2+} 醇总选择性较低。体积组成为 $CO:H_2:N_2:CH_4$＝41.3%：58.2%：0.38%：0.12%的合成气与循环气一起进入压缩机循环段，压力为 26MPa 经换热器加热到 410℃，进入第一反应器（合成塔），在 $ZnO\text{-}Cr_2O_3\text{-}K_2O$ 催化剂上反应。反应产物经冷凝器降温至 200℃，压力仍为 26MPa，进入第二反应器（转化塔），所得到的产物经冷却后进入分离塔，上部尾气经排空阀放空或经 CO_2 吸收塔净化后循环使用，下部得到以甲醇为主的醇类混合物。几组催化剂的组成及实验结果见表 3-7。

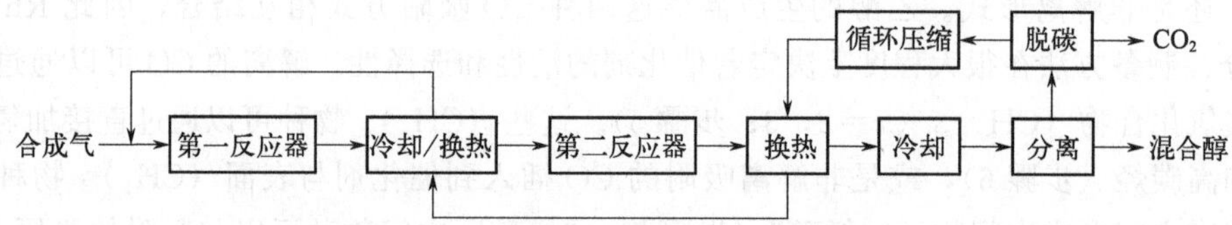

图 3-46　MAS 工艺流程示意图

表 3-7　几组催化剂的组成及实验结果

序号	催化剂组成/%	催化剂量/m^3	反应条件			产品组成/%			
			空速/h^{-1}	温度/℃	压力/MPa	甲醇	乙醇	丙醇	丁醇
1	第一反应器 ZnO72.1，$Cr_2O_3$25.9，K_2O2.0	10	7065	410	26	78.5	2.4	5.6	13.4
	第二反应器 ZnO31.4，$Cr_2O_3$49.9，CuO18.7	20	3073	200	26				
2	第二反应器 ZnO31.4，$Cr_2O_3$49.9，CuO18.7	20	3070	410	26	78.0	2.4	5.5	13.4
		20	3070	200	26				
3	第一反应器 ZnO70.6，$Cr_2O_3$25.9，K_2O4.0	12	5887	400	26	69.9	5.0	6.0	15.0
	第二反应器 ZnO53.7，$Cr_2O_3$32.8，$Al_2O_3$13.5	20	3073	180	20				

3.3.5.2 Octamix 工艺

该工艺由德国 Lurgi 公司开发，采用管壳型反应器，流程见图 3-47。反应条件为 270～300℃、7～10MPa，CO 转化率为 21%～28%。产物中总醇选择性为 66.1%～78.5%，C_{2+} 醇含量约占总醇的 30%～50%，C_{2+} 醇选择性较高。合成气经压缩后送入合成塔生产甲基燃料，再通过稳定塔分离为产品。为了增加碳源，采取将合成气中 CO_2 加以分离后，再送入造气转化炉，以降低 H_2/CO_2 比。列管式反应器的反应管内装催化剂，管外采用高压沸腾水，蒸发产生蒸汽将反应热移走，副产的蒸汽量约 1.8～2.0t/t 醇。采用碱金属改性的低压甲醇合成催化剂，即 Cu-Zn 催化体系，包含 CuO、ZnO、Al_2O_3 以及 Cr、Mn、Fe 等元素的氧化物助剂，反应过程中催化活性组分易热失活，催化剂的寿命不长。

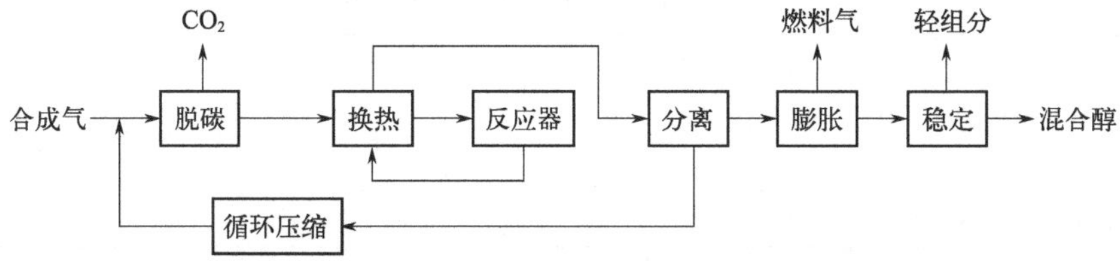

图 3-47 Octamix 工艺流程示意图

3.3.5.3 IFP 工艺

法国 IFP 也采用两级反应由合成气制得以甲醇为主的混合醇，见图 3-48。该工艺采用改性费-托合成催化体系中的 Cu-Co 作为催化剂，另外还添加碱金属以及 Cr、Mn、Fe 等元素的氧化物作为助剂。反应条件为 250～300℃、5～10MPa，CO 转化率为 21%～24%。产物中总醇选择性为 90%～95%，主要产物为 C_1～C_6 直链正构醇，其中 C_2 醇和 C_3 醇占总醇含量的 40%以上。第一级反应器为原料气一次通过，合成气经压缩机压缩到 3～15MPa，经换热器加热到 230～250℃，在空速 1000～10000h^{-1} 下进入第一反应器，在第一反应器除生成甲醇外，还生成少量的 C_2～C_5 醇类，产物冷凝分离，液相进入分离装置。第二级反应器为循环流动式，在第一反应器未反应的合成气与循环气汇合加热到 240～300℃，压力 5～12MPa，空速 5000～2000h^{-1}，进入第二反应器。在第二反应器中主要合成甲醇，产物经冷凝分离后，气体直接排空或经循环压缩机升压后返回第二反应器，液体产品送往产品分离装置，可分出甲醇、乙醇、丙醇、丁醇，也可直接得到含甲醇较多的低碳醇。IFP 工艺产物体系复杂，且产物中含水量较高，但操作条件温和，有较高的催化活性和低碳醇选择性。

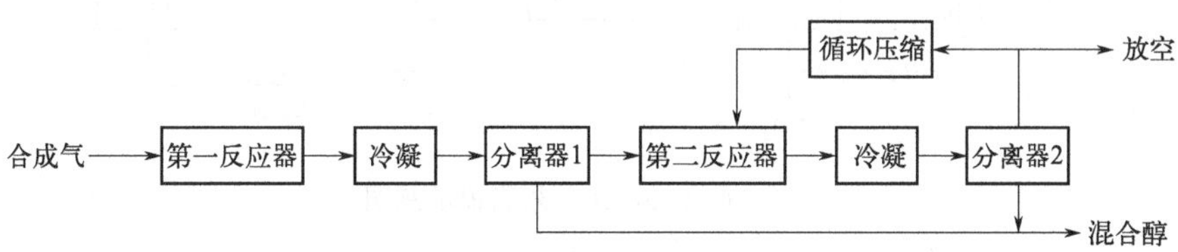

图 3-48 IFP 工艺流程示意图

1976 年法国 IFP 首先提出了合成乙基低碳混合醇的方法，所用催化剂由 Cu、Co 氧化物，碱金属及添加 Cr、V、Fe、Mn 的任何一种氧化物组成，有时还含有 Zn。当合成气 CO 为 19%、H_2 为 66%、CO_2 为 13%、N_2 为 2%，反应温度 250℃，压力 6.0MPa，空速 4000h^{-1}，CO 单程转化率 35%，对醇类的选择性大于 95%，C_2 以上醇的选择性大于 70%，试验结果见表 3-8[155]。

3.3.5.4 Sygmol 工艺

美国 Dow 化学公司开发了一种联产甲醇及高级醇的工艺，1985 年通过 1.0t/d、6500h 中试考察，其流程示意见图 3-49。该工艺采用硫化物为催化剂，主要成分为 MoS_2-M-K，反应条件为 290～310℃、10MPa，CO 转化率为 20%～25%。产物含有大量烃类及 CO_2，醇类产物主要是 C_1～C_5 直链正构醇。混合醇中甲醇浓度可在 0%～90%变化。该催化剂有下述特点：

表 3-8　催化剂组成对产品分布的影响

型号	催化剂组成/mol	反应条件			选择性/%	产品分布/%					
		温度/℃	压力/MPa	空速/h^{-1}		甲醇	乙醇	正丙醇	异丙醇	正丁醇	异丁醇
A	Cr0.8，Cu1，K0.06	250	6.0	4000	—	88	7	<1	<1	<1	<1
B_1	Cu1，Co1，Cr0.8，K0.09	250	6.0	4000	97	32	39	20	2	14	<1
		270	—	—	—	77	7	3	<1	2	<1
		250	12.0	4000	—	20	38	21	3	17	<1
		—	—	8000	—	23	37	21	3	16	<1
B_2	Cu1，Co1，Cr0.8，K0.09（加氧化铝水泥）	250	6.0	4000	—	22	41	20	3	14	<1
B_3	Cu1，Co1，Cr0.8，K0.09	250	6.0	—	94(89)①	24	39	21	2	14	<1
C	Cu1，Co0.7，Zn0.03，K0.08	250	6.0	4000	—	26	38	20	3	13	<1
D	CuCoMn0.8，K0.12	250	4.0	4000	84(95)①	33	39	19	4	14	<1
E	CuCoFe0.8，K0.12	250	6.0	4000	82(96)②	21	41	19	4	14	<1
F	CuCoV0.8，K0.12	250	6.0	4000	—	20	33	10	25	9	<1

① 没有柠檬酸蒸发的同种催化剂的选择性。

② 用柠檬酸方法得到催化剂的选择性。

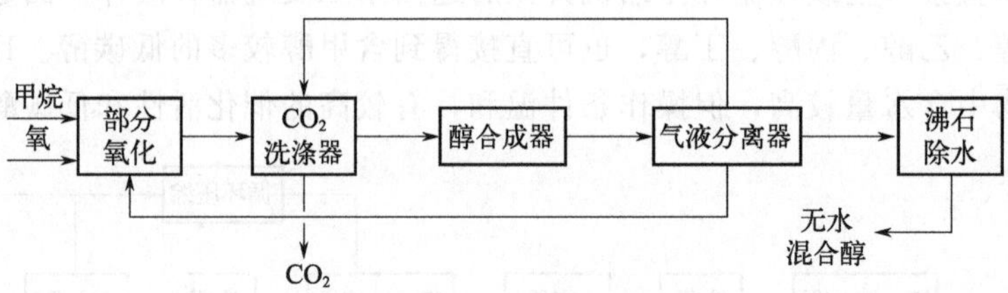

图 3-49　Sygmol 工艺流程示意图

① 抗硫性强。催化剂由硫代钼热分解而成烧结型硫化钼，因本身是硫化物，在硫存在下，才显示出催化活性，可在较高含硫量（$20\sim100mg/m^3$）和低 H_2/CO（0.7～1）原料气条件下运行，因此可节省耗资巨大的脱硫工序，直接用于含硫合成气合成混合醇，投资和操作费用小。

② 适用于固定床反应器。通过固定床反应器与流化床反应器试验，虽然流化床的传热性和温控性能好，但硫化钼催化剂更适用于结构可靠和操作方便的固定床。

③ 生成的水量很少。Dow 化学公司采用沸石脱除少量水，产品中水含量达到 0.2%。

3.3.5.5　4 种工艺对比

以上 4 种工艺的国内外研究现状列于表 3-9，各项技术经济指标比较列于表 3-10。

上述 4 种工艺中，MAS 工艺最成熟，其次是 IFP 工艺。Sygmol 工艺的催化剂具有独特的抗硫性，该工艺及 IFP 工艺的产物中 C_{2+} 醇含量最高，化工利用的前景最好。Octamix 工艺采用低压法铜系催化体系，是对 MAS 工艺的改进，而且与 Sygmol 工艺相同，其产物含水量很低，因此产物脱水能耗也最低。

表 3-9　4 种低碳醇工艺国内外现状

项目		MAS	Octamix	IFP	Sygmol
项目	工艺	MAS	Octamix	IFP	Sygmol
	催化剂	Zn-Cr-K	Cu-Zn-Al-K	Cu-Co-M-K	MoS_2-M-K
	研究单位	意大利 Snam	德国 Lurgi	法国 IFP	美国 Dow
操作条件	空速/h^{-1}	3000～15000	2000～4000	4000	5000～7000
	温度/℃	350～420	270～300	290	290～310
	压力/MPa	12～16	7～10	6	10
	H_2/CO	0.5～3	1～1.2	2～2.5	1.1～1.2
液体产物的组成（质量分数）/%	甲醇	70	59.7	41	40
	乙醇	2	7.4	30	37
	丙醇	3	3.7	9	14
	丁醇	13	8.2	6	5
	C_{5+}醇	10	10.4	8	2
试验结果	C_{2+}醇/总醇	22～30	30～50	30～60	30～70
	粗醇含水（质量分数）/%	20	0.3	5～35	0.4
	CO 成醇选择性/%	90	—	65～76	85
	CO 转化率/%	17	—	21～24	20～25
	产率/[mL/(mL·h)]	0.25～3	—	0.2	0.32～0.56
开发现状		已工业化 15kt/a		中试 7000 桶/a	中试 1t/d
催化剂考察时间/h		6000		4 个月	6500

表 3-10　4 种工艺路线技术经济的比较

项目	MAS	IFP	Sygmol	Octamix
温度/℃	>350	<300	<300	<300
压力/MPa	>12	<10	<10	<10
C_{2+}醇/总醇/%	<30	56	59	50
烃产率（质量分数）/%	<10	20～30	18～23	4.3
其他含氧化合物（质量分数）/%	2.1	—	0.25	10.2
CO 成醇选择性/%	90	65～70	85	约 85
粗产品含水量（质量分数）/%	20	5～35	0.4	0.3
精产品含水量（质量分数）/%	0.1	0.1	0.2	0.1
脱水方法	环己烷萃取法	二甘醇萃取法	分子筛吸附法	分子筛吸附法
技术成熟程度	1982 年建成 15kt/a 示范装置	1984 年建成 7000 桶/a 装置	1985 年建成 1t/d 装置	单管模式
原料气含硫量/$\times 10^{-6}$	—	—	110～140	<0.1
投资/亿元①	6.31	10.31	—	—
成本/(元/t)①	598	875	—	—
热效率/%	62	49	—	60

① 以 1000t/d 规模计（以当时价格计）。

3.3.5.6 国内工艺

国内有多家科研单位长期从事合成气制混合醇的开发工作，中国科学院山西煤炭化学研究所进行了混合醇催化剂开发和反应工艺研究[138]，采用 MAS 工艺开发的 Zn-Cr-K 催化剂于 1988 年通过工业侧线模试鉴定，所用的固定床反应器尺寸为 102mm×1100mm，反应条件苛刻，C_{2+}醇选择性较低。山西煤炭化学研究所采用 IFP 工艺开发的 Cu-Co 催化剂通过了 1000h 工业侧线模试鉴定，得到了较好的结果。南化集团研究院曾采用 Octamix 工艺对 Cu/ZnO/MgO（K）催化剂进行了 700h 模试考察[156]，该催化体系中活性组分铜容易烧结，且容易因原料气中的硫化物、氯化物中毒，后续研究较少。此外，中国科学院大连化学物理研究所、厦门大学、中国科技大学、北京大学、清华大学等科研单位也在合成气制混合醇方面开展了大量研究工作[157-160]。

3.3.6 工业化发展趋势

煤经合成气制低碳醇技术是碳一化学过程中的重要组成部分，是非石油路线合成液体燃料、油品添加剂及大宗化学品的重要途径，近年来在原油供应日趋紧张和甲醇替代燃料市场持续低迷背景下，开发替代甲醇燃料和高附加值的 C_{2+} 混合醇技术日益引起人们的极大关注，有望成为降低石油依赖程度、实现煤基合成气高效转化及洁净利用煤炭资源的主要途径之一。

在合成混合醇催化剂开发中，改性费-托合成催化剂单程转化率高、C_{2+} 醇选择性好、反应条件温和，硫化物催化剂具有耐硫性能，可节省装置脱硫单元和设备投资，这两类催化剂被认为是最具应用前景的催化剂体系。Cu-Co 和 Cu-Fe 催化体系的改进方向是提高催化剂的稳定性和产物中 C_{2+} 混合醇的选择性，硫化物催化剂的研发重点是提高混合醇的选择性和催化效率。Zn-Cr 体系产物中异丁醇选择性高，如能开发新型设备和高效催化剂，降低反应苛刻度，从高附加值精细化工产品角度考虑，其未来的应用市场潜力巨大。同时，开发新的合成工艺，如采用浆态床反应器，便于温度的控制和防止催化剂的烧结和失活，催化剂颗粒小，有效利用率高，并且高度分散的催化剂可提高反应效能。尽管这些工艺比传统的固定床反应器更为复杂，但低碳醇催化剂与合成新工艺的整合开发，是提高醇选择性和产率，实现工业化应用的重要研究内容。除此之外，如何控制反应的高放热性和提高反应产物中低碳醇的分离效率也应该是低碳醇研究者们需要关注的问题。

综上所述，低碳醇应用前景在于其作为化学产品和大宗化工生产原料的巨大价值，除甲醇外，混合醇经分离可得到乙醇、丙醇、丁醇、戊醇等高级化工醇，这些产品是生产医药、聚酯等大宗化学品的重要中间体，具有较高的经济价值。因此，在现阶段甲醇燃料添加剂存在诸多不利因素的条件下，煤基合成气制高附加值低碳醇燃料技术具有重要的现实意义及广阔的发展前景。

参考文献

[1] 谢克昌，李忠. 甲醇及其衍生物［M］. 北京：化学工业出版社，2002.

[2] Short G D，Chinchen G C，Williamson J G. Catalyst：US 4788175［P］. 1988-11-29.

[3] Broecker F J，Gruendler K H，Marosi L. Preparation of methanol synthesis catalyst comprising zinc，copper and

aluminum：US 4436833 [P]. 1984-03-13.

[4] 马大伟，钟昌祖. C79-7GL 型甲醇合成催化剂运用总结 [J]. 氮肥技术，2011，32 (01)：30-32.

[5] Nakamura T，Tsuji K，Obata Y. Method for preparing catalyst precursor for methanol synthesis：US 5089452 [P]. 1992-02-18.

[6] 陈翠翠，付玉川，田锋. Katalco51-9 型甲醇合成催化剂应用总结 [J]. 化肥工业，2018，45 (06)：23-26.

[7] 李国琨，李卫东，杜勇. XNC-98 型合成甲醇催化剂的性能及工业应用 [J]. 化肥工业，2005，32 (05)：31-35.

[8] 张勇，高俊文. LC308 合成甲醇催化剂的研制 [J]. 应用化工，2000，29 (03)：8-11.

[9] 张新凤. C307 型中低压甲醇合成催化剂的工业应用 [J]. 煤化工，2005 (04)：50-53.

[10] 余成明，肖红玲. RK-05 型甲醇合成催化剂运行总结 [J]. 中氮肥，2019 (04)：37-40.

[11] Behrens M，Studt F，Kasatkin I，et al. The active site of methanol synthesis over $Cu/ZnO/Al_2O_3$ industrial catalysts [J]. Science，2012，336 (6083)：893-897.

[12] Zander S，Kunke E L，Schuster M E，et al. The role of the oxide component in the development of copper composite catalysts for methanol synthesis [J]. Angewandte Chemie-International Edition，2013，52 (25)：6536-6540.

[13] 侯晋，张鹏远. 超重力共沉淀法制备铜基催化剂的研究 [J]. 北京化工大学学报，2008，35 (4)：18-23.

[14] 于凤文，计建炳，郑遗凡，等. 复频超声法制备合成甲醇铜基催化剂 [J]. 石油化工，2004，33 (09)：824-827.

[15] Cen Y，Li X，Liu H. Preparation of copper-based catalysts for methanol synthesis by acid-alkali-based alternate precipitation method [J]. Chinese Journal of Catalysis，2006，27 (3)：210-216.

[16] Hong Z S，Cao Y，Deng J F，et al. CO_2 Hydrogenation to methanol over $Cu/ZnO/Al_2O_3$ catalysts prepared by a novel gel-network-coprecipitation method [J]. Catalysis Letters，2002，82 (1)：37-44.

[17] Dai W L，Sun Q，Deng J F，et al. XPS studies of $Cu/ZnO/Al_2O_3$ ultra-fine catalysts derived by a novel gel oxalate co-precipitation for methanol synthesis by CO_2+H_2 [J]. Applied Surface Science，2001，177 (3)：172-179.

[18] Wang D，Zhao J，Song H，et al. Characterization and performance of $Cu/ZnO/Al_2O_3$ catalysts prepared via decomposition of M (Cu，Zn) -ammonia complexes under sub-atmospheric pressure for methanol synthesis from H_2 and CO_2 [J]. Journal of Natural Gas Chemistry，2011，20 (6)：629-634.

[19] Chen K，Yu J，Liu B，et al. Simple strategy synthesizing stable $CuZnO/SiO_2$ methanol synthesis catalyst [J]. Journal of Catalysis，2019，372：163-173.

[20] Arena F，Barbera K，Italiano G，et al. Synthesis，characterization and activity pattern of $Cu-ZnO/ZrO_2$ catalysts in the hydrogenation of carbon dioxide to methanol [J]. Journal of Catalysis，2007，249 (2)：185-194.

[21] Huang L，Kramer G J，Wieldraaijer W，et al. Methanol synthesis over Cu/ZnO catalysts prepared byball milling [J]. Catalysis Letters，1997，48 (1-2)：55-59.

[22] Chinchen G C，Waugh K C，Whan D A. The activity and state of the copper surface in methanol synthesis catalysts [J]. Applied Catalysis，1986，25 (1-2)：101-107.

[23] Fisher I A，Bell A T. In situ infrared study of methanol synthesis from H_2/CO over Cu/SiO_2 and $Cu/ZrO_2/SiO_2$ [J]. Journal of Catalysis，1998，178 (1)：153-173.

[24] Fleisch T H，Mieville R L. Studies on the chemical state of Cu during methanol synthesis [J]. Journal of Catalysis，1984 (1)：165-172.

[25] Bart J C J，Sneeden R P A. Copper-zinc oxide-alumina methanol catalysts revisited [J]. Catalysis Today，1987，2 (1)：1-124.

[26] Chu P J，Gerstein B C，Sheffer G R，et al. NMR studies of ^{65}Cu and ^{133}Cs in alkali-metal-promoted copper catalysts [J]. Journal of Catalysis，1989，115 (1)：194-204.

[27] Klier K. Methanol synthesis [J]. Advances in Catalysis，1982，31：243-313.

[28] Duprez D，Ferhat-Hamida Z，Bettahar M M. Surface mobility and reactivity of oxygen species on a copper-zinc catalyst in methanol synthesis [J]. Journal of Catalysis，1990，124 (1)：1-11.

[29] Denise B，Sneeden R，Beguin B，et al. Supported copper catalysts in the synthesis of methanol：N_2O-titrations [J]. Applied Catalysis，1987，30 (2)：353-363.

[30] Herman R G，Klier K，Simmons G W，et al. Catalytic synthesis of methanol from CO/H_2：I. Phase composition，electronic properties，and activities of the $Cu/ZnO/M_2O_3$ catalysts [J]. Journal of Catalysis，1979，56 (3)：407-429.

[31] Sun Q, Liu C W, Pan W, et al. In situ IR studies on the mechanism of methanol synthesis over an ultrafine Cu/ZnO/ Al_2O_3 catalyst [J]. Applied Catalysis A: General, 1998, 171 (2): 301-308.
[32] 佟友东，朱起明，潘伟雄，等.铜系催化剂低压合成甲醇的原位红外光谱研究 [J].物理化学学报，1985，05：431-441.
[33] 刘立考，丁彩丽.卡萨利 IMC 甲醇合成塔催化剂装卸及内件改进 [J].大氮肥，2016，39 (01)：55-57.
[34] Heydorn E C, Diamond B W, Lilly R D. Commercial-scale demonstration of the liquid phase methanol (LPMEOH) process [R]. Air Products Liquid Phase Conversion Company, LP (US), 2003.
[35] 王存文，丁百全，朱炳辰，等.三相床甲醇合成过程的铜基催化剂失活 [J].武汉化工学院学报，2001，23 (3)：1-4.
[36] Zhai X, Shamoto J, Xie H, et al. Study on the deactivation phenomena of Cu-based catalyst for methanol synthesis in slurry phase [J]. Fuel, 2008, 87 (4-5): 430-434.
[37] Zhang X B, Li Z, Guo Q H, et al. Influence of the calcination on the activity and stability of the Cu/ZnO/ Al_2O_3 catalyst in liquid phase methanol synthesis [J]. Fuel, 2010, 89 (7): 1348-1352.
[38] Subramani V, Gangwal S K. A review of recent literature to search for an efficient catalytic process for the conversion of syngas to ethanol [J]. Energy & Fuels, 2008, 22: 814-839.
[39] Kapur N, Hyun J, Shan B, et al. Ab initio study of CO hydrogenation to oxygenates on reduced Rh terraces and stepped surfaces [J]. J. Phys. Chem. C, 2010, 114: 10171-10182.
[40] Huang M, Cho K. Density functional theory study of CO hydrogenation on a MoS_2 Surface [J]. J. Phys. Chem. C, 2009, 113: 5238-5243.
[41] 汪海有，刘金波，蔡启瑞.合成气制乙醇催化反应机理述评 [J].分子催化，1994，8 (6)：472-482.
[42] 汪海有，刘金波，傅锦冲，等.用同位素研究合成气制乙醇的反应机理 [J].分子催化，1991，5 (1)：16-23.
[43] 汪海有.Rh 系催化剂上合成气转化为乙醇的反应机理、助剂作用及本质的研究 [D].厦门：厦门大学，2007.
[44] 汪海有，蔡启瑞，刘金波.合成气转化为乙醇的反应机理 [J].物理化学学报，1991，7 (6)：681-387.
[45] 汪海有，刘金波.铑催化合成气制乙醇反应中 CO 断键途径的研究 [J].分子催化，1994 (2)：111-116.
[46] Xu X C, Su J, Tian P, et al. First-principles study of C_2 oxygenates synthesis directly from syngas over CoCu bimetallic catalysts [J]. The Journal of Physical Chemistry C, 2014, 119 (1): 216-227.
[47] Shi X R, Jiao H, Hermann K, et al. CO hydrogenation reaction on sulfided molybdenum catalysts [J]. Journal of Molecular Catalysis A: Chemical, 2009, 312 (1-2): 7-17.
[48] Ling L, Wang Q, Zhang R, et al. Formation of C_2 oxygenates and ethanol from syngas on an Fe-decorated Cu-based catalyst: Insight into the role of Fe as a promoter [J]. Phys Chem Chem Phys, 2017, 19 (45): 30883-30894.
[49] Zuo Z J, Wang L, Yu L M, et al. Experimental and theoretical studies of ethanol synthesis from syngas over CuZnAl catalysts without other promoters [J]. The Journal of Physical Chemistry C, 2014, 118 (24): 12890-12898.
[50] van der Lee G, Schuller B, Post H, et al. On the selectivity gorlaeus state of Rh catalysts in the formation of oxygenates [J]. Journal of catalysis, 1986, 98: 522-529.
[51] Bastein A G T M, Boogert W, van der Lee G, et al. Selectivity of Rh catalysts in the syngas reactions. On the role of supports and promoters [J]. Applied Catalysis, 1987, 29: 243-260.
[52] Kowalski J, Lee G, Ponec V. Vanandium oxide as a support and promoter of Rh catalysts in synthesis gas Reactions [J]. Applied Catalysis, 1985, 19: 423-426.
[53] Wang J, Zhang Q, Wang Y. Rh-catalyzed syngas conversion to ethanol: Studies on the promoting effect of FeO_x [J]. Catalysis Today, 2011, 171: 257-265.
[54] Luk H T, Mondelli C, Ferre D C, et al. Status and prospects in higher alcohols synthesis from syngas [J]. Chem Soc Rev, 2017, 46 (5): 1358-1426.
[55] Ding D, Yu J, Guo Q, et al. Highly efficient synthesis of $C_2{}^+$ oxygenates from CO hydrogenation over Rh-Mn-Li/ SiO_2 catalyst: The effect of TiO_2 promoter [J]. Catalysis Letters, 2018, 148 (8): 2619-2626.
[56] Woo H C, Park T Y, Kim Y G, et al. Alkali-promoted MoS_2 catalysts for alcohol synthesis: The effect of alkali promotiom and preparation condition on activity and selectivity [J]. Studies in Surface ence & Catalysis, 1993, 75: 2749-2752.

[57] Woo H C, Park K Y, Kim Y G, et al. Mixed alcohol synthesis from carbon monoxide and dihydrogen over potassium-promoted molybdenum carbide catalysts [J]. Applied Catalysis, 1991, 75: 267-280.

[58] Li Z, Fu Y, Bao J, et al. Effect of cobalt promoter on Co-Mo-K/C catalysts used for mixed alcohol synthesis [J]. Applied Catalysis A: General, 2001, 220: 21-30.

[59] Li D B, Yang C, Zhang H R, et al. A catalyst with high activity and selectivity for the synthesis of C_2+-OH: ADM catalyst modified by nickel [J]. Studies in Surface Science and Catalysis, 2004, 147: 391-396.

[60] Li D, Zhao N, Qi H, et al. Ultrasonic preparation of Ni modified K_2CO_3/MoS_2 catalyst for higher alcohols synthesis [J]. Catalysis Communications, 2005, 6 (10): 674-678.

[61] Xiang M, Li D, Li W, et al. Synthesis of higher alcohols from syngas over K/Co/b-Mo_2C catalysts [J]. Catalysis Communications, 2007, 8: 503-507.

[62] Xiang M, Li D, Xiao H, et al. Synthesis of higher alcohols from syngas over Fischer-Tropsch elements modified K/β-Mo_2C catalysts [J]. Fuel, 2008, 87 (4-5): 599-603.

[63] Xiang M, Zou J, Li Q, et al. Catalytic performance of iron carbide for carbon monoxide hydrogenation [J]. Journal of Natural Gas Chemistry, 2010, 19 (5): 468-470.

[64] Byskov L S, Hammer B, Norskov J K, et al. Sulfur bonding in MoS_2 and Co-Mo-S structures [J]. Catalysis Letters, 1997, 47: 177-182.

[65] Ji L L, Li H, Zhang W, et al. Synthesis of higher alcohols from syngas over alkali promoted K-Co-Mo catalysts supported on multi-walled carbon nanotubes [J]. Chinese Journal of Chemical Physics, 2017, 30 (3): 333-338.

[66] Wang J J, Xie J R, Huang Y H, et al. An efficient Ni-Mo-K sulfide catalyst doped with CNTs for conversion of syngas to ethanol and higher alcohols [J]. Applied Catalysis A: General, 2013, 468: 44-51.

[67] Sun J, Wan S, Wang F, et al. Selective synthesis of methanol and higher alcohols over Cs/Cu/ZnO/Al_2O_3 catalysts [J]. Industrial & Engineering Chemistry Research, 2015, 54 (32): 1-37.

[68] Liu Y, Murata K, Inaba M, et al. Mixed alcohols synthesis from syngas over Cs-and Ni-modified Cu/CeO_2 catalysts [J]. Fuel, 2013, 104: 62-69.

[69] 韩涛，黄伟，王晓东，等. Ce-Cu-Co/CNTs 催化剂催化合成气制低碳醇及乙醇的研究 [J]. 物理化学学报，2014，30 (11)：2127-2133.

[70] Tienthao N, Hassanzahediniaki M, Alamdari H, et al. Effect of alkali additives over nanocrystalline Co-Cu-based perovskites as catalysts for higher-alcohol synthesis [J]. Journal of Catalysis, 2007, 245 (2): 348-357.

[71] Wang Z, Spivey J J. Effect of ZrO_2, Al_2O_3 and La_2O_3 on cobalt-copper catalysts for higher alcohols synthesis [J]. Applied Catalysis A: General, 2015, 507: 75-81.

[72] Zhang H B, Dong X, Lin G D, et al. Carbon nanotube-promoted Co-Cu catalyst for highly efficient synthesis of higher alcohols from syngas [J]. Chemical Communications, 2005 (40): 5094.

[73] Wang P, Bai Y, Xiao H, et al. Effect of the dimensions of carbon nanotube channels on copper-cobalt-cerium catalysts for higher alcohols synthesis [J]. Catalysis Communications, 2016, 75: 92-97.

[74] Ding M, Qiu M, Liu J, et al. Influence of manganese promoter on co-precipitated Fe-Cu based catalysts for higher alcohols synthesis [J]. Fuel, 2013, 109: 21-27.

[75] Lin M, Fang K, Li D, et al. CO hydrogenation to mixed alcohols over co-precipitated Cu-Fe catalysts [J]. Catalysis Communications, 2008, 9 (9): 1869-1873.

[76] 宋庆英，刘苏. 合成气加氢制乙醇的方法. CN 103420791 A [P]. 2013-12-04.

[77] 王玉和，贺德华，徐柏庆. 甲醇羰基化制乙酸 [J]. 化学进展，2003，15 (3)：215-221.

[78] Pallassana V, Neurock M. Reaction paths in the hydrogenolysis of acetic acid to ethanol over Pd (111), Re (0001), and PdRe alloys [J]. Journal of Catalysis, 2002, 209 (2): 289-305.

[79] Alcala R, Shabaker J W, Huber G W, et al. Experimental and DFT studies of the conversion of ethanol and acetic acid on PtSn-based catalysts [J]. J. Phys. Chem. B, 2005, 109: 2074-2085.

[80] Chen L, Zhu Y, Zheng H, et al. Aqueous-phase hydrodeoxygenation of propanoic acid over the Ru/ZrO_2 and Ru-Mo/ZrO_2 catalysts [J]. Applied Catalysis A: General, 2012, 411-412: 95-104.

[81] Chen L, Zhu Y, Zheng H, et al. Aqueous-phase hydrodeoxygenation of carboxylic acids to alcohols or alkanes over

supported Ru catalysts [J]. Journal of Molecular Catalysis A: Chemical, 2011, 351: 217-227.

[82] Chen L, Li Y, Zhang X, et al. Mechanistic insights into the effects of support on the reaction pathway for aqueous-phase hydrogenation of carboxylic acid over the supported Ru catalysts [J]. Applied Catalysis A: General, 2014, 478: 117-128.

[83] 周海风，张春雷，徐烨. Pd-Sn/Al_2O_3 催化剂催化醋酸加氢制乙醇的研究 [J]. 天然气化工（C1 化学与化工），2016, 41 (5): 48-50, 94.

[84] Zhang S, Duan X, Ye L, et al. Production of ethanol by gas phase hydrogenation of acetic acid over carbon nanotube-supported Pt-Sn nanoparticles [J]. Catalysis Today, 2013, 215: 260-266.

[85] Dong X, Lei J, Chen Y, et al. Selective hydrogenation of acetic acid to ethanol on Cu-In catalyst supported by SBA-15 [J]. Applied Catalysis B: Environmental, 2019, 244: 448-458.

[86] Chen Y, Zhai Z, Liu J, et al. Exploring the reaction mechanism of ethanol synthesis from acetic acid over the Ni_2In (100) surface [J]. Physical Chemistry Chemical Physics, 2020, 22 (4): 1-35.

[87] Chen Y, Zhai Z, Liu J, et al. The synergistic effects of Cu clusters and In_2O_3 on ethanol synthesis from acetic acid hydrogenation [J]. Physical Chemistry Chemical Physics, 2019, 21 (43): 23906-23915.

[88] 凌晨，唐丽. 乙酸直接加氢制乙醇工艺及经济性分析 [J]. 天然气化工（C1 化学与化工），2013, 2: 60-62.

[89] 蒲延芳，赵文涛，黄龙. 一种乙酸直接加氢制备并精制乙醇的工艺: CN 107118077 A [P]. 2017-09-01.

[90] 于小芳，陈海俊，王振兴，等. 乙酸加氢制乙醇的方法: CN 105503521 A [P]. 2016-04-20.

[91] Ferretti A. Surface organometallic chemistry on metals part Ⅳ. Selective hydrogenation of ethyl acetate to ethanol on Rh-Sn/SiO_2 bimetallic catalysts: A mechanistic study [J]. Journal of Molecular Catalgsis, 1991, 67: 283-294.

[92] Brewster T P, Rezayee N M, Culakova Z, et al. Base-free iridium-catalyzed hydrogenation of esters and lactones [J]. ACS Catalysis, 2016, 6 (5): 3113-3117.

[93] Zhang J, Leitus G, Ben-David Y, et al. Efficient homogeneous catalytic hydrogenation of esters to alcohols [J]. Angew Chem Int Ed Engl, 2006, 45 (7): 1113-1115.

[94] Ma X, Yang Z, Liu X, et al. Dynamic redox cycle of Cu^0 and Cu^+ over Cu/SiO_2 catalyst in ester hydrogenation [J]. RSC Advances, 2015, 5 (47): 37581-37584.

[95] Brands D S, Poels E K, Bliek A. Ester hydrogenolysis over promoted Cu/SiO_2 catalysts [J]. Applied Catalysis A: General, 1999, 184: 279-289.

[96] Zhu Y M, Shi L. Zn promoted Cu-Al catalyst for hydrogenation of ethyl acetate to alcohol [J]. Journal of Industrial and Engineering Chemistry, 2014, 20 (4): 2341-2347.

[97] Zhu Y M, Shi X W L. Hydrogenation of ethyl acetate to ethanol over bimetallic Cu-Zn/SiO_2 catalysts prepared by means of coprecipitation [J]. Bulletin of the Korean Chemical Society, 2014, 35 (1): 141-146.

[98] 王振刚. Cu-Zn/Al_2O_3 催化剂上乙酸间接加氢制乙醇本征动力学 [M]. 北京: 北京大学，2014.

[99] 潘文龙，岳志，程振民. 乙酸乙酯加氢制乙醇气液固三相反应过程 [J]. 华东理工大学学报（自然科学版），2016, 42 (6): 752-757.

[100] 章星. Cu-Mg 催化剂催化乙酸乙酯气相加氢制乙醇的研究 [M]. 浙江: 浙江大学，2017.

[101] Lu Z, Yin H, Wang A, et al. Hydrogenation of ethyl acetate to ethanol over Cu/ZnO/MO_x ($MO_x = SiO_2$, Al_2O_3, and ZrO_2) catalysts [J]. Journal of Industrial and Engineering Chemistry, 2016, 37: 208-215.

[102] Huang Y, Zhang W, Yue Z, et al. Performance of SiO_2-TiO_2 binary oxides supported Cu-ZnO catalyst in ethyl acetate hydrogenation to ethanol [J]. Catalysis Letters, 2017, 147 (11): 2817-2825.

[103] 张新平，蔡清白，高振明，等. 乙酸酯化-加氢生产乙醇的方法. CN 103387481 A [P]. 2013-11-13.

[104] 郭卫军. 煤（合成气）制乙醇技术进展及工业化应用 [J]. 能源化工，2015, 36 (5): 4.

[105] Boronat M, Martinez C, Corma A. Mechanistic differences between methanol and dimethyl ether carbonylation in side pockets and large channels of mordenite [J]. Phys Chem Chem Phys, 2011, 13 (7): 2603-2612.

[106] Rasmussen D B, Christensen J M, Temel B, et al. Reaction mechanism of dimethyl ether carbonylation to methyl acetate over mordenite-a combined DFT/experimental study [J]. Catalysis Science & Technology, 2017, 7 (5): 1141-1152.

[107] Li B, Xu J, Han B, et al. Insight into dimethyl ether carbonylation reaction over mordenite zeolite from in-situ solid-

state NMR spectroscopy [J]. The Journal of Physical Chemistry C, 2013, 117 (11): 5840-5847.
[108] 沈红宝.负载型杂多酸催化剂催化二甲醚羰基化反应的研究 [M].天津:天津大学,2018.
[109] Rasmussen D B, Christensen J M, Temel B, et al. Ketene as a reaction intermediate in the carbonylation of dimethyl ether to methyl acetate over mordenite [J]. Angew Chem Int Ed Engl, 2015, 54 (25): 7261-7264.
[110] Volkova G G, Plyasova L M, Shkuratova L N, et al. Solid superacids for halide-free carbonylation of dimethyl ether to methyl acetate [J]. Studies in Surface Science and Catalysis, 2004, 147: 403-408.
[111] Sunley G J, Watson D J. High productivity methanol carbonylation catalysis using iridium: The Cativa^{TM} process for the manufacture of acetic acid [J]. Catalysis Today, 2000, 58: 293-307.
[112] San X, Yang G, Zhang Y, et al. New method for ethanol synthesis from dimethyl ether and syngas via two-stage reaction [J]. Journal of the Japan Petroleum Institute, 2009, 52 (6): 357-358.
[113] Yang G, San X, Jiang N, et al. A new method of ethanol synthesis from dimethyl ether and syngas in a sequential dual bed reactor with the modified zeolite and Cu/ZnO catalysts [J]. Catalysis Today, 2011, 164 (1): 425-428.
[114] Li X, San X, Zhang Y, et al. Direct synthesis of ethanol from dimethyl ether and syngas over combined H-Mordenite and Cu/ZnO catalysts [J]. ChemSusChem, 2010, 3 (10): 1192-1199.
[115] 胡玉荣,李扬.一种二甲醚间接生产乙醇的工艺.CN 109503326 A [P].2019-03-22.
[116] 陈秉辉,胡涛,张诺伟,等.一种用于合成气一步法制乙醇并联产甲醇催化剂的制备方法及应用:CN 109331865 A [P].2019-02-15.
[117] 康金灿,常浩浩,周伟,等.一种合成气直接制备乙醇的方法:CN 109053371 A [P].2018-12-21.
[118] Gong J, Yue H, Zhao Y, et al. Synthesis of ethanol via syngas on Cu/SiO_2 catalysts with balanced Cu^0-Cu^+ sites [J]. Journal of the American Chemical Society, 2012, 134 (34): 13922-13925.
[119] Zhu Y, Kong X, Zhu S, et al. Construction of $Cu/ZrO_2/Al_2O_3$ composites for ethanol synthesis: Synergies of ternary sites for cascade reaction [J]. Applied Catalysis B: Environmental, 2015, 166-167: 551-559.
[120] Yue H, Zhao Y, Zhao S, et al. A copper-phyllosilicate core-sheath nanoreactor for carbon-oxygen hydrogenolysis reactions [J]. Nature Communications, 2013, 4: 2339.
[121] Ai P, Tan M, Yamane N, et al. Synergistic effect of a boron-doped carbon-nanotube-supported Cu catalyst for selective hydrogenation of dimethyl oxalate to ethanol [J]. Chemistry, 2017, 23 (34): 8252-8261.
[122] Zhao S, Yue H, Zhao Y, et al. Chemoselective synthesis of ethanol via hydrogenation of dimethyl oxalate on Cu/SiO_2: Enhanced stability with boron dopant [J]. Journal of Catalysis, 2013, 297: 142-150.
[123] Zhao Y, Zhao S, Geng Y, et al. Ni-containing Cu/SiO_2 catalyst for the chemoselective synthesis of ethanol via hydrogenation of dimethyl oxalate [J]. Catalysis Today, 2016, 276: 28-35.
[124] 王树荣,骆仲泱,岑可法,等.一种合成乙醇的方法:CN 101830776 A [P].2010-09-15.
[125] 赵玉军,马新宾,王胜平,等.两段法草酸酯加氢制备乙醇的工艺:201510535737.8 [P].2015-11-25.
[126] 赵玉军,尚鑫,王胜平,等.一种采用集成催化剂耦合催化草酸酯加氢制乙醇的方法:CN 110054547 A [P].2019-07-26.
[127] 许敬亮,常春,韩秀丽,等.合成气乙醇发酵技术研究进展 [J].化工进展,2019,38 (1):586-597.
[128] 贺娜,邵效云.煤制合成气生物发酵生产燃料乙醇技术进展 [J].煤炭与化工,2018,41 (6):142-144.
[129] 宋安东,冯新军,王凤芹,等.合成气发酵制取乙醇微生物的对比 [J].生物工程学报,2013,29 (3):342-349.
[130] Tang Y, Huang Y, Gan W, et al. Ethanol production from gas fermentation: Rapid enrichment and domestication of bacterial community with continuous CO/CO_2 gas [J]. Renewable Energy, 2021, 175: 337-344.
[131] Monir M U, Abd Aziz A, Yousuf A, et al. Hydrogen-rich syngas fermentation for bioethanol production using Sacharomyces cerevisiea [J]. International Journal of Hydrogen Energy, 2020, 45 (36): 18241-18249.
[132] Sun X, Atiyeh H K, Zhang H, et al. Enhanced ethanol production from syngas by Clostridium ragsdalei in continuous stirred tank reactor using medium with poultry litter biochar [J]. Applied Energy, 2019, 236: 1269-1279.
[133] Abubackar H N, Veiga M C, Kennes C. Production of acids and alcohols from syngas in a two-stage continuous fermentation process [J]. Bioresour Technol, 2018, 253: 227-234.
[134] Gunes B. A critical review on biofilm-based reactor systems for enhanced syngas fermentation processes [J].

Renewable and Sustainable Energy Reviews，2021，143：110950.

[135] Wang H J，Dai K，Xia X Y，et al. Tunable production of ethanol and acetate from synthesis gas by mesophilic mixed culture fermentation in a hollow fiber membrane biofilm reactor [J]. Journal of Cleaner Production，2018，187：165-170.

[136] 李德宝，马玉刚，齐会杰，等. CO 加氢合成低碳混合醇催化体系研究新进展 [J]. 化学进展，2004 (04)：584-592.

[137] 张建国，宋昭峥，史德文，等. 合成气合成低碳混合醇技术的研究 [J]. 现代化工，2007 (增 2)：494-496.

[138] 应卫勇，曹发海，房鼎业. 碳一化工主要产品生产技术 [M]. 北京：化学工业出版社，2004.

[139] 付华，章敏，郑华艳，等. 合成气制低碳醇改性 F-T 合成催化剂研究进展 [J]. 天然气化工 (C1 化学与化工)，2019，44 (01)：129-134.

[140] Liu G，Niu T，Pan D，et al. Preparation of bimetal Cu-Co nanoparticles supported on meso-macroporous SiO_2 and their application to higher alcohols synthesis from syngas [J]. Applied Catalysis A：General，2014，483：10-18.

[141] Surisetty V R，Dalai A K，Kozinski J. Alcohols as alternative fuels：An overview [J]. Applied Catalysis A：General，2011，404 (1)：1-11.

[142] 熊烨. 合成气制醇类的钼基催化剂的研究进展 [J]. 天然气化工 (C1 化学与化工)，2019，44 (03)：117-121.

[143] 韩通，赵琳，岳义智，等. 铑基催化剂用于低碳醇合成反应研究进展 [J]. 化工进展，2016，35 (04)：1087-1093.

[144] 戚涛，王鹏，王宪贵，等. CO 加氢合成乙醇用 Rh 基催化剂改进途径的探讨 [J]. 天然气化工 (C1 化学与化工)，2013，38 (02)：81-83.

[145] Chuang S S C，Pien S I. Infrared study of the CO insertion reaction on reduced，oxidized，and sulfided Rh/SiO_2 catalysts [J]. Journal of Catalysis，1992，135 (2)：618-634.

[146] 邵自龙，刘晓放，张书南，等. 负载型 Rh 基催化剂上的 CO 加氢制乙醇反应：载体效应 (英文) [J]. 物理化学学报，2021 (10)：1-7.

[147] Frolich P，Cryder D. Catalysts for the formation of alcohols from carbon monoxide and hydrogen [J]. Industrial & Engineering Chemistry，1930，22 (10)：1051-1057.

[148] Graves G D. Higher alcohols formed from carbon monoxide and hydrogen1，2 [J]. Industrial & Engineering Chemistry，1931，23 (12)：1381-1385.

[149] Spivey J J，Egbebi A. Heterogeneous catalytic synthesis of ethanol from biomass-derived syngas [J]. Chemical Society Reviews，2007，36 (9)：1514-1528.

[150] 付华，章敏，郑华艳，等. 合成气制低碳醇改性 F-T 合成催化剂研究进展 [J]. 天然气化工 (C1 化学与化工)，2019，44 (01)：129-134.

[151] Xiao K，Bao Z，Qi X，et al. Advances in bifunctional catalysis for higher alcohol synthesis from syngas [J]. Chinese Journal of Catalysis，2013，34 (1)：116-129.

[152] Fang K，Li D，Lin M，et al. A short review of heterogeneous catalytic process for mixed alcohols synthesis via syngas [J]. Catalysis Today，2009，147 (2)：133-138.

[153] Muramatsu A，Tatsumi T，Tominaga H. Active species of molybdenum for alcohol synthesis from carbon monoxide-hydrogen [J]. The Journal of Physical Chemistry，1992，96 (3)：1334-1340.

[154] 应卫勇. 现代煤化工技术丛书：煤基合成化学品 [M]. 北京：化学工业出版社，2010.

[155] Andre Sugier，Freund E. Process for manufacturing alcohols and more particularly saturated linear primary alcohols from synthesis gas：US 4291126 [P]. 2020-09-22.

[156] 殷玉圣，赵丰刚，张皓. 合成气合成低碳醇 Cu 系催化剂的研究 [J]. 化学反应工程与工艺，2000 (04)：344-349.

[157] 肖海成，李文怀，张侃，等. 合成气制备低碳混合醇工业单管中试 [C]. 中国化工学会 2005 年石油化工学术年会，2005.

[158] 房克功，李德宝，李文怀，等. 合成气制低碳混合醇技术的研究进展 [C]. 第十四届全国催化学术会议，2008.

[159] 焦更生. 低碳醇催化工程技术研究 [M]. 西安：西安交通大学出版社，2016.

[160] 钱伯章. 煤化工技术与应用 [M]. 北京：北京工业出版社，2015.

4 醚类含氧燃料

醚类含氧燃料主要包括二甲醚、聚甲氧基二甲醚和甲基叔丁基醚等燃料。其中，二甲醚燃料和甲基叔丁基醚燃料已经大规模生产和应用，而聚甲氧基二甲醚燃料的生产及应用技术发展相对缓慢，仍未实现大规模生产和应用。本章主要介绍二甲醚燃料、聚甲氧基二甲醚燃料、甲基叔丁基醚燃料的合成原理、催化剂、反应工艺和燃料生产的工业化发展。

4.1 二甲醚

二甲醚的生产工艺已经从传统的浓硫酸催化甲醇脱水发展到固体酸催化甲醇气相脱水及合成气一步合成等工艺。其中，甲醇经浓硫酸脱水制二甲醚的生产工艺，由于腐蚀严重，污染环境而被逐渐淘汰。从 20 世纪 80 年代中期开始，甲醇气相脱水生产二甲醚的两步法工艺以其产品纯度高、易操作等特点，很快成为生产二甲醚的主要方法。例如，美国 Mobil 公司开发的两步法技术，甲醇转化率可达 80%，二甲醚选择性大于 98%。该工艺虽腐蚀小，无污染，但必须先获得甲醇，而后才能制得二甲醚，导致二甲醚生产能耗高、成本高，产品价格直接受甲醇市场影响，抗风险能力差。

20 世纪 90 年代初，合成气（$CO+H_2$）直接合成二甲醚的技术逐渐成熟。合成气一步法制二甲醚工艺是 CO 与 H_2 在双功能催化剂的催化作用下直接合成二甲醚，具有工艺过程简短、合成气转化率高等优点。1991 年美国 ACC 公司开发了合成气浆态床一步合成二甲醚技术并建成 10t/a 中试装置；1995 年丹麦 Topsφe 公司开发出以天然气为原料经合成气制二甲醚的技术，并建成 50kg/d 的中试装置。

4.1.1 甲醇脱水制二甲醚

甲醇脱水法制二甲醚：该方法先由合成气制得甲醇，然后甲醇在固体催化剂的催化作用下脱水制得二甲醚，但由于受热力学的限制，转化率低，生产成本较高。

甲醇脱水生成二甲醚的反应式为：

$$2CH_3OH \longrightarrow (CH_3)_2O+H_2O-23.4kJ/mol$$

$CH_3OH(g)$、$(CH_3)_2O(g)$、$H_2O(g)$ 的热力学参数见表 4-1（$\Delta H^{\circ}_{f,298}$ 表示 298K 时的标准摩尔生成焓，$\Delta G^{\circ}_{f,298}$ 表示 298K 时的标准摩尔生成吉布斯自由能，C_p 表示摩尔定压热容），不同温度下的反应热、平衡常数和平衡转化率列于表 4-2[1]。

表 4-1　$CH_3OH(g)$、$(CH_3)_2O(g)$ 和 $H_2O(g)$ 的热力学参数

物质	$\Delta H^{\circ}_{f,298}$ /(kcal/mol)	$\Delta G^{\circ}_{f,298}$ /(kcal/mol)	$C_p=A+BT^2+CT^2+DT^3$/[cal/(mol·K)]			
			A	B	C	D
$H_2O(g)$	−57.80	−54.64	7.701	4.395×10^{-4}	2.521×10^{-5}	-0.859×10^{-9}
$(CH_3)_2O(g)$	−43.99	−26.99	4.064	4.277×10^{-2}	-1.250×10^{-5}	-0.438×10^{-9}
$CH_3OH(g)$	−48.08	−38.84	5.052	1.694×10^{-2}	6.179×10^{-4}	-6.811×10^{-9}

注：1kcal/mol=4.184kJ/mol

表 4-2　不同温度下的反应热（ΔH_R）、平衡常数（K_P）和平衡转化率（x^*）

温度/℃	ΔH_R/(kcal/mol)	K_P	x^*
220	−5.122	21.224	0.9021
240	−5.077	17.327	0.8928
260	−5.033	14.386	0.8835
280	−4.991	12.24	0.8744
300	−4.950	10.354	0.8655
320	−4.910	8.948	0.8568
340	−4.873	7.815	0.8483
360	−4.838	6.890	0.8400
380	−4.803	6.128	0.8320

通过以上热力学数据分析可知，甲醇脱水制二甲醚是一个放热反应，随温度升高，平衡常数和平衡转化率不断降低，即高温不利于反应的发生。因此，较低的反应温度有利于获得较高的二甲醚收率。

4.1.1.1　反应机理

早在 1967 年，Jain 等[2] 提出醚是通过一个吸附态的醇分子与另一个吸附在不同种活性位上的醇分子发生亲核转移而生成的，机理如图 4-1 所示。

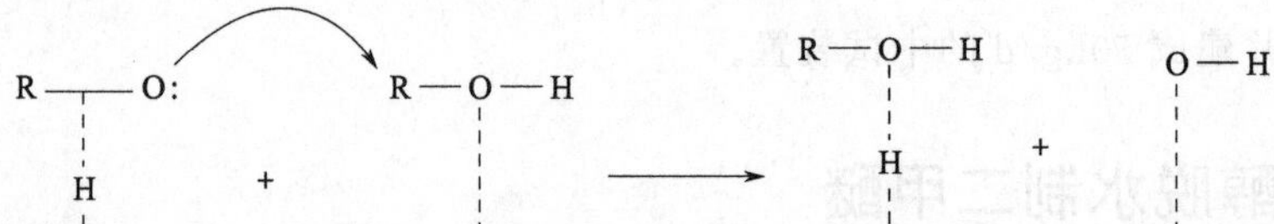

图 4-1　Jain 提出的醇脱水制醚机理

在此基础上，Padmanabhan 等[3] 描述了 Al_2O_3 催化剂上甲醇脱水制二甲醚的机理历程：

$$CH_3OH+S_A \longrightarrow CH_3OH\cdot S_A$$

$$CH_3OH + S_B \longrightarrow CH_3OH \cdot S_B$$

$$CH_3OH \cdot S_B + S_B \longrightarrow CH_3O^- \cdot S_B + H^+ \cdot S_B$$

$$CH_3OH \cdot S_A + CH_3O^- \cdot S_B \longrightarrow CH_3OCH_3 \cdot S_B + OH^- \cdot S_A$$

$$H^+ \cdot S_B + OH^- \cdot S_A \longrightarrow H_2O \cdot S_B + S_A$$

$$CH_3OCH_3 \cdot S_B \longrightarrow CH_3OCH_3 + S_B$$

$$H_2O \cdot S_B \longrightarrow H_2O + S_B$$

其中，S_A 和 S_B 分别代表催化剂表面的酸性位和碱性位。

目前，甲醇脱水反应生成 DME 的机理尚没有定论，一般认为分为解离和非解离两条路径[4]，见图 4-2。

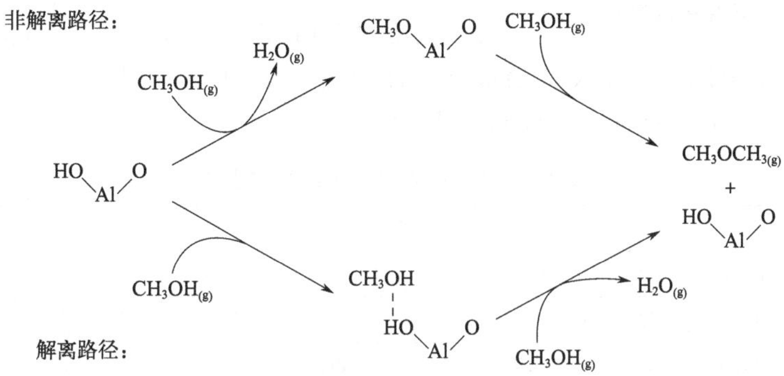

图 4-2　甲醇解离和非解离两条路径脱水反应生成 DME 机理

4.1.1.2 催化剂

甲醇脱水催化剂主要有沸石、氧化铝、二氧化硅/氧化铝、阳离子交换树脂等。催化剂的基本特性是呈酸性、对主反应选择性高、副反应少，并可避免二甲醚深度脱水生成烯烃或积炭。

西南化工研究设计院[5]开发的 CM-3-1 改性分子筛催化剂，在 250～380℃范围内，选择性接近 100%，已用于广东中山精细化工厂 3000t/a 的二甲醚生产装置上，生产情况良好。进一步研究的 CNM-3 甲醇脱水催化剂，可生产纯度为 99.99%的二甲醚产品，甲醇单程转化率>80%，二甲醚选择性>99%，催化剂寿命可达 3 年，其他各项运行经济指标均达国际先进水平。在 CNM-3 型二甲醚催化剂生产工艺的基础上，西南化工研究设计院对该催化剂进行改性研究。改性后催化剂活性和热稳定性好，甲醇转化率≥80%，二甲醚选择性≥99.5%，甲醇单耗 1.402t/t（折纯）；蒸汽消耗 1.08t/t。目前改性后的催化剂已成功应用于神华宁夏煤业集团 MTP（百万吨级甲醇经二甲醚制丙烯）装置，为目前国内单套产能最大规模装置之一。

催化剂的催化性能是甲醇脱水合成二甲醚的关键所在，国内外学者一直不断地研究新的催化剂和改进旧催化剂以提高活性和选择性[6]。

（1）γ-Al_2O_3 系列

γ-Al_2O_3 催化剂在合成二甲醚工业生产中应用较多，一般采用沉淀法、浸渍法、溶胶凝胶法等来制备。采用溶胶凝胶法制备的 γ-Al_2O_3 催化剂比表面积较大、孔径均一，甲醇转化率达 70%，二甲醚选择性接近 100%[7]。

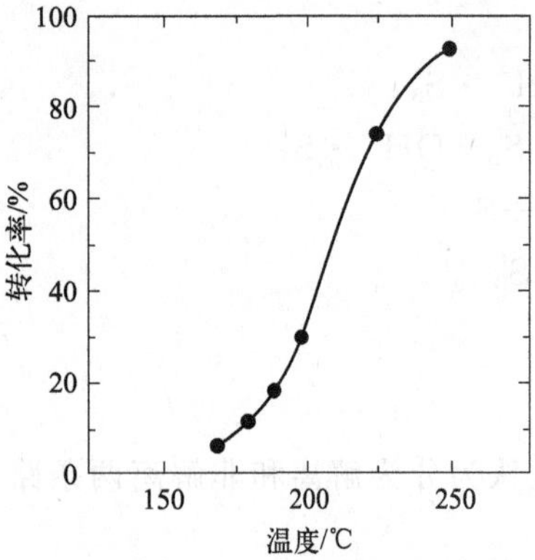

图 4-3 温度对甲醇转化率的影响

制备 $\gamma\text{-}Al_2O_3$ 催化剂过程中，温度对催化剂活性的影响很大，当温度为150℃，甲醇转化率为6.3%；随着温度上升，甲醇转化率急剧增加；250℃时，反应达到平衡转化率，反应产物只有二甲醚和水，没有副产物（图4-3）。

表面积炭和水合作用会共同导致 $\gamma\text{-}Al_2O_3$ 催化剂性能下降，通过添加助剂如钡、铈、硅等调节表面酸性能明显提高甲醇转化率。添加适量La可以阻止氧化铝向 α 相转变，抑制氧化铝的相转变和微孔的烧结，在高温下保持了较大的比表面积[8]。

（2）沸石分子筛系列

在反应压力1.0MPa下，β型沸石、Y型沸石、ZSM-5型沸石对甲醇脱水生成二甲醚反应的催化活性均优于 $\gamma\text{-}Al_2O_3$，其活性大小顺序为ZSM-5型沸石＞β型沸石＞Y型沸石＞$\gamma\text{-}Al_2O_3$，见表4-3[9]。

表 4-3 沸石类型对试验结果的影响

催化剂	甲醇转化率/%							二甲醚选择性/%
	170℃	190℃	210℃	230℃	240℃	250℃	270℃	
ZSM-5	42.3	87.8	87.2	86.3	—	85.1	83.5	100
β	12.9	50.3	86.4	86.6	86.1	—	—	100
HY	2.9	10.7	27.7	61.7	72.8	74.7	75.1	100
$\gamma\text{-}Al_2O_3$	0.6	3.1	10.6	23.6	—	47.1	69.6	100

注：甲醇进料速度3mL/h，氢气流速60mL/min，压力1.0MPa。

沸石表面的强酸中心是活性中心，其微孔结构对甲醇脱水生成二甲醚影响不大。沸石的酸性可通过改变 SiO_2/Al_2O_3 摩尔比、表面改性及调整焙烧温度来调变，从而改变其活性。Na^+ 易造成酸性中心的中毒，显著影响沸石催化剂的催化活性。沸石晶粒越小，越有利于甲醇脱水生成二甲醚反应的进行。

对于β型沸石，适宜的硅铝摩尔比为100；对于ZSM-5型沸石，合适的硅铝摩尔比为80，见表4-4[9]。

表 4-4 沸石硅铝摩尔比对反应结果的影响

沸石类型	(SiO_2/Al_2O_3) /(mol/mol)	甲醇转化率/%						二甲醚选择性/%
		170℃	190℃	210℃	230℃	240℃	250℃	
β	26	3.5	12.5	44.7	83.2	86.0	85.9	100
β	90	13.0	41.4	85.3	85.8	854	85.3	100
β	100	15.8	54.3	86.5	85.7	—	—	100
β	250	1.2	2.6	6.7	14.2	—	50.3	100
ZSM-5	30	8.3	38.2	85.7	87.2	86.6	85.6	100
ZSM-5	80	48.5	86.5	87.5	85.6	—	85.5	100
ZSM-5	250	0.0	0.0	0.0	0.0	0.0	0.0	0.0

注：甲醇进料速度3mL/h，氢气流速60mL/min，压力1.0MPa。

4.1.1.3 合成工艺

根据不同反应器，甲醇脱水可分为气相脱水和液相脱水两种工艺方法。

(1) 甲醇液相脱水法

两分子的甲醇在浓硫酸脱水剂的作用下脱去一分子的水生成一分子的二甲醚：

$$CH_3OH + H_2SO_4 \xrightarrow{<100℃} CH_3HSO_4 + H_2O$$

$$CH_3HSO_4 + CH_3OH \xrightarrow{<100℃} CH_3OCH_3 + H_2SO_4$$

甲醇液相脱水制二甲醚工艺流程如图 4-4 所示。该工艺过程反应温度低，转化率高（>80%），选择性好（>98%），可间歇生产也可连续生产，投资较少，操作简单。

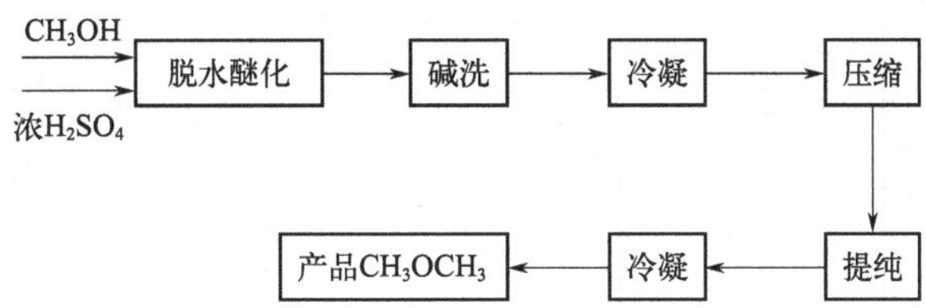

图 4-4 甲醇液相法脱水制二甲醚工艺流程

但由于浓硫酸严重腐蚀设备，对甲醇的碳化作用严重，催化剂的使用周期短，同时脱除反应会产生大量的残酸和废水，对环境污染严重；中间体硫酸氢甲酯毒性较大，危害人体健康，从而限制了传统工艺的发展，生产规模都相对较小，在工业上并不常用，逐渐被淘汰。

四川达科特化工科技有限公司[10]选用阳离子型液体催化剂和“液-液-气”工艺路线，开发出阳离子型液体催化反应法制二甲醚技术，由于液相催化剂与液相甲醇接触充分，甲醇的转化率高达 98%以上，二甲醚的选择性达到 99.5%，二甲醚也极易分离提纯。其工艺流程图见图 4-5。

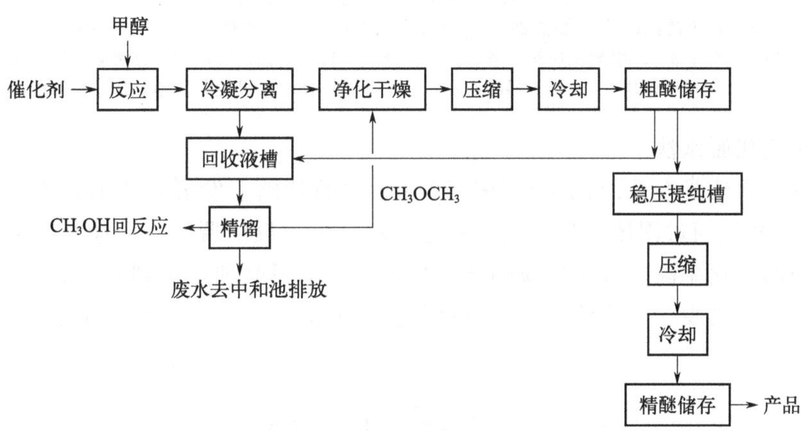

图 4-5 阳离子型液体催化甲醇脱水制二甲醚工艺流程图

山东科技大学[11]开发出反应精馏法分步反应液相法制二甲醚工艺，采用“液-液-气”混相循环反应精馏工艺路线，见图 4-6。原料甲醇由进料泵增压到 0.6～1.0MPa 经过换热器和污水换热器加热后，部分甲醇通过液相原料入口进入二甲醚反应精馏塔，绝大部分甲醇进入甲醇汽化回收塔的精馏段进行汽化；汽化的甲醇通过加热器加热到 130℃进入二甲醚反应精馏塔反应器的气相入口，和液相催化剂在 130～200℃、0.05～1.0MPa 下快速反应；反应产物二甲醚、水蒸气和未反应的甲醇上行通过洗涤段与回流甲醇接触洗涤脱重相，然后进入精馏段脱水和甲醇；水从二甲醚反应精馏塔的水抽出口抽出，部分水经换热器换热后回流，部分水送往甲醇汽化回收塔的提馏段通过再沸器循环脱甲醇，甲醇汽化回收塔塔底排出污水经污水换热器换热后送污水车间处理；精馏脱水和甲醇后的二甲醚经换热器冷却到常温，保持压力或用压缩机加压到 0.6MPa 以上，进入二甲醚精馏塔；通过精馏塔后的二甲醚经换热器、水冷器和二甲醚分液罐后即可得到高纯度二甲醚产品。

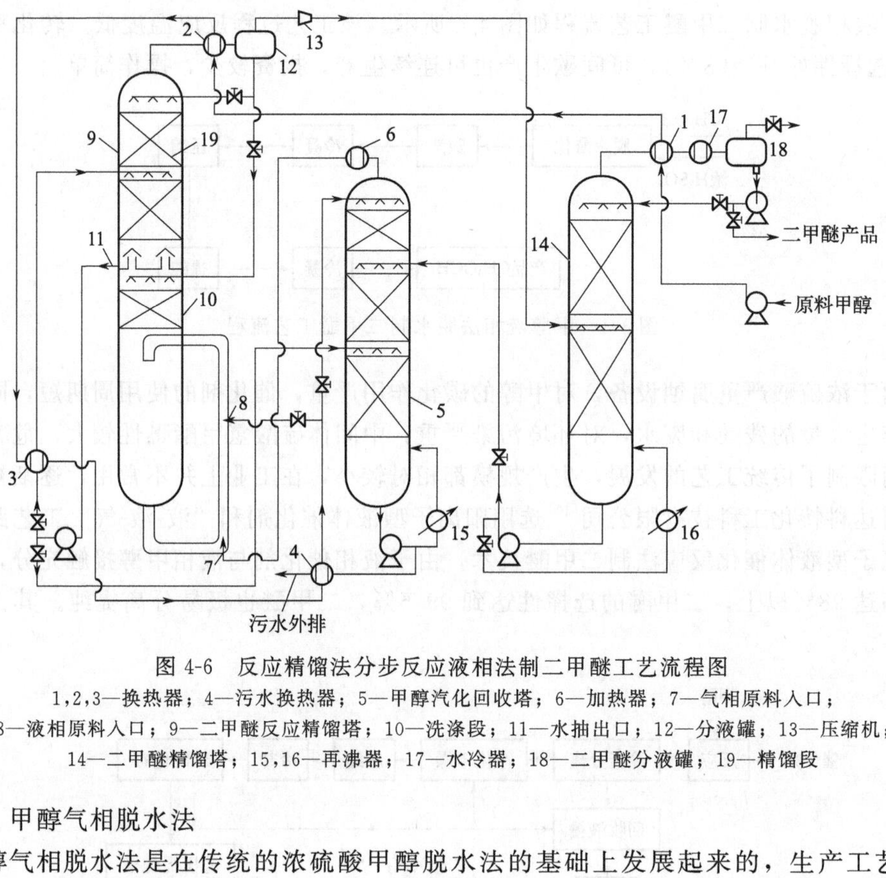

图 4-6 反应精馏法分步反应液相法制二甲醚工艺流程图

1,2,3—换热器；4—污水换热器；5—甲醇汽化回收塔；6—加热器；7—气相原料入口；8—液相原料入口；9—二甲醚反应精馏塔；10—洗涤段；11—水抽出口；12—分液罐；13—压缩机；14—二甲醚精馏塔；15,16—再沸器；17—水冷器；18—二甲醚分液罐；19—精馏段

(2) 甲醇气相脱水法

甲醇气相脱水法是在传统的浓硫酸甲醇脱水法的基础上发展起来的，生产工艺流程见图 4-7，将甲醇蒸气通过固体酸催化剂，发生非均相催化反应脱去水分生成二甲醚。以精甲醇为原料，甲醇转化率高，脱水反应副产物少，产品二甲醚纯度达到 99.99%，工艺比较成熟、操作简便、污染少、可连续生产，是目前世界上生产二甲醚的主要方法之一。

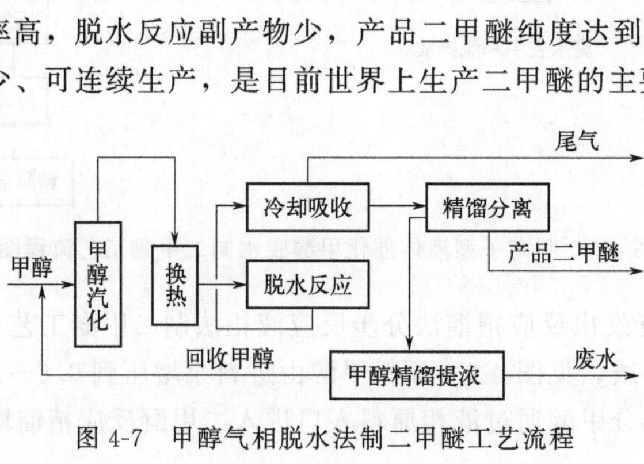

图 4-7 甲醇气相脱水法制二甲醚工艺流程

目前，国际上以德国鲁奇公司的技术为代表，单套装置规模已达到100万吨/年以上。近年来，国内许多单位已相继开发成功气相甲醇脱水法制备二甲醚的装置，掌握气相法技术的单位主要有西南化工研究设计院、清华大学、中国科学院大连化物所等。西南化工研究设计院在该领域的研究开发起步较早，在国内技术推广过程中占有的市场份额最大。

西南化工研究设计院从1985年开始进行两步法合成二甲醚的技术研究。1991年，该院100t/a甲醇气相脱水制二甲醚中试研究项目被国家科委列为“八五”攻关项目，该项目1997年通过国家科委组织的验收。从1994年采用该技术建成第一套1万吨/年工业化装置投产至今，该技术在国内已转让70余套。生产1t二甲醚产品的蒸汽消耗量比国外同类装置少0.5～1.5t，国内市场占有率达80%，并出口土耳其等国，取得了良好的经济和社会效益。

目前，该技术经不断完善已达到国际先进水平，其工艺流程见图4-8[12]。该反应器一般为2～6段，各段不等分，即反应器内各段的空间大小不等，反应器操作温度是150～450℃，最好是190～380℃，压力0.1～1.5MPa，空速0.5～6.0h^{-1}。由于甲醇蒸气是分段进入多段冷激式反应器，且从塔顶进入的甲醇蒸气温度高于从中段进入的甲醇蒸气，所以上一段脱水反应后温度较高的气体，可以被下一段温度较低的甲醇蒸气冷却，即以甲醇蒸气作为冷激气体，避免温度升高，有利于提高转化率。

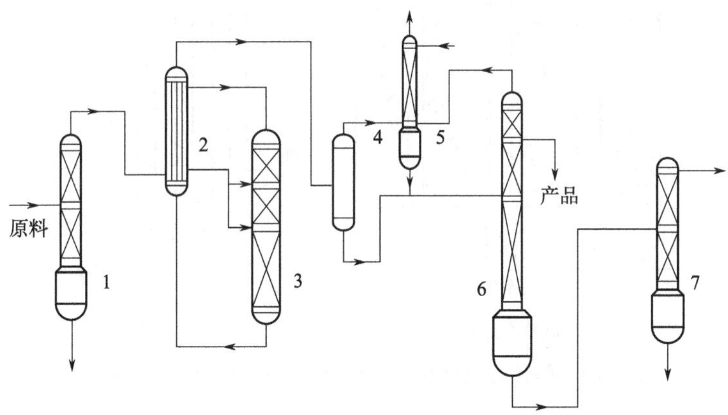

图4-8 西南化工研究设计院甲醇脱水制二甲醚工艺流程

1,2—气化分离塔；3—三段冷激式反应器；4—气液分离器；5—吸收塔；6—精馏塔；7—回收塔

上海石油化工研究院自行开发的D-4型氧化铝催化剂取得成功，并建成一套2000t/a甲醇气相催化剂脱水制二甲醚的工业装置，于1995年开车成功。该装置的甲醇转化率≥60%，二甲醚选择性≥99%，催化剂使用寿命>6个月，产品规格达到气雾剂级高纯度二甲醚。图4-9为该工艺的流程图[13]。

原料甲醇由进料泵增压到0.9MPa左右，经预热器预热到沸点，进入汽化器被加热汽化，并在进/出料换热器中同反应器出料换热，升温至反应温度，进入反应器中催化剂床层进行气相催化脱水反应，继而通过四座精馏塔实现各组分的分离，获得高纯度二甲醚成品。

为了对现有绝热式固定床反应器进行改进，房鼎业等[1]测定了工艺条件对甲醇在CM-3-1型改性分子筛催化剂上脱水生成二甲醚转化率的影响，提出逆流型与均温型两类新型二甲醚反应器，见图4-10。

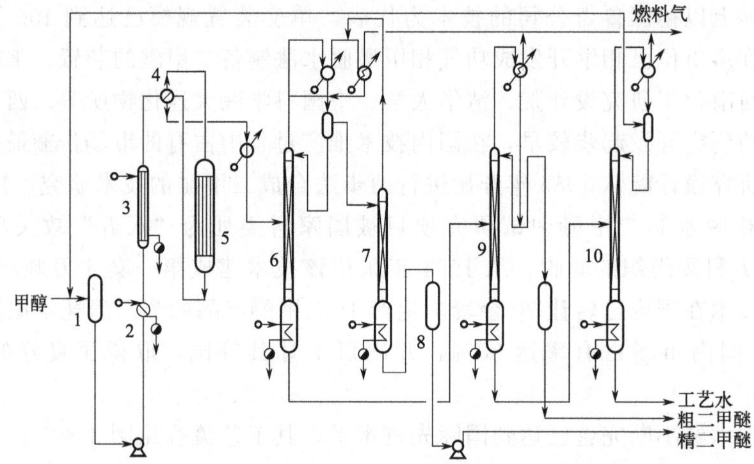

图 4-9　甲醇气相催化脱水制二甲醚工艺流程图

1—原料缓冲器；2—预热器；3—汽化器；4—进出料换热器；5—反应器；6—二甲醚精馏塔；7—脱烃塔；8—成品中间罐；9—二甲醚回收塔；10—甲醇回收塔

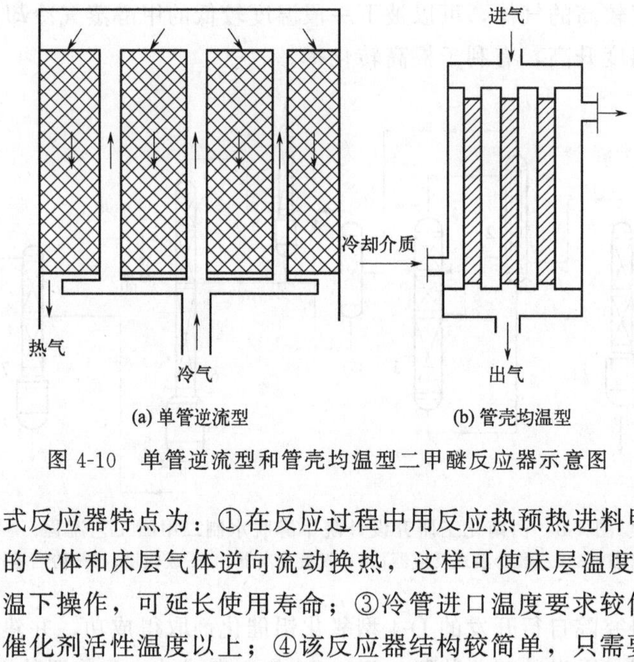

图 4-10　单管逆流型和管壳均温型二甲醚反应器示意图

单管逆流自热式反应器特点为：①在反应过程中用反应热预热进料甲醇；②在催化床中设置冷管，冷管内的气体和床层气体逆向流动换热，这样可使床层温度较平坦，温升较小，避免了催化剂在高温下操作，可延长使用寿命；③冷管进口温度要求较低，不像绝热反应器的进口温度必须在催化剂活性温度以上；④该反应器结构较简单，只需要在床层中加入一些冷管；⑤达到同样产量，所需催化剂量较少，少于绝热型二甲醚反应器。

管壳均温型反应器特点为：①在比较均匀温度下操作，催化剂使用寿命长；②控制载热体温度来调节反应器操作温度；③催化剂无过热危险；④操作可靠，适应性强。

上述两种反应器与目前工业上使用的绝热固定床反应器的主要操作参数列于表 4-5。为达到同样 3000t/a 的产量，单管逆流型与管壳均温型反应器所用催化剂量较小，且热点温度较低，显示出其优越性。

中国科学院大连化物所[14]开发出催化蒸馏制备二甲醚技术。在催化蒸馏塔中部的反应段中装填催化剂，二甲醚和水分别从催化蒸馏塔的塔顶和塔釜排出，而甲醇则富集在催化蒸馏塔中部的反应段，在催化剂的作用下得以高效率地转化。甲醇单程转化率≥95%，二甲醚选择性≥99.98%，原料消耗≤1.405t/t，蒸汽消耗 0.5t/t，二甲醚产品纯度为 99.9%。

表 4-5 三类反应器的比较

反应器类型	年产量/(t/a)	催化剂量/kg	反应器长度/m	热点温度/℃
绝热型反应器	3000	510	2.571	370
单管逆流型反应器	3206	350	2	347
管壳均温型反应器	3127	350	2	334

中国石化齐鲁分公司研究院[15]开发了固定床与催化蒸馏塔组合甲醇制二甲醚的技术，其工艺流程如图 4-11 所示。甲醇首先在装有阳离子交换树脂催化剂的固定床预反应器中反应，从预反应器出来的反应产物进入催化蒸馏下塔进一步反应，由于催化蒸馏塔内反应和分离同时进行，反应产物不断被移走，促使反应不断向生成物方向进行，从而使甲醇单程转化率达到 99.5%以上。同时从塔釜分离出反应生成的水，少量未反应的甲醇与产物二甲醚经催化蒸馏精馏段分离得到纯的二甲醚产品，未反应的甲醇作为内回流回到催化蒸馏下塔反应段继续反应。

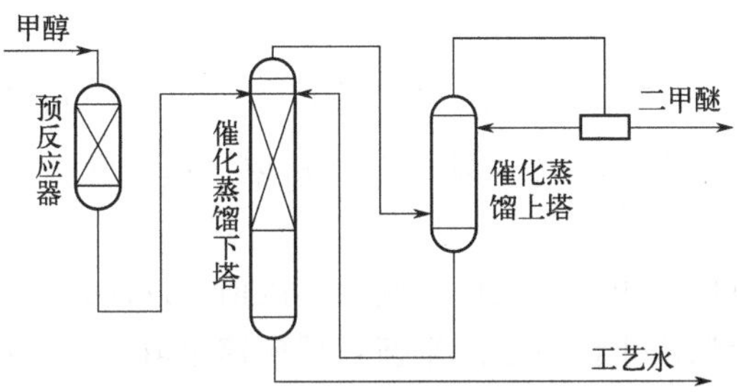

图 4-11 中国石化齐鲁分公司研究院催化蒸馏制二甲醚工艺流程示意图

4.1.2 合成气一步制二甲醚

一步法合成二甲醚的主要反应见本书 2.1.1.1 (4) 二甲醚部分。

Fujimoto 等[16]计算了 $H_2/CO=1$ 时，不同反应温度及压力下甲醇合成反应和二甲醚合成反应的 CO 平衡转化率，二甲醚合成反应的 CO 转化率远高于甲醇合成反应的 CO 转化率。反应温度及压力对 CO 的平衡转化率的影响见图 4-12。CO 的平衡转化率随着温度的升高而减小，随着压力的升高而增大。对于甲醇合成来说反应温度越低，压力对反应平衡转化率的影响越显著；而对于二甲醚合成来说，反应温度越高，压力对反应平衡转化率的影响越显著。同时可以看出，即使在较低的压力条件下，二甲醚合成时的一氧化碳的平衡转化率也远高于甲醇合成时的平衡转化率。由此可看出合成二甲醚过程在热力学上优于合成甲醇过程。

合成气一步法合成二甲醚是一个复杂的反应体系，Brown 等[17]给出以下三个反应速率方程对合成气一步法制二甲醚反应进行描述：

甲醇合成反应：

$$r_{CH_3OH}=k_1 f_{CO}^{1/3} f_{H_2}^{2/3}(1-f_{CH_3OH}/K_1 f_{CO} f_{H_2}^2)$$

甲醇脱水制二甲醚反应：

$$r_{DME}=k_2 f_{CH_3OH}^{n}(1-f_{DME} f_{H_2O}/K_2 f_{CH_3OH}^2)$$

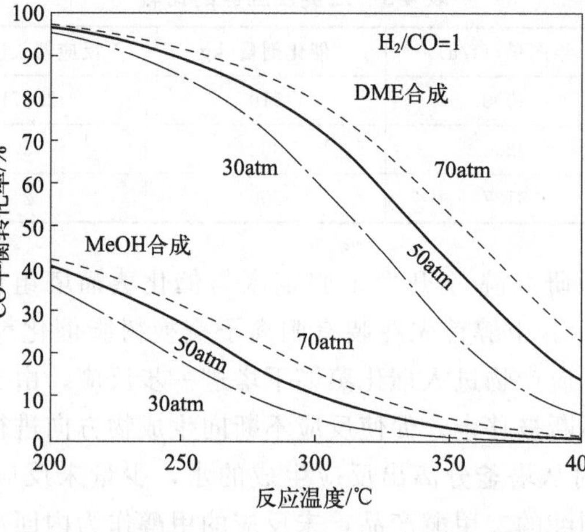

图 4-12 甲醇与二甲醚合成时 CO 的平衡转化率

水气变换反应：

$$r_{WGS}=k_3 f_{CO} f_{H_2O}(1-f_{CO_2} f_{H_2}/K_3 f_{CO} f_{H_2O})$$

其中，r_i、k_i、K_i 分别表示三个反应的反应速率、速率常数和反应平衡常数，f_i 表示组分的逸度。

由动力学数学模型可以推出，在反应达到平衡以前，反应速率的大小取决于偏离平衡的程度和反应条件，若三个反应未同时达到平衡，反应速率取决于最慢的一步，在反应达到平衡时，反应速率为零，产物组成受热力学平衡限制。

华东理工大学应卫勇等[18]在内循环无梯度反应器中，研究了合成气一步法制二甲醚宏观动力学。选取 Langmuir-Hinschelwood 双曲型动力学方程：

$$r_{DME}=\frac{k_3 f_{CH_3OH}(1-f_{DME} f_{H_2O}/K_{f3} f^2_{CH_3OH})}{[1+\sqrt{K_{CH_3OH} f_{CH_3OH}}]^2}$$

式中，K_{f3} 为甲醇脱水反应以逸度计算的平衡常数。

利用麦夸特法对模型进行了参数估值，统计检验与残差分析的结果表明，反应速率的实验值与模型计算值吻合较好，模型是适宜的。并对催化剂性能随工艺条件的变化进行了考察，在实验温度范围内，随着温度上升，CO 转化率提高，二甲醚选择性增加，甲醇选择性下降。在实验空速范围内，随着空速增加，CO 转化率降低，二甲醚选择性下降，甲醇选择性增加。在实验压力范围内，随着压力增加，CO 转化率提高，二甲醚选择性增加，甲醇选择性下降。

4.1.2.1 反应机理

目前，对一步法合成二甲醚反应机理的研究很少，一般认为一步法合成二甲醚的反应机理是甲醇合成、甲醇脱水及水气变换反应机理的组合。

合成气在双功能催化剂上的甲醇合成和甲醇脱水反应包括多步基元反应[19]：

(1) 甲醇合成反应

$$CO(g)\longrightarrow CO^* \xrightarrow{H^+} HCO^* \xrightarrow{H^+} H_2CO \xrightarrow{H^+} CH_3O^* \xrightarrow{H^+} CH_3OH(g)$$

$$CO_2(g) \longrightarrow CO_2{}^* \xrightarrow{H^+} HCOO^* \xrightarrow{2H^+} O^* + CH_3O^* \xrightarrow{H^+} CH_3OH(g)$$

（2）甲醇脱水反应

$$CH_3OH \longrightarrow CH_3OH(a)$$
$$O + CH_3OH(a) \longrightarrow CH_3O(a) + OH$$
$$CH_3OH(a) + CH_3O(a) \longrightarrow CH_3OCH_3 + OH$$
$$CH_3O(a) + CH_3O(a) \longrightarrow CH_3OCH_3(g) + O$$
$$2OH \longrightarrow H_2O(g) + O$$

其中，* 表示甲醇合成活性位，O 表示催化剂表面羟基形成的表面氧，a 表示甲醇脱水酸位。从甲醇合成和甲醇脱水两活性组分上的微观反应可以发现，当两种活性组分紧密接触时，自由基·OCH_3 从甲醇合成活性位直接跃迁到甲醇脱水的酸性位，这样可使一部分反应不经过甲醇中间体而直接转化为二甲醚，从而提高了 CO 转化率。这就是两种活性组分间的“协同作用”。两种活性中心接触越紧密，自由基转移就越容易，催化剂活性就越好。

4.1.2.2 催化剂

催化合成气一步法制二甲醚所使用的催化剂按照反应器可分为固定床催化剂和浆态床催化剂。

（1）固定床催化剂

一步法二甲醚合成催化剂主要是由合成甲醇的催化剂组分和具有酸性的脱水催化剂组分组合而成，要求催化剂甲醇合成和脱水两种活性组分在一定温度范围内能很好地匹配，以充分发挥协同作用。由于铜基催化剂具有优异的甲醇合成性能，因而已成为一步法二甲醚合成催化剂最常用的甲醇合成催化剂组分；脱水催化剂组分主要有 γ-Al_2O_3、硅铝分子筛、复合氧化物、杂多酸、磷酸铝等，其中以 γ-Al_2O_3 和 HZSM-5 最为常用。两种组分组合的方法包括机械混合法、共沉淀浸渍法、共沉淀沉积法、胶体沉积法、溶胶-凝胶法等。

机械混合法就是将两种催化剂按照一定比例机械混合而得到的复合催化剂。最早时，研究者就是使用工业化的甲醇合成催化剂和甲醇脱水催化剂机械混合作为一步法合成二甲醚双功能催化剂，这种方法制备简单，避免了两种组分在制备时因处理条件不同而相互干扰，且组成可以任意调变。但这种方法会造成两种活性组分接触不紧密，互相覆盖，从而引起催化剂活性降低。尽管如此，但由于制备方便，可以随时根据需要调节两种活性组分的比例而被大量使用。采用共沉淀法、混浆法、浸渍法、共沉淀浸渍法等可以提高两种活性组分间的接触程度，强化两组分间的协同效应。共沉淀法、混浆法、浸渍法、共沉淀浸渍法、共沉淀沉积法、湿混法和干混法制备的 CuO-ZnO-Al_2O_3 双功能催化剂的催化性能见表 4-6[20]。从共沉淀法到干混法，催化剂中两种活性中心接触的紧密程度依次递减，催化剂性能与两种活性中心接触密切程度之间并不呈线性关系。共沉淀法形成了新物种 $ZnAl_2O_4$；混浆法制催化剂中未发现活性物种 ZnO 和 γ-Al_2O_3 的衍射峰；浸渍法制备的催化剂各组分的衍射峰强度明显增加，即各组分分散度降低；因而这三种方法所制催化剂活性较低。共沉淀浸渍法制催化剂没有表现出预期的活性和选择性，是由于甲醇合成活性中心部分覆盖了酸性脱水活性中心，使其脱水能力下降，从而影响了催化活性。用共沉淀沉积法制备的 CuO-ZnO-Al_2O_3 双功能催化剂具有优良的催化性能。

表 4-6 制备方法对催化剂性能的影响

制备方法	CO 转化率/%	选择性/%				
		CO_2	CH_4	$C_2+C_2^=$	CH_3OH	DME
共沉淀法	3.1	16.1	16.8	6.7	26.4	39.1
混浆法	3.1	19.3	6.5	2.7	44.6	26.8
浸渍法	15.9	15.0	1.0	1.0	15.9	67.1
共沉淀浸渍法	58.6	12.2	1.5	0.3	8.2	77.8
共沉淀沉积法	82.2	13.0	0.6	0.7	0.7	85.0
湿混法	70.3	12.7	0.7	0.1	2.5	84.1
干混法	63.1	13.1	0.3	0.2	5.1	81.4

注：反应条件 290℃，4.0MPa，$H_2:CO=2$，空速 $1500h^{-1}$，原料气中 CO_2 浓度为 5%。

双功能催化剂中的甲醇合成催化剂一般都选用 Cu 基催化剂。二甲醚合成反应是强放热反应，而常用的 Cu 基催化剂对温度比较敏感，高温易使晶粒长大，这是催化剂失活的重要原因。因此，许多研究者通过添加合适的助剂或改变脱水组分来减缓 Cu 的烧结，提高催化剂的热稳定性。ZrO_2、MgO、MnO_2 等是合成二甲醚双功能催化剂的优良助剂。

通过共沉淀浸渍法制备双功能催化剂时，沉淀剂的选择会影响最终的催化性能。采用 $(NH_4)_2CO_3$ 作为沉淀剂制备的 Cu-ZnO-Al_2O_3/Zr-ferrierite 复合催化剂[21]，具有更多的中强酸酸性中心以及更容易还原的高分散性 Cu 物种，提高了催化合成气一步法制备二甲醚性能。而使用 Na_2CO_3 和 K_2CO_3 作为沉淀剂制备的复合催化剂中，会残留 Na^+、K^+，导致复合催化剂的催化反应活性和选择性降低。

采用不同固体酸 Al_2O_3、HZSM-5、HSY、HX、HA、HY、SO_4^{2-}-ZrO_2、SiO_2-Al_2O_3、γ-Al_2O_3、HZM760、SiO_2 通过共沉淀沉积法制备的 CuO-ZnO-载体催化剂催化合成气直接制二甲醚的性能结果见表 4-7[22]。CuO-ZnO-Al_2O_3/HZSM-5 和 CuO-ZnO-Al_2O_3/HSY 表现出最好的活性，CO 转化率达 89%，二甲醚在有机物中选择性为 99%，HX、HY、γ-Al_2O_3 也具有较好的催化性能。

表 4-7 不同固体酸合成催化剂的催化性能[22]

催化剂	反应温度/℃	CO 转化率/%	二甲醚选择性/%	
			以包括 CO_2 全部产物计	以有机产物计
CuO-ZnO-Al_2O_3	250	41.1	79.9 (CH_3OH)	95.9 (CH_3OH)
CuO-ZnO-Al_2O_3/HZSM-5	270	89.4	87.2	98.9
CuO-ZnO-Al_2O_3/HSY	290	88.8	87.6	99.2
CuO-ZnO-Al_2O_3/HX	300	86.6	88.0	96.4
CuO-ZnO-Al_2O_3/HY	280	85.3	85.2	98.4
CuO-ZnO-Al_2O_3/γ-Al_2O_3	290	82.2	85.0	96.4
CuO-ZnO-Al_2O_3/SiO_2-Al_2O_3	300	68.3	89.0	97.1
CuO-ZnO-Al_2O_3/HZM760	310	64.7	83.3	97.2
CuO-ZnO-Al_2O_3/HA	290	49.2	82.6	87.7
CuO-ZnO-Al_2O_3/SO_4^{2-}-ZrO_2	290	11.9	52.8	55.1
CuO-ZnO-Al_2O_3/SiO_2	300	6.9	72.2	77.4

综上所述，要制备出催化性能优异的双功能催化剂，应满足以下条件：①催化剂中两种活性中心应紧密接触，并发挥协同增效作用；②催化剂中两种活性组分不能相互覆盖；③催化剂中各组分不应相互反应，以避免产生非活性的新物种；④催化剂中两种活性组分的比例要适当，以发挥协同作用。

(2) 浆态床催化剂

传统浆态床反应催化剂通常都是将固体粉末催化剂分散到惰性介质中形成。理论上，与固定床相比，在浆态床反应过程中由于惰性介质液体石蜡的存在会使反应器中的温度均匀一致，有利于催化剂表面的反应热及时移走，催化剂在浆态床中的失活速率应该比在固定床中要慢。但研究发现，在固定床中具有良好活性和较好稳定性的催化剂若用于浆态床，活性和稳定性都会变差。浆态床稳定器中不能及时导出的 H_2O 对 Cu 基甲醇合成催化剂的影响是 Cu 基甲醇合成催化剂失活的重要原因。

因此，需要通过对催化剂进行改性或改进制备方法，以适应浆态床反应。采用偏铝酸钠共沉淀法、碳酸钠共沉淀法、共沉淀浸渍法、共沉淀沉积法、溶胶-凝胶法、溶胶凝胶浸渍法及浸渍法等制备 $CuO/ZnO/Al_2O_3$ 混合催化剂[23]，其中 $CuO/ZnO/Al_2O_3$ 质量比为 31∶16∶53。在 1L 机械搅拌浆态床反应器中，用 350g 正十六烷作为惰性油，考察了催化剂催化合成气直接合成二甲醚的性能，见表 4-8。结果表明，考察的七种方法中，溶胶凝胶浸渍法得到的催化剂性能最佳，表征结果显示，该法制得的催化剂金属颗粒分布比较均匀，粒径较小，比表面积和孔容较大。

表 4-8　制备方法对催化剂结构及催化性能的影响

制备方法	比表面积/(m^2/g)	孔容/(μL/g)	CO 转化率/%	DME 收率/%
碳酸钠共沉淀法	116	294.3	4.39	0.68
共沉淀浸渍法	159	569.0	23.10	10.65
溶胶-凝胶法	263	348.5	7.14	3.03
溶胶凝胶浸渍法	178	499.3	40.90	27.60
浸渍法	88	236.5	2.33	3.89
偏铝酸钠共沉淀法	160	249.4	16.21	1.08
共沉淀沉积法	117	323.6	38.08	14.2

注：反应条件 240℃，4.0MPa，H_2∶CO∶N_2=64∶32∶4，空速 $2000h^{-1}$。

太原理工大学黄伟等[24]认为由于制备方法的限制，传统的催化剂的表面状态不能适应使用时的有机介质环境，颗粒润湿性不好，易于团聚和结块，从而影响催化剂效能的发挥。他们基于催化材料的形成及成长应是在与环境相互作用中完成的理念，针对浆态床的使用特性，提出催化剂完全液相法合成技术。完全液相法是不经过传统的干燥和焙烧过程，完全在液相中进行催化剂的制备，并形成具有类似固相催化剂相结构和孔结构的浆状催化剂。图 4-13 是完全液相法与传统催化剂制备技术的工艺流程对比。

采用完全液相工艺制备 Al 基、Zr 基和 Al-Zr 基浆状催化剂[25]，在 440h 反应过程中表现了良好的稳定性，没有发现催化剂的失活现象，二甲醚选择性为 93.08%。催化剂的表面组成取决于投料比、组分特性以及所处环境（见表 4-9），投料比为 $n(Cu)∶n(Zn)∶n(Al)=2∶1∶4$ 时，催化剂在合成气直接制备二甲醚反应中的综合性能最好。

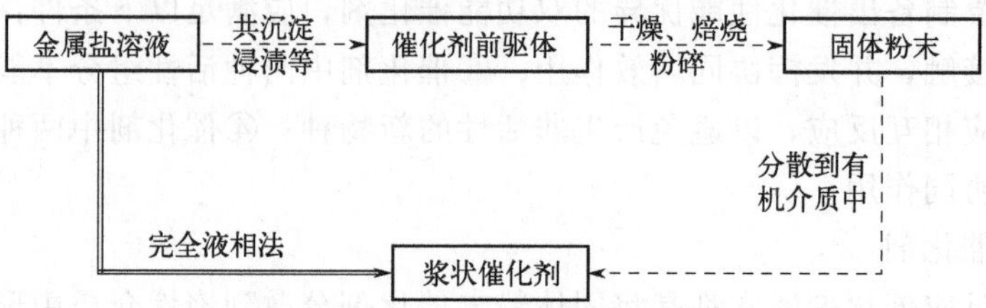

图 4-13 完全液相法与传统催化剂制备方法的工艺比较

表 4-9 Cu/Zn/Al 对催化剂性能的影响

Cu/Zn/Al	CO 转化率/%				DME 选择性/%			
	240℃	260℃	280℃	300℃	240℃	260℃	280℃	300℃
2∶1∶2	3.0	6.4	12.4	15.9	36.0	43.5	38.2	39.3
2∶1∶3	4.1	6.4	12.3	17.8	32.3	44.6	51.1	49.9
2∶1∶4	6.0	14.0	20.8	26.6	41.2	41.5	45.5	47.7
2∶1∶5	4.4	9.1	15.3	20.6	36.7	47.6	51.8	52.3
3∶3∶8	3.4	7.3	12.0	18.2	37.1	44.4	51.3	52.4
12∶3∶20	3.6	6.3	10.6	15.9	27.5	42.9	49.5	48.5
18∶3∶28	4.3	8.1	13.1	17.5	35.8	48.0	51.3	46.8

注：反应条件为 $H_2/CO=1$，进料流量 $q_V=100mL/min$，4.0MPa，转速 $f=1000\ r/min$。

4.1.2.3 合成工艺

合成气一步法生产二甲醚技术进展很快，一步法将合成甲醇和甲醇脱水两个反应组合在一个反应器内完成，与甲醇脱水法相比，具有流程短、能耗低等优点，而且可得到较高的单程转化率。合成气一步法制二甲醚可分为两相法和三相法。两相法即气相法，采用气固相反应器，合成气在固体催化剂表面进行反应；三相法即液相法，引入惰性溶剂，将合成气扩散至悬浮于惰性溶剂中的催化剂表面进行反应，也称为浆态床法。开发合成气一步法工艺典型的公司有丹麦托普索（Topsφe）公司、美国空气产品公司及日本钢管（NKK，现 JFE）公司。

(1) 固定床合成工艺

固定床一步法合成二甲醚技术是指将固体催化剂颗粒（固相）装填于反应器中，反应物（气相）通过催化剂床层与其接触进行化学反应，是一个气固两相反应的过程。采用这种技术可以获得较高的 CO 转化率和二甲醚选择性。然而，由于合成甲醇和甲醇脱水均是强放热反应，固定床不便于热量传递，极易使得催化剂床层局部温度过高而导致双功能催化剂的热失活。

气相一步法工艺的典型代表为丹麦托普索公司（Topsφe），国内浙江大学、清华大学、大连化物所、兰州化物所和山西煤化所等单位也先后开发了一步法合成二甲醚的催化剂技术。

① 丹麦托普索公司工艺。脱硫天然气加入水蒸气混合后进入自热式转化器。自热式转化器由加有耐火衬里的高压反应器（ATR）、燃烧室和催化剂床层三部分组成。托普索公司所用催化剂为水气变换催化剂和 Cu 基甲醇合成催化剂、甲醇脱水（氧化铝和硅酸铝）催化剂混合构成。当反应温度在 240～290℃、压力为 4.2MPa 时，CO 单程转化率达到 60%～70%。其工艺流程见图 4-14。

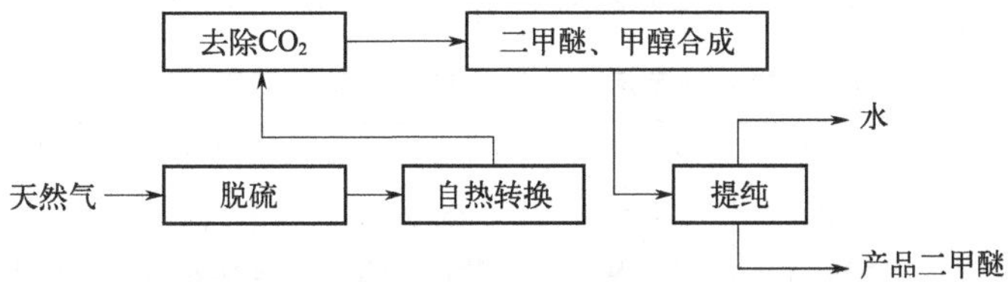

图 4-14　Topsφe 的合成气一步法制取二甲醚工艺流程

② 大连化物所工艺。大连化物所采用金属-沸石双功能催化剂体系，筛选出 SD219-Ⅲ型催化剂，将合成气高选择性地转化为二甲醚，CO 的转化率高达 90%以上，二甲醚在含氧有机物中的选择性在 95%左右，其工艺流程图见图 4-15。

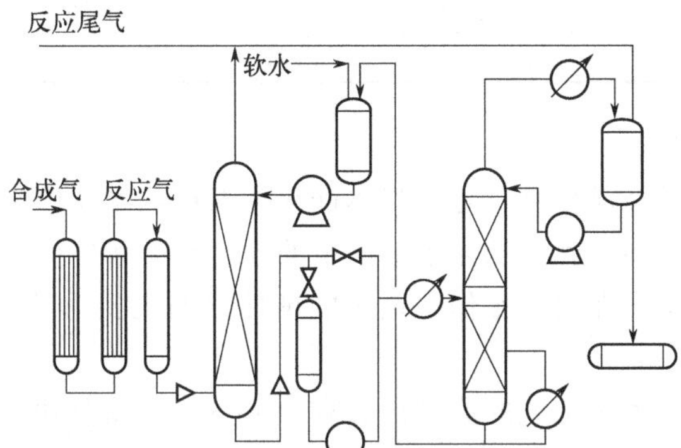

图 4-15　一步法合成 DME 流程简图

③ 浙江大学工艺。该工艺利用合成氨生产过程中的脱碳气与再生气配制成一定比例直接合成二甲醚，合理地利用了合成氨生产过程中排放的大量废气。该装置既可生产醇醚燃料，又可生产 99.9%以上的高纯 DME，CO 转化率 70%～80%，DME 产率达 350kg/(t·h)。这是国内第一套直接由合成气一步法生产高纯 DME 的工业化生产装置。该工艺采用甲烷蒸汽转化造气工艺，流程如图 4-16 所示。该套流程将副产的甲醇全部返回合成系统，最终产物只有二甲醚。

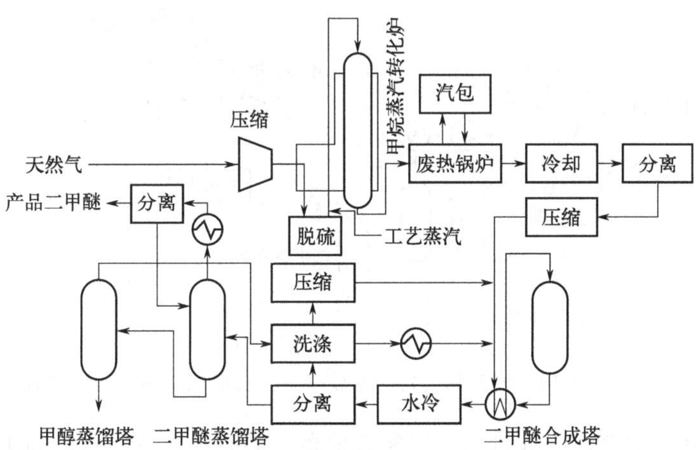

图 4-16　中国成达工程有限公司的合成气一步法制取二甲醚工艺流程

国内外固定床一步法合成二甲醚工艺研发情况列于表 4-10 中[26]。

表 4-10 国内外固定床一步法合成二甲醚工艺研发情况[26]

项目	Topsφe 公司	浙江大学	清华大学	大连化物所	兰州化物所	山西煤化所
催化剂	Cu 基/γ-Al_2O_3	Cu/Mn/M-γ-Al_2O_3	Cu/Zn/B-γ-Al_2O_3	Cu/Zn/Ce-HSZM-5	Cu/Zn/Zr/Sr-HSZM-5	Cu/Zn/Al(M)复合催化剂
反应温度/℃	240～290	240	250	235	285	280
反应压力/MPa	4.2	6.0	3.0	3.5～4.5	4.0	4.0
空速/h^{-1}	—	1200～1500	1000	1000	1000	3000
H_2/CO	2	1.5	2	2	2	2
CO 转化率/%	60～70	70～80	—	>90	74～88.5	>75
DME 选择性/%	—	—	—	约 95	97.5～98.8	98
时空收率/[kg/(m^3·h)]	—	280	272.3	—	—	315

(2) 浆态床合成工艺

浆态床一步法二甲醚合成技术，是将固体催化剂细粒悬浮在作为热量吸收剂的惰性溶剂中，反应气体穿过液相溶剂层到达悬浮于溶剂中的催化剂表面进行反应，是一个在气液固三相体系中进行反应的过程。在研究工作中选用的惰性溶剂主要为烷烃类溶剂，如液体石蜡、矿物油、角鲨烷等。

浆态床一步法合成二甲醚工艺的典型代表有美国空气产品公司、日本 NKK 公司及清华大学等。国内中国科学院山西煤化所、华东理工大学、中国科学院大连化物所和太原理工大学等科研单位和高校在浆态床二甲醚合成方面做了相关研究，取得了一定进展。

① 美国空气产品公司 LPDME™ 工艺。美国空气产品公司在美国能源部的资助下开发了 LPDME™ 浆态床二甲醚生产工艺，在得克萨斯州 LaPorte 建立了规模为 10t/d 的试验装置。该工艺以沸石、固体酸负载的 Cu-Al_2O_3-SiO_2 为催化剂，操作压力为 3.5～6.0MPa，温度为 200～290℃。其工艺流程如图 4-17 所示。

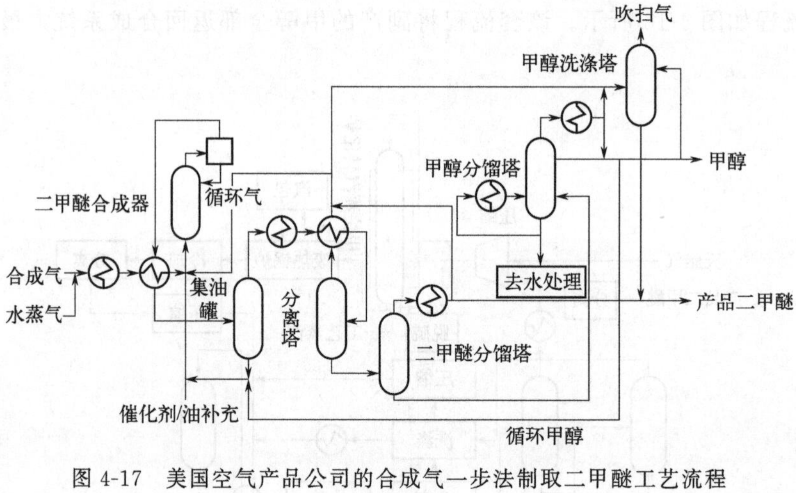

图 4-17 美国空气产品公司的合成气一步法制取二甲醚工艺流程

合成气与循环气混合后一起进入二甲醚合成器，同时加入少量水以利用水气变换反应调节反应平衡。合成气与循环气混合前用反应的产物预热。换热后的产物送入集油罐脱除所携带的油和催化剂。然后将气流冷却并送入分离塔，在此被冷凝的甲醇/DME/水与未反应的合成气分离，但有部分二甲醚仍留在气相中。分离塔顶气主要用作循环，少量用作吹扫气，这股吹扫气用甲醇洗涤，脱除携带的二甲醚。出分离塔的冷凝甲醇/二甲醚/水混合物首先送入二甲醚分馏塔，塔顶馏出二甲醚产品，它与来自吹扫洗涤塔的二甲醚/甲醇混合即得到燃料级二甲醚，根据需要，粗二甲醚产品也可进行进一步的加工。二甲醚塔底馏出物送往甲醇分馏塔，将甲醇从塔顶分出，塔底水则送往废水处理装置。出甲醇洗涤塔的甲醇产品可以用于洗涤吹扫气，也可循环到二甲醚合成器完全转化为DME，还可用作副产品分离出售。

② 日本NKK公司工艺。日本NKK公司也开发了由合成气一步合成二甲醚的浆态床反应新工艺，如图4-18所示。采用传热特性优良，温度易于控制的淤浆床，微粒状催化剂悬浮在惰性油中，原料天然气和水蒸气以及氧气经过自热反应器形成合成气，经过压缩，进入二甲醚合成器，生成二甲醚和CO_2，以及少量的甲醇和未反应的合成气。接着，二甲醚与其他的副产品须经过冷却与分离，此时二甲醚可作为CO_2的溶剂，使CO_2与其他未反应气体分离。被分离出来的未反应合成气（循环气）和甲醇回到二甲醚合成器，CO_2则回到自热反应器，与原料气一起生成合成气。

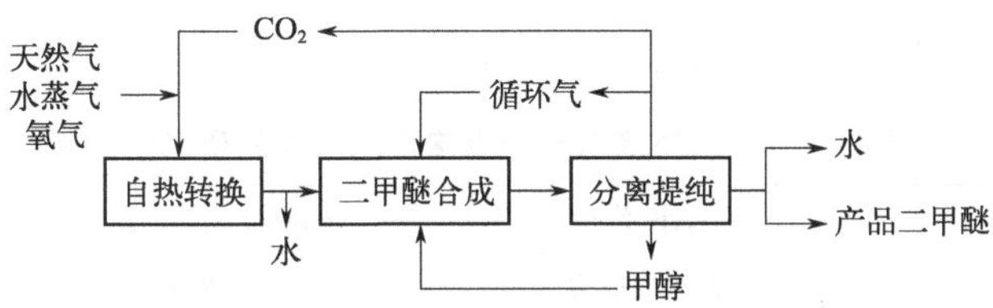

图4-18 NKK公司的合成气一步法制取二甲醚工艺流程

该技术装置以天然气为原料采用自热重整技术（ATR）制得合成气，其$H_2/CO=1$，在260℃、5MPa条件下，甲醇综合反应率达93%，二甲醚选择性高达99.5%，产品纯度达99.6%。

③ 清华大学浆态床二甲醚生产工艺。1998年，清华大学开始与美国空气产品公司合作进行浆态床一步法DME生产技术的研究。目前清华大学已开发出采用循环浆态床反应器一步法合成DME技术。中试结果为：合成反应工艺条件为250℃、4.5MPa、H_2/CO约为1∶1，CO的单程转化率超过60%，DME的选择性大于95%。

2002年7月，清华大学与重庆英力燃化有限公司合作开发3000t/a燃料用DME工业示范技术。2004年3月29日采用浆态床一步法二甲醚合成技术，利用重庆地区丰富的天然气资源，以天然气、CO_2和水蒸气重整所制得的合成气为原料生产燃料用二甲醚装置试车成功。这是我国首家实现浆态床一步法燃料二甲醚的大规模生产的装置。其生产工艺流程如图4-19所示。

其流程主要包括造气、脱碳、脱氢、DME合成和产物提纯等五部分。脱硫后的天然气与水蒸气、CO_2重整制得合成气，经脱碳、脱氢等组分调节和压缩后，合成气经过换热器与出反应体系的产物进行热交换预热，由塔底进入循环浆态床反应器。在自行开发的催化剂的作用下反应生成二甲醚，副产少量的甲醇、H_2O、CO_2等，同时放出大量热，反应热由特殊设计的换热构件移出。反应产物与未反应的CO和H_2一起经与原料气换热、冷却后进入吸收塔分离。气相组分大部分经脱除CO_2后，作为循环气返回到压缩机与原料气混合，

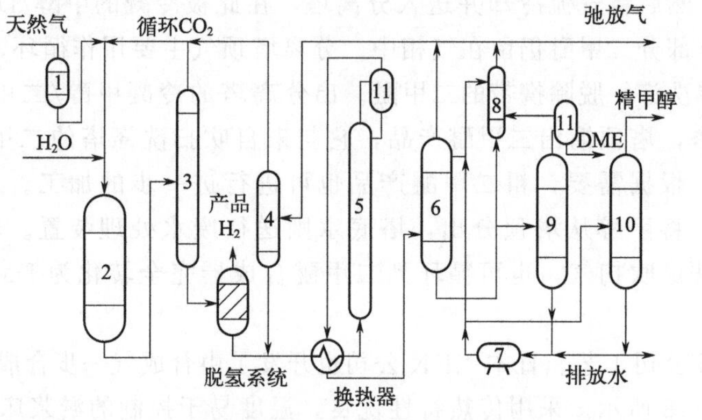

图 4-19 清华大学的浆态床二甲醚生产工艺流程图

1—脱硫塔；2—转化炉；3—脱碳塔Ⅰ；4—脱碳塔Ⅱ；5—DME 合成塔；6—吸收塔；7—储液罐；8—尾吸塔；9—DME 精馏塔；10—甲醇精馏塔；11—分离塔

脱除的 CO_2 作为造气过程中的原料气用于提高转化气中的碳氢比；另一部分作为弛放气调节反应体系中惰性气体的含量，弛放气作为燃料送至造气炉。液相组分经过精馏提纯制取二甲醚产品。

三种浆态床合成二甲醚工艺的比较见表 4-11[26]。

表 4-11 国内外浆态床一步法合成二甲醚研究情况

研究单位	NKK 公司	美国空气产品公司	清华大学
合成气来源	天然气或煤	煤	天然气
H_2/CO	1	0.7	1
催化剂	—	Cu-Zn－Al＋γ-Al_2O_3	LP201＋TH16
反应温度/℃	260	200～290	250
反应压力/MPa	5	5.5～6	4.5
单程转化率/%	55～60	33	＞60
DME/(DME＋MeOH)/%	99.5	30～80	95

4.1.3 工业化发展趋势

目前，在国内二甲醚消费结构中，用于醇醚燃料、液化气和柴油汽车燃料的二甲醚约占95%，仅有少部分二甲醚用于气雾剂、致冷剂和发泡剂。

我国生产二甲醚较晚，直到 1995 年国内才大规模生产二甲醚。2006 年，由于国际油价持续高位运行，国家发展和改革委员会首次公开提出发展二甲醚等煤制醇醚燃料，是未来一段时间能源替代工作的重点，随后工业和信息化部发布《新能源汽车生产企业及产品准入管理规则》，明确将二甲醚汽车列入新能源汽车范围；同时，随着国际油价持续上涨，国内天然气、液化气的需求量猛增，因此物理化学性能及燃烧使用性能与液化气极其相似的二甲醚，受到人们的关注和青睐；另外，甲醇产能开始过剩，为二甲醚产业发展提供了充足原料保证，导致国内二甲醚产能从 2006 年开始大幅扩张。截至 2023 年，我国二甲醚产能已超过1200 万吨/年，位居全球首位。

我国二甲醚生产企业之间的规模差距较大。2022 年，已投产规模最大的二甲醚生产企业是河北凯跃集团，产能 100 万吨/年，其余产能较大的生产企业有山东久泰化工科技股份有限公司、河北新奥集团股份有限公司、河南鹤壁宝发能源科技股份有限公司等。我国主要二甲醚企业生产情况如表 4-12 所示。

表 4-12 我国主要二甲醚企业生产情况

公司名称	产能/(万吨/年)
河北凯跃集团	100
山东久泰化工科技有限责任公司（张家港）	100
山东久泰化工科技有限责任公司（广州南沙区小虎岛）	100
河北新奥集团股份有限公司	100
河北新奥集团股份有限公司内蒙古（鄂尔多斯）	40
河南鹤壁宝发能源科技股份有限公司	30
宁夏煤业有限责任公司	20
山东久泰化工科技有限责任公司（山东临沂）	20
内蒙古天河化工有限责任公司	20
四川泸天化绿源醇业有限责任公司	15
河南省罗山金鼎化工有限公司	15
云南解化集团公司	14.5
山西临汾同世达实业有限公司	10
山西兰花科技创业股份有限公司	10

目前国内二甲醚产能供应严重过剩，需从供需矛盾入手双管齐下。一方面禁止新增二甲醚产能，同时淘汰一部分成本高、缺乏竞争力的旧产能，通过供给侧结构性改革降低产能供给压力；另一方面，需要大力发展二甲醚下游应用，才能彻底解决行业产能过剩的问题。

4.2 聚甲氧基二甲醚

聚甲氧基二甲醚［$CH_3O(CH_2O)_nCH_3$］又称聚甲氧基甲缩醛，简称 DMM_n（$n \geqslant 1$），是近年颇受关注的一种新型含氧燃料。与常用的柴油添加剂甲醇、乙醇、二甲醚和甲缩醛等相比，具有较高的氧质量分数（42%～51%）和十六烷值，与柴油互溶性好并且其在低温下可以流动，作为柴油调和组分使用时不需要对车辆发动机供油系统进行改造，可提高现有车用柴油的燃烧性能，对降低尾气排放具有显著优势。同时 DMM_n 也可以替代柴油，直接作为柴油机燃料，发展前景广阔。

聚甲氧基二甲醚是以二甲氧基甲烷为母体、亚甲氧基为主链的低分子量缩醛类聚合物，合成原料主要包括两部分（图 4-20）：提供封端甲基的化合物，包括甲醇、二甲醚（DME）、甲缩醛（DMM）等；提供中间基团低聚甲醛的化合物，包括甲醛（FA）、三聚甲醛（TOX）和多聚甲醛（PF_n）等。近年来，对于 DMM_n 反应机理、反应热力学和动力学、催化剂制备和反应工艺开发等方面的研究获得了系列进展。但是，DMM_n 的生产工艺复杂，成本较高，仍需加大研究实践，提升工业化生产水平，降低成本，以满足产业化发展的需求。

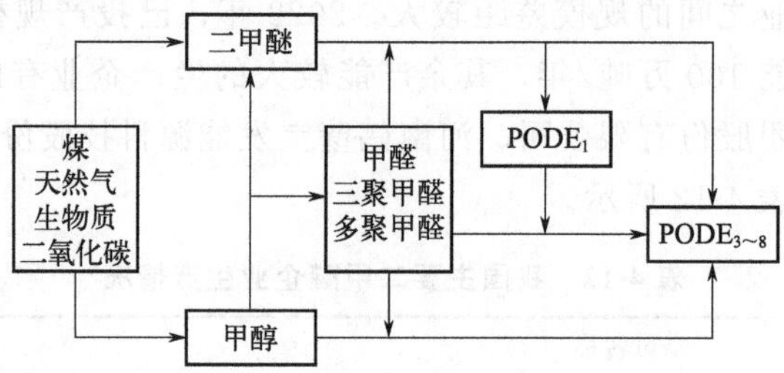

图 4-20 DMM$_n$ 的合成原料及其合成路线

4.2.1 甲醇提供封端甲基合成 DMM$_n$

由甲醇提供封端甲基制备 DMM$_n$ 时，甲醇作为反应物，中间主链主要由甲醛、三聚甲醛和多聚甲醛等提供，反应过程包括：

① 甲醇与甲醛反应，$2CH_3OH+n HCHO \Longrightarrow CH_3O(CH_2O)_nCH_3+H_2O$。

② 甲醇与三聚甲醛反应，$2CH_3OH+n/3(CH_2O)_3 \Longrightarrow CH_3O(CH_2O)_nCH_3+H_2O$。

③ 甲醇与多聚甲醛发生反应，$2CH_3OH+HO(CH_2O)_nH \Longrightarrow CH_3O(CH_2O)_nCH_3+2H_2O$。

合成 DMM$_n$ 的热力学研究常用高斯拟合和密度泛函方法（DFT）计算。南京大学雷艳华等[27]采用密度泛函理论方法在 B3LYP/6-31+G(d,p) 水平上对 DMM$_n$ 系列化合物进行了全优化和振动分析计算，获得了该系列化合物的最优构型及热力学函数值。通过设计等键反应计算了 DMM$_n$ 的生成热，如表 4-13 所示。其中，$\Delta H^{\circ}_{f,298}$ 为 298K 时的标准摩尔生成焓；S° 为 298K 时物质的标准摩尔熵；C_p 为摩尔定压热容。

表 4-13 标准状态下不同 DMM$_n$ 化合物的热力学值

物质	$\Delta H^{\circ}_{f,298}$/(kJ/mol)	S°/[J/(mol·K)]	C_p/[J/(mol·K)]
DMM$_1$	−334.6	323.8	95.6
DMM$_2$	−504.7	381.0	128.6
DMM$_3$	−664.8	438.8	161.5
DMM$_4$	−823.6	494.1	194.3
DMM$_5$	−983.7	551.2	227.2

甲醛与甲醇反应生成 DMM$_n$ 为放热反应，随温度升高反应逐渐向逆反应方向进行。将三步反应耦合后，在整个温度范围内为放热反应，升高温度会使反应平衡常数减小。

Zhang 等[28-29]采用四阶龙格-库塔法和拟牛顿法两种方法解动力学方程，推导了甲醇和甲醛对 DMM$_n$ 反应速率常数的动力学方程，得到反应速率常数为 59278.38～130.19，表观活化能为 38.58～43.68kJ/mol，同时指出提高温度可以提高甲醇和甲醛的转化率及 DMM$_n$ 的生成速率。另一种模型采用 ZrO_2 负载氧化铝催化剂，该模型认为甲醇与甲醛生成甲缩醛的合成为反应的控制步骤，其余反应均为基元反应且很快达到平衡。

4.2.1.1 反应机理

甲醇提供封端甲基合成 DMM$_n$ 涉及的机理主要有起始反应-链增长-终止反应机理（IGT

机理）及氧化还原机理。以甲醛提供中间主链时，其首先与甲醇进行两侧封端产生甲缩醛，甲缩醛在酸性催化剂条件下会发生水解产生碳正离子中间体，其和甲醇发生反应生成 DMM_2，甲醛再与二聚物反应生成三聚物 DMM_3，合成过程为甲醛逐个插入生成 DMM_n 的过程。甲醇与三聚甲醛和多聚甲醛反应机理与甲醇和甲醛反应机理相似。此外，甲醇一步氧化制得 DMM_n 符合氧化还原机理，甲醇在催化剂表面被氧化成甲醛或二氧基亚甲基过渡态，这些中间产物进一步与甲醇发生反应生成 CH_3OCH_2O—或 HF_1（半缩醛中间体），随后 CH_3OCH_2O—或 HF_1 与甲醇反应生成 DMM_1。

（1）起始反应-链增长-终止反应机理

甲醇与甲醛反应遵循起始反应-链增长-终止反应机理（图 4-21）。首先，甲醛中的醛基与质子酸作用，使甲醛中的羰基碳具有正电性。其次，甲醇中羟基氧以孤对电子进攻羰基碳形成半缩醛。半缩醛的羟基在质子酸的催化作用下带正电荷，随后脱水形成碳正离子中间体，最终与甲醇发生缩合反应形成 DMM_1[30]。

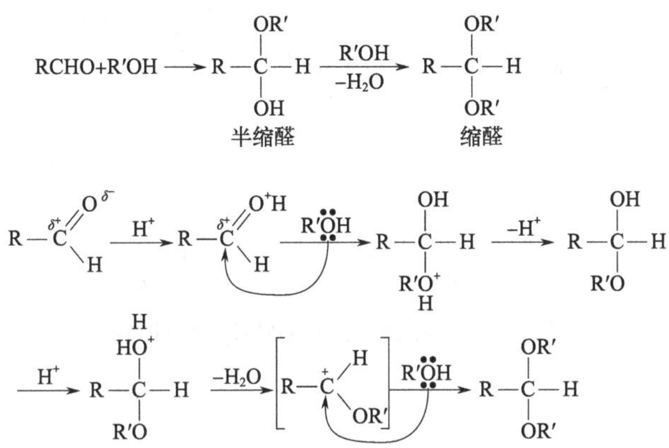

图 4-21 醇与醛反应机理图

甲醇与三聚甲醛反应机理如图 4-22 所示。其中，n 为大于 1 的整数。三聚甲醛在酸性离子液体的作用下解聚为甲醛，甲醇和甲醛在质子酸催化作用下亲核加成得到中间产物半缩醛，并进一步质子化反应形成甲缩醛。甲醛分子逐个插入甲缩醛中发生键重组反应生成 DMM 聚合物。

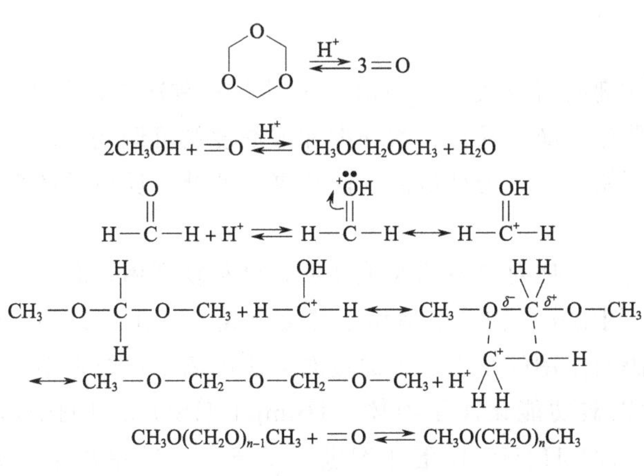

图 4-22 甲醇与三聚甲醛合成 DMM_n 反应机理

(2) 氧化还原机理

甲醇一步氧化法制 DMM_n 催化剂主要以金属氧化物为主，遵循氧化还原机理，获得的产物主要是 DMM 和 DMM_2。Tatibouet 研究[31]认为（图 4-23 所示）甲醇在催化剂表面形成甲氧基表面官能团，随后进一步被氧化成吸附态的甲醛或二氧基亚甲基过渡态，这些中间产物与甲醇反应生成半缩醛物种 CH_3CH_2O—或 HF_1，接着使用同位素跟踪证实催化剂可使甲醇的 C—H 键断裂形成具有高活性的 $\cdot CH_2OH$ 自由基，再攻击吸附在催化剂上的甲氧基表面官能团上的氧原子形成 HF_1，随后 CH_3OCH_2O—或 HF_1 与甲醇反应生成 DMM_1。后续也有学者[[32-33]对甲醇氧化生成 DMM_1 的反应路径进行研究，提出甲醇氧化生成甲醛需要先进行 C—H 键活化，活化的氢原子可以与钒系金属上的晶格氧发生脱水反应，V_5^+ 变成较低价态的钒并形成氧空位，而氧空位的填充符合晶格氧机理，即氧化还原循环机理（Mars-VanKrevelen），最后甲醛在载体酸性位上继续反应生成 DMM_1。

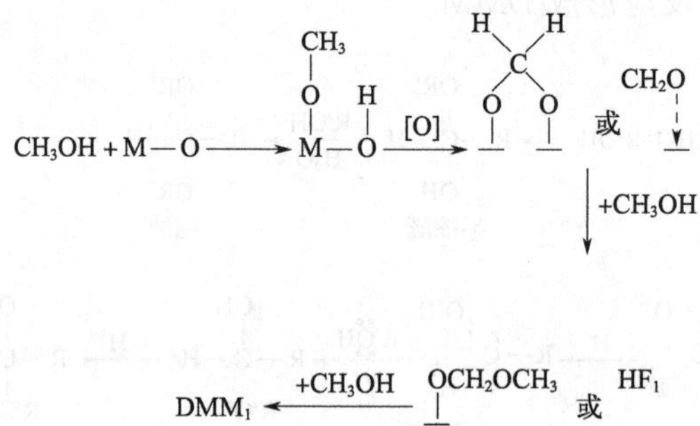

图 4-23 甲醇氧化合成 DMM_1 反应路径

4.2.1.2 催化剂

DMM_n 的合成是酸催化过程，催化剂主要分为液体催化剂和固体催化剂。液体酸催化剂主要有质子酸如硫酸、盐酸、甲酸、卤素取代的磺酸类物质以及酸性离子液体。相比之下，固体酸催化剂能很好地解决分离回收的问题，特别是阳离子交换树脂，廉价易得，毒性小，同时对环境污染小，受到国内外研究者的青睐。但是在有水的体系中，阳离子交换树脂的 H^+ 容易与某些金属离子交换，导致催化剂失活，因此，研究其酸性的改性成为未来发展的主要方向。

(1) 液体催化剂

国外对质子酸催化剂的研究较多，1948 年杜邦公司首次报道的 DMM_n 的合成就是以浓硫酸为催化剂。此类催化剂廉价易得，酸强度和酸浓度均可调变，反应转化率高，但是对设备腐蚀性强，不能循环使用，且处理量大、能耗高。此外，反应后的催化剂与产物混合为均相，分离困难。

相比之下，酸性离子液体对设备的腐蚀性低，可重复利用，获得了更广泛的关注。赵变红等[34]将 3 类 12 种不同结构的离子液体用于催化合成 DMM_n。结果发现离子液体的催化作用是阴离子和阳离子协同作用的结果。可通过对其阴阳离子进行调节，调控其理化性质。常州大学李为民等[35]对以酸功能化离子液体 [Hnmp] HSO_4、[Hnmp]H_2PO_4、[Hnmp] PTSA 和 $[PyN(CH_2)_3SO_3H]HSO_4$ 催化剂进行了研究，结果显示，离子液体的催化活性与其酸性相关，酸性越强催化剂活性越高。$[PyN(CH_2)_3SO_3H]HSO_4$ 具有最高的催化活性，当用量为 2.0%时，三聚甲醛的转化率和 $DMM_{3\sim8}$ 的选择性分别达到 97.69%和 32.54%。李为民等[36]还利用环酰胺类离子液体催化剂，在催化剂添加量（质量分数）为 1%时，三聚甲醛转化率和 $DMM_{3\sim8}$ 的选择性分别达 98%和 39.1%。太原理工大学张朝峰等[37]采用键合法将吡啶甲磺酸盐离子液体负载在 HZSM-5 分子筛上，得到分子筛负载型离子液体催化剂。较适宜的反应条件下 $DMM_{3\sim8}$ 收率可达 67.35%。另外，固载化离子液体易回收，可重复利用，当重复使用 3 次后，$DMM_{3\sim8}$ 收率仍能达到 45.62%。但是离子液体催化剂具有一定毒性且价格较高，在一定程度上限制了它的发展。

（2）固体催化剂

用于 DMM_n 合成的固体酸催化剂主要有分子筛、酸性阳离子交换树脂、金属氧化物及固体超强酸等。

分子筛催化性能良好，易与产物分离，可重复利用，是一种良好的 DMM_n 合成催化剂。中国科学院山西煤炭化学研究所曹健[38]等比较了 MOR、Al-YNU-1 和 HMCM-22 分子筛催化合成 DMM_n 的性能。结果表明，在不影响扩散的情况下，孔道结构对产物分布影响较小。强酸位对于长链产物生成有促进作用，而弱酸催化生成的产物是甲缩醛。其中，采用 HMCM-22 为催化剂时，$DMM_{2\sim8}$ 选择性最高，达到 65.1%。

树脂类催化剂耐水性强，能有效避免水对于催化剂活性及寿命的影响，并且催化剂分离回收简单，可以重复使用，也是一种优质的 DMM_n 合成催化剂。徐晓胜等[39]以 $FeCl_3 \cdot 6H_2O$ 改性阳离子交换树脂作为催化剂发现，改性后催化剂的孔径增大，酸强度增强，同时 L 酸位点增加，$DMM_{1\sim8}$、$DMM_{2\sim8}$ 和 $DMM_{3\sim6}$ 的质量收率分别为 45.34%、27.76%和 14.82%。刘红喜[40]等采用改性强酸性苯乙烯系阳离子交换树脂为催化剂。结果表明，在最佳反应条件下，DMM_n 的单程收率由未改性前的 35%增至 95%，$DMM_{3\sim8}$ 选择性由 10%增加到 90%，但是树脂类催化剂耐高温性差，机械强度不高。

金属氧化物比树脂催化剂耐热、耐压性能好，同时对设备无腐蚀，易于分离，因此也被用于探索制备 DMM_n 的研究中。Zhang 等[29]用 ZrO 改性 γ-Al_2O_3，改性后催化剂的中强酸和强酸数量增加，在 Zr/Al 为 0.04 时，甲醇转化率由未负载的 26.42%增加到 48.64%，$DMM_{3\sim8}$ 的选择性达 24.82%。华东理工大学刘殿华等[41]将金属钼、铁、铌或其氧化物负载于 γ-Al_2O_3 上，当负载质量分数为 24%的 Mo 和 2.7%的 Fe 时，$DMM_{3\sim4}$ 的选择性显著提高到 52.52%。

SO_4^{2-}/Fe_2O_3 催化剂在 DMM_n 合成反应中有良好的活性和稳定性，同时相比于其他固体超强酸，具有来源广，成本低，毒性小的优势。Li[42]将 SiO_2 掺杂在 SO_4^{2-}/Fe_2O_3 催化剂上以改变其酸强度，结果发现，在不负载硅物种时，催化剂具有更高的酸量、酸密度，催化活性最高。夏春谷等[43]制备一种高活性、易分离的具有磁性的固体超强酸催化剂，磁核选用 Fe_3O_4 或 γ-Fe_2O_3，最优条件下，$DMM_{3\sim7}$ 收率最高达 29.3%。

4.2.1.3 合成工艺

由甲醇提供封端甲基时，工业上多用甲醛与三聚甲醛作为原料提供中间基团。我国首个生产 DMM_n 工艺以甲醇和三聚甲醛为原料，填补了我国在这方面的技术空白，也引起国内外同行的高度重视，但甲醛生成三聚甲醛成本很高。另外，甲醇和三聚甲醛反应生成半缩醛的同时生成水，会降低长链产品的收率，同时分离难度较大。虽然此工艺在实际操作中存在很多局限，但它的研发路线和经验，为工艺改良奠定了基础。

(1) 国内工艺路线

中国科学院兰州化学物理研究所[44]设计了一种以甲醇和甲醛溶液为反应原料，以离子液体为催化剂合成 DMM_n 的工艺，具体流程如图 4-24 所示。该工艺主要包括三部分，首先是甲醛聚合反应-精馏区，水合甲醛溶液在离子液体 ILI 的催化作用下生成水合三聚甲醛，和甲醛形成混合溶液，经精馏装置排出三聚甲醛-水-甲醛恒沸物。其次是缩醛反应区，上一级的恒沸物在此与甲醇发生连续缩醛化反应生成 DMM_n。最后是分离区，采用薄膜蒸发器，实现了轻组分的快速分离与循环利用。该方法中生成的低聚物、未反应的甲醛和甲醇可以循环利用，提高了原料转化率和产物产率。但是，该工艺以离子液体作为催化剂，价格昂贵，增加了工艺成本。更重要的是初始原料采用水合甲醛，同时甲醛和甲醇反应生成大量的水，目标产物收率降低。

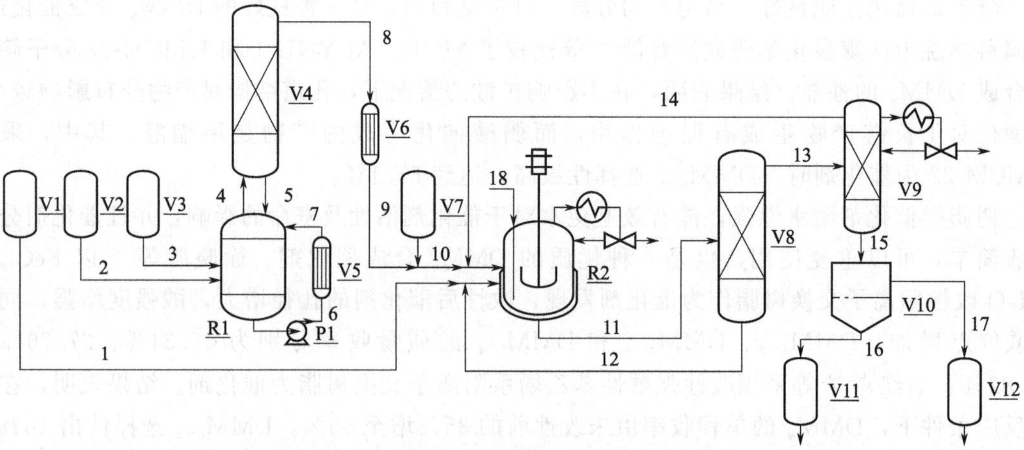

图 4-24　中国科学院兰州化学物理研究所专利工艺流程

V1—催化剂储罐；V2—催化剂储罐；V3—催化剂储罐；R1—甲醛聚合反应器；R2—缩醛化反应器；P1—泵；V4—精馏塔；V5—再沸器；V6—气相冷凝器；V7—储罐；V8—精馏塔；V9—薄膜蒸发器；V10—相分离器；V11—储罐；V12—储罐；1～18—管线

天津大学[45]设计了一种以甲醇与高浓度甲醛合成 DMM_n 的反应精馏工艺，如图 4-25 所示。混合原料在反应精馏塔中进行反应，塔釜采出聚合度大于 2 的反应产物，后经产品精制塔精制后获得高纯度目标产物 $DMM_{3\sim5}$。反应生成的轻组分、未反应完全的反应物及水从塔顶采出，后经蒸汽渗透设备分离脱水，剩余组分返回至反应精馏塔再次反应。本工艺流程发挥反应精馏塔的优点，有效控制反应停留时间，打破反应平衡限制的同时阻止反应向更大聚合度方向进行，提高产物转化率及目标产品 $DMM_{3\sim5}$ 收率及选择性。

北京科尔帝美工程技术有限公司[46]开发的以甲醇与三聚甲醛为原料合成 DMM_n 的工艺流程如图 4-26 所示。采用夹套环式反应器进行缩醛化反应，套筒内冷却水和外部冷却系统结合使用，使反应物料快速降温。反应器内部装有混合元件强化传热和传质，避免了大分子 DMM_n 的生成。其中萃取系统以芳烃为萃取剂，分离出来的催化剂可循环使用，减少了资源浪费和成本损失。然而，此发明以价格较贵的三聚甲醛为原料，离子液体为催化剂，成本高。另外，管式反应器持液量低，容易堵塞，使此工艺难于工业化。

上海盘马化工工程技术有限公司[47]也提出了一种以甲醇为初始原料的合成工艺（图 4-27）。该工艺包括甲醛制备单元、甲缩醛制备单元及 DMM_n 制备单元。首先甲醇在甲醛制备单元氧化为甲醛，得到的甲醛一部分作为 DMM_n 制备单元的原料，另一部分作为甲缩醛制备单元的

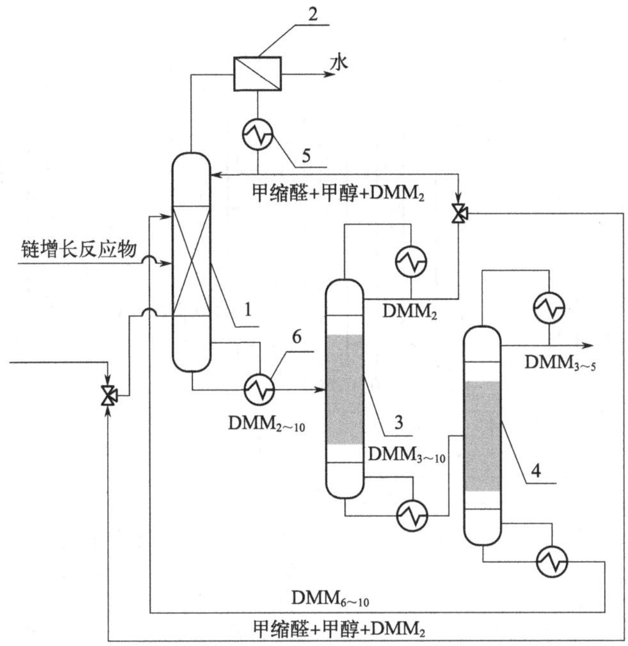

图 4-25 天津大学工艺流程

1—聚甲氧基二甲醚反应精馏塔；2—蒸汽渗透设备；3—一级产品精制塔；4—二级产品精制塔；
5—聚甲氧基二甲醚反应精馏塔全凝器；6—聚甲氧基二甲醚反应精馏塔塔釜再沸器

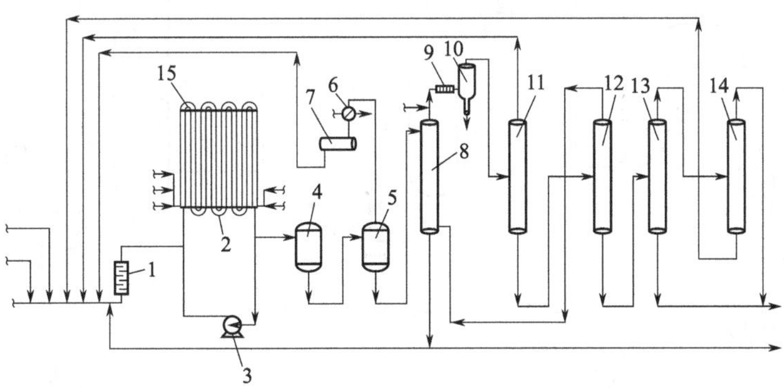

图 4-26 北京科尔帝美工程技术有限公司工艺流程

1—进料混合器；2—环管式反应器；3—反应器循环泵；4—调压罐；5—闪蒸罐；6—闪蒸冷凝器；
7—闪蒸收集罐；8—萃取塔；9—碱洗混合器；10—碱液沉降罐；11—单体回收塔；
12—萃取剂回收塔；13—产品分离塔；14—三聚甲醛脱除塔；15—循环冷却器

原料。在甲缩醛制备单元中，从甲醛制备单元过来的甲醛与 DMM_n 制备单元过来的甲醛共同与甲醇在反应精馏塔中反应制备甲缩醛溶液。最后，甲醇与甲醛以及甲缩醛溶液，在离子液体催化剂的作用下，经缩醛化反应生成 DMM_n，反应产物经过萃取和精馏处理后得到 $DMM_{3\sim6}$。

(2) 国外研究状况

BP 公司[48]设计了以甲醇为初始原料合成 DMM_n 的工艺（图 4-28），该工艺主要分为两部分：甲醛制备单元及 DMM_n 制备单元。首先，甲醇被氧化成甲醛，随后甲醛与甲醇在反应精馏塔中发生缩聚反应合成 DMM_n，但是该工艺中产品 $DMM_{3\sim7}$ 的选择性仅为 24.0%，若要实现工业化生产，提高产品收率是不可忽视的问题。

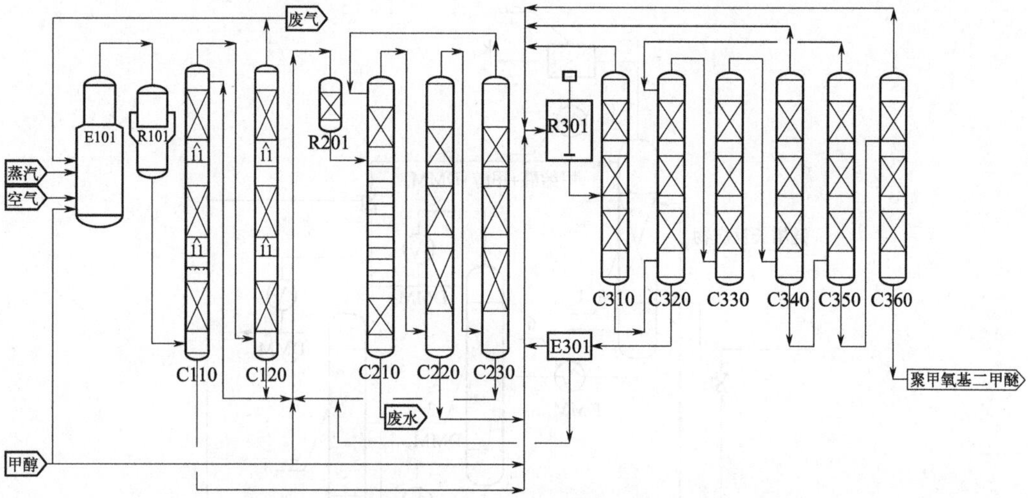

图 4-27　上海盘马化工工程技术有限公司工艺流程

E101—甲醇蒸发器；R101—甲醇反应器；C110—第一吸收塔；C120—第二吸收塔；R201—甲缩醛预反应器；C210—反应精馏塔；C220—甲缩醛精馏塔；C230—组分回收塔；E301—蒸发器；R301—反应器；C310—第一轻组分回收塔；C320—萃取塔；C330—碱洗塔；C340—第二轻组分回收塔；C350—萃取剂回收塔；C360—第三轻组分回收塔

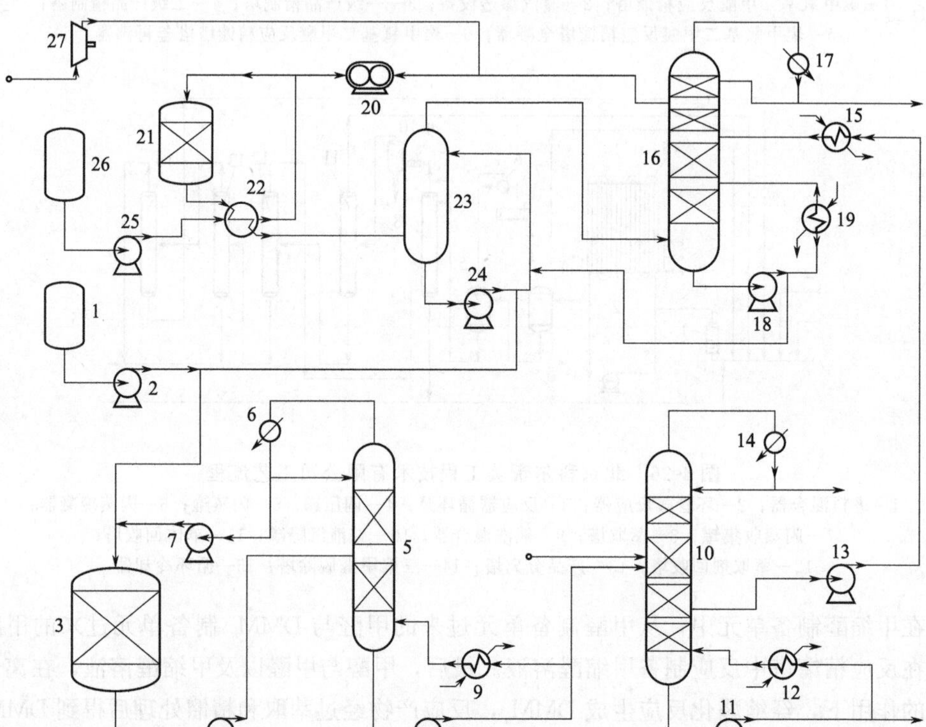

图 4-28　BP 公司工艺流程

1—二甲醚储罐；2,4,7,8,11,13,18,24,25—充电泵；3—催化反应器；5—回收柱；6,14,17—冷凝器；9,12—再沸器；10—精馏柱；15，19—冷却器；16—吸附柱；20—鼓风机；21—氧化反应器；22—换热器；23—喷淋柱；26—甲醇储存罐；27—压缩机

BASF 公司[49]开发了以甲醇和甲醛为原料制备 DMM_n 的工艺，采用均相或非均相催化剂。工艺流程如图 4-29 所示。甲醛和甲醇溶液在反应器 3 中进行反应，产物进入反应精馏塔及四级精馏塔精制后获得目标产物 $DMM_{3\sim4}$。在此基础上，该公司的另一工艺将前一工艺中的反应精馏塔分成了精馏塔和反应器两套设备，较第一种工艺产生更少的 $n>4$ 的 DMM_n 组分[50]。

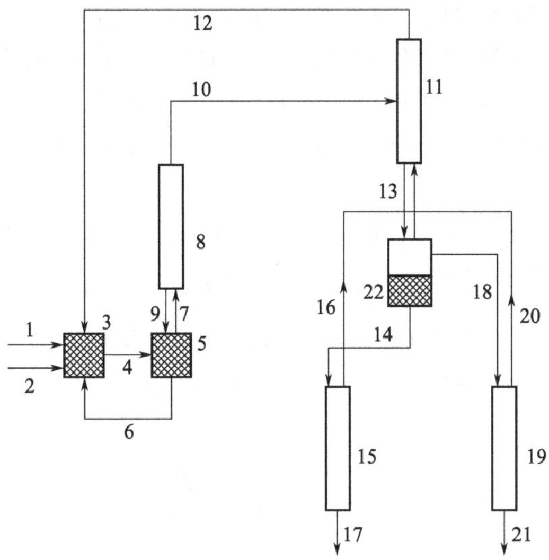

图 4-29　BASF 公司工艺流程

1—水和甲醛溶液；2—甲醇；3—反应器；4—混合物；5—反应蒸发器；6—反应气相；7—低沸点馏分；8—第一精馏柱；9—高沸点馏分；10—低沸点馏分；11—第二精馏柱；12—低沸点馏分；13—高沸点馏分；14—高沸点馏分；15—第三精馏柱；16—低沸点馏分；17—高沸点馏分；18—水相；19—第四精馏柱；20—低沸点馏分；21—高沸点馏分；22—相分离装置

德国凯泽斯劳滕大学和德国 OME 技术公司以甲醇和甲醛为原料，采用液体酸催化剂合成 DMM_n（图 4-30）[51]。甲醇和甲醛水溶液进入均相催化反应器进行缩醛化反应，得到的物料经两个精馏塔精制得到产品 $DMM_{3\sim5}$。

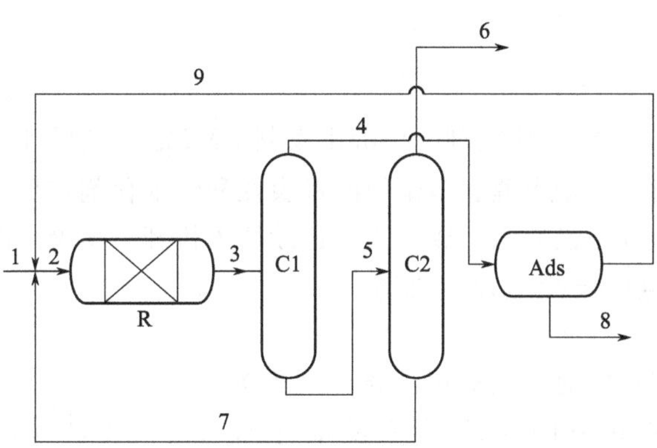

图 4-30　德国凯泽斯劳滕大学和德国 OME 技术公司研发的工艺流程

R—异相催化反应器；C1—第一精馏塔；C2—第二精馏塔；Ads—固定床吸附装置；1～9—物料流

综上所述，以甲醇和甲醛为原料的合成技术，工艺路线相对简单，原料成本低，是目前 DMM_n 合成技术研究的重要关注路线。鉴于反应中生成的水与半缩醛较难分离的特点，需要进一步关注脱水工艺的开发。此外，为了促进反应正向进行，合成工艺正在从单一反应器逐步向反应精馏工艺转变。

4.2.2 甲缩醛提供封端甲基合成 DMM_n

甲缩醛是甲醇最重要的下游产品之一，由甲缩醛出发合成 DMM_n 时，中间主链主要由甲醛、三聚甲醛和多聚甲醛等提供，反应过程可以分为三条路径：

① 甲缩醛与甲醛反应 $CH_3OCH_2OCH_3+nHCHO = CH_3O(CH_2O)_{n+1}CH_3$。

② 甲缩醛与三聚甲醛反应 $CH_3OCH_2OCH_3+n/3(CH_2O)_3 = CH_3O(CH_2O)_{n+1}CH_3$。

③ 甲缩醛与多聚甲醛反应 $CH_3OCH_2OCH_3+HO(CH_2O)_nH = CH_3O(CH_2O)_{n+1}CH_3+H_2O$。

Li 等[52]研究以硫酸钛为催化剂合成 DMM_n 的化学平衡和反应动力学中发现，三聚甲醛同时分解为三个单体，通过缩合反应得到长链的 DMM_n 产物。动力学常数 K_n 计算如下：

$$(CH_2O)_3 \rightleftharpoons 3CH_2O\text{(酸性位点)}$$

$$CH_3O(CH_2O)_{n-1}CH_3+CH_2O \rightleftharpoons CH_3O(CH_2O)_nCH_3 \qquad n\geqslant 2\text{(酸性位点)}$$

$$K_n=\frac{X_{n/(n-1)}}{[CH_2O]}=\frac{X_{n/(n-1)}}{K_{TRI}\times[TRI]^{1/3}} \qquad n\geqslant 2$$

$$K_n=\cdots=K_3=K_2$$

式中，$X_{n/(n-1)}$ 表示 DMM_n 与 DMM_{n-1} 摩尔浓度之比；K_{TRI} 为三氧环己烷的平衡常数；TRI 为三氧环己烷；[ ] 表示摩尔浓度。

计算结果表明，在特定条件下，DMM_n 和 DMM_{n-1} 的摩尔浓度比是固定值，反应过程中三聚甲醛的浓度相等。原料组成和反应时间对反应的化学平衡影响小，反应温度对化学平衡影响显著。K_n 随着反应温度的增加，先增大后减小。另外，研究不同反应原料对合成 DMM_n 的影响发现反应物组成对 DMM_n 的产物分布影响小，当使用 DMM_2 和 DMM_3 替代 DMM 时，产物分布保持一致。从这个角度来看，合成特定聚合度的 DMM_n 产品是一个严峻的挑战。

4.2.2.1 反应机理

由甲缩醛出发制 DMM_n 反应机理与甲醇出发制 DMM_n 反应机理类似，三聚甲醛和多聚甲醛在与甲缩醛反应时，三聚甲醛和多聚甲醛都会在酸性催化剂作用下解聚成为甲醛，甲缩醛和三聚甲醛在反应过程中没有水生成，遵循连续插入机理。多聚甲醛在发生解聚时会有水生成，遵循起始反应-链增长-终止反应机制。

(1) 连续插入机理

甲缩醛与三聚甲醛反应时，三聚甲醛首先解聚为甲醛。甲缩醛与失去电子的甲醛单体反应生成 DMM_2，DMM_2 再与失去电子的甲醛单体反应生成 DMM_3，以此类推，通过甲醛单体的不断插入生成 DMM_n（图 4-31）[53]。

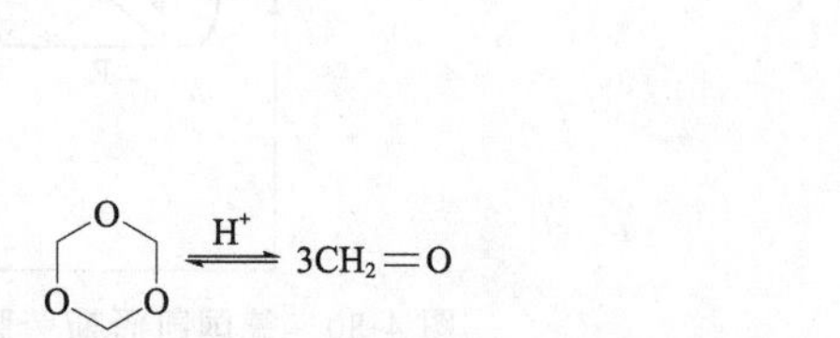

图 4-31 DMM_n 的反应机理

(2) 起始反应-链增长-终止反应机理（IGT 机理）

刘奕等[54]参考甲醇与甲醛制备甲缩醛的反应机理（图 4-32），认为多聚甲醛与甲缩醛反应时发生解聚反应生成水，反应遵循 IGT 机理。该机理与连续插入机理区别在于 IGT 机制在增长阶段有中间产物的生成。首先，多聚甲醛在酸性条件下解聚为甲醛单体，随后在 H^+ 作用下活化。甲缩醛在酸性条件下水解为甲醇和碳正离子中间体，一侧甲基封端打开。中间体碳正离子与活化的甲醛单体进行加成反应，形成了中间聚合段的新碳正离子中间体，中间体碳正离子与甲醇发生取代反应，形成新的甲基封端生成 DMM_2。按如上机理继续生成 DMM_{n+1}。Wang 等[55]以 SO_3H-FILs 离子液体催化剂催化甲缩醛和甲醛反应，该研究证实了刘奕等提出的反应机理。

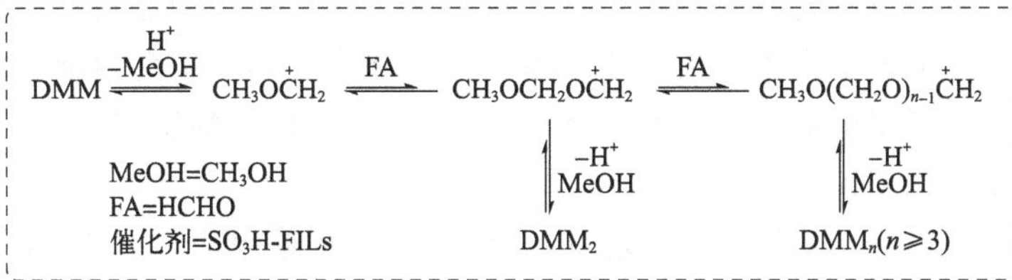

图 4-32　甲缩醛和甲醛反应机理图

4.2.2.2 催化剂

与甲醇提供封端甲基合成 DMM_n 类似，由甲缩醛提供封端甲基时，催化剂也分为液体催化剂和固体催化剂。其中，国外主要采用阳离子交换树脂作为催化剂，国内早期主要选择酸性分子筛为催化剂，近期研究主要集中在阳离子交换树脂和离子液体上。

（1）液体催化剂

在以甲缩醛与多聚甲醛为原料的合成中，最早使用液体酸催化剂。Moulton[56]以甲酸作为催化剂，采用高压釜反应器合成 DMM_n，制备的 DMM_n 分子量均为 80～350。Patrini[57]选择强酸性的三氟甲磺酸为催化剂，多聚甲醛转化率 54.7%，产物中 DMM_2 的选择性达 49.6%。

赵强等[58]以合成的 N-甲基 2-吡咯烷酮硫酸氢盐离子液体（[Hnmp]HSO_4）或 N-甲基 2-吡咯烷酮对甲苯磺酸盐离子液体（[Hnmp]PTSA）为催化剂，在催化剂用量（质量分数）为 2%时，甲缩醛转化率和 $DMM_{3\sim8}$ 的选择性分别可达 52.38%和 49.18%。太原理工大学赵文超等[59]采用嫁接法制得硅胶固载硅烷化离子液体，发现当硅烷化离子液体负载量增加，反应体系酸性增加，三聚甲醛进一步解聚为甲醛和聚合度较低的 DMM_1 和 DMM_2，转化率增加。当硅烷化离子液体负载量为 15.81%时，三聚甲醛的转化率以及 DMM_n 的选择性分别为 95.37%和 48.49%。

（2）固体催化剂

早在 1987 年，Arvidson 等[60]就报道了酸性阳离子交换树脂 Amberlite IR120 催化甲缩醛与甲醛反应合成 DMM_n 的研究，并考察了卤化锂助剂在反应过程中的作用机制。刘现立等[61]对比了不同种类酸催化剂的性能，发现大孔强酸性阳离子交换树脂 HSD001 催化性能最佳，在催化剂用量 5%（质量分数）时，甲缩醛的转化率达到 65%，产率达到 58%。

刘显科[62]利用对甲基苯磺酸对大孔阳离子树脂进行浸渍改性后催化反应物在固定床反应器中进行聚合反应，在最优条件下甲缩醛转化率和产物 $DMM_{3\sim5}$ 选择性分别达到 60.54%和 33.92%。芮雪[63]采用 HD-8 大孔强酸性离子交换树脂催化合成 DMM_n，当催化剂用量为 3%（质量分数）时，甲缩醛转化率和产物选择性可达到 61%和 92%。王岩等[64]采用环丁砜对酸性磺酸树脂 NKC-9 进行脱水和造孔处理，结果表明环丁砜能够有效除去磺酸树脂催化剂表面和孔道内物理及化学吸附的水，DMM 和 TOX 转化率以及 $DMM_{3\sim7}$ 质量选择性分别从 48.27%、88.41%和 45.27%显著提升至 52.91%、93.34%和 61.58%。蔡依进等[65]在离子交换树脂基础上开发了一种纤维状离子交换材料并对其进行酸浸泡处理，最优条件下转化率可达 92.1%，选择性为 70.5%。

4.2.2.3 合成工艺

由甲缩醛提供封端甲基时，以三聚甲醛为原料避免了以甲醛为原料在反应过程中产生大量水的问题。在实际工业生产中，由于受三聚甲醛价格高、多聚甲醛溶解度限制的客观因素的影响，逐渐开发出了用甲缩醛和甲醛气体为原料生产 DMM_n 的工艺。

（1）国内研究

中国石油大学（华东）[66]设计的工艺中（图 4-33），多聚甲醛与含有 10%～15%甲醇的甲缩醛在釜式反应釜中进行反应，并用固定床吸附塔对反应釜中产出的物料进行脱酸处理。针对脱酸精制，江苏道尔顿石化科技有限公司[67]设计了一种脱酸工艺，引入与甲酸共沸且不与反应体系中其他物质发生反应的正庚烷。脱除轻组分的 DMM_n 反应液流经脱酸塔，其中的甲酸与正庚烷共沸。共沸物随后进入甲缩醛合成塔，在塔内与甲醇生成低沸点的甲酸甲酯，最终经精馏塔脱除。该工艺实现了甲酸的高效脱除，同时不影响正常的合成路线，正庚烷采用物理分层法进行回收，简单高效。

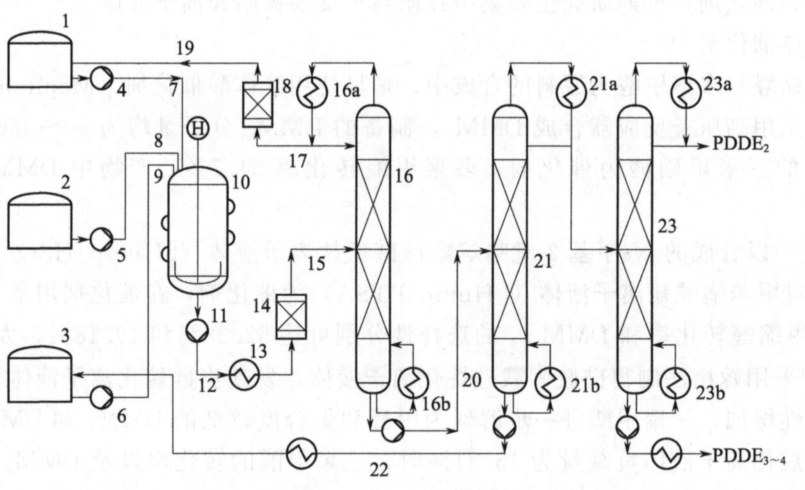

图 4-33 中国石油大学（华东）工艺流程

1—轻组分储罐；2—甲缩醛储罐；3—重组分储罐；4—轻组分进料泵；5—甲缩醛进料泵；6—重组分进料泵；7～9—管道；10—釜式反应器；11—出料泵；12—管道；13—反应产品冷却器；14—脱酸吸附器；15—管道；16—第一精馏塔；16a—第一塔顶冷凝器；16b—第一塔底再沸器；17—管道；18—脱水吸附器；19～20—管道；21—第二精馏塔；21a—第二塔顶冷凝器；21b—第二塔底再沸器；22—管道；23—第三精馏塔；23a—第三塔顶冷凝器；23b—第三塔底再沸器

清华大学[68]设计的工艺（图 4-34）以液体甲缩醛和固体多聚甲醛为原料，在流化床反应器中进行反应。两种原料采取以下两种方式中的一种：预先混合为浆状后进料或液体甲缩醛由泵输入流化床，固体多聚甲醛以螺旋进料器切换操作的方式输入流化床。来自流化床反应后的反应混合物经预精馏塔进行初步分离，其中甲缩醛从塔顶馏出，部分回流，剩余部分返回甲缩醛进料段。DMM_2 从精馏塔中上部侧线排出并循环进入流化床反应器进行再反应。塔底馏出物则进入萃取精馏塔塔顶。在真空精馏塔塔顶得到目标产物 $DMM_{3\sim m}$，塔底得到 $DMM_{(m+1)-n}$。该工艺流程简单，易连续化操作，适用于工业大规模生产。

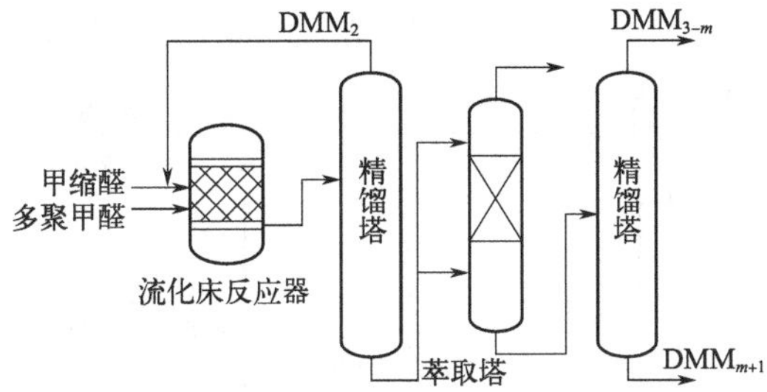

图 4-34　清华大学工艺流程

白教法[69]公开了一种以甲醇和甲醛溶液为初始原料，通过甲缩醛和甲醛合成 DMM_n 的工艺（图 4-35）。该工艺包括三个单元：甲缩醛生产单元、固体甲醛生产单元及 DMM_n 生产单元。首先，甲醇与稀甲醛经预反应器进行缩合反应，反应物料随后进入甲缩醛反应精馏塔，获得高纯度甲缩醛。大部分甲缩醛溶液经蒸汽加热后与空气进入氧化器，经固体甲醛分离器得到高纯度固体甲醛（多聚甲醛）。最后甲缩醛溶液与固体甲醛经蒸汽加热后进入装有外置膜脱水装置的聚合醚化反应器，反应产物经脱酸脱水和精馏处理后，获得质量纯度大于 99.5％的 $DMM_{3\sim5}$。

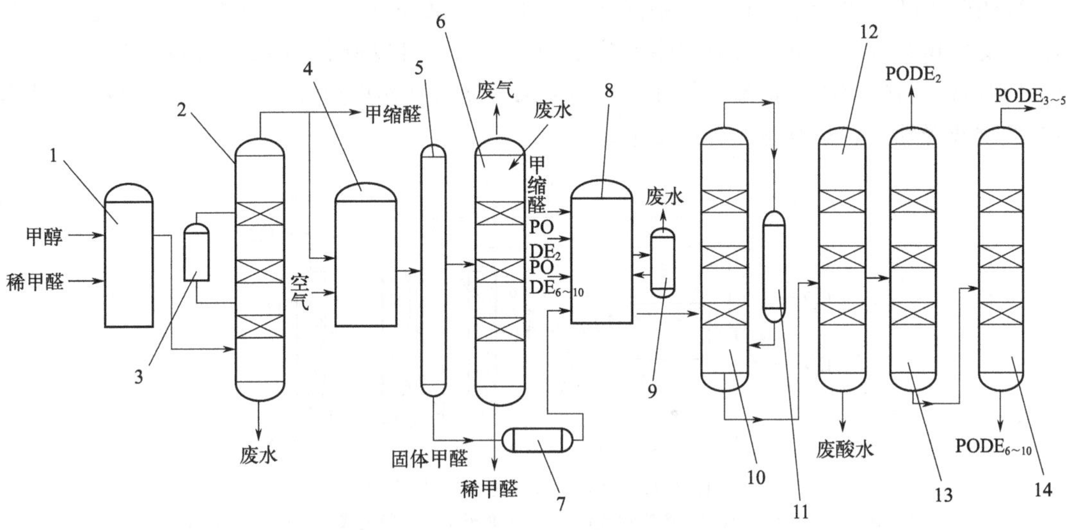

图 4-35　白教法设计的 DMM_n 合成工艺流程

1—甲缩醛预反应器；2—甲缩醛反应精馏塔；3—外置反应器（A）；4—甲缩醛氧化器；5—固体甲醛分离器；6—稀甲醛吸收塔；7—固体甲醛蒸汽加热器；8—聚合醚化反应器；9—外置膜脱水装置；10—聚合醚化反应精馏塔；11—外置反应器（B）；12—脱酸脱水塔；13—精馏塔；14—精制塔

青岛迈特达新材料有限公司[70]以甲缩醛和水为原料，首先在一级反应设备内高选择性地反应生成 DMM_2 和甲醇，甲醇及部分未参与反应的水与进料中的甲缩醛在一级反应设备所包含的催化精馏塔塔顶连续共沸蒸出。将含有不同浓度 DMM_2 的一级反应液从塔底排出，然后通入二级反应设备中，生成含 $DMM_{3\sim8}$ 的二级反应液，随后将其送至分离单元精馏分离。分离出未反应的 DMM_2 循环返回二级反应设备，甲缩醛等轻组分循环返回一级反应设备，即可得到 $DMM_{3\sim8}$ 产品。与现有技术相比，本工艺系统流程简单，显著减少了水对 DMM_n 合成反应的不利影响，提高了原料转化率，降低了能耗和设备投资成本，为工业发展提供了可能性（图 4-36）。

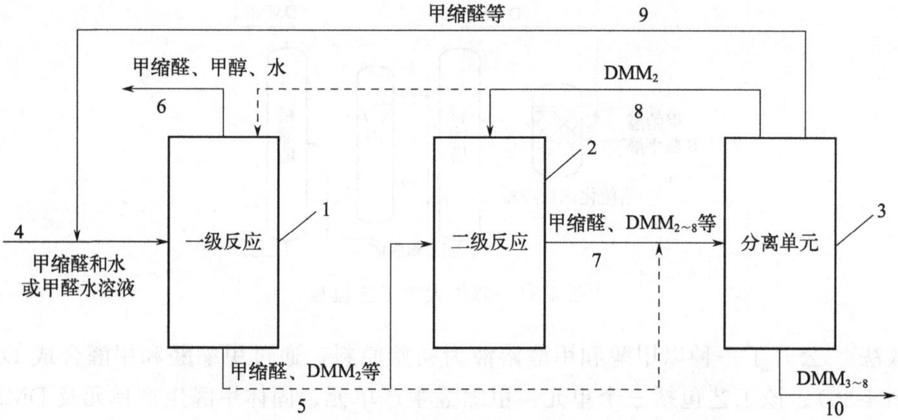

图 4-36　青岛迈特达新材料有限公司工艺流程

1—一级反应设备；2—二级反应设备；3—分离单元；4—一级反应原料进料管道；5—一级反应液出料管道；6—共沸物出料管道；7—二级反应液出料管道；8—第一轻组分循环管道；9—第二轻组分循环管道；10—产物出料管道

（2）国外研究

BASF 公司[71]设计了一种以甲缩醛和三聚甲醛为原料的工艺（图 4-37），该工艺过程增加离子交换树脂床层，可以有效脱除产物中的酸和水，可以避免 DMM_n 在酸性环境下的水解，同时减少酸性溶液对精馏设备和管线的腐蚀，使其操作更加安全。另外，原料利用率和最终产物选择性高，是典型的合成工艺。

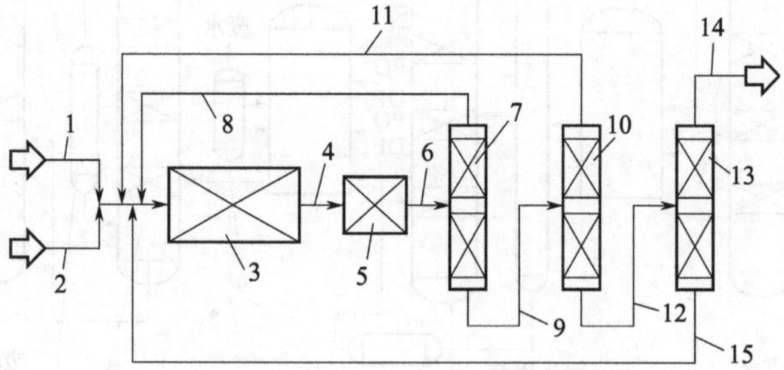

图 4-37　BASF 公司专利工艺流程

1～2—物流；3—反应器；4—产物物流；5—由阴离子交换树脂组成的床；6—产物混合物；7—第一蒸馏塔；8—再循环物流；9—塔底排出物；10—第二蒸馏塔；11—循环物流；12—塔底排出物；13—第三蒸馏塔；14—产物混合物；15—再循环物流

4.2.3　二甲醚提供封端甲基合成 DMM_n

由二甲醚提供封端甲基合成 DMM_n，反应物为二甲醚，在催化剂的催化作用下反应生成 DMM_n，因其原子利用率高，受到国内外研究者的广泛关注。中间主链主要由甲醛、三聚甲醛和多聚甲醛等提供，反应过程如下：

$$CH_3OCH_2OCH_3 + nHCHO \longrightarrow CH_3O(CH_2O)_{n+1}CH_3$$

$$CH_3OCH_2OCH_3 + n/3(CH_2O)_3 \longrightarrow CH_3O(CH_2O)_{n+1}CH_3$$

$$CH_3OCH_2OCH_3 + HO(CH_2O)_nH \longrightarrow CH_3O(CH_2O)_{n+1}CH_3 + H_2O$$

4.2.3.1 反应机理

Zhang 等[72]研究发现二甲醚提供封端甲基合成 DMM_n 的反应过程符合协同作用机理(图 4-38)。二甲醚在酸性中心分解为甲氧基或通过氧化还原中心与酸性中心的作用分解为 CH_3OCH_2—物种。甲氧基一方面可以在酸性中心作用下生成甲醇，另一方面可通过氢转移过程生成甲醛，二者在酸催化作用下反应生成 DMM_1。此外，CH_3OCH_2—物种与甲氧基在氧化还原中心和酸性中心催化作用下也能生成 DMM_1。而由于反应速率的不同，反应原料二甲醚的存在能够抑制 DMM_1 分解为 DME。DMM_1 端甲基上的 C—H 键在氧化还原中心作用下可断裂生成 $CH_3OCH_2OCH_2$—物种，再与甲氧基物种反应生成 DMM_2。但研究者并未证实该机理是否适用于合成更长链的 DMM_n。

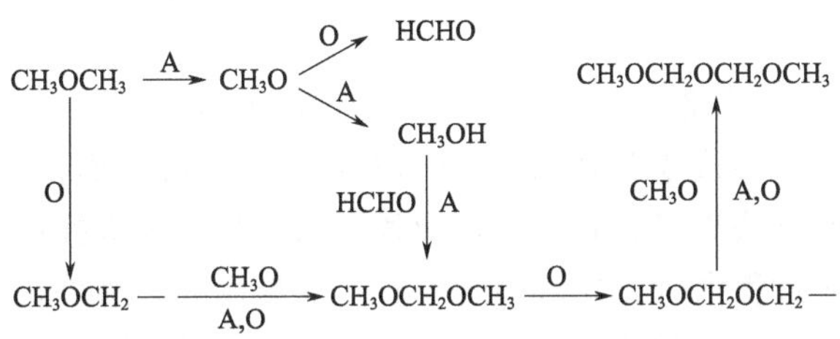

A：酸性中心
O：氧化还原中心

图 4-38 二甲醚制 DMM_n 反应机理

4.2.3.2 催化剂及合成工艺

DME 选择氧化合成 DMM 的反应需要氧化还原中心和酸性中心的共同参与。杂多酸稳定性好，具有可调控的氧化还原中心和酸性中心，是该反应的重要催化剂。

Liu[73]等将 $H_{3+n}V_nMo_{12-n}PO_{40}$ 负载在 SiO_2 上，催化剂中的氧化还原活性位和酸性活性位可以催化氧化 DME 转化为甲醛，同时酸性位还可以催化甲醇与甲醛发生反应生成 DMM。Zhang[74]等将 ReO_x 负载到 CNTs 上制得 Re/CNTs 催化剂，采用质量分数为 30% $H_3PW_{12}O_{40}$ 改性的 Re/CNTs 催化剂，DMM 和 DMM_2 的总选择性可以达到 59.0%，且产物中没有 CO_x 生成。硫酸化 V-Ti-O 双功能催化剂制备简单，DMM 选择性较高，同样被广泛研究。Fu[75]等研究发现，添加硫酸钛后得到的 V_2O_5/TiO_2 催化剂，酸催化能力增强，在甲醇转化率达到 60%时，DMM 选择性高于 88%。Sun[76]等发现，当在硫酸化 V-Ti-O 催化剂表面加入 SiO_2 时，甲醇转化率达到 75%，DMM 选择性高达 85%。Zhang[74]等在最新研究的 CNTs 负载的硫酸钛催化剂上实现了 DME 高选择性合成 DMM_2，选择性接近 90%，且过程中无 CO_x 生成。

一项美国专利中介绍了一种以二甲醚为初始原料连续催化生产 DMM_n 的工艺[77]。首先将二甲醚原料分为两部分，其中一部分二甲醚进入脱氢氧化装置，转化为甲醛，然后和另一部分含有非均相助催化剂的二甲醚物流混合进入反应器进行反应，得到以 DMM_n 为主的混合物。另一项美国专利描述了一种采用二甲醚与三聚甲醛为原料制备 DMM_n 的工艺[78]。该工艺对反应混合物引入的水进行严格控制，同时反应副产物没有水，大大减少了产物的水解。

4.2.4 工业化发展趋势

DMM_n 的研究始于 20 世纪中叶，但是由于石油价格长期处于低位而未得到重视，技术及工艺未有突破性进展。至 21 世纪初，受能源危机和环境污染双重压力的影响，DMM_n 作为一种绿色柴油调和组分引起广泛关注。加快 DMM_n 的产业化进程，可以有效解决甲醇产能过剩问题，提升柴油品质，补充油品缺口。

4.2.4.1 技术路线对比

DMM_n 合成原料主要包括两部分：提供封端甲基的化合物，包括甲醇、二甲醚（DME）、甲缩醛（DMM）等；提供中间主链的化合物，包括甲醛（FA）、三聚甲醛（TOX）和多聚甲醛（PF_n）等。基于不同的原料组合，结合不同研究机构的典型工艺，可以归纳为以下 4 条路线：

① 甲醇和三聚甲醛。此路线是国内最早合成 DMM_n 的路线，但是缩醛化反应中会产生大量的水，在酸性环境下会造成 DMM_n 产物水解生成半缩醛，而半缩醛与 DMM_n 的沸点十分接近，采用常规精馏方法难以有效分离，导致产品的收率和选择性低。同时三聚甲醛市场价格较高，而且在反应过程中首先要解聚为甲醛，能耗巨大。另外，该路线多用离子液体为催化剂，合成过程繁琐，价格昂贵。以上因素共同导致此路线在工业发展中有一定的局限性，但该方法的研究为后期工业发展打下了坚实的基础。

② 甲缩醛和多聚甲醛。采用此路线在反应过程中能有效减少体系中水的生成，有利于提高反应转化率及产品的纯度和收率。用多聚甲醛代替三聚甲醛大大节省了原料成本。但是固体多聚甲醛进料困难，且在连续反应过程中易堵塞管道，影响工艺连续性。

③ 甲缩醛和甲醛。在实际生产过程中，三聚甲醛价格高，多聚甲醛溶解度受限，因此逐渐研发出以甲缩醛和甲醛为生产原料的合成技术，该路线工艺简单，甲醛转化率高。

④ 甲醇与甲醛。相比于甲缩醛、三聚甲醛或多聚甲醛，甲醇和甲醛来源广泛，且价格低廉，并且工艺流程设备少，能耗低，是目前 DMM_n 合成技术的重要研究方向。但此路线中体系含水量处于较高水平，不利于产品纯度的提高，因此在反应前后必须进行各种脱水处理，使得生产成本和能耗增加。

总体来看，以甲醇和甲醛为原料合成 DMM_n 相较其他路线在成本上有巨大优势，同时设备如反应器和精馏塔等使用数量少，能耗较低，是未来理想的发展方向。而这一技术的重要攻克点在于脱水技术和高活性催化剂的研发。不同工艺原料、反应条件等的对比如表 4-14。

表 4-14 不同工艺原料、反应条件等的对比[79]

项目	甲醇和甲醛	甲醇和三聚甲醛	甲缩醛和甲醛	甲缩醛和多聚甲醛
研究单位	德国凯泽斯劳滕大学与德国 OME 技术公司	中国科学院兰州化学物理研究所	江苏凯茂石化科技有限公司	天津大学
催化剂	液体酸催化剂	酸性离子液体催化剂	固体树脂催化剂	离子交换树脂催化剂

续表

项目	甲醇和甲醛	甲醇和三聚甲醛	甲缩醛和甲醛	甲缩醛和多聚甲醛
反应条件	60℃，2MPa	120℃，1.5MPa	100℃，0.5MPa	90℃，自生压力
淋洗液（吸收剂）	$DMM_{n\gg6}$，甲醇，甲醛，甲缩醛	$DMM_{1\sim3}$，甲醇	$DMM_{1\sim2}$，甲醛，甲缩醛	$DMM_{1\sim2}$，水，甲缩醛
脱酸脱水处理	未设置脱酸装置，轻组分脱水返回反应器	在工艺最后设置脱水脱酸处理设备	不需脱酸处理，未设置脱水装置	反应后先脱酸，淋洗液经脱水后返回反应器
产品纯度	97%～99%的$DMM_{3\sim5}$	90%～95%的$DMM_{3\sim8}$	90%～92%的$DMM_{3\sim5}$	97.6%～99.1%的$DMM_{1\sim4}$
设备特点	节省2个反应器，5个精馏塔	循环管式反应	四级多段式反应器	合成分离系统之外构造淋洗冷凝循环系统
工艺优势	成本较低	分离效率高	甲醛转化率高，产品附加值高	适用于非均相催化的DMM_n的合成与分离
工艺缺点	膜在水相DMM_n体系还需进一步研究	能耗高，催化效率较低，DMM_n收率较低	未考虑水存在的不利影响，产品纯度不高	工艺复杂，能耗高

4.2.4.2 DMM_n 工业化现状

国外对于DMM_n研究起步最早。19世纪初，就有学者逐步认识醛（包括醛溶液、三聚甲醛或多聚甲醛）和醇或缩醛在酸性催化剂作用下合成聚甲氧基R基醚（包括DMM_n）的反应原理。到20世纪末至21世纪初，相应的合成方法和催化体系等研究更加丰富，但产品收率低、浓酸催化剂后处理复杂等核心问题无法解决。

与国外相比，国内在DMM_n合成研究方面起步较晚。但受能源安全和环境保护等因素影响，近年来其研究和工业化的进程发展迅速。中国科学院兰州化学物理研究所、清华大学等科研院所和中国石化、旭阳化工等企业开展了大量基础研究工作，相应的技术产业化进程也得到快速推进，陆续建了万吨级示范装置，数十万吨级生产装置正在规划建设，详见表4-15[80-81]。2014年12月，由东营市润成碳材料科技有限公司与中国石油大学（华东）联合研发的3万吨/年甲醇工业化制备DMM_n装置在广饶试车成功。该项目开辟了以煤资源替代石油资源的新途径[82]。

表4-15　国内建成和在建、拟建DMM_n项目统计表

企业	地点	规模/(万吨/年)			技术来源	项目进展
		投产	在建	拟建		
山东辰信新能源有限公司	菏泽	1	—	20	兰州化学物理研究所	2013年7月完成万吨工业示范装置；9月，20万吨/年项目进行环评一次公示。目前尚无开车报道
河南亿家能实业有限公司	义马	—	5	40	兰州化学物理研究所	2013年12月开工建设，一期投资4.9亿元，在2017年9月完工
东营市润成碳材料科技有限公司	东营	3	—	—	中国石油大学（华东）	2013年建成万吨级工业化装置。2014年11月，试车成功。目前尚无开车报道

续表

企业	地点	规模/(万吨/年)			技术来源	项目进展
		投产	在建	拟建		
淄博津昌助燃材料科技有限公司	淄博	4	—	46	青岛迈泰科新材料环保科技有限公司	2013年12月4万吨/年工业示范装置开车成功，正在筹建30万吨/年项目。目前尚无最新开车消息
山东玉皇化工有限公司	菏泽	1	—	30	清华大学	2014年1月建成并顺利打通流程，产出合格产品。2014年7月通过中国石油和化学工业联合会组织的科技成果鉴定，筹建30万吨/年项目。目前尚无开车报道
四川达兴新能源股份有限公司	达州	0.1	—	10	北京东方红升新能源应用技术研究院和中国石油大学	2013年12月千吨级工业装置试车成功，2014年10月10万吨/年项目完成可行性论证。目前无最新开车消息
北京旭阳化工技术研究院有限公司	邢台	0.1	—	—	—	编制6万吨/年工艺包，项目推广。目前尚无最新消息
巴州天星化工有限公司	巴州	—	—	12	—	规划中
山东滨州新天阳化工有限责任公司	滨州	—	—	10	中国石油大学、东营市润成碳材料科技有限公司、青岛珀特化工技术服务有限公司、无锡熙源工程技术有限公司联合开发的技术	—
宝鸡正源化工科技有限公司	宝鸡	—	—	4	江苏凯茂石化科技有限公司	2016年5月项目进入设计阶段
四川鑫达新能源科技有限公司	绵阳	5	—		中国科学院兰州化学物理研究所	2018年11月世界首套万吨DMM_n装置示范成功。2019年1月首批DMM_n样品正式销往欧洲。并与成都福思瑞公司就首批DMM_n产品销售代理达成协议，签订合同
陕西中润新能源有限公司	宝鸡	15			青岛迈泰科新材料环保科技有限公司	一期5万吨/年，二期10t/a。2017年9月一期建设完成。目前尚无最新消息
兖州煤业榆林能化公司	榆林	50			青岛迈泰科新材料环保科技有限公司	2019年7月一期年产10万吨/年，二期40万吨/年
兖州煤业榆林能化有限公司	榆林	10	40	50	山东能源集团	2024年10月16日，山东能源集团对榆林能化50万吨/年聚甲氧基二甲醚项目（一期）进行竣工验收。DMM_n装置采用迈特达DMM_n技术，建设分为两步，先行建设年产10万吨装置，再建设年产40万吨装置

2018年9月24日，由绵阳育成中心引进的DMM_n项目正式投产运营。四川鑫达新能源科技有限公司“年产5万吨聚甲氧基二甲醚产业化项目”是中国科学院兰州化学物理研究所通过二十年攻关研发成功，填补国际国内空白，具有国际领先水平的高新技术项目。该项目同时也是四川省、绵阳市和江油市重点建设项目。随着项目成功投产，四川鑫达将启动二期“年产20万吨聚甲氧基二甲醚”的项目建设。2018年11月，陕西省发展和改革委员会下发关于陕西中润新能源有限公司15万吨/年聚甲氧基二甲醚节能报告的审查意见，要求落实各项节能措施和节能管理工作。

当前我国煤化工产业主要集中于靠近原料的中西部地区，而国内建设的DMM_n项目则主要集中于靠近市场的中东部地区，因此在未来应该发挥西部原料运输成本优势，推进产业化规模，并结合“一带一路”倡议实施，利用境外煤炭资源和环境容量的优势，稳步推进国际产业合作，提升国家产业化整体水平[81]。

4.2.4.3 面临挑战

近年来，DMM_n技术发展迅速，但如何保证产业健康有序发展、实现产业化仍存在一些问题，未来将面临来自技术、市场和政策方面的多重挑战。

（1）技术层面

目前，国外的研究主要以液体强酸或者酸性阳离子交换树脂为催化剂，但是液体强酸作为催化剂容易腐蚀设备，而且会增加产品分离的成本，而离子交换树脂作为催化剂存在不耐高温、机械性能差等缺点。国内的研究主要以三聚甲醛为原料，但是三聚甲醛价格贵以及酸性离子液体本身制备和分离过程复杂是制约这方面研究的关键问题。另一方面，现有合成工艺的产物中轻组分（DMM_2）和重组分（$DMM_{5\sim8}$）较多，有效成分$DMM_{3\sim4}$选择性较低，分离负荷大。因此，催化剂的研究须着眼于提升反应效率来提高$DMM_{3\sim4}$的选择性，降低生产成本。以甲醇和甲醛为原料直接合成DMM_n，可以缩短工艺流程，具有显著的成本优势。但是以甲醇为原料，反应过程中会有水生成，在水存在的条件下会生成半缩醛，增加后续的分离负担，因此应重点研究如何降低原料中的水含量。

（2）市场层面

DMM_n以甲醇为主要生产原料，其价格是影响DMM_n生产成本进而影响其竞争力的重要因素。甲醇价格受制于原油、煤炭价格及市场供求关系等。另外，是否对DMM_n征收柴油消费税是影响DMM_n竞争力最大的不确定因素。目前，DMM_n消费税征收政策尚不明朗，从油品改良剂的角度分析，DMM_n存在不征收消费税的可能性，但从燃油替代品的角度，对其征收消费税也有一定的合理性。若考虑全额征收燃油消费税的情况，DMM_n的保本售价高于现有成品油定价机制下的柴油售价，新建DMM_n项目难以实现盈利，DMM_n竞争力不强。

（3）政策层面

DMM_n有诸多环保优势，但已有的行业壁垒会影响其进入成品油市场，尤其在现阶段柴油销量递减的行情下更是如此。基于此，从事DMM_n研究的相关机构和企业应努力在国家层面争取支持政策，并积极与石油行业沟通、允许在车用柴油中使用，这样才能保证有广阔的市场前景。

4.3 甲基叔丁基醚

甲基叔丁基醚（methyl tert-butyl ether，MTBE），是一种无色透明、低黏度、易燃、带有特殊醚类气味的可挥发性有机含氧化合物，其分子式为 $C_5H_{12}O$，结构式为 $CH_3—O—C(CH_3)_3$。MTBE 在室温下能与醇、酸、脂肪烃、芳烃等完全互溶，具有强抗自氧化性以及燃烧效率高等特性。因此，在燃料和化工原料生产等方面广泛使用。

(1) 作为汽油添加剂

在燃料方面，MTBE 具有较高的辛烷值，可以与汽油任意比互溶，且不会发生相分离现象，具有优良的抗爆性等性质，因此常用作烷基化汽油、直馏汽油以及催化裂化汽油的调和组分[83]。在我国，约 90%的 MTBE 用于汽油添加剂，为满足汽油氧含量要求，MTBE 在汽油中的调和量一般为 1%～15%，通过添加 2%的 MTBE，汽油辛烷值可增加 7%。MTBE 的添加降低了约 7%的汽油燃料消耗量，并使废气中含铅量、CO 量特别是致癌的多环芳烃的排放量明显降低，有效减少了汽车尾气中有害物质的排放量。

(2) 制高纯异丁烯

MTBE 作为重要的化工原料可以通过裂解制备高纯度的异丁烯，进而用于生产其他化学品，如丁基橡胶、甲基丙烯酸甲酯（MMA）、聚异丁烯、叔戊酸、叔丁胺以及酚类抗氧化剂等。异丁烯一般来源于混合 C_4，由于混合 C_4 中各个组分的沸点十分接近，因此难以通过蒸馏分离出异丁烯，而利用甲醇和异丁烯反应合成 MTBE 可以经济高效地分离出异丁烯。C_4 馏分中的异丁烯与甲醇合成 MTBE 的反应是可逆的，即甲醇和异丁烯反应生成 MTBE，亦可在适当条件及酸性催化剂存在条件下通过裂解 MTBE 制备高纯异丁烯[27]。

(3) 作为溶剂和试剂

MTBE 具有较好的化学稳定性、难氧化等性质，可用作反应溶剂、萃取剂和色谱液等。此外，MTBE 也是一种高效快速的胆固醇结石溶解剂，其溶解能力（约 0.2g/mL）是目前所发现的胆固醇溶解剂中溶解能力最强的，可以有效地溶解胆固醇含量为 40%～90%的结石。

除上述用途外，MTBE 在其他领域也有广泛的应用，如用作石蜡、香料、生物碱、树脂、合成橡胶、脂肪物质的溶剂、二乙醚的安全替代物、药物中间体等。图 4-39 为 MTBE 的主要下游产业链。

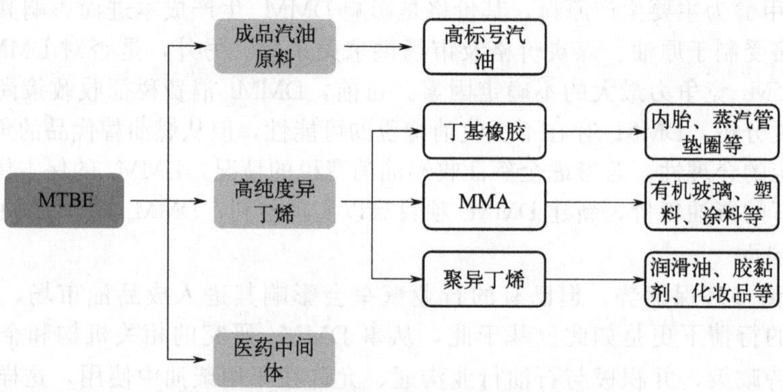

图 4-39　MTBE 主要下游产业链

根据原料的不同，MTBE 的合成主要包括以下三种方法：

(1) 威廉逊合成法

威廉逊合成法适用于制备各种混合醚，其通过卤代烷和醇钠、硫酸烷酯或酚钠（钾）类发生反应合成醚。分两条路线：路线一，卤甲烷和叔丁醇钠反应生成 MTBE；路线二，叔丁基卤和甲醇钠反应生成 MTBE（此路线 MTBE 只是副产物）。

（2）甲醇和叔丁醇脱水合成法

在稀硫酸的催化作用下，甲醇和叔丁醇反应得到粗 MTBE 产品，经反复水洗、干燥、回流等操作单元可得较高纯度的 MTBE 产品（产率约 90%）。图 4-40 为甲醇和叔丁醇反应生产 MTBE 的工艺流程图。

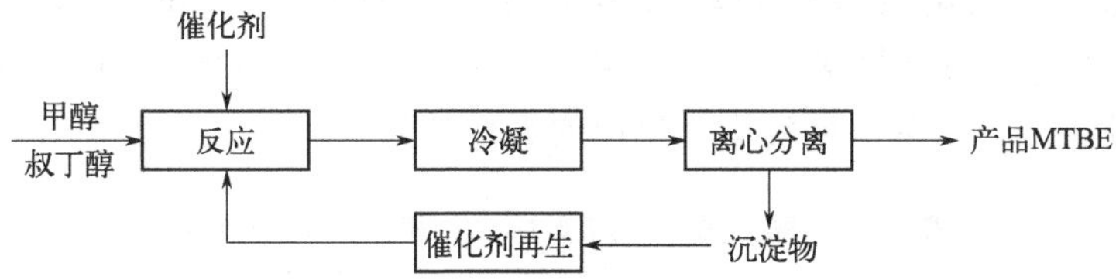

图 4-40 甲醇和叔丁醇反应生产 MTBE 的工艺流程

（3）异丁烯和甲醇醚化合成法

MTBE 主要由甲醇和异丁烯在酸性催化剂催化作用下制得，原料甲醇主要来源于煤，供应量充足[84]。相比于甲醇，异丁烯供应量有限，主要有三种来源：第一种是通过裂解石脑油获得；第二种是炼油厂通过流化床催化裂化生产；第三种是通过正丁烷脱氢后异构化或者正丁烯异构化获得。图 4-41 为异丁烯与甲醇醚化生产 MTBE 的工艺流程图。

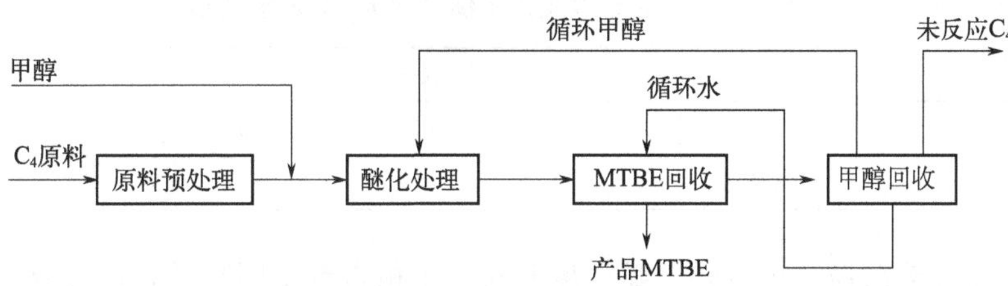

图 4-41 异丁烯与甲醇醚化生产 MTBE 的工艺流程图

相比于威廉逊合成法以及甲醇和叔丁醇脱水合成法，甲醇和异丁烯醚化合成法具有更优异的工业效率，成为目前主要的工业化生产 MTBE 的方法。因此，以下只针对甲醇和异丁烯醚化生产 MTBE 的方法进行详细介绍。

4.3.1 异丁烯和甲醇醚化制 MTBE

在合成 MTBE 反应中，反应物为甲醇和异丁烯，在催化剂的催化作用下经醚化反应合成，产物除 MTBE 外，可能还含有异丁烯的二聚物、二甲醚、水和叔丁醇，涉及反应如下[85]：

① 甲醇与异丁烯发生醚化反应产生 MTBE：

$$CH_3OH + C_4H_8 \rightleftharpoons C_5H_{12}O$$

② 异丁烯二聚反应：

$$2C_4H_8 \rightleftharpoons C_8H_{16}$$

③ 甲醇分子间发生脱水反应生成二甲醚与水：

$$2CH_3OH \rightleftharpoons C_2H_6O + H_2O$$

④ 异丁烯水合生成叔丁醇的反应：

$$C_4H_8 + H_2O \rightleftharpoons C_4H_9OH$$

异丁烯和甲醇的反应是一个可逆中等强度的放热反应，较高反应温度不利于反应的进行[86]，但是过低的反应温度会受到动力学限制。表 4-16 为 298K 下异丁烯和甲醇合成 MTBE 的反应过程的热力学数据[87]。由燃烧热 ΔH_C 和标准生成热 ΔH_f 计算得到的反应热为－36.5kJ/mol。表 4-17 为不同温度下反应的平衡常数。

表 4-16 异丁烯、甲醇及 MTBE 相关热力学数据

物质	ΔH_C/(kJ/mol)		ΔH_f/(kJ/mol)		$S^{\ominus}$/(kJ/mol)	
	气态	液态	气态	液态	气态	液态
甲醇	－765.01	－727.00	－200.80	－238.82	239.81	127.32
异丁烯	－2701.28	2680.68	－17.84	－38.43	293.79	217.84
MTBE	－3401.61	3371.21	－283.36	－313.76	358.06	265.49

注：$S^{\ominus}$ 表示标准摩尔熵。

表 4-17 MTBE 合成反应平衡常数 K_c 与温度关系

项目	数据						
温度/℃	25	40	50	60	70	80	90
K_c	739	326	200	126	83	55	38

通过以上热力学数据分析可知，随温度升高，平衡常数不断降低，即高温不利于反应的发生。因此，较低的反应温度有利于获得较高的 MTBE 选择性。除反应温度外，醇烯比对 MTBE 合成速率有显著影响。当醇烯比较大时，反应通过亲电加成的两步机理完成，反应速率与异丁烯浓度为一级关系，而与甲醇浓度无关，这意味着催化剂上—SO_3H 基团中的质子没有直接参与异丁烯的质子化过程。随着甲醇浓度的降低，醇烯比不断减小，正反应速率对甲醇为负一级的关系，这表明降低甲醇浓度会使反应速率加快。其主要原因是，甲醇溶剂的质子酸性比—SO_3H 基团的酸性更强，甲醇浓度的降低使得催化剂—SO_3H 的质子逐渐起作用。以 809 树脂为催化剂进行动力学研究表明，当甲醇浓度大于 2.27mol/L 时，起始反应速率与甲醇浓度呈零级关系，表明改变甲醇浓度并不会影响反应速率，而与异丁烯浓度则为一级关系，说明提高异丁烯浓度可以促进反应进行，动力学方程如下[88]：

$$r_{MTBE} = 8.756 \times 10^8 \exp(-8700/T) \times c_{i\text{-}C_4}$$

式中，r_{MTBE} 为甲基叔丁基醚的反应速度；T 为反应温度，℃；$c_{i\text{-}C_4}$ 为系统中异丁烯浓度。

4.3.1.1 反应机理

工业合成 MTBE 的反应过程主要遵循 Elay-Rideal 机理和酸性阳离子交换树脂机理。Elay-Rideal 机理是叔丁基正碳离子吸附在催化剂表面[89]，主要步骤如图 4-42 所示：

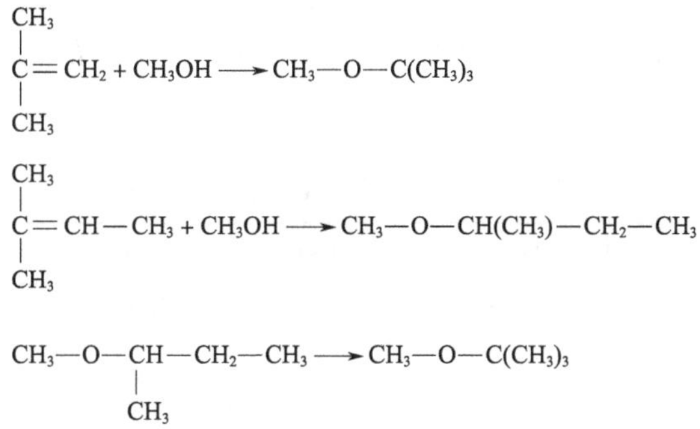

图 4-42 Elay-Rideal 反应机理

首先，异丁烯吸附在酸性催化剂表面，并进行“质子化”反应，生成正碳离子。随后，甲醇分子中的亲核部分（CH_3O^-）进攻正碳离子中带正电荷的碳原子，形成 MTBE。Elay-Rideal 机理只会发生加成反应生成 MTBE，而不会生成甲基异丁基醚。另一种观点认为合成 MTBE 反应按 L-H（Langmuir-Hinshelwood）模型进行，即吸附在催化剂上的异丁烯和甲醇反应生成 MTBE，表面反应为速控步骤[90]。

目前，酸性阳离子交换树脂机理遵循马科夫尼科夫原则，异丁烯和甲醇在催化剂催化作用下经醚化反应生成 MTBE，主要步骤如下：

$$R—SO_3H+CH_3OH \longrightarrow R—SO_3CH_3OH+H^+$$

$$R—SO_3^- \cdot CH_3OH+CH_2═C(CH_3)_2+H^+ \longrightarrow R—SO_3+CH_3OH+ {}^*C(CH_3)_3$$

$${}^*C(CH_3)_3+CH_3OH \longrightarrow C(CH_3)_3—OH—CH_3$$

$$C(CH_3)_3—OH—CH_3 \longrightarrow C(CH_3)_3—O—CH_3+H$$

从上式可知，双键左右两侧的饱和烃是非对称的，负电荷偏向于含氢较多的一侧，导致甲醇负电荷部分倾向于与含氢较少的碳原子相结合，加上去的正氢离子移向含氢较多的碳原子上，从而形成 MTBE。在该机理下，异丁烯在酸性条件下形成正碳离子被认为是速控步骤，而甲醇含量不是影响反应速率的主要因素。

4.3.1.2 催化剂

甲醇和异丁烯通过醚化反应合成 MTBE 的工艺所采用催化剂主要包括无机酸、酸性阳离子交换树脂、酸性分子筛和杂多酸催化剂四类。

（1）无机酸型催化剂

无机酸型催化剂是早期的 MTBE 生产工艺所采用的催化剂，主要包括硫酸、盐酸、磷酸、氢氟酸等。无机酸催化反应为均相催化，活性中心的分散度极高，可以提高异丁烯转化率和 MTBE 选择性，一般异丁烯的转化率可达 90%，MTBE 选择性达 95%，生产工艺也比较成熟。但此类催化剂已经被淘汰，主要是因为无机酸对设备有很大的腐蚀性，而且废酸处理也很困难，产物较难分离，废水量大，严重污染环境，与绿色化工的推行背道而驰。

（2）阳离子交换树脂型催化剂

大孔强酸性阳离子交换树脂催化剂是以苯乙烯和二乙烯基苯的聚合物为载体，经磺化反应后制得，是目前工业生产 MTBE 最常用的催化剂。在溶胀状态下，树脂骨架上的功能基

（主要是—SO_3H）与无机酸性质类似，因此可以作为醚化反应的催化剂。此类催化剂都可达到95%的单程异丁烯转化率，98%的MTBE选择性，催化剂的寿命为1.5～2.0年。国内应用的树脂催化剂的主要性质见表4-18。

表4-18 国内应用的树脂催化剂主要性质

树脂催化剂型号	D005	M-31	A-15	S54	D72
交换容量（以H^+计）/(mmol/g)	4.75	4.63	4.70	4.64	4.90
水质量分数/%	54.0	52.8	55.1	49.3	52.9
耐磨率/%	97.5	93.6	95.0	95.0	95.0
湿真密度/(g/cm^3)	1.18	1.24	1.24	1.48	—
堆积密度/(g/L)	—	—	600	—	550
比表面积/(m^2/g)	55.2	49.5	68.1	68.8	14.8
孔体积/(mL/g)	0.300	0.285	0.323	0.375	0.183
平均孔半径/nm	24.7	24.0	19.0	22.0	24.7
最高使用温度/℃	120	—	—	<120	<80

虽然阳离子交换树脂催化剂具有较高的活性及选择性，但其仍有两大缺点[91]。缺点一，热稳定性较差，反应温度超过90℃时，磺酸基团易脱落，造成催化剂失活。缺点二，失活催化剂不能再生，高温（高于90℃）促进低聚副反应进行，生成的二烯烃聚合物形成胶质包裹在催化剂表面，造成催化剂失活，且无法再生。

（3）分子筛催化剂

分子筛催化剂是以多孔沸石为骨架，经加工处理并负载特定功能基团后制得。其因热稳定性高、MTBE选择性高、寿命长且易活化再生等优点而备受关注。目前用于合成MTBE的分子筛催化剂主要包括β-型沸石、ZSM系列沸石、Y型沸石以及丝光沸石等[92]。对于分子筛催化剂，影响反应的主要因素有：①分子筛固有性质（分子筛种类、孔道大小和结构、酸性种类及强度、活性位点分布）；②制备条件（离子交换或负载的金属种类、焙烧温度）；③操作条件（反应温度、反应压力、进料比等）。Mobil公司Pochen和Kuhl系统考察了ZSM-5型沸石、ZSM-11型沸石、β-型沸石、Y型沸石和丝光沸石在气相条件下合成MTBE的性能以及比较了ZSM-11、ZSM-5和A-15型树脂催化剂在类似工业实际生产的液相条件下的性能[93]，结果见表4-19和表4-20。

表4-19 分子筛在MTBE气相反应中的性能

项目	催化剂									
	丝光沸石 (26)		β-型沸石 (22)		Y型沸石 (5.3)		ZSM-5型沸石 (70)		ZSM-11型沸石 (25)	
$n(MeOH)/n(i\text{-}C_4H_8)$	1.07	1.14	1.46	1.53	1.20	1.18	1.05	1.04	0.38	0.38
反应温度/℃	82	93	82	93	82	93	93	82	82	93
MTBE收率/%	4.8	2.4	5.2	2.3	10.8	9.0	25.2	30.5	24.9	20.8

注：括号中的数字表示分子筛的硅铝比，单位时间单位质量催化剂上通过的反应物的质量$WHSV=3.4h^{-1}$。

表 4-20 分子筛在 MTBE 液相反应中的性能

项目	催化剂					
	ZSM-11 型		ZSM-5 型		A-15 型	
$n(MeOH)/n(i\text{-}C_4H_8)$	1.05	1.10	1.05	1.10	1.05	1.11
空速/h^{-1}	1.71	1.68	1.49	1.41	1.01	1.01
最高温度/℃	108	108	86	90	70	62
$i\text{-}C_4H_8$ 转化率/%	89.8	90.1	88.7	90.2	93.4	94.5
MTBE 选择性/%	100	100	100	100	95.7	98.1
MTBE 收率/%	89.8	90.1	88.7	90.2	89.4	92.7

由表 4-19 中性能结果可知，在气相反应中，中孔径 ZSM 分子筛可以获得较高 MTBE 收率，相对而言，小孔径的分子筛不利于醚化反应。由表 4-20 可知，ZSM-11 和 ZSM-5 具有与 A-15 相近的活性，且三者获得的 MTBE 收率几乎没有差别，值得一提的是 ZSM-11 以及 ZSM-5 分子筛对 MTBE 的选择性达到了 100%，有利于简化后续的分离过程。

(4) 杂多酸催化剂

杂多酸是酸强度较为均一的纯质子酸，在合成甲基叔丁基醚的反应中，杂多酸的催化活性和选择性已超过大孔阳离子交换树脂。其中，杂多酸均相催化甲醇和异丁烯合成 MTBE 时的选择性接近 100%，有的催化活性高于大孔阳离子交换树脂（按 H^+ 质子数计算活性），见表 4-21。

表 4-21 杂多酸合成 MTBE 的活性

催化剂	活性	
	10^7mol/(s · g)	10^4mol/[s · mol(H^+)]
阳离子交换树脂 KU-2	4.6	1.0
H_2SO_4	9.0	0.45
沸石 H-ZSM-5	0.76	0.55
$H_6P_2Mo_{18}O_{62}$	3.1	1.6
$H_6P_2W_{18}O_{62}$	5.5	4.4
$H_8CeMo_{12}O_{42}$	2.3	0.6
$H_4SiW_{12}O_{40}$	3.3	1.5
$H_3PMo_{12}O_{40}$	2.3	1.5

注：反应条件为 42℃，12mL 甲醇，1g 催化剂。

另外，将杂多酸负载在阳离子交换树脂上，可制作高活性的固体酸催化剂，其催化活性比值为（$H_4SiW_{12}O_{40}$/Amberlyst-15）∶（$H_4SiW_{12}O_{40}$/C）∶Amberlyst-15＝42∶11∶2.1，对 MTBE 的选择性接近 100%（见表 4-22）。

表 4-22 大孔阳离子交换树脂固载杂多酸的催化活性

催化剂	异丁烯转化率/%	MTBE 选择性/%
$H_4SiW_{12}O_{40}$/Amberlyst-15	40.0	99.7
$H_3PW_{12}O_{40}$/Amberlyst-15	18.0	100

续表

催化剂	异丁烯转化率/%	MTBE 选择性/%
$H_3PW_{12}O_{40}$/Amberlyst-15	38.0	99.8
Amberlyst-15	11.0	100
$H_4SiW_{12}O_{40}$/C	2.1	100

4.3.1.3 合成工艺

(1) 合成工艺条件

MTBE 通常是由甲醇与异丁烯在磺化离子交换树脂的催化作用下合成的。主要副反应包括异丁烯与原料中的水分发生反应生成叔丁基醇、甲醇脱水缩合生成二甲醚、异丁烯发生聚合反应生成二聚物或三聚物等。副产物的生成不仅影响产品的纯度和质量还会形成胶质（异丁烯聚合物）堵塞催化剂孔道，导致催化剂失活。因此要控制适宜的反应条件减少副反应的发生。此外，为防止磺化离子交换树脂催化剂发生中毒，要求原料中的金属阳离子如 Na^+、K^+、Ca^{2+}、Mg^{2+} 等的含量小于 1×10^{-6}，不含碱性物质及游离水等。

在 MTBE 生产过程中，甲醇与异丁烯的摩尔比、反应温度、异丁烯浓度、反应压力和空速等是影响醚化反应的主要因素[94]。

① 甲醇与异丁烯摩尔比　醇烯比（甲醇与异丁烯物质的量比）不仅影响异丁烯转化率和 MTBE 选择性，还会影响催化剂寿命，因此工业生产 MTBE 的反应过程中须严格控制醇烯比。当醇烯比过小时，过量的异丁烯不能与甲醇发生醚化反应，而自身会发生双键加成反应，不仅生成长链的聚合物，堵塞催化剂孔道，而且放出大量热，使催化剂烧结，最终导致催化剂失活。为保证异丁烯的高转化率、MTBE 的高选择性以及较长的催化剂寿命，工业上用的醇烯比一般为 1.0～1.2。

② 反应温度　甲醇和异丁烯的醚化反应是中强度的放热反应，因此在热力学上低温有利于反应的进行。但是过低的反应温度，会使反应受到动力学限制，不利于反应的进行。

另外，在较高的反应温度下，大孔径强酸性阳离子交换树脂的活性中心，即磺酸基会自动脱落，导致催化剂失活，影响催化剂使用寿命。因此，需要严格控制反应温度，以促进反应的进行。

③ 异丁烯浓度　C_4 馏分中异丁烯的浓度会影响醚化过程的反应速度。异丁烯浓度高，则反应速度快，但对异丁烯转化率基本无影响；当异丁烯浓度低于 10%（质量分数）时，其转化率会急剧下降。

④ 压力和空速　在合成 MTBE 过程中，只需将反应压力调整到维持反应物处于液相状态即可，进一步增加压力对反应速度、转化率和选择性影响不大。在工业生产过程中，考虑到系统阻力降及分离系统所需的操作压力，一般将反应压力控制在 1.0～2.0MPa 范围内。

将空速控制在 $3\sim5h^{-1}$ 范围内，异丁烯均可达到平衡转化率，且原料中异丁烯的含量对其影响甚微。当异丁烯浓度为 30%～50%（质量分数）时，即使将空速提高至 $15h^{-1}$，其转化率只有轻微下降。因此，工业常用空速范围为 $3\sim15h^{-1}$。

(2) 生产工艺

随着环保和能源的发展，MTBE 的需求量不断增加，促进了国内外 MTBE 生产技术的迅速发展。MTBE 的合成工艺中一般包括原料预处理，醚化反应，甲醇和残液、醚的分离等部分。醚化反应器是整个工艺过程的核心部分，常见的醚化反应器类型见表4-22。以下按照醚化反应器的类型对MTBE的合成工艺进行分类并简要介绍。

表4-23 醚化反应器类型比较

类型	结构	催化剂装卸、用量、能耗	操作投资
管式反应器	类似固定管板换热器	装卸难、用量少、能耗高	投资较少
固定床反应器	空筒设催化剂支撑和物料分布器	装卸容易、用量相对较多、能耗高	投资居中
膨胀床反应器	空筒分设催化剂支撑和防催化剂带出设施	装卸方便、能耗高	投资居中
催化蒸馏	分精馏段、反应段、提馏段	装卸困难、能耗低	投资少
混相床反应器	上部为精馏段，中部为固定混相反应段、下部为提馏段	装卸方便、能耗低	操作复杂

① 固定床反应工艺　列管式固定床反应技术是早期开发合成MTBE的主要工艺[95]。其主要工艺流程如下：

a. 甲醇和混合C_4物料中的异丁烯在列管固定床反应器中进行醚化反应生成MTBE，利用壳层冷却水移走反应热。

b. 通过共沸蒸馏塔分离生成的MTBE产品，未反应的C_4物料和甲醇从塔顶流出，经水萃取和甲醇精馏进行分离和回收未反应的甲醇。

该技术所使用的催化剂利用效率高，但反应器结构复杂，且催化剂床层中的反应热难以通过冷却水全部消除，已较少采用。

代表性工艺：意大利斯纳姆·普罗盖蒂/阿尼克（Snam Progetti/Anic）工艺[96]。1973年，世界上第一套MTBE工业装置在意大利成功开发。Snam工艺采用列管式固定器，其列管长度为6m，内径为20mm，列管总数为2000根。在50～60℃反应温度下，反应物原料自上而下通过聚苯乙烯、二乙烯苯离子交换树脂催化剂床层进行反应，醇烯比稍大于1，产品中MTBE纯度大于98%（质量分数）。通过冷却水移走反应热，利用分馏塔分离产物中的MTBE、甲醇以及剩余的C_4馏分。

该技术的特点是，反应器结构简单，操作灵活，但是催化剂使用效率低，反应热不能利用。图4-43为固定床外循环反应技术示意图。

② 膨胀床反应工艺　与固定床反应工艺相比，德国EC公司开发的膨胀床反应工艺的进料方式是自下而上，图4-44为该工艺示意图。当C_4原料和甲醇自下而上流经催化剂床层时，催化剂床层会发生膨胀现象，当反应物流量到达一定值时，催化剂处于蠕动状态，有利于催化剂床层的传质和传热过程，加速了反应的进程的同时促进了反应热的扩散[97]。该工艺流程如下：

a. 甲醇和混合C_4物料中异丁烯进行预热处理并以一定比例混合后，从反应器底部进入反应器，在催化剂的作用下进行醚化反应生成MTBE。

b. 反应后的部分物料经冷却后循环至反应器底部，来实现控制反应温度的目的。

c. MTBE产品在共沸蒸馏塔中分离，未反应的甲醇经水萃取后，通过甲醇回收塔进行回收。

该技术的特点是，反应器结构简单，催化剂全部处于催化剂床层，简单的结构使催化剂装卸十分方便，降低了能量耗损和投入成本。催化剂膨胀扰动，有利于反应过程中的传质和传热，使径向温度分布均匀，消除了催化剂床层中的局部热点，减少副反应，延长催化剂寿命。但与此同时，膨胀床反应工艺中可操作性较低，对催化剂的强度和耐磨性要求较高，且催化剂使用效益低，反应热流失严重。

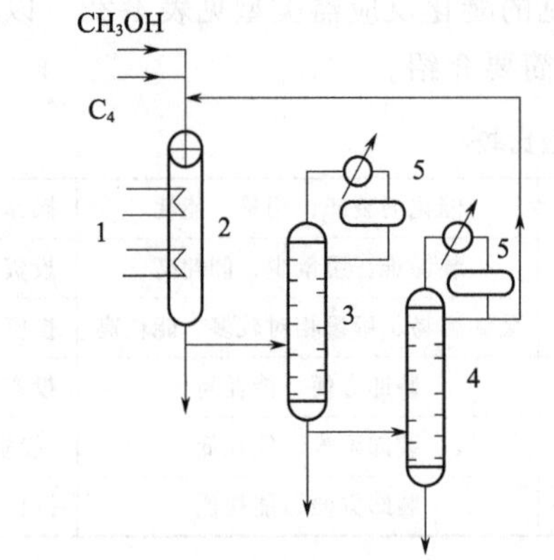

图 4-43　固定床外循环反应技术示意
1—冷却水换热器；2—反应塔；3—C_4 提馏塔；
4—甲醇回收塔；5—回流液储罐

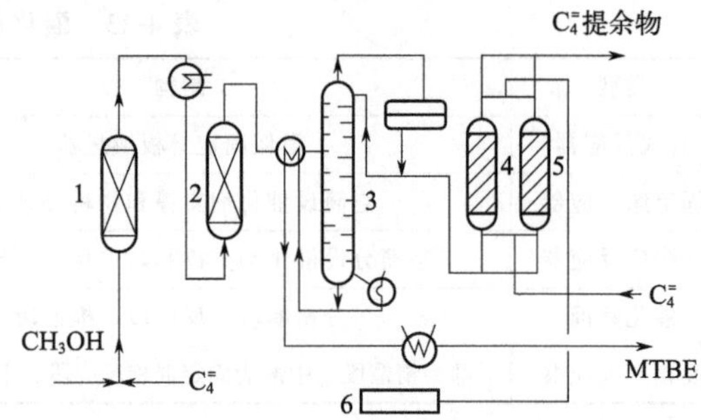

图 4-44　膨胀床反应技术示意
1—第一反应器；2—第二反应器；3—脱丁烷塔；
4,5—甲醇吸收塔；6—中间储液罐

代表性工艺：法国石油研究院 IFP 工艺，该工艺采用上流筒式外循环膨胀床。采用上流式操作，可以保持阳离子交换树脂催化剂处于运动状态，有效地移除生成热，消除反应器中局部的热点，延长催化剂寿命，抑制副反应。

③ 混相床反应工艺　混相床反应工艺通过控制反应压力使反应在沸点温度下进行，部分物料可吸收反应热并气化，保证反应物料形成气-液混相状态，使反应在气-液两相状态下同时进行，降低设备投资和节能[98]。该工艺流程如下：

a. 甲醇和混合 C_4 物料中的异丁烯以一定比例混合，进行预热处理后，进入反应器，在催化剂的作用下进行反应。

b. 反应热使反应物料温度升高，当温度升高到操作压力下的泡点时，反应热由部分反应物料吸收并气化，形成气-液混相状态。

该技术的特点是，将混相固定床反应技术与分馏技术相结合，克服了固定床反应技术中需要冷却设备、流程长以及催化蒸馏技术装置复杂的缺点。反应器结构简单，利用了反应热，降低了能耗和设备投资。该技术可根据不同要求生产 93%～96% 的 MTBE，甚至还可以生产纯度高达 99.5% 的 MTBE。

④ 催化蒸馏反应工艺　为满足化工生产的需要，异丁烯转化率需大于 99.5%。若采用反应-分离-再反应-再分离的工艺流程，导致流程长，投资大，能耗高。因此急需开发新型工艺。催化蒸馏反应工艺利用催化蒸馏塔将醚化反应与共沸蒸馏相结合[99]。在催化蒸馏塔某个反应单元中，通过将产物 MTBE 从反应物中分离移出，促进反应正向进行，提高异丁烯转化率，克服了平衡的限制。

催化蒸馏 MTBE 流程包括反应-精馏、C_4 净化两个工序。反应-精馏阶段，异丁烯与甲醇反应生成的 MTBE 与未反应的 C_4 烃类和过量的甲醇分离。C_4 净化阶段，甲醇与未反应的 C_4 烃类分离，水洗回收甲醇并返回反应段，得到的无甲醇 C_4 混合物用于烷基化或分出 1-丁烯。

催化蒸馏工艺的简单流程如图 4-45 所示，催化蒸馏塔分上、中、下三段，上部为精馏段，中部为反应段，下部为提馏段。精馏段和提馏段用塔盘/填料均可，其作用与普通精馏塔相同。反应段将催化作用和分离作用相结合，促使醚化反应趋向完全反应。

该技术的特点是，在催化蒸馏塔中，醚化反应和蒸馏分离同时进行，在反应发生完全的同时又可以将反应释放出的热量直接用于蒸馏，同时达到了冷却外部设备和控制反应温度的目的，避免了反应区局部超温导致催化剂失活，降低了能耗，节约投资。但是，该工艺中部催化剂的填装比较困难，催化剂需用玻璃丝布外加不锈钢丝网将催化剂包起来置于反应段中，阻碍了反应物和产物的扩散，不利于反应进行。

为克服上述工艺的不足，齐鲁石化公司开发了一种新的催化蒸馏工艺，即新型的散装筒式催化蒸馏塔。通过将催化剂直接散装入催化床层中，避免包装，相邻两床层间放置一个或多个分馏塔盘，且床层中设有气体通道，整个反应段类似若干个重叠放置的小固定床反应器和若干个分设在各床层间的分馏段。反应与分馏交替进行，破坏其平衡组成，突破平衡转化率的限制，异丁烯的转化率达到 99.5%以上。图 4-46 为齐鲁石化新型催化蒸馏合成 MTBE 工艺流程图，国内已有 11 套生产装置采用该技术，生产能力为 372kt/a。

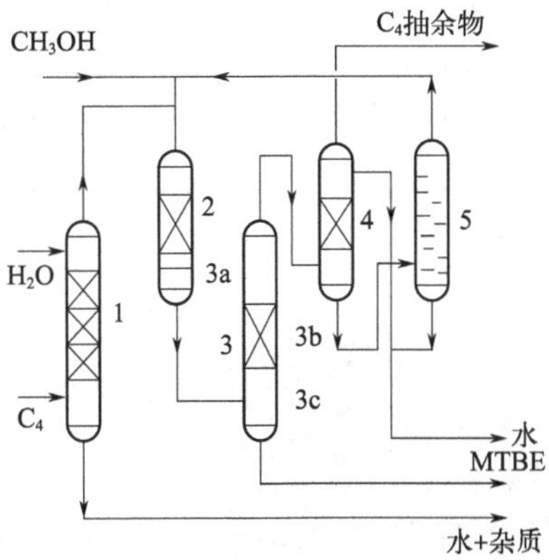

图 4-45　催化蒸馏工艺示意

1—进料洗涤塔；2—预反应塔；3(3a,3b,3c)—催化蒸馏塔（精馏段，反应床，提馏段）；4—甲醇提馏塔；5—甲醇回收塔

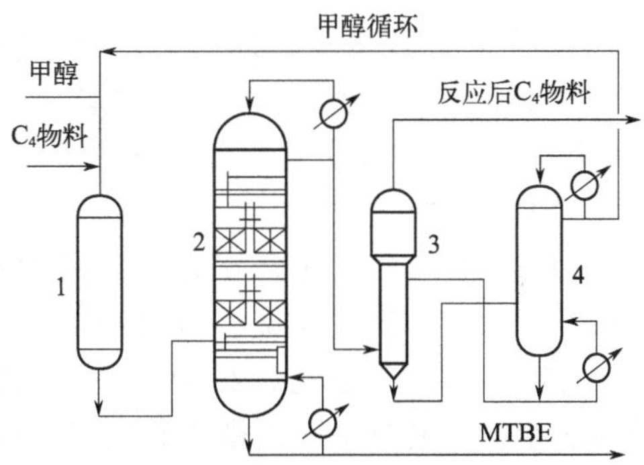

图 4-46　齐鲁石化新型催化蒸馏合成 MTBE 工艺流程

1—混相预反应器；2—MP-Ⅲ型催化蒸馏塔；3—水萃取塔；4—甲醇回收塔

代表性工艺：美国催化蒸馏工艺，美国 Chem. Research & Liecensing 公司针对含低浓度异丁烯的 C_4 馏分，首先成功开发催化蒸馏工艺，并于 1987 年实现工业化。其核心是把醚化反应和分离过程耦合起来，不仅实现了 99%以上的异丁烯转化率，MTBE 浓度也高达 98%以上，同时节约设备（节省一个反应器和一个中间脱 C_4 馏分塔）及能耗（水、电、蒸汽消耗降低约 30%～40%）投资。

⑤ 混相床-催化蒸馏组合工艺　齐鲁石化公司研究院、北京石油设计院和上海高桥石化炼油厂将混相反应与分离相结合，开发了混相床-催化蒸馏组合工艺，融合了混相反应级数和催化蒸馏技术的优点[100]。混相床-催化蒸馏组合工艺流程见图 4-47。如图所示，塔的反应段是由下部混相反应区和上部催化蒸馏区组成的。该工艺流程如下：

a. 反应原料经预热处理后，从混相反应区顶部进入，强制向下流动穿过催化剂床层，进行反应。

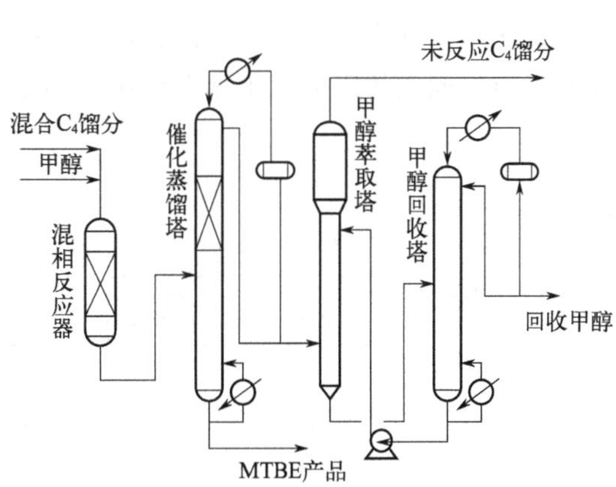

图 4-47　混相床-催化蒸馏组合工艺流程

b. 反应后物料从底部流出，其气相部分与气提段的气相物料相混合，由气相通道从下向上流动，经过催化蒸馏区床层中的分馏塔板。

c. 精馏段的液相物料向下流动，穿过催化蒸馏区的催化剂床层与床层之间的分馏塔板。

d. 催化蒸馏区的催化剂床层中，液相物料进行醚化反应，气相物料与液相物料在床层间的塔板上进行热质传递。

e. MTBE 经下部气提段经塔底流出，未反应的 C_4 物料和甲醇经上部精馏段由塔顶出装置，进入甲醇回收单元。

该技术的特点是，工艺流程简单，能耗低。我国第一套采用混相床-催化蒸馏组合工艺的 1 万吨/年 MTBE 装置在哈尔滨炼油厂建成，并于 1994 年 10 月一次试运投产成功，为组合工艺工业化积累了经验。

通过对各种 MTBE 生产工艺的研究，可以根据不同的要求具体选择不同 MTBE 的生产工艺：固定床反应技术对原料的适应性强，如 C_4 中异丁烯浓度在 20%～25%均可采用此种工艺；若对异丁烯转化率要求不高，采用膨胀床或混相反应技术均可；若要求异丁烯转化率在 99.6%以上的化工型生产装置，建议采用膨胀床-催化蒸馏反应技术或混相反应蒸馏技术，因为其具有生产工艺更合理、设备结构更简单、投资更省等优点。

（3）国内主要生产工艺

国外代表性 MTBE 生产工艺主要集中在 CD Ted Inc.、ARCO Chem Co.、Phillips Petroleum Co.、UOP、Snam 等公司。20 世纪 90 年代，我国 MTBE 生产工艺及生产规模快速发展。按原料来源不同，我国 MTBE 的生产技术主要分为传统混合 C_4 法、异构化工艺、异丁烷脱氢工艺以及环氧丙烷/MTBE（PO/MTBE）联产法四类，具体占比如图 4-48。

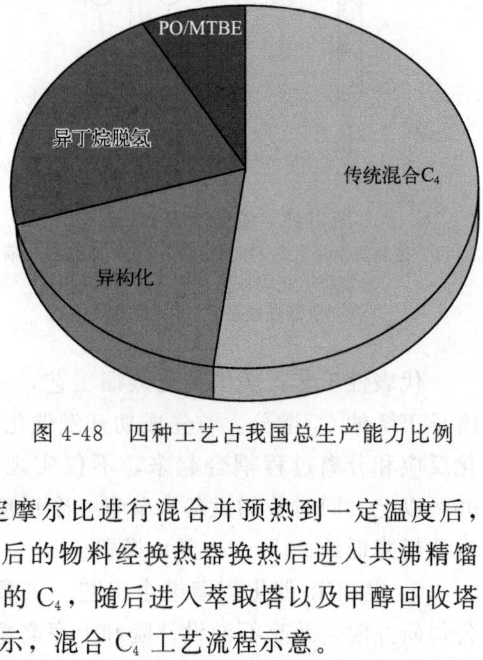

图 4-48　四种工艺占我国总生产能力比例

① 传统混合 C_4 法　工业生产 MTBE 传统工艺由反应器、分离 MTBE 的共沸精馏塔、回收过量甲醇的萃取塔和回收塔组成，即“一反三塔”。主要流程为，混合 C_4 原料中的异丁烯与甲醇按一定摩尔比进行混合并预热到一定温度后，进入反应器在催化剂的作用下发生醚化反应。反应后的物料经换热器换热后进入共沸精馏塔，塔底馏出 MTBE 产品，塔顶馏出含有少量甲醇的 C_4，随后进入萃取塔以及甲醇回收塔回收甲醇，回收的甲醇用于循环使用。如图 4-49 所示，混合 C_4 工艺流程示意。

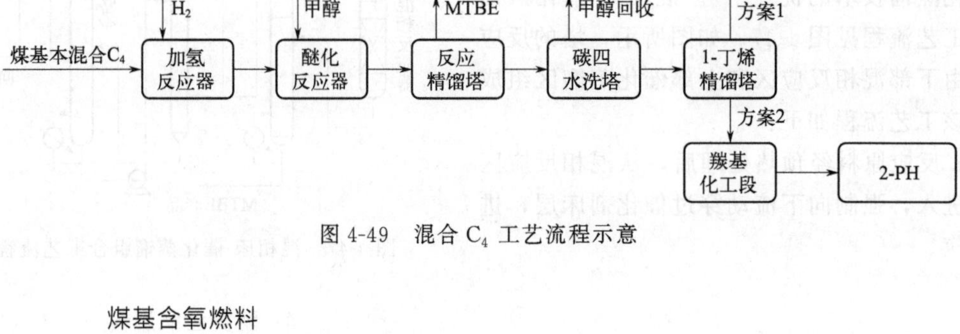

图 4-49　混合 C_4 工艺流程示意

在实际生产中，合成 MTBE 工艺方案主要有固定床＋共沸精馏、固定床＋催化精馏、混相床＋共沸精馏、混相床＋催化精馏。

a. 固定床＋共沸精馏。混合 C_4 与甲醇按一定比例混合，经离子过滤器过滤掉阳离子和水，与循环物料共同从顶部进入醚化反应器进行醚化反应，绝大部分的甲醇和异丁烯反应生成 MTBE。反应器设有两个外循环控制反应温度，以防止反应器超温。反应后的物料从反应器底部流出，经换热器换热后进入 C_4 精馏塔进行分离，MTBE 产品从精馏塔塔底流出，C_4 和甲醇从 C_4 精馏塔塔顶馏出，甲醇通过萃取塔和回收塔进行回收。

b. 固定床＋催化精馏。混合 C_4 与甲醇按一定比例混合，进入装有净化剂的离子过滤器，过滤掉阳离子和水。再经预热处理后，进入反应器进行反应，在反应器中绝大部分的甲醇和异丁烯反应生成 MTBE。从反应器底部出来的物料再返回反应塔，使未转化的异丁烯在反应塔内进一步反应。醚化反应后的物料由反应塔底部流出，经换热器换热后的 MTBE 产品、C_4 及甲醇从反应精馏塔顶馏出，甲醇通过萃取塔和回收塔进行回收。

c. 混相床＋共沸精馏。混合 C_4 与甲醇按一定比例混合，经离子过滤器过滤掉阳离子和水，预热到一定温度后从顶部进入反应器，在催化剂的作用下进行醚化反应，反应热由部分反应物料吸收用以气化。醚化反应后的物料由反应器底部流出，经换热器换热后进入 C_4 精馏塔进行分离。塔底为 MTBE 产品，C_4 及甲醇从 C_4 精馏塔顶馏出，进入水洗塔及甲醇回收塔实现甲醇回收。

d. 混相床＋催化精馏。混合 C_4 与甲醇按一定比例混合，进入装有净化剂的离子过滤器过滤掉残留的胺、碱和碱金属离子后，预热到一定温度从底部进入膨胀床反应器。在催化剂的作用下进行醚化反应，反应热由部分反应物料吸收用以气化。醚化反应后的物料从反应器顶部流出，经换热器换热后进入催化蒸馏塔。混合 C_4 中异丁烯与甲醇反应生成 MTBE 的同时进行蒸馏分离，有利于反应平衡向生成 MTBE 的方向移动。塔底为 MTBE 产品，甲醇与未反应的 C_4 从塔顶馏出，经冷凝器进行冷凝后，进入催化蒸馏塔回流罐，一部分作为回流返回催化蒸馏塔顶，另一部分作为萃取塔的进料。

② 异构化工艺　异构化工艺所用原料为醚化后的 C_4 和甲醇，工艺的改进主要在于催化剂。由于此工艺摆脱高价且紧缺的混合 C_4，因此近几年发展较为迅速。主要包括两种工艺：a. 将正丁烯通过异构化反应生成异丁烯，再与甲醇进行醚化生成 MTBE；b. 将正丁烷通过异构化反应转化成异丁烷，进而脱氢生成异丁烯，再与甲醇进行醚化反应生成 MTBE。据不完全统计，国内采用的异丁烷脱氢工艺包括，Lummus 公司开发的 Catofin 工艺、Snamprogetti 公司的 FBD-4 工艺、UOP 公司的 Oleflex 工艺等。图 4-50 为异构化工艺流程示意。

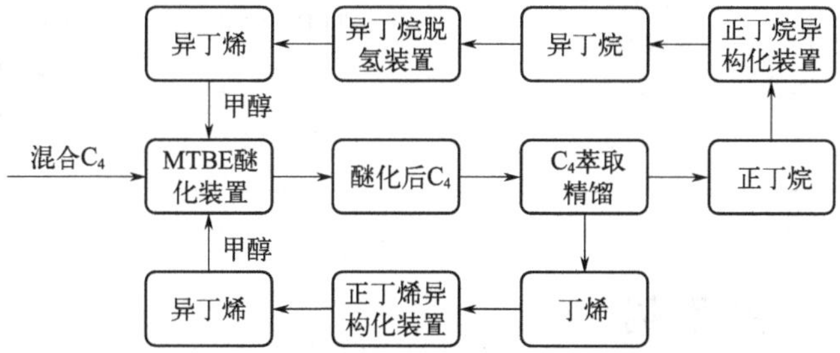

图 4-50　异构化工艺流程示意

③ 异丁烷脱氢工艺　异丁烷脱氢工艺属于异构化工艺中正丁烷异构化的一部分，这部分内容已在异构化工艺中体现，不单独分述该部分内容。

④ 环氧丙烷/MTBE 联产法　在 PO/MTBE 联产法技术中，异丁烷、丙烯、氧气经中间产物叔丁基过氧化氢（TBHP）反应生成环氧丙烷。异丁烷和氧气主要生成 TBHP 以及叔丁醇（TBA），浓缩后的 TBHP 与丙烯在铝催化剂的作用下生成大量的环氧丙烷（PO）以及 TBA。生成的 TBA 通过精馏精制、催化分解后，与甲醇反应生成 MTBE。PO/MTBE 装置投资大，限制其发展，国内仅山东烟台万华化学集团股份有限公司和江苏金陵亨斯迈新材料有限责任公司两家企业拥有此工艺[101]。图 4-51 为环氧丙烷/MTBE 联产法工艺流程示意。

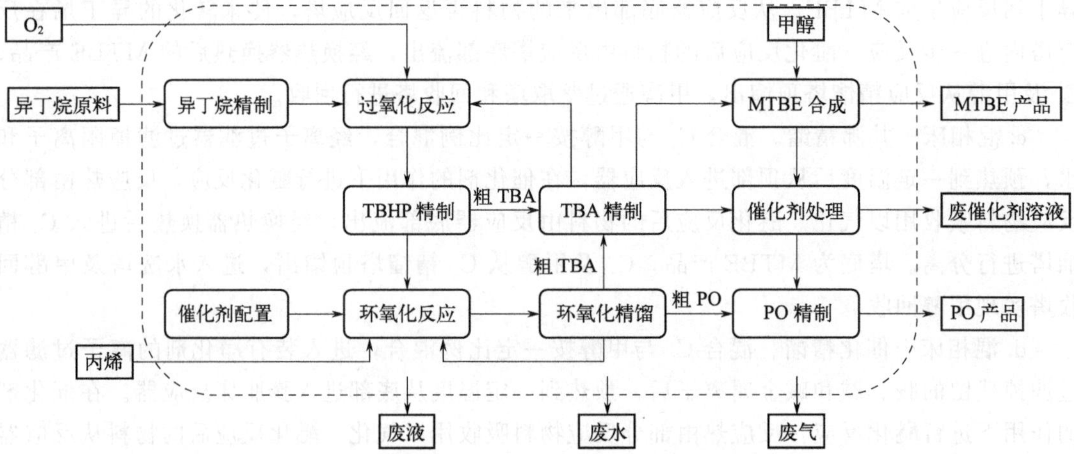

图 4-51　环氧丙烷/MTBE 联产法工艺流程示意

如表 4-24 所示，通过对我国主要采用的生产 MTBE 的四种工艺进行比较研究，可以根据不同的情况具体选择不同 MTBE 的生产工艺。对于炼厂配备的 MTBE 生产设备，由于其混合 C_4 原料相对充裕，建议采用传统混合 C_4 法工艺。

表 4-24　我国主要采用的生产 MTBE 的四种工艺

工艺	反应原料	产品	工艺特点
混合 C_4 法	混合 C_4 中的异丁烯、甲醇	MTBE、醚化后 C_4	混合 C_4 资源少、价格高，原料不足
异构化（正丁烯）	正丁烯异构化制异丁烯、甲醇	MTBE、醚化后 C_4、丁烯叠合物	原料为醚化后 C_4，弥补了混合 C_4 资源短缺问题，成本较低
异构化（异丁烷脱氢）	异丁烷脱氢制异丁烯、甲醇	MTBE、民用气	异丁烷脱氢制异丁烯的收率为 80%，脱氢为吸热反应，装置能耗较高
环氧丙烷/MTBE 联产	异丁烷、丙烯、氧气	MTBE	解决原料短缺问题，产出率较高；分离过程繁琐，成本较高

4.3.2 工业化发展趋势

近年来，随着全球汽油消费需求的快速增长，成品油质量标准的不断升级，汽油炼制过程中降硫、降烯烃、降芳烃深度的增加，需要大量高辛烷值组分来对汽油进行调整，而MTBE是生产无铅、高辛烷值、含氧汽油的理想调和组分，使得MTBE的需求持续稳步增长。截至2018年，全球MTBE的消耗量高达15700万吨，消费主要分布于北美、欧洲、亚太、南美、中东和非洲地区，其主要用作汽油添加剂，约占总消费量的90%；化工以及其他方面的消费量占比较小，约占总消费量的10%。其中，丁基橡胶和甲基丙烯酸甲酯是化工型MTBE消耗结构中消费最多的两个行业。丁基橡胶的消费量约占化工型MTBE总消费量的43%，甲基丙烯酸甲酯的消费量约占32%，聚异丁烯的消费量约占19%。其他方面的应用主要包括生产叔丁胺、叔戊酸以及抗氧化剂等约占6%。

近年来，我国MTBE需求增长主要来自生产高标号汽油及汽油品质升级的推动，但调油用MTBE的需求增速未来存在变数。随着烷基化、重整汽油、甲苯、二甲苯及石脑油这些新型汽油原料的出现，MTBE在汽油原料里的比例开始逐步下滑，替代品的出现，使得MTBE作为汽油原料的竞争愈加激烈。

虽然，欧美国家逐渐替代甚至禁用MTBE作为汽油调辛烷值组分，导致MTBE的生产能力逐年降低。但是，在欧美等国家和地区，MTBE仍是重要的基础化工原料，用以制备高纯异丁烯，生产甲基丙烯酸甲酯、丁基橡胶等化工产品。相比于欧美地区，亚洲面临的最严重的问题是城市的空气污染，采用MTBE作为汽油辛烷值调和组分可以促进汽油充分燃烧，抑制铅量、CO量，特别是致癌的多环芳烃的排放量，进而提高大气质量。

我国MTBE企业性质主要分为大型国企、地方炼厂和深加工企业，2021年我国大型国企MTBE装置总产能为598万吨/年（包括中石油、中石化和中海油），占我国MTBE装置总产能的25%左右。其中，中石化旗下炼厂配套MTBE装置总产能为293万吨/年；中石油旗下炼厂配套MTBE装置总产能为250万吨/年；中海油旗下炼厂配套MTBE装置总产能为55万吨/年。独立炼厂MTBE装置总产能为609万吨/年，占我国MTBE装置总产能的26%左右。深加工企业MTBE装置总产能为1118万吨/年，占国内总产能的47%左右。中国中化控股集团旗下MTBE装置总产能在46万吨/年左右。总体上看，我国MTBE主要集中在华东和东北地区，华东地区约占我国MTBE总产能的57%，东北地区占14%居第二位。从省份产能地图上看，我国MTBE主要在环渤海地区以及江浙沪深等地聚集。国内主要MTBE生产企业及生产能力见表4-25。

表4-25 国内主要MTBE生产企业及生产能力

生产企业	生产能力/(万吨/年)	生产企业	生产能力/(万吨/年)
大连恒力石化	82.0	山东神驰石化	35.0
山东玉皇	80.0	山东淄博齐翔腾达	38.0
烟台万华	78.0	山东东明石化	37.0
南京金陵亨斯曼	78.0	山东利华益	32.0
盘锦和运	45.0	山东鲁深发	30.0
广东惠州宇新	45.0		

近几年，我国MTBE的进口量变化较大，进口主要来源于韩国、马来西亚、沙特阿拉伯、卡塔尔以及新加坡等国家。根据统计，2020年，我国MTBE的进口量为79.7万吨，2020年进口量大增的原因主要是2020年公共卫生事件爆发，国际MTBE价格一度跌至历史低位，致使国内外套利窗口大增。整体来看，我国MTBE对外依存度逐年下滑，主要是

因为随着国内工艺和装置的不断升级，MTBE 产品质量和产量逐步达到国内需求，国产货不断取代进口货，国内自给率逐步增大。2019～2023 年我国 MTBE 出口呈现先降后增的走势。2023 年 MTBE 出口量 188.22 万吨，同比上涨 26.61%，为 2019～2023 年期间的最高位，其主要原因是出口套利利润丰厚，同时 MTBE 出口无配额限制，且无消费税，操作较成品油简单。2019～2023 年我国 MTBE 进出口量变化[102] 如图 4-52 所示。

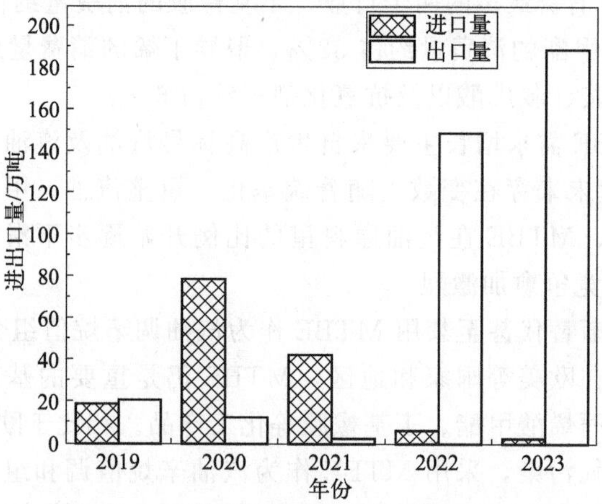

图 4-52　2019～2023 年我国 MTBE 进出口量变化

目前我国 MTBE 行业开始进入去产能化阶段。随着恒力炼化一体化 82 万吨/年 MTBE 装置的顺利投产，MTBE 产能过剩愈加严重，装置开工率有所下降，淘汰速度将会明显加快。除了产能过剩的问题外，作为汽油添加剂的 MTBE 还面临着来自各方各面的危机。如 2017 年底，国家发展改革委、国家能源局等 15 部委联合印发了《关于扩大生物燃料乙醇生产和推广使用车用乙醇汽油的实施方案》，在全国范围内推广使用车用乙醇汽油。MTBE 或不能继续添加到汽油中，这对 MTBE 行业是致命的打击。随着新能源汽车行业的迅速发展，2019 年新能源汽车总产销量达 300 万辆左右，再加上高铁及共享单车等出行方式，汽油替代愈发明显，这对 MTBE 来说又是一沉重打击。因此，对外出口将成为国内 MTBE 大型厂家的主要转型路径，通过扩展海外市场解决 MTBE 产能过剩问题将是一个可行的方案。同时，将 MTBE 装置转产可作为解决 MTBE 产能过剩问题的另一个方案。如将原有 MTBE 装置略加改造，以异丁烯和乙醇为原料生产乙基叔丁基醚（ETBE），既能在汽油中调和乙醇（通过 ETBE 最大乙醇加入量约为 8%），又能解决乙醇与汽油直接调和存在的问题，是 MTBE 装置转产的有效途径之一。从长远看，MTBE 应该向新兴能源的方向转型并不断开发其新的用途，拓宽 MTBE 的销售市场，提高 MTBE 的使用价值。

参考文献

[1] 张海涛，房鼎业，林荆. 甲醇催化脱水制取二甲醚 [J]. 中氮肥，1999 (04)：3-6.

[2] Jain J R，Pillai C N. Catalytic dehydration of alcohols over alumina：Mechanism of ether formation [J]. Journal of Catalysis，1967，9 (4)：322-330.

[3] Padmanabhan V R，Eastburn F J. Mechanism of ether formation from alcohols over alumina catalyst [J]. Journal of Catalysis，1972，24 (1)：88-91.

[4] Moses P G，Nørskov J K. Methanol to dimethyl ether over ZSM-22：A periodic density functional theory study [J]. ACS Catalysis，2013，3 (4)：735-745.

[5] 林荆，王小勤，陈鹏，等.甲醇在CM-3-1催化剂上脱水生成二甲醚的研究［J].化工生产与技术，1996（02)：9-12.

[6] 栾海涛，张海燕，毕立娜，等.甲醇制二甲醚固体酸催化剂的研究进展［J].炼油与化工，2016，27（01)：1-4.

[7] Keshavarz A R，Rezaei M，Yaripour F. Preparation of nanocrystalline γ-Al_2O_3 catalyst using different procedures for methanol dehydration to dimethyl ether [J]. Journal of Natural Gas Chemistry，2011，20（3)：334-338.

[8] 龚茂初，林之恩，高士杰，等.高温高表面氧化铝新材料的制备化学研究Ⅳ.镧组分对溶胶-凝胶法制高比表面Al_2O_3的影响［J].燃料化学学报，2001（01)：76-79.

[9] 刘志坚，廖建军，谭经品，等.甲醇脱水生成二甲醚的沸石催化剂［J].石油化工，1999（04)：24-28.

[10] 陈进，兰治淮，刘鸿逵，等.二甲醚生产新工艺——阳离子型液体催化反应法生产二甲醚［J].化工科技市场，2006（10)：33-34.

[11] 田原宇，乔英云，盖希坤.甲醇反应精馏法分步反应制取二甲醚的生产工艺CN200810000621.4［P].2009-07-15.

[12] 林荆，谢光全，卢永祥，等.由甲醇生产二甲醚的方法：CN95113028.5［P].1995-10-13.

[13] 崔世纯，胡力智，朱冬茂，等.甲醇气相催化脱水制二甲醚工艺［J].石油化工，1999（01)：45-47.

[14] 刘中民，孙新德，朱书魁，等.一种由甲醇经脱水反应生产二甲醚的方法：CN200710064235.7［P].2007-03-07.

[15] 吕爱梅，何宗华，刘淑芝，等.催化蒸馏甲醇制二甲醚技术［J].齐鲁石油化工，2012，40（01)：9-13.

[16] Adachi Y，Komoto M，Watanabe I，et al. Effective utilization of remote coal through dimethyl ether synthesis [J]. Fuel，2000，79（3-4)：229-234.

[17] Brown D M，Bhatt B L，Hsiung T H，et al. Novel technology for the synthesis of dimethyl ether from syngas [J]. Catalysis Today，1991，8（3)：279-304.

[18] 陈大胜，程程远，张海涛，等.煤基合成气一步法制二甲醚的宏观动力学［J].煤炭学报，2011，36（增1)：156-162.

[19] Sun K，Lu W，Qiu F，et al. Direct synthesis of DME over bifunctional catalyst：Surface properties and catalytic performance [J]. Applied Catalysis A：General，2003，252（2)：243-249.

[20] Ge Q，Huang Y，Qiu F，et al. Bifunctional catalysts for conversion of synthesis gas to dimethyl ether [J]. Applied Catalysis A：General，1998，167（1)：23-30.

[21] Bae J W，Kang S H，Lee Y J，et al. Effect of precipitants during the preparation of Cu-ZnO-Al_2O_3/Zr-ferrierite catalyst on the DME synthesis from syngas [J]. Journal of Industrial and Engineering Chemistry，2009，15（4)：566-572.

[22] 葛庆杰，黄友梅.合成气直接制取二甲醚的双功能催化剂Ⅱ.脱水组分对催化剂性能影响的研究［J].天然气化工，1996（06)：19-22.

[23] Moradi G R，Nosrati S，Yaripor F. Effect of the hybrid catalysts preparation method upon direct synthesis of dimethyl ether from synthesis gas [J]. Catalysis Communications，2007，8（3)：598-606.

[24] 黄伟，高志华，郝利峰，等.浆态床用催化剂及制备方法：CN200410012537.6［P].2004-09-18.

[25] Gao Z，Hao L，Huang W，et al. A novel liquid-phase technology for the preparation of slurry catalysts [J]. Catalysis Letters，2005，102（3)：139-141.

[26] 樊金串.浆态床一步法合成二甲醚催化剂的完全液相制备基础及性能优化研究［D].太原：太原理工大学，2009.

[27] 雷艳华，孙清，陈兆旭，等.合成聚甲醛二甲基醚反应热力学的理论计算［J].化学学报，2009，67（8)：767-672.

[28] Zhang J Q，Shi M H，Fang D Y，et al. Reaction kinetics of the production of polyoxymethylene dimethyl ethers from methanol and formaldehyde with acid cation exchange resin catalyst [J]. Reaction Kinetics，Mechanisms&Catalysis，2014，113（2)：459-470.

[29] Zhang J，Fang D，Liu D. Evaluation of Zr-alumina in production of polyoxymethylene dimethyl ethers from methanol and formaldehyde：Performance tests and kinetic investigations [J]. Industrial & Engineering Chemistry Research，2014，53（35)：13589-13597.

[30] 高鸿宾，齐欣.有机化学学习指南（TB)［M].北京：高等教育出版社，2009.

[31] Tatibouët J M，Lauron-Pernot H. Transient isotopic study of methanol oxidation on unsupported V_2O_5：Mechanism of methylal formation [J]. Journal of Molecular Catalysis A：Chemical，2001，171（2)：205-216.

[32] Liu H，Iglesia E. Selective oxidation of methanol and ethanol on supported ruthenium oxide clusters at low temperatures [J]. Journal of Physical Chemistry B，2005，109（6)：2155-2163.

[33] Kaichev V V, Popova G Y, Chesalov Y A, et al. Selective oxidation of methanol to form dimethoxymethane and methyl formate over a monolayer V_2O_5/TiO_2 catalyst [J]. Journal of Catalysis, 2014, 311 (3): 59-70.

[34] 赵变红，刘康军，张朝峰，等.聚甲醛二甲醚合成反应中离子液体催化性能的比较 [J]. 化工学报，2013，64（增1）：98-103.

[35] 李为民，赵强，左同梅，等.酸功能化离子液体催化合成聚缩醛二甲醚 [J]. 燃料化学学报，2014，42（4）：501-506.

[36] 李为民，赵强，邱玉华，等.一种以环酰胺类离子液体催化制备聚甲醛二甲醚的方法：CN102786396 [P]. 2012.

[37] 张朝峰，张海新，陈树伟，等.吡啶甲磺酸盐离子液体的固载化及其在聚甲醛二甲醚合成中的催化作用 [J]. 燃料化学学报，2014，42（5）：609-615.

[38] 曹健，朱华青，王辉，等.分子筛催化剂催化合成聚甲氧基二甲醚 [J]. 燃料化学学报，2014，42（8）：986-993.

[39] 徐晓胜，黄昕，时米东，等.氯化铁改性树脂催化合成聚甲氧基二甲醚 [J]. 天然气化工，2019，44（3）：27-32.

[40] 刘红喜，陈华，卢建华，等.甲醇经缩合、氧化、缩聚和醚化合成聚甲氧基二甲醚的方法：CN104058940B [P]. 2015-10-14.

[41] 刘殿华，房鼎业，罗万明，等.一种由甲醇和甲醛制备聚甲氧基二甲醚的方法：CN110028391A [P]. 2019-07-19.

[42] Li H, Song H, Chen L, et al. Designed SO_4^{2-}/Fe_2O_3-SiO_2 solid acids for polyoxymethylene dimethyl ethers synthesis: The acid sites control and reaction pathways [J]. Applied Catalysis B Environmental, 2015, 165: 466-476.

[43] 夏春谷，宋焕玲，赵峰，等.一种聚甲氧基二甲醚的合成方法：CN103288607 [P]. 2013-09-10.

[44] 夏春谷，宋河远，陈静，等.甲醛与甲醇缩醛化反应制备聚甲氧基二甲醚的工艺过程：CN102249868 [P]. 2011-11-23.

[45] 高鑫，孟莹，韩振为，等.甲醇与高浓度甲醛合成 DMM_n 的反应精馏工艺方法及装置：CN110078599 [P]. 2019-08-02.

[46] 韦先庆，王清洋，黄小科，等.一种制备聚甲氧基二甲醚的系统装置及工艺：CN102701923 [P]. 2014-10-03.

[47] 孙育成，刘秦，罗明，等.甲醇为初始反应原料连续制备聚甲氧基二甲醚的系统：CN 104003855 [P]. 2014-08-27.

[48] Hagen G P, Spangler M J. Preparation of polyoxymethylene dimethyl ethers by catalytic conversion of dimethyl ether with formaldehyde formed by oxidation of methanol US 6265528B1 [P]. 2001-07-24.

[49] Stroefer E, Hasse H, Blagov S. Method for producing polyoxymethylene dimethyl ethers from methanol and formaldehyde US 7671240 [P]. 2010-03-02.

[50] Stroefer E, Hasse H, Blagov S. Process for preparing polyoxymethylene dimethyl ethers from methanol and formaldehyde US 7700809 [P]. 2010-04-20.

[51] Schmitz N, Ströfer E, Burger J, et al. Conceptual design of a novel process for the production of poly (oxymethylene) dimethyl ethers from formaldehyde and methanol [J]. Industrial & Engineering Chemistry Research, 2017: 56 (40): 11519-11530.

[52] Li H J, Song H L, Zhao F, et al. Chemical equilibrium controlled synthesis of polyoxymethylene dimethyl ethers over sulfated titania [J]. Journal of Energy Chemistry, 2015, 24 (2): 239-244.

[53] Wu Q, Wang M, Hao Y, et al. Synthesis of polyoxymethylene dimethyl ethers catalyzed by brønsted acid ionic liquids with alkanesulfonic acid groups [J]. Industrial & Engineering Chemistry Research, 2014, 53 (42): 758-766.

[54] 刘奕.柴油添加剂聚甲醛二甲醚的合成研究 [D]. 上海：华东理工大学，2014.

[55] Wang F, Zhu G, Li Z, et al. Mechanistic study for the formation of polyoxymethylene dimethyl ethers promoted by sulfonic acid-functionalized ionic liquids [J]. Journal of Molecular Catalysis A Chemical, 2015, 408: 228-236.

[56] Moulton D S, Naegeli D W. Diesel fuel having improved qualities and method of forming US 5746785 [P]. 1998-05-05.

[57] Patrini R, Marchionna M. Liquid mixture consisting of diesel gas oils and oxygenated compounds US 6534685 [P]. 2003-03-18.

[58] 赵强，李为民，陈清林. Brφnsted 酸性离子液体催化合成聚甲醛二甲醚的研究 [J]. 燃料化学学报，2013，41 (004)：463-468.

[59] 赵文超.硅胶固载离子液体的制备及其催化合成聚甲醛二甲醚性能的研究 [D]. 太原：太原理工大学 2015.

[60] Arvidson M, Fakley M E, Spencer M S. Lithium halide-assisted formation of polyoxymethylene dimethyl ethers from dimethoxymethane and formaldehyde [J]. Journal of Molecular Catalysis, 1987, 41 (3): 391-393.
[61] 刘现立，田恒水，王贺玲，等.甲醛低聚反应研究 [J].广东化工，2009，36 (9)：23-25.
[62] 刘显科，夏成良，张建强，等.甲缩醛和甲醛催化合成柴油添加剂聚甲氧基二甲醚 [J].石油化工，2015，44 (7)：888-892.
[63] 芮雪.聚缩醛二甲醚的合成工艺研究 [D].上海：华东理工大学，2012.
[64] 王岩，石磊，范家麒，等.环丁砜处理磺酸树脂高效催化聚甲氧基二甲醚合成 [J].化工学报，2019，70 (01)：116-127.
[65] 蔡依进，卢方亮，蔡依超，等.酸性离子交换纤维催化制备聚甲氧基二甲醚的方法：CN104610027 [P].2015-05-13.
[66] 王云芳，陈建国，邢金仙，等.一种聚甲氧基二甲醚的生产装置系统及生产工艺：CN103848730 [P].2014-06-11.
[67] 邓青，桑练.一种聚甲氧基二甲醚生产中脱酸的工艺：CN10760236 [P].2018-01-19.
[68] 王金福，郑妍妍，王胜伟，等.一种生产聚甲氧基二甲醚的方法：CN104974025 [P].2015-10-14.
[69] 白教法.甲醇为原始反应物料连续生产聚甲氧基二甲醚的方法：CN104447239A [P].2015-03-25.
[70] 王志亮，高文斌，徐龙方，等.一种制备聚甲氧基二甲醚的系统：CN207193157 [P].2018-04-06.
[71] 舍林，施特勒费尔，平科斯，等.制备聚甲醛二甲醚的方法：CN101048357 [P].2007-10-03.
[72] Zhang Q, Tan Y, Liu G, et al. Rhenium oxide-modified $H_3PW_{12}O_{40}/TiO_2$ catalysts for selective oxidation of dimethyl ether to dimethoxy dimethyl ether [J]. Green Chemistry, 2014, 16 (11): 4708-4715.
[73] Liu H C, Iglesia E. Selective one-step synthesis of dimethoxymethane via methanol or dimethyl ether oxidation on $H_{3+n}V_nMo_{12-n}PO_{40}$ keggin structures [J]. Journal of Physical Chemistry B, 2003, 107 (39): 10840-10847.
[74] Zhang Q D, Wang W F, Zhang Z Z, et al. Low-temperature oxidation of dimethyl ether to polyoxymethylene dimethyl ethers over CNT-supported rhenium catalyst [J]. Catalysts, 2016, 6 (3): 43-55.
[75] Fu Y, Shen J. Selective oxidation of methanol to dimethoxymethane under mild conditions over V_2O_5/TiO_2 with enhanced surface acidity [J]. Chemical Communications, 2007, 21 (21): 2172-2174.
[76] Sun Q, Liu J W, Cai J X, et al. Effect of silica on the selective oxidation of methanol to dimethoxymethane over vanadia-titania catalysts [J]. Catalysis Communications, 2009, 11 (1): 47-50.
[77] Hagen G P, Spangler M J. Preparation of polyoxymethylene dimethyl ethers by acid-activated catalytic conversion of methanol with formaldehyde formed by oxy-dehydrogenation of dimethyl ether US 6265528 [P]. 2001-07-24.
[78] Stroefer E, Schelling H, Hasse H, et al. Method for the production of polyoxymethylene dialkyl ethers from trioxan and dialkylethers US 7999140 [P]. 2011-08-16.
[79] 李燊，袁梦，张燕鹏，等.聚甲氧基二甲醚合成工艺现状分析 [J].应用化工，2020，338 (04)：163-169.
[80] 王佳臻，韩艳辉，胡慧敏，等.我国聚甲氧基二甲醚技术现状和产业化进展 [J].现代化工，2017，37 (008)：15-18.
[81] 耿雪丽，孟莹，从海峰，等.聚甲氧基二甲醚合成工艺及产业化述评 [J].化工进展，2020 (12)：4993-5008.
[82] 苏召飞，蒋淑敏.聚甲氧基二甲醚的产业化进展 [J].燃料与化工，2016，047 (003)：6-8.
[83] 孙玲玲.调和剂改善车用轻油基混合燃料燃烧性能的研究 [J].燃烧科学与技术，2001，2：163-166.
[84] 陈宁，果晶晶，奚立敏.浅述甲醇生产技术进展 [J].四川化工，2011，14 (6)：29-31.
[85] Rehfinger A H U. Kinetics of methyl tertiary butyl ether liquid phase synthesis catalyzed by ion exchange resin [J]. Chem Eng Sci, 1990, 45: 1605-1617.
[86] 李婷，李飞飞.甲醇与叔丁醇一步合成甲基叔丁基醚的热力学分析 [J].化工中间体，2014，10：46-50.
[87] 李婷，何俊辉，薛晓军，等.甲醇与叔丁醇合成甲基叔丁基醚的热力学计算与分析 [J].化工中间体，2014，10：43-47.
[88] 申文杰，胡津仙.甲基叔丁基醚_MTBE_的合成 [J].合成化学，1997，5：331-337.
[89] Parra D Z J, Cuuill F. Kinetic study of MTBE liquid-phase synthesis using C_4 olefinic cut [J]. Chem Eng Sci, 1994, 49: 4563-78.
[90] Gicqucl A T B. Synthesis of methyl tertiary butyl ether catalyzed by ion-exchang resin influence of methanol concentration and temperature [J]. J Catal, 1983, 83: 9-18.
[91] 金晓农，徐国春，孙君坦.合成甲基叔丁基醚催化剂的研究 [J].离子交换与吸附，1995，11：562-570.

[92] Anderson J R F K, Mole T. Reaction on ZSM-5-tyoe zeolite catalysts [J]. J Catal, 1979, 58: 114-130.
[93] Chu P, Kuhl G H. Preparation of methyl tert-butyl ether over zeolite catalysts [J]. Ind Eng Chem Res, 1987, 26: 365-369.
[94] 李文芝，陆信兮，赵全海，等. 甲基叔丁基醚的制备 [J]. 石油炼制，1982，4：1-10.
[95] 徐怡珊. 甲基叔丁基醚的研究进展 [J]. 化工环保，2004，24：416-420.
[96] 杭道耐. 甲基叔丁基醚生产现状及展望 [J]. 化学工业与工程，1988 (4)：23-30.
[97] 陈伯伦. 化工型膨胀床 MTBE 合成工艺及工程设计 [J]. 炼油设计，1995，25：19-21.
[98] 曾穗松. 我国高辛烷值汽油添加剂的种类、现状及发展趋势 [J]. 广东科技，2005，10：44-45.
[99] 杨宗仁，郝兴仁. MTBE 催化蒸馏技术开发 [J]. 齐鲁石油化工，1997，25：13-18.
[100] 王崇谦. 合成 MTBE 的组合工艺工业化试验 [J]. 石油炼制与化工，1995，26：1-5.
[101] 沈鹏飞. 许明杰，蒋里锋. 甲基叔丁基醚的市场现状及工艺技术进展 [J]. 化学工程师，2018，32：50-53.
[102] 官秀平，米多. 2023 年甲基叔丁基醚市场分析及预测 [J]. 化学工业，2024，42：47-52.

5 酯类含氧燃料

酯类燃料主要有碳酸二甲酯（DMC）和脂肪酸甲酯（即生物柴油）等。作为重要的一类含氧燃料，可以由甲醇经过系列转化过程获得。本章内容将主要介绍碳酸二甲酯和脂肪酸甲酯的合成原理、催化剂和反应工艺以及产品生产的工业化趋势。

5.1 碳酸二甲酯

DMC 可以作为高氧含量的油品添加剂，其分子中氧含量达到 53%，能够替代甲基叔丁基醚 MTBE 提高汽油辛烷值，也能促进燃油完全燃烧和减少汽车尾气污染。鉴于 DMC 在燃料领域良好的应用前景，国内外研究者对 DMC 合成工艺及催化剂的研究极为关注。传统的光气法合成 DMC 采用剧毒的光气为原料，安全性差，已全面停止生产。目前，已经工业化的 DMC 合成工艺主要包括甲醇液相氧化羰基化法（液相泥浆法）、亚硝酸甲酯羰基化法（气相间接法）、尿素两步法和酯交换法等。

5.1.1 甲醇液相氧化羰基化合成 DMC

该工艺将液相甲醇和 CuCl 催化剂加入到高压反应釜中，加热搅拌，然后通入 CO 和 O_2 与甲醇发生氧化羰基化反应生成 DMC，如反应式（5-1），由于催化剂在反应体系中呈泥浆状，因此也被称作液相泥浆法。意大利 Enichem 公司于 1983 年率先实现了液相泥浆法工业生产 DMC。

$$2CH_3OH+CO+0.5O_2 \longrightarrow (CH_3O)_2CO+H_2O \tag{5-1}$$

该工艺合成 DMC 原子利用率高达 80%，在热力学上也十分有利，且符合清洁生产的要求，因而引起世界各国的关注，成为合成碳酸二甲酯的主要方法。

5.1.1.1 催化剂及催化机理

（1）CuCl 催化剂

意大利 Enichem 公司开发的液相泥浆法以 CuCl 为催化剂。如反应式（5-2）和式（5-3）

所示，甲醇在催化剂的作用下，分别通过氧化和羰基化两步反应生成 DMC。CuCl 在氧气存在的条件下首先与甲醇反应，形成甲氧基氯化铜 $Cu(OCH_3)Cl$ 化合物和水，然后 $Cu(OCH_3)Cl$ 被 CO 还原，生成 CuCl 与等物质的量的 DMC，两步反应在同一反应器中同时进行。

$$2CuCl+2CH_3OH+0.5O_2 \longrightarrow 2Cu(OCH_3)Cl+H_2O \tag{5-2}$$

$$2Cu(OCH_3)Cl+CO \longrightarrow (CH_3O)_2CO+2CuCl \tag{5-3}$$

Ugo Romano 等[1]则认为，CuCl 首先和甲醇、氧气生成甲氧基氯化铜，同时 CuCl 和 CO 发生可逆反应生成羰基氯化铜（CuCl・CO），然后甲氧基氯化铜和羰基氯化铜发生可逆反应生成中间体（$CuOCH_3Cl$・CuCl・CO），该中间体进一步反应生成不稳定的甲酯基氯化铜（$CuCOOCH_3Cl$）。最后，甲酯氯化铜和另一分子甲氧基氯化铜反应便得到 DMC 和 CuCl，反应机理如图 5-1 所示。

甲醇氧化羰基化反应过程中，CuCl 被氧化生成 $Cu(OCH_3)$ Cl 的反应较易实现，反应活性和选择性均较高。但是第二步还原反应需在较高的 CO 分压下进行。CuCl 催化剂和生成的 $Cu(OCH_3)$ Cl 中间体难溶于甲醇，是反应速率较慢的原因之一。

催化剂中 Cu 和 Cl 的摩尔比对催化剂活性和选择性有显著影响，如图 5-2。随着 Cu/Cl 摩尔比的增加，DMC 的选择性增加，达到极值后开始下降。DMC 的最大选择性位于 Cu/Cl＝1.0。对于 DMC 的生成速率，当 Cu/Cl＜1.2 时，影响不显著；当 Cu/Cl＞1.2 时，显著下降，催化剂的 Cu/Cl 摩尔比应控制在 1.0 左右[2]。因此，意大利 Enichem 公司选择 CuCl 作为催化剂。然而，甲醇氧化羰基化反应中伴随着电子的转移和甲醇电离产生 H^+ 质子，从而使催化剂中的氯原子逐渐转化为 HCl 而脱除，不仅造成催化剂失活，而且造成严重的设备腐蚀。若向反应气中加入少量的 HCl 气体，增加催化剂中的氯含量，维持 Cu/Cl≈1.0，可以延长催化剂的使用寿命。

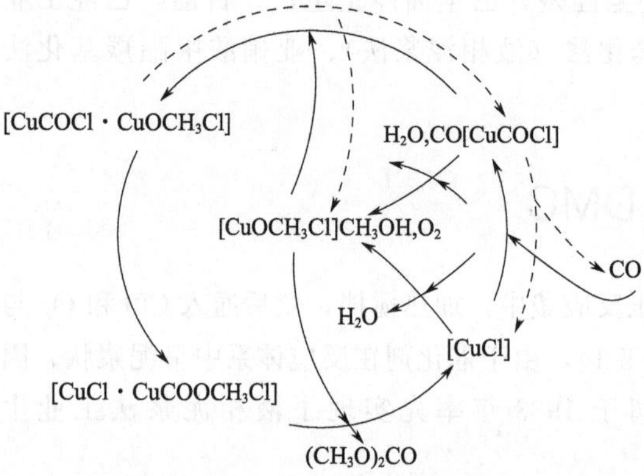

图 5-1　Ugo Romano 反应机理

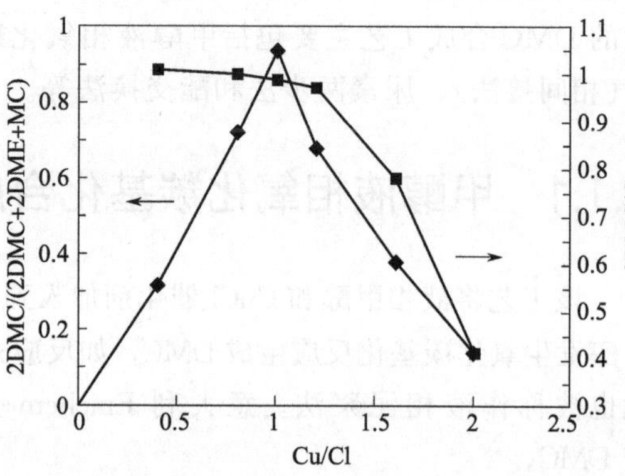

图 5-2　催化剂中 Cu/Cl 比对 DMC 选择性影响

甲醇液相氧化羰基化法合成 DMC 工艺较简单，但需在加压条件下进行，而且需将氧气浓度控制在爆炸范围之内，甲醇单程转化率较低。另外，副产物水不能及时移除，会妨碍反应正向进行，并且会使 CuCl 催化剂转化为一系列 $Cu(Cl)_x(OH)_y \cdot nH_2O$ 化合物并生成 HCl，导致催化剂失活和设备严重腐蚀。CuCl 与含氮有机配体（2,2′-联吡啶、1,10-菲啰啉、α-甲基吡啶和 N-甲基咪唑等）形成的配合物可溶于甲醇，有利于催化剂与反应物的有效接触；CuCl 与含氮有机配体配合后，铜原子 d 轨道上的电子云部分转移到共轭配体含氮杂环化合物上，自身电子云密度降低，这样有利于反应中间体的形成和 CO 插入反应的进行，提高了反应活性；而且，配合物催化剂还能抑制氯离子流失，提高催化剂稳定性，减缓对反应器的腐蚀[3-4]。

（2）$CuCl_2$ 催化剂

与 CuCl 相比，$CuCl_2$ 可溶于甲醇，也能有效催化甲醇氧化羰基化反应，但同样存在因 Cl 流失而导致的催化剂失活和设备严重腐蚀等问题。$CuCl_2$ 与含氮有机配体形成的配合物催化剂也具有较高催化活性。而且，含氮有机配体易与金属表面形成螯合物吸附膜，隔离了金属表面与腐蚀介质，有效降低了催化剂对设备的腐蚀[5]。另外，采用含 N 的聚合物如 2,2′-联吡啶（Bpy）、聚乙烯吡咯烷酮（PVP）、聚(2,2′-联吡啶)（Pbpy）、聚吡咯（Ppy）、聚(4-甲基-4′-乙烯基-2,2′-联吡啶)（Pvbpy）等作为配体，也可以提高催化剂稳定性，并减缓氯离子流失对反应器的腐蚀[6-7]。含 N 配体/聚合物-$CuCl_2$ 催化剂的催化反应机理见图 5-3。含 Cu 离子的液体催化剂在甲醇液相氧化羰基化反应中也显示出较高的催化活性[8]。然而，DMC 和未反应的甲醇需要通过精馏从离子液体中分离，能耗较大，将离子液体催化剂固载到大比表面积载体上，可以避免上述问题。例如，Wang 等[9]制备了 SBA-15 固载 $CuCl_2$-PyIL、CuCl-PyIL 和 $CuBr_2$-PyIL 催化剂，CO 转化率、DMC 选择性和 TON 分别达到 17.0%、97.5%和 $7.09h^{-1}$。

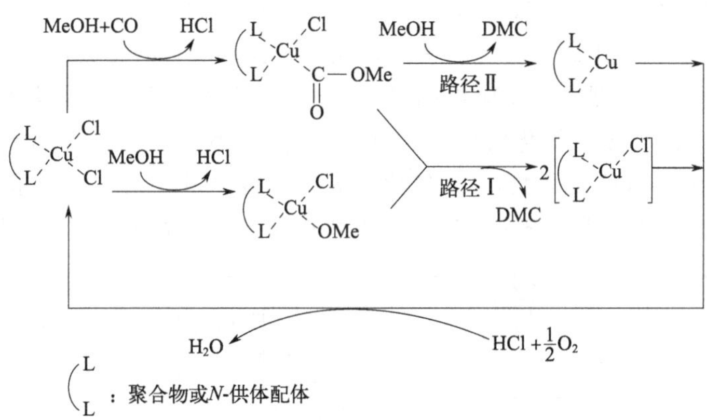

图 5-3 含 N 配体/聚合物-$CuCl_2$ 催化剂的催化反应机理[6]

（3）Cu/C 催化剂

采用有机配体和聚合物改性的 CuCl 和 $CuCl_2$ 催化剂稳定性得到一定程度提高，同时减缓了对反应器的腐蚀，然而氯流失的问题并未从根本上得到解决。

近年来，以硝酸铜或乙酸铜为铜源，炭材料［活性炭（AC）、碳纳米管（CNT）和石墨烯（G）］为载体，制备出以 Cu^0 和 Cu_2O 为活性中心的无氯 Cu 催化剂，在甲醇液相氧化羰基化反应中表现出较好的催化活性。其中，载体性质显著影响 Cu 物种与载体之间的相互作用力，进而影响 Cu 物种在焙烧过程中的自还原行为和分散状态，最终影响催化剂活性。例如，内径较小的 CNT 具有较大的比表面积和孔容，有利于 Cu 物种进入 CNT 管腔内，呈高度分散状态，且 Cu 物种与载体呈现较强的相互作用力，促进焙烧过程中 CuO 还原为活性物种 Cu_2O 和 Cu^0，催化剂显示出较高的初始活性。其中，甲醇转化率、DMC 选择性和时空收率可分别达到 4.2%、91.2%和 2.2g/(g·h)[10]。然而，反应过程中 Cu 物种容易发生团聚和氧化，导致催化活性下降。通过三聚氰胺对 CNT 进行改性可以提高其表面含 N 基团数量，促进 Cu 物种高度分散，并增强 Cu 物种与载体之间的相互作用，抑制反应过程中

Cu物种的流失、氧化和团聚，催化剂活性和稳定性得到显著提高[11]。类似地，N掺杂石墨烯（NG）负载的Cu催化剂也显示出较好的催化活性和稳定性，而且含氮基团能够促进载体和Cu物种之间的电子转移，降低CO的吸附自由能，有利于催化活性的提高[12]。

5.1.1.2 合成工艺

液相甲醇氧化羰基化合成DMC工艺首先由意大利Enichem公司开发成功，并于1983年建立了第一套5500t/a工业装置。1988年生产能力扩大到8800t/a，1993年生产能力扩大到12600t/a。

Enichem公司开发的甲醇液相氧化羰基合成DMC的工艺流程如图5-4所示。反应是在一组（3个）装有甲醇液体的连续搅拌的罐式反应器中进行的，操作温度约100℃、压力25MPa。氧气和一氧化碳被压缩到反应压力后鼓泡进入第一级反应器的液体中，从下游产物分离回收的催化剂（以新鲜和循环甲醇的泥浆形式）又送到该反应器。氧气只是部分送入该反应器，而一氧化碳则是以整个反应所需的量全部送入。未转化的一氧化碳与蒸发出的液体和少量氧气一起从反应器的上部被释放后送到第二反应器，反应液靠重力流入第二反应器。补充的氧气以反应所需的量添加到第二反应器中，这一程序一直延续到送入第一反应器的甲醇有30%转化成DMC。由于氧气以这种方式送入，各级反应器的上部排出气均保持在爆炸极限以下，反应速率完全用添加氧气的速率来控制，其他所有的参数均是恒定的。另外，在该反应系统中，所有反应器的副反应大都减到最少，一氧化碳氧化成二氧化碳的反应也降低了（这和水浓度有关）。按一氧化碳计，DMC总选择性为90%（摩尔分数），而按甲醇计，DMC的选择性为98%（摩尔分数）。一氧化碳的单程转化率约67%。由于采用CuCl作催化剂，反应过程中有HCl生成，整个反应器和催化剂处理系统需用抗腐蚀结构材料[13]。

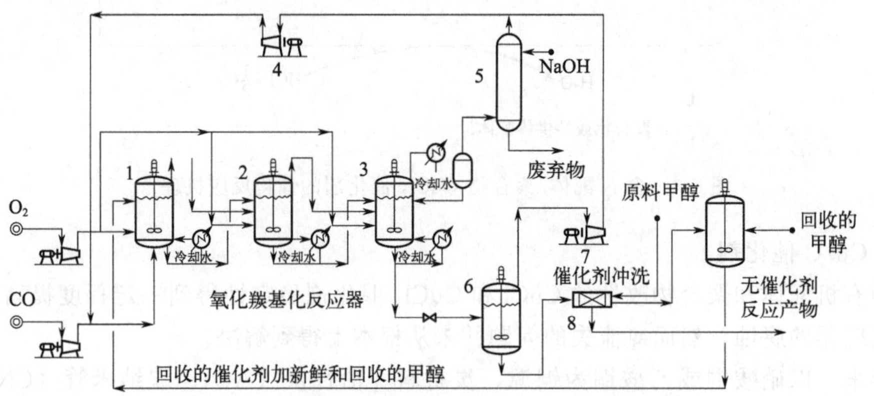

图5-4 甲醇液相氧化羰基化合成DMC工艺流程图

1，2，3—氧化羰基化反应器；4—CO循环压缩机；5—洗涤器；6—闪蒸罐；7—闪蒸气压缩机；8—催化剂过滤器

无催化剂的液体（含DMC、水和未反应的甲醇）送去萃取蒸馏（用过量的水从DMC中萃取出甲醇）回收系统（图5-5），这样可避免生成甲醇和DMC的恒沸物，而DMC也不用送回反应器。该塔在常压下操作。冷凝后，将塔顶流出物注入富DMC的有机相和水相。水相和部分有机相被分馏，净DMC产物（含少量水和甲醇）被抽出送到DMC塔。送到萃取蒸馏塔顶部的水量大约是DMC的10倍，塔底产物基本上是含15%（质量分数）甲醇的水，来自萃取塔上部的DMC送到DMC塔。蒸出DMC恒沸物。冷凝的塔底产物注入有机相，然后分馏，而含有少量有机物的水相送去废水处理。在接近塔底的侧边抽出DMC产物

并送去贮存。少量重馏分从塔底抽出作残渣处理。来自萃取蒸馏塔底的甲醇溶液送到甲醇回收塔，该塔蒸出的塔顶物甲醇返回反应部分，而塔底水则去废水处理。以甲醇计，DMC 总收率约 95%（摩尔分数）。

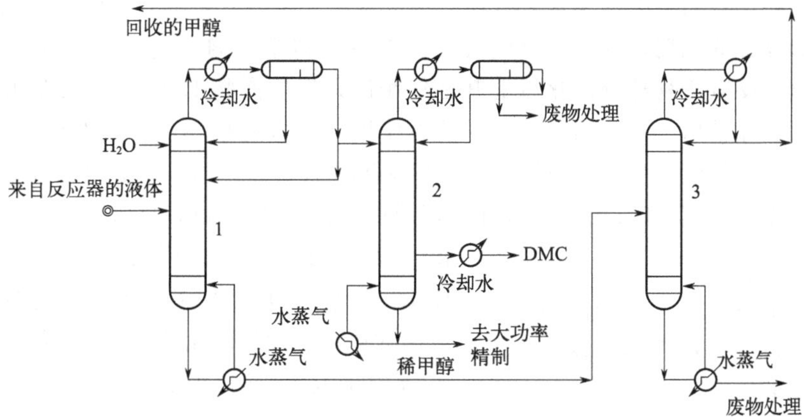

图 5-5 DMC 精制回收工段

1—萃取塔；2—DMC 塔；3—甲醇回收塔

液相泥浆法生产 DMC 时，泥浆状的 CuCl 催化剂分离困难，而且催化剂如果暴露于空气还会降低催化剂的活性。为解决这一问题，Enichem 发明了一种新型的反应器，这种反应器由两个反应管组成。催化剂 CuCl 和甲醇装入管内，反应混合气 CO 和 O_2 由反应管底部送入，然后经缓冲段后放出。通过控制反应条件，甲醇氧化羰基化反应生成的 DMC 随反应气的排放而带出，排放气经冷凝得液体产品，其典型组成为 50%～70%甲醇，30%～40%DMC 和 2%～5%水。这种反应器的另一优点是减少了反应体系中 Cl 的流失和催化剂与空气的接触，从而可以提高催化剂的使用寿命。采用这种新型反应器设计的工艺流程图见图 5-6。

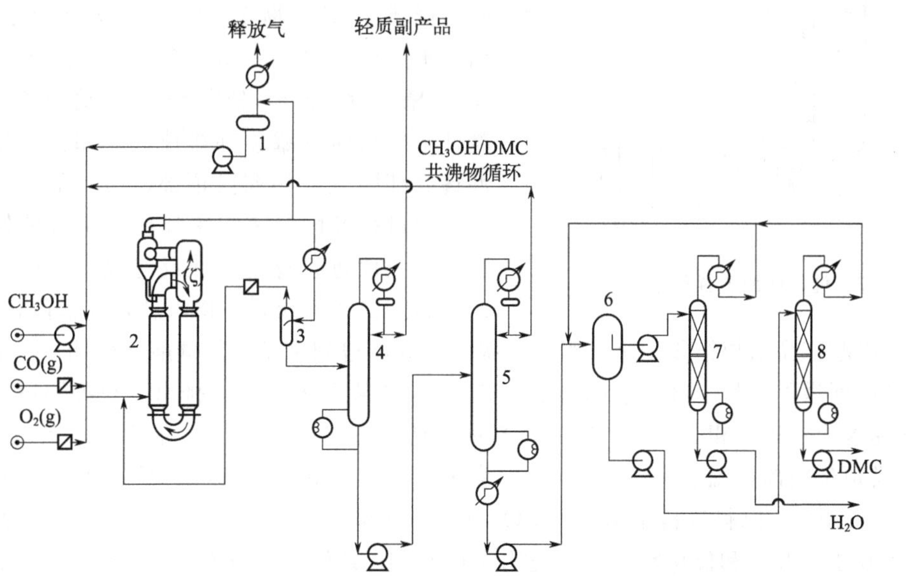

图 5-6 Enichem 改进反应器的氧化羰基化反应工艺流程图

1—冷凝器；2—反应器；3—冷凝器；4—闪蒸塔；5—粗分离塔；6—分相器；7,8—H_2O/DMC 共沸物华中科技大学和湖北齐跃化工股份有限公司联合开发了一种甲醇液相氧化羰基化连续合成 DMC 新工艺[14]。该工艺采用助催化的双组分催化体系，其中，CuCl 为催化剂，助催化剂为 $MgCl_2$、$CaCl_2$、$ZnCl_2$ 或 KCl，催化剂与助催化剂的摩尔比为（1：0.5）～（1：1.5），双组分催化剂在反应物料中的质量分数为 2%～20%。具体过程如下：首先，在反应器液相区装入甲醇和复合催化剂，并通入反应气 CO 和 O_2。随后，将反应温度升高至 80～200℃，开始进行反应；反应产物部分汽化后上升至气相区，反应产物 DMC、水以及未反应的原料气体从气相段顶部排出。在分离段，由于重力作用和反应速率降低，大部分夹带液体落下，产物蒸汽和未反应气液被带出反应器，进入冷却器和气液分离器，被分离的气体进入循环机后再进入反应器底部液相区进行反应，液体可回流至反应器也可以进入下一道分离工序。分离工段中，DMC、水和甲醇混合物经精馏后得到 DMC 产品，回收的甲醇送入贮槽后循环使用。

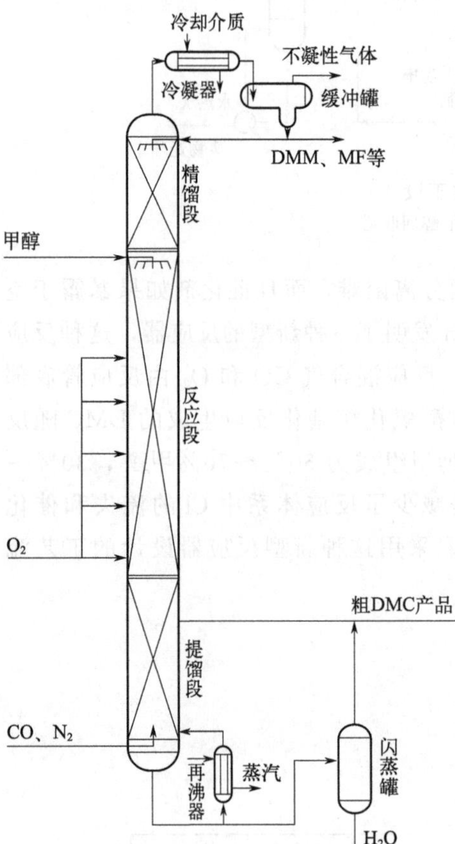

图 5-7　催化精馏装置示意图[15]

太原理工大学以无氯 Cu 催化剂为基础，开发了新型催化反应精馏技术，反应器如图 5-7 所示[15]。该工艺中，催化精馏塔为主要的反应装置，催化精馏塔主要分为精馏段、反应段和提馏段，提馏段塔底设再沸器，精馏段塔顶设冷凝器，精馏塔中三段高度比为精馏段：反应段：提馏段为 1：(2～20)：(1～20)，各段高度可调节，且催化精馏塔的高径比为（5～50）：1。具体过程如下：液相甲醇从催化精馏塔反应段顶部进料，加压的 CO 和 N_2 从提馏段底部进料，O_2 在反应段分为 1～5 份气体分段进料，反应段中下降的甲醇与上升的 CO/O_2 逆流接触，在反应段催化剂填料床层中反应生成 DMC。精馏段主要将未反应的甲醇与低沸点副产物 DME、DMM 和 MF 进行分离。沸点副产物和不凝性气体 CO、O_2、CO_2 和 N_2 从精馏段顶部经塔顶冷凝器冷凝至缓冲罐，不凝性气体从缓冲罐顶部排放，一部分冷凝液从缓冲罐底部回流至精馏段顶部，另一部分冷凝液排放。通过精馏段分离出未反应的甲醇液体继续回流至反应段进行反应。在反应段，反应生成的重组分碳酸二甲酯和副产物水进入提馏段精馏分离。粗碳酸二甲酯产品从提馏段中上部得到，提馏段底部得到水及少量碳酸二甲酯，一部分经再沸器加热返回塔釜，另一部分经闪蒸罐分离。DMC 从闪蒸罐顶部排出，与提馏段得到的粗 DMC 产品混合，得到粗 DMC 产品，副产物水从闪蒸罐底部排出。在反应体系压力为 1～8MPa，塔顶部精馏段温度为 50～120℃、塔中部反应段温度为 50～120℃、塔底部提馏段温度为 130～200℃、原料进料摩尔比为 CO：O_2：甲醇为（40～65）：(15～40)：(20～45)、甲醇空速 0.1～5h^{-1} 和催化精馏塔回流比为 0.1～10 条件下，粗 DMC 产品质量分数可以达到 85%～98%。该反应工艺在加压条件下进行，打破了甲醇和 DMC 的共沸体系，使 DMC 产物在催化精馏塔中自动分离，无需采用共沸蒸馏再分离，过程变得十分简单，大大提高了出口产物中 DMC 含量，节约了大量的能源。另外，副产物水及时从精馏塔提馏段底部分离，减少与催化剂的接触时间，大大提高了催化剂的使用寿命。

5.1.2 甲醇气相氧化羰基化合成 DMC

甲醇气相氧化羰基化法（气相直接法）是将含气相甲醇、CO 和 O_2 的混合气体通过装有催化剂的固定床反应器直接合成 DMC 的方法。美国 Dow 化学公司于 1988 年开发了该工艺，选用的催化剂为 $CuCl_2$-KCl/AC[16]。该工艺采用气、固相反应，既避免了液相泥浆法中催化剂的分离问题，又避免了亚硝酸甲酯法中 NO 有毒气体的使用，具有原料来源方便、反应过程简单、成本低廉的特点，符合清洁生产的要求，是一条非常有工业应用前景的合成路线。

5.1.2.1 催化剂及催化机理

国内外学者对气相直接法合成 DMC 的催化剂进行了大量研究，主要可分为四大类：负载型 $CuCl_2$ 催化剂、Wacker 型催化剂、Cu^{I}/分子筛催化剂和完全无氯 Cu 催化剂。

（1）负载型 $CuCl_2$ 催化剂

负载型 $CuCl_2$ 催化剂一般通过浸渍法制备。将载体浸渍于 $CuCl_2$ 溶液中一段时间后，在惰性气体保护下蒸发除去溶剂，再于一定温度下焙烧得到负载 $CuCl_2$ 催化剂。负载 $CuCl_2$ 催化剂在甲醇氧化羰基化反应过程中的催化机理如图 5-8 所示[17]。可见，在催化剂作用下，甲醇发生解离吸附、CO 发生化学吸附或插入反应生成中间产物 CuCl（$COOCH_3$），该中间产物再与甲醇分子反应最终生成 DMC；而催化剂经过一个 Cu(Ⅱ)-Cu(Ⅰ) 氧化还原循环，回到初始状态。反应过程中 HCl 的生成是 Cl 流失，及催化剂失活的主要原因[18]。

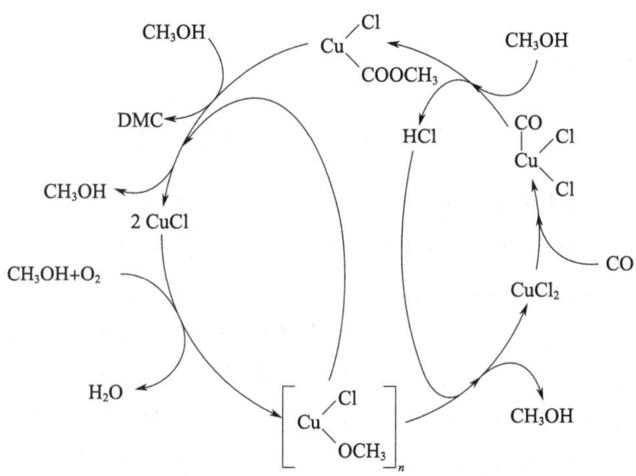

图 5-8 负载型 $CuCl_2$ 催化剂催化反应机理[17]

通过添加助剂或采用其他手段改进催化剂制备方法可极大提高负载型 $CuCl_2$/AC 催化剂的催化性能。添加碱金属或碱土金属氢氧化物会显著影响 $CuCl_2$/AC 催化剂性能，添加 NaOH 时催化剂活性最好[19]。而且，随着 NaOH 加入量增加，即 OH/Cu 摩尔比的增加，催化剂表面 $Cu_2(OH)_3Cl$ 的晶型由 α-$Cu_2(OH)_3Cl$（正交晶型）向 γ-$Cu_2(OH)_3Cl$（单斜晶型）转变，甲醇转化率和 DMC 的选择性不断增加，当 OH/Cu=1 时，催化剂活性最好，

γ-$Cu_2(OH)_3Cl$催化活性优于α-$Cu_2(OH)_3Cl$[20]。DFT计算和DRIFTS表征结果显示，γ-$Cu_2(OH)_3Cl$催化中Cl^-有利于甲醇分子中O—H键的活化，降低了甲氧基生成的活化能，而且反应过程中形成的HCl很容易从催化剂表面脱除，进而导致催化剂失活[21]。另外，反应过程中$Cu_2(OH)_3Cl$晶粒逐渐长大并转化为$CuCl_2$和CuO也是催化剂失活的原因[22]。

除AC外，MCM-41和MCM-48分子筛负载的$CuCl_2$催化剂也具有一定的催化活性，且MCM-41和MCM-48经氨基改性后，$CuCl_2$和氨基之间的配位作用能够稳定Cu物种并促进Cu(Ⅱ)/Cu(Ⅰ)之间的“氧化-还原”反应循环进程，催化活性和稳定性明显提升[23]。

(2) Wacker型催化剂

与$CuCl_2$/AC催化剂相比，$CuCl_2$-$PdCl_2$双金属Wacker型催化剂具有更高的反应活性。一般通过浸渍法制备，将AC或分子筛载体浸入到一定浓度的$PdCl_2$和$CuCl_2$溶液中，在一定温度下于真空或惰性气体中蒸发除去溶剂得到负载Wacker型催化剂。

Wacker型催化剂甲醇氧化羰基化合成DMC的反应机理如图5-9所示。在反应过程中双金属具有协同效应，$PdCl_2$的存在使得Cu^{2+}/Cu^+的氧化还原得以更好地进行，因此可以大幅度提高DMC收率[24]。DFT计算结果表明，引入Pd^{2+}有利于$CuCl_2$(111)晶面CO插入反应的进行，进而降低速控步骤的反应能垒，且最佳Pd/Cu摩尔比为1∶17，与实验值1∶20非常接近[25]。

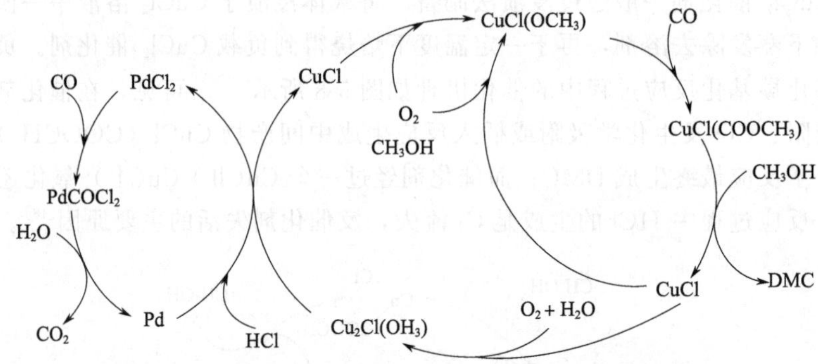

图5-9 Wacker型($CuCl_2$-$PdCl_2$)催化剂催化反应机理

添加碱金属乙酸盐助剂可以显著提高$CuCl_2$-$PdCl_2$/AC催化剂的反应活性，其活性顺序为K＞Na＞Li，CH_3COOK可以稳定$PdCl_2$-$CuCl_2$催化剂电子环境，在催化剂制备过程中CH_3COOK与$PdCl_2$或$CuCl_2$相互作用生成的KCl还可有效抑制Cl^-流失。在CO/O_2比为1.96、进料空速为3340h^{-1}、温度130℃的反应条件下，时空收率达到了217g/(L·h)[24]。然而，反应11小时之后活性开始下降，表征结果显示，Cl^-的流失仍然是失活的主要原因。随后，采用XRD和XPS表征技术对$PdCl_2$-$CuCl_2$-CH_3COOK/AC催化剂体相和表面性质进行表征，并结合催化剂的反应性能结果，提出该催化剂体系上甲醇气相氧化羰基化合成DMC的反应机理如下[26]：

$$PdCl_2 + CO \longrightarrow PdCl_2(CO) \tag{5-4}$$

$$PdCl_2(CO) + 2CH_3OH \longrightarrow (CH_3O)_2CO + Pd^0 + 2HCl \tag{5-5}$$

$$Pd^0 + 2CuCl_2 \longrightarrow PdCl_2 + 2CuCl \tag{5-6}$$

$$2CuCl + 2CH_3OH + 0.5O_2 \longrightarrow 2Cu(OCH_3)Cl + H_2O \tag{5-7}$$

$$2Cu(OCH_3)Cl + CO \longrightarrow (CH_3O)_2CO + 2CuCl \tag{5-8}$$

$$2CuCl + 2HCl + 0.5O_2 \longrightarrow 2CuCl_2 + H_2O \tag{5-9}$$

可以看出，DMC 由反应过程式（5-5）和式（5-8）同时生成，这是 $PdCl_2$ 与 $CuCl_2$ 同时存在时 DMC 收率大幅度提高的原因，$CuCl_2$ 的存在使 $PdCl_2$ 物种上的反应循环得以完成，并产生反应式（5-7）所需的活性物种 CuCl。

（3）Cu^{I}/分子筛催化剂

负载型 $CuCl_2$ 和 Wacker 型催化剂中 Cl 离子容易流失，导致催化剂快速失活。采用 CuCl 与酸性载体进行固相离子交换可制备出低氯或几乎不含氯的 Cu^{I}/催化剂，大大降低了 Cl 离子流失造成的催化剂失活。King 等[27]首次通过高温固相离子交换法制备了 Cu^{I}/分子筛催化剂，其甲醇气相氧化羰基化反应活性和稳定性明显优于 $CuCl_2$/AC 催化剂。

高温固态离子交换法是指将 CuCl 与 H 型分子筛载体混合后在惰性气氛下进行高温热处理，处理过程中载体表面的 Brønsted 酸位 H^+ 和 CuCl 中的 Cu^+ 发生离子交换反应，形成 Cu^{I}/Ze 型固体催化剂，同时 H^+ 与 Cl^- 结合转化为 HCl 从催化剂体系脱除，多余的 CuCl 在高温下升华，离开催化剂体相，因而获得的催化剂中氯含量较低或基本不含氯。固相离子交换法制备 Cu^{I}/Y 催化剂过程中，随着加热温度升高，CuCl 发生升华和蒸发分散于分子筛表面，温度为 300～400℃之间时，CuCl 中的 Cu^+ 和 Y 分子筛中的 H^+ 发生了离子交换，同时释放出 HCl 气体［式(5-10)和式(5-11)］，340℃时交换率达到最大；当温度大于 650℃时，CuCl 与分子筛表面的硅醇基发生反应，使更多的 Cu(Ⅰ)负载于分子筛表面，如式（5-12）；当制备温度高于 800℃时，吸附在分子筛笼内的 CuCl 才逐渐解吸并释放；在热处理过程中，分子筛晶形结构没有发生改变，但发生水热脱 Al 现象；CuCl 的存在促使了骨架 Al 的脱除并且与非骨架 Al 反应生成（AlO）Cl 化合物，分子筛表面未发生交换的 CuCl 通过升华脱除[28]。

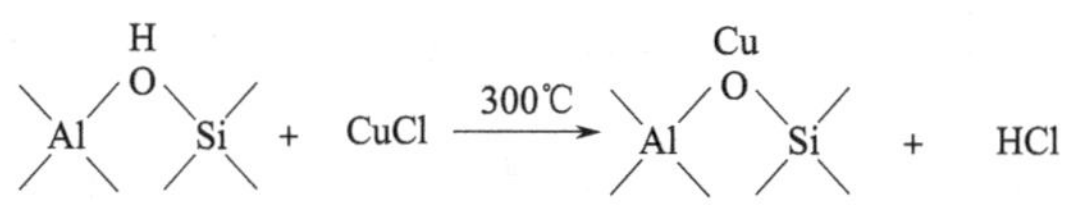

(5-10)

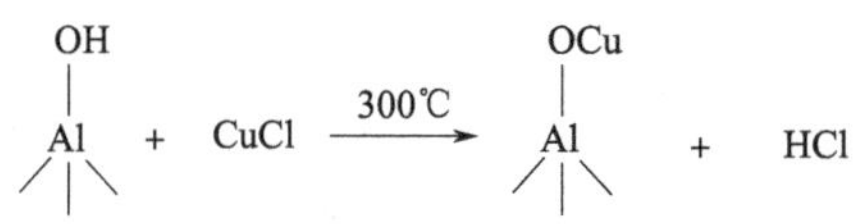

(5-11)

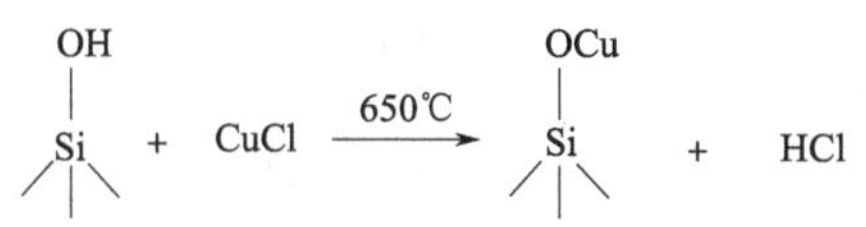

(5-12)

经 650℃高温固相离子交换法制备的 Cu^{I}/Y 催化剂显示出较高的催化活性和稳定性，表明 Cl 离子在 Cu^{I}/分子筛催化体系中并非必不可少[27]。Cu^{I}/分子筛催化剂不仅在 DMC 的选择性和收率方面要优于负载型 $CuCl_2$ 催化剂，而且由于体系中几乎不含氯，催化剂具有较好的稳定性。对 Cu^{I}/分子筛催化剂的研究得到广泛关注，如 Cu^{I}/MCM-41[29]、Cu^{I}/X[30]、Cu^{I}/Y[31]、Cu^{I}/ZSM-5[30-31]和 Cu^{I}/MOR[31]等。其中，Cu^{I}/Y 催化剂活性明显优于其他催化剂。

King 等[27]研究认为 Cu^{I}/Y 催化甲醇氧化羰基化分三步进行：首先，甲醇氧化且 Cu^+ 变为甲氧基铜；随后，CO 插入甲氧基铜形成 $(CH_3O—CO—Cu)^+$，为该反应的速控步骤；最后，甲醇和 $(CH_3O—CO—Cu)^+$ 反应生成 DMC，如下列反应式所示：

$$2CH_3OH + 0.5O_2 + 2Cu^+Ze^- \longrightarrow 2(CH_3O—Cu)^+Ze^- + H_2O \tag{5-13}$$

$$(CH_3O—Cu)^+Ze^- + CO \longrightarrow (CH_3O—CO—Cu)^+Ze^- \tag{5-14}$$

$$2(CH_3O—CO—Cu)^+Ze^- + 2CH_3OH + 0.5O_2 \longrightarrow 2(CH_3O)_2CO + H_2O + 2Cu^+Ze^- \tag{5-15}$$

该反应的主要副产物是二甲氧基甲烷（DMM）和甲酸甲酯（MF）。其中，甲醇不完全氧化生成的甲醛为中间产物，甲醛和甲醇反应生成 DMM［式(5-16)］；甲醛进一步氧化生成甲酸［式(5-17)］，甲酸与甲醇反应生成 MF［式(5-18)］。

$$2CH_3OH + HCHO \longrightarrow (CH_3O)_2CH_2 + H_2O \tag{5-16}$$

$$HCHO + 0.5O_2 \longrightarrow HCOOH \tag{5-17}$$

$$HCOOH + CH_3OH \longrightarrow HCOOCH_3 + H_2O \tag{5-18}$$

Bell 等[32-33]基于瞬时反应条件下原位红外光谱与质谱联用对 Cu^I/Y 催化剂表面 DMC、DMM 与 MF 的形成原理作了进一步深入研究。有氧条件下，甲醇首先在 Cu^I/Y 表面形成甲氧基，甲氧基与 Cu^+ 上吸附的 CO 反应生成甲氧基羰基物种，该物种再与一分子甲醇反应生成 DMC；或甲氧基铜与一分子甲醇发生脱水反应生成二甲氧基铜物种，该物种与气氛的 CO 反应最终产生 DMC（图 5-10）；而 Cu^+ 上吸附的甲醛与甲醇反应生成 DMM 或者 MF（图 5-11）。

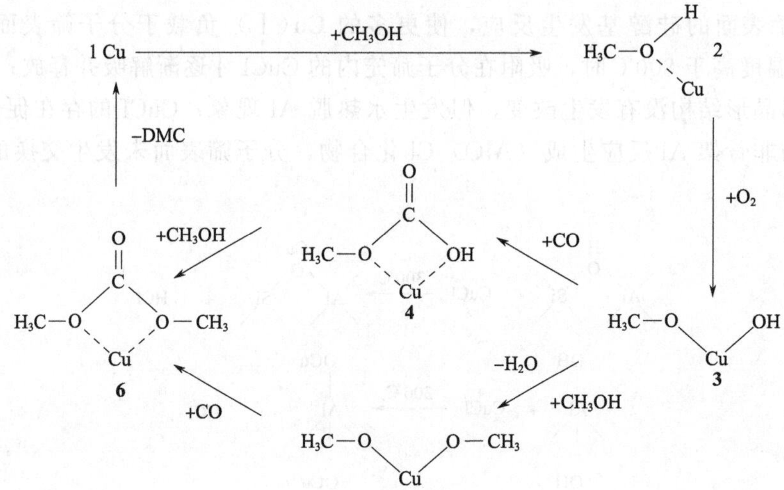

图 5-10　DMC 形成机理

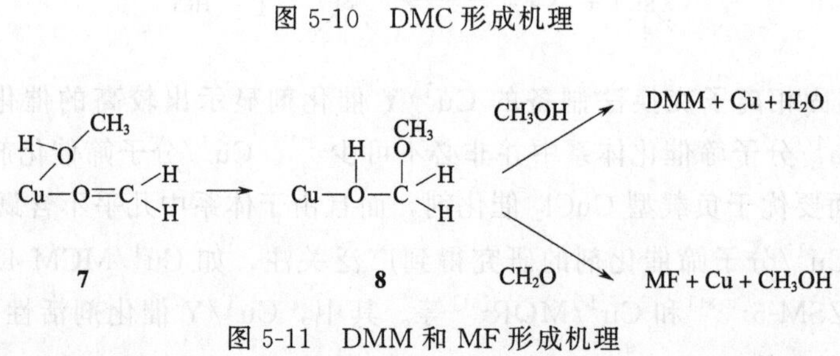

图 5-11　DMM 和 MF 形成机理

(4) 完全无氯 Cu 催化剂

固态离子交换法选用 CuCl 作为铜源，催化剂体系中 Cl 离子的残留问题不可避免。采用非氯化铜盐前驱物或氧化物制备的完全无氯催化剂可以避免此问题。

Y分子筛由超笼、六棱柱笼和方钠石笼组成，其窗口大小分别为 0.74、0.23 和 0.23nm，而反应物 CO、O_2 和甲醇分子的动力学直径分别为 0.376、0.346 和 0.43nm。因此，只有落位于超笼中的 Cu^+ 能够与反应物分子接触，进而显示出催化活性[34]。然而，离子交换过程中，Cu^{2+} 优先与小笼（六棱柱笼和方钠石笼）中的 Na^+ 发生交换，只有当 Cu 负载量大于 6%时，Cu^{2+} 开始与超笼中的 Na^+ 发生离子交换，催化剂开始显示催化活性[35]。可见，Y 分子筛独特的结构，导致活性中心 Cu^+ 利用率较低。通过 $Ce(NO_3)_3$ 和 $La(NO_3)_3$ 与 NaY 进行离子交换可以使 Ce^{3+} 和 La^{3+} 优先占据小笼[36]，进而促使后交换的 Cu^{2+} 主要落位于超笼中，高温活化后形成更多能够与反应物分子接触的活性中心 Cu^+，有效提高了活性中心 Cu^+ 的利用率。另外，通过酸碱处理 Y 分子筛会导致小笼发生部分坍塌，并使相邻超笼相互连通，形成介孔结构，使活性中心 Cu^+ 更多地落位于新的超笼中，提高了活性中心 Cu^+ 的利用率。同时，介孔的形成还有助于促进反应物和产物分子的扩散，催化活性明显提高[37-38]。将 $Cu(NO_3)_2$ 或 $Cu(OH)_2$ 浸渍负载在 Y 型分子筛上，经高温活化制备的 Cu^I/Y 分子筛催化剂表现出明显催化活性。制备方法对 Cu/Y 催化剂中 Cu 物种状态和催化活性影响显著。高温焙烧过程中，分散在分子筛表面的 CuO 发生从 Cu^{II} 到 Cu^I 的自还原，且 Cu^I 以离子的形式重新分布于分子筛的超笼中，DMC 选择性达到 70%～75%[35,39]。$Cu(NO_3)_2$ 溶液和 NaY 分子筛液相离子交换制备的催化剂中 Cu 物种以离子形式高度分散于分子筛骨架结构中，经 600℃高温活化后，催化剂中 Cu^{2+} 可部分还原为活性中心 Cu^+，其催化活性明显高于浸渍法制备的催化剂[40]。在 Cu $(NO_3)_2$ 溶液中加入氨水，可促进 Cu^{2+} 与 NaY 分子筛离子交换反应的进行，提高 Cu^I/Y 催化剂的 Cu 交换量，并且交换的 Cu^{2+} 主要位于分子筛的超笼中，高温焙烧过程有助于促进 Cu^{2+} 还原为 Cu^+，提高活性中心数量，落位于超笼中的 Cu^+ 为活性中心[41]。

以 $Cu(acac)_2$ 为铜源，NH_4Y 为载体，采用固相反应法制备的 Cu^I/Y 催化剂活性明显高于等体积浸渍法和液相离子交换法制备的催化剂[42]。催化剂制备过程中固相反应温度和 Cu 负载量对催化剂活性影响显著[43]。随着固相反应温度提高，与 NH_4^+ 发生离子交换反应的 Cu^{2+} 及催化剂中活性中心 Cu^+ 含量先增大后降低，Cu^I/Y 催化剂活性也呈现相同的变化趋势。当 Cu 负载量低于 10%时，受残留 B 酸的影响，DMC 选择性较低，当 Cu 负载量高于 12%时，催化剂中出现 CuO 物种，且随负载量增加 CuO 颗粒尺寸增加，覆盖部分活性中心甚至堵塞孔道，不利于催化活性提高。当固相反应温度为 250℃，Cu 负载量为 12%时，催化剂活性最佳。除高温焙烧活化外，采用甲醇蒸气作为还原剂可以实现低温下 Cu^{2+} 还原为 Cu^+，大大降低 Cu^I/Y 制备过程所需的能耗[44]。

将 Cu $(CH_3COO)_2$ 或 Cu $(NO_3)_2$ 浸渍在 AC 表面，通过高温热解制备的 CuO_x/AC 催化剂也具有很好的催化活性。通过调节催化剂焙烧温度可以调控 Cu 物种价态，当焙烧温度低于 200℃时，催化剂中 Cu 物种主要以 CuO 形式存在，当焙烧温度在 300～350℃时，Cu 物种主要为 Cu_2O，当焙烧温度为 450℃时，Cu 物种主要为 Cu^0，其中 Cu_2O/AC 和 Cu^0/AC 相比 CuO/AC 具有更高的催化活性[45-46]。采用水合肼溶液或甲醇蒸气作为还原剂也可将 CuO 还原为 Cu_2O 和 Cu^0，通过调节还原剂量和还原温度可对 Cu 物种价态组成进行有效调控[47-48]。

除价态外，活性 Cu 物种的有效负载量和分散度也是影响催化剂活性的重要因素。原始 AC 表面呈惰性，Cu 物种锚定位点数量少，通过硝酸氧化处理 AC 能够增加其表面羧基、酯类和酚类等含氧基团，提高锚定位点数量。随着 AC 表面含氧基团数量增加，乙二醇还原法制备的 Cu_2O/AC 催化剂中，最佳 Cu_2O 负载量逐渐增加，以原始 AC 为载体时，最佳 Cu_2O 负载量约为 3.5%，以 11mol/L 硝酸处理的 AC 为载体时，最佳 Cu_2O 负载量达到 8%左右，DMC 时空收率和甲醇转化率随 Cu_2O 负载量变化如图 5-12 所示[49]。另外，在负载量相近条件下，增加 AC 表面含氧基团还可增强 AC 与 Cu 物种之间的相互作用力，提高 Cu 物种分散度，并促进焙烧过程中 CuO 还原为 Cu_2O 和 Cu^0，催化活性显著提高[50]。然而，羧基等含氧基团热稳定性较差，在 200℃左右便开始分解，导致其原先锚定的 Cu 物种在焙烧过程中发生迁移和团聚，Cu 物种分散度降低[51]。与含氧基团相比，含氮基团具有更好的热稳定性，被认为是稳定的锚定位点，且对 Cu 物种分散能力明显高于含氧基团[52]。

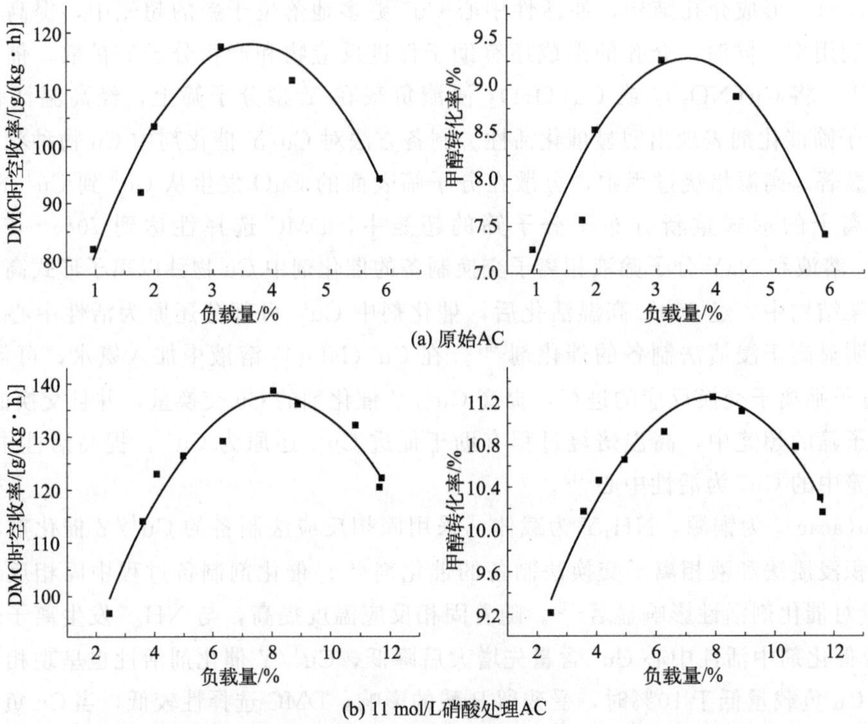

图 5-12　DMC 时空收率和甲醇转化率随 Cu_2O 负载量变化图

值得注意的是，由于甲醇沸点的影响，气相氧化羰基化通常在较低的反应压力下进行，甲醇的转化率较低。同时，DMC 对原料甲醇的选择性通常低于 70%，远低于液相氧化羰基化反应（95%左右）。物料分离和原料循环需要大量的能量，估计占总投资的 70%以上。因此，到目前为止，甲醇气相氧化羰基化合成 DMC 仍停留在实验研究阶段，未能实现工业化。

5.1.2.2　合成工艺

丁晓墅等[53]采用 ASPEN PLUS 软件模拟流程对甲醇气相氧化羰基化合成 DMC 的工艺进行了研究。在该模拟中设定产物处理及分离要求为 DMC 的质量分数大于等于 99%，回收甲醇的质量分数大于等于 99%，水中 DMC 等有机物质量分数小于 3%。其模拟工艺流程如图 5-13 所示。

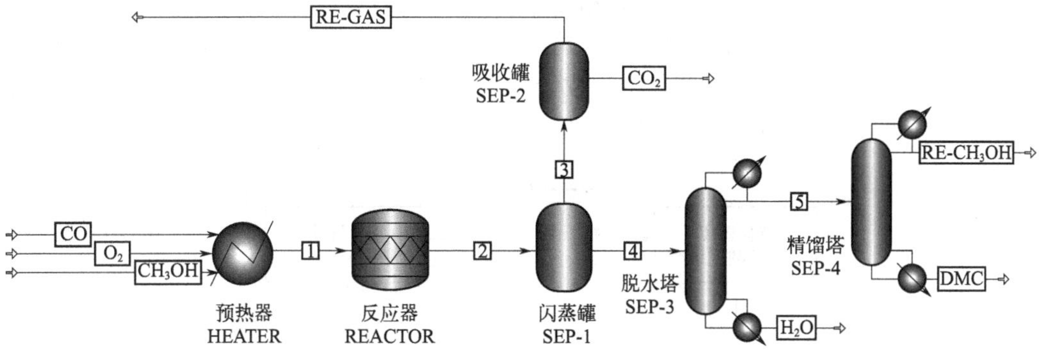

图 5-13　甲醇气相氧化羰基化合成 DMC 工艺流程图

原料甲醇、CO 和 O_2 按照摩尔比为 3.6∶2.2∶1 进入预热器（HEATER），预热温度设为 393.15K，使 CH_3OH 完全汽化，物料状态为气态。随后混合物料（Stream-1）进入反应器（REACTOR），在反应条件为 433.15K 和 0.3MPa 下，设定主反应 CH_3OH 转化为 DMC 的转化率为 10%，生成副产物 MF 的 CH_3OH 转化率为 1%，发生完全氧化反应的 CO 转化率为 3%。反应器出口物料（Stream-2）经过闪蒸罐（SEP-1）达到气液分离的目的，分成气相物流（Stream-3）和液相物流（Stream-4）。采用吸收罐（SEP-2）将气相物流中 CO_2 脱除，分离出可循环使用的 CO 和 O_2 流股（RE-GAS）。液相物流通过脱水塔（SEP-3），脱除反应体系中的 H_2O，塔顶产品（Stream-5）经变压精馏塔（SEP-4）分离出高纯度的可循环利用的 CH_3OH（RE-CH_3OH）和产品 DMC。由于产品组成中 MF 的含量很低，故在该模拟计算中，不考虑单独的甲酸甲酯提纯流程。

DMC 和 CH_3OH 会形成共沸物，不能使用常规精馏实现直接分离。目前多采用变压精馏、共沸精馏和萃取精馏三种特殊精馏流程来分离该共沸体系。贾彦雷等[54]对常压 DMC-CH_3OH 共沸物（其中 CH_3OH 质量分数为 70%）采用上述三种精馏方式分离，并进行能耗对比（以 100kg/h 进料量计）。结果显示，变压精馏的能耗为 403kW，共沸精馏需要共沸剂（正庚烷）122kg/h 和能耗 983.5kW，萃取精馏需要萃取剂（氯苯）350kg/h 和能耗 311.56kW。可以看出，无论哪种方式，都需要大量的能耗，其中变压精馏所得到的产品浓度较好，且不使用萃取剂，但能耗较萃取精馏高。尽管反应体系本身的合成反应条件比较温和（反应温度 160℃和反应压力 0.3MPa），且甲醇气相羰基化合成碳酸二甲酯的反应为放热反应，所需的能量并不高，但是物料分离和原料循环需要大量的能量，估计占总投资的 70%以上。

5.1.3　亚硝酸甲酯羰基化合成 DMC

气相间接法又称亚硝酸甲酯法，1992 年日本宇部（Ube）化学公司实现了亚硝酸甲酯法工业生产 DMC，该工艺采用亚硝酸甲酯为中间介质，反应分两步进行：

$$2NO+2CH_3OH+0.5O_2 \longrightarrow 2CH_3ONO+H_2O \tag{5-19}$$

$$2CH_3ONO+CO \longrightarrow (CH_3O)_2CO+2NO \tag{5-20}$$

总反应方程式为：

$$2CH_3OH+CO+0.5O_2 \longrightarrow (CH_3CO)_2CO+H_2O \tag{5-21}$$

其中，第一步反应为非催化反应，指甲醇、O_2 和 NO 反应生成亚硝酸甲酯（MN）和水，该反应较易进行，且放出大量的反应热。第二步反应为催化反应，指亚硝酸甲酯和 CO 在 Pd 基催化剂作用下发生羰基化反应生成 DMC，并释放出 NO 气体。NO 气体继续参与反应合成 MN，循环利用，其中第二步反应是关键，见图 5-14[55]。

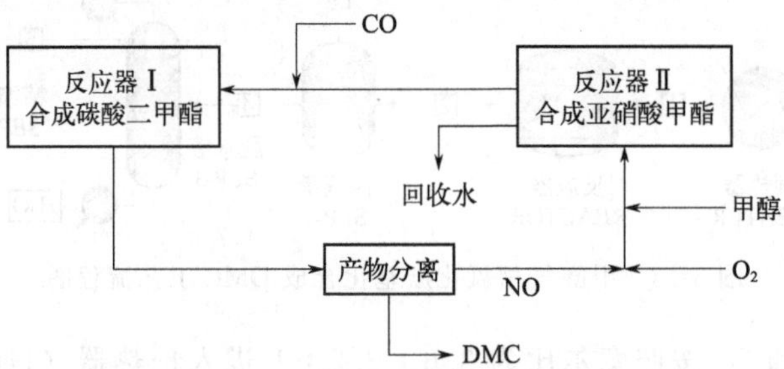

图 5-14　亚硝酸甲酯法合成 DMC 过程示意图[55]

5.1.3.1　催化剂及催化机理

（1）$PdCl_2$-$CuCl_2$/AC 催化剂

Pd 催化剂是亚硝酸甲酯羰基化合成 DMC 的重要催化剂。其中，配体种类会显著影响催化剂活性。研究表明，以 Cl 离子为配体的催化剂活性明显高于以乙酸根和硝酸根离子为配体的催化剂，其中 Cl 离子主要起稳定 Pd^{2+} 物种的作用。$PdCl_2$ 通过和 MN 及 CO 连续反应生成 Pd（$COOCH_3$）（NO）Cl_2 反应中间体，随后该中间体与另一分子 MN 反应生成 DMC 和 NO，反应机理如图 5-15 所示[56]。日本 Ube 公司考察了活性炭负载 $PdCl_2$-$CuCl_2$、$PdCl_2$-$FeCl_3$ 和 $PdCl_2$-$BiCl_3$ 等双金属催化剂的反应活性。结果表明，$PdCl_2$-$CuCl_2$/AC 催化剂活性最好，反应在 100℃，0.1MPa CO 条件下进行，初始反应速率为 0.5L(DMC)/(h・L)，选择性达 97%，10h 以后降为 0.3L(DMC)/(h・L)，选择性为 92%，并达到稳定。

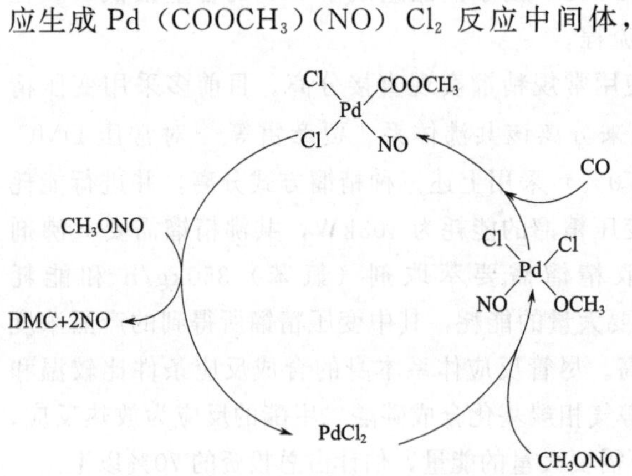

图 5-15　$PdCl_2$ 催化 MN 羰基化合成 DMC 反应机理图[56]

催化剂表面 Pd 物种的价态对其选择性影响较大，其中 Pd^{2+} 有利于 DMC 生成，而 Pd^0 则促进 DMO 生成[57]。由于还原性气体 CO 的存在，MN 羰基化反应过程中，Pd^{2+} 活性物种会被还原为 Pd^0，导致催化剂失活，而 Pd^0 经 MN 和 HCl 处理后则可被再氧化为 Pd^{2+} 活性物种，在实际生产过程中需不断补充 HCl 以保证催化剂活性。AC 表面的含氧基团会显著影响 $PdCl_2$-$CuCl_2$/AC 催化剂活性，其中活性炭表面的酚类基团有利于提高 Cu^{2+} 的还原性及催化剂表面 Cu^{2+} 的比例，从而稳定 Pd^{2+} 活性物种，提高催化活性[58]。除表面含氧基团外，助剂 KCl 的添加也可以增强 Cu^{2+} 的还原性及催化剂表面 Cu^{2+} 的比例，有利于将催化剂中的 Pd^0 氧化为活性物种 Pd^{2+}，从而提高 $PdCl_2$-$CuCl_2$/AC 催化活性，DMC 时空收率达到 900g/(L・h)[59]。

(2) $PdCl_2$-$CuCl_2/Al_2O_3$ 催化剂

Bayer 公司将 $Li_2(PdCl_4)$ 负载到 $Mo(OH)_5$、$Ta(OH)_5$、V_2O_5 和活性 Al_2O_3 等载体上，催化剂的选择性高于 99%[60]。针状 Li-Al-O 载体结构和预处理条件会显著影响 $PdCl_2$-$CuCl_2$/Li-Al-O 催化活性，当 Li/Al 摩尔比为 1.5、焙烧温度为 800℃ 时制备的尖晶石 $LiAl_5O_8$ 具有最好的催化活性[61]。郭国聪等[62]考察了添加助剂 KCl、$CuSO_4$、KCl-$CuSO_4$ 和 $CuCl_2$ 对 Pd^0/γ-Al_2O_3 催化活性的影响。结果表明，添加 $CuCl_2$ 时催化剂性能最好，Cl^- 对催化剂合成 DMC 的选择性至关重要，且 Cu^{2+} 和 Cl^- 之间存在协同效应，反应机理如图 5-16 所示。首先，Pd^0 被 MN 和 $CuCl_2$ 氧化为 Pd(Ⅱ)，同时形成 Cl-Pd(Ⅱ)-OCH_3 和 Cu(Ⅰ)Cl 中间体；随后，Pd 表面吸附的 CO 插入 Cl-Pd(Ⅱ)-OCH_3 形成 Cl-Pd(Ⅱ)-$COOCH_3$，与此同时，Cu(Ⅰ)Cl 被另一分子 MN 氧化为 Cl-Cu(Ⅱ)-OCH_3；最后，Cl-Pd(Ⅱ)-$COOCH_3$ 和 Cl-Cu(Ⅱ)-OCH_3 反应生成 DMC，同时 $CuCl_2$ 和 Pd^0 再生。另外，该研究也表明载体对催化剂活性也有显著影响，以 γ-Al_2O_3 为载体的催化剂活性明显高于以 α-Al_2O_3 和 MgO 为载体的催化剂。Lu 等[63]制备了 Pd@C/ns-AlOOH/Al-fiber 催化剂，MN 和 CO 转化率分别达到 99.9% 和 70.6%，DMC 基于 MN 和 CO 的选择性分别为 39.1% 和 39.6%，且在反应 100h 内催化剂没有出现失活现象，催化剂显示出良好的稳定性。

(3) 无氯 Pd(Ⅱ)/NaY 催化剂

以活性炭和氧化铝为载体制备的含氯 Pd 催化剂显示出较高的催化活性。然而，反应过程中存在氯离子流失进而导致催化剂失活的问题，需要补充 HCl 以保证催化剂活性，但容易造成产品 DMC 的污染以及对反应设备的腐蚀[64]。

以 NaY 为载体，通过离子交换法可以制备出无氯 Pd(Ⅱ)/NaY 催化剂，在反应初期 DMC 时空收率达到 353g/(L·h)，随着反应进行催化剂活性逐渐下降并逐渐保持稳定。当反应进行到 700h 时，DMC 时空收率约为 200g/(L·h)。研究表明，Pd^{2+} 与 NaY 分子筛骨架中的 O 原子形成四配位结构，有效抑制了反应过程中 Pd^{2+} 物种的还原，反应机理如图 5-17 所示[65]。研究发现，超声辅助蒸氨法制备的 Pd/NaY 催化剂中，Pd^{2+} 与 Y 分子筛骨架中的氧原子形成配位结构，且 Pd^{2+} 物种呈单晶分散状态，催化剂显示出优越的催化活性。反应 100h 内，CO 转化率大于 80%，DMC 选择性大于 99.5%，DMC 时空收率达到 1600g/(kg·h)[66]。

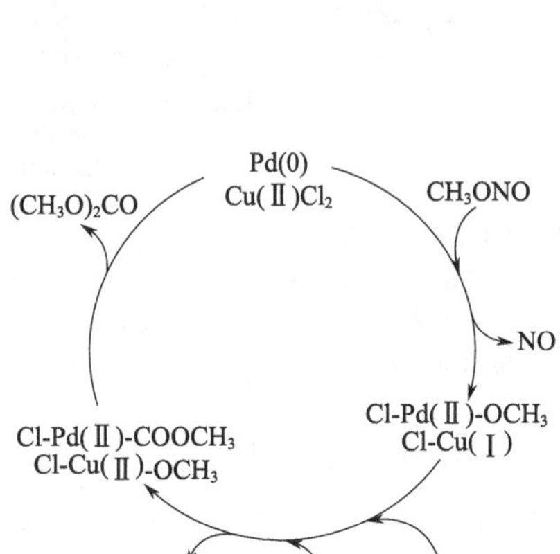

图 5-16 Pd-$CuCl_2/\gamma$-Al_2O_3 催化 MN 羰基化合成 DMC 反应机理图[62]

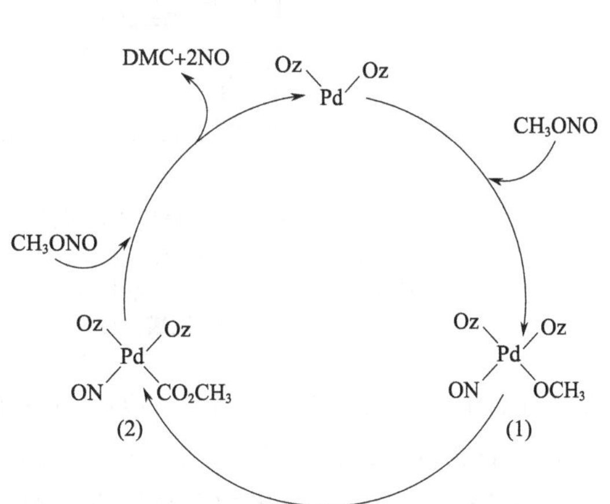

图 5-17 无氯 Pd^{2+}/NaY 催化 MN 羰基化合成 DMC 反应机理图[65]（Oz 指沸石正离子位）

除催化剂制备方法外，分子筛表面L酸、助剂及配体也会对Pd(Ⅱ)/NaY催化剂活性产生显著影响。研究表明，FAU分子筛表面L酸在反应过程中作为电子受体，有利于稳定Pd^{2+}，且催化剂CO转化率和DMC选择性随FAU分子筛表面L酸位点数量的增加而逐渐升高[67]。添加K助剂有利于进一步提高Pd/FAU催化剂活性，助剂K^{+}和FAU分子筛表面L酸均有利于促进CO活化，当K/Pd摩尔比为3.6时，催化剂活性最佳，与未添加K的催化剂活性相比，提高了25%[68]。另外，添加适量的Cu^{2+}能够减小Pd-Cu/NaY催化剂中Pd物种的颗粒尺寸并稳定Pd^{2+}物种，同时增强Pd物种对CO亲和性，进而提高催化活性[69]。马新宾等[67]研究了Pd(Ⅱ)/NaY催化剂的配体效应，结果表明，Pd物种与配体之间存在较强的反馈π键电子效应，加速了$Pd^{\delta+}$中间物种氧化为Pd^{2+}物种，且配体为乙酰丙酮根时的催化活性明显高于配体为乙酸根和硝酸根的催化剂。

5.1.3.2 合成工艺

Ube公司一直致力于亚硝酸甲酯羰基化合成DMC的工业研究开发，并于1978年实现了该技术的工业化应用。1992年Ube在原来的200～300t/a装置基础上扩建到6000t/a半工业装置，其合成的工艺流程见图5-18[70]。

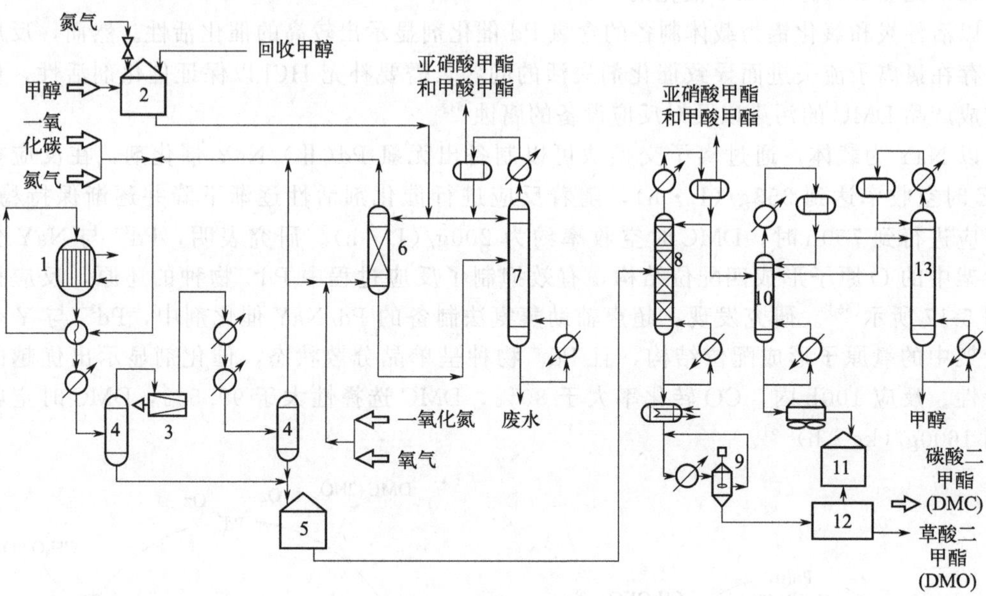

图5-18 亚硝酸甲酯法合成DMC反应工艺流程图

1—羰基化反应器；2—甲醇原料贮罐；3—压缩机；4—闪蒸罐；5—粗DMC贮罐；
6—亚硝酸甲酯再生器；7—甲醇回收塔；8—DMO塔；9—DMO结晶罐；10—DMC/甲醇塔；
11—DMC贮罐；12—包装系统；13—甲醇/DMC塔

CO和含有亚硝酸甲酯（CH_3ONO）、NO的甲醇经预热到90℃后进入羰基化反应器。羰基化反应器为列管式固定床，管内填充$PdCl_2/CuCl_2$催化剂，反应温度为100℃，操作压力为0.21MPa。反应后的流出物经与反应器的物料进行热交换和水冷，分成了不凝气和液体，再进一步冷却后，冷凝的液体送入粗DMC贮罐。气体部分少量排空，其余的分为两股，一股循环使用，另一股与NO和O_2汇合进入亚硝酸甲酯再生器底部。该再生器为一填充塔，操作压力为0.28MPa，塔顶温度为40℃，亚硝酸甲酯由气体NO、O_2与甲醇在塔中接触生成。含有未反应甲醇的亚硝酸甲酯从塔顶循环到羰基化反应器中，绝大多数未转化的甲醇和水从塔底送入甲醇回收塔，塔顶得到的DMC和甲醇再用两个蒸馏塔作进一步分离。第一塔为DMC/甲醇塔，操作压力为0.62MPa，温度118℃，这个塔的进料来自DMC塔的出料和第二蒸馏塔顶回收的物料，蒸出物为甲醇/DMC塔的出料和第二蒸馏塔可回收的物料，即甲醇/DMC的共沸物（82.5%∶17.5%）（质量分数），从塔底得到DMC。蒸出物导入第二蒸馏塔，即甲醇/DMC塔，此塔操作压力为0.1MPa，甲醇从塔底循环回甲醇原料罐，塔顶的甲醇/DMC（70%：30%）（质量分数）的共沸物导入第一蒸馏塔，DMC的选择性为96%（摩尔分数）[13]。

另外，国内的中盐安徽红四方一直致力于亚硝酸甲酯羰基化合成DMC的工艺研究，并建成了50000t/a的生产装置，处于稳定运行阶段。该生产流程主要包括DMC合成、DMC洗净、亚硝酸甲酯合成以及硝酸还原四个主体工艺。以CO和MN为原料，$PdCl_2$为催化剂反应生成DMC，之后对所生成的DMC、DMO以及副产物进行冷却，洗净分离；副产物中的NO与甲醇进行反应，生成MN、H_2O和HNO_3；MN合成阶段生成的HNO_3和NO、甲醇进行反应，生成MN；其中，硝酸还原阶段生产的MN进入DMC合成阶段，参与DMC合成。

值得注意的是，煤制乙二醇过程会副产DMC。草酸酯加氢是煤制乙二醇的主要生产技术。草酸酯加氢法首先通过煤气化生产合成气，同时利用醇类与NO反应生成亚硝酸酯；亚硝酸酯在Pd催化剂上催化偶联得到草酸二酯，同时副产DMC；草酸二酯催化加氢制取乙二醇。草酸酯加氢生产乙二醇工艺主要由酯化单元、羰基化单元、加氢单元、乙二醇精制单元组成，如图5-19所示。

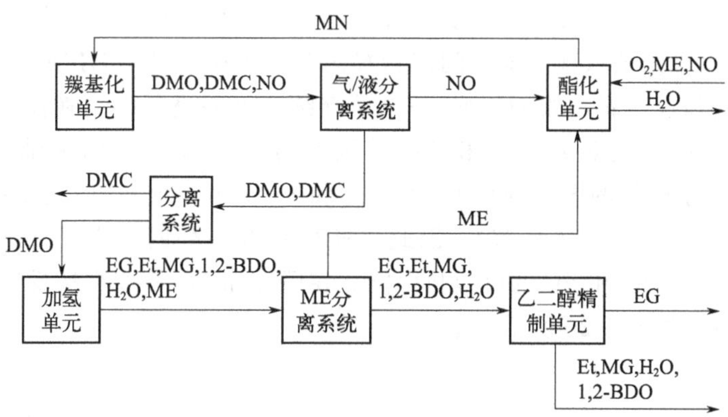

图5-19　草酸酯加氢生产乙二醇工艺
（Et：乙醇；MG：乙醇酸甲酯；1,2-BDO：1,2-丁二醇）

酯化单元的作用是将羰基化单元生产的NO和加氢单元得到的甲醇（ME）通过氧化反应得到亚硝酸甲酯。羰基化单元的作用是进行CO和亚硝酸甲酯（MN）的催化偶联反应，得到中间产物草酸二甲酯（DMO），反应生成NO经分离系统返回酯化单元，同时该单元副产的少量DMC，并经分离系统与DMO进行分离。加氢单元的作用是将DMO加氢，得到乙二醇（EG）的粗产品，同时反应生成ME，经ME分离系统返回酯化单元。2021年我国煤制乙二醇产能775万吨，占比为36.1%，国内乙二醇产量为1180万吨，同比增长21.6%，产能利用率为55.0%。截至2022年10月份，国内煤制乙二醇总装置能力合计约925万吨。通过该工艺副产DMC也成为工业化生产DMC的主要技术路线之一。

5.1.4 酯交换合成 DMC

酯交换法合成 DMC 分两步反应进行，首先环氧乙（丙）烷和 CO_2 反应生成碳酸乙（丙）烯酯［式(5-22)］，随后碳酸乙（丙）烯酯和甲醇发生酯交换反应生成 DMC［式(5-23)］。其中，第一步反应在温和条件下便可以进行，且反应物转化率和产物选择性均接近 100%。因此，采用该工艺合成 DMC 的关键在于如何提高第二步反应中碳酸乙（丙）烯酯转化率和 DMC 选择性。

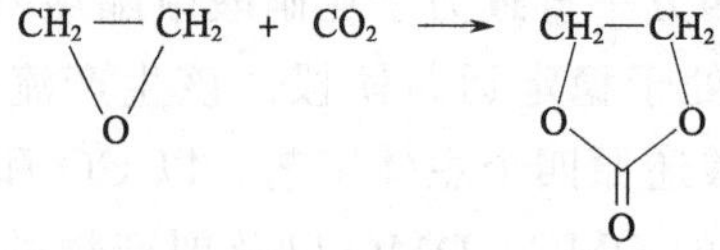

(5-22)

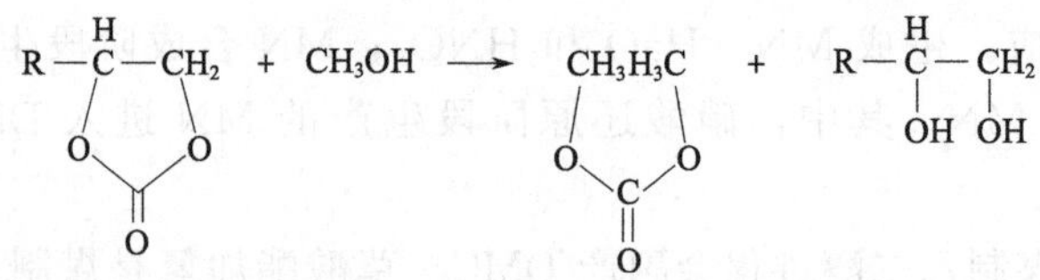

(5-23)

5.1.4.1 催化剂及催化机理

催化剂表面碱性位点是碳酸乙烯酯（EC）或碳酸丙烯酯（PC）与甲醇发生酯交换反应合成 DMC 的活性位点。通常碱催化酯交换反应是由带负电荷的亲核试剂进攻带正电荷的羰基碳原子。在 PC 和甲醇的酯交换反应过程中，首先带负电的甲醇羟基氧原子进攻带正电的 PC 羰基碳原子，发生亲核取代生成中间产物羟丙基甲基碳酸酯（HPMC），而在 HPMC 分子中同时有羰基碳和羟基氧，故 HPMC 一方面继续和甲醇进行酯交换反应生成 DMC 和丙二醇，另一方面还可以通过羟基氧和 PC 继续反应生成聚碳酸丙烯酯（PPC）。甲醇和 HPMC 的羟基氧原子所带的电荷分别为－0.614 和－0.620，而 HPMC 和 PC 的羰基碳原子所带的电荷分别为＋0.803 和＋0.771。因此，HPMC 和甲醇的反应自由能要明显低于相应的甲醇和 PC 以及 HPMC 和 PC 的反应自由能。在甲醇和 PC 的酯交换反应过程中，包括连串反应和竞争反应，如图 5-20 所示[71]。

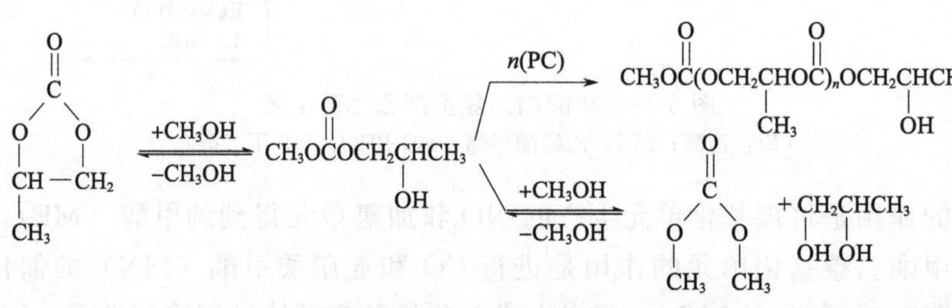

图 5-20 酯交换合成 DMC 反应机理

在反应中可能存在的丙二醇的副反应如式（5-24）所示。

$$CH_3CH(OH)CH_2OH \longrightarrow CH_3COCHO \tag{5-24}$$

其中，连串反应的第一步甲醇和 PC 的酯交换是慢步骤，第二步 HPMC 和甲醇的酯交换反应是快步骤，而与之相竞争的副反应PC聚合反应又是慢步骤，这样反应的主产物是DMC和丙二醇，只有在反应初期或者反应条件温和时才会有微量的副产物羟丙基甲基碳酸酯（HPMC），而不可逆副反应PC的聚合由于是和可逆的快速反应竞争，所以只有在反应时间长或反应条件剧烈时才有少量的副产物聚碳酸丙烯酯（PPC）生成。反应温度在350℃时对该副反应有利，由反应机理的分析可以看出，副反应（碳酸丙烯酯的聚合反应及丙二醇的副反应）主要是由反应条件、操作参数等引起的。

目前，可用于催化该反应的催化剂主要包括无机碱金属氢氧化物、有机碱、醇盐、离子液体、离子交换树脂和金属氧化物催化剂等。

（1）无机碱金属氢氧化物/有机碱/醇盐催化剂

可溶性的无机碱，如碱土金属氢氧化物KOH、LiOH、NaOH在酯交换反应中显示出较高的催化活性[72]。与无机碱相比，有机碱的多样性为调控催化剂碱性和强度提供了更多可能。醇碱相比其无机碱碱性更强，具有更高的催化活性，其中，醇钠被认为是极具工业应用潜力的催化剂。然而，醇钠腐蚀性较强，非离子的强氮碱化合物如1,4-二氮杂二环［2.2.2］辛烷（DABCO）、1,5-二氮杂双环[4.3.0]-5-壬烯（DBN）、1,8-二氮杂二环十一碳-7-烯（DBU）等催化活性与CH_3ONa相当且无腐蚀性，DMC选择性和收率分别达到70%和99.5%以上[73]。

（2）离子液体催化剂

近年来，离子液体（IL）作为催化剂也被广泛研究。通常来说，IL催化剂的活性取决于阳离子的体积和阴离子的亲核性。1-烷基-3-甲基咪唑离子液体催化剂中，烷基链较短的离子液体和亲核阴离子较多的离子液体反应活性较高，催化活性顺序为1-乙基-3-甲基咪唑氯（EMImCl）＞1-丁基-3-甲基咪唑氯（BMImCl）＞1-己基-3-甲基咪唑氯（HMImCl）＞1-乙基-3-甲基咪唑四氟硼酸（$EMImBF_4$）＞1-乙基-3-甲基咪唑六氟磷酸（$EMImPF_6$）。其中，EMImCl为催化剂时，EC转化率和DMC选择性分别达到76.3%和99.3%[74]。然而，也有研究者得到不同的结论。例如，在三乙烯二胺（DABCO）衍生的系列IL催化剂中，催化活性随着烷基阳离子长度增加而逐渐降低，［C_8DABCO］Br催化活性明显高于［C_4DABCO］Br[75]。首先，DABCO衍生的IL中笼状的三元氮与甲醇分子中的OH^-反应生成CH_3O^-（1）；其次，CH_3O^-进攻EC中的羰基C原子并生成中间物种Ⅰ（2）；然后，中间物种Ⅰ捕获甲醇解离产生的H质子生成中间物种Ⅱ（3）；接着，CH_3O^-与中间物种Ⅱ发生亲核取代反应生成DMC和中间物种Ⅲ（4），最后，中间产物Ⅲ和甲醇分子发生质子交换反应生成EG（5），如图5-21所示[75]。利用二元组分催化剂的协同作用还可实现一锅法高效合成DMC。例如，采用n-Bu_4NBr/n-Bu_3N作为二元均相催化剂，在超临界CO_2中，可促进苯基环氧乙烷（SO）、CO_2和甲醇一锅法高效合成

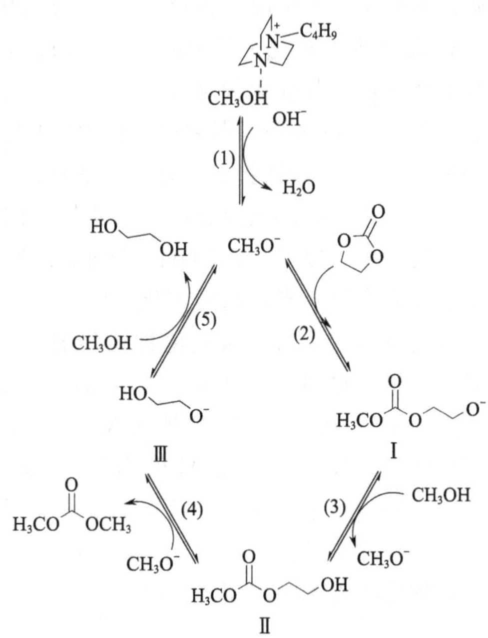

图5-21　DABCO衍生的IL催化EC和甲醇合成DMC反应机理

DMC。在最佳反应条件下，SO转化率和DMC产率可分别达到98%和84%。其中，n-Bu_4NBr催化CO_2与环氧化物的环加成反应，而n-Bu_3N则催化环状碳酸酯和甲醇发生酯交换反应[76]。

(3) 离子交换树脂催化剂

20世纪90年代初，Texaco公司[77]研究发现，含有叔胺和季铵官能团的碱性阴离子交换树脂相比含有磺酸基和羧基官能团的酸性阳离子交换树脂具有更好的催化活性。其中，含叔胺官能团的弱碱阴离子交换树脂Amberlyst. RTM. IRA-8催化性能最好，EC转化率、DMC选择性和收率分别达到54.1%、96.7%和52.3%。反离子类型也会显著影响阴离子交换树脂的催化活性。以OH^-为反离子的强碱性阴离子交换树脂Amberlyst 26 OH、PA312L/OH和MS-MP725A/OH催化活性明显优于以Cl^-为反离子的MAR-MSA/Cl催化剂。其中，PA312L/OH催化剂可稳定运行一周，之后催化剂活性开始下降，主要是由于反离子OH^-逐步转化为CO_3^{2-}。经稀KOH溶液碱洗后催化活性可完全恢复[78]。离子交换树脂催化剂是最早使用的多相催化剂，DMC收率均在50%以上，但对热的稳定性欠佳，不能在高温下长期使用，使用受到限制。

(4) 金属氧化物催化剂

碱性金属氧化物表面碱性强、碱性位点丰富，作为酯交换反应催化剂吸引了国内外研究者的广泛关注。Mobil Oil公司[79]研究了$A_xM_yO_z$（A为碱金属或碱土金属；M为ⅥB或ⅧB族金属；x、y为1或2；z为3～6的整数）的酯交换反应活性，其中，SiO_2负载的Na_2WO_4催化性能最好，DMC收率达到44.5%。随后，考察了假勃姆石、γ-氧化铝和含铯氧化铝的催化活性。结果表明，假勃姆石催化活性最高，DMC选择性最高达99.1%，DMC收率最高达53.0%。MgO、CaO、ZnO、ZrO_2、La_2O_3、CeO_2和Al_2O_3也均具有一定的催化活性，其中，MgO催化活性最佳。研究认为，催化剂表面中强碱性位点有利于促进环状碳酸酯和甲醇发生酯交换反应[80]。受催化剂制备方法或其他因素的影响，也有研究者认为CaO催化活性显著优于MgO[81]。通过第二金属掺杂可以改善金属氧化物表面碱性，进而提高催化活性，且催化剂制备方法和掺杂比例等因素会显著影响催化活性。例如，通过共沉淀法制备的CaO-ZrO_2固溶体催化剂活性明显优于浸渍法制备的催化剂，CaO-ZrO_2固溶体中相邻的Ca^{2+}和Zr^{4+}提高了催化剂表面晶格氧的碱性，进而提高了催化活性[82]。

近年来，以层状双金属氢氧化物（LDHs）为前驱体制备的金属氧化物催化剂也被应用于该反应中。以Ca-Al LDHs为前驱体通过热解制备的Ca-Al固体碱催化剂在PC和甲醇酯交换反应中显示出较高的催化活性[83]。将碱性金属Mg、Ce或La插入Ca-Al LDHs前驱体可以制备出三元的金属氧化物催化剂，其催化活性明显优于二元Ca-Al固体碱催化剂，同时，稳定性也得到了显著提高，循环使用10次后，催化活性仅下降12.6%[84]。通过稀土金属La、Ce、Pr、Sm和Y插入Mg-Al LDHs制备的三元金属氧化物催化剂也显示出较好的催化活性，其中La-Mg-Al催化性能最好[85]。

另外，将金属氧化物负载到石墨烯表面制备的Zr-Sn/GO复合物也具有很高的催化活性，最佳反应条件下，PC转化率和DMC产率分别达到85.1%和81%，且循环使用6次后，催化活性未出现明显下降[86]。

5.1.4.2 合成工艺

酯交换反应是一个可逆反应，及时将生成的DMC移出反应体系，有利于平衡正向移动，提高 DMC 收率。在实际生产过程中，应连续不断地蒸出 DMC 和甲醇共沸物，DMC 提纯一般通过溶剂萃取蒸馏或甲醇共沸蒸馏来实现。

美国 Texaco 化学公司开发的 DMC 联产乙二醇工艺采用两塔精馏法来分离甲醇和 DMC，即先常压精馏，然后再加压精馏，工艺过程具体如下：在反应温度为 80～130℃，压力为 0.7MPa 条件下，过量的甲醇与碳酸乙烯酯反应，产物在常压和 80℃下精馏，在塔顶馏出 DMC 和甲醇的共沸物，然后在高于 140℃，约 1.0MPa 的条件下蒸馏共沸物，在塔底得 DMC，在塔顶得甲醇，甲醇再返回反应器。常压蒸馏底物在 155℃，0.015MPa 的条件下减压蒸馏，塔底物碳酸乙烯酯返回反应器，塔顶物乙二醇和碳酸乙烯酯的共沸物送第二个反应塔，在 100℃下水解，塔顶馏出 CO_2 和 H_2O，在塔底得到较纯的乙二醇。

华东理工大学联合化学反应工程研究所经过近三年的努力，完成了中国石化集团公司的“DMC 制备过程和应用的研究和开发”项目，并进行了 500t/a 的中试，于 1997 年 9 月通过鉴定。该工艺分为两部分，一是环氧丙烷和 CO_2 均相催化合成碳酸丙烯酯，二是碳酸丙烯酯与甲醇催化合成 DMC 和丙二醇，工艺路线如图 5-22。

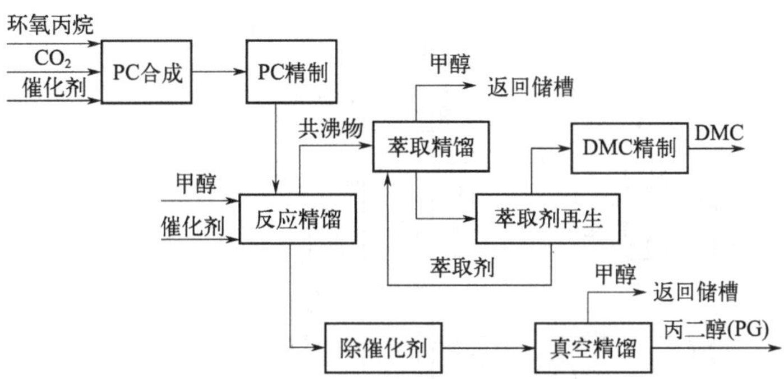

图 5-22　DMC 合成酯交换路线流程图

浙江大学采用如图 5-23 的反应精馏装置进行酯交换法制备 DMC 的研究和工业开发。碳酸丙烯酯与甲醇分别从塔的上部和下部进入反应塔 1 中，在塔中进行酯交换反应。塔顶得到 DMC 和甲醇的共沸物。将此共沸物送入加压精馏塔 2，在 0.98MPa 下精馏，塔底得 DMC，塔顶得加压 CH_3OH-DMC 共沸物（富集 CH_3OH）。将此共沸物送入常压精馏塔 3，塔底可得到甲醇（不含 DMC，再返回塔 1)，塔顶得到常压共沸物。再将常压共沸物返回加压精馏塔 2。反应塔 1 的塔底物为副产物甲基乙二醇和未反应的碳酸丙烯酯。将此混合物送入减压精馏塔 4，从塔顶可得甲基乙二醇，塔底碳酸丙烯酯返回反应塔[87]。

天津大学研究开发了碳酸丙烯酯和甲醇酯交换反应制备 DMC 的催化精馏技术。催化精馏塔如图 5-24 所示[88]。除塔釜再沸器外，共有五个塔节。塔节一用于塔冷凝及回流控制，塔节二、三、四、五的高度分别为 500mm、400mm、400mm、500mm。塔釜体积为 2L，采用内盘管 1kW 加热和釜外壁 1.5kW 加热。第四塔节作为反应段装填捆扎包式催化剂，这样便于从塔釜取热，以保证反应段尽快达到并维持在适宜的反应温度，同时给精馏段留下较大的空间，以保证轻组分的产物与重组分的原料可以充分分离。塔节二、三作为精馏段，塔节五作为提馏段，分别装入三角螺旋填料。碳酸丙烯酯作为难挥发组分从反应段的上部第三塔节处进料，甲醇在第四塔节催化剂床层的下部进料。通过实验研究认为催化精馏过程的最

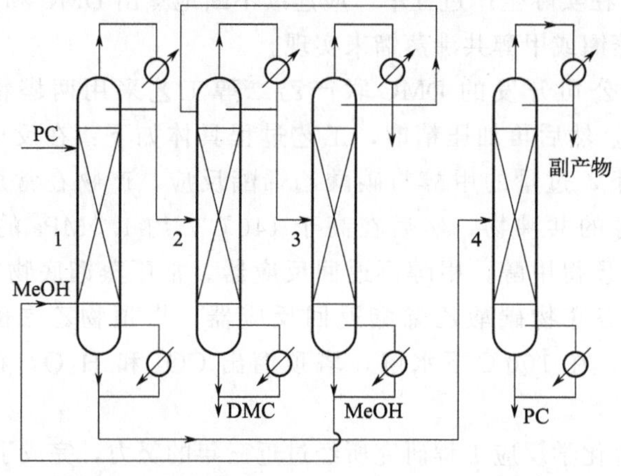

图 5-23　酯交换法合成 DMC 工艺的简图

1—反应塔；2—加压精馏塔；3—常压精馏塔；4—减压精馏塔

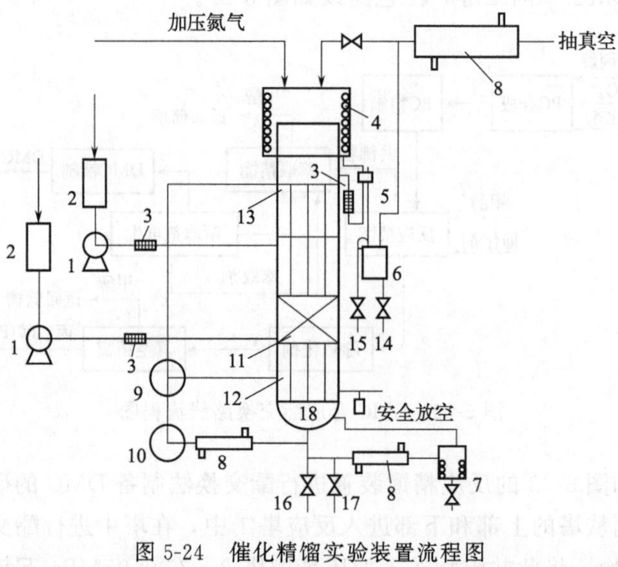

图 5-24　催化精馏实验装置流程图

1—进料泵；2—进料贮罐；3—预热器；4—冷凝器；5—回流器；6—塔顶料罐；7—塔釜料罐；8—冷却器；9,10—差压变送器；11—反应段；12—提馏段；13—精馏段；14—顶料罐排液阀；15—塔顶采样阀；16—塔釜排液阀；17—塔釜采样口；18—塔釜

适宜操作条件为：操作压力 0.496MPa；回流比 9；进料摩尔比（甲醇/PC）9：1；处理量 $0.01187m^3$（液体 PC）/[$h \cdot m^3$（催化剂）]。在此操作条件下，塔顶和塔釜温度分别为 102.0℃和 126.4℃，碳酸丙烯酯的转化率为 45.28%。

5.1.5　尿素甲醇直接合成 DMC

尿素和甲醇直接合成 DMC 总反应式如下：

$$NH_2C(O)NH_2 + 2CH_3OH \rightleftharpoons CH_3OC(O)OCH_3 + 2NH_3 \tag{5-25}$$

可看作以下两步反应：

$$NH_2C(O)NH_2 + CH_3OH \longrightarrow CH_3OC(O)NH_2 + NH_3 \quad (5\text{-}26)$$

$$NH_2C(O)OCH_3 + CH_3OH \longrightarrow CH_3OC(O)OCH_3 + NH_3 \quad (5\text{-}27)$$

第一步，尿素同等物质的量的甲醇反应，其分子中一个氨基被取代，生成中间产物氨基甲酸甲酯（methyl carbamate，简称 MC）。第二步，氨基甲酸甲酯同甲醇进一步反应，氨基被取代后生成目标产物 DMC。以尿素和甲醇作为反应原料生产 DMC，反应过程所产生的氨气可以循环用于尿素的合成。该合成路线的主要优点为：a. 反应原料（尿素和甲醇）均为大宗的化工原料，价格低廉，且副产物氨气可以循环作为合成尿素的原料。b. 该合成路线无三废产生，整个过程不使用（或产生）剧毒或强腐蚀性物质，是一条“绿色”的合成路线。c. 反应过程中无水生成，避免了甲醇、水、DMC 三元共沸物，简化了后续的分离过程。

5.1.5.1 催化剂及催化机理

（1）有机锡催化剂

有机锡类催化剂应用于尿素醇解合成 DMC 的研究最早始于 1980 年左右。通过比较研究了多种有机锡化合物，如 R_2SnX_2（X=Cl，RO，RCOO，RCOS），R_3SnX，R_2SnO，R_3-nRSnX 和 R_4-nSnX_n（$R=C_qH_{2q-1}$，$n=0$、1、2，$q=2\sim12$）等，发现活性次序为 $R_4Sn<R_3SnX\ll R_2SnX_2$（X=Cl，RO，RCOO，RCOS）。其中，二烷基锡活性最高，例如二丁基二甲氧基锡（dibutyltin dimethoxide）和二丁基氧化锡（dibutyltin oxide）等[89-91]。加入适当的助剂、高沸点溶剂和有机配体，可以有效减少中间体氨基甲酸酯向异氰酸的转化，即减少副反应对中间产物氨基甲酸酯的消耗，从而提高 DMC 产率。有机锡催化反应为均相催化，尽管具有较高的催化活性，但其与反应物混溶不易分离，且催化剂的制备复杂，价格高，对空气中的水分敏感，易于失活，加之其又属剧毒类化合物，难以推广。

（2）金属单质、氧化物及盐类催化剂

金属单质如铜粉、镁粉和铅粉均可作为尿素醇解法合成 DMC 的催化剂。研究发现，镁粉可以活化甲醇，激活羟基中的氢原子，形成活泼氢进一步激活氨基使其脱离，甲氧基取代氨基从而生成[92-93] DMC。金属氧化物也具有较好的催化活性，其中 ZnO 活性较高，DMC 收率可达 29%。通过对比发现，金属粉末 Zn 的收率是 ZnO 的 1.65 倍，若将 Zn 负载到载体 α-Al_2O_3 上，催化活性进一步提高，这是由于 Al_2O_3 掺杂在 ZnO 的晶格中，造成了阴离子空缺，且催化活性与 Zn 的负载量以及在载体上的分散度密切相关[94]。

氧化钙催化尿素和甲醇合成 DMC 的反应机理如图 5-25 所示。首先，尿素和氧化钙形成异氰酸和氧化钙配合物结构，并在甲醇作用下生成氨基甲酸甲酯。然后，氧化钙以酸碱协同的催化方式，诱导甲醇的氧原子进攻氨基甲酸甲酯的碳正离子，进而生成 DMC[95]。

另一种反应机理则认为，反应过程中金属氧化物中的金属阳离子与羰基中的氧原子发生作用，使得羰基的碳正离子稳定化，促进甲醇的亲核反应，机理如图 5-26 所示。

近年来，以双金属氧化物作为催化剂的研究越来越多。以尿素沉淀法制备的水滑石前驱体为原料，采用热分解法可以制备出锌铝混合氧化物（ZAO）催化剂，当 Zn/Al 比值为 4∶1 时，催化剂表现出优异的催化性能。这是由于 $ZnAl_2O_4$ 尖晶石的形成显著改善了催化剂表面的酸性和碱性，甲醇和尿素分别在弱酸性位点和碱性位点处被活化并形成金属异氰酸基和甲氧基，随后在催化剂表面反应形成中间产物 MC，MC 在酸性位点上进一步活化并和碱性

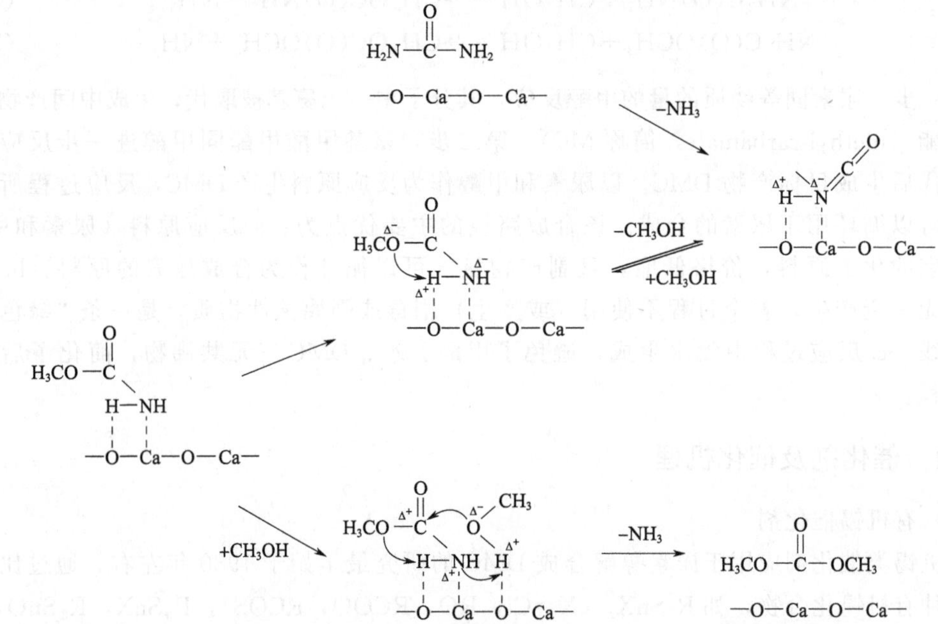

图 5-25　氧化钙催化尿素与甲醇生成 DMC 反应机理

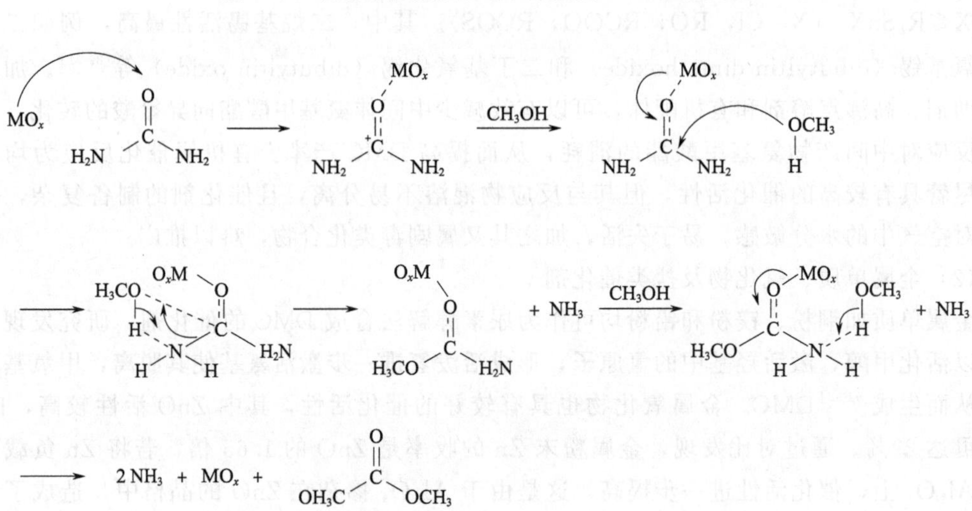

图 5-26　金属氧化物催化尿素与甲醇合成 DMC 反应机理

位点上的甲氧基反应，最终在双功能 ZAO 催化剂上形成 DMC，收率可达 36.5%，反应机理见图 5-27[96]。另外，采用共沉淀法制备的 ZnO-SrO 催化剂也表现出较为优异的催化活性，均匀分布的碱性位点和大量的酸性位点是高活性的主要原因。当 ZnO/SrO 的摩尔比为 1∶1 时，DMC 的收率可达 35%[97]。

然而，金属氧化物在反应过程中会发生流失，催化剂稳定性较差，改进催化剂制备方法可以改善其稳定性。如采用改性溶胶凝胶法制备的 $ZnO-Nb_2O_5-TiO_2$ 催化剂在连续 5 次反应中表现出较好的稳定性，DMC 收率可高达 39.1%。TiO_2 表面 ZnO 和 Nb_2O_5 共同促进了 DMC 的生成，同时，TiO_2 有效抑制了反应过程中金属的流失，催化剂的稳定性显著提高[98]。

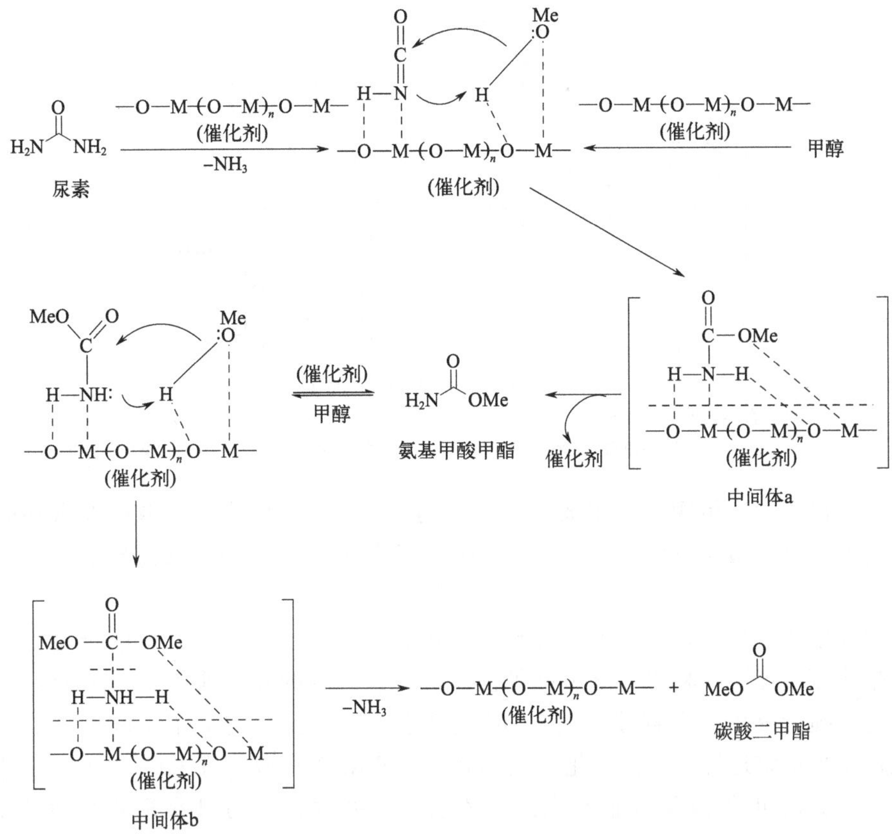

图 5-27 双金属氧化物催化剂尿素和甲醇合成 DMC 的反应机理

5.1.5.2 合成工艺

在尿素甲醇直接法合成 DMC 反应过程中，中间产物氨基甲酸甲酯容易分解为异氰酸和异氰尿酸，而且 DMC 比较活泼，易发生化学反应，导致 DMC 选择性较低。因此，如何防止氨基甲酸甲酯分解并及时将 DMC 移除反应区是提高 DMC 选择性的关键。

为解决以上问题，一般采用高活性醇溶性有机锡化合物为催化剂，含氧高沸点惰性化合物为溶剂，一方面，降低甲醇挥发度，增加 DMC 挥发度，使 DMC 在反应液中的浓度大大降低，减少甲醇循环量，同时能防止氨基甲酸甲酯分解；另一方面，该溶剂可以和二甲氧基二丁基锡结合形成复合催化剂，促进催化活性提高，再通过精馏将 DMC 移出反应区，实现反应和精馏耦合，提高 DMC 收率和纯度，典型的工艺流程如图 5-28 所示。

该工艺由反应精馏工段和萃取精馏工段组成。反应精馏工段主要由原料混合罐和反应釜、精馏柱（内装陶瓷填料）三部分组成。尿素和甲醇按一定比例加入混合罐中，搅拌使尿素完全溶解，尿素甲醇溶液经预热至 66℃后用高压泵连续输送至精馏柱的中部，以保持反应釜内反应液的液面恒定。催化剂以及高沸点惰性溶剂预先加入反应釜。将反应釜温度加热到 120～180℃，靠自身蒸汽压力升压至 0.3～1.4MPa。反应釜循环物料从精馏柱下部进入，并与下行的尿素甲醇溶液充分接触反应。甲醇、氨基甲酸甲酯、尿素、催化剂以及反应生成的 DMC 和氨气的混合物经精馏柱分离后，氨基甲酸甲酯、尿素、催化剂及高沸点惰性溶剂回流到反应釜，甲醇、DMC 和氨气从精馏柱顶部经冷凝后一部分回流到精馏柱，一部分从

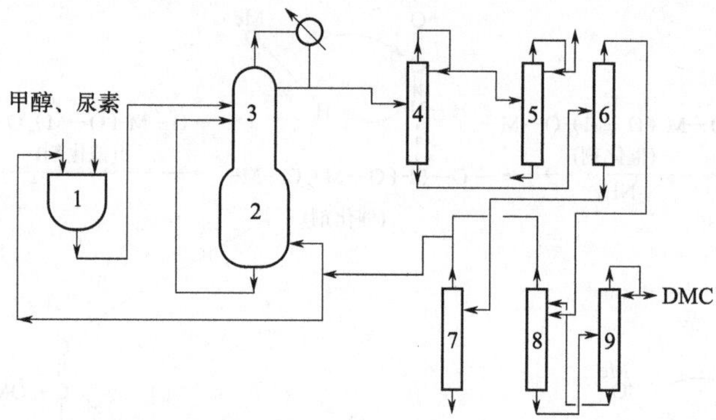

图 5-28 尿素醇解法制备 DMC 的工艺流程

1—原料混合罐；2—反应釜；3—精馏柱；4—氨气汽提塔（C-101）；5—脱氨塔（C-106）；6—恒沸精馏塔（C-102）；7—甲醇精馏塔（C-105）；8—萃取精馏塔（C-103）；9—DMC 精馏塔（C-104）

反应体系中引出。萃取精馏工段主要由氨气汽提塔、恒沸精馏塔、萃取精馏塔和脱氨塔组成。主要是要将反应精馏段生成的甲醇、DMC、氨气和少量的甲基胺进行分离，得到纯度较高的 DMC。

以尿素和甲醇为原料制备 DMC 具有反应步骤简单、投资少、原料廉价易得、副产物少、反应生成氨气可回收利用、低污染等优点，具有广阔的开发前景。2000 年，中国科学院山西煤化所提出甲醇尿素直接合成 DMC 的工艺方法，随后完成了千吨级工业化中试试验，催化剂实现稳定运转，尿素转化率达 100%，DMC 单程收率在 60%以上，工艺达到国际领先水平。2013 年与内蒙古企业完成技术转让，并建设 2 万吨级尿素醇解法 DMC 生产线。

5.1.6 尿素甲醇两步合成 DMC

尿素甲醇两步法合成 DMC 经过以下两步：首先，尿素和烷基二醇（主要为乙二醇或 1,2-丙二醇）反应合成碳酸烯烃酯（碳酸乙烯酯或碳酸丙烯酯）。随后，碳酸烯烃酯与甲醇发生酯交换反应合成 DMC，反应式如下：

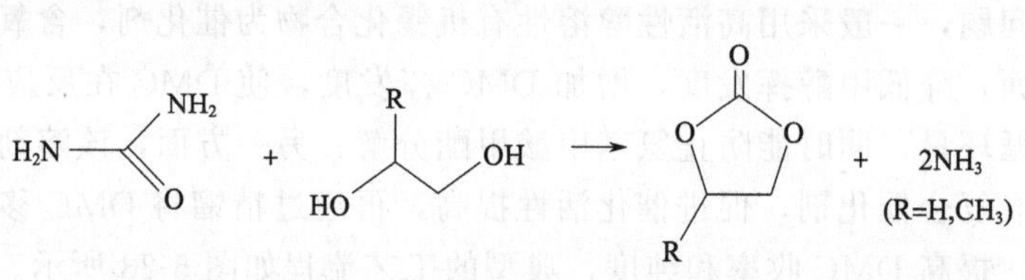

(5-28)

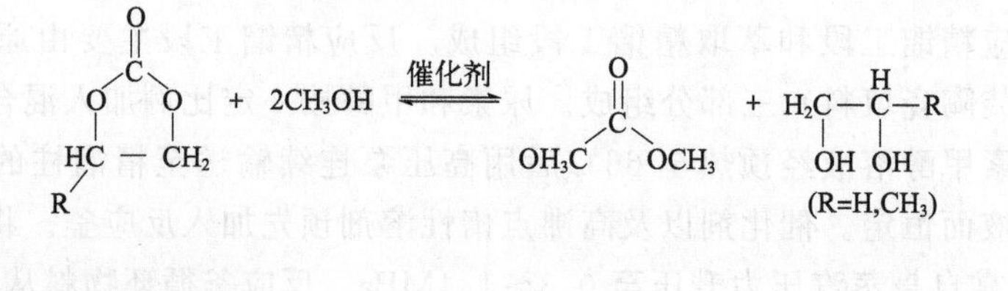

(5-29)

5.1.6.1 催化剂及催化机理

（1）有机锡催化剂

具有活性的含锡催化剂包括二羧化物二烷基锡和有机羧酸的锡盐，如二月桂酸二丁基锡

（简称 T-12）。虽然以有机锡为催化剂时反应条件较温和，碳酸烯烃酯对二元醇的选择性可达到 84%～99%，但二元醇转化率不到理论转化率的 66%，碳酸丙烯酯对尿素的选择性最大为 75%，而且大量的尿素在过程中被分解。另外，有机锡催化剂有剧毒，能与反应物混溶，不易回收[99]。

（2）锌、镁、铅等金属化合物催化剂

在减压条件下，锌、镁、铅等金属化合物催化剂可显著提高碳酸烯烃酯的产率[100]，最高收率已达到 97.2%。但反应过程中，采用减压操作不仅耗费能量，而且不易控制，容易抽出二元醇或使尿素分解严重，造成原料损失或原料配比发生变化。

ZnO 催化剂在尿素和乙二醇（EG）反应中生成碳酸乙烯酯（EC）反应中显示出较高的催化活性和选择性，而且，催化剂回收后还可作为第二步 EC 与甲醇酯交换反应的催化剂，高活性和高选择性合成 DMC 和 EG[101]。研究表明，ZnO 在反应过程中会经历溶解、均相催化和再次沉淀三个阶段，溶解后形成 $Zn(NCO)_2(NH_3)_2$ 均相催化尿素和 EG 反应生成 EC[102]。反应机理如图 5-29 所示，首先，尿素分解为氨和异氰酸（HNCO）；其次，HNCO 和 EG 反应生成 2-羟乙基氨基甲酸酯（2-HEC）；最后，2-HEC 在 $Zn(NCO)_2 \cdot 2NH_3$ 上进行环化反应生成 EC[103]。

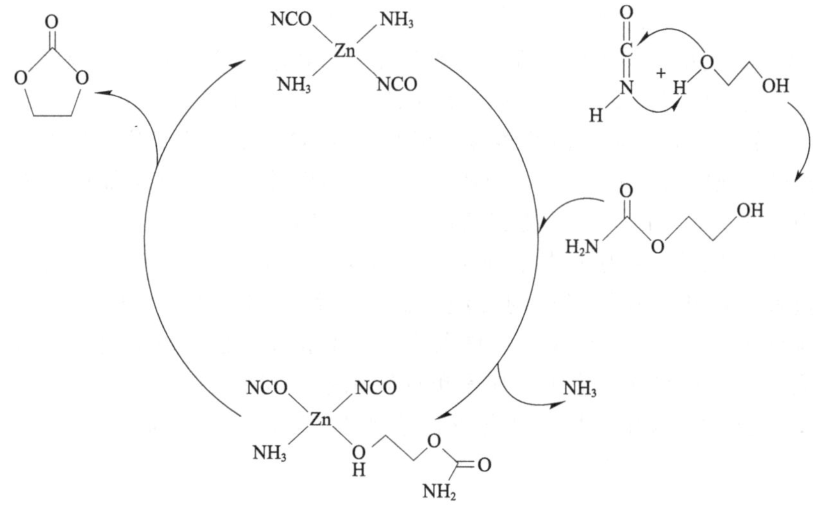

图 5-29　尿素和 EG 合成 EC 反应机理

（3）类水滑石催化剂

以类水滑石（HTLcs）为前驱体制备的锌铝催化剂其活性明显优于 ZnO 和 Al_2O_3，碳酸丙烯酯（PC）收率可达到 96.6%。催化剂经历了溶解、均相催化和再沉淀三个阶段。ZnO 溶解于反应物中形成的络合物 $Zn(NCO)_2(NH_3)_2$ 主要用于催化羟丙基氨基甲酸酯（HPC）环化反应生成 PC，而 Al_2O_3 溶解形成的络合物则可以减缓锌络合物的再沉淀，有利于提高催化活性[104]。另外，二价金属阳离子种类也会显著影响其催化活性，如 Zn-Al HTLcs＞Mg-Al HTLcs＞Ni-Al HTLcs≈Co-Al HTLcs＞Cu-Al HTLcs，其中 Zn-AlHTLcs 催化活性最高，PC 收率为 90.1%；以 Zn^{2+} 为二价阳离子，改变三价阳离子，催化活性顺序为：Zn-Cr HTLcs＞Zn-Al HTLcs＞Zn-Fe HTLcs，其中 Zn-Cr HTLcs 的催化活性最高，PC 收率为 96.0%[105]。大多数水滑石在焙烧后，催化活性均有一定程度的提高，这表明层状结构不是影响催化活性的根本原因，催化剂的酸碱性可能是影响催化性能的主要因素。

(4) 负载型催化剂

活性炭负载乙酸锌催化剂显示出较高的催化活性，且当乙酸锌负载量为15%时，催化活性最佳，PC的收率可达到78%左右，但反应后乙酸锌电子状态会发生变化且流失严重[106]。以Pb/SiO_2为催化剂，Pb负载量为10%时，PC收率可达到86.9%[107]。对于ZnO/NaY催化剂，当ZnO负载量为5%时，活性中心能高度分散于NaY分子筛表面，且负载适量的ZnO并不会改变分子筛的骨架结构，评价结果显示，尿素转化率和PC收率可分别达到86.12%和82.13%[108]。

(5) 磁性纳米粒子

Fe_3O_4、$ZnFe_2O_4$、$MgFe_2O_4$、$CoFe_2O_4$、$MnFe_2O_4$、$CuFe_2O_4$和$NiFe_2O_4$等磁性纳米粒子也可以催化尿素和丙二醇反应合成碳酸丙烯酯，其中，$NiFe_2O_4$磁性纳米粒子活性最高，在最佳反应条件下，PC收率高达93.4%。反应为多相催化体系，催化剂和产物容易分离，但催化剂制备过程繁琐[109]。

5.1.6.2 合成工艺

尿素两步法合成DMC流程图如图5-30所示，该流程主要包括两个反应区和两个分离区。常压下，尿素、α-二元醇和催化剂在a反应区中合成环状碳酸烯烃酯，该反应温度为170℃。所生成的氨气将以气体形式排出，剩余反应产物混合物以及催化剂则进入b反应区与甲醇在高压下发生酯交换反应，反应温度为170℃。随后进入分离区，将所得的反应产物混合物通入蒸馏装置c_1，塔顶蒸出的碳酸二甲酯（DMC）和甲醇的共沸物进入分离装置c_2再次进行分离得到纯度较高的DMC，而所得塔顶产品甲醇将流向反应器b中参与循环反应。c_1中塔底产物中的α-二元醇（包括酯交换过程中副产物α-二元醇以及反应器a中未反应的α-二元醇）、催化剂以及一些副产物将循环回反应器a中继续进行反应。该工艺避免了催化剂的分离过程和环状碳酸烯烃酯的提纯和储存过程，但随着反应的进行，副产物会越来越多，影响反应效率[106]。2013年，华东理工大学和江苏晋煤恒盛化工股份有限公司合作完成了相应中试，在间歇反应中，尿素单程转化率达到100%，碳酸丙烯酯收率在90%到91%之间；在连续反应中，尿素转化率也达到100%，碳酸丙烯酯收率在92%到95%之间。

5.1.7 甲醇和CO_2直接合成DMC

利用CO_2和甲醇一步合成DMC符合可持续发展和绿色化学的理念，被认为是一种最具潜力的DMC合成方法，如反应式(5-30)。该反应具有原料价格低廉、原子利用率高、反应物和产物绿色环保、经济性强等优点。不仅实现了CO_2的化学固定，有利于缓解温室效应，同时实现了其高值化利用，备受关注。

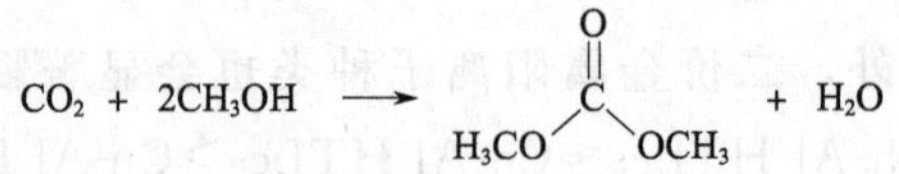

(5-30)

5.1.7.1 催化剂及催化机理

催化CO_2和甲醇直接合成DMC的催化剂可分为均相和非均相两大类。其中，均相催化

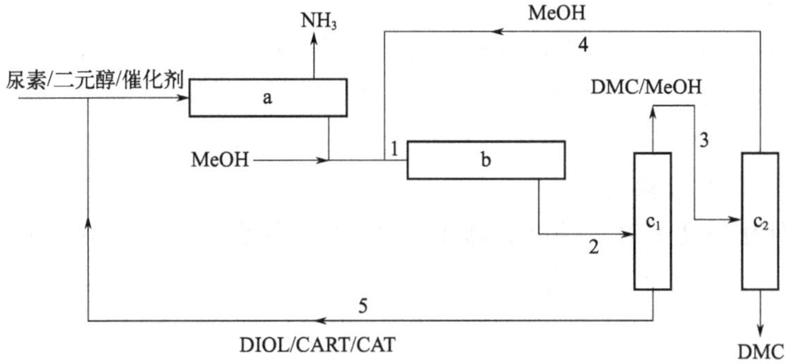

图 5-30　尿素两步法合成 DMC 工艺流程图

a—合成环状碳酸烯烃酯反应区；b—酯交换反应区；c_1，c_2—精馏装置；

DIOL—α-乙二醇；CAT—催化剂；CART—副产物

剂主要包括金属烷氧基催化剂、碱金属碳酸盐催化剂和离子液体催化剂。非均相催化剂主要包括有机金属配合物催化剂、负载型金属催化剂、杂多酸催化剂和金属氧化物催化剂。

（1）金属烷氧基催化剂

催化剂 Bu_2SnO 能有效催化 CO_2 和甲醇合成 DMC，反应机理如图 5-31 所示[110]。首先，催化剂活化甲醇生成 $\{Bu_2(MeO)Sn—O—Sn(OMe)Bu_2\}_2$ 中间体（4），接着，CO_2 插入形成 $\{[Bu_2(MeO)Sn]O[Sn(OCOOMe)Bu_2]\}_2$ 中间体（5）。随后，另一分子甲醇与之反应生成 DMC。催化剂与一个羟基基团相连，需要甲醇对其进行活化产生中间体（3）和副产物

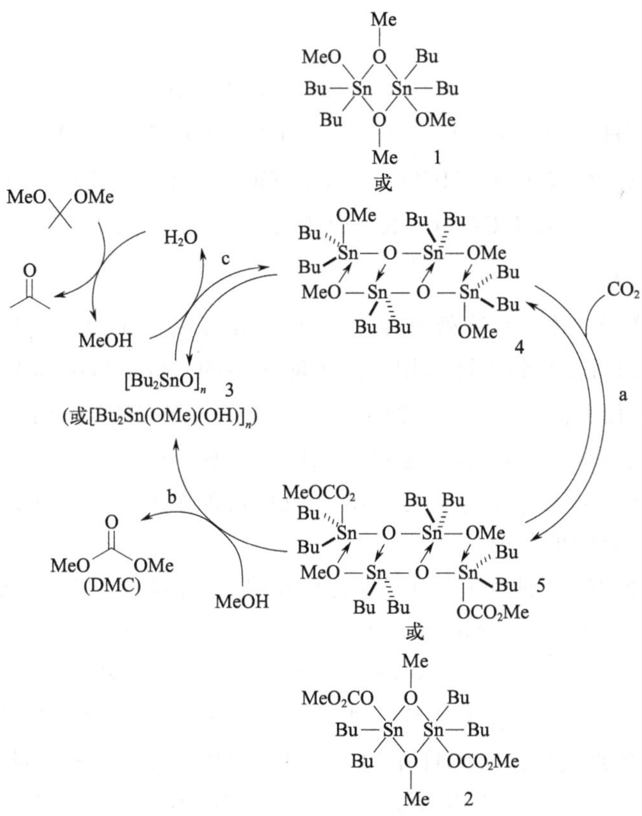

图 5-31　Bu_2SnO 催化 CO_2 和甲醇合成 DMC 反应机理

H_2O。然而，该催化剂会在副产物 H_2O 作用下发生分解反应。因此，脱水剂的加入可减缓催化剂的水解失活，从而提高 DMC 收率。表征结果显示，CO_2 插入 Sn—OCH_3 形成活性中间体的同时，Sn 邻位的含氧配体作为碱性位活化甲醇生成甲氧基。另外，DMC 也可以通过催化剂分子内部 CH_3O 的重排生成，而非甲醇分子的亲核进攻[111]。

(2) 碱金属碳酸盐催化剂

CH_3I 作为催化剂助剂时，碱金属盐 K_2CO_3 能够高效催化 CO_2 和甲醇合成 DMC[112]。值得注意的是，该催化体系中必须添加 CH_3I 作为甲基助剂，否则不会有 DMC 生成，其反应机理具体如下：

$$CH_3OH + K_2CO_3 \longrightarrow CH_3O^-K^+ + KHCO_3 \tag{5-31}$$

$$CH_3O^-K^+ + CO_2 \longrightarrow CH_3OCOO^-K^+ \tag{5-32}$$

$$CH_3OCOO^-K^+ + CH_3I \longrightarrow DMC + KI \tag{5-33}$$

$$KI + KHCO_3 \longrightarrow HI + K_2CO_3 \tag{5-34}$$

$$CH_3OH + HI \longrightarrow CH_3I + H_2O \tag{5-35}$$

首先，碱金属盐 K_2CO_3 促使 CH_3OH 脱氢反应生成 CH_3OK，并与 CO_2 反应生成［CH_3OCOO］K 中间体；其次，由 CH_3I 作为助剂提供甲基基团，生成目标产物 DMC 分子和副产物 KI；最后，HI 和甲醇中的羟基结合生成 H_2O。由上述反应机理可以看出，CH_3I 作为甲基助剂直接参与反应，而无 CH_3I 时反应无法进行。

何永刚等[113]在对上述反应机理进行分析后，通过大量实验对反应历程提出了修正，具体如下：

$$CH_3OH + CO_2 \longrightarrow CH_3OCOOH \tag{5-36}$$

$$CH_3OCOOH + K_2CO_3 \longrightarrow CH_3OCOO^-K^+ + KHCO_3 \tag{5-37}$$

$$CH_3OCOOH + KHCO_3 \longrightarrow CH_3OCOO^-K^+ + H_2O + CO_2 \tag{5-38}$$

$$CH_3OCOO^-K^+ + CH_3I \longrightarrow DMC + KI \tag{5-39}$$

(3) 离子液体催化剂

羟基功能化的离子液体可以高效催化 CO_2 和甲醇直接合成 DMC[114]。催化剂中的碱性位点对 CO_2 和甲醇的活化起到关键作用，离子液体中的—OH 与甲醇中羟基发生配位作用并形成 CH_3^+，该过程为整个反应的速控步骤，甲基化试剂 CH_3I 的加入可以大幅增加反应速率。离子液体催化剂中—OH 基团能够活化甲醇形成—CH_3 和—OCH_3，同时能够活化 CO_2 使之与—CH_3 和—OCH_3 结合生成 DMC，反应机理如图 5-32 所示。

(4) 有机金属配合物催化剂

将有机金属配合物催化剂固载，可以保持较高的催化活性，同时还能大幅降低催化剂分离的难度。例如，负载型 $Sn_2(OMe)_2Cl_2/SiO_2$ 催化剂以—OMe 为桥，通过 Sn 与 SiO_2 表面羟基的成键作用，以 Sn—O—Si 的形式固载到载体表面，其机理如图 5-33 所示[115]。首先，CO_2 以桥式吸附形式吸附于催化剂表面；然后，插入 Sn—O 键之间形成甲基碳酸酯物种，并与 Sn—O—Sn 形成六元环；MeOH 中的—OCH_3 亲核进攻六元环中的 C 原子，并与甲基碳酸酯中间体结合生成 DMC；而甲醇中的 H 与六元环中的 O 原子结合产生 Sn—OH；最后，Sn—OH 与 MeOH 结合生成 H_2O 和桥联的—OCH_3 配体，完成催化循环。

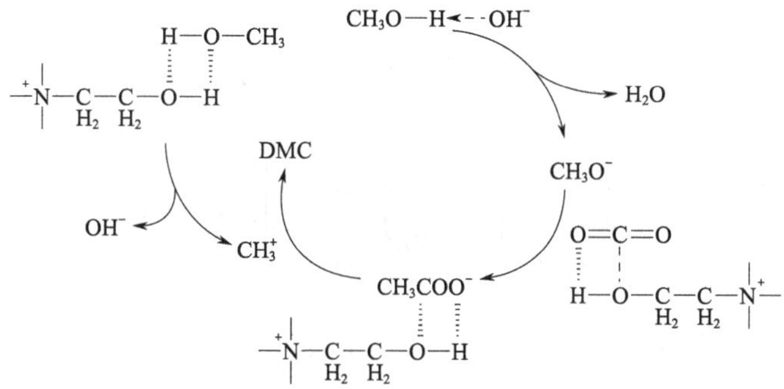

图 5-32　羟基胆碱 CH 碱性离子液体催化 CO_2 和甲醇合成 DMC 反应机理

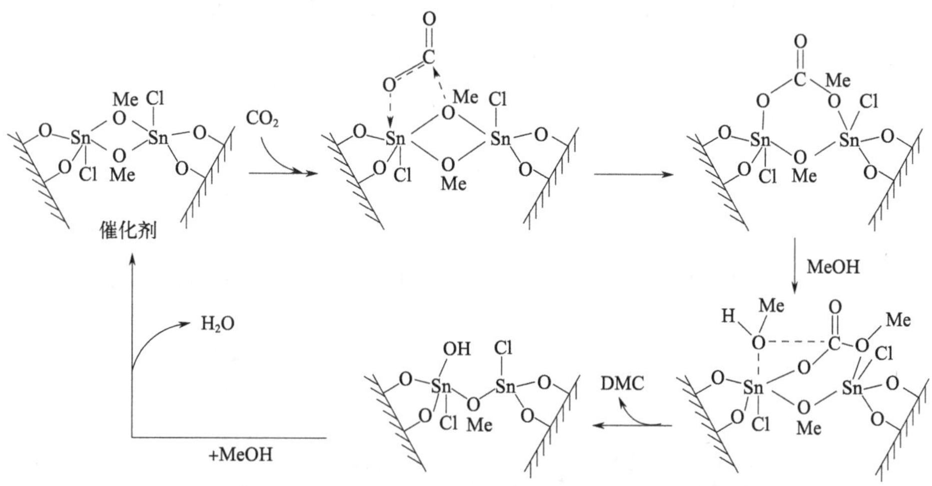

图 5-33　$Sn_2(OMe)_2Cl_2/SiO_2$ 催化剂上由 CO_2 和 CH_3OH 合成 DMC 的机理

(5) 负载型金属催化剂

以 Cu、Ni 或 Fe 等过渡金属为活性中心的负载型金属催化剂也具有较好的催化活性[116-118]。目前已报道的载体主要包括 SBA-15 分子筛、硅藻土、碳材料和 ZIF-8 等[119-121]。另外，助剂的加入有助于提高催化剂活性，常用助剂主要有 V、Mo 和 K_2O 等[119,122-123]。

Cu-Ni/硅藻土催化 CO_2 和 CH_3OH 合成 DMC 的反应机理如图 5-34 所示[118]。CO_2 以双齿吸附形式吸附于 Cu—Ni 催化剂表面，甲醇解离产生的 CH_3O—亲核进攻 CO_2 分子中的 C 原子，同时 CO_2 分子中 C—O 键断裂，最终形成 CH_3OCO—中间体吸附在催化剂表面；CO_2 解离产生的 O^- 与 CH_3OH 解离产生的 H^+ 结合生成—OH；同时，另一分子 CH_3OH 解离产生的 CH_3O—亲核进攻 CH_3OCO—中的羰基 C 原子，形成 DMC 分子并脱附。

(6) 杂多酸催化剂

杂多酸催化剂表面具有丰富的 Brønsted 和 Lewis 酸性位点，能够促进对反应物甲醇的解离和活化[124]。例如，相同条件下，$H_3PW_{12}O_{40}/ZrO_2$ 杂多酸催化剂的催化活性是纯 ZrO_2 催化剂的 28 倍，可能的反应机理如图 5-35 所示。首先，CH_3OH 分子解离为 CH_3O—吸附在 ZrO_2 表面，同时解离产生的 H 与表面—OH 结合生成 H_2O；然后，CO_2 插入 CH_3O—中形成甲基碳酸酯中间体。催化剂中 Lewis 酸性位点促进甲醇的吸附和活化，而 Brønsted 酸性位点促进 CH_3OH 中 C—O 键断裂生成 CH_3—，CH_3—与甲基碳酸酯中间体反应生成 DMC 分子。

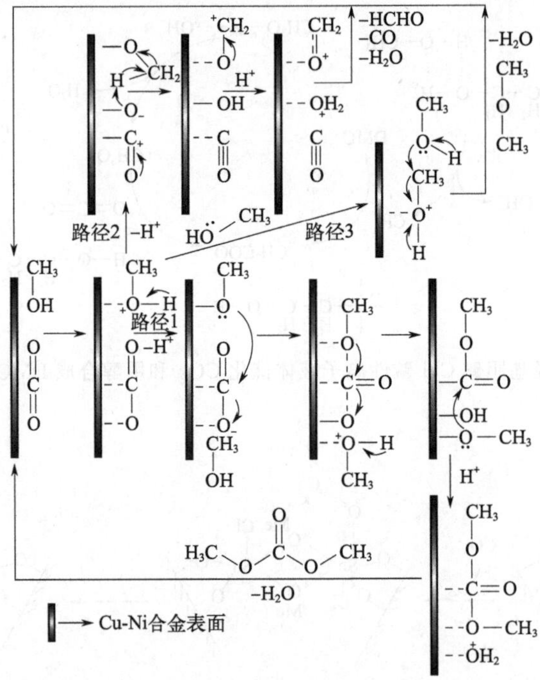

图 5-34　Cu-Ni/硅藻土催化 CO_2 和 CH_3OH 合成 DMC 反应机理

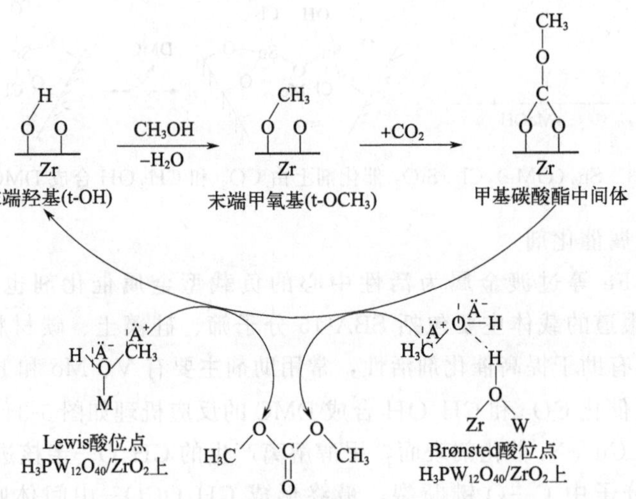

图 5-35　$H_3PW_{12}O_{40}/ZrO_2$ 催化 CO_2 和 CH_3OH 合成 DMC 反应机理

（7）金属氧化物催化剂

ZrO_2 和 CeO_2 是较早应用于催化 CO_2 和甲醇合成 DMC 的氧化物催化剂，研究较为广泛。首先，催化剂晶型结构对催化活性影响显著[125]，如亚稳四方晶型 ZrO_2 相比单斜晶型 ZrO_2 具有更好的催化活性[126]。其次，催化剂焙烧气氛对催化活性的影响同样显著[127]，如氧气气氛下焙烧制备的催化剂相比氢气、氩气和空气气氛下制备的催化剂显示出更高的催化活性。另外，催化剂形貌也会影响催化活性。例如，CeO_2（110）晶面能够提供较高的缺陷位点和酸碱位数量，被认为是 CO_2 和甲醇合成 DMC 活性最高的晶面。相比之下，CeO_2 的

(100) 晶面则基本无催化活性[128]。以 CeO_2 为例，其催化 CO_2 和甲醇合成 DMC 的反应机理如图 5-36 所示。首先，CH_3OH 吸附在 CeO_2 催化剂表面形成 $CH_3O—$；接着，CO_2 插入催化剂表面 Ce—O 键形成甲基碳酸酯中间体；最后，甲基碳酸酯中间体与另一分子甲醇反应生成 DMC[128]。

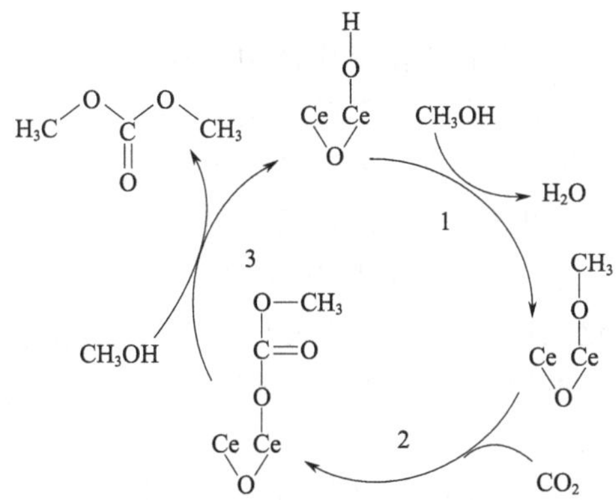

图 5-36　CeO_2 催化 CO_2 和 CH_3OH 合成 DMC 反应机理

5.1.7.2　合成工艺

(1) 耦合脱水工艺

为打破 CO_2 和甲醇合成 DMC 反应的热力学平衡限制，有研究人员提出建立耦合脱水体系，将副产物 H_2O 及时脱除，促进反应正向进行，进而提高 DMC 收率。目前，耦合的脱水体系主要有物理脱水工艺和化学脱水反应两类。

物理脱水工艺是指通过一定的物理手段将反应生成的水脱除的方法。例如，利用膜的选择渗透作用将反应生成的水及时脱除，能够促进反应向正向进行，进而提高 DMC 收率，膜反应器装置如图 5-37 所示[129]。

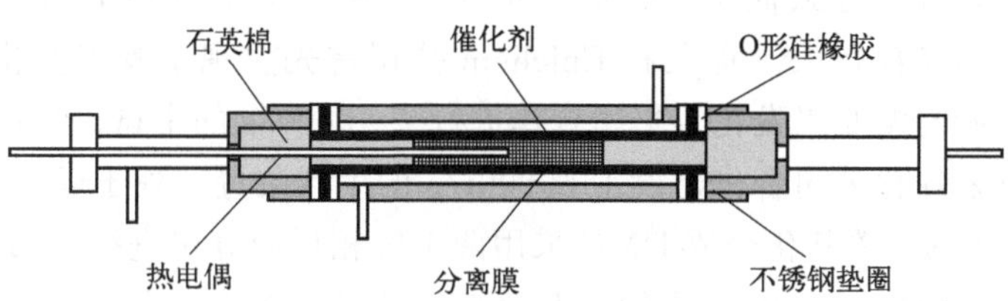

图 5-37　膜反应器装置图

化学脱水反应是指将化学脱水剂加入反应体系中，通过脱水剂与水发生化学反应将水脱除，使整个反应的吉布斯自由能降低，从而打破热力学平衡限制，提高 DMC 收率。

CaC_2 作为脱水剂对该反应也有明显的促进作用。CaC_2 首先与甲醇发生反应生成 $Ca(OCH_3)_2$ 和乙炔，同时 CO_2 和甲醇反应生成 DMC 和水，随后，$Ca(OCH_3)_2$ 和水反应生成 CaO 和甲醇，反应机理如图 5-38 所示[130]。反应过程产生的水被及时消耗，促进了 CO_2 和甲醇合成 DMC 反应正向进行，大大提高了 DMC 收率。以 Bu_2SnO 为催化剂，在反应温度为 180℃、反应时间为 10h、CaC_2 添加量（摩尔分数）为 12.3%条件下，DMC 收率可以达到 11.3%。

目前，在甲醇和 CO_2 合成 DMC 反应体系中，耦合物理脱水工艺和化学脱水反应均难以实现工业化应用，存在着工艺设备复杂、能耗大、脱水剂价格昂贵、脱水反应产生副产物价值低且难以分离、部分脱水剂毒性较高和安全性差等问题。适用于工业生产的耦合脱水体系有待进一步的研究开发。

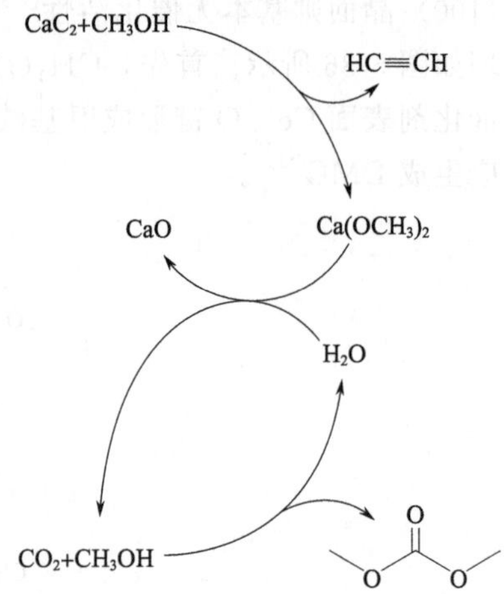

图 5-38　CaC_2 驱动 CO_2 和甲醇合成 DMC 反应机理

(2) 电催化反应工艺

电催化反应工艺是指在特殊的电催化反应器中，通过外加电压、电解质溶液和电极材料共同作用对反应物 CO_2 和甲醇进行活化，使之转化为 DMC 的过程。目前已报道的电极材料有 Pt 电极和镀银的纳米多孔 Cu 电极，电解液有 [Bmim][Br]（Bmim 为 1-丁基-3-甲基咪唑）和 [Bmim][BF_4][131-132]。电催化反应工艺可以打破 CO_2 和甲醇合成 DMC 反应的热力学平衡限制，DMC 收率较高。

(3) 光热协同催化反应工艺

热催化体系中引入光催化技术能够打破热力学平衡限制，在光热协同作用下，大幅提高反应效率。例如，无紫外光照射，反应温度为 120℃时，$Cu/NiO-V_2O_5/SiO_2$ 催化剂的甲醇转化率为 1.75%（热催化），紫外光照射下，反应温度为 25℃时，甲醇转化率也仅为 0.99%（光催化），但随着反应温度升高到 120℃，甲醇转化率显著提升至 12.2%（光热协同催化）[133]。

5.1.8 工业化发展趋势

5.1.8.1 合成工艺对比分析

甲醇液相羰基化法合成 DMC 具有原料价格低廉、原子利用率高和产品选择性高等优点，但副产物为水，容易导致催化剂失活。同时，水的存在导致甲醇-水-DMC 之间形成三元共沸物，产物分离能耗较大。意大利 Enichem 公司首先实现了其工业化生产。国内，中国科学院成都有机所与湖北兴发化工集团合作进行了 4000t/a 的中试。目前，中国科学院成都有机所与重庆万盛煤化公司合作建设了 60000t/a 的生产装置，处于运行阶段。

亚硝酸甲酯（MN）羰基化合成 DMC 采用两个气相反应分步进行。第一步为甲醇、NO 和 O_2 反应生成 MN 和水，DMC 则在第二步反应中生成，避免了甲醇-水-DMC 之间形成三元共沸物，大大降低了产物分离难度。而且，水和催化剂不直接接触，避免了水对催化剂性能的不利影响。然而，该工艺中第一步反应极快，且放出大量的反应热，必须及时移走放出的热量，并将反应气的组成控制在爆炸极限之内。另外，NO 和 MN 有剧毒和腐蚀性，是该合成工艺的缺点。目前，国内中国科学院福建物质结构研究所和天津大学主要从事该工艺的研发工作，中盐安徽红四方 50000t/a 的生产装置处于运行阶段。

气相直接法合成 DMC 在理论上比液相法和亚硝酸甲酯法具有更多优点，但产品选择性较低，且催化剂的活性和使用寿命达不到工业应用的要求，目前还未实现工业化应用。美国 Dow 化学公司一直致力于气相直接法合成 DMC 的研究和开发，我国太原理工大学、天津大学、华东理工大学、厦门大学等单位也一直从事这一课题的研究和开发工作。

酯交换法合成 DMC 主要以环氧乙烷和环氧丙烷为原料，工艺技术比较成熟，是目前国内生产 DMC 的主要方法，产能约占到国内总产能的 90%。其中山东石大胜华新材料公司（石大胜华）的产能达到 75000t/a，主要采用 PO 酯交换法生产 DMC。国外，美国 GE 公司也采用该工艺生产 DMC，其产能为 60000t/a。然而，该工艺采用的原料环氧乙烷或环氧丙烷为石化产品，受国际油价影响较大，生产成本相对较高。

尿素直接醇解法合成碳酸二甲酯的工艺在高压釜中进行，具有原料价廉易得、操作条件温和、工艺简单、反应流程短、避免了分离甲醇-DMC-水复杂体系和反应产生的氨气可以回收利用等优点，是一种极具发展潜力的新方法。但反应过程要在高压釜中进行，设备投资大，且碳酸二甲酯的单程产率很低。2000 年，中国科学院山西煤炭化学研究所与上海韦福化工技术发展有限公司联合开发的 1000t/a 尿素间接法生产碳酸二甲酯（DMC）中试装置在青海省格尔木市青海盐湖集团一次开车成功，生产出了纯度为 99.8%（质量分数）的 DMC 产品。尽管尿素转化率达到 100%，DMC 单程收率在 60%以上，但仍未真正意义上实现工业化应用。

尿素两步法合成 DMC 主要是以尿素和传统酯交换法生成的副产物丙二醇为原料，先合成 PC，然后 PC 与甲醇发生酯交换反应生成 DMC。该工艺合成 DMC 反应条件温和，过程易于操作，反应原料廉价易得，尿素转化率和 DMC 收率都很高，汲取了尿素直接法的原料路线优势和酯交换法工艺成熟的优点，酯交换联产的丙二醇可直接循环使用，产生的氨气也可以回收利用，并且不受石油行业的限制，经济效益显著，具有很强的竞争力。2013 年，华东理工大学和江苏晋煤恒盛化工股份有限公司合作完成了相应中试，目前，100000t/a 的生产装置处于建设阶段。2019 年底，山西中科惠安 50000t/a 装置已经投产运行。

甲醇和二氧化碳直接合成 DMC 不仅有助于实现 CO_2 减排，还可实现其高值化利用，被认为是绿色的合成工艺。然而，该工艺面临的最大问题是 CO_2 难以活化，平衡转化率很低。目前，该工艺仍处于实验室研究阶段，暂不具备工业化应用的条件。

整体来看，随着催化剂制备技术的成熟和合成工艺的不断完善，甲醇液相氧化羰基化法、亚硝酸甲酯羰基化法和尿素两步法发展势头猛进，有望成为煤化工路线生产 DMC 的主要方法，并部分代替以石油路线的酯交换法生产 DMC，降低生产成本，改变国内 DMC 生产格局，为进一步延伸 DMC 产业链提供基础。值得说明的是，近年来，通过可再生能源如光、电、光电和光热耦合等活化 CO_2 显示出极大的应用潜力，随着科技的发展与催化技术交叉应用的深入研究，未来也有可能实现甲醇和二氧化碳直接合成 DMC 的工业化应用。

5.1.8.2 国内外生产情况

目前，国外 DMC 生产工艺主要以 MN 羰基化法和甲醇液相氧化羰基化法为主，仅十余家公司生产 DMC，包括美国 GE，意大利 Enichem，日本三菱化学、宇部兴产和韩国 LOTTE 化学，生产企业相对集中。其中，美国是全球主要的 DMC 生产与销售国家之一，目前年产能在 10 万吨左右，约占国外全球市场产能的 38%。统计数据显示，美国 DMC 行业产能集中度非常高，美国 GE 与 Dow 产能合计约占美国产能的 80%，其中 GE 采用酯交换工艺产能 6 万吨/年，Dow 公司采用 MN 羰基化工艺产能为 2 万吨/年。其次是日本的三菱化学工业及宇部兴产株式会社，日本宇部兴产株式会社是世界上较早的 DMC 生产商，该公司采用甲醇羰基化法生产工艺，目前的产能为 1.5 万吨/年，其中 5000t/a 是电池级 DMC，剩余 10000t/a 是工业级。较大的生产厂家还有意大利 Enichem 两套装置生产能力为 1.8 万吨/年。韩国 LOTTE 化学现有产能 11 万吨/年。

国内生产工艺主要包括 PO 酯交换法、尿素两步法、甲醇液相氧化羰基化法、MN 羰基化法和环氧乙烷（EO）酯交换法。国内DMC发展比较稳定，在2024年，中国的碳酸二甲酯的产能占全球70%。酯交换法发展迅速，但由于受环氧丙烷价格影响，酯交换法生产DMC装置开工率低于50%。近年来，甲醇液相氧化羰基化、MN羰基化和尿素两步法工业化生产DMC陆续报道。煤制乙二醇合成过程副产获得DMC也是生产DMC的重要方法之一。在国家和居民对于绿色环保要求的推动下，碳酸二甲酯作为有机合成的“新基石”将得到更加广泛的应用，未来DMC市场需求仍将保持快速发展，碳酸二甲酯生产商将进一步扩大现有产能。目前，国内DMC主要生产情况如表5-1所示。

表5-1　目前我国DMC主要生产情况

企业名称	产能/(t/a)	生产工艺
山东石大胜华新材料	75000	酯交换法
山东海科新源	60000	酯交换法
山东德普化工	48000	酯交换法
山东维尔斯化工	55000	酯交换法
兖矿国宏	50000	酯交换法
山东飞扬化工	30000	酯交换法
宁波浙铁大风	40000	酯交换法
铜陵金泰化工	90000	酯交换法
泰州灵谷精细化工	60000	酯交换法
榆林市云化绿能	55000	酯交换法
浙江石油化工	200000	酯交换法
中盐安徽红四方	50000	亚硝酸甲酯羰基化
江苏晋煤恒盛化工	100000	尿素两步法
山西中科惠安	50000	尿素两步法
重庆万盛煤化	60000	液相氧化羰基化法

5.2　脂肪酸甲酯

以脂肪酸甲酯为主要成分的生物柴油是典型的“绿色能源”，其良好的燃烧性能、发动机启动性能使其可替代石油基柴油应用于各型柴油机或拖拉机中。生物柴油定义为由动植物油脂与低碳醇（一般采用甲醇）经酯交换反应制得，一般含有C_{12}～C_{24}的脂肪酸单烷基酯。可以看出，低碳醇（特别是甲醇）是合成生物柴油的重要原料之一。以煤基甲醇或煤基低碳醇为醇源与生物油脂进行酯交换制取生物柴油，可将传统的煤炭能源转变为具有“绿色”属性的含氧燃料，促进煤炭清洁高效利用。

制备脂肪酸甲酯使用最多的是酯交换法。酯交换法是指以甲醇和油脂为原料，以酸、碱、酶等为催化剂，或者在超临界条件下不使用催化剂进行酯交换反应合成脂肪酸甲酯的方法。煤基甲醇为酯交换过程提供充足的醇源，油脂可从大豆油、转基因大豆油、蓖麻油、桐子油、黄连木油、工程微藻油、动物脂肪、餐饮业废油脂、工业废油和食用油废渣等生物质中获取。

油脂的主要成分是甘油三酯，在酯交换反应中，甘油三酯与醇在催化剂作用下酯交换得到脂肪酸甲酯和甘油。按化学计量法计算，1mol 甘油三酯需 3mol 甲醇进行酯交换，得到 3mol 脂肪酸甲酯和 1mol 甘油。由于酯交换反应是可逆平衡反应，过量的醇有利于提高反应产率。现在普遍认为此反应是通过三步连续可逆反应进行的：首先甘油三酯与一分子甲醇酯交换，生成甘油二酯和甲酯；甘油二酯继续与甲醇反应，生成甘油单酯和甲酯；甘油单酯继续与甲醇反应生成甘油和脂肪酸甲酯，其化学反应式如图 5-39 所示[134]。

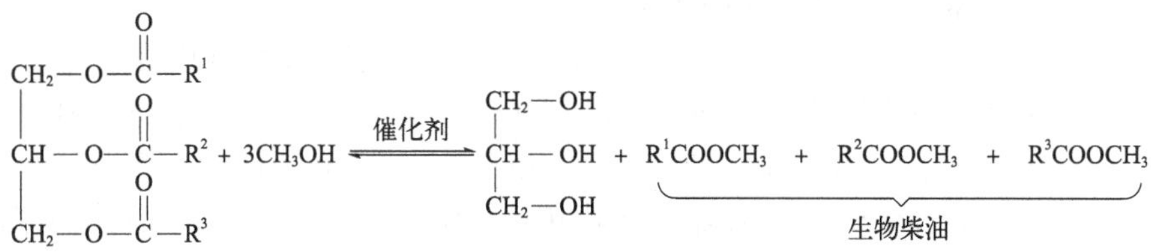

图 5-39　酯交换化学反应式

R^1、R^2 和 R^3 为 $C_7 \sim C_{17}$ 烷基或烯烃基

5.2.1　原料

生物柴油生产中，原料成本占总生产成本的 75%～80%。因此，保证充足和廉价的原料供给，降低生物柴油生产成本是实现其产业化发展的关键。生产生物柴油的原料主要包括甲醇和油脂，甲醇主要来源于煤制甲醇路线，油脂来源主要有植物油脂、动物油脂以及废弃油脂等，其中植物油脂占油脂总量的 70%左右，是生物柴油主要的原料。

甲醇与油脂发生酯交换生成脂肪酸甲酯或脂肪酸乙酯，是生物柴油生产中重要的且被广泛应用的醇类原料。随着煤制甲醇技术的不断发展和成熟，加之我国“富煤、贫油、少气”的资源禀性，煤制甲醇技术已成为我国主要的甲醇生产方式。我国甲醇产能在 2019 年底达到 8710 万吨，其中煤基甲醇在甲醇生产中占比超过 72%，位居全球第一，产能占比达到 59.4%。据不完全统计，截至 2023 年底，中国甲醇总产能达 10630 万吨，煤制甲醇在甲醇生产中占比为 73.49%，产能为 7803 万吨。

目前制备生物柴油最主要的原料是植物油脂，包括草本植物油和木本植物油。常见的草本植物油脂原料主要有大豆油、菜籽油、棉籽油等。大豆中油脂含油量 16%～18%，美国应用基因工程技术培育出的转基因大豆品种，使其含油量提高到 20%[135]。美国生产生物柴油的主要原料是大豆油，整个生物柴油市场中的占有率达 88.5%。油菜籽中油含量大约在 30%～40%。德国、法国等欧盟国家主要以菜籽油为原料，德国 20%的菜籽油产量直接用于生产生物柴油。棉籽油中的脂肪酸分布为棕榈酸 22%～28%，硬脂酸 1%～2%，油酸 13%～15%，亚油酸 55%～60%，其他约 1%。从脂肪酸分布上看，棉籽油中亚油酸含量高，用于生产生物柴油可能会出现氧化安定性不合格的问题，需要添加相应的添加剂予以改善[136]。木本植物油主要有棕榈油、小桐子油、黄连木油和文冠果油等。油棕是世界上效率最高的产油植物，1 公顷油棕大约生产 5t 的油脂。南亚主要以油棕榈为原料生产生物柴油。小桐子主要分布地在亚洲，尤其以缅甸、泰国、老挝、柬埔寨、马来西亚、印度等为集中分布区，此外在非洲、美洲等也有分布。我国主要分布在广东、广西、云南、四川、贵州、福建等省区。小桐子的种子含油率一般为 30%～40%，种仁含油率可达 50%～60%，是非常具有潜力的生物柴油原料。黄连木主要分布在河北、山西、山东、广西、广东、甘肃、陕西、四川、云南、福建、台湾等。黄连木种子富含油脂，含油率为35%～42.46%，出油率为22%～30%，果壳含油率3.28%，种仁含油率56.5%。中国拥有丰富的油料植物资源，其中木本油料树种有400多种，果实含油量15%～60%的有200多种，50%～60%的有50多种。果实含油量在30%以上，且资源丰富的树种均具有开发价值。可以根据情况去发展这些油料树种来生产生物柴油，这样既发展了生物柴油产业，也不会与人争粮。

除植物油脂外，常见的油脂原料还包括动物油脂、废弃油脂及微生物油脂等。动物油脂包括猪油、牛油、羊油、海洋鱼类脂肪及肉食品加工过程中产生的动物脂肪废料等。国际上已经有数家生物内燃机制造商把牛油列为他们的原料来源，动物脂肪已进入商业化的生物柴油生产[137]。位于加拿大Nova Scotia的Ocean Nutrition公司利用海洋鱼类脂肪自产自用生物柴油，而畜牧业发达的澳大利亚和新西兰利用牛羊肉食加工中产生的动物脂肪副料进行生物柴油生产[138]。美国康菲石油公司与美国最大的肉类生产商泰森食品公司以牛肉、猪肉、家禽中的动物脂肪作为原料，合作生产及推广生物柴油燃料[139]。废弃油脂原料包括废弃食用油脂（俗称地沟油）、油脂生产工业副产的酸化油以及粮食加工副产的低品质油脂。由于我国油脂资源总量供应不足，废油脂的资源量也非常有限，对生物柴油产业的实际影响不大，但对减少环保压力十分有利，所以具有一定的发展空间。从产油微生物中提取的油脂称为微生物油脂，又称单细胞油脂。产油微生物包括酵母、霉菌、细菌等，能够合成储存油脂甘油三酯，且与植物油有相似的脂肪酸组成。产油微生物具有太阳能利用效率高、生长迅速、培养周期短、代谢活力强、不受季节影响、易于实现大规模生产等优点，且油脂含量高，是一种非常具有发展潜力的生物柴油原料。

5.2.2 催化剂

除了超临界酯交换制备脂肪酸甲酯不需要催化剂作用以外，其他酯交换方法反应均需要催化剂进行催化。催化剂主要分为三类：均相催化剂、非均相催化剂和酶催化剂。

5.2.2.1 均相催化剂

均相催化剂包括均相酸性催化剂和均相碱性催化剂。

（1）均相酸性催化剂

酸催化是普遍应用于工业合成生物柴油的方法之一。均相酸性催化剂可以摆脱原料油中游离脂肪酸含量的严格限制，还可以省掉预处理这一步骤，从而节省原料油。在工业反应中，常用的均相酸性催化剂有浓硫酸、苯磺酸和磷酸等。均相酸性催化剂的优点在于原料价格相对低廉，能够有效地解决原料油中含有大量游离脂肪酸的问题，也为非食用油以及废餐饮油生产生物柴油提供了广阔的发展空间。但是也存在以下的问题[140]：酸催化廉价原料油生成的生物柴油将含有相当数量的水，水的存在对生物柴油的生产及油品质量都有负面影响。如何将水从体系中及时除去是一个技术问题，目前主要采用冻干技术和下降膜蒸发器；酸催化制得的生物柴油中的残留酸会对柴油机的金属部件有一定的腐蚀作用。

（2）均相碱性催化剂

均相碱性催化剂是酯交换反应中使用最广泛的催化剂之一，常用的无机碱催化剂有CH_3ONa、NaOH、KOH、Na_2CO_3和K_2CO_3等[141]。其主要优点为：①反应条件温和、反应速度快，酯交换反应速率是使用同当量酸催化剂的 4000 倍[136]；②碱催化的酯交换反应甲醇用量远比酸催化的低，因此工业反应器尺寸可以大大缩小；③碱性催化剂的腐蚀性比酸性催化剂弱很多，在工业上可以用廉价的碳钢反应器。除了上述优点外，碱催化的局限性在于它对于反应物的纯度要求比较高。如果反应物中含有较多的水分，则在碱性条件下生成的酯会发生皂化反应，影响反应过程的进行。同时，反应物中的游离脂肪酸也会与碱性催化剂发生反应生成肥皂和水。碱催化酯交换反应受到原料油规格的限制。特别是原料油脂中总游离脂肪酸含量不能超过 0.5%（质量分数），否则皂的形成将严重地影响燃料级生物油的生产。

5.2.2.2 非均相催化剂

为了克服均相酸碱催化剂重复使用率低及对设备的腐蚀性强的缺点[142]，采用非均相催化剂替代均相催化剂，可使产品与催化剂容易分离，从而有效防止环境污染，成为近年来的研究热点。应用于非均相催化反应中的催化剂主要包括固体碱和固体酸。

① 固体碱具有反应活性高、反应条件温和、选择性好、易与产物分离、可循环使用、对反应设备腐蚀性小等优点。但它也存在一些缺点，如制备比较复杂、成本昂贵、强度较差、极易被大气中的 O_2 和水等杂质污染，且比表面都相对较小[143]。固体碱按其组成不同可大致分为金属氧化物型固体碱、阴离子交换树脂、沸石分子筛和复合型固体碱，主要包括金属氧化物、黏土矿物、分子筛和碱性离子交换树脂等。根据其碱强度不同可划分为 4 个等级：弱碱、中强碱、强碱和超强碱。其中，负载型固体碱因其制备简单、比表面积相对较大、碱性强和孔径均匀等优点而成为最受欢迎的一种催化剂。催化剂主要是金属催化剂，如 ZnO、$ZnCO_3$、$MgCO_3$、K_2CO_3、Na_2CO_3、$CaCO_3$、$Ti(OR)_4$、$Na/NaOH/\gamma\text{-}Al_2O_3$ 和沸石催化剂等[144]。

② 与固体碱催化剂相比，固体酸催化剂的优势是能适用于脂肪酸含量高的低成本原料油（如地沟油、酸化油等）。固体酸为具有给出质子和接受电子对的固体，即具有 Brønsted 酸活性中心和 Lewis 酸活性中心。相比于均相酸作为催化剂时，催化剂由于均相而难以与产物分离使生产成本升高，多相酸催化剂逐渐成为研究热点。在多相酸催化过程中，Brønsted 酸和 Lewis 酸可同时起作用，在有水存在的条件下可以相互转化。无机酸盐作为一类固体超强酸催化剂，人们对其研究较多，尤其是硫酸盐水合物，主要是由于其产生副反应少，反应液色泽浅，可使后处理工艺变得容易[145]。固体酸催化剂按其组成不同大致可分为五大类：杂多酸型、无机酸盐、金属氧化物及其复合物、沸石分子筛和阳离子交换树脂。根据其酸强度不同可划分为 4 个等级：弱酸、中强酸、强酸和超强酸。已经工业应用的固体酸催化剂是阳离子树脂，其主要用于游离酸的酯化预处理过程，用于酯交换反应尚处于研究阶段。

5.2.2.3 酶催化剂

酶是一种适宜的生物催化剂，它能够在亲脂性有机溶剂或者超临界介质中催化甘油三酯与短链醇的酯交换反应，生成脂肪酸甲酯。它可以是来源于植物、细菌、真菌或真核细胞的任何脂肪酶，主要是酵母脂肪酶、根霉脂肪酶、毛霉脂肪酶和猪胰脂肪酶等。酶法不仅可以催化精炼的动植物油，同时也可以催化酸值较高且有一定水分含量的餐饮废油转化成生物柴油。酶法反应具有条件温和，副产品分离工艺较为简单，废水少，设备要求低等优点，日益受到人们的重视。由于商业化的脂肪酶成本较高，在合成生物柴油时，许多研究者都在致力于用固定化的方法来降低成本。固定化脂肪酶与游离脂肪酶相比，其最大的优势是能够从反应体系中回收，实现了脂肪酶的重复利用，降低酶法催化生产生物柴油的生产成本。常用的脂肪酶固定化方法有物理吸附法、交联法和胶体包埋法[146]。虽然酶法制备生物柴油已取得很大进展，但离工业化还有相当的距离。酶的催化功能具有专一性，对于组成复杂的天然油脂底物来说，酶的适应性还需要进一步研究。另外，很多酶对水的依赖性很强，酶的催化寿命也是限制酶作为生物柴油生产的重要因素。

5.2.3 催化机理

5.2.3.1 酸催化酯交换反应机理

均相酸性催化剂催化甘油三酯酯交换反应机理一般分为三步[147]：①酸性催化剂进攻，羰基的质子化；②醇的亲核进攻，形成一个四面体的中间体；③质子迁移和中间体的断裂。其反应机理图如图 5-40 所示。

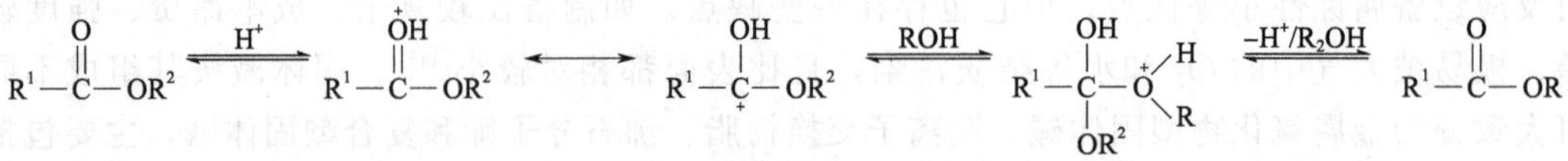

图 5-40 均相酸性催化剂催化酯交换反应机理

以甲醇为例，质子先与甘油三酯的羰基结合，形成碳阳离子中间体。亲质子的甲醇与碳阳离子结合并形成四面体结构的中间体，然后这个中间体分解成甲酯和甘油二酯，并产生质子催化下一轮反应。甘油二酯及甘油单酯也按这个过程反应[136]。

非均相酸性固体催化剂中含有 B 酸和 L 酸中心，其中 B 酸中心催化反应机理与均相酸性催化剂催化反应机理类似，也分为三步：①B 酸使甘油三酯中的羰基质子化；②醇作为亲核试剂直接进攻质子碳，形成四面体中间体；③质子发生迁移，中间体的价键发生断裂，形成新的酯类化合物。

非均相酸性催化剂的 L 酸中心催化反应机理与 B 酸不同，主要分为以下四步[148]：①甘油三酯羰基中的氧原子与 L 酸结合形成较强的亲电配合物；②醇类与亲电配合物充分结合，产生亲核成键；③形成新的酯类化合物；④羰基氧原子与 L 酸点分离。其反应机理图如图 5-41 所示。

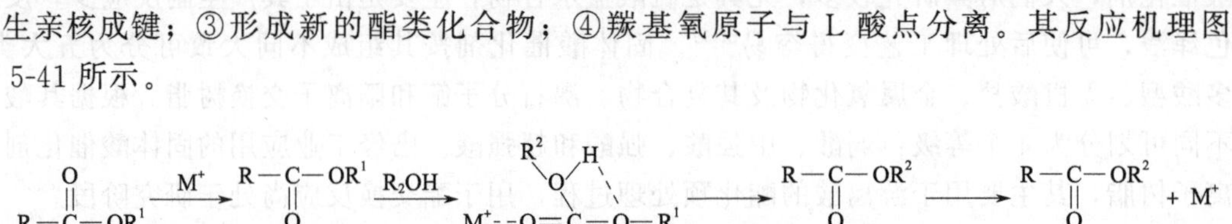

图 5-41 L 酸酯交换反应机理

L 酸中心催化反应过程中，如果 L 酸酸性过强时，第二步反应产物很难分离，导致催化反应速率下降；而 L 酸酸性太弱时，反应物很难与其结合形成配合物中间体，也会降低反应速率。因此，L 酸强度会影响催化反应速率，需要调节在一个最佳的酸强度范围内。

5.2.3.2 碱催化酯交换反应机理

在均相碱性催化剂催化的酯交换反应中，真正起活性作用的是甲氧基阴离子，其反应机理分为四步[148]：①催化剂与醇反应生成甲氧阴离子（CH_3O^-）；②CH_3O^-攻击甘油三酯的羰基碳原子，形成一个四面体结构的中间体；③中间体分解为甘油二酯阴离子和脂肪酸甲酯；④甘油二酯阴离子与醇反应生成一个甲氧基阴离子和一个甘油二酯分子，后者会进一步转化成甘油单酯，然后转化成甘油。所生成的甲氧基阴离子又循环进行下一个催化反应。具体催化机理见图 5-42。

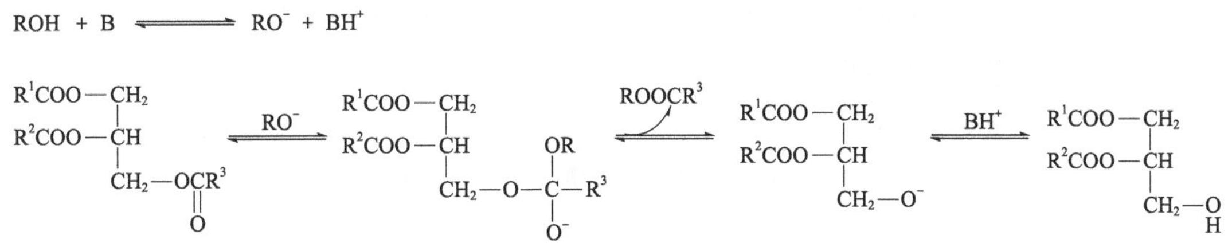

图 5-42　均相碱性催化剂催化酯交换反应机理

非均相碱性固体催化剂催化酯交换反应的机理分为五步[148]：①甲醇与油脂同时吸附在催化剂表面，分别与催化剂碱中心 B^- 相互作用；②生成的 CH_3O^- 再与油脂作用生成 β-酮酯中间体；③β-酮酯中间体发生共振作用；④β-酮酯共振结构再和甲醇发生亲核取代反应；⑤再从 HB 中夺得一个质子。重复上述过程，得到脂肪酸甲酯和甘油。具体催化机理见图 5-43。

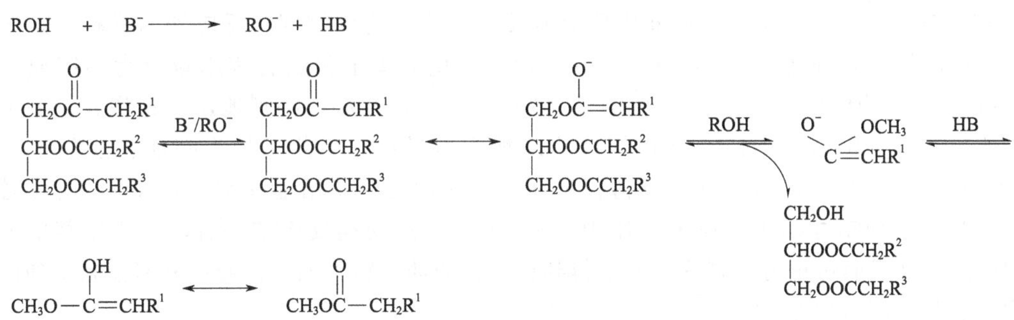

图 5-43　非均相碱性催化剂催化酯交换反应机理

5.2.4　生产工艺

5.2.4.1　生产工艺流程

脂肪酸甲酯的生产工艺主要包括醇解工艺、粗脂肪酸甲酯提纯工艺、酯交换工艺和超临界酯交换工艺。

（1）醇解工艺

通过催化剂将脂肪酸在较低的温度和较短的时间内醇解完全，以避免低级脂肪酸在高温下挥发及不饱和脂肪酸氧化等不良结果。催化剂用量为油重量的 0.1%～1%；当醇油摩尔比为 7∶1 时比较合理，继续增大甲醇用量，效果不明显，反应压力为常压。理论上讲，加压有利于反应的进行，但增加了设备投资和工艺难度，通常使用常压；反应温度在无甲醇回流时为 64℃，有甲醇回流时为 65℃，因此建议设甲醇回流系统。搅拌要求充分，以保证脂肪酸、甲醇、催化剂充分接触。甲酯转化率可达 95%。

(2) 粗脂肪酸甲酯提纯工艺

工艺方法：真空精馏；操作残压≤3kPa；分别在 248、262℃得两个不同馏分，前者即为生物柴油，其甲酯含量达 99%以上，后者为未反应的脂肪酸可以重复进行甲酯化[149]。粗脂肪酸生产脂肪酸甲酯的工艺流程图如图 5-44 所示。

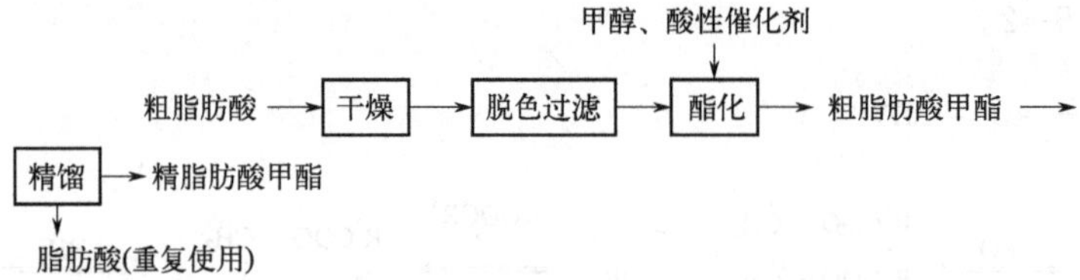

图 5-44 粗脂肪酸生产脂肪酸甲酯的工艺流程图

(3) 酯交换工艺

脂肪酸甲酯可由甘油三酯和甲醇通过酯交换反应获得。该过程可在酸催化剂、碱催化剂或者酶作用下进行。间歇式酯交换法生产生物柴油的工艺包括原料处理、反应、分离精制和回收几部分。原料预处理一般需经过脱胶，除杂和除水，碱催化时还要控制酸值（酸值在 10 以下）。

在酸催化下的工艺条件为醇油物质的量之比（10∶1）～（50∶1），催化剂用量为油质量的 5%～7%，反应时间 3～10h，反应温度在 65～100℃，压力一般为常压下；碱催化下的工艺条件为醇油物质的量之比 6∶1，催化剂用量为油质量的 1%，反应时间 1～2h，反应温度 60～70℃，一般为常压；酶催化酯交换反应一般在酶生物催化反应器内进行，工艺条件为：醇油物质的量之比（1∶1）～（5∶1），催化剂固定化脂肪酶用量应为油脂质量的 4%～10%，反应时间 4～18h，反应温度（30±15)℃，常压。特别地，在超临界、亚临界中，使用固体催化剂或不使用催化剂可实现酯交换过程。工艺条件为醇油物质的量之比（15∶1）～（50∶1），催化剂用量占油质量 1%～10%（使用催化剂情况下），反应时间 4min～1h，反应温度 130～400℃，压力 1～25MPa。酯交换反应结束后，一般先蒸出未反应的甲醇，之后通过重力沉降静置分层得到粗生物柴油和粗甘油，再通过分离精制得到产品生物柴油和副产物甘油[136]。

(4) 超临界酯交换工艺

超临界酯交换生产工艺即在超临界流体参与下进行酯交换反应，超临界流体既可作为反应介质，也可直接参加反应。超临界流体对操作温度及压力变化具有很强的敏感性，从而可通过改变反应中的操作条件来调节超临界流体的物理特性（包括密度、温度、黏度、扩散系数、介电常数、反应速率常数等），进一步影响反应体系在超临界流体中的传质、溶解度及反应动力学性能，从而改善产率、选择性及反应速率。

甲醇在超临界状态下具有疏水性，油脂能够很好地溶解在超临界甲醇中，用于生物柴油的制备，具有反应迅速、转化率高等优点。甲醇经过超临界处理后能够在无催化剂存在的条件下与菜籽油发生酯交换反应，其产率高于普通的催化过程，同时还可以避免使用催化剂所必需的分离纯化过程，使酯交换过程更加简单、安全和高效。超临界反应条件下，甲醇在比较高的温度和压力下，解离作用明显增强，会生成较多的甲氧基离子，同时还会与体系中的质子形成相应的质子化物[136]，如下：

$$CH_3-O-H \longrightarrow CH_3-O^- - H^+$$

$$CH_3-O-H + H^+ \longrightarrow \overset{+}{C}H_3-\underset{\displaystyle H}{\underset{|}{O}}-H$$

从上式可以看出，甲醇-油脂体系中即使不含催化剂，解离产出的甲氧基离子也会催化酯交换反应。此外，甲醇与油脂在常温常压下互不相溶，但在超临界状态下，相互溶解度就比较大，有利于反应向正反应方向进行。由于甲醇与油脂的相互溶解性不高，酶法和固体酸碱法反应时间长，虽然通过加速搅拌可以缩短反应时间，但是最短的时间也要 2h 以上。超临界酯交换法则克服了这些缺陷，反应可以在 4min 内完成，而且生物柴油和甘油可以一次完全分离。对原料油脂的适应性强，当脂肪酸含量高达 30%以上，对生物柴油的得率也基本上没有影响，水含量超过 30%的原料也能达到 90%以上的得率。

超临界法制备生物柴油通常需要高温高压，对设备要求很高。因此要大规模应用于工业生产，还需要进一步地研究。目前的主要研究方向是与其他方法的结合，如超临界流体法与化学合成法结合，超临界流体法与生物酶法结合等。国外也有一些在超临界 CO_2 流体中进行酶催化法制备生物柴油的报道，发现用酶作催化剂在超临界 CO_2 中合成生物柴油的产率要小于在超临界甲醇中的产率[150]。由于能很好地解决反应产物与催化剂难分离问题，超临界酯交换过程目前也是生物柴油生产领域的研究热点。

5.2.4.2 国外生产工艺

美国生物柴油协会网站详细报道了生物柴油技术供应商及生物柴油相关内容。下面对国外常用的生产工艺作简单介绍[151-153]。

（1）Connemann 工艺[154]

该工艺在 20 世纪 80 年代开始推出，使用离心机连续分离生物柴油技术。目前在德国已有多家工厂，主要使用菜籽油生产生物柴油。该工艺也适用于其他原料油生产生物柴油。Connemann 工艺如图 5-45 所示。

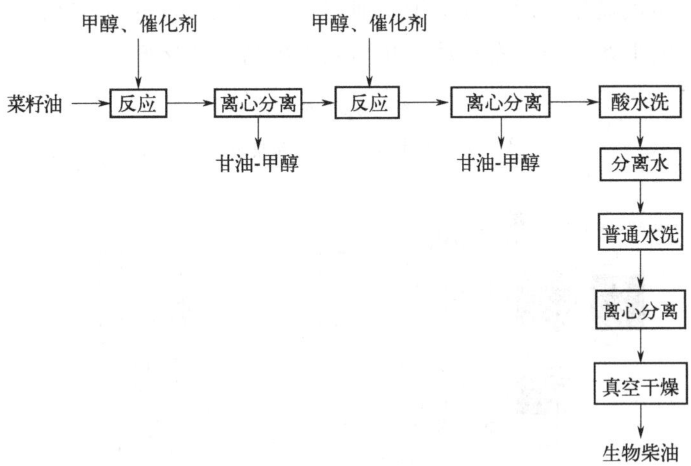

图 5-45　Connemann 工艺流程图

菜籽油和甲醇在液碱催化剂存在的条件下发生连续酯交换。预热后的菜籽油中加入甲醇和催化剂，进行第一级酯交换反应，生成的甘油与甲醇混合物被连续带出，并用离心机进行离心分离，分别得到酯相与甘油相。甲醇与甘油在后续工艺中被回收，然后再补充甲醇与催化剂进行第二级反应，并继续用离心机离心分离，菜籽油甲酯中的残余甲醇通过蒸发回收继续使用。然后对粗酯分两次水洗，第一次使用加酸水，第二次使用普通水。用离心机分离洗涤水。水洗过的菜籽油甲酯经过真空干燥再通过换热冷却，然后得到生物柴油产品。

该工艺与德国 Lurgi 公司及其他公司的工艺类似，主要差别在于反应罐的设计与分离方式。Connemann 工艺可以生产高质量的生物柴油，同时配套甘油蒸馏设备后还可以生产医药级甘油。

(2) Lurgi 工艺[152]

德国 Lurgi 公司采用的是两级连续酯交换工艺（如图 5-46）。先将甲醇和催化剂（甲醇钠）配制成溶液，然后将油脂与甲醇的碱溶液用泵按一定比例连续打入第一级酯交换反应器。在搅拌下反应，生成的混合物分出甘油相后溢流进入第二级反应器，补充甲醇和催化剂，在搅拌下继续反应，然后再溢流进入沉降槽分离。分离后的粗甲酯经水洗后脱水得到生物柴油。过量的甲醇可以回收继续作为原料进行反应。第二级酯交换分出的甘油相、甲醇和催化剂的浓度都比较高，Lurgi 工艺把这部分物料作为甲醇和催化剂原料直接进入第一级反应器参与反应。

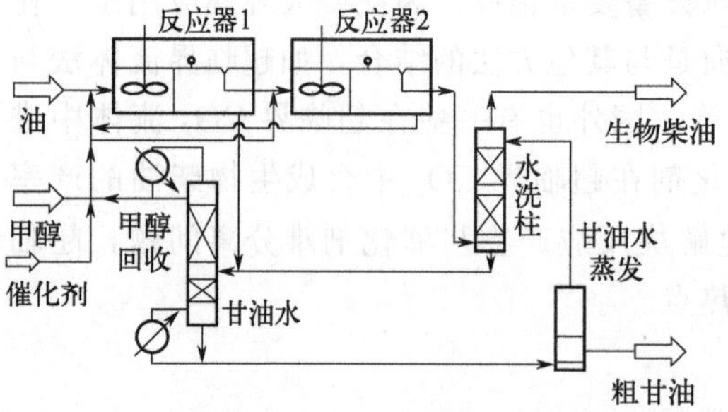

图 5-46　Lurgi 公司醇解工艺

(3) Sket 工艺（CD Process）[155]

Cimbria Sket 公司也采用连续酯交换脱甘油工艺，催化剂以 KOH 为主，流程如图 5-47 所示。该工艺包括在第一级反应器中的酯交换、甘油沉降；第二级反应器中进一步酯交换后，通过第一级分离器洗涤除去甘油。物料再进入第三级反应器，并补充甲醇与催化剂，再进行酯交换反应。然后经过第二级分离器，通过含水的萃取缓冲溶剂，脱除甲醇、甘油、皂以及催化剂。进一步汽提除醇后，洗涤干燥而得到生物柴油。由于采用了连续脱甘油技术，可以使酯交换反应的平衡不断向右移动，从而获得极高的转化率[156]。

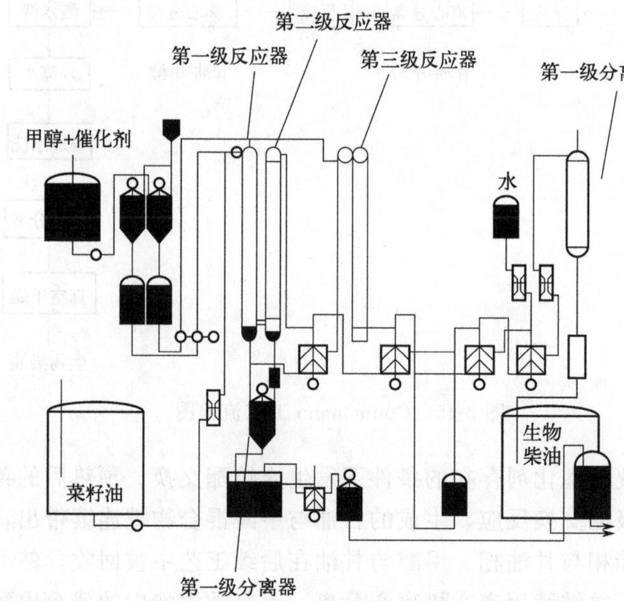

图 5-47　Sket 连续脱甘油工艺

(4) Greenline 工艺

Greenline Industries 的工艺流程如图 5-48 所示，反应采用两段酯交换。将催化剂-甲醇溶液加入到油脂中进行第一级反应，转化率约为 80%。然后通过离心分离或重力沉降把甘油分离出去，分出甘油之后的酯相补充催化剂和甲醇，进行第二级反应。在完成第二级反应并分出甘油后，对酯相进行蒸馏回收甲醇，得到粗酯，然后进行净化脱杂。

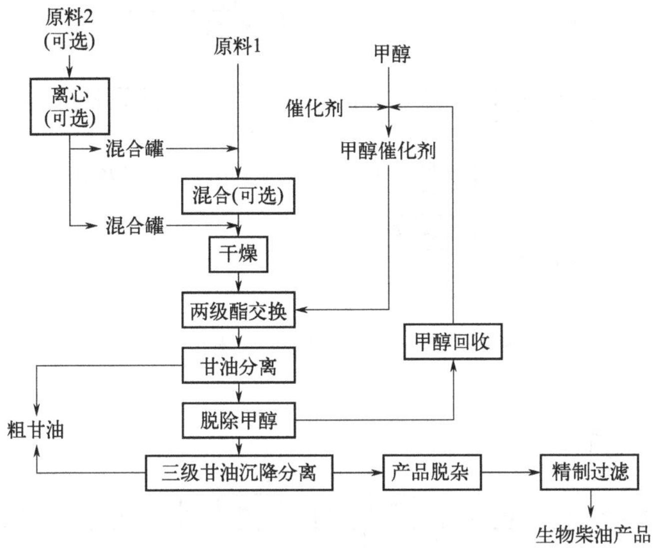

图 5-48 Greenline Industries 的工艺流程图

此工艺的一个特点是其粗酯净化采用干洗方法。Greenline 公司和 Rohm-Hass 公司合作开发了一种性能独特的树脂 Amberlite，用于 Greenline 的工艺系统。蒸完甲醇之后的生物柴油自上而下地通过填有 Amberlite 树脂的塔，Amberlite 树脂会把生物柴油中一些杂质脱除干净。从塔中出来的生物柴油再通过过滤精制，以除去可能存在的一些细小颗粒，就得到了成品生物柴油[157]。

(5) Desmet Ballestra 工艺

Desmet Ballestra 采用三级酯交换反应，工艺流程如图 5-49 所示。油脂在通过三级酯交换和三级甘油分离后，得到粗甲酯，然后回收甲醇，并用水进行洗涤，脱水后得到成品生物柴油。粗酯蒸馏回收的甲醇直接作为原料使用，而含有水的甲醇需要经过进一步精制后才可再次利用[156]。

(6) Oiltek 工艺

Oiltek 设计了针对精炼棕榈油的三级酯交换反应（图 5-50）。该工艺将固体烧碱催化剂溶于甲醇中与油脂反应，经过三级反应后分离出甲酯和甘油两相。反应后甲酯先加热闪蒸去除大部分甲醇，再水洗去除残余甲醇和甘油。反应过程中分离出的甘油相经过甲醇回收、净化处理、蒸发脱水后得到粗甘油，可以继续精炼得到医药级甘油。Oiltek 工艺整体和前面的五个工艺类似。由于棕榈油中含有大量的棕榈酸甲酯，其生物柴油的低温流动性比较差，因此采用二次分提方式生产的冬季生物柴油得率为 35%～40%[158]。

(7) 美国 Biodiesel Industries 工艺

美国的生物柴油工艺公司开发了模块组装（modular production unit，MPU）生产生物

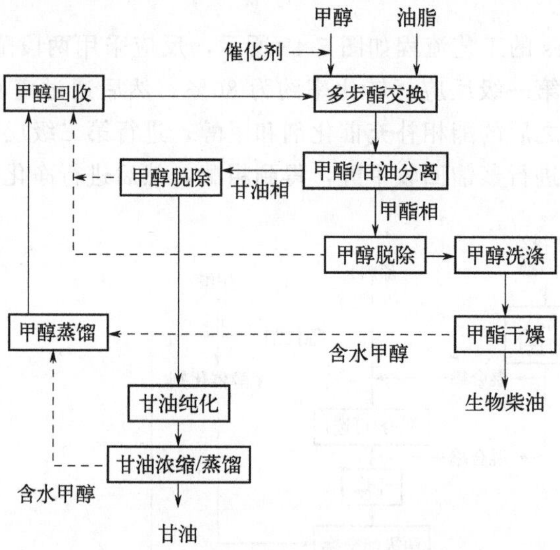

图 5-49 Desmet Ballestra 工艺流程图

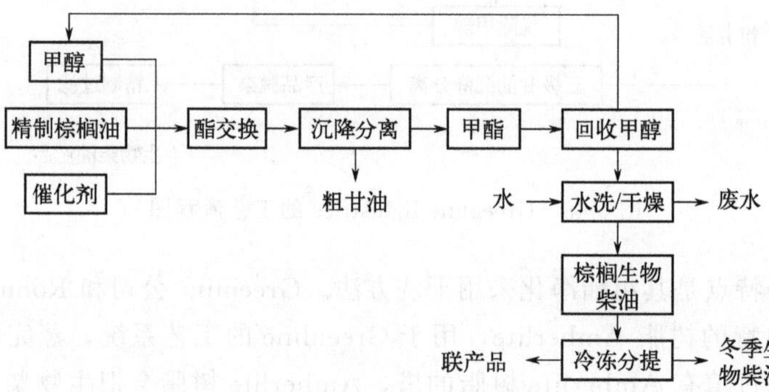

图 5-50 Oiltek工艺流程图

柴油的装置，每套装置生产能力可达 3000～10000t/a。第一套装置 2000 年 12 月建成，第二套装置 2006 年在澳大利亚建成。

此工艺分为以下几个部分：①基本模块单元，也就是模块移动部分，具体分为混合单元、反应单元、分离单元、蒸馏单元、过滤单元；②固定单元，分为原料加工单元（过滤和分离原料以脱除水），杂质成品生物柴油的加工单元（过滤和分离生物柴油以脱除杂质和水）；③原料收集系统，包括采用轧辊筒收集和运输原料、采用隔热箱过滤原料中的杂质。装置流程如图 5-51 所示[159]。

(8) Henkel 工艺

德国 Henkel 公司公开了高温高压法碱催化油脂醇解工艺（图 5-52）。醇解温度 220～240℃，压力 9～10MPa，醇解反应器是三个空塔，醇解反应的油脂与甲醇体积之比为 1∶0.8，催化剂为甲醇钠，可以采用含游离脂肪酸的未精炼油脂直接反应。原料中甘油三酸酯的转化率接近 100%，游离脂肪酸大部分可以与甲醇发生酯化反应而生成脂肪酸甲酯，但同时也会形成部分皂化物存在于上层甲酯相与下层甘油相之间。后续工段包括除皂、中和、洗涤、干燥等。该工艺操作条件苛刻，设备投资较高，不适用于小规模生产，但对于大规模连续化生产具有一定的竞争力。

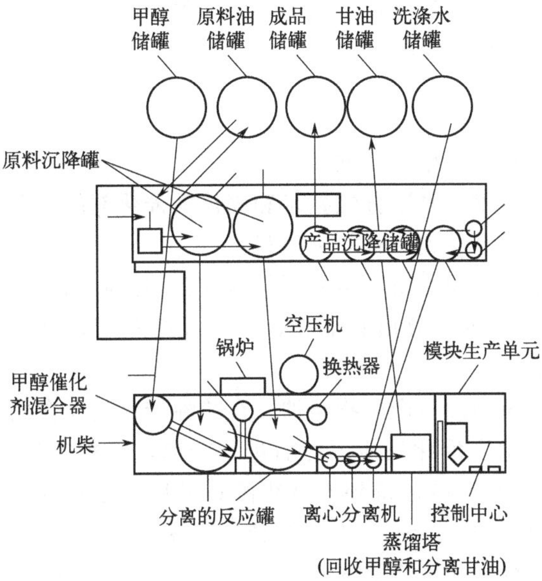

图 5-51 Biodiesel Industries 的模块组装装置图

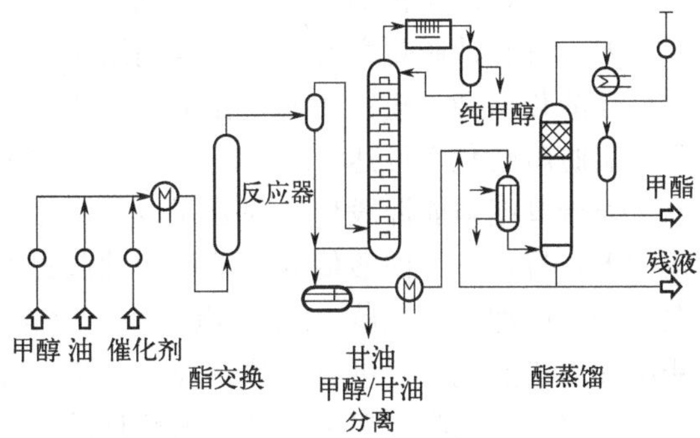

图 5-52 Henkel 高温高压醇解工艺流程图

前面所述的碱酯交换工艺存在对原料要求苛刻、流程复杂、废液排放多种缺点，并且由于甲醇和油脂不互溶，反应传质差，影响反应速度和酯交换效果。法国石油研究院开发的 Esterfip-H 工艺、加拿大多伦多大学开发的 BIOX 工艺克服了以上缺点，并成功地实现了工业化[160]。

(9) Esterfip-H 工艺[152]

Esterfip-H 工艺由法国石油研究院开发，采用尖晶石型的混合金属氧化物固体碱催化剂。在该工艺中，酯交换的温度比均相反应温度高，加入的甲醇过量，采用的是两级连续反应法（图 5-53）。植物油和甲醇经过第一级固定床反应器（R_1）后，部分闪蒸甲醇，并进行甘油沉降和分离，上层粗酯和补充的甲醇一起进入第二级固定床反应器（R_2），然后再闪蒸甲醇、进行甘油沉降和分离。对上层粗酯进行减压蒸馏并脱甘油，得到生物柴油，纯度超过 99%，油脂的转化率接近 100%。巴黎的 Diester Industrie 公司利用这套技术建造了一套年产 160kt 的生产装置。Esterfip-H 工艺是第一套采用固体碱催化剂生产生物柴油的工艺，且该工艺制备的副产品甘油的纯度很高，超过 98%。

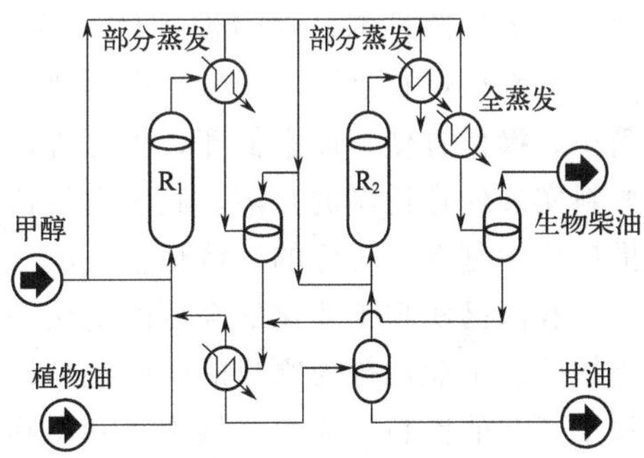

图 5-53 多相催化生物柴油生产工艺流程图

(10) BIOX 工艺[152]

加拿大多伦多大学开发了生产生物柴油的 BIOX 工艺。在传统的液相工艺中，油脂与甲醇在反应的初级阶段并不互溶，而是分成两相，导致反应速率比较慢。BIOX 工艺在酯交换反应中引入了惰性的助溶剂，使油脂和甲醇成为一相，大大加快了反应速率。BIOX 工艺包含了酸催化和碱催化两个过程，可以处理高酸值的动植物油，油脂中游离脂肪酸的含量可以高达 30%。该工艺过程是先将脂肪酸在一个活塞流反应器内进行酸催化反应转化为甲酯，反应时间 40min，操作温度 60℃，然后在第二个活塞流反应器中以相似的条件进行碱催化反应。甘油三酯在几秒钟内就能转化成生物柴油和副产物甘油，99.5%以上未消耗的甲醇（共溶剂）进行循环，冷凝潜热则被回收用于加热进料。目前，加拿大的BIOX公司已把此工艺推向工业化，投资2400万美元，建立约50kt/a生物柴油厂。

5.2.4.3 国内生产工艺

目前，国内主要是以高酸值的废弃油脂为原料生产生物柴油。

海南正和生物能源有限公司采用了环流喷射技术、真空分馏技术和固体酸催化剂的二段酯交换技术，采用榨油厂的油脚、城市餐饮废油以及黄连木油等为原料。

四川古衫油脂化学有限公司是利用植物油精炼过程中所产生的下脚料及食用回收油为原料，经酸化除杂、连续脱水、酯化、回收甲醇、静置、分出甘油相，然后连续蒸馏得到成品。脂肪酸转化率可达93%以上，成品收率较高。

龙岩卓越新能源股份有限公司也是利用废动植物油生产生物柴油。在酸性催化剂存在的条件下，将各种不同酸值的废动植物油脂进行醇解和酯化反应，然后进行分离，得粗产品；在粗产品中加入含纯碱10%的饱和食盐水进行中和反应，得到水洗粗酯；最后，在水洗粗酯中加入工业纯碱后进行加热蒸馏，收集气相温度为220～320℃的馏分，得成品生物柴油。

我国清华大学等研究单位根据秸秆的碳水化合物和木质素的原有化学结构特点，在催化剂作用下，选控断裂醚键、酚醚键、二烷基醚键和连接单元之间的碳-碳链，调控反应条件，形成高活性的自由基，实现了秸秆内高分子目的性的裁剪、重组，制备出汽、柴油馏分。其液相中含有40%的柴油、20%的汽油，其余是苯和苯酚等有机化合物[161]。

李忠等[162]发明了一种生物柴油改性的方法，其方法是将有机羧酸改性剂和无机酸改性剂以及植物油制成的生物柴油加入反应釜中。在搅拌下升温至30～80℃，在0.1～10h内匀速加入氧化改性剂，在恒温下继续反应0.5～5h后，静置分层，取上层液体中和至pH＝7～8，然后进行水洗及干燥，即得改性后的生物柴油。该发明是在常温常压下进行的，工艺简单，操作方便，成本低廉，无环境污染，而且改性后的生物柴油可以和甲醇等低价格极性燃料实现任意比例的互溶，其十六烷值达到了60以上，最大值可达65以上，为生物柴油的推广应用创造了良好的经济环境，改变了目前车用柴油完全依赖于石油柴油的现状。

我国已实现工业化的高压醇解法用于高酸值原料的生产，该法较适宜大规模生产，以废餐饮油、工业油等为原料的同时还可以使用其他大宗原料。超声波、超临界等技术的引入增强了工艺的原料适应性。例如，利用超声波的空化作用提高了反应速度、减少了溶剂用量。用超临界技术（SCF）缩短了反应时间，降低了催化剂用量，减少了污染。反应条件过高是限制SCF应用的主要因素，当前应加快应用研究，降低条件要求，降低醇油比，提高设备容积的有效利用率。此外，还可以考虑发挥SCF技术优势，联产其他高附加值产品。

5.2.5 工业化发展趋势

生物柴油对我国生态环境综合治理、能源安全和农业结构调整有十分重大的战略意义。近几年来，尽管生产柴汽比（柴油与汽油之比）不断提高，但仍不能满足消费柴汽比的要求，目前，生产柴汽比约为1.8，而市场的消费柴汽比均在2.0以上，云南、广西、贵州等省区的消费柴汽比甚至在2.5以上。随着西部开发进程的加快和国民经济重大基础项目的相继启动，柴汽比的矛盾将尤为突出，未来柴油的需求量将愈来愈大，而柴油的供应量却严重不足，这就给生物柴油的发展留下了广阔的空间。因此，发展生物柴油可以调整油品结构、提高柴汽比，弥补柴油不足，减少国家对进口原油的依赖性。根据国际能源署预测，到

2030 年全球生物柴油需求量将超过 5000 万吨，其中我国为 750 万吨。

生物柴油的发展主要经历了两个阶段：第一代生物柴油和第二代生物柴油（图 5-54）。第一代生物柴油是油脂与甲醇（CH_3OH）进行酯交换反应制得的脂肪酸甲酯，技术相对比较成熟，已在全球范围内实现规模化生产。但由于第一代生物柴油燃烧值低，不能完全替代石化柴油，只能按照一定比例进行添加使用，且凝固点高，在温度低的地域无法使用，于是人们将研究重点转移到改变油脂的羧基官能团分子结构上，使其脱除含氧基团，转变成相对应的烷烃，并通过异构化降低凝点，改善生物柴油流动性，逐渐形成了第二代生物柴油制备技术，并在国外最早实现了工业化推广与生产。

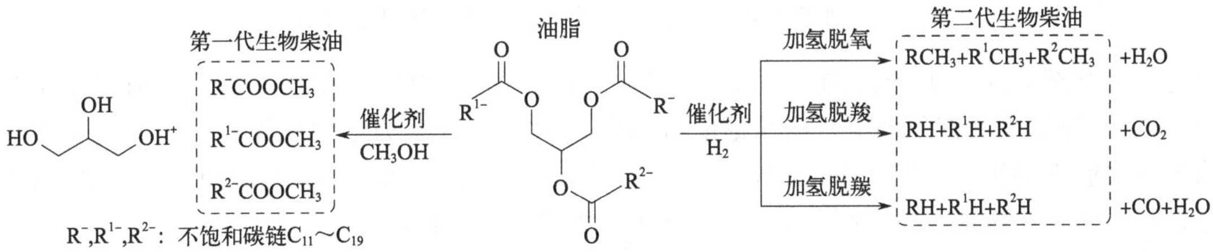

图 5-54 第一代生物柴油和第二代生物柴油

油脂催化加氢转化制备第二代生物柴油工艺主要包括脱氧单元、异构单元和分馏单元，典型的工艺流程如图 5-55 所示。首先，经预处理除去固体杂质的油脂在脱氧反应器中通过催化加氢脱氧（HDO）或催化加氢脱氯（HDC）反应转化为以直链烷烃为主的产物；然后，在分离器中分成 H_2O、CO 和 CO_2，烷烃则进入异构反应器中通过临氢异构化反应提高支链烷烃的比例；最后，产物进入分馏塔分离出低碳烃和柴油馏分，其中柴油馏分即可作为第二代生物柴油销售。目前，第二代生物柴油的生产已有多个商业化案例，包括芬兰 Neste 公司开发的 NExBTL 技术、美国 UOP 公司和意大利 ENI 公司合作开发的 Ecofining 技术、中国石油化工集团有限公司开发的 RN-OIL 技术等。NExBL 技术的第一阶段在 200～500℃ 和 2～15MPa 氢压条件下，以 $NiMoS_x/Al_2O_3$ 或 $CoMoS_x/Al_2O_3$ 为催化剂，对油脂进行脱氧制备正构烷烃，并且在此阶段脱除 S、N 等杂质；第二阶段用 Pt/SAPO-11-Al_2O_3、Pt/ZSM-22-Al_2O_3 或 Pt/ZSM-23-Al_2O_3 催化剂进行临氢异构化反应制备异构烷烃。Ecofining 技术以植物油脂为原料，与 H_2 混合后在 300℃下通过反应器，然后从完全脱氧的烷烃产物中分离出水和 CO_2，并将脱氧的液体产物分馏以除去少量的轻质燃料副产物，回收过量 H_2 循环回到反应器中；再将分离得到的正构烷烃注入临氢异构化反应器中，得到支链的柴油范围的烃类化合物。RN-OIL 技术以菜籽油、大豆油、棕榈油及乌桕油为原料，在 500℃下使用 RN 系列催化剂，经脱氧、异构降凝分离出第二代生物柴油，其产品十六烷值达 74，凝点－23℃，已在浙江镇海炼化的 2 万吨/年装置上实现应用。

一代生物柴油尽管可以通过掺混提高石化柴油的十六烷值，但不能完全替代石化柴油，需要按照一定比例掺混，常见添加比例为 5%～10%（如法国 8%，英国 10%，奥地利 6.3%，罗马尼亚 6.5%，波兰 5%，克罗地亚 7.5%，比利时 6.5%）。相对一代生物柴油来说，二代生物柴油热值更高、氧化安定性更好，并且可以与柴油任意比例调和等，结构和性能更加接近石化柴油。生物航煤相比其他石化航煤替代燃料，与石化航煤的品质相似，性能相近，可满足航空领域动力特性与安全要求，也无需更换发动机和燃油系统，全生命周期温室气体减排幅度最大约为 90%。鉴于电力驱动航空难以实现，为满足低碳政策要求将导致对生物航煤的需求大幅提高。如欧洲要求 2025 年生物航煤强制添加比例为 2%，2050 年添

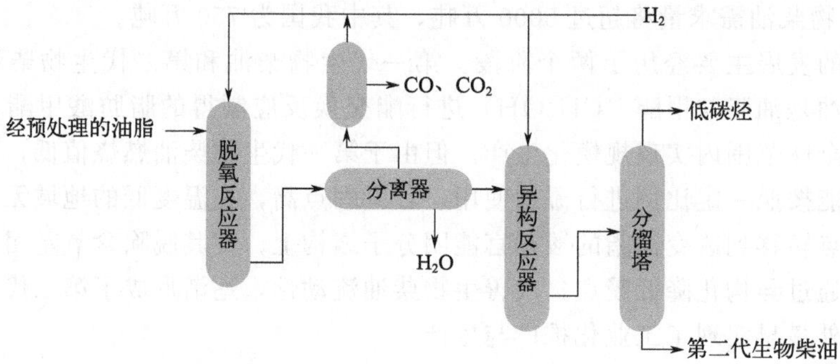

图 5-55　油脂催化加氢转化制备第二代生物柴油工艺流程图

加比例上升至 63%；其中法国于 2022 年实施了 1%的生物航煤强制掺混指令，荷兰航空公司 2022 年开始为所有阿姆斯特丹出港航班的燃料添加 0.5% 的生物航煤。由于二代生物柴油与生物航煤的生产工艺几乎一致，生产灵活性强，因此，预计未来中国生物柴油工厂将大量投产二代生物柴油/生物航煤装置，来适应市场的变化和需求。

从全球生物柴油产量来看，根据德国汉堡的行业刊物《油世界》的统计数据，全球生物柴油产量从 2004 年的 189 万吨增长到 2019 年 4420 万吨，年均复合增长率达到 20%以上。2015～2023 年全球生物柴油产量及增长率如图 5-56。

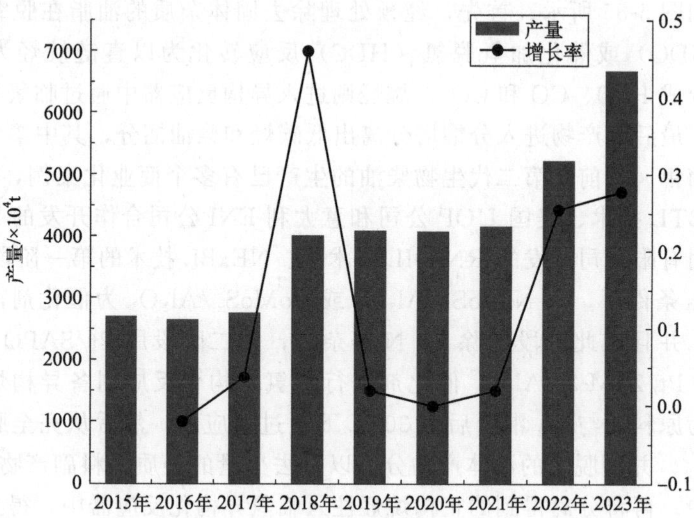

图 5-56　2015～2023 年全球生物柴油产量及增长率

我国生物柴油研究起步较晚，于 2006 年开始发展，在 2010 年初具规模。而且与其他生物柴油技术成熟的国家/地区不同的是，中国奉行“不与粮争地，不与人争粮”的国家安全政策，因此中国制备生物柴油的原料主要是废油脂（地沟油、酸化油等），同时大多采用液体酸催化剂进行酯化反应。地沟油为原料生产的生物柴油在欧洲可以双倍计算二氧化碳减排量，在市场竞争中具有很强的价格优势。

从国内产量来看，我国生物柴油行业 2015 年受石油价格持续低迷影响，产量有所下降，随后稳步上升，2023 年中国生物柴油全年实际产量约 200 万吨（图 5-57）。截至 2019 年底，中国生物柴油企业共 38 家，其中正常生产的 26 家，不能正常生产的 12 家，正常生产企业包括 3 家生产烃基生物柴油（加氢生物柴油）的企业。现有的生物柴油企业中，采用加氢技术的 3 家，生物酶法的 1 家（2020 年增加了 1 家），亚临界技术的 1 家。现有企业创业板上市 1 家，科创板 1 家（福建卓越 2020 年科创板上市），另外还有 3 家新三板企业。2023 年中国生物柴油产量约为 20 万吨，绝大部分用于出口，出口主要目的地是欧洲。由于欧盟可再生能源指令（REDII）对基于生物柴油的双重计算条款，以及国内工业级混合油（为生物柴油生产原料餐厨废弃油脂预处理后的产品）70%的增值税退税支持，我国生产的生物柴油出口几乎全部流向欧洲，其中大部分被运往荷兰、比利时和西班牙。

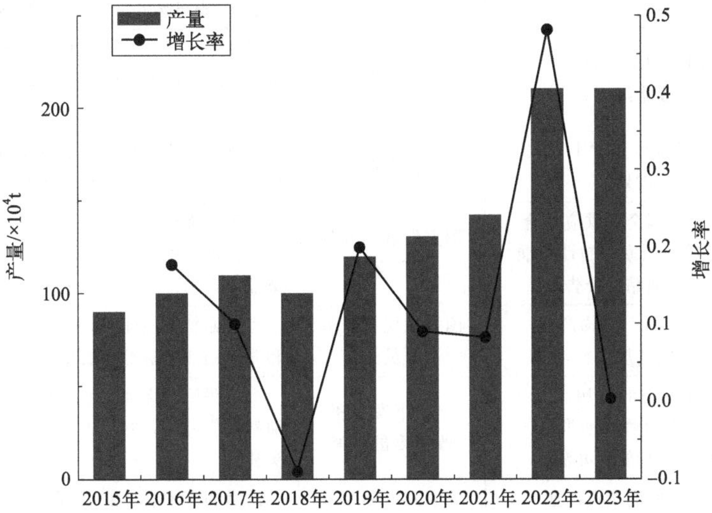

图 5-57　2015～2023 年中国生物柴油产量及增长率

发展生物柴油产业可以促进中国农村和经济社会发展。我国有些地方土地荒弃现象较为严重，但可通过结构调整发展成生物柴油的原料产地。同时不适宜种植粮食的荒山、水土流失和沙化严重的地区可以开发种植特色高产能源木本油料，发展成生物能源的供应地。通过对土地的有效利用，将会大大增加生物能源的供应量，将形成一个庞大的产业，并将大大增加就业机会，走出一条农林产品向工业品转化的富农强农之路。有利于调整农业结构，增加农民收入，保护生态环境。

近年来，生物柴油产业得到了国家发展和改革委员会、科学技术部等政府部门的支持，并已列入相关国家计划（见表 5-2）。随着生物柴油生产工艺技术的不断发展，政府不断出台扶持政策，目前我国生物柴油产业处于快速扩张阶段，国内厂商不断拓展海外市场。但是我国生物柴油产业未来的发展应该有自己的特色，应将中国先进的生物柴油制备技术与发达国家先进的设备制造业相结合；协调好生物柴油进入市场与两大石油集团油品销售的关系；实行政府引导、支持和市场竞争相结合的发展方针；妥善解决油料作物与农产品争地的问题；在基因技术推广以及大面积种植油料树木的过程中，充分考虑基因安全以及森林安全。

表 5-2　我国生物柴油支持政策（增加最新政策）

时间	政策	发布单位	内容
2012 年	《生物产业发展规划》	国务院	实施生物柴油商业化示范工程，加快生物柴油制备用催化剂开发
2013 年	《战略性新兴产业重点产品和服务指导目录》	国家发展改革委	支持餐厨废弃物制成生物柴油等资源化产品
2014 年	《关于印发新能源行业加强大气污染防治工作方案的通知》	国家发展改革委、国家能源局等	继续推动非粮燃料乙醇试点、生物柴油等产业化示范

续表

时间	政策	发布单位	内容
2014 年	《生物柴油产业发展政策》	国家能源局	大力宣传生物柴油对解决“地沟油”回流餐桌问题、大气雾霾治理和可持续发展的战略意义与重要作用，适时调整《柴油机燃料调合用生物柴油(BD100)》(现已废止)和《生物柴油调合燃料(B5)》(现已废止)国家标准为强制性标准
2016 年	《国家创新驱动发展战略纲要》	国务院	发展安全清洁高效的现代能源技术，加快生物质能等清洁能源和新能源技术开发，发展资源高效利用和生态环保技术
2016 年	《生物质能发展“十三五”规划》	国家能源局	建立健全生物柴油产品标准体系。开展市场封闭推广示范，推进生物柴油在交通领域的应用
2016 年	《关于全国全面供应符合第五阶段国家强制性标准车用油品的公告》	国家发展和改革委员会等	全国全面供应符合第五阶段国家标准(以下简称国Ⅴ标准)的车用汽油(含 E10 乙醇汽油)、车用柴油(含 B5 生物柴油)
2017 年	《“十三五”生物产业发展规划》	国家发展和改革委员会	完善原料供应体系，有序开发利用废弃油脂资源和非食用油料资源发展生物柴油
2018 年	《上海市支持餐厨废弃油脂制生物柴油推广应用暂行管理办法》	上海市发展和改革委员会等	支持餐厨废弃油脂制生物柴油(B5)在上海市加油站推广应用，并设置应急托底保障机制、鼓励源头补偿
2020 年	《鼓励外商投资产业目录(2020 年版)》	国家发展和改革委员会	鼓励利用木薯、麻风树、橡胶籽等非粮植物为原料的生物液体燃料(燃料乙醇、生物柴油)生产
2022 年	关于完善能源绿色低碳转型体制机制和政策措施的意见	国家发展改革委、国家能源局	持续推动油气管网公平开放并完善接入标准，梳理天然气供气环节并减少供气层级，在满足安全和质量标准等前提下，支持生物燃料乙醇、生物柴油、生物天然气等清洁燃料接入油气管网，探索输气管道掺氢输送、纯氢管道输送、液氢运输等高效输氢方式
2023 年	《关于组织开展生物柴油推广应用试点示范的通知》	国家能源局	通过组织开展生物柴油推广应用试点示范，拓展国内生物柴油的应用场景，探索建立可复制、可推广的政策体系、发展路径，逐步形成示范效应和规模效应，为继续扩大生物柴油等绿色液体燃料推广应用积累经验。在全省、全市、全县(区)等行政区域或工业园区、物流园区、矿区、保税区、自贸区等开展车用生物柴油的推广应用。鼓励“以产定销、封闭运行”，组织餐厨废弃物处置企业、生物柴油生产企业、石油销售企业“定向销售、产需衔接”。鼓励地方对生物柴油示范项目给予资金扶持、用地要素保障
2024 年	《国家能源局综合司关于公示生物柴油推广应用试点的通知》	国家能源局综合司	支持北京市海淀区、河北省石家庄市等 22 个单位开展生物柴油推广应用试点工作
2025 年	《国务院办公厅关于推动成品油流通高质量发展的意见》	国务院办公厅	地方各级人民政府要统筹协调对成品油流通领域违法违规行为的监督查处，严禁以“新能源”“替代能源”等名义销售以汽油或者柴油为主要成分、不符合国家政策规定的车用燃料，严肃查处油品质量不达标、非法调和成品油、将非标油品作为发动机燃料销售给成品油零售商或者发动机燃料使用方等行为，指定部门牵头常态化开展成品油流通领域无证无照经营的专项整治工作，严厉打击无证无照经营及自建油罐、流动加油车(船)和黑加油站点等扰乱市场秩序行为

综上所述，作为一种环保可再生的绿色能源和工业原料，生物柴油的发展前景是非常广阔的，在国家政策法律支持下，利用自己独有的生产工艺和技术，积极推进生物柴油技术产业化，在国民经济的发展中将起到重要的作用。

参考文献

[1] Romano U, Tesel R, Mauri M M, et al. Synthesis of dimethyl carbonate from methanol, carbon monoxide, and oxygen catalyzed by copper compounds [J]. Industrial & Engineering Chemistry Product Research & Development, 1980, 19 (3): 396-403.

[2] Rivetti F, Romano U. Procedure for the production of alkyl carbonates: EP19920202878 [P]. 1992-9-17.

[3] 莫婉玲，李光兴，朱永强. 咪唑类化合物-CuCl络合催化剂在甲醇氧化羰基化反应中的催化性能 [J]. 燃料化学学报，2003，31 (2)：124-127.

[4] 莫婉玲，熊辉，朱永强，等. Schiff碱在甲醇液相氧化羰化反应中的双功能作用 [J]. 石油化工，2003，32 (2)：89-92.

[5] Raab V, Merz M, Sundermeyer J. Ligand effects in the copper catalyzed aerobic oxidative carbonylation of methanol to dimethyl carbonate (DMC) [J]. Journal of Molecular Catalysis A Chemical, 2001, 175 (1-2): 51-63.

[6] Sato Y, Kagotani M, Yamamoto T, et al. Novel effective poly (2, 2′-bipyridine-5, 5′-diyl) -$CuCl_2$ catalyst for synthesis of dimethyl carbonate (DMC) by oxidative carbonylation of methanol [J]. Applied Catalysis A: General, 1999, 185 (2): 219-226.

[7] Sato Y, Kagotani M, Souma Y. Synthesis of Dimethyl Carbonate (DMC) by Oxidative Carbonylation of Methanol Using Polymer-supported $CuCl_2$ Catalyst [J]. Sekiyu Gakkaishi, 2000, 43 (1): 75-79.

[8] Stricker M, Linder T, Oelkers B, et al. Cu(Ⅰ)/(Ⅱ) based catalytic ionic liquids, their metallo-laminate solid state structures and catalytic activities in oxidative methanol carbonylation [J]. Green Chemistry, 2010, 12 (9): 1589-1598.

[9] Wang H, Wang B, Liu C L, et al. Oxidative carbonylation of methanol over copper ion-containing ionic liquids immobilized on SBA-15 [J]. Microporous and Mesoporous Materials, 2010, 134 (1-3): 51-57.

[10] Zhao D, Zhang G, Yan L, et al. Carbon nanotube-supported Cu-based catalysts for oxidative carbonylation of methanol to methyl carbonate: Effect of nanotube pore size [J]. Catalysis Science & Technology, 2020, 10 (8): 2615-2626.

[11] Zhang G, Zhao D, Yan J, et al. The promotion and stabilization effects of surface nitrogen containing groups of CNT on Cu-based nanoparticles in the oxidative carbonylation reaction [J]. Applied Catalysis A: General, 2019, 579: 18-29.

[12] Shi R N, Zhao J X, Liu S S, et al. Nitrogen-doped graphene supported copper catalysts for methanol oxidative carbonylation: Enhancement of catalytic activity and stability by nitrogen species [J]. Carbon, 2018, 130: 185-195.

[13] 殷元琪. 羰基合成化学 [M]. 北京：化学工业出版社，1996.

[14] 李光兴，王克洪，向兴源，等. 一种液相氧化羰基化合成碳酸二甲酯的工艺方法：CN98113467.X [P]. 1998-03-12.

[15] 李忠，王霞，郑华艳，等. 一种甲醇氧化羰基化制备碳酸二甲酯的工艺：CN201510254626.X [P]. 2015-05-18.

[16] Curnutt G L. Catalytic vapor phase process for producing dihydrocarbyl carbonates: US 5004827 [P]. 1991-02-04.

[17] Keller N, Rebmann G, Keller V. Catalysts mechanisms and industrial processes for the dimethylcarbonate synthesis [J]. Journal of Molecular Catalysis A: Chemical, 2010, 317 (1): 1-18.

[18] 曹发海，应卫勇. 甲醇氧化羰化 $CuCl_2$/C 催化剂的失活与再生 [J]. 华东理工大学学报：自然科学版，1997，23 (1)：14-17.

[19] Han M S, Lee B G, Suh I, et al. Synthesis of dimethyl carbonate by vapor phase oxidative carbonylation of methanol over Cu-based catalysts [J]. Journal of Molecular Catalysis A: Chemical, 2001, 170 (1-2): 225-234.

[20] Han M S, Lee B G, Ahn B S, et al. The role of copper chloride hydroxides in the oxidative carbonylation of methanol for dimethyl carbonate synthesis [J]. Journal of Molecular Catalysis A: Chemical, 2003, 203 (1-2): 137-143.

[21] Meng Q, Wang Z, Shen Y, et al. DFT and DRIFTS studies of the oxidative carbonylation of methanol over gamma-

$Cu_2Cl(OH)_3$：The influence of Cl [J]. RSC Advances，2012，2 (23)：8752-8761.

[22] Wang R Y，Li Z，Zheng H Y，et al. Catalytic performance of $Cu_2(OH)_3Cl$ catalysts supported on various supports for methanol oxidative carbonylation [J]. Chinese Journal of Catalysis，2009，30 (10)：1068-1072.

[23] Yuan Y，Cao W，Weng W. $CuCl_2$ immobilized on amino-functionalized MCM-41 and MCM-48 and their catalytic performance toward the vapor-phase oxy-carbonylation of methanol to dimethylcarbonate [J]. Journal of Catalysis，2004，228 (2)：311-320.

[24] Jiang R X，Wang S F，Zhao X Q，et al. The effects of promoters on catalytic properties and deactivation-regeneration of the catalyst in the synthesis of dimethyl carbonate [J]. Applied Catalysis A：General，2003，238 (1)：131-139.

[25] Meng Q，Wang S，Shen Y，et al. Surface structure and reaction property of $CuCl_2$-$PdCl_2$ bimetallic catalyst in methanol oxycarbonylation：A DFT approach [J]. Applied Surface Science，2014，292：117-127.

[26] 王延吉，赵新强，苑保国，等. 甲醇气相氧化羰基化合成碳酸二甲酯的研究Ⅰ. 催化剂制备及反应性能 [J]. 燃料化学学报，1997，25 (04)：323-327.

[27] King S T. Reaction mechanism of oxidative carbonylation of methanol to dimethyl carbonate in Cu-Y zeolite [J]. Journal of Catalysis，1996，161 (2)：530-538.

[28] Li Z，Xie K，Slade R C T. Studies of the interaction between CuCl and HY zeolite for preparing heterogeneous Cu^{I} catalyst [J]. Applied Catalysis A：General，2001，209 (1-2)：107-115.

[29] Li Z，Xie K，Slade R C T. High selective catalyst CuCl/MCM-41 for oxidative carbonylation of methanol to dimethyl carbonate [J]. Applied Catalysis A：General，2001，205 (1-2)：85-92.

[30] Anderson S A，Root T W. Investigation of the effect of carbon monoxide on the oxidative carbonylation of methanol to dimethyl carbonate over Cu^+X and Cu^+ZSM-5 zeolites [J]. Journal of Molecular Catalysis A：Chemical，2004，220 (2)：247-255.

[31] Zhang Y，Briggs D N，Bell A T. Effects of zeolite structure and composition on the synthesis of dimethyl carbonate by oxidative carbonylation of methanol on Cu-exchanged Y，ZSM-5，and Mordenite [J]. Journal of Catalysis，2007，251 (2)：443-452.

[32] Zhang Y，Bell A T. The mechanism of dimethyl carbonate synthesis on Cu-exchanged zeolite Y [J]. Journal of Catalysis，2008，255 (2)：153-161.

[33] Zheng X，Bell A T. A theoretical investigation of dimethyl carbonate synthesis on Cu-Y zeolite [J]. The Journal of Physical Chemistry C，2008，112 (13)：5043-5047.

[34] Drake I J，Zhang Y，Briggs D，et al. The local environment of Cu^+ in Cu-Y zeolite and its relationship to the synthesis of dimethyl carbonate [J]. The Journal of Physical Chemistry B，2006，110 (24)：11654-11664.

[35] Richter M，Fait M J G，Eckelt R，et al. Gas-phase carbonylation of methanol to dimethyl carbonate on chloride-free Cu-precipitated zeolite Y at normal pressure [J]. Journal of Catalysis，2007，245 (1)：11-24.

[36] 付廷俊，郑华艳，牛燕燕，等. Ce，La 和 Cs 离子对 CuY 催化甲醇氧化羰基化活性中心的影响 [J]. 化学学报，2011，69 (15)：1765-1772.

[37] 李艳娇，阎立飞，郑华艳，等. 酸处理对 CuY 催化剂孔结构及氧化羰基化性能的影响 [J]. 无机化学学报，2015，31 (12)：2315-2323.

[38] Yan L F，Zhang G Q，Li Y J，et al. Influence of mesoporous modulation on CuY catalyst for oxidative carbonylation of methanol [J]. Chinese Journal of Inorganic Chemistry，2017，33 (8)：1435-1442.

[39] Richter M，Fait M J G，Eckelt R，et al. Oxidative gas phase carbonylation of methanol to dimethyl carbonate over chloride-free Cu-impregnated zeolite Y catalysts at elevated pressure [J]. Applied Catalysis B：Environmental，2007，73 (3-4)：269-281.

[40] 李忠，付廷俊，郑华艳. CuY 制备方法对其催化甲醇氧化羰基化活性中心的影响 [J]. 无机化学学报，2011，27 (08)：1483-1490.

[41] 李忠，付廷俊，王瑞玉，等. 高活性甲醇氧化羰基化 CuY 催化剂的结构及催化活性中心 [J]. 高等学校化学学报，2011，32 (06)：1366-1372.

[42] Wang Y，Zheng H，Li Z，et al. Investigation of the interaction between Cu (acac)$_2$ and NH_4Y in the preparation of chlorine-free CuY catalysts for the oxidative carbonylation of methanol to a fuel additive [J]. RSC Advances，2015，5

(124): 102323-102331.

[43] 王玉春，郑华艳，刘斌，等.固相反应制备无氯CuY催化剂及其催化氧化羰基化——固相反应温度和铜负载量的影响 [J].高等学校化学学报，2015，36 (12): 2540-2549.

[44] Zhou H，Wang B，Wang S，et al. CuY zeolite catalyzed oxidative carbonylation of methanol to dimethyl carbonate: Comparative investigation of reduction method [J]. Chemistry Letters，2018，47 (8): 1075-1078.

[45] 李忠，文春梅，王瑞玉，等.乙酸铜热解制备无氯 Cu_2O/AC 催化剂及其催化氧化羰基化 [J].高等学校化学学报，2009，30 (10): 2024-2031.

[46] 王瑞玉，李忠，郑华艳，等.无氯 Cu/AC 催化剂的制备及其催化气相甲醇氧化羰基化反应性能 [J].催化学报，2010，31 (07): 851-856.

[47] 李忠，朱琼芳，王瑞玉，等.Cu/活性炭催化剂：水合肼还原制备及催化甲醇氧化羰基化 [J].无机化学学报，2011，27 (04): 718-724.

[48] Shi K，Huang S Y，Zhang Z Y，et al. Novel fabrication of copper oxides on AC and its enhanced catalytic performance on oxidative carbonylation of methanol [J]. Chinese Chemical Letters，2017，28 (1): 70-74.

[49] Yan B，Huang S Y，Wang S P，et al. Catalytic oxidative carbonylation over Cu_2O nanoclusters supported on carbon materials: The role of the carbon support [J]. ChemCatChem，2014，6 (9): 2671-2679.

[50] Zhang G，Li Z，Zheng H，et al. Influence of the surface oxygenated groups of activated carbon on preparation of a nano Cu/AC catalyst and heterogeneous catalysis in the oxidative carbonylation of methanol [J]. Applied Catalysis B: Environmental，2015，179: 95-105.

[51] Zhang G，Li Z，Zheng H，et al. Influence of surface oxygenated groups on the formation of active Cu species and the catalytic activity of Cu/AC catalyst for the synthesis of dimethyl carbonate [J]. Applied Surface Science，2016，390: 68-77.

[52] Zhang G，Zheng H，Hao Z，et al. Effect of activated carbon surface chemistry on the properties of Cu particles and the catalytic performance for oxidative carbonylation of methanol [J]. Chemical Journal of Chinese Universities，2016，37 (07): 1380-1389.

[53] 丁晓墅.高选择性气相合成碳酸二甲酯催化过程及集成工艺研究 [D].天津：河北工业大学，2013.

[54] 贾彦雷.碳酸二甲酯与甲醇分离的模拟研究 [J].青岛科技大学学报（自然科学版），2011，32 (1): 5-11.

[55] Pacheco M，Marshall C. Review of dimethyl carbonate (DMC) manufacture and its characteristics as a fuel additive [J]. Energy & Fuels，1997，11 (1): 2-29.

[56] Delledonne D，Rivetti F，Romano U. Developments in the production and application of dimethylcarbonate [J]. Applied Catalysis A: General，2001，221 (1): 241-251.

[57] Tan H Z，Wang Z Q，Xu Z N，et al. Active Pd(Ⅱ) complexes: Enhancing catalytic activity by ligand effect for carbonylation of methyl nitrite to dimethyl carbonate [J]. Catalysis Science & Technology，2017，7 (17): 3785-3790.

[58] Wang S，Li W，Dong Y，et al. Dimethyl carbonate synthesis from methyl nitrite and CO over activated carbon supported Wacker-type catalysts: The surface chemistry of activated carbon [J]. Catalysis Communications，2015，72: 43-48.

[59] Wang S P，Li W，Dong Y Y，et al. Effects of potassium promoter on the performance of $PdCl_2$-$CuCl_2$/AC catalysts for the synthesis of dimethyl carbonate from CO and methyl nitrite [J]. Chinese Chemical Letters，2015，26 (11): 1359-1363.

[60] Wolters E，Landscheidt H，Klausener A，et al. Process for the preparation of dialkyl carbonates: US5319124 [P]. 1993-02-26.

[61] Ge Y，Dong Y，Wang S，et al. Influence of crystalline phase of Li-Al-O oxides on the activity of Wacker-type catalysts in dimethyl carbonate synthesis [J].化学科学与工程前沿：英文版，2012，006 (004): 415-422.

[62] Lv D M，Xu Z N，Peng S Y，et al. (Pd-$CuCl_2$) /gamma-Al_2O_3: A high-performance catalyst for carbonylation of methyl nitrite to dimethyl carbonate [J]. Catalysis Science & Technology，2015，5 (6): 3333-3339.

[63] Jia Y，Zhao G，Liu Y，et al. Carbon-decorated-Pd (Pd@C) nanocatalysts structured on Al-fiber thin felt for dimethyl carbonate synthesis via carbonylation of methyl nitrite [J]. Catalysis Communications，2019，126: 1-4.

[64] Tan H Z, Wang Z Q, Xu Z N, et al. Review on the synthesis of dimethyl carbonate [J]. Catalysis Today, 2018, 316: 2-12.

[65] Yamamoto Y, Matsuzaki T, Tanaka S, et al. Catalysis and characterization of Pd/NaY for dimethyl carbonate synthesis from methyl nitrite and CO [J]. Journal of the Chemical Society Faraday Transactions, 1997, 93 (20): 3721-3727.

[66] Tan H Z, Chen Z N, Xu Z N, et al. Synthesis of high-performance and high-stability Pd(Ⅱ) /NaY catalyst for CO direct selective conversion to dimethyl carbonate by rational design [J]. ACS Catalysis, 2019, 9 (4): 3595-3603.

[67] Dong Y, Huang S, Wang S, et al. Synthesis of dimethyl carbonate through vapor-phase carbonylation catalyzed by Pd-doped zeolites: Interaction of lewis acidic sites and Pd species [J]. ChemCatChem, 2013, 5 (8): 2174-2177.

[68] Dong Y, Shen Y, Zhao Y, et al. Synergy between palladium and potassium species for efficient activation of carbon monoxide in the synthesis of dimethyl carbonate [J]. ChemCatChem, 2015, 7 (16): 2460-2466.

[69] Guo R, Qin Y, Qiao L, et al. Enhancement of the catalytic performance in Pd-Cu/NaY catalyst for carbonylation of methyl nitrite to dimethyl carbonate: Effects of copper doping [J]. Catalysis Communications, 2017, 88: 94-98.

[70] Delledonne D, Rivetti F, Romano U. Oxidative carbonylation of methanol to dimethyl carbonate (DMC): A new catalytic system [J]. Journal of Organometallic Chemistry, 1995, 488: C15-C19.

[71] 魏彤，王谋华，魏伟，等. 氧化钙室温催化碳酸丙烯酯和甲醇的酯交换合成碳酸二甲酯 [J]. 催化学报，2003, 024 (001): 52-56.

[72] Han M S, Lee B G, Ahn B S, et al. Kinetics of dimethyl carbonate synthesis from ethylene carbonate and methanol using alkali-metal compounds as catalysts [J]. Reaction Kinetics & Catalysis Letters, 2001, 73 (1): 33-38.

[73] Williams D B G, Sibiya M S, van Heerden P S, et al. Verkade super base-catalysed transesterification of propylene carbonate with methanol to co-produce dimethyl carbonate and propylene glycol [J]. Journal of Molecular Catalysis A-Chemical, 2009, 304 (1-2): 147-152.

[74] Ju H Y, Manju M D, Park D W, et al. Performance of ionic liquid as catalysts in the synthesis of dimethyl carbonate from ethylene carbonate and methanol [J]. Reaction Kinetics & Catalysis Letters, 2007, 90 (1): 3-9.

[75] Yang Z Z, He L N, Dou X Y, et al. Dimethyl carbonate synthesis catalyzed by DABCO-derived basic ionic liquids via transesterification of ethylene carbonate with methanol [J]. Tetrahedron Letters, 2010, 51 (21): 2931-2934.

[76] Tian J S, Wang J Q, Chen J Y, et al. One-pot synthesis of dimethyl carbonate catalyzed by n-Bu_4NBr/n-Bu_3N from methanol, epoxides, and supercritical CO_2 [J]. Applied Catalysis A-General, 2006, 301 (2): 215-221.

[77] Duranleau R G, Nieh E C Y, Knifton J F. Process for production of ethylene glycol and dimethyl carbonate: US4691041 [P]. 1986-01-03.

[78] Pyrlik A, Hoelderich W F, Mueller K, et al. Dimethyl carbonate via transesterification of propylene carbonate with methanol over ion exchange resins [J]. Applied Catalysis B-Environmental, 2012, 125: 486-491.

[79] Chang C D, Hoglen L E, Jiang Z, et al. Process for co-production of dialkyl carbonate and alkanediol: US6342623 [P]. 2000-02-04.

[80] Bhanage B M, Fujita S-i, Ikushima Y, et al. Synthesis of dimethyl carbonate and glycols from carbon dioxide, epoxides, and methanol using heterogeneous basic metal oxide catalysts with high activity and selectivity [J]. Applied Catalysis A: General, 2001, 219 (1): 259-266.

[81] Wei T, Wang M, Wei W, et al. Effect of base strength and basicity on catalytic behavior of solid bases for synthesis of dimethyl carbonate from propylene carbonate and methanol [J]. Fuel Processing Technology, 2003, 83 (1): 175-182.

[82] Wang H, Wang M, Liu S, et al. Influence of preparation methods on the structure and performance of CaO-ZrO_2 catalyst for the synthesis of dimethyl carbonate via transesterification [J]. Journal of Molecular Catalysis A-Chemical, 2006, 258 (1-2): 308-312.

[83] Liao Y, Li F, Dai X, et al. Dimethyl carbonate synthesis over solid base catalysts derived from Ca-Al layered double hydroxides [J]. Chemical Papers, 2018, 72 (8): 1963-1971.

[84] Liao Y, Li F, Dai X, et al. Solid base catalysts derived from Ca-M-Al (M = Mg, La, Ce, Y) layered double hydroxides for dimethyl carbonate synthesis by transesterification of methanol with propylene carbonate [J]. Chinese

Journal of Catalysis, 2017, 38 (11): 1860-1869.
[85] Unnikrishnan P, Srinivas D. Calcined, rare earth modified hydrotalcite as a solid, reusable catalyst for dimethyl carbonate synthesis [J]. Industrial & Engineering Chemistry Research, 2012, 51 (18): 6356-6363.
[86] Saada R, AboElazayem O, Kellici S, et al. Greener synthesis of dimethyl carbonate using a novel tin-zirconia/graphene nanocomposite catalyst [J]. Applied Catalysis B-Environmental, 2018, 226: 451-462.
[87] 刘宗健，蔡晔. 酯交换法合成碳酸二甲酯研究进展 [J]. 浙江化工，1999, 30 (2): 18-21.
[88] 姜忠义，王泳. 酯交换法合成碳酸二甲酯的催化精馏过程研究 [J]. 化学工程，2001, 29 (3): 29-32.
[89] Ryu J Y. Process for making dialkyl carbonates: US 5902894 [P]. 1998-08-26.
[90] Ryu J Y, Gelbein A P. Process and catalyst for making dialkyl carbonates: US 6392078 [P]. 2001-05-25.
[91] Ryu J Y. Catalyst for making dialkyl carbonates: US 6010976 [P]. 1998-11-10.
[92] 薄向利，李萍，夏代宽，等. 氧化锌催化剂在碳酸二甲酯合成中的应用研究 [J]. 化工生产与技术，2006, 13 (4): 19-22.
[93] 薄向利，夏代宽，邱添，等. ZnO 和金属单质催化尿素醇解法制备碳酸二甲酯的研究 [J]. 化工中间体，2006 (11): 27-32.
[94] Wu C C, Zhao X Q, Wang Y J. Effect of reduction treatment on catalytic performance of Zn-based catalyst for the alcoholysis of urea to dimethyl carbonate [J]. Catalysis Communications, 2005, 6 (10): 694-698.
[95] Wang M H, Wang H, Zhao N et al. Synthesis of dimethyl carbonate from urea and methanol over solid base catalysts [J]. Catalysis Communications, 2006, 7 (1): 6-10.
[96] Wu X, Kang M, Yin Y, et al. Synthesis of dimethyl carbonate by urea alcoholysis over Zn/Al bi-functional catalysts [J]. Applied Catalysis A-General, 2014, 473: 13-20.
[97] Lakshmi D D, Rao S B, Lingaiah N. Synthesis of dimethyl carbonate from methanol and urea over zinc-strontia mixed oxide catalysts [J]. Catalysis Communications, 2019, 122: 1-4.
[98] Asghari S, Ghiaci M. Dimethyl carbonate synthesis from urea methanolysis over $ZnO-Nb_2O_5-TiO_2$ mixed oxide catalysts [J]. Industrial & Engineering Chemistry Research, 2020, 59 (14): 6405-6415.
[99] Su W Y, Speranza G P. Process for preparing alkylene carbonates: US5003084 [P]. 1990-02-20.
[100] Doya M, c/o Mitsubishi Gas Chem. Co. Inc. A process for producing alkylene carbonates: EP0581131 [P]. 1993-07-15.
[101] Bhanage B, Fujita S-i, Ikushima Y, et al. Transesterification of urea and ethylene glycol to ethylene carbonate as an important step for urea based dimethyl carbonate synthesis [J]. Green Chemistry, 2003, 5 (4): 429-432.
[102] Wang J, Chen Y, Shen W, et al. The role of zinc oxide in carbonylation of ethylene glycol to ethylene carbonate with urea: A precursor for homogeneous catalyst [J]. Catalysis Communications, 2017, 89: 52-55.
[103] Sharma P, Dwivedi R, Dixit R, et al. DFT-assisted mechanism evolution of the carbonylation of ethylene glycol to ethylene carbonate by urea over $Zn(NCO)_2 \cdot 2NH_3$ catalyst [J]. Industrial & Engineering Chemistry Research, 2013, 52: 10977-10987.
[104] Hao L, Wang J, Shen W, et al. Carbonylation of 1,2-propylene glycol with urea to propylene carbonate under the catalysis of Zn-Al oxide from the view of homogeneous catalysis [J]. Molecular Catalysis, 2018, 452: 54-59.
[105] 舒婷，莫婉玲，熊辉，等. 类水滑石催化尿素与1,2-丙二醇合成碳酸丙烯酯 [J]. 石油化工，2006, 35 (1): 15-18.
[106] 张艳. 尿素与1,2-丙二醇催化合成碳酸丙烯酯反应研究 [D]. 上海：华东理工大学，2004.
[107] 贾志光，赵新强，安华良，等. Pb/SiO_2 催化剂上尿素与1,2-丙二醇合成碳酸丙烯酯 [J]. 石油化工，2006, 35 (010): 927-931.
[108] 于桂玲，陈晓蓉，陈长林. ZnO/NaY 催化尿素与1,2-丙二醇合成碳酸丙烯酯 [J]. 南京工业大学学报（自然科学版），2008, 30 (003): 11-14.
[109] 高志文，王寿峰，夏春谷. 磁性纳米粒子催化尿素与1,2-丙二醇制备碳酸丙烯酯 [J]. 分子催化，2009 (04): 304-307.
[110] Kohno K, Choi J C, Ohshima Y, et al. Reaction of dibutyltin oxide with methanol under CO_2 pressure relevant to catalytic dimethyl carbonate synthesis [J]. Journal of Organometallic Chemistry, 2008, 693 (7): 1389-1392.
[111] Ballivet-Tkatchenko D, Jerphagnon T, Ligabue R, et al. The role of distannoxanes in the synthesis of dimethyl

carbonate from carbon dioxide [J]. Applied Catalysis A：General，2003，255 (1)：93-99.

[112] Fang S，Fujimoto K. Direct synthesis of dimethyl carbonate from carbon dioxide and methanol catalyzed by base [J]. Applied Catalysis A：General，1996，142 (1)：L1-L3.

[113] 何永刚，淳远，朱建华，等.固体碱在二氧化碳-甲醇法合成碳酸二甲酯反应中的作用 [J].无机化学学报，2000，16 (3)：477-484.

[114] Sun J，Lu B，Wang X，et al. A functionalized basic ionic liquid for synthesis of dimethyl carbonate from methanol and CO_2 [J]. Fuel Processing Technology，2013，115：233-237.

[115] 钟顺和，程庆彦，黎汉生.负载型 Sn_2 $(OMe)_2Cl_2/SiO_2$ 催化剂的制备、表征与催化合成碳酸二甲酯 [J].高等学校化学学报，2003，24 (1)：125-129.

[116] Zhou Y，Wang S，Xiao M，et al. Novel Cu-Fe bimetal catalyst for the formation of dimethyl carbonate from carbon dioxide and methanol [J]. RSC Advances，2012，2 (17)：6831-6837.

[117] Chiang C L，Lin K S，Yu S H. Improvement of dimethyl carbonate formation via methanol carbonation over vanadium-doped Cu-Ni/AC catalyst [J]. Journal of the Taiwan Institute of Chemical Engineers，2019，98：132-149.

[118] Chen Y，Xiao M，Wang S，et al. Porous diatomite-immobilized Cu-Ni bimetallic nanocatalysts for direct synthesis of dimethyl carbonate [J]. Journal of Nanomaterials，2012，2012：1-8.

[119] Pimprom S，Sriboonkham K，Dittanet P，et al. Synthesis of copper-nickel/SBA-15 from rice husk ash catalyst for dimethyl carbonate production from methanol and carbon dioxide [J]. Journal of Industrial and Engineering Chemistry，2015，31：156-166.

[120] Poungsombate A，Imyen T，Dittanet P，et al. Direct synthesis of dimethyl carbonate from CO_2 and methanol by supported bimetallic Cu-Ni/ZIF-8 MOF catalysts [J]. Journal of the Taiwan Institute of Chemical Engineers，2017，80：16-24.

[121] Bian J，Xiao M，Wang S J，et al. Carbon nanotubes supported Cu-Ni bimetallic catalysts and their properties for the direct synthesis of dimethyl carbonate from methanol and carbon dioxide [J]. Applied Surface Science，2009，255 (16)：7188-7196.

[122] Han D，Chen Y，Wang S，et al. Effect of in-situ dehydration on activity and stability of Cu-Ni-K_2O/diatomite as catalyst for direct synthesis of dimethyl carbonate [J]. Catalysts，2018，8 (9)：343.

[123] Bian J，Xiao M，Wang S，et al. Direct synthesis of DMC from CH_3OH and CO_2 over V-doped Cu-Ni/AC catalysts [J]. Catalysis Communications，2009，10 (8)：1142-1145.

[124] Jiang C，Guo Y，Wang C，et al. Synthesis of dimethyl carbonate from methanol and carbon dioxide in the presence of polyoxometalates under mild conditions [J]. Applied Catalysis A：General，2003，256 (1)：203-212.

[125] Tomishige K，Sakaihori T，Ikeda Y，et al. A novel method of direct synthesis of dimethyl carbonate from methanol and carbon dioxide catalyzed by zirconia [J]. Catalysis Letters，1999，58 (4)：225-229.

[126] Tomishige K，Ikeda Y，Sakaihori T，et al. Catalytic properties and structure of zirconia catalysts for direct synthesis of dimethyl carbonate from methanol and carbon dioxide [J]. Journal of Catalysis，2000，192 (2)：355-362.

[127] Cui Z，Fan J，Duan H，et al. Effect of calcination atmospheres on the catalytic performance of nano-CeO_2 in direct synthesis of DMC from methanol and CO_2 [J]. Korean Journal of Chemical Engineering，2017，34 (1)：29-36.

[128] Wang S，Zhao L，Wang W，et al. Morphology control of ceria nanocrystals for catalytic conversion of CO_2 with methanol [J]. Nanoscale，2013，5 (12)：5582-5588.

[129] Li C F，Zhong S H. Study on application of membrane reactor in direct synthesis DMC from CO_2 and CH_3OH over Cu-KF/MgSiO catalyst [J]. Catalysis Today，2003，82 (1-4)：83-90.

[130] Zhang Z，Liu S，Zhang L，Y et al. Driving dimethyl carbonate synthesis from CO_2 and methanol and production of acetylene simultaneously using CaC_2 [J]. Chemical Communications，2018，54 (35)：4410-4412.

[131] Yuan D，Yan C，Lu B，et al. Electrochemical activation of carbon dioxide for synthesis of dimethyl carbonate in an ionic liquid [J]. Electrochimica Acta，2009，54 (10)：2912-2915.

[132] Wang X Y，Liu S Q，Huang K L，et al. Fixation of CO_2 by electrocatalytic reduction to synthesis of dimethyl carbonate in ionic liquid using effective silver-coated nanoporous copper composites [J]. Chinese Chemical Letters，

2010，21（8）：987-990.

[133] 孔令丽，钟顺和，柳荫，等. Cu/NiO-V_2O_5/SiO_2 催化剂光催化 CO_2 和甲醇合成碳酸二甲酯的研究［J］. 化学学报，2006，64（5）：409-414.

[134] Marchetti J M，Errazu A F. Biodiesel production from acid oils and ethanol using a solid basic resin as catalyst［J］. Biomass and Bioenergy，2010，34（3）：272-277.

[135] 韩天富，侯文胜，王济民. 发展转基因大豆，振兴中国大豆产业［J］. 中国农业科技导报，2008，10（3）：1-5.

[136] 闵恩泽，张利雄. 生物柴油产业链的开拓［M］. 北京：中国石化出版社，2006.

[137] Martin M，Claudia R. Biodiesel：The Comprehen sive handbook［M］. Austria：Graz，2004.

[138] 贾虎森，许亦农. 生物柴油利用概况及其在中国的发展思路［J］. 植物生态学报，2006，30（2）：221-230.

[139] 牛肉等动物脂肪，也可生产生物柴油［N］. 新华每日电讯，2007-4-18.

[140] 王婷，蔡文静，刘熠斌，等. 固体酸催化制备生物柴油研究进展［J］. 化工进展，2016，35（09）：2783-2789.

[141] 柳洋洋，张振国. 碱催化法制备生物柴油研究进展［J］. 现代盐化工，2019，46（02）：6-7.

[142] 吴慧娟，许世海，张文田. 生物柴油研究与应用现状［J］. 现代化工，2007，27（增 1）：13-16.

[143] 韩秀丽，黄晓敏. 生物柴油生产技术现状［J］. 现代化工，2007，27（增 1）：129-133.

[144] 陈正中，邹立壮，郭瑾，等. 生物柴油的研究现状［J］. 化学工程师，2007，21（10）：30-33.

[145] 孙尚德，王兴固，单良. 生物柴油研究与开发进展［J］. 粮食与油脂，2007（4）：8-13.

[146] 杨建军，关卫省. 脂肪酶催化合成生物柴油的现状与展望［J］. 食品研究与开发，2013，34（16）：128-132.

[147] Melero J A，Iglesias J，Morales G. Heterogeneous acid catalysts for biodiesel production：Current status and future challenges［J］. Green Chemistry，2009，11（9）：1285-1308.

[148] Ruhul A M，Kalam M A，Masjuki H H，et al. State of the art of biodiesel production processes：A review of the heterogeneous catalyst［J］. RSC Advances，2015，5（122）：101023-101044.

[149] 罗晓岚. 生物柴油生产工艺简介［J］. 中国油脂，2007，31（9）：41-42.

[150] Serio M D. Vanadyl phosphate catalysts in biodiesel production［J］. Applied Catalysis A：General，2007，320（22）：1-7.

[151] 付玉杰，祖元刚. 生物柴油［M］. 北京：科学出版社，2006.

[152] 闵恩泽，姚志龙. 近年生物柴油产业的发展——特色、困境和对策［J］. 化学进展，2007，19（7/8）：1050-1059.

[153] 闵恩泽，杜泽学. 我国生物柴油产业发展的探讨［J］. 中国工程科学，2010，12（02）：11-15.

[154] Connemann J，Krallmann A，Fischer E. Process for the continuous production of lower alkyl esters of higher fatty acids：US 5354878A［P］. 1994-10-24.

[155] 杨阳阳，陈树宾，徐东芳，等. 生物柴油的研究进展及发展方向［J］. 山东化工，2019，48（10）：85-86.

[156] 袁明. 国内外生物柴油的技术进展［J］. 技术与市场，2008（06）：8.

[157] 张世磊. 生物柴油生产工艺及应用现状［J］. 黄石理工学院学报，2009，25（03）：35-37.

[158] 王璇，冀星. 国内外生物柴油技术进展［J］. 国际化工信息，2006（04）：13-17.

[159] 王昶，黄晓明，贾青竹，等. 生物柴油开发与应用［J］. 化学工业与工程，2008，25（6）：548-553.

[160] 孟中磊，蒋剑春，李翔宇. 生物柴油制备工艺现状［J］. 生物质化学工程，2007，41（2）：59-65.

[161] 孟凡清，王德民，张大年. 生物柴油技术在国内的研究进展［J］. 上海化工，2003（12）：30-33.

[162] 李忠，张小兵，米杰，等. 一种生物柴油改性的方法：CN200610012870. 6［P］. 2006-06-24.

6 煤基含氧燃料的燃料性质

6.1 基础物理性质

燃料的物理化学性质对内燃机的工作过程有重要影响，包括自燃性（十六烷值）、抗爆性（辛烷值）、蒸发性（馏程、蒸气压）、低温流动性（浊点、冷滤点、倾点、凝点、黏度）、化学安定性（实际胶质、诱导期、碘值）等。对于运行在不同海拔高度、不同温度地区的汽车而言，燃料的这些性质对汽车的稳定运行至关重要。

煤基含氧燃料的物理性质见表 6-1。

表 6-1 煤基含氧燃料物理性质对比

项目	汽油	柴油	甲醇	乙醇	二甲醚	聚甲氧基二甲醚	甲基叔丁基醚	碳酸二甲酯	脂肪酸甲酯
分子式	C_5～C_{12}烃类	C_{10}～C_{21}烃类	CH_3OH	C_2H_5OH	CH_3OCH_3	$CH_3O(CH_2O)_nCH_3$	$C_5H_{12}O$	$C_3H_6O_3$	
C 含量/%	86.35	86.55	37.5	52.2	52.2	43.53			
H 含量/%	13.65	13.45	12.5	13	13	8.52			
O 含量/%	0	0	50	34.8	34.8	47.95			10
相对密度	0.70～0.77	0.81～0.825	0.792	0.789	1.592	0.9597～1.1009	0.74	1.069	0.8702
密度/(kg/m^3)	720～780	820～860	790.927	789.3366	669.4461	1020	740.9981	1069.809	873.7596
平均分子量	95～120	180～200	32.04	46.07	46.069	80～350	88.15	90.07	296.4879
动力黏度/(mPa·s)	0.28～0.59	3～8	0.5945	1.2	0.134		0.363	0.614	0.643
运动黏度/(mm^2/s)	0.65～0.85	2.5～8.5	0.7396	1.51	0.1996	1.05	0.4893	0.5736	3.24～5.56

续表

项目	汽油	柴油	甲醇	乙醇	二甲醚	聚甲氧基二甲醚	甲基叔丁基醚	碳酸二甲酯	脂肪酸甲酯
可压缩率/10^{-5}	7.586～9.645	5.66～6.53	7.28	7.32	12		8.85	2.94	5.4
表面张力(20℃)/(N/m)	0.0208～0.0238	0.0258～0.0278	0.0226	0.0224	0.012		0.0176	0.0292	29.3
20℃饱和蒸气压/kPa	≤夏 73，冬 86	0.2758	12.879	5.8759	530		27	5.5917	5.28×10^{-7}
汽化潜热/(kJ/kg)	310～340	250～300	1110	940	467		334.5871	422.5475	369.494
沸点/℃	40～210	180～370	65	78	−24.9	105～320	55.2	90～91	267

(1) 密度

密度是燃料最重要、最常用的物理指标。另外，在储存、运输和销售过程中，可以根据燃料油密度来设计和确定相应的容器大小。

如表 6-1 所示，酯类和聚甲氧基二甲醚的密度高于柴油，二甲醚的密度小于汽油，其他煤基含氧燃料的密度均在汽油和柴油之间，在内燃机适宜使用的密度范围内。而二甲醚在常温下是气态，与其他煤基含氧燃料有明显差异，在应用过程中需要对发动机进行适当改装。

(2) 黏度

内燃机燃料的黏度对其工作有很大影响。如，柴油的黏度影响柴油机低温工作时燃料油的流动性、预热要求、喷油压力、燃料雾化质量、供油系统偶件的润滑性能和阻力特性。此外，燃料在供油系统中兼起润滑和防漏作用。但是燃料油的黏度过大，会增加其运动阻力，增加发动机功率损失，而黏度过小会增加偶件的磨损，使其间隙扩大，从而增加燃料油在偶件中的漏失。

燃料的黏度主要取决于其化学成分、馏程、温度和压力。燃料的黏度随温度的下降而升高，其升高的陡峭程度表征着燃油的黏温特性。一般来说，石油系液体燃料的黏温特性曲线以平缓为好，即黏度受温度的影响不要太大。但是植物油燃料有着陡峭的黏温特性曲线，这对它们作为内燃机的代用燃料却是有利的。因为在常温下植物油燃料的黏度比柴油的黏度高 10 倍以上，但是在温度高达 200℃以上的喷油嘴附近，其黏度已降至几乎与柴油黏度值相当，从而在气缸内得到可以接受的雾化质量，而这正是植物油有希望成为内燃机的代用燃料的关键因素之一。

由表 6-1 可以看出，甲基叔丁基醚和碳酸二甲酯的黏度是低于汽油的，在作为发动机燃料使用时，需要采取一定的措施来提高它们的黏度，减少相关机件的磨损。而脂肪酸甲酯的黏度明显高于汽、柴油，在使用的时候，为减少高黏度带来的阻力，要根据其黏温特性来合理添加低黏度的燃料来进行调配。

(3) 可压缩率

柴油机的高压供油系统中，燃料压力在 12MPa 以上，经常是 20～50MPa，最高可达

100～150MPa。这样高的喷射压力，必然会使燃料受到压缩，体积减小，密度增大当燃油的密度增大时，其可压缩率迅速减少。所以，汽油的可压缩率最大，重油的可压缩率最小，而柴油的可压缩率居其中。可压缩率对燃油喷射量的精确控制有重要影响。在相同的供油压力下，可压缩率大的燃料，会提供更多的燃油，对燃油经济性不利。如表 6-1 所示，仅甲基叔丁基醚的可压缩率高于汽、柴油。

（4）表面张力

燃料喷雾液滴总是呈表面积最小的珠状的根本原因就是液体存在表面张力。燃料的表面张力是评价燃料品质的一个重要物理指标，与内燃机气缸内的燃烧有很大关系。如燃料的撕裂（在喷油嘴附近）、破碎、雾化、气化、吸热等过程以及油蒸气和油珠与热空气之间的传热和混合等，都与油的表面张力有关。

如表 6-1 所示，碳酸二甲酯的表面张力略高于柴油，而脂肪酸甲酯的表面张力比汽、柴油高得多，其喷雾的破碎和蒸发较难，对缸内的快速燃烧不利。

（5）蒸气压

饱和蒸气压是液体燃料的一种物理特性，是表征液体挥发能力强弱的物理量。温度越高，燃料油的饱和蒸气压也越高。蒸气压越高，沸点越低，则标志着该液体的挥发能力越强，越易形成可燃混合气。液体燃料挥发性好对内燃机的工作和经济效益既有有利的一面，亦有不利的一面，要恰当应用。

汽化有静态汽化和动态汽化两种。内燃机燃料的汽化大都是在动态下汽化的，其液面上的蒸气压很难达到饱和的程度。所以影响动态汽化速度的因素，除液体物性和温度以外，还有液面上空气运动的速度和流动状态等。所以为了保障具有适宜浓度的可燃混合气，还需要组织合适的气流运动（涡流、滚流）等促进油气的混合程度。

醇类相比于柴油，饱和蒸气压高，黏度低，所以醇类燃料加入后，醇类/柴油混合燃料的蒸发性增强，但是醇类在汽化过程中需要较大的汽化潜热。液体的汽化潜热越高，则其自身因汽化而降低的温度越多，该液体的温度越低。所以，汽油机的进气管在低温时会因为汽油的汽化而使管壁结冰。如表 6-1 所示，甲醇的汽化潜热值显著高于其他燃料，导致发动机具有冷启动困难的问题，通常采取其他着火性好的燃料来启动发动机并引燃甲醇的措施来应对。

（6）低温使用性能指标

燃料在温度低到一定程度后，出现结晶，析出石蜡；同时黏度增加，以致在内燃机供油系统内流动缓慢，跟不上内燃机的供油需要，从而降低了输出功率，甚至可能引起断油、熄火、停机。表征燃料在低温下使用性能的指标有浊点、倾点、结晶点、冷波点和凝点等。醇类低温下冷启动困难；酯类则在低温下黏度会过大，降低其流动性，会大大降低内燃机的低温使用性能。

6.2 溶解性

6.2.1 液体燃料的互溶问题

由于当前内燃机液体代用燃料的产量大多不成规模，因此绝大多数都是以一定比例和汽油（或柴油）掺混后在发动机机中使用，这样做也可获得不过多变动原机设计的好处。此外，应用混合燃料还可带来以下好处：①可以改善单一代用燃料的润滑性能；②在柴油中加入各种含氧代用燃料，可以显著改善碳烟排放；③加入高十六烷值代用燃料可以改善柴油的着火特性；④促进溶解（如在甲醇柴油中加入油酸，在甲醇汽油中加入杂醇、杂苯等）；⑤有可能改善经济性；⑥最主要的是减少石油基的汽油和柴油的消耗。

为了保证发动机运转的平稳性，要求相互混合的液体燃料能够生成物理-化学性质完全均匀的溶液，但问题是并不是所有代用燃料和汽油（或柴油）都具有完全互溶的性质，有些燃料之间仅具有微溶或部分溶解的可能，因此使用混合燃料时就存在一个促溶或助溶的问题。

单纯从组织内燃机燃烧的角度看，主燃料和辅助燃料可以采用各种方法分别进入气缸从而避免燃料之间出现的互溶难题，但是这样做的结果是要应用两套供油系统，导致发动机结构复杂，改装成本增加。

6.2.2 含氧燃料的溶解性

6.2.2.1 醇类的溶解特性和亲水特性

水、烃类及醇类之间（主要是低碳醇与高碳醇之间）的溶解特性与醇类作为内燃机部分代用燃料的实用性能有密切的关系，而且这三类物质之间的互溶性问题对于扩大醇类在内燃机中的应用，并提高其燃烧性能和排放性能有很大的意义。

醇类分子中既含有烃基（以 R 代表），又含有羟基（以 OH 代表）。所以，醇类既有亲烃油（汽油、煤油、柴油等）的特性，又有亲水的特性。醇类含碳量愈少，亲水性愈强，含碳量愈多，亲油性愈强。

醇类分子羟基中的氢原子比其他的氢原子更为活泼。这是因为与氢相结合的氧原子的电负性较大，氢氧共用的电子靠近氧原子一边，从而使氧原子周围的电子云密度较大，导致氢氧两个原子的极性增强。这就使氢原子更为活泼。与此同时，醇类中烷基上的碳与氧之间共用电子对，而氧的电负性较大导致电子靠近氧原子一边，使碳、氧原子间的极性增强而较易断裂，导致整个羟基都具有相当大的活性。醇分子与水分子之间能以氢键互相缔合，这是醇类有较强亲水性的根本原因。

但是，随着醇中含碳原子数的增加，烃基质量和碳键数也增加，羟基和氢键的相对值下降，从而阻碍了羟基与水的缔合，导致醇在水中的溶解度随其含碳量的增加而迅速下降。

在所有的一元醇中，甲醇的亲水性、吸湿性以及与水的互溶度均为最大，乙醇次之，丙醇第三。低碳醇的这些特点，对于它们作为内燃机代用燃料的实用性，有很大的影响。这就表明，在低碳醇作为内燃机代用燃料时，其在运输、保管、储存和使用过程中，除了防火以外，要特别防止其自然吸湿，尤其在我国南方空气中湿度大的条件下。

必须指出的是，在柴油机或汽油机中掺烧醇类时，必须保证醇类与柴油或汽油均匀混合。如果醇油分层或醇含水而与燃油明显分层，则对燃烧过程及发动机工作过程的均匀性和稳定性有明显影响。这会造成热效率下降，污染物排放增加，同时增加了发动机的振动、噪声和机件早期损坏。

汽油的低热值一般为 44.0MJ/kg，而甲醇的低热值只有 19.92MJ/kg，只有汽油的 45.27%（乙醇的低热值为 26.78MJ/kg，是汽油低热值的 61%）。所以，汽油中加入甲醇后，混合液的低热值呈线性下降。

值得注意的是，由于甲醇的低热值不到汽油的一半，所以，汽油中掺醇率在5%～15%时，可以做到不影响发动机的功率和扭矩；掺醇率进一步增加时，会逐步减小发动机的功率和扭矩（均在不改变压缩比条件下）。

在所有正构烷基醇中，甲醇的含氧量居首位，达50%（乙醇为34.7%，丙醇为26.6%）。甲醇的这一化学特征几乎影响它在内燃机燃烧过程的各个方面。汽油和柴油等烃油几乎是不含氧的。所以，当进气和供油量不变时，汽油中掺甲醇越多，则其混合液的过量空气系数也呈抛物线上升。同时，与纯汽油相比，在保证混合燃料理论空燃比时，需要增加的相对油量也相应增加。

甲醇的亲水性很强，在甲醇作内燃机代用燃料时，即使不人为掺水，甲醇亦能从空气中不断吸收水分。含水甲醇（某些工业副产品甲醇，本身就含有一定的水分）的化学成分和物理-化学性质都与纯甲醇有区别。含水量越大，其区别也越大。

正构烷基醇的亲水亲油平衡值（HLB）与其所含碳原子数（n_C）是线性关系，并可以用下式表达：

$$\mathrm{HLB}=8.893-0.472n_C$$

用该式算得的HLB值，分子中碳原子数n_C在10以内（癸醇以下）时的误差小于1%。

随着正构烷基醇中所含碳原子数的增加，它的亲水性明显下降，而亲油性不断增强。可以利用醇类的这一特性在组成多种液体混合的多元燃料时，用高碳醇的含量来调节多元燃料各组分燃料之间的互溶性。

6.2.2.2 醚类燃料的相溶性

(1) 二甲醚与柴油的互溶性

将二甲醚与柴油按适当比例掺混后，可以只对原柴油机供油系统进行简单改造后直接燃用。由于二甲醚分子结构中只有C—H和C—O键，没有C—C键，此外它是含氧燃料，所以在柴油中添加二甲醚有利于减少燃烧生成的碳烟颗粒。在合理控制掺烧比例并且优化柴油机喷油参数后，可以实现在不影响原柴油机动力性能的前提下，降低柴油机的排放指标。

通常轻柴油的主要成分是碳原子个数在C_{10}～C_{22}范围内的烷烃。常温下（20℃）二甲醚和轻柴油是互溶性良好的柴油机燃料。图6-1为DME与0号柴油在与计算温度、压力相同的环境条件下的临界互溶试验曲线，试验结果证明，在相当宽的范围内，二甲醚可以与0号柴油完全互溶。

二甲醚与轻柴油具有极为接近的溶解度参数也可以通过燃料分子结构分析来解释。液体二甲醚的极性是由于分子链中间的氧原子引起的。由于二甲醚不具有极性分子头，是一种弱极性的溶液，而柴油中的烷烃通常均是非极性的。所以可以认为这两种燃料分子间无极性作用力，只存在色散力。而它们的色散力基本相当，二甲醚和柴油的溶解度参数（δ）中无极性组分δ_p，其大小取决于色散组分δ_d且基本相当，所以二者具有极为接近的溶解度参数，即可互溶。

常规柴油的牌号是根据柴油的凝点来确定的，0号及－10号柴油的安全使用温度应分别不能低于0℃和－10℃。二甲醚的理化性质与柴油存在差异，混合燃料在环境温度降低到临界互溶点以下后，混合燃料将出现不能互溶现象，外观表现为燃料中出现絮状物并浑浊。此时的燃料由于流动性差，已经无法保证发动机的正常工作。但相比于柴油，混合燃料可在更低的温度下使用，从而有效提高了发动机燃用混合燃料时对环境的适应能力。

(2) 二甲醚与润滑添加剂的互溶性

二甲醚是一种低黏度液体，试验表明当用纯 DME 作为燃料时，燃油系统中的精密偶件磨损很快。改进二甲醚润滑性能的主要方法是加润滑添加剂。含有极性分子头的长链醇类和碳链长度在 C_{15}～C_{22} 之间的脂肪酸是二甲醚燃料的良好润滑添加剂。试验证实，在二甲醚中添加一定比例的植物油（主要成分为 C_{18} 脂肪酸）可以有效降低发动机燃油系统中精密偶件的磨损，同时不会显著改变其良好的燃烧特性。

图 6-2 为直链饱和醇的溶解度参数随碳链长度的变化。随碳链长度的增加，醇类燃料的溶解度参数越来越接近同样条件下二甲醚的 δ 值，二者的互溶性也随之加强。乙醇相比甲醇更容易与二甲醚互溶，这一点已经得到试验验证。

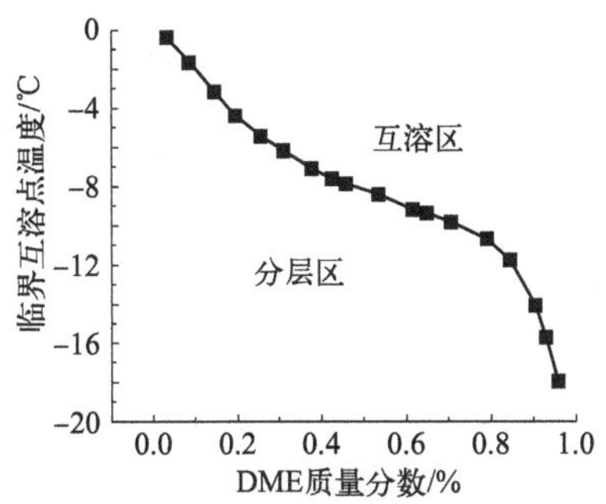

图 6-1　DME 与 0 号柴油的临界互溶曲线

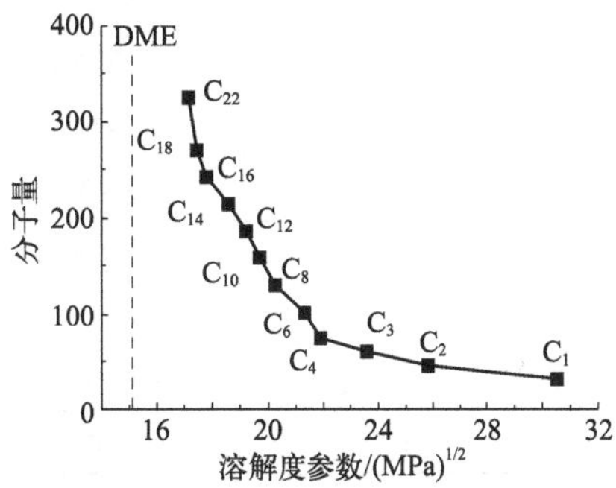

图 6-2　直链饱和醇的溶解度参数

图 6-3 为直链饱和脂肪酸的溶解度参数随碳链长度的变化。由图可见，同等碳链长度的脂肪酸溶解度参数值小于饱和醇，与二甲醚能更好地互溶。这是因为脂肪酸分子中的羧基（—COOH）极性弱于醇类分子中的羟基（—OH），从而溶解度参数 δ 中的极性组分 δ_p 也小于醇类组分 δ_p。由于 C_{18} 脂肪酸的溶解度参数已基本与二甲醚相当，因此可以判断二甲醚与植物油的主要成分脂肪酸有良好的互溶性。

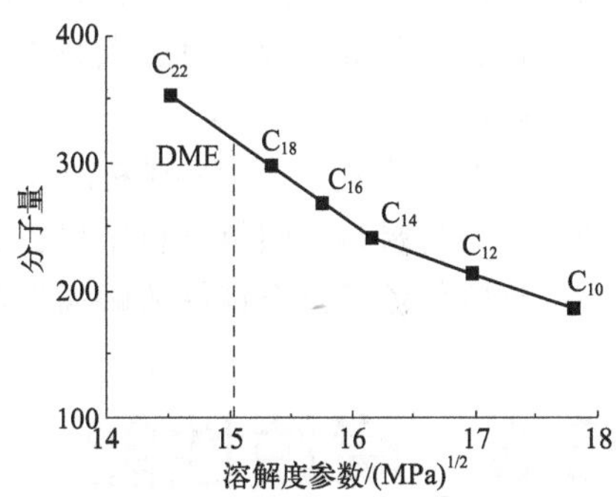

图 6-3　直链饱和脂肪酸的溶解度参数

(3) 二甲醚与聚合物的相容性

对于硫化橡胶来说，橡胶由于分子链间产生了交联作用而成为体型高分子聚合物，因此在与溶剂的相互作用中不会溶解，只发生溶胀。发动机中的硫化橡胶在二甲醚中的溶胀率越低，越有利于其保持长久的密封可靠性。

聚合物的溶解度参数可以采用基团贡献分析法，按以下公式来计算：

$$\delta=(\rho\sum G)/M$$

式中，ρ 为聚合物密度；G 为基团摩尔吸引常数；M 为聚合物的分子量。

常用的聚合物分子基团摩尔吸引常数如表 6-2 所示，表 6-3 列出了常见聚合物的溶解度参数。

两种不同溶液混合后的溶解度参数 δ_m 按下式计算：

$$\delta_m=\varphi_1\delta_1+\varphi_2\delta_2$$

表 6-2 基团摩尔吸引常数

基团	$G/(J^{1/2}\cdot mL^{3/2}/mol)$	基团	$G/(J^{1/2}\cdot mL^{3/2}/mol)$
CH_3	438	O	143
CH_2	272	CO	563
CH≡C	583	COO	634
—C≡C—	454	CN	839
H	164～204		

表 6-3 常见聚合物的溶解度参数

项目	聚合物	$\delta/(MPa)^{1/2}$
橡胶	丁腈橡胶（NBR）	19.23
	氯丁橡胶（CR）	18.80
	丁苯橡胶（SBR）	16.57
	天然橡胶（NR）	16.57
	三元乙丙橡胶（EPDM）	16.77
塑料	聚四氟乙烯	12.68
	聚乙烯	16.16
	聚苯乙烯	18.61

选用具有不同溶解度参数的硫化橡胶氯丁橡胶（CR）、天然橡胶（NR）以及三元乙丙橡胶（EPDM）进行耐二甲醚溶胀试验。燃料的溶解度参数为 15.03 $(MPa)^{1/2}$，橡胶在添加一定比例脂肪酸后的二甲醚燃料中的溶胀率，随着橡胶与燃油之间溶解度参数差异的增加而明显降低。

依据公式 $\delta_1-\delta_2<2$ 判断，NBR 应该具有与二甲醚良好的相容性，可以用作二甲醚发动机的密封材料。塑料材料中聚乙烯会溶解于二甲醚中，而聚四氟乙烯和聚苯乙烯能耐二甲醚。聚四氟乙烯具有良好的耐高温性能，可以作为二甲醚发动机中的密封材料。

6.3 腐蚀性能

6.3.1 有机酸的腐蚀

燃料油中的有机酸有酚类、脂肪酸和环烷酸等。它们都是含氧化合物，统称石油酸。苯环上连接一个羟基的化合物称为酚。酚呈弱酸性，在汽油中只有微量存在。

羧基（—COOH）与烷基（R—）相连接的化合物称为脂肪酸。羧基中的 O—H 键很弱，易断裂，因而脂肪酸易于离解出氢离子，所以，脂肪酸亦呈弱酸性。汽油中的脂肪酸也很少，但是它在长期储存过程中由于烷烃氧化会产生低分子酸，使脂肪酸的含量增加。

羧基间接与环烷烃（C_5 或 C_6）相连接的化合物称为环烷酸，它呈弱酸性。在石油酸中，环烷酸占 90％以上。所以，汽油中的酸主要是环烷酸，酚和脂肪酸只占汽油中酸的 10％左右。

环烷酸在柴油和煤油中含量较多，而在汽油中含量较少。环烷酸遇水时能腐蚀铅、锌、镉等金属，并生成金属皂类，形成油中的沉淀物，并使油加速生胶。

燃料油的有机酸含量用酸度来表征。酸度的定义是中和 100mL 试油中的酸性物质所消耗的 KOH 质量，单位为 mg(KOH)/100mL。在室温下将各金属片浸泡在环烷酸溶液中，各种不同金属的腐蚀量如表 6-4。从该表可知，环烷酸对铅的腐蚀最严重，其次是锌、镉、铜、锑、铁，而铝不受腐蚀。

表 6-4　环烷酸溶液对各种金属腐蚀量的比较

金属	铅	锌	镉	铜	锑	铁	铝
腐蚀量/g	6.10	4.68	0.56	0.18	0.11	0.08	0

在石油的 250～300℃馏分中，含环烷酸最多，而在低沸点和高沸点馏分中，含环烷酸均较少。所以，柴油中含的环烷酸比汽油中含的环烷酸多。

温度越高，环烷酸对金属的腐蚀越明显。在 230～400℃时，环烷酸对钢铁有相当严重的影响，而发动机燃烧室周围的零件温度均达到甚至超过这一温度。所以，燃料油酸度对发动机零件的腐蚀作用不可忽视。

6.3.2　水分的腐蚀

燃料中混有水分后，一方面能直接使金属起化学或电化学的腐蚀作用；另一方面能使燃料油中的硫化物和腐蚀性的酸性物质溶解于水中；从而加速金属的腐蚀过程和促进燃料油的胶质化。燃料油中水分既促进容器、管路、燃烧室壁面、金属件的腐蚀以及促进油的胶化，又引起积炭、结胶、堵塞滤清器和油路。温度越高，汽油中芳烃越多，则汽油的溶水率越高。

6.4　燃烧相关性质

6.4.1　燃烧热值

燃料的热值有高热值和低热值之分。低热值是高热值中减去水蒸气冷凝后放出的那部分热量后的热值。内燃机排气中的水蒸气所含的冷凝热，实际上是难以收回的。所以，常用低热值的概念。本书中除特别指明外，所有提及热值时，均指低热值。我国的 0 号轻柴油的低热值，一般可取 42.70MJ/kg。

值得指出的是，尽管燃料油中的含氢量只占燃料油的 3%～14%（质量分数），而含碳量占 86%～87%（质量分数），但是氢的热值是碳的热值的 3.52 倍，以致氢在燃料油中占热值的 34%左右，而碳在燃料油中占热值的 66%左右。据此，可以大致认为，柴油中的热值，有 1/3 是氢发出的，有 2/3 是碳发出的。

柴油机的供油实际上是以一定的燃油体积来计量的。所以，用柴油的体积热值来表示和计量每循环的供热量更方便。汽、柴油及几种常见煤基含氧燃料的热值如表 6-5 所示，可以看出，含氧燃料的热值通常低于汽、柴油，所以，在实际使用中为达到相同功率输出，需要向内燃机提供更多的含氧燃料。

表 6-5 煤基含氧燃料热值对比

燃料	低热值/（MJ/kg）	体积热值/（MJ/L）
汽油	43.97	33
柴油	42.50	35.7
甲醇	20.26	16.02
乙醇	27.2	21.26
二甲醚	27.6	21.47
$PODE_{3\sim8}$	25	25.5
碳酸二甲酯	15.78	16.88
脂肪酸甲酯	39.7～42.5	33.16～36.91

6.4.2 燃烧需氧量

为了比较不同燃料燃烧所需空气中的氧含量，首先要引入理论空燃比的概念。理论空燃比是单位燃料（kg 或 m^3）在内燃机中完全燃烧理论上所必需的空气量，单位为 kg/kg、kmol/kg 或 m^3/m^3（对气体燃料，标准状况下）分别用 l_O、L_O 和 l_{OV} 表示，它们可以用下式计算

$$l_O=4.313\left(\frac{8}{3}g_C+8g_H-g_O\right)$$

$$L_O=4.785\left(\frac{g_C}{12}+\frac{g_H}{4}-\frac{g_O}{32}\right)$$

$$l_{OV}=\frac{l_O\rho_f}{\rho_a}$$

式中，g_C、g_H、g_O 分别为燃料中碳、氢、氧所占的比例，其他成分的含量略去不计；ρ_f 为标准状况下气体燃料的密度，kg/m^3。

按质量计，干空气中的含氧量为 0.23184kg/kg，按体积计，为 $0.209m^3/m^3$。干空气标准状况下的密度 $\rho_a=1.293kg/m^3$。

表 6-6 给出了汽油、柴油、甲醇、乙醇、二甲醚燃烧的理论空燃比。从表中我们可以看到，燃料中含氧后，大大减少了对空气中氧的需求量，尤其是对于低碳含量的含氧燃料来说，需氧量降低更为明显，也能更大程度地减少不完全燃烧比例，提高内燃机的指示效率。

表 6-6 主要液体燃料的理论空燃比

燃料	理论空燃比/(kg/kg)	燃料	理论空燃比/(kg/kg)
汽油	14.7～15.0	乙醇	8.45
柴油	14.3～14.6	二甲醚	9
甲醇	6		

6.4.3 辛烷值

辛烷值是反映汽油的抗爆性的重要指标。取抗爆性能很好的异辛烷（C_8H_{18}）的辛烷值为 100，抗爆性能很差的正庚烷（C_7H_{16}）的辛烷值为 0。把异辛烷和正庚烷组成不同配比的标准混合油。汽油的试验油样在标准的辛烷值试验机（美国燃料协作研究委员会的 CFR 汽油机）上试验时的抗爆性能与上述某种标准混合油的抗爆性能相同时，就定这种混合油中异辛烷所占的体积分数为该油样的辛烷值，以 ON 表示。

由于试验方法不同，辛烷值分为马达法辛烷值（MON）和研究法辛烷值（RON）。表 6-7 给出了两种辛烷值的试验规范。马达法试验时的条件比研究法的试验条件苛刻，因此，同一汽油用马达法测出的辛烷值比用研究法测出的辛烷值低。

表 6-7　辛烷值试验机的试验规范

试验规范	研究法	马达法
发动机转速/(r/min)	600±6	900±9
发动机气缸直径/mm	85	85
发动机活塞冲程/mm	115	115
发动机气缸工作容积/mL	652	652
润滑油压力/MPa	0.18～0.21	0.18～0.21
曲轴箱润滑油温度/℃	57±8.5	57±8.5
冷却液温度/℃	100±1.5	100±1.5
同一试验中许用温度差/℃	±0.5	±0.5
吸入空气湿度/[g(H_2O)/kg(空气)]	35±7	35±7
混合气温度/℃	不控制	149±1.1
点火提前角/(°)	13	根据压缩比而定
火花塞间隙/mm	0.51±0.13	0.51±0.13
空燃比	按最大爆震调正	按最大爆震调正
过量空气系数	α=0.9	α=0.95～1.05
进入空气温度/℃	25～50	40～50

马达法辛烷值的试验规范适用于公路、野外、山区等条件下的汽车行驶条件；而研究法辛烷值的试验条件更适合城市内的轿车行驶条件。现在我国亦改用研究法辛烷值来表征汽油的牌号。表 6-8 给出了一些燃料的辛烷值，我们可以看到，煤基含氧燃料的加入可以增大汽油的抗爆性，减小爆震倾向，有利于提高整机的热效率。

表 6-8　煤基含氧燃料的辛烷值

燃料	研究辛烷值	马达法辛烷值	道路辛烷值	分配辛烷值	抗爆指数	敏感度
汽油	80～98	70～84	81.4～98.8	96.5～115.3	75～91	10～14
甲醇	133	99	130.2	161.2	116	34
乙醇	130	96	127.1	158.5	113	34
甲基叔丁基醚	118	100	118.4	135.9	109	18
碳酸二甲酯	110	97	111.3	125.1	104	13

6.4.4 十六烷值

燃油在常压空气中能自行着火的最低温度称为着火温度，亦称自燃温度或自燃点。对于蒸发性不好的燃料，通常适用于压燃式内燃机，其着火性能是非常重要的参数。十六烷值（CN）是用以表征柴油类燃料着火性能好坏的一种指标。取十六烷的十六烷值为100（十六烷是正烷烃中在常压、常温下属液体状态的、碳数最多而着火性能最好的正烷烃），取α-甲基萘的十六烷值为零。以十六烷和α-甲基萘不同的比例混合的燃料油在标准的十六烷值试验机（柴油机）上进行着火性能试验，得出着火性能随混合油中十六烷所占比例增加而改善的情况。凡是试验用柴油样品的着火性能与某种混合比的上述混合油的着火性能相同，就定该混合油中十六烷所占的百分比值为这种油样的十六烷值。如某柴油的着火性能与55%的十六烷加45%的α-甲基萘的混合油的着火性能相同，则这种柴油的十六烷值就是55。

柴油的十六烷值是一种表观的、综合性的和人为定的着火性能指标。它包括了柴油物理特性、化学特性和使用特性（如喷射和与空气混合）等。所以，柴油的十六烷值受多方面复杂因素的影响，也难以得到精确的测量值，从而造成柴油的十六烷值不是一个十分精确的数值，其误差常在0～3个单位范围内。柴油中的各烃族含量对其十六烷值有着决定性的影响，特别是芳烃总含量。柴油中正烷烃的十六烷值最高，芳烃，特别是多环芳烃的十六烷值最低。在相同碳数下，各烃类具有的十六烷值由高到低的大致次序是：正构烷烃＞异构烷烃＞烯烃＞环烷烃＞单环芳烃＞双环芳烃＞多环芳烃。

烷烃的碳数越多，碳链越长、分子量越大，则其十六烷值越高，反之亦然。而烷烃异构化，产生支链，则其十六烷值下降。烯烃的情况类似于烷烃。环烷烃和芳烃的环数越多，则其结构越牢固，化学稳定性越好，使其十六烷值越低。但是，如环烷烃和芳烃环上的支链越多，则其键越易断裂，化学稳定性越差，使其十六烷值越高。

通常醇类燃料的十六烷值都较低，作为压燃机燃料时通常需要采用特殊的方式来引燃。酯类燃料的十六烷值相对较高，较易实现压缩着火。

6.4.5 闪点

闪点是燃油表面上的油蒸气与大气压力下的空气混合，并在明火接触下而首次发出火焰闪光时的最低温度。闪光后的燃油并不能自行持续燃烧，这是燃油闪点与着火温度的根本区别之一。一般说来，燃油的闪点低于其着火温度。而且，闪点较高的燃油，这二者之间的差别也愈大。

燃油的闪点取决于其馏分沸程的高低。沸程越高，则其闪点也越高；与此相应的是，燃油的相对密度愈大，则其闪点也愈高。美国车用柴油规定闪点不低于38℃，日本规定柴油闪点不低于50℃，我国规定0号柴油闪点不低于60℃。限定柴油闪点的目的是使柴油能安全地储存和运输。闪点的测量有开口法和闭口法之分。对汽油、柴油等轻质油常用闭口法；对润滑油常用开口法。

从表6-9可以看出，醇类燃料的十六烷值比柴油低，其着火性不如柴油，当醇类燃料加入柴油中时，会增加混合燃料的滞燃期，使预混燃烧量增加。

表 6-9　煤基含氧燃料十六烷值对比

燃料	着火温度/℃	十六烷值	十六烷指数	闪点（闭口）
柴油	200～220	45～65	约 56.74	65～88
甲醇	470	5	5.52	12
乙醇	323	8	7.2	13～14
二甲醚	350	55～66		−41.4
聚甲氧基二甲醚		78.6		
甲基叔丁基醚	375		4.96	−34～28
碳酸二甲酯		36	6.64	17
脂肪酸甲酯				109

6.5　含氧燃料在内燃机中的燃烧化学基础

目前，内燃机的可持续发展面临着石油资源紧缺和石油价格不断攀升以及不断加剧的环境问题等严峻考验。随着汽车工业的飞速发展，内燃机对石油燃料的需求越来越大，而我国的石油资源有限。另一方面，内燃机尾气排放已逐渐成为城市空气的主要污染源。为缓解我国石油资源匮乏和需求之间的矛盾及实现我国长期可持续稳定的发展和环境保护，研究与应用清洁的汽车代用燃料势在必行。目前，重点研究的车用代用含氧燃料有生物柴油、二甲醚(DME)、低碳醇类等。

内燃机的功能实现主要是通过两个转化，即燃料的化学能转化为热能，然后通过一些机械装置转化为机械功。实现这两个转化的核心就是燃烧过程。对于内燃机来说，燃料的化学能完全转化为热能是靠燃料的完全燃烧；热变功要靠燃烧的适时和速燃，使热能充分被活塞连杆机构利用，转化为机械功；燃烧的完好性包括废气排放的 CO_2 和有害物要尽量少。因此组织好燃烧过程是内燃机取得优良性能最关键的技术。而良好的燃料性质能够使这个过程更加简单易行，这也是本书的宗旨——使煤基含氧燃料更适用于现代内燃机的使用需求。

发动机缸内的燃烧过程决定了曲轴输出的功率和工作效率、污染物的排放量、噪声和各种应力的量级，以及使用什么样的燃料。其中传统的污染物种类主要是 NO_x（汽油机多)、颗粒物（柴油机多)、HC 和 CO 等。因此，燃料的燃烧过程不管对于燃料的制备行业还是出于对环境保护的考虑都是非常重要的。

6.5.1　甲醇燃料的燃烧反应特性

甲醇是最简单的饱和一元醇具有较高的辛烷值、良好的抗爆性能和较高的汽化潜热，并且含氧量高，这些特性使其能够较好地应用于点燃式发动机[1]。但是，甲醇的十六烷值低且自燃温度较高，在柴油机上很难直接压燃，一般采用辅助点火[2]或者与柴油掺混燃烧。此外，甲醇的黏度较低，有利于燃油雾化和油气混合；作为含氧燃料，有利于降低发动机排放，是目前较为理想的一种可应用于内燃机的代用燃料。

相比较于传统汽、柴油，甲醇作为燃料时的主要特点[3]如下：①甲醇分子中不含 C—C

键，不易形成碳烟；②甲醇空气理论混合气的热值基本等同于汽、柴油混合气的热值；③甲醇的辛烷值最高，抗爆性好，是良好的汽油替代燃料，甲醇的十六烷值只有3，自燃性差，自燃温度可达450℃；④甲醇的最大燃烧速度较高，适用于高速发动机；⑤甲醇的汽化潜热远高于汽柴油，会降低缸内温度，虽会导致发动机冷启动困难，但是可以显著提高充气效率，增加进气量，从而为提高发动机动力性提供条件；⑥甲醇的冰点非常低，可达－96℃，可以应用在极寒条件下，而不必担心燃料的低温流动性不满足使用条件，但甲醇的黏度较低，与汽油类似，所以在高压喷射时需要注意润滑不良带来的问题。

此外，我国甲醇的高产能是甲醇作为柴油替代燃料的另一个优势。我国是世界甲醇产量大国，历年的甲醇产能利用率都仅为60%左右，每年都有大量的富余产能未得到利用，这使得我国大规模采用甲醇替代传统汽柴油具有可能性。因此，鉴于我国“富煤贫油少气”的能源结构特征，在大力发展煤炭洁净利用技术的背景下，煤制甲醇是符合国情且具有一定前景的车用替代燃料。

近几十年来，关于甲醇燃烧的研究已经有了全面长足的发展，包括基础试验、反应动力学参数研究和化学反应动力学模型[4-6]。甲醇氧化反应机理比较简单，高温和低温氧化有许多相通的反应。如图6-4所示为甲醇在预混火焰中氧化反应路径。

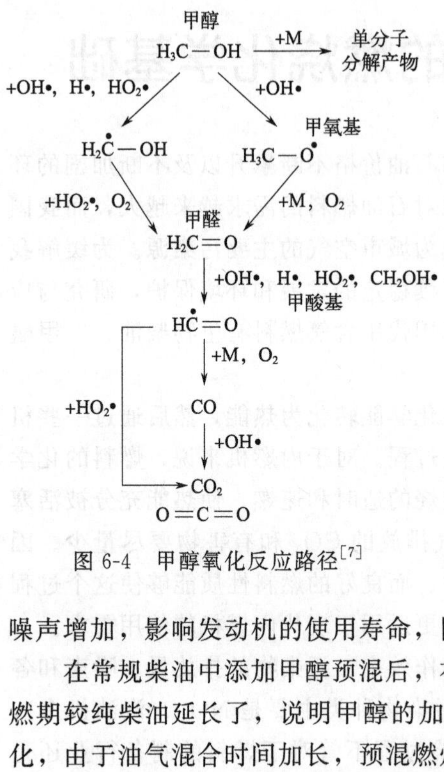

图6-4 甲醇氧化反应路径[7]

(1) 甲醇燃料的低温氧化反应特性

在低温氧化温度区间（小于1200K），此时燃料的氧化主要靠与氧分子化合并分解进行。根据谢苗诺夫链式反应理论，目前所有反应机理的核心内容均是由一系列链式反应构成的。

滞燃期是衡量燃料低温氧化速率的主要参数，在此期间油与空气混合得越充分，加大预混燃烧的比例就越大，会降低碳烟生成，提高燃烧的定容度从而提高热效率；但如果滞燃期太长，则会造成工作粗暴，噪声增加，影响发动机的使用寿命，同时局部燃烧温度过高，使得 NO_x 排放恶化。

在常规柴油中添加甲醇预混后，在相同工况下，滞燃期呈明显增大的趋势，二元燃料滞燃期较纯柴油延长了，说明甲醇的加入抑制了着火。在此影响下，燃烧也发生了明显的变化，由于油气混合时间加长，预混燃烧比例增大，同时甲醇燃烧速率高，相比于单燃料燃烧时出现预混燃烧阶段和扩散燃烧阶段所形成的两个放热峰，双燃料的预混燃烧峰值明显增大。原因有物理和化学两方面因素，物理因素是由于甲醇的汽化潜热较大，计算表明甲醇在喷入进气道后若全部依靠从空气吸热汽化，可以降低进气温度15～20K，故进气温度的下降是影响滞燃期原因之一。而化学因素在于甲醇的高辛烷值特性，可能会与柴油产生化学耦合作用。

低温条件下，甲醇消耗主要由OH·、H·和 HO_2·自由基进攻脱氢实现。同烃类燃料一样，甲醇的第一步反应也是脱氢，甲醇分子中O—H键键能大于C—H键键能。因此，C—H键更易断裂而生成羟甲基（CH_2OH·），而C—O键较难断裂生成甲氧基（CH_3O·）。由OH·自由基引起的脱氢反应是稀薄和化学计量比工况下甲醇的主要消耗途径。

甲醇脱氢生成的羟甲基和甲氧基决定了整个系统的反应活性。由于羟甲基具有较高的热稳定性，其更容易和 O_2 反应，在其中的亚甲基基团上存在未成对电子，可以继续发生脱氢反应，生成甲醛（CH_2O）和 HO_2·。而甲氧基更容易发生热分解（断裂）反应生成甲醛和 H·。

生成甲醛和 HO_2·的活化能很低，属于快反应，使得羟甲基能快速消耗，有利于甲醇的脱氢反应的正向进行。随着 HO_2·的快速积累，HO_2·对燃料的脱氢作用也显现出来，这是由于脱氢反应中最活跃的 OH·需通过 H_2O_2 裂解完成，而 H_2O_2 裂解有很高的能量壁垒。这样 OH·的缺失使得 HO_2·进攻甲醇脱氢。$CH_3OH+HO_2\cdot = CH_2OH\cdot+H_2O_2$ 是一个慢反应，在甲醇消耗中具有很高的敏感度，成为控制燃料消耗最重要的反应。

由上述分析可以看出，甲醇低温氧化过程中不存在二次加氧链分支过程，自由基生成效率低，造成链式反应速率低，故其辛烷值高。

图 6-5 为反应路径分析得出的主要结果，总的来说图中主要有两条反应路径，右边为正庚烷的反应路径，左边为甲醇的反应路径，左右两条路径在 CH_2O 处汇合，最终氧化为低温氧化下的终产物 CO。在这两条路径之间是自由基池，OH·和 HO_2·是池中最重要的自由基，两自由基通过 H_2O_2 为纽带连接在一起。如图所示，燃料的第一步反应都是脱氢：$CH_3OH+OH\cdot = CH_3O\cdot+H_2O$、$CH_3OH+OH\cdot = CH_2OH\cdot+H_2O$、$C_7H_{16}+\cdot OH = C_7H_{15}+H_2O$。

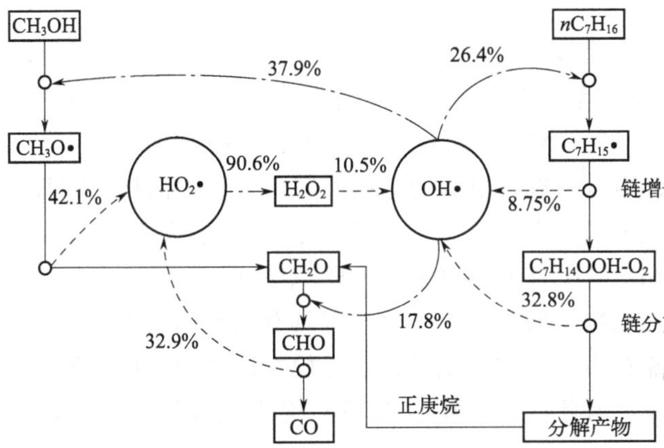

图 6-5　甲醇/正庚烷高温放热前反应路径 HO_2·和 OH·自由基分配率[8]

（实线箭头：主要中间物质反应路径；虚线：自由基的生成路径；点线：自由基的消耗路径）

对于甲醇来说，依靠 HO_2·脱氢也必须考虑：$CH_3OH+HO_2\cdot = CH_2OH\cdot+H_2O_2$。

接下来的两种燃料的反应路径大为不同，大量的 OH·自由基通过正庚烷低温氧化下二次加氧、异构化及过氧化氢庚酮分解的链分支反应生成。但在甲醇的氧化中没有这些途径，甲氧基（CH_3O·）及羟甲基（CH_2OH·）依靠氧气继续脱氢生成 HO_2·：$CH_3O\cdot+O_2 = CH_2O+HO_2\cdot$、$CH_2OH\cdot+O_2 = CH_2O+HO_2\cdot$。之后两个 HO_2·或合并或依靠脱氢生成：$HO_2\cdot+HO_2\cdot = H_2O_2+O_2$、$RH+HO_2\cdot = R\cdot+H_2O_2$（R 为任意基团）。

在甲醇的氧化中，OH·的主要来源为 H_2O_2 的分解：$H_2O_2(+M) = OH\cdot+OH\cdot(+M)$。但此反应的活化能高达 48.4kcal/mol，在低温氧化中是一个慢反应。

燃料分子以及其降解产物间的直接作用在低温氧化下基本可以忽略。例如，考虑甲醇与正庚烷的直接作用

$$CH_3O\cdot+C_7H_{16} = CH_3OH\cdot+C_7H_{15}$$

正反应对正庚烷的脱氢贡献仅占正庚烷脱氢总量的0.76%，而逆反应也仅占甲醇脱氢总量的0.41%。其他稳定物质间的反应就更不值得一提了。

综上，在1000K以下的低温氧化下，甲醇扮演了将活跃的OH·转为不活跃的H_2O_2的角色，后者在着火前积累了较高的浓度。由于温度越高，甲醇对OH·的争夺就越占上风，从700K起甲醇对OH·的争夺渐渐加强，至在850K的时候最为明显，之后甲醇对OH·的争夺渐渐开始失去优势，主要原因是H_2O_2分解的反应开始加速，使得二元燃料的滞燃期缩短；另外一个原因是在正庚烷内部存在的链分支反应和链传递反应的竞争中，链传递反应渐渐占据上风，使得正庚烷单燃料的滞燃期延长。

(2) 甲醇燃料的高温氧化反应特性

燃料的高温氧化，即温度超过1200K的氧化行为，在此温度范围内氧分子已经不能与燃料分子结合形成稳定的过氧化物，燃料的降解速率远大于低温氧化，但在热力学作用的驱动下又可聚合生成多环芳香烃甚至碳烟。在缸内燃烧中，火焰传播、放热率、碳烟、NO_x排放都涉及高温氧化。对高温氧化的反应动力学研究主要在层流火焰中进行，也有在高温激波管中进行的例子。依火焰类型的不同有扩散火焰和预混火焰，扩散火焰有对冲火焰和本生火焰，预混火焰主要有平面火焰和球状火焰。采用这两类火焰已经对大量的燃料包括柴油参比燃料进行了研究。

甲醇和乙醇的高温氧化较为简单，H·、OH·、O·自由基进攻脱氢是燃料消耗主要途径，此外还有一小部分燃料可以直接裂解生成甲基和OH·：$CH_3OH(+M)$══CH_3·+OH·(+M)、$C_2H_5OH(+M)$══CH_3·+CH_2OH·(+M)。

但是由于C—O键难以断裂，甲醇的直接分解对燃料的消耗贡献很小。之后，燃料的脱氢产物并不只依赖氧气的进攻脱氢，还会发生直接分解生成H·与醛，如对于甲醇有两个反应：CH_2OH·(+M)══CH_2O+H·(+M)、CH_3O·(+M)══CH_2O+H·(+M)。

显然，此类反应对燃料降解和自由基生成都具有极高的效率。

醛的消耗依然依靠自由基进攻，之后依然是脱氢产物的直接分解。与甲醇不同的是，乙醇中由于具有C—C键，因此具备发生过渡环异构化生成过氧化物的条件：C_2H_4OH·+O_2══·$HOC_2H_4O_2$。

但这些低温氧化中的反应过程将不在高温氧化的分析中做进一步的探讨。

(3) 甲醇燃料的加入对柴油的影响

甲醇的加入并没有改变原正庚烷的氧化路径及各路径的贡献率，这与燃料的高温氧化的特性是相关的。在低温氧化中，自由基需通过燃料与氧气发生反应生成过氧化烃再分解生成，故自由基的生成特性与燃料的分子结构有关。而在高温氧化中，大多数自由基依靠的是小分子链分支反应产生，如H·+O_2══OH·+O·和OH·+CO══CO_2+H·构成的链分支循环，自由基的产生对燃料的依赖关系不如在低温氧化中大，因此，正庚烷与甲醇间的化学耦合作用相当弱。

甲基是甲醇和正庚烷氧化中都存在的物质，在甲醇的降解中，甲基主要来源于甲醇的直接裂解和羟甲基及甲氧基与H的置换反应：$CH_3OH(+M)$══CH_3·+OH·(+M)、CH_3O·+H·══CH_3·+OH·、CH_2OH·+H·══CH_3·+OH·。

但由于甲醇及其脱氢产物中C—O键键能很高，断裂困难，故甲基在甲醇的氧化过程中生成量很小，且多在高温区生成，火焰中CH_3·绝大部分还是正庚烷降解的产物。乙烷对于正庚烷而言并不是降解产物，而是甲基和甲基聚合的副产物：CH_3·+CH_3·(+M)══

$C_2H_6(+M)$。此反应对乙烷生成量的贡献占总量的90%。而由于甲基在甲醇的氧化过程中生成困难，由甲醇生成的乙烷基本上不存在，故乙烷可以看作是正庚烷降解中的副产物。

综上，甲醇和正庚烷分别单独氧化，甲醇并没有对正庚烷的氧化路径产生影响，这就给二元燃料高温氧化模型的创建创造了极为方便的条件；此外，甲醇的加入会造成醛排放的升高。

6.5.2 乙醇燃料的燃烧反应特性

乙醇是目前世界范围内在内燃机上应用最为广泛的生物燃料。乙醇的主要来源是糖和淀粉的微生物发酵，木质纤维素也开始成为另一种重要来源[9]。生物乙醇是火花点火发动机（汽油机）中最为常用的生物燃料，因其具有与汽油燃料相似的自燃特性。乙醇燃料的十六烷值很低，且汽化潜热很大，其自燃温度比柴油高得多，着火性能极差，所以很难直接应用到柴油机中。以往将乙醇类燃料应用到柴油机上，同甲醇类似，经常采用辅助的方法，比如火花助燃法、助燃添加剂法，目前最常用的是醇类部分替代柴油的预混方式、双喷嘴方式、乳化法和进气道喷射方式。

虽然目前燃料乙醇在内燃机上的应用量很大，但是由于乙醇较低的辛烷值和较高的自燃温度，其难以压燃，所以乙醇燃料在国内的应用基本上都是加入汽油形成乙醇汽油在点燃式发动机上使用。乙醇已不单是一种优良燃料，它已经成为一种优良的燃油品质改善剂被广泛使用。它的主要特性可以概括为三个方面：①乙醇是燃油氧化处理的增氧剂，使汽油增加内氧燃烧充分，达到节能和环保目的；②乙醇具有极好的抗爆性能，调和辛烷值一般都在120左右，作为汽油的高辛烷值组分，它可有效提高汽油的抗爆性（辛烷值）；③在新标准汽油中，乙醇还可以经济有效地降低烯烃、芳烃含量，降低炼油厂的改造费用。

乙醇作为最有希望的替代燃料之一，对它的燃烧机理研究有着重要的意义。有很多研究人员从事对乙醇的动力学模型研究和实验研究，并得出了积极的结果。

（1）乙醇氧化消耗途径分析

乙醇氧化过程主要是以裂解和脱氢两种途径来进行的。

① 乙醇裂解反应：$C_2H_5OH(+M) \longrightarrow$ 产物。

② 乙醇脱氢反应：$C_2H_5OH + OH\cdot \longrightarrow$ 产物；$C_2H_5OH + H\cdot \longrightarrow$ 产物；$C_2H_5OH + O\cdot \longrightarrow$ 产物；$C_2H_5OH + CH_3\cdot \longrightarrow$ 产物；$C_2H_5OH + HO_2\cdot \longrightarrow$ 产物。

乙醇裂解反应主要是链引发反应，通过反应链产生大量活性基团。首先 C_2H_5OH 裂解生成 $CH_3\cdot$（甲基）和 $CH_2OH\cdot$，$CH_2OH\cdot$ 再进一步氧化成 $CH_2O\cdot$ 和 $HO_2\cdot$，两个自由基 $CH_3\cdot$、$HO_2\cdot$ 反应生成甲氧基和 $OH\cdot$，然后 $CH_3O\cdot$ 分解为 $CH_2O\cdot$ 和 $H\cdot$，此时和 O_2 发生支链反应，使反应链进一步增长。此阶段产生的自由基主要有 $CH_3\cdot$、$HO_2\cdot$、$H\cdot$、$OH\cdot$ 等，引发其他的各种反应链，使反应得以进一步延续。脱氢反应则是进一步消耗 C_2H_5OH，使其氧化成许多中间产物，从而完成整个燃烧过程。乙醇氧化过程中起着重要作用的裂解、脱氢反应如表 6-10 所示。

Mittal 等[10]利用快速压缩机实验数据，构建了一个能够在低温、高压工况下精确预测乙醇着火特性的化学动力学机理，该机理包含 113 种组分和 710 步化学反应。实验工况为：压力 10～50bar，温度 825～985K，当量比 0.3～1.0。徐政欣在 Mittal 等研究的基础上构建了乙醇简化反应机理，最终的乙醇简化反应机理包含 30 种组分和 136 步化学反应[7]。

表 6-10　乙醇直接参与的重要氧化消耗反应

反应类型	基元反应
裂解反应 $C_2H_5OH(+M) \longrightarrow$ 产物	$C_2H_5OH(+M) = CH_3\cdot + CH_2OH\cdot (+M)$ $C_2H_5OH(+M) = C_2H_5\cdot + OH\cdot (+M)$
脱氢反应 $C_2H_5OH + OH\cdot \longrightarrow$ 产物	$C_2H_5OH + OH\cdot = C_2H_4OH\cdot + H_2O$ $C_2H_5OH + OH\cdot = CH_3CHOH\cdot + H_2O$ $C_2H_5OH + OH\cdot = CH_3CH_2O\cdot + H_2O$
脱氢反应 $C_2H_5OH + O\cdot \longrightarrow$ 产物	$C_2H_5OH + O\cdot = C_2H_4OH\cdot + OH\cdot$ $C_2H_5OH + O\cdot = CH_3CHOH\cdot + OH\cdot$ $C_2H_5OH + O\cdot = CH_3CH_2O\cdot + OH\cdot$
脱氢反应 $C_2H_5OH + CH_3\cdot /HO_2\cdot \longrightarrow$ 产物	$C_2H_5OH + CH_3\cdot = CH_3CHOH\cdot + CH_4$ $C_2H_5OH + HO_2\cdot = CH_3CHOH\cdot + H_2O_2$

(2) 乙醇燃料的加入对柴油的影响

正庚烷在乙醇-空气氛围中的滞燃期是其在空气氛围中的两倍。正庚烷在两种氛围中负温度系数区温度升高率大致相同，不同点在于：①正庚烷在乙醇空气氛围中的低温放热始点早于其在纯空气氛围中；②正庚烷在纯空气氛围中低温反应剧烈程度远超其在乙醇空气氛围中，从而温度升高有一个阶跃，缩短了高低温反应的过渡时间，而当温度达到 1000K 左右时正庚烷在两种氛围中均立即发生高温反应。这两个不同点正是乙醇氛围中正庚烷滞燃期延长的主要原因。

乙醇与正庚烷两种燃料的相互作用是以自由基池为中介完成的，$OH\cdot$ 和 $HO_2\cdot$ 是自由基池中最重要的自由基，正庚烷和乙醇都存在对 $OH\cdot$ 争夺的脱氢反应：

$$C_2H_5OH + OH\cdot = CH_2CH_2OH\cdot + H_2O$$
$$C_2H_5OH + OH\cdot = CH_3CHOH\cdot + H_2O$$
$$C_2H_5OH + OH\cdot = CH_3CH_2O\cdot + H_2O$$
$$C_7H_{16} + OH\cdot = C_7H_{15}\cdot + H_2O$$

乙醇中还存在不能忽略的 $HO_2\cdot$ 对乙醇的脱氢作用：

$$C_2H_5OH + HO_2\cdot = CH_3CHOH\cdot + H_2O_2$$
$$C_2H_5OH + HO_2\cdot = CH_2CH_2OH\cdot + H_2O_2$$
$$C_2H_5OH + HO_2\cdot = CH_3CH_2O\cdot + H_2O_2$$

而之后的反应路径有很大的差别，在正庚烷中是一系列自由基与氧气直接化合、异构化的链分支和链传递反应；而在乙醇中主要是继续加氧脱氢反应：

$$CH_3CH_2O\cdot + O_2 = CH_3HCO\cdot + HO_2\cdot$$
$$CH_3CHOH\cdot + O_2 = CH_3HCO\cdot + HO_2\cdot$$

这些 $HO_2\cdot$ 除了部分参与脱氢外，另一部分化合生成 H_2O_2，H_2O_2 不能直接参与反应，需分解才能转为活性较 $HO_2\cdot$ 高的 $OH\cdot$。

$$HO_2\cdot + HO_2\cdot = H_2O_2 + O_2$$
$$H_2O_2 + M = OH\cdot + OH\cdot + M$$

H_2O_2 的分解需温度达到大约 1000K 时才能大规模进行，所以在温度低于 1000K 时，部分 OH·累积生成 H_2O_2，由于 H_2O_2 活性较 OH·低，不能大规模地参与燃料的氧化反应，即乙醇的加入在低温下将活跃的 OH·转化为相对不活跃的 H_2O_2，对整个燃料的氧化进程表现出抑制作用，即乙醇是抑制正庚烷低温氧化的主要原因。而在实际发动机中，由于乙醇的汽化潜热较大，使得喷油前缸内混合气温度降低，所以，使得系统处于低温的时间较长，抑制了系统的低温反应活性，所以滞燃期得以延长。当温度超过 1000K 时，H_2O_2 的活化能势垒被击穿，可以大规模分解。当温度超过 950～1000K 后，乙醇抑制正庚烷的着火作用也基本消失。

6.5.3 二甲醚燃料的燃烧反应特性

二甲醚（DME）是简单的醚类化合物，具有富氧燃烧特性，燃烧温度高。与传统汽油机中的火花放电相比，通过缸内直喷 DME，实现 DME 的压缩着火，不仅能够实现多点着火，而且还能获得比传统火花点火更大的能量，进而促使稀释汽油空气混合气实现稳定高效的燃烧。通过灵活调控 DME 喷射策略可以控制 DME 的着火时刻并扩大稀燃混合气的燃烧范围。与柴油相比，扩散燃烧过程中 DME 与空气混合相对较慢，高温驻留时间较长，这导致 DME 运行时 NO 排放相对较高。由于 DME 分子中不含 C—C 键且具有较高 O 含量，所以 DME 燃烧过程中碳烟排放较低或是无烟燃烧。

二甲醚作为燃料使用时，必须关注其氮氧化物和非常规排放物的排放情况。燃用二甲醚可以大幅度降低 CO 和 NO_x 等常规排放物，但排放物中甲醛和甲酸甲酯等非常规排放物含量却增加。这些排放物对人类健康、环境以及发动机均会造成很大的危害。因此，在使用二甲醚作为替代燃料时，对其燃烧过程中产生的中间产物以及非常规排放物的研究显得尤为重要。

关于二甲醚燃烧反应的详细机理是由 Curren 等[11]建立的，该详细机理适用的条件包括低温氧化区域以及其他广泛的条件（650～1300K，0.1～4.0MPa），共含有 78 种化学组分以及 336 个基元反应，可以将该反应机理用图 6-6 简单表示出来。

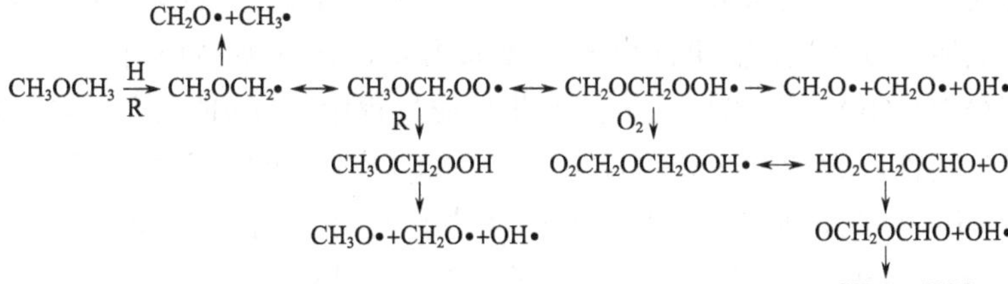

图 6-6　二甲醚的氧化过程简图[12]

其中 R 表示任意一种参加反应的反应物，可以是 CH_3·、CH_3O·、OH·或者 H·等。从图 6-6 中可以看出，二甲醚在进行燃烧时的反应主要包括以下几个过程：

（1）CH_3OCH_3 的分解与氧化

$$CH_3OCH_3 \longrightarrow CH_3O\cdot + CH_3\cdot$$
$$4CH_3OCH_3 + O_2 \longrightarrow 4CH_3OCH_2\cdot + 2H_2O$$
$$CH_3OCH_2\cdot \longrightarrow CH_2O\cdot + CH_3\cdot$$

(2) H 原子的吸收

$$CH_3OCH_3+OH\cdot \longrightarrow CH_3OCH_2\cdot +H_2O$$
$$CH_3OCH_3+H\cdot \longrightarrow CH_3OCH_2\cdot +H_2$$
$$CH_3OCH_3+O\cdot \longrightarrow CH_3OCH_2\cdot +OH\cdot$$
$$CH_3OCH_3+HO_2\cdot \longrightarrow CH_3OCH_2\cdot +H_2O_2$$
$$CH_3OCH_3+CH_3\cdot \longrightarrow CH_3OCH_2\cdot +CH_4$$
$$CH_3OCH_3+CH_3O\cdot \longrightarrow CH_3OCH_2\cdot +CH_3OH$$

(3) $CH_3OCH_2\cdot$ 的反应

$CH_3OCH_2\cdot$ 的反应主要经历两种反应方式，即①$CH_3OCH_2\cdot$ 裂解生成甲醛和 $CH_3\cdot$ 的反应：$CH_3OCH_2\cdot \longrightarrow CH_2O+CH_3\cdot$；②$CH_3OCH_2\cdot$ 与 O_2 的反应：$CH_3OCH_2\cdot +O_2 \longrightarrow CH_3OCH_2O_2$。

(4) $CH_3OCH_2OO\cdot$ 的反应

$CH_3OCH_2OO\cdot$ 的反应主要经历以下 3 种反应方式：

① $CH_3OCH_2OO\cdot$ 的裂解：$CH_3OCH_2OO\cdot \longrightarrow CH_3OCH_2\cdot +O_2$；

② $CH_3OCH_2OO\cdot$ 的异构化：$CH_3OCH_2OO\cdot \rightleftharpoons CH_2OCH_2OOH$；

③ $CH_3OCH_2OO\cdot$ 吸收 H 生成 $CH_3OCH_2OOH\cdot$ 与 CH_3OCH_2OOH 的分解：$CH_3OCH_2OO\cdot +H\cdot \longrightarrow CH_3OCH_2OOH$、$CH_3OCH_2OOH \longrightarrow CH_3O\cdot +CH_2O+OH\cdot$。

(5) CH_2OCH_2OOH 的反应

CH_2OCH_2OOH 的反应主要经历以下 3 种反应方式：

① CH_2OCH_2OOH 的异构化：$CH_2OCH_2OOH \longrightarrow CH_3OCH_2OO\cdot$；

② CH_2OCH_2OOH 的裂解：$CH_2OCH_2OOH \longrightarrow CH_2O+CH_2O+OH\cdot$；

③ CH_2OCH_2OOH 的氧化：$CH_2OCH_2OOH+O_2 \longrightarrow O_2CH_2OCH_2OOH$。

(6) $O_2CH_2OCH_2OOH$ 的异构化反应：$O_2CH_2OCH_2OOH \rightleftharpoons HO_2CH_2OCHOOH$。

(7) $HO_2CH_2OCHOOH$ 的分解反应：$HO_2CH_2OCHOOH \longrightarrow HO_2CH_2OCHO\cdot +OH\cdot$ (迅速分解) $HO_2CH_2OCHO\cdot \longrightarrow OCH_2OCHO\cdot +OH\cdot$、$CH_2OCHO\cdot \longrightarrow CH_2\cdot +HCO_2\cdot$。

在理论空燃比下，二甲醚氧化后的主要燃烧产物包括 CO、H_2、CH_4、CH_2O 和 CO_2 等。此外，研究表明，DME 滞燃期较短的主要原因是，在低温高压时，DME 生成活性较大的过氧基 $CH_3OCH_2OO\cdot$ 和 $CH_3O_2\cdot$。氧化反应过程中，DME 先产生 $CH_3OCH_2\cdot$，然后进一步氧化产生活性较大的 $CH_3OCH_2OO\cdot$，$CH_3OCH_2OO\cdot$ 继续发生反应产生过氧化物 CH_3OCH_2OOH。与此同时，低温氧化过程中产生了大量活性较大的甲基、甲氧基 ($CH_3\cdot$ 和 $CH_3O\cdot$)，$OH\cdot$ 和甲醛等，使连锁反应继续进行。

6.5.4 二甲氧基甲烷燃料的燃烧反应特性

二甲氧基甲烷 (dimethoxy methane，DMM) 又称甲缩醛或二甲醇缩甲醛，分子式为 $CH_3O—CH_2—OCH_3$，是甲醇与甲醛的缩合产物，属于二聚醚类，是聚甲氧基二甲醚 ($PODE_n$) 系列化合物中最小的成员，$n=1$。DMM 的许多性质介于二甲醚和甲醇之间，分子含氧量高 (42.1%)，在 PODE 家族中最先被提出作为一种柴油含氧添加剂。

DMM 的低温氧化大致分为三个阶段：①100℃以下发生初始自氧化反应，主要是 DMM

与氧气结合生成DMM过氧化物；②DMM过氧化物在100℃以上发生快速的热分解反应，产生反应性自由基；③在125℃左右时，反应体系通过一个吸热反应引发DMM快速氧化反应。

DMM氧化反应的主要位点是其氧亚甲基（$\cdot CH_2-O\cdot$）和其末端甲基（$CH_3\cdot$）。在氧化反应过程中DMM通过脱氢反应生成DMM的两个自由基：$CH_3OCHOCH_3\cdot$ 和 $CH_3OCH_2OCH_2\cdot$。

甲醛（28.3%）和甲酸甲酯（26.5%）是DMM自由基氧化后的主要气态氧化产物，其是由DMM主要的初级自由基（$CH_3OCHOCH_3\cdot$）分解生成的。此外，还有一定量的二甲醚（5.2%）和甲烷（9.2%），主要通过DMM次要的初级自由基（$CH_3OCH_2OCH_2\cdot$）的分解和异构化反应生成的。与此同时，两种DMM初级自由基在分解的过程形成多种氧化中间体，进一步与氧气反应导致乙醛、甲酸和甲醇等产物的生成。

DMM氧化反应是在自由基的作用下通过提取DMM一级氢原子（形成 $H_3COCH_2OCH_2\cdot$）或二级氢原子（形成 $H_3COCHOCH_3\cdot$）所引发的；DMM在氧气的攻击下的脱氢反应主要发生在中心碳原子上，概率大约是末端甲基的12倍；氢过氧化物和过氧自由基在DMM低温氧化反应过程中起着重要作用。

DMM作为内燃机燃料的性能特点可以归纳为：①DMM分子结构中只有C—H键和C—O键，没有C—C键，含有42.1%的氧，因此燃烧所产生的碳烟和颗粒等污染物比纯柴油低；②由于DMM中含有大量的氧，因此可以使用大的废气再循环率来降低 NO_x 排放。

6.5.5 酯类燃料的燃烧反应特性

（1）碳酸二甲酯

碳酸二甲酯（DMC）是二甲醚的下游产品，可以由二甲醚和二氧化碳合成。碳酸二甲酯能够减少生产二甲醚时温室气体 CO_2 的排放量，对保护环境有利。DMC分子结构中有C—H和C—O键，没有C—C键，可以降低燃烧时产生的碳烟和微粒量。由于DMC中含有高比例的氧，因此可以使用更大的废气再循环率（EGR率）来降低 NO_x。DMC常温下为液体，沸点又较低，既便于存储又有利于燃料在缸内的雾化和与空气的混合。

与柴油相比，添加DMC改变了燃烧过程，如缸内压力、放热规律的变化，以及中间和最终燃烧产物形成过程的变化，使得形成的燃烧颗粒具有不同的理化特性。

DMC具有很高的含氧量（53.3%），在燃烧过程中更易于形成活性含氧中间产物，使得已经生成的多环芳烃（PAH）氧化形成 C_5 结构，C_5 的弯曲结构可引起碳层间排斥力的增加，使得平均层面间距增加。层面间距也反映了燃烧生成碳粒子的氧化活性，层面间距越小，微晶碳层与氧发生反应的接触面积就越小，氧化难度增加，氧化活性降低。

添加DMC后的柴油/DMC在燃烧过程中形成了更多的小分子碳氢中间燃烧产物，在碳粒子内核周围发生化学沉积，形成碳粒子的外壳结构，由于沉积作用在空间和时间上的随机性，使得碳粒子外壳表面容易形成凸起和凹陷，导致了碳粒子表面的不规则和粗糙；燃烧颗粒表面具有不规则分布的活性炭原子，在活性炭原子部位最容易被DMC分解形成的 $OH\cdot$ 等物质氧化，DMC的这种氧化作用也导致了燃烧颗粒表面的不规则和粗糙。

综上，与柴油相比，DMC分子在高温裂解过程中更易于形成如甲基（$CH_3\cdot$）和乙炔（C_2H_2）等 C_1 和 C_2 类中间燃烧产物，较少形成燃烧颗粒前驱体PAH类物质，抑制了碳层的生长。

(2) 脂肪酸甲酯

生物柴油原料油来源广泛，其化学成分极其复杂，其主要成分为脂肪酸甲酯。生物柴油是含氧燃料，在相对于柴油缺氧的局部区域，生物柴油却可以达到着火的条件。生物柴油的十六烷值大于柴油，生物柴油含烷烃特别是正烷烃较多，而正烷烃具有长键、单键结构，化学键能较低，易于断裂，自燃性能较好；生物柴油中氧的存在，起到了助燃的作用，可以形成以氧原子为中心的含氧活性中心，生物柴油易于着火。

与柴油相比，燃烧生物柴油时，燃烧始点提前，滞燃期缩短。这主要是因为生物柴油自燃性较好：①燃烧时生物柴油分子中以弱键连接的醇基首先分裂，这些醇基的存在降低了均相混合气的自燃温度；②生物柴油中以直链正构烷烃基和烯烃基的单酯较多，而基本不含芳香烃基的单酯，碳链易于断裂，自燃性较好。

6.6 含氧燃料对内燃机排放的化学影响

6.6.1 对碳烟排放的影响

随着排放法规的日益严格，发动机碳烟（soot）排放问题越来越受到人们的关注。除了先进的燃烧策略和排放后处理技术外，燃料的改性也是减少碳烟排放的有效途径。在各种含氧代用燃料中，醇类燃料被广泛用作替代燃料。

在预混层流火焰和扩散火焰中，对各种含氧燃料如何产生多环芳烃（PAH）和碳烟进行了广泛的研究。含氧燃料的添加能减少正庚烷预混富油火焰中多环芳烃（PAH）的形成。二甲醚和乙醇的加入可以减少 PAH 的形成，因为这两种含氧燃料的氧化主要产生小的 C_1 和 C_2 类烃。将不同体积分数的丁醇异构体与正庚烷和甲苯二元燃料混合，发现，多环芳烃（PAH）形成的反应路径强烈依赖于共混的丁醇异构体的结构，而 PAH 生成的减少主要是由甲苯减少而导致的[13]。总体而言，加入含氧燃料后，PAH 和碳烟生成的减少主要是由基础燃料与含氧燃料（例如，长链烷烃[14]）或与含氧燃料混合的芳香族[15]之间 PAH 形成途径的差异造成的。此外，由于添加了含氧燃料而增加的氧化自由基也是 PAH 减少的原因。多环芳烃形成过程中燃料之间的复杂相互作用也被提出。研究表明，含氧燃料的加入会产生大量特定的自由基，这些自由基可以与基础燃料产生的自由基结合，从而增强或促进燃料混合物中多环芳烃前体和多环芳烃的形成。可以看到，混合含氧燃料对多环芳烃的形成和烟灰排放的影响非常复杂，它在很大程度上取决于燃料的性质以及基础燃料和添加剂之间的相互作用。多环芳烃氧化燃料的详细机理能够描述多环芳烃形成的演化过程。

含氧燃料中的大部分氧都转化为不同的小分子含氧产物（如 CH_2O 和 C_2H_3CO），这些小分子含氧产物取决于含氧燃料的燃料分子结构，最终转化为 CO 和 CO_2。因此，含氧燃料中氧含量对多环芳烃形成的影响很小。对于甲醇和正丁醇，氧含量参与氧化过程，而 DME 中的氧含量主要缩短了碳烟前驱物可用的碳链长度。不同含氧燃料多环芳烃的形成趋势主要受可用于生产多环芳烃的碳链长度的影响。

对含氧燃料而言，有效碳链转化为多环芳烃的作用要比氧对多环芳烃形成的直接化学影响更为显著，因为含氧燃料中的大部分氧被转化为不同的小分子含氧产物，而不是促进多环芳烃的氧化[16]。

6.6.2 对氮氧化物排放的影响

内燃机的高温环境所产生的有害物质之一是氮氧化物（NO_x）。一般情况下，柴油机排放的污染物占发动机尾气的比例不到1%，而NO_x所占比例高达50%以上[17]。NO_x由体积分数为90%的一氧化氮（NO）、5%的二氧化氮（NO_2）和5%的一氧化氮（N_2O、N_2O_3和N_2O_5通常被忽略）组成[18]。

由于燃料本身含氮很少，不足以产生显著的NO_x排放。NO_x的主要来源是发动机进气中的氮气分子。NO_x的生成可以用泽尔多维奇（Zeldovitch）机理来描述。

NO_x的生成主要发生在非常浓的混合气中，它既可以在火焰前锋面中生成，也可以在离开火焰的已燃气中生成。由于柴油机的缸内燃烧是在高压下发生的，火焰中的反应区很薄。此外，随着燃烧的进行缸内压力不断升高，使得已燃气体的温度超过了火焰带中气体的温度，因此大部分的NO就在离开火焰带的已燃气中生成。

压燃发动机排放的NO_x取决于气缸压力、燃烧温度、空燃比、湿度和燃烧持续时间等燃烧特性，以及燃料的一些特性，如不饱和度、十六烷值、芳香含量、密度、体积模量、挥发性、黏度和化学结合氧含量等[19-20]。燃烧温度越高，燃料中氧含量越高，空气湿度越低，NO_x的生成越高。十六烷值低意味着点火延迟较长，空气/燃料混合物堆积较多，燃烧开始时热释放迅速，导致高温和NO_x排放。黏度、蒸馏温度等性能对燃烧温度和NO_x排放也有间接影响。十六烷值较低、潜热较高的醇组分能有效降低NO_x的排放，这意味着甲醇比乙醇更有效，乙醇比丁醇更有效地降低NO_x。

6.7 生物毒性

毒性，又称生物有害性，一般是指外源化学物质与生命机体接触或进入生物活体体内后，能引起直接或间接损害作用的相对能力，或简称为损伤生物体的能力。也可简单表述为，外源化学物在一定条件下损伤生物体的能力。

6.7.1 醇类燃料的毒性

（1）甲醇

甲醇燃料的添加、飞溅、无盖容器和车辆尾气排放均有甲醇蒸气产生。通过呼吸系统吸入甲醇蒸气是常见的，也是主要的甲醇进入人体的途径。低浓度的甲醇蒸气要比汽油蒸气的毒性小，高浓度时二者相当，但甲醇蒸气处于高浓度时的概率低于汽油，因为甲醇蒸气压低于汽油。正常的工作场所中，甲醇蒸气允许的最大浓度为200μL/L，而汽油为300μL/L，可见甲醇蒸气的毒性略大于汽油蒸气。

甲醇的毒性是目前制约我国甲醇燃料应用的主要因素之一，那么甲醇燃料的毒性到底如何？是否可以克服？其实汽油、柴油对人体健康及环境也有一定的毒性，可人们早已经习以为常，但甲醇是20世纪70年代才逐渐用作燃料的，因此人们才特别关心它的毒性。国外一些研究单位及专家、学者对甲醇及汽油的毒性进行过一些比较，如表6-11所示。

表 6-11 甲醇与汽油毒性的比较

毒性	甲醇	汽油
轻微	对黏液膜及上下呼吸系统和眼睛有刺激，行走不稳、腹痛、视觉模糊	如同醉酒状、头晕、呕吐、剧烈的咳嗽
严重	较强烈的疾病感觉，头痛、头晕眼花、呼吸不畅、视力衰退、完全失明	抽筋、失去思维、心衰、死亡
慢性	患肺病、视力衰退	四肢及关节痛、忧虑及抑制状态、神经不正常、贫血病、肺出血

甲醇燃料在加注、储存、运输过程中及车辆尾气中均有少量甲醇蒸气产生。人体接触甲醇的途径主要有三种：呼吸蒸气、误饮和皮肤接触吸收。

呼吸系统吸入甲醇蒸气是主要的接触途径。吸入甲醇蒸气浓度过高会导致喉咙灼热、咳嗽、气短等呼吸道症状。严重情况下，可能导致肺水肿、呼吸困难等呼吸系统严重损伤。对生命立即产生危险或严重损害健康的甲醇蒸气浓度为 6000μL/L，短期（15min）工作允许甲醇蒸气浓度为 250μL/L，如表 6-12 所示。我国已制定了《职业性急性甲醇中毒的诊断》(GBZ 53—2017)。

表 6-12 甲醇蒸气的允许浓度

场所	时间	允许浓度/(μL/L)
工作场所	8h×5（工作日）	200
短期工作	15min	250
危险环境	即刻	6000

事实上，甲醇是一种自然物质，通过吃食水果、蔬菜和含酒饮料，人类身体大约吸收 0.3～1.1mg/(kg·d) 的甲醇。而对于一个 70kg 体重的人，在 150μL/L 浓度下停留 15min 所吸入的甲醇相当于 0.6mg/kg，和正常饮食所吸入的量相近。通常情况下，甲醇蒸气的浓度是远小于允许浓度的。

进入人体消化系统的液体甲醇是非常危险的。由于个体的差异，所产生的中毒症状也不一样。一般认为饮用 6～18mL 甲醇会引起中毒，双目失明，甚至死亡，饮用 30mL 甲醇有生命危险。但是出现这些情况均是误食或误饮，我国曾发生的假酒事件，就是由于误饮过量的甲醇含量较高的工业酒精（勾兑到白酒中）造成受害人中毒，引起双目失明和死亡。

皮肤接触吸收进入人体的甲醇量很小，一般不会引起中毒。长期重复接触可能引起湿疹、红肿、起鳞等症状。

因此，甲醇作为燃料使用时，必须严格按照操作程序进行，尽量减少甲醇的泄漏，避免直接进入消化系统。事实上，甲醇除了误饮外，由其他途径引起的中毒事件很少见到。

山西省在进行十多年 M15 和 M85～M100 甲醇燃料的示范实践过程中，对相关的司乘人员等进行的跟踪体检表明，未发现一起因甲醇引起的健康异常或职业病例。全世界每年生产和消费 4000 多万吨甲醇，我国于 2005 年生产和消费 500 多万吨甲醇，未见有职业中毒的报道。“六五”期间，国家对 M15 甲醇汽油的联合毒性进行了研究，“七五”期间北京医科大学对“甲醇中毒机理的研究”“甲醇急性中毒解药的研究”和“甲醇对人体健康的影响”等课题已经进行了研究。其中对接触甲醇燃料人群（司机、加油工、实验人员）的健康影响进行了为期三年详细的连续跟踪检查，并和不接触甲醇的人群进行了对比。结论是：只要遵守操作规程，没有发现人体健康有异常。

(2) 乙醇

乙醇属微毒类，乙醇对中枢神经有抑制作用，可通过吸入、口服和皮肤吸收进入人体。被吸收的乙醇在体内经酶的作用氧化为乙醛，进一步氧化为乙酸，最后氧化为二氧化碳和水，排出体外。乙醇蒸气对眼和呼吸道黏膜有轻微的刺激作用，皮肤长期接触可出现干燥、皲裂现象。吸入高浓度蒸气可出现醉酒感、乏力、兴奋等症状。长期吸入高浓度乙醇蒸气，可引起头昏乏力、情绪不稳定、肝功能损伤等。口服乙醇后轻者兴奋、欣快、多言、动作不协调、语无伦次、昏睡，严重者深度昏迷，甚至发生呼吸麻痹而死亡。大部分国家规定工作场所的极限允许含量为1‰。乙醇作为燃料使用，其对人体健康的影响较汽油小。

急性乙醇中毒俗称酒醉，是指短期内饮入过量乙醇而出现的中枢神经系统先兴奋后抑制的状态。急性乙醇中毒酒精进入人体内1h左右，约90%被血管吸收，其中90%～98%由静脉入肝氧化，如短时间内大量饮酒常致酒精中毒，可造成严重的肝毒性。乙醇具有脂溶性，可迅速通过脑中神经细胞膜，作用于膜上的某些酶而影响其功能，使大脑皮质功能受限制。患者表现为兴奋，随着血中浓度的增加，随即影响延髓、脊髓，可麻痹中枢神经系统。

人中毒的临床症状主要表现为眼部充血，颜面潮红或苍白，兴奋多语，手足乱动，甚至出现昏迷，呼吸循环衰竭。长期嗜酒、酗酒，可引起慢性中毒，导致肺脏、心脏、内分泌腺及其他器官营养不良，机体代谢出现显著紊乱。尤其是脑的损害更为突出，以致引起记忆力下降、痴呆等症状。乙醇中毒导致神经系统损害的发生率几乎为100%。因此要充分认识酒的危害，饮酒时，应掌握好量，切勿酗酒。青少年处在身体发育时期，饮酒更易对身体器官造成损害，许多国家都明令严禁青少年饮酒。

6.7.2 醚类燃料的毒性

(1) 二甲醚

二甲醚在常温常压下为气体，具有轻微的醚香味，有轻微的麻醉作用，主要通过呼吸道侵入人体，吸入高浓度的二甲醚气体，可引起麻醉、窒息感。二甲醚的毒性低于甲醇，但与液化石油气（LPG）相当。它基本无味，对环境无污染，对人体无致癌作用，对金属无腐蚀，性能稳定，即使长时间暴露于空气中也不会像二乙基醚那样生成过氧化物。

二甲醚的半衰期较短，极易在对流层降解为 CO_2 和 H_2O，在光化学反应中，不会产生甲醛，对大气臭氧层无破坏作用无温室效应。二甲醚易溶于水，雨雪可吸收大气中的二甲醚。在自然状态下，二甲醚可在1～2天内降解，不会对环境造成危害。

(2) 甲基叔丁基醚

MTBE主要经呼吸道吸收，也可以经皮肤和消化道吸收。MTBE对小鼠的麻醉浓度（AC_{50}）和半致死浓度（LC_{50}）分别为1.0mmol/L和7.6mmol/L，而乙醚的 AC_{50} 和 LC_{50} 分别为1.7mmol/L和6mmol/L。动物短期暴露于高浓度的MTBE下的症状包括麻醉、共济失调、震颤等。国外招集志愿者来研究MTBE对人体健康的影响，积累的资料显示，所有受试者都有不同程度的刺激症状，中枢神经受到影响。同时，小鼠试验发现，MTBE可引起白细胞数量短暂下降，肝匀浆脂质过氧化水平增高，细胞色素P-450含量上升。大鼠试验也发现，MTBE可诱导肝细胞色素P-450和P-450B含量升高，其代谢可被抗P-450E的单克隆抗体抑制。雄性大鼠试验发现，MTBE 可引起血清睾丸酮水平短暂下降（$P<0.05$），其原因可能是 MTBE 直接作用于下丘脑-垂体-性腺轴的应激。也有人认为 MTBE 对中枢神经系统有抑制作用。

在小鼠淋巴细胞体外基因致突变试验中，在加入 S_9 的情况下，MTBE 表现出突变性。用单细胞凝胶电泳分析 MTBE 及甲醛、TBA 对 HL_{60} 细胞的致突变性试验发现 3 种物质对 DNA 具有损伤作用。MTBE 也可引起肝细胞序外 DNA 合成的增加，可以认为 MTBE 及其代谢产物具有一定的遗传毒性。

MTBE 的致癌性存在争论。有人认为，MTBE 在不同种属（大鼠及小鼠）或不同品系（SD 大鼠、F344 大鼠）动物中均表现出不同的致癌效应，其代谢产物甲醛和 TBA 对动物也具有致癌性。目前无相应的流行病学资料，根据国际癌症研究机构（IARC）的分类标准，将 MTBE 划归为有 B2 类致癌性。但也有人认为，试验中 MTBE 染毒浓度过高，导致试验动物提前死亡而使试验时间少于两年。目前的试验结果局限于啮齿类动物，且来自少数几个科研机构，没有对人体进行试验的资料。仅有部分证据证明 MTBE 对动物具有致癌效应，建议将其划归为 C 类致癌物。

美国职业和环境流行病学部（OEES）认为，MTBE 并不能明显降低环境中的 CO 浓度，也不能说明其对人体健康有保护作用，而 MTBE 以及甲醛的排放，却可能会给人类健康带来新的潜在危害。1995 年 10 月，北卡罗来纳州已暂停使用 MTBE。1999 年 3 月 25 日，加州政府决定于 2002 年底禁止在汽油中使用 MTBE。

6.7.3 酯类燃料的毒性

（1）脂肪酸甲酯

脂肪酸甲酯基本无气味，其中可挥发性的有机物含量也很低。脂肪酸甲酯的急性口服毒性致死量小于 17.4g/kg，是食盐的 1/10；在水中的毒性，96h 致命浓度试验＞1000mg/L，远远低于美国国家职业安全卫生研究所（NIOSH）规定的化学物质毒性底线。对人体皮肤的刺激性，比 4%肥皂水的刺激还小；燃烧时，较石化柴油降低了 90%的空气毒性。

（2）碳酸二甲酯

碳酸二甲酯（DMC）结构式为（$CH_3O)_2CO$，在常温下为无色液体，具有可燃性，爆炸极限为 3.8%～21.3%，微溶于水但能与水形成共沸物，可与醇、醚、酮等几乎所有的有机溶剂混溶。碳酸二甲酯略有刺激性气味，毒性远远小于光气、硫酸二甲酯和氯甲烷（三者均为剧毒品），对大白鼠、小白鼠经口半数致死量 LD_{50}＝6400～12800mg/kg，属无毒或微毒化学品。

6.8 储存运输危险性

燃料的储存运输危险性包括腐蚀、泄漏、着火、爆炸、灭火、消防、危险化学品分类等。腐蚀性是指金属与环境间的物理和化学作用，使金属性能发生变化，导致金属、环境及其构成系统受到损伤的现象。泄漏一般指工业中不应该流出或漏出的物质或流体，流出或漏出机械设备以外，造成损失。爆炸是指在极短时间内，释放出大量能量，产生高温，并放出大量气体，在周围介质中造成高压的化学反应或状态变化，同时破坏性极强。燃料在着火之后就需要尽快灭火，尤其是危险化学品需要特别注意。

6.8.1 醇类燃料的储运危险性

(1) 甲醇

甲醇的腐蚀性较强。甲醇的腐蚀性与其纯度和温度有关，如果是精醇，在 100℃以下，对金属几乎是没有腐蚀性的；如果是粗醇，也就是燃料甲醇，因为其中含有少量有机酸，如甲酸、甲酸甲酯和醛类等，温度越高对金属腐蚀越严重。甲醇汽油中甲醇对腐蚀性能的贡献最大，因此，要广泛地使用燃料甲醇，必须重视其腐蚀性带来的不利影响，积极克服和解决腐蚀带来的问题。目前解决甲醇汽油腐蚀性的手段，大多是加入含氮物质作为腐蚀抑制剂，如苯并三氮唑类、二聚亚油酸等。同时，加入助燃剂，使燃料燃烧充分，也能降低其腐蚀性。

燃料甲醇的使用包括运输、存储和添加过程，在这些过程中难免会有泄漏、挥发、与人体接触的情况，因而燃料甲醇的使用安全从三个方面考虑：第一，燃料甲醇对周围环境的使用安全；第二，燃料甲醇对接触人体的使用安全；第三，燃料甲醇在使用过程中的着火爆炸安全性。其中前两个方面的安全性已在前面说过，这里主要对燃料甲醇的着火爆炸安全性着重解释说明。

甲醇的蒸气压比汽油小，同样条件下，汽油的蒸气量是甲醇蒸气量的 2～4 倍。甲醇蒸气的密度较低，只略大于空气的密度，很容易扩散，而汽油的蒸气密度则是甲醇蒸气密度的 2～5 倍，在空气中，其沿着地面流动分散，极易遇到明火燃烧爆炸；燃料甲醇有优越的传导性，能够减小静电产生火灾后带来的危害；甲醇蒸气能够点燃爆炸的浓度是汽油的 4 倍，因此燃料甲醇发生火灾爆炸的可能性低于汽油；燃料甲醇的闪点高，着火危险性小；甲醇火焰热辐射比汽油小，不易造成邻近的二次火灾；甲醇燃料发生火灾可以用水进行扑灭，而汽油则不能，所以燃料甲醇发生火灾后造成的损害程度要小于汽油燃料。

总体来说，燃料甲醇发生火灾的安全性比燃料汽油的安全性好，正是由于燃料甲醇的这种特点，在运输、存储、添加以及使用过程中，由于火灾造成的人员伤亡、财产损失等要比燃料汽油小得多。

美国能源部对几种发动机燃料的危害，在它们的理化性质基础上进行了相对的比较。1 代表危害性低，7 代表危害性高，结果如表 6-13 所示。

表 6-13 几种发动机燃料相对危害性的比较

危害性	汽油	柴油	甲醇	液化石油气
泄漏	3	1	2	5
蒸发	3	1	2	4
释放到环境中	5	6	3	4
释放到室内	2	1	4	3
自燃	6	5	4	3
火花点燃	2	1		3
可燃性	2	1	5	3

续表

危害性	汽油	柴油	甲醇	液化石油气
突发爆燃	5	6	1	2
火焰的热辐射	6	7	1	5
对健康的影响	7	5	6	4

纯甲醇燃烧时，火焰为浅蓝色，不易被人察觉。但大多数的车辆发生火灾时，其他物质如润滑油，漆皮等一起燃烧产生大量的烟雾和可见火焰。另外，甲醇燃料可以添加一些化学物质增加火焰的可见度。甲醇的热值几乎是汽油热值的一半，如果假设甲醇燃料车和汽油燃料车的热效率一样，则甲醇燃料的用量是汽油的两倍才能达到汽油车的行驶里程。换句话说，甲醇燃料的贮存和运输量是汽油的两倍。如果甲醇的可燃性和汽油一样，则贮存和运输过程中，甲醇发生火灾的概率要比汽油高许多。但是，由于甲醇本身的燃烧安全特性，甲醇燃料在贮运过程中，火灾造成的人员死亡、严重受伤和财产损失等都会下降。

(2) 乙醇

乙醇的亲水性和吸湿性极强，燃料在储运和使用过程中，乙醇柴油中的溶解水会析离成游离水，引起金属生锈腐蚀。乙醇在制备过程中就含有酸性物质例如乙酸等，在储存和使用中也会因为受到空气的氧化或细菌发酵形成有机酸，这些酸性物质均会对金属产生腐蚀。

乙醇对供油系统和进气系统的金属组件（如汽车油箱、输油管、化油器铜质量孔等）具有腐蚀作用，对橡胶件有溶胀作用，可导致橡胶件溶胀、软化、龟裂进而失效。采用高比例乙醇汽油或纯乙醇时必须对供油系统采取一些专门措施，如换用耐腐蚀的橡胶件、采用镀镍的铜供油管等。乙醇的汽化潜热较高，容易造成气化不良，可能会以液态的形式冲刷气缸壁，破坏气缸油膜，且稀释润滑油或使润滑油乳化，导致润滑环境恶化，使活塞环和气缸壁的腐蚀磨损增加。

乙醇汽油对水特别敏感，少量的水即可导致乙醇与汽油分层，此外乙醇与水的亲和力很强，很容易从空气中吸收水分，这就导致了乙醇汽油的储运难度。低比例乙醇汽油对汽车零部件也有一定的腐蚀作用。现今，混合比例低于10%的乙醇汽油已经完全适用于绝大部分新生产的车辆。

乙醇汽油金属腐蚀性试验表明，汽油中添加0%～15%乙醇后，乙醇浓度对金属腐蚀率基本没有影响。随着乙醇浓度的增加，对紫铜试件腐蚀增加，乙醇含量为15%时，铜片腐蚀达到3a级；铸铁试件出现0.02%～0.04%的增重；对其他金属的腐蚀影响不明显。当乙醇含量超过70μg/g后，乙醇汽油对紫铜的腐蚀性迅速增加。金属腐蚀抑制添加剂的加入(50～200μg/g)可以有效抑制乙醇汽油对铜片（黄铜或紫铜）的腐蚀。

乙醇闪点尽管比汽油高，在生产、供应和使用过程中的着火危险性仍然较大，与氧化剂接触发生化学反应或引起燃烧。在火场中，受热的容器有爆炸危险。其蒸气比空气重，能在较低处扩散到相当远的地方，遇火源会着火回燃。与汽油的生产、供应和使用一样，应着重防止火灾的发生。

目前，在不添加含氧化合物的烃类中添加10%的燃料乙醇，将两种原料经过均匀调和后，即可获得车用乙醇汽油成品。燃料乙醇的储量应按照调配中心的年周转量，并结合建设单位现有的储存量确定。油罐调和是将液态烃与燃料乙醇分别按比例送入储罐，再通过罐中侧向搅拌1h进行调和。在调和时，应先加入液态烃，然后再加入燃料乙醇。因为先加入液态烃可控制罐内油气浓度，减小爆炸的危险性。

燃料乙醇的运输可以采用管道、铁路、公路等运输方式。装卸时，燃料乙醇装卸台应设置遮雨棚，避免在雨天装卸时雨水进入罐车，导致调和好的车用乙醇汽油出现相分离。燃料乙醇卸车管道、输送管道、卸车泵必须单独设置，避免造成混油，影响燃料乙醇的产品质量。如果发生混油，还可能使其他油品存固在卸车泵、输送管道内的水分带到燃料乙醇中。

（3）低碳混合醇

低碳混合醇是指 C_1～C_6 的醇类混合物，其辛烷值高，防爆和抗震的性能也很优越，因此，自从 20 世纪初其伴随着费-托合成被发现以来，尤其是 20 世纪 70 年代石油危机以后，就一直被定位于作为一种汽油的优良的添加剂甚至作为燃料使用。

相对于甲醇，低碳混合醇作为车用燃料有更大的优越性：①低碳醇和汽油的混溶性很好，可以不用或少用表面活性剂，而甲醇加入汽油中则不但需要表面活性剂的助溶，而且还存在较严重的相分离现象；②低碳混合醇，尤其是 C_2 以上的高级醇对一些材料如金属、橡胶以及合成塑料的腐蚀性很小，而甲醇对这些材料的腐蚀性很大；③低碳混合醇作为燃料用时和现行的燃料系统匹配，现有的燃料系统可不做任何改造就直接用于低碳混合醇燃料，而甲醇则不行。

因此，许多国家对低碳混合醇的研究和开发投入了大量的人力和物力。但是，由于目前所发现的一些催化剂的选择性和时空收率还比较低，在经济上还不能满足工业化生产的要求，当前仍然没有单独以低碳混合醇为目标产品的工厂在运行。

6.8.2 醚类燃料的储运危险性

二甲醚与液化石油气在腐蚀性方面具有差异，二甲醚对耐液化石油气的丁腈橡胶具有严重腐蚀现象，二甲醚会腐蚀气瓶胶圈，导致有害气体泄漏危及人身安全。因此，需要专门设计 LPG 和二甲醚掺混储存钢瓶，而不能在民用 LPG 中掺入二甲醚后直接充入 LPG 钢瓶。

二甲醚作为化学品与液化石油气、天然气一样，都属于危险化学品。根据火灾危险性特征描述，二甲醚、液化石油气（主要成分为丙烷和丁烷）、天然气等火灾危险性分类见表 6-14。由表可以得出，作为爆炸危险性介于液化石油气和天然气之间，二甲醚与液化石油气的属性基本接近。

表 6-14　储存物火灾危险性分类

物质名称	闪点/℃	空气中的爆炸极限/%		自燃温度/℃	火灾危险性类别
		下限	上限		
二甲醚	−41	3.4	27.0	235	甲类
天然气	−190	5.0	15.0	540	甲类
丙烷	−104	2.1	9.5	460	甲类
丁烷	−60	1.5	8.5	365	甲类

作为民用燃料，二甲醚燃烧性能良好，燃烧废气无毒，完全符合卫生标准。二甲醚及其配套燃具在正常使用情况下，不会对人体造成伤害，也不会对空气造成污染。该燃料在使用配套的燃具燃烧后，室内空气中甲醇、甲醛及一氧化碳残留均符合国家居住区大气卫生标准

及居室空气质量标准。二甲醚使用起来要比液化石油气安全：①二甲醚在空气中的爆炸下限比液化石油气高一倍多，因此在使用过程中由于泄漏引起的爆炸燃烧事故等也比液化石油气少，也就比液化石油气安全；②在相同的温度下，二甲醚的饱和蒸气压低于液化石油气的饱和蒸气压，即二甲醚在38.7℃时，其蒸气压低于1.38MPa，符合液化石油气要求，在60℃(液化石油气储罐的设计储存最高温度）时，二甲醚的饱和蒸气压为1.47MPa，低于液化石油气的1.92MPa。因此，二甲醚的储存、运输等都比液化石油气安全。

6.8.3 酯类燃料的储运危险性

（1）脂肪酸甲酯

腐蚀性是影响脂肪酸甲酯使用的重要指标。脂肪酸甲酯可以使人造橡胶等逐渐溶解，从而使过滤器和喷嘴处堵塞。另外，脂肪酸甲酯中所含的游离酸、硫、水分、甘油酯等也会腐蚀发动机金属部件。因此，脂肪酸甲酯的酸值和腐蚀性也有关联。

测试脂肪酸甲酯腐蚀性的标准方法是铜片腐蚀试验法：把一块已磨光的铜片浸没在一定量的试样中，并按照产品标准要求加热到指定的温度，保持一定的时间。待试验周期结束时，取出铜片，经洗涤后与腐蚀标准色板进行比较，确定腐蚀级别。脂肪酸甲酯的腐蚀级别一般都不超过1级。

脂肪酸甲酯的闪点一般都大于110℃，抗爆性比较高，所以在储存、运输和使用过程中具有较高的安全性。但是由于脂肪酸甲酯中含有较多的不饱和双键，其氧化安定性较差。

脂肪酸甲酯在储存过程中会有老化和氧化现象发生，从而使得脂肪酸甲酯的运动黏度提高，酸值增大，影响性能和寿命，所以在储存过程中要隔绝与空气的接触，定期测定黏度和酸值。另外，在储存过程中，要尽量避免使用含有铜、锌、铅等金属的容器，这些金属的存在会使脂肪酸甲酯的降解速度增大，形成更多的沉降物。还有一种方法也能延长脂肪酸甲酯的储存时间，就是加入抗氧化添加剂。需说明的是，脂肪酸甲酯的低温流动性比石化柴油的低，在冬天这个问题尤其突出。所以在运输使用时要注意保温，可以和石化柴油调和后运输，也可以在脂肪酸甲酯中加入一定量的煤油后再运输。煤油的作用是降低产品的冷凝点，提高其低温流动性能。

（2）碳酸二甲酯

碳酸二甲酯（DMC）是优良溶剂，作为溶剂的主要特点表现为熔点、沸点范围窄，表面张力大、黏度低、介质介电常数小，可得到较好的防静电效果，蒸发热低、相对蒸发速度快，而具有速干性，溶解参数SP值与丙酮接近，与其他物质的相溶性好等。表6-15是DMC与其他溶剂的性能比较。

表6-15 DMC与其他溶剂的性能比较

项目	DMC	丙酮	异丁醇	三氯乙烷	甲苯
分子量	90.08	58.08	60.09	1333.41	92.1
沸点/℃	90.3	56.1	82.3	74.1	110.6
熔点/℃	4	−94.4	−88.5	−32.6	−94.97
蒸气压（20℃）/kPa	5.60	24.66	4.27	13.33	2.93
闪点（闭口）/℃	17	−18	11.7		4.4

续表

项目	DMC	丙酮	异丁醇	三氯乙烷	甲苯
爆炸极限/%	3.8～21.3	2.15～13	2.7～13.0		1.27～7.0
黏度/($\times10^{-3}$Pa·s)	0.625	0.316	2.41	0.79	0.579
表面张力/($\times10^{-5}$N/m)	28.5		20.8	25.6	27.92
蒸发热/(J/g)	369.06	523.0	676.58	249.82	363.69
介电常数	2.6	1.01	18.6	7.12	2.2
相对蒸发速度（乙酸丁酯＝1）	4.6	7.2	2.9		2.4
SP 值	10.4	10.0	10.9	8.6	8.4
经口致死量 LD_{50}/(mg/kg)	12900		5800		7530
卫生容许浓度/(mg/L)		0.40	0.20	0.24	200×10^{-6}

由表 6-15 可知，与其他溶剂相比，DMC 具有闪点高、蒸气压低、空气中爆炸下限高等特点，在贮运、使用中安全性高，且毒性数据优于其他溶剂，对人体的危害小，作为溶剂的清洁性较好。因此，DMC 在清洗和特殊领域内（特种油漆、医药品制造介质等）用作溶剂和溶媒，可以取代氟利昂、三氯甲烷和其他代用品。此外，DMC 作为 CO_2 的载体已开始应用于喷雾。

碳酸二甲酯分子中氧含量高达 53%，比 MTBE（18%）高许多，且和汽油的相溶性好，蒸气压低，有利于提高汽油辛烷值和减少尾气排放，作为新一代汽油添加剂具有良好的应用前景。DMC 的抗爆性与 MTBE 接近，但 DMC 的毒性远小于 MTBE。

6.9 环境影响

燃料的环境影响包括自然降解、生物降解、大气污染、地下污染等。自然降解是指任何产品在排放到大自然中以后，经过几个月时间，会分解为大自然中已经存在的无毒、无害的元素。生物降解指材料在生物体内通过溶解、酶解、细胞吞噬等作用，在组织长入的过程中不断从体内排出，修复后的组织完全替代植入材料的位置，而材料在体内不存在残留的性质。大气污染是由于人类活动或自然过程引起某些物质进入大气中，呈现出足够的浓度，达到足够的时间，并因此危害了人体的舒适、健康和福利或环境的现象。地下水污染主要指人类活动引起地下水化学成分、物理性质和生物学特性发生改变而使地下水质量下降的现象。地表以下地层复杂，地下水流动极其缓慢，因此，地下水污染具有过程缓慢、不易发现和难以治理的特点。地下水一旦受到污染，即使彻底消除其污染源，也得十几年，甚至几十年才能使水质复原。

6.9.1 醇类燃料对环境的影响

（1）甲醇

甲醇燃料作为内燃机车的清洁替代燃料和未来燃料电池车的燃料大规模使用时，对周围生态环境有什么样的影响？和汽油相比，对周围环境的污染程度如何？这一直是人们普遍关心的问题。环境安全性包含两个含义：其一，燃料甲醇本身对环境的影响；其二，燃料甲醇应用于发动机燃料时，燃料甲醇车尾气排放对环境的影响。

① 甲醇燃料本身的影响　美国甲醇研究院根据甲醇的物理化学特性，仔细分析了大规模使用甲醇时，对周围环境，例如地表水、地下水和空气等影响。据美国环保署（EPA）1994年毒物排放清单（Toxics Release Inventory，TRI）年报中指出，1992年工业化学品向环境的排放量，甲醇已名列第三。这些甲醇主要来源于胶黏剂制造厂、MTBE生产、造纸行业和其他化工生产。表6-16为美国1992年和1993年甲醇向环境中的排放量，总排放量大约为甲醇生产量的1%。甲醇主要排向大气，约占总排放量的80%，大约有20%的甲醇排放到土壤、地下水和地表水中。

表6-16　美国甲醇年排放量估计值

对象	1992年		1993年	
	排放量/$\times10^4$t	占比/%	排放量/$\times10^4$t	占比/%
大气	8.85	80.7	7.79	81.3
地下水	1.23	11.2	1.27	13.2
地表水	0.74	6.7	0.45	4.7
土壤	0.15	1.4	0.08	0.8
合计	10.97	100	9.59	100

甲醇作为燃料使用时，向周围环境的排放主要来源于储存、运输和添加过程中的运输事故、储存渗漏、添加溅洒、甲醇蒸发等。空气中的甲醇易发生光氧化过程，半衰期为3天到30天。水中的甲醇通过挥发进入空气中，减小了甲醇的浓度，且发生生物降解。土壤中的甲醇也易于发生生物降解。而汽油则难溶于水，不易扩散，在自然环境中难以降解，发生累积污染。表6-17给出甲醇、苯、甲基叔丁基醚（MTBE）在自然环境中的半衰期，从表中可以看出甲醇在自然环境中容易脱除，不会对环境造成大的影响。一般情况下，甲醇泄漏对环境造成的污染是短期的、可逆的，不会对周围的环境造成永久性的破坏。

表6-17　甲醇、苯、MTBE在环境中的半衰期

环境介质	甲醇/d	苯/d	MTBE/d
土壤	1～7	5～16	28～180
空气	3～30	2～20	1～11
地表水	1～7	5～16	28～180
地下水	1～7	10～730	56～359

② 甲醇燃料车尾气的影响　通常对大气质量有明显影响的汽油机排放污染物主要是HC、CO和NO_x，这些常规排放物质是当前世界各国对汽车尾气进行限制的对象。对甲醇燃料汽车来说，除了上述常规污染物外，还有未燃的甲醇和甲醇不完全氧化的产物甲醛等非常规排放物排出，在尾气中的含量高于汽油机。表6-18列出了甲醇汽车排放的尾气成分及其产生的原因和影响因素。

表 6-18　甲醇汽车尾气成分分析

尾气成分	产生原因	影响因素
HC	HC来源于燃料燃烧不完全和缸壁激冷	排放中的含量与发动机的转速和负荷有关
CO	CO是燃料燃烧时的中间产物	产生量受空燃比影响较大，还和发动机运转工况，如转速、负荷等有关
NO_x	排气中 NO_x 的 90%是 NO，它是在燃烧室处于高温状态下的燃烧产物	与燃烧室温度密切相关；甲醇燃料发动机燃烧温度比汽油机低，所以 NO_x 生成也有所降低；NO_x 排放和发动机结构参数，还与运转工况，如压缩比、点火提前角等因素有关
CH_3OH	由缸壁激冷造成的燃烧不完全所致；燃用汽油时，尾气中的 CH_3OH 是碳氢化合物不完全氧化产生的，一般含量很低；对于甲醇汽油发动机来说，未燃的 CH_3OH 从尾气中排放出来将占主要比例，与燃用汽油相比高出两个数量级	在不同转速、不同负荷情况下，CH_3OH 的排放量不同，在低转速、低负荷时，CH_3OH 的排放量较高
CH_2O	醛类是内燃机排放的主要有毒物质，通常在燃烧室内火焰核心形成前的低温反应中和排放系统中形成	排气中 CH_2O 的含量受多种因素影响，如空燃比、压缩比，发动机的转速、负荷及排气温度等

众所周知，甲醇是比较纯的化合物，不含硫及其他的复杂有机化合物，含氧量高，燃烧充分。从国际能源署（IEA）委托芬兰国家试验研究中心对几种洁净燃料汽车的排放性能于 1995 年所作的试验评价报告（表 6-19）中可看出，甲醇汽车的常规排放比汽油汽车（加装三元催化器）好，比洁净燃料的 CNG 和 LPG 也略好，NO_x 排放量是各种燃料中最低的。

表 6-19　汽车常规排放物最低值/最高值（IEA 报告）　　单位：g/km

FTP 程序	排放物	CO	HC	NO_x
+20℃	汽油（无催化净化）	5.32/12.6	1.06/1.48	1.93/3.36
	汽油（有催化净化）	0.86/2.08	0.08/0.19	0.20/0.43
	M85	0.20/1.43	0.03/0.06	0.04/0.19
	LPG	0.71/1.07	0.09/0.14	0.10/0.21
	CNG	0.32/0.48	0.21/0.61	0.06/0.19
	柴油	0.08/0.40	0.05/0.14	0.40/0.94
−7℃	汽油（无催化净化）	10.3/18.1	1.43/2.41	2.13/2.70
	汽油（有催化净化）	3.27/6.75	0.30/0.50	0.09/0.22
	M85	2.56/4.19	0.39/0.86	0.06/0.07
	LPG	1.17/1.46	0.19/0.23	0.20/0.29
	CNG	0.51/0.58	0.39/0.89	0.13/0.20
	柴油	0.13/0.72	0.07/0.18	0.45/1.05

我国目前尚无汽车非常规排放物标准，在比较非常规排放时，必须比较不同燃料的各种非常规的有害排放物，如表 6-20 所示。

表 6-20 汽车非常规排放物平均值（IEA） 单位：mg/km

FTP 程序	排放物	1,3-丁二烯	苯	醛	甲醇
+20℃	汽油（无催化净化）	11.8	55	43	0
	汽油（有催化净化）	0.6	4.7	2.5	0
	M85	<0.5	1.5	5.8	79
	LPG	<0.5	<0.5	<2	0
	CNG	<0.5	0.6	<2	0
	柴油	10	1.5	12	0
−7℃	汽油（无催化净化）	10	69	44	0
	汽油（有催化净化）	1.7	18	2.6	0
	M85	0.5	11	23	810
	LPG	<0.5	1.1	<2	0
	CNG	<0.5	0.9	<2	0
	柴油	1.6	1.9	16	0

瑞典在 20 世纪 80 年代也做过这种测试，结果如表 6-21。

表 6-21 甲醇汽车非常规排放物与汽油汽车尾气的对比（瑞典，FTP-15 程序）

排放物	M95 无催化	M95 有催化	汽油无催化	汽油有催化
HC/(g/km)			1.5	0.1～0.4
甲醇/(g/km)	3.4	1.3		
苯/(mg/km)			约 100	10
甲醛/(mg/km)	110	20	20～40	2
乙烯/(mg/km)	13	2	70～90	8
多环芳烃（PAH）/(μg/km)	6	3	30～170	3
亚硝酸甲酯/(mg/km)	5.7	0.6	0.1～0.2	0.13

众所周知，苯、丁二烯、乙烯、多环芳烃和铅均为致癌物，在汽油车和柴油车的排放中都存在。M85 甲醇车排放的少量苯和丁二烯等，来源于为改善汽车启动性而在甲醇中添加的 10%～15%汽油，数量少得多。如果添加的是直馏汽油或凝析油，或用纯甲醇，则完全无苯等存在。排放中的甲醛为致癌物质，由表 6-20 和表 6-21 可看出，汽油，尤其是柴油汽车排放物中也含有甲醛。柴油机的甲醛排放量在常温下，甚至大于甲醇汽车的甲醛排放量。虽然甲醇车的甲醛排放量略大于三元催化后的汽油车，但其绝对值并不大，远小于未经三元催化的汽油车和常温下的柴油车。甲醛主要来源于汽车低温启动和暖机过程，现已研究出甲醇特殊催化装置，可把甲醛降低到与汽油车相同水平。据美国加州大气资源局评估，甲醛的毒性为苯的 1/5，乙醛为苯的 1/10。因此可认为，在非常规排放中，甲醇比汽油和柴油好，并和 CNG、LPG 相当。

美国加利福尼亚州对轻型汽车的排放制定了标准，如表 6-22 所示。轻型车是指整车质量为 400～3500kg 以下，乘员为 9～12 人以下的车辆。该标准也分两档：行驶在 5 万公里以内的新车及行驶在 5 万～10 万公里的在用车，在用车的限值比新车要松一些。

表 6-22 美国加利福尼亚州轻型汽车排放标准的排放限值　　单位：g/mile

50000mile 以内					
标准	CO	NMOG	NO_x	微粒	甲醛
1993	3.4	0.25①	0.4	0.08	
TLEV②	3.4	0.125	0.4	0.08	0.015
LEV③	3.4	0.074	0.2	0.08	0.015
ULEV④	1.7	0.040	0.2	0.04	0.008
100000mile 以内					
标准	CO	NMOG	NO_x	微粒	甲醛
1993	4.2	0.31①	1.0	0.08	
TLEV②	4.2	0.156	0.6	0.08	0.018
LEV③	4.2	0.090	0.3	0.08	0.018
ULEV④	2.1	0.055	0.3	0.04	0.011

① 1993 年加利福尼亚州排放标准规定是非甲烷碳氢化合物（NMHC）。

② TLEV：过渡性低排放汽车（transitional low emission vehicles）。

③ LEV：低排放汽车（low emission vehicles）。

④ ULEV：超低排放汽车（ultra low emission vehicles）。

注：1. 1mile=1609.344m。

2. NMOG 是指非甲烷有机气体。

可以看到，甲醇燃料汽车排气中未燃甲醇与甲醛的排放物可以降低到人们能够接受的程度。因此，大规模使用甲醇燃料车，不会造成比汽油更为严重的尾气污染物排放。

（2）乙醇

任何燃料燃烧在释放能量的同时都不可避免地向空气中排入副产物，乙醇也不例外，但不同燃料燃烧产生副产物的种类、数量和浓度各不相同，因此对空气质量的影响程度自然也不同。乙醇在生产、供应和使用过程中难免蒸发和泄漏，污染局部地区的空气、水和土壤，影响水域和陆地的生态。

无论海洋还是陆地，均栖有多种需氧生物，它们很容易分解含氧的醇，故醇在环境中的滞留时间并不长，因此，醇比相同水平的汽油对生态的影响要小。对水栖生物进行 LD_{50} 试验，按 0～100 评分，100 代表最高毒性，则汽油为 100，乙醇为 50。土壤中的真菌和细菌对乙醇的泄漏有很强的忍受能力，恢复也很快。乙醇泄漏对植被的影响比汽油小，因此乙醇在陆地泄漏时，对环境造成的影响要比汽油泄漏影响更小。

燃料乙醇作为新的代用能源正得到越来越广泛的重视，其未来的应用前景不可估量。但是在利用这种新能源的同时也要充分考虑到它对环境的影响，做到趋利避害，合理利用，从而最大限度地发挥其燃料优势。

① 对空气的影响　低比例乙醇混合燃料与纯汽油相比有较高的蒸气压和较大的渗透率。这导致大量乙醇因挥发或渗透而进入空气，不仅造成损失也污染了空气，同时也相应增大了其他气体的排放。美国斯坦福大学的研究结果证明，燃料乙醇对人和生物健康的损害比较大，以乙醇为燃料的车辆可能导致更多人患病或死于呼吸系统疾病。如果用以乙醇为燃料的车辆替代所有的轿车和卡车，美国死于空气污染的人数将增加 4%。巴西是唯一大范围应用燃料乙醇的国家，大约 70%～75%的机车使用 E20～E25，15%～20%的机车使用纯乙醇，其余的使用柴油，由此，2001 年巴西圣保罗市的空气中乙醇浓度是洛杉矶的 23～78 倍。

乙醇轻微氧化生成乙醛。乙醛是一种危险化合物，很可能具致癌性，它也是聚丙烯腈（PAN）的前体，是带有剧烈毒性的呼吸刺激物，是众所周知的植物毒素。E10 的燃烧使乙醛的排放量变为原来的 100%～200%，有时甚至达到 700%。巴西的 4 个主要城市空气中乙醛的体积分数要明显高于世界上其他城市。

虽然燃料乙醇会带来如此大的危害，但是燃料乙醇的使用对空气也有积极的影响。

燃料乙醇生产行业的主要工业废气有两种：一是工艺废气，包括原料净化产生的粉尘，经袋式除尘器除尘后，达标排放，另有发酵过程中产生的 CO_2，经净化、压缩后，制成液体 CO_2 作为副产品出售；二是工业锅炉产生的烟气和 SO_2，经除尘脱硫工艺后达标排放，对大气环境的影响较小。

燃料燃烧过程中颗粒物（PM）、CO 和烃类物质（HC）的产生主要是由燃料不完全燃烧而引起的。乙醇作为一种含氧有机燃料，它的掺入会促进混合燃料的燃烧，减少由燃烧不充分而引起的污染排放物。汤晓东[21]的试验表明，与汽油相比，乙醇-汽油混合燃料的汽车尾气中 CO、HC 的排放量分别下降 30.8%和 13.4%。胡志远等[22]在乙醇-汽油混合燃料的周期评价中得出，E10［在汽油中掺入 10%（体积分数）的乙醇］替代汽油可使 PM、CO 和 HC 的排放量分别下降 44%、26%和 15%。

乙醇以一定的比例掺入汽油中后会改变混合燃料的燃烧性质，影响尾气的排放。选择 10%（体积分数）乙醇汽油和 30%（体积分数）乙醇汽油两种燃料在一台电喷汽油机上的研究表明，随着混合燃料中乙醇含量的增加，HC 的排放改善最为显著，可达 30%左右，CO 排放在大负荷时有所改善，NO_x 排放在中、小负荷时改善较明显。

乙醇混合燃料对 PM、CO、NO_x、SO_2、CO_2、烃类、苯、甲苯、二甲苯、甲醛、乙醛、甲醇、乙醇、乙烯、1,3-丁二烯、丙酮等的排放都有不同程度的影响，其中大多是积极的，也有部分是消极的。针对那些排放量增大的气体，可通过改进机车结构、添加助溶剂、使用接触反应转炉、改建气体排放控制系统等措施加以控制，以辅助乙醇混合燃料的使用。

生产乙醇的过程很少使用外部化石燃料，主要是由生物质提供所需的热能和 92%的电能，乙醇的燃烧过程也只是释放植物生长过程中储存在植物体内的 CO_2，另外燃料的 C/H 越大，释放单位热量的 CO_2 就越多。在燃料中掺入一定量的乙醇可减少 C/H，也就可以降低 CO_2 的排放量，从而减缓全球变暖。

2023 年我国汽车保有量约 3.4 亿辆，摩托车保有量约 9000 万辆。据生态环境部发布的《中国移动源环境管理年报（2023 年）》：2022 年，CO、HC 和 NO_x 的排放总量将分别为 743.0 万吨、191.2 万吨和 526.7 万吨。我国机动车污染控制的潜力很大，通过推广使用变性燃料乙醇和乙醇汽油，将促进车辆生产的革命，促进城市大气环境的改善。

针对同一物质的排放，不同的研究者得出的结论也不尽相同，这是因为相当多的排放数据受到各种因素影响，如机车燃料的测定技术、各种控制技术、测试条件以及模型的差异等。所以应该建立严格统一的空气质量模型，规范测试技术，以确保得到更可靠的排放数据。另外，乙醇的添加比例不同，对产物的排放影响也不相同，所以对混合燃料的研究还有待于具体细化，要针对不同乙醇比例的燃料进行测试，对不同燃料给予准确的评价，为燃料选择提供尽可能详尽可靠的依据。

② 对土壤和地下水的影响　乙醇-汽油在接触水以后会发生相态分离，乙醇进入水相，增大了燃料的体积，从而增加对地下钢铁储藏罐的腐蚀，增加泄漏到周围土壤的风险。泄漏的乙醇会增大其他土壤的渗透性，一旦与地下水或地表水接触将增加汽油中有害物质的溶解

性。在周围环境中，乙醇还会优先得到微生物的降解，从而抑制汽油污染物，尤其是二甲苯的生物降解，影响自然界的自我修复能力，增加周围环境的负荷。因此，纯乙醇或乙醇含量高的汽油燃料不应用铝、锌、锡、铅焊接装置或者黄铜装置来储存。

乙醇生产过程中所产生的水污染最为严重，特别是在利用传统工艺生产乙醇过程中，会产生大量污水。这些污水主要来自蒸馏发酵成熟后排出的酒精糟液，生产设备的洗涤水、冲洗水，以及蒸煮、糖化、发酵、蒸馏工艺的冷却水。在酒精生产过程中，酒精糟液是水量最大、浓度最高的一种污水，每生产 1t 酒精约排放 13～16t 的酒精糟液，是酒精行业最主要的污染。酒精糟液呈酸性，化学需氧量（COD）高达 50～110g/L，悬浮固体（SS）浓度可达 10～40g/L，即使采用清洁生产工艺，其外排污水的 COD 每升仍可高达数千毫克，生化需氧量（BOD）每升也可至上千毫克并且污水量较大。

采用湿法发酵工艺生产酒精的企业，还要排放浸泡污水，这一部分污水中含有浓度较高的亚硫酸根和分子链排列对称的大分子有机物，此类水质对微生物具有毒害和抑制生物活性的作用，一般微生物不能对其起到降解作用。当此类污水排入水体后，加速水中氧的消耗，降低水体自净能力，导致水质的严重恶化。根据目前的污水处理水平和综合排放标准，酒精工业最高允许排水量应该控制在每吨酒精 $50.0m^3$。我国现在每年消耗汽油量巨大，其排水量也是巨大的。表 6-23 为按照污染物综合排放标准要求的污染物排放量估算表。

表 6-23　污染物排放量估算

项目		废水量	COD	BOD	SS
一级标准	标准要求	$50m^3/t$	100mg/L	20mg/L	70mg/L
	污染物排放总量	15000×10^4t	15000t	3000t	10500t
二级标准	标准要求	$50m^3/t$	300mg/L	100mg/L	150mg/L
	污染物排放总量	15000×10^4t	45000t	15000t	22500t

注：污染物排放量计算式为 $1mg/L=10^{-6}t/m^3=10^{-6}t/t$。

近些年，我国就酒精糟液的处理和综合利用研究取得了很大的进展，开发了一些新工艺和新技术。酒精行业已经将原料生产工艺、综合利用、废水治理等作为一个整体综合考虑，大力推行清洁生产工艺，成功地从酒糟废液中提取商品蛋白饲料，具有很高的经济价值，同时处理后的废水也达到了回收利用的要求。因此，生产过程中不再排放酒精糟液，大大降低了生产过程中产生的污染。

6.9.2　醚类燃料对环境的影响

（1）二甲醚

二甲醚是一种挥发性有机化合物，是一种与环境亲和的物质。二甲醚能溶于水，20℃时在水中的溶解度可达 5.7%（质量分数）。因此必须对地下储罐可能发生的泄漏事故进行监测。但与甲醇一样，二甲醚容易被微生物降解。意外泄漏造成二甲醚进入地表水体的危害性也不是很严重。由于沸点较低，二甲醚很容易气化。经测定，二甲醚在河面上经气化而逸失的半衰期仅为 3h，在不流动的池塘上的半衰期为 30h。

二甲醚在大气中能迅速降解。在大气层中最低的对流层，二甲醚的存续寿命仅为 5.1 天。因此几乎没有二甲醚会进入平流层，即使其降解产物的反应有可能影响臭氧，对平流层中的臭氧层影响也极其有限。一旦释放到大气中，二甲醚生成臭氧的可能性比 LPG 和汽油中所含的烃类都低。经测定，二甲醚的全球变暖潜能在 20 年的时间段内虽达到 1.2，但在 100 年和 500 年的时间段内分别只有 0.3 和 0.1。综上所述，二甲醚对环境的影响是利多弊少的。

二甲醚燃料成分简单，且含有氧原子，空气混合要求低，燃烧完全，洁净无黑烟，作为车用燃料其排放废气可达到或超过美国加利福尼亚州有关中型载重汽车及客车的尾气超低排放标准的要求。二甲醚燃料排放指标及二甲醚燃料在重型卡车中的排放指标分别见表 6-24 和表 6-25。

表 6-24　二甲醚燃料排放指标　　单位：g/(hp・h)

排放物	ULEV①标准	DME 测定值
CO	7.2	3.2
NO_x 及非甲烷烃	2.5	2.4
非甲烷烃	1.3	0.21②
颗粒状物	0.05	0.033
甲醛	0.025	0.022

① 加利福尼亚州 1988 年尾气超低排放标准值。

② 所测总烃。

注：1hp=745.700W，1hp・h=2.68452×10^6J，下同。

表 6-25　二甲醚燃料在重型卡车中的排放指标　　单位：g/(hp・h)

排放物	欧洲标准	DME 测定值
NO_x	5.0	3.85
CO	2.0	2.17①
总烃	0.60	0.20
颗粒状物	0.10	0.5②

① 稍加改进可负荷标准。

② 估计值。

(2) 甲基叔丁基醚

一般认为 MTBE 难以自然生物降解，即使能降解也很缓慢。主要是难以分离出一种能快速而且完全降解 MTBE 的菌种。这种菌种必须使用 MTBE 作为其唯一的碳源和能源，必须是非常强健而且有耐力。据称加利福尼亚大学的研究人员已经发现了一种独特的微生物，它能在不添加第二种碳源的条件下使 MTBE 完全降解。这种微生物能使汽油添加剂在一周内完全降解为无害成分。把这种微生物灌注到土壤中，其穿透性很强，能处理 MTBE 污染的土壤和地下水，通过降解作用，化学物质从土壤和水中可完全消失。如果这种微生物能够大量繁殖和使用的话，被 MTBE 污染的土壤和地下水有望脱除污染，MTBE 将仍会作为汽油添加剂继续使用。

6.9.3 酯类燃料对环境的影响

(1) 脂肪酸甲酯

脂肪酸甲酯中不含苯、芳烃和硫等会对环境造成污染的物质，减少了对人体致癌、致畸变的危害。SO_2 和硫化物的排放可减少约 30%，有利于酸雨的控制；尾气中有毒有机物排放量仅为柴油排放的 1/10、CO 排放量为柴油的 10%；脂肪酸甲酯中含氧量达 13%左右，是典型的含氧燃料，燃烧过程中能自供氧，有利于降低微粒物的排放；可减少 CO_2 气体的排放，缓解温室效应；脂肪酸甲酯还具有易降解的特性。据研究报道，水中的脂肪酸甲酯在 3 天内可以降解 70%～80%，而在相同的条件下，矿物柴油仅降解了 30%。因此，由于意外而泄漏至水中的脂肪酸甲酯可以很快得到分解，从而减少了对环境的风险。

（2）碳酸二甲酯

表 6-26 是在柴油中添加 5% DMC 时的排气效果，结果表明柴油在添加 DMC 后燃烧尾气的清洁性明显改善。

表 6-26　添加 5%DMC 的柴油排气污染物变化情况

实验方法	引擎功率		喷嘴率		效果
引擎型式	直喷	副室	直喷	副室	
CO/%	－20	＋300	－22	＋6	延迟喷射时间可降低 CO 含量
HC/%	－10	＋390	＋12	＋25	延迟喷射时间可降低 HC 含量
NO_x/%	－2	－33	－7	－8	进行 EGR（再燃烧），可降低 30%
悬浮颗粒物（SPM）/%		－81			可达到极高的去除率
苯并[*a*]芘（B*a*P）/%		－82			可使致癌物达到极高的去除率
煤焦油（Tar）/%		－64			减少黑烟，延长排气净化催化剂寿命

参考文献

[1] Gong C，Deng B，Wang S，et al. Combustion of a spark-ignition methanol engine during cold start under cycle-by-cycle control [J]. Energy & Fuels，2008，22（5）：2981-2985.

[2] Mueller C，Musculus M. Glow plug assisted ignition and combustion of methanol in an optical di diesel engine [J]. SAE Technical Papers，2001.

[3] 姚春德. 柴油/甲醇二元燃料燃烧理论与实践 [M]. 天津：天津大学出版社，2015.

[4] Kumar K，Sung C J. Autoignition of methanol：Experiments and computations [J]. International Journal of Chemical Kinetics，2011，43（4）：175-184.

[5] Metcalfe W，Burke S，Ahmed S，et al. A hierarchical and comparative kinetic modeling study of C_1-C_2 hydrocarbon and oxygenated fuels [J]. International Journal of Chemical Kinetics，2013，45（10）：638-675.

[6] Burke U，Metcalfe W K，Burke S M，et al. A detailed chemical kinetic modeling，ignition delay time and jet-stirred reactor study of methanol oxidation [J]. Combustion and Flame，2016，165：125-136.

[7] 徐政欣. 柴油多组分表征燃料和生物含氧燃料化学反应机理研究 [D]. 长沙：湖南大学，2017.

[8] 何坦瑨. 柴油/甲醇二元燃料燃烧反应动力学研究 [D]. 北京：清华大学，2017.

[9] Agarwal A K. Biofuels（alcohols and biodiesel）applications as fuels for internal combustion engines [J]. Progress in Energy and Combustion Science，2007，33（3）：233-271.

[10] Mittal G，Burke S M，Davies V A，et al. Autoignition of ethanol in a rapid compression machine [J]. Combustion and Flame，New York：Elsevier Science Inc，2014，161（5）：1164-1171.

[11] Curran H J，Pitz W J，Westbrook C K，et al. A wide range modeling study of dimethyl ether oxidation [J]. Office of Scientific & Technical Information Technical Reports，1997，30（3）：229-241.

[12] 王文龙. 汽油掺混二甲醚燃烧特性研究 [D]. 青岛：青岛大学，2017.

[13] Chen B，Liu X，Liu H，et al. Soot reduction effects of the addition of four butanol isomers on partially premixed flames of diesel surrogates [J]. Combustion and Flame，2017，177：123-136.

[14] Zeng M, Wullenkord J, Graf I, et al. Influence of dimethyl ether and diethyl ether addition on the flame structure and pollutant formation in premixed iso-octane flames [J]. Combustion and Flame, 2017, 184: 41-54.

[15] Li Y, Yuan W, Li T, et al. Experimental and kinetic modeling investigation of rich premixed toluene flames doped with *n*-butanol [J]. Physical Chemistry Chemical Physics, 2018, 20 (16): 10628-10636.

[16] Dong X, Jia M, Chang Y, et al. Kinetic modeling study of polycyclic aromatic hydrocarbon formation and oxidation for oxygenated fuels including methanol, *n*-butanol, methyl butanoate, and dimethyl ether [J]. Energy & Fuels, 2020, 34 (4): 4882-4898.

[17] Hoseini S S, Najafi G, Ghobadian B, et al. The effect of combustion management on diesel engine emissions fueled with biodiesel-diesel blends [J]. Renewable and Sustainable Energy Reviews, 2017, 73: 307-331.

[18] Yilmaz N, Atmanli A, Vigil F M. Quaternary blends of diesel, biodiesel, higher alcohols and vegetable oil in a compression ignition engine [J]. Fuel, 2018, 212: 462-469.

[19] Alptekin E, Canakci M, Ozsezen A N, et al. Using waste animal fat based biodiesels-bioethanol-diesel fuel blends in a DI diesel engine [J]. Fuel, 2015, 157: 245-254.

[20] Balakrishnan A, Parthasarathy R N, Gollahalli S R. Experimental correlation of laminar flame pollutant emission indices with methyl ester fuel degree of unsaturation and equivalence ratio [J]. Fuel, 2019, 238: 139-148.

[21] 汤晓东. 乙醇汽油的安全生产及环境保护 [J]. 石油化工安全技术, 2005, 21 (2): 32-37.

[22] 胡志远, 戴杜, 张成, 等. 木薯乙醇-汽油混合燃料生命周期评价 [J]. 内燃机学报, 2003, 21 (5): 341-345.

7 煤基含氧燃料车用性能评价与应用推广

经过规范严谨的性能评价才能判定燃料是否具备规模化应用潜力与推广价值，本章从发动机台架试验和整车性能试验两个方面对煤基含氧燃料的车用性能进行评价，分析了煤基含氧燃料规模化应用和推广现状，研究了煤基含氧燃料在非机动车领域的运行机制，探讨了车用煤基含氧燃料的现行政策。借鉴国际经验，提出了我国煤基含氧燃料推广应用的运行机制和政策建议。

7.1 发动机台架试验

在试验间，发动机以固定或可变的转速、负荷以及与实际运行条件相近的工况对燃油品质进行评价，称为燃油性能试验。发动机在运行过程中需要配备测试仪表和设备，然后按照规定工况运行，消除影响燃油性能评价的某些可变因素，便于及时发现问题和分析问题。发动机台架试验对燃油的试制和研究有重要的实用价值，为保证测定结果准确可信，必须对检测系统进行全面控制和管理，建立完整的检测体系。

7.1.1 试验系统及测试标准

燃料性能的台架评定试验需要在试验间内的台架上进行，主要包括试验测试系统和试验间环境系统。测试系统主要由保障发动机运行的燃料供应系统、空气进给系统、冷却系统、发动机加载系统和数据采集系统等构成。试验间环境系统主要包括通风系统，进排气系统和消声、降噪系统，保证燃料评定的需求和试验系统的正常工作。图 7-1 为发动机试验间布置简图。

7.1.1.1 数据采集系统

采用发动机台架试验对燃料性能进行评定时，数据采集系统需要完成对试验台实时的数据采集、记录以及和其他系统的数据交互，以此作为燃料性能的评价指标。试验过程中需要

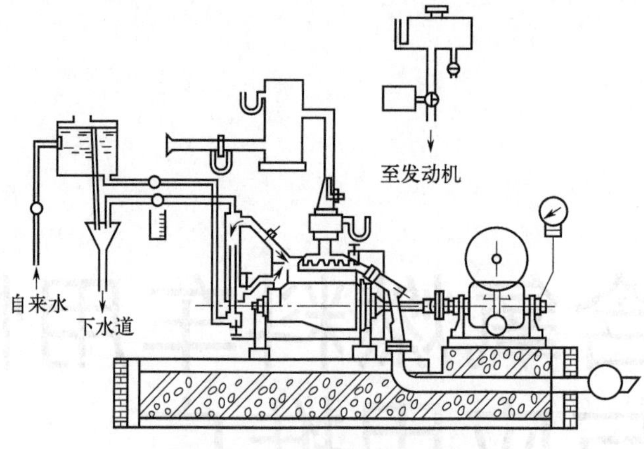

图 7-1　发动机试验间布置简图

测量大量的数据，如发动机转速、转矩、功率、燃料消耗量、燃料温度、润滑油温度和压力、冷却液温度和压力、进气温度和压力以及排气温度和压力，如果是对燃料的排放性能进行评定，还需采集污染物的排放值。根据发动机台架试验目的和任务不同，配备的传感器和数据分析软件有所不同，但整个系统的结构具有相似特征。图 7-2 为某型柴油机评价燃料排放性能试验系统图。整个系统中的数据采集设备主要包括测功机、油耗仪、空气流量计、环境站、排放分析仪、颗粒采样控制系统等，测试系统通过传感器和测试设备测量所需的各类参数。

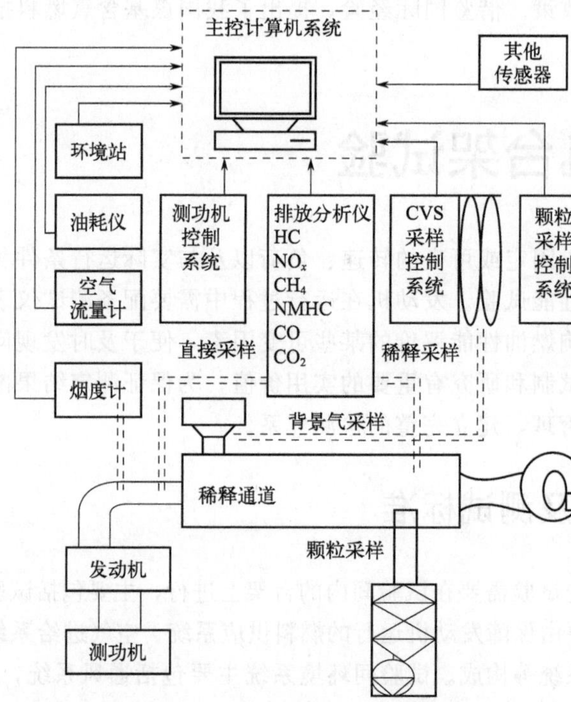

图 7-2　某型柴油机排放测试系统

7.1.1.2　试验标准

采用发动机台架试验对燃料性能进行评价时，由于试验条件、试验方法和使用仪表的不同，评价的结果也会存在很大的差异。因此，在对燃料性能进行评价的过程中一般需要采用具有权威性、通用性、先进性和相对稳定性的国家强制性标准或推荐性标准，主要包括以下几类：

GB 3847—2018《柴油车污染物排放限值及测量方法（自由加速法及加载减速法）》；

GB/T 18297—2024《汽车发动机性能试验方法》；

GB/T 8190.4—2023《往复式内燃机 排放测量 第4部分：不同用途发动机的稳态和瞬态试验循环》；

GB/T 8190.5—2019《往复式内燃机 排放测量 第5部分：试验燃料》；

GB/T 8190.9—2017《往复式内燃机 排放测量 第9部分：压燃式发动机瞬态工况排气烟度的试验台测量用试验循环和测试规程》；

GB/T 8190.10—2010《往复式内燃机 排放测量 第10部分：压燃式发动机瞬态工况排气烟度的现场测量用试验循环和测试规程》；

GB/T 17805—1999《柴油机进、排气流量的测量》。

在试验过程中，为保证发动机能够稳定运行，应使发动机进气的温度、压力和湿度满足标准状况。其中应满足的要求如下：

① 扭矩：误差不大于发动机最大扭矩的±1%。

② 转速：误差不大于所测转速的±0.5%。

③ 燃料消耗量：误差不大于所测值的±1%。

④ 冷却水出水温度：80℃±5℃。

⑤ 润滑油温度：85℃±5℃。

所有数据需要在发动机稳定运行后进行测量，即待转速、扭矩、排气温度变动不大于±1%，稳定1min后进行测量。

7.1.2 煤基含氧燃料燃烧性能

燃烧是燃料与氧化剂进行剧烈氧化反应，并产生放热和发光的现象，一个完整的燃烧过程应该包括着火和燃烧两个部分。发动机燃烧过程要实现两个转化：燃料的化学能—热能—机械功。燃料的化学能完全转化为热能是靠燃料的完全燃烧，而燃烧的完好性是指尾气排放中 CO_2 和有害物质要尽量少。因此，发动机性能优劣的关键在于燃料燃烧过程的好坏，发动机性能指标都直接或者间接地受燃烧过程的控制和影响。

7.1.2.1 甲醇及其混合燃料燃烧特性

（1）汽化潜热与热值

甲醇具有极性，且液态甲醇分子之间有较强的氢键缔合作用。因此，甲醇汽化时需要较多的热量。甲醇与其他几种燃料的汽化潜热值见表7-1，可以看出甲醇的汽化潜热约为汽、柴油的3～4倍。

燃料的热值分为高热值和低热值。高热值是燃料完全燃烧后发出的热量加上燃烧产物之一的水蒸气冷凝后放出的热量总和。低热值是指高热值减去水汽化潜热后的热值。发动机排气中水蒸气所含的冷凝热在实际中无法回收，因此燃料的热值通常采用低热值表示。几种甲醇汽油混合燃料理论混合气热值的计算结果见表7-2[3-4]。

表 7-1 燃料的汽化潜热值[1-2]

燃料种类	汽化潜热值/(kJ/kg)
甲醇	1109
乙醇	904
汽油	310
柴油	270

表 7-2 几种甲醇汽油混合燃料理论混合气热值计算结果

燃料	M5	M10	M15	M25	M50	M85	M100
甲醇质量分数/%	5.4	10.8	16.1	26.5	52.3	86.0	100.0
汽油质量分数/%	94.6	89.2	83.9	73.5	48.7	14.0	0.0
质量低热值/(MJ/kg)	43.11	42.21	39.73	36.20	28.56	23.41	19.92
与汽油低热值的比值	0.96	0.95	0.89	0.81	0.64	0.53	0.45
理论混合气热值/(MJ/kg)	2.826	2.828	2.835	2.801	2.753	2.710	2.667
与汽油热值的比较	0.9966	0.9972	0.9995	0.9876	0.9708	0.9557	0.9403

从表 7-2 可以看出，甲醇汽油混合燃料的质量低热值随着甲醇质量分数的增加而降低，M100 甲醇的质量低热值大约只有汽油的 45%，主要原因在于甲醇燃烧后排气中水蒸气含量大，带走的热量多，因此甲醇的低热值较低。但甲醇汽油混合燃料理论混合气的质量热值与汽油混合气的质量热值较为接近，都在汽油混合气质量热值的 94%以上。因此，在燃用高比例甲醇汽油时需要对发动机做适当改动和调整。

(2) 空燃比

甲醇的理论空燃比为 6.5，相当于汽、柴油的 44%左右。当混合燃料中甲醇占比越高，混合燃料的理论空燃比越低。表 7-3 列出了不同甲醇含量的甲醇汽油空燃比。可以看出，随着甲醇含量的增加，甲醇汽油化学当量空燃比减小，燃烧放热量也同时减小。

表 7-3 甲醇汽油空燃比[5]

甲醇汽油掺烧比例	甲醇汽油化学当量空燃比	甲醇汽油掺烧比例	甲醇汽油化学当量空燃比
M0	14.6441	M15	13.3415
M10	13.7720	M20	12.9145

(3) 燃烧速度

甲醇的最大火焰传播速度较高，表 7-4 列出了甲醇与几种常用燃料的最大火焰传播速度。从表中可以看出，甲醇的最大火焰传播速度比氢和乙炔低，要高于醚类和汽油。柴油机属于压缩着火，是气缸内多点同时自燃，难以用火焰传播速度对燃烧速度进行描述。鉴于甲醇燃料的这种特征，甲醇可以用于高速发动机，在汽油中掺入甲醇以提高其燃烧速度。

点火能量是表征燃料点火性能的参数，点火能量越小的燃料在燃烧时需要的能量越低，越容易着火。甲醇与常用燃料理论混合比时的点火能量见表 7-5。从表中可以看出，甲醇的最小点火能量为 0.140MJ，属于点火能量极低的燃料，因此在汽油中掺入甲醇有利于提高其点火性能和改善燃烧过程。

表 7-4　几种常见燃料的最大火焰传播速度[6-7]

燃料种类	速度/(m/s)	燃料种类	速度/(m/s)
乙炔	1.553	乙醚	0.437
氢	2.912	丙烷	0.429
甲醇	0.523	汽油	0.377
乙烷	0.442	甲烷	0.373

表 7-5　几种常用燃料的最小点火能量[8]

燃料	最小点火能量/MJ	燃料	最小点火能量/MJ
氢	0.015	乙醚	0.280
甲醇	0.140	甲烷	0.290
乙烷	0.240		

(4) 着火温度和着火界限

燃料与空气混合后能立即着火的最低温度为自燃温度。甲醇的自燃温度为 500℃，汽油的自燃温度为 456℃，而柴油的自燃温度为 200～220℃，甲醇的自燃温度太高，因此甲醇不易被压燃。着火界限是燃料混合气可以着火的最低浓度（着火下限，稀混合气）与最高浓度（着火上限，浓混合气）之间的范围。几种常见燃料在最大火焰传播速度下的过量空气系数见表 7-6。由表中内容可以看出，甲醇着火界限的上、下限均在扩大（6.0%～36.5%）。因此，甲醇燃料能够在较宽的混合气浓度范围内工作，保证发动机在较宽的混合气浓度范围内稳定工作，使燃料充分燃烧，对净化排气和降低油耗都十分有利。

表 7-6　常见燃料最大火焰传播速度下的过量空气系数[9]

燃料种类	过量空气系数 φ_{af}	着火界限	燃料种类	过量空气系数 φ_{af}	着火界限
乙炔	0.752		乙醚	0.870	
氢	0.588	4%～75%	正乙烷	0.855	3%～12.5%
甲醇	0.990	6%～36.5%	汽油	0.933	1.4%～7.6%
乙烷	0.890	3%～12.5%	甲烷	0.933	5%～15%

(5) 甲醇在发动机上的应用

甲醇作为代用燃料，在发动机上的应用主要有如下几种方式：甲醇作为燃料直接在发动机上使用、甲醇和汽油混合、甲醇与柴油混合。国内外将甲醇作为代用燃料在发动机上的燃烧特性做了大量的试验研究，均取得了一定的成就。我国国家标准委已经正式颁布《车用燃料甲醇》(GB/T 23510—2009)、《车用甲醇汽油（M85)》(GB/T 23799—2021）和《车用甲醇汽油添加剂》(GB/T 34548—2017）标准。

由于甲醇具有较高的辛烷值、较低的空燃比以及较低的热值，当发动机使用高比例的甲醇混合燃料或者纯甲醇燃料时需要对发动机结构进行改动。汽油机一般需要增大压缩比、调整点火提前角以及增大供油量来适应甲醇燃料的燃烧特性。因此，甲醇较多的是作为燃料改性剂与汽油或柴油掺混为混合燃料在发动机上燃烧，其中掺混比例小于 5%的甲醇汽油混合燃料不需要添加剂，而且不需要对发动机结构进行改造，但经济效益不明显；掺混比例为

10%～50%的甲醇汽油在发动机上使用时也不需要对发动机结构进行大的改动，但是需要使用添加剂以防止燃料分层。相比于常规发动机，甲醇发动机燃烧速率较快，压力升高率和燃烧压力峰值均较高，由于甲醇发动机燃烧时刻较晚、燃烧等容度高、上止点附近缸内平均温度低，因此燃烧循环变动较小，泵气损失小，有效热效率可以提高 4%～5%，同时对 M100（纯甲醇）和 M90（含水 10%的甲醇）的排放量进行检测，表明 M90 比 M100 能进一步降低甲醛、NO_x、HC 和 CO 的排放[10-11]。

7.1.2.2 乙醇及其混合燃料燃烧特性

相较于甲醇，车用乙醇燃料技术更为成熟。车用乙醇燃料是指对 95%左右的乙醇进一步脱水，再加上 5%（体积分数）分散的变性剂成为水分小于 0.8%且不可食用的变性无水乙醇，燃料乙醇作为煤炭、石油等一次性能源的替代品，可提高汽油辛烷值、增加氧含量、使汽油燃烧更加完全、降低尾气中的有害排放物质。乙醇与汽油、柴油的理化性质对比见表 7-7。

表 7-7 乙醇、汽油和柴油理化性质[[11-13]]对比

项目	乙醇	汽油	柴油
分子式	C_2H_5OH	C_5～C_{12} 烃类	C_{10}～C_{21} 烃类
含氧量/%	34.73	0	0
闪点（闭）/℃	13～14	－45～－38	－35～10
汽化潜热/(kJ/kg)	0.854	0.31～0.34	0.25～0.30
低热值/(MJ/kg)	26.778	43.9～44.4	42.5～42.8
着火温度/℃	434	350～468	270～350
火焰传播速度/(m/s)	—	0.38～0.58	—
着火界限/%	3.5～18.0	1.3～7.6	—
理论空燃比/(kg/kg)	8.45	14.7～15.0	14.3～14.6
十六烷值	8	0～10	40～55
辛烷值（RON）	100～112	80～98	约 20

由表 7-7 可以看出，乙醇作为燃料与汽油、柴油相比有以下特点：

① 乙醇含氧量高，热值相对较低，且理论空燃比较小，燃烧产物中会包含较多的水分，使用乙醇汽油时，发动机的燃料消耗量会随着乙醇掺入量的增加而增加；

② 乙醇沸点较低，当乙醇进入发动机气缸时容易蒸发，有助于燃料与空气混合气的形成，同时由于乙醇汽化潜热大，随着乙醇掺烧比例的增加，缸内燃烧温度下降；

③ 乙醇的辛烷值高，抗爆性好，在汽油中加入乙醇可以明显改善汽油的抗爆性；

④ 乙醇的十六烷值低，着火性能相对较差，在柴油机中燃用时不容易着火；

⑤ 乙醇分子中既有烃基，也有羟基，因此乙醇既有亲油的特性也有亲水的特征，在发动机上燃烧乙醇时必须均匀混合，防止醇、油分层，对发动机的燃烧均匀性产生不良影响，造成发动机燃烧热效率下降和振动程度加大等故障。

乙醇燃料自身含氧，与汽油、柴油混合后，能够提高基础燃料的氧含量，氧含量增高后更容易实现完全燃烧。乙醇/柴油混合燃料的着火延迟期增加，燃烧持续期缩短，在大负荷工况下最大放热率增加，加入一定量的十六烷值改进剂，中高负荷下的燃烧特性恢复到柴油

机的水平，但是当负荷降低时乙醇/柴油的燃烧特性与纯柴油仍然有一定的差距，可以通过改变乙醇/柴油发动机喷油时刻，有效地协同壁面传热以及乙醇蒸发作用，降低点火时刻缸内温度，从而降低最大爆发压力和缸内燃烧温度。

7.1.2.3 二甲醚燃烧特性

二甲醚是一种结构分子简单的脂肪醚，其性能稳定且长期暴露在空气中不会形成过氧化物，同时具有优良的互溶性，能与大多数极性和非极性溶剂混溶，是一种良好的发动机代用燃料。在柴油机上使用时不需要添加助燃剂或采取助燃措施，二甲醚及相关燃气的雾化性能与燃烧特性见表 7-8。

表 7-8　二甲醚理化性质[14]

理化指标	二甲醚	液化石油气	天然气
沸点（101.3kPa）/℃	−24.9	−21.3	−161.5
蒸气压（20℃）/MPa	0.53	0.52	超临界状态
液态低热值/(kJ/kg)	28.44	47.255	—
液态高热值/(kJ/kg)	31.09	51.285	—
火焰传播速度/(m/s)	0.50	0.4	0.38
理论燃烧温度/℃	2250	2055	2043
自燃温度/℃	235	412.5	540
动量扩散系数/(m^2/s)	11.00	3.17	14.50
热量扩散系数/(m^2/s)	6.01	4.375	19.57
爆炸上限/%	26.7	9	15.0
爆炸下限/%	26.7	9	15.0

由表 7-9 可以看出，二甲醚易燃，气态低热值为 27.6MJ/m^3，同样条件下，理论热值为汽、柴油的 64%，且二甲醚自身含氧量高达 34.8%，理论燃烧温度为 235℃，燃烧性能好，热效率高。二甲醚与柴油理化特性参数对比见表 7-9。

表 7-9　二甲醚与柴油燃料特性参数[15]对比

理化指标	二甲醚	柴油
含氧量/%	34.8	0
理论空燃比	9.0	14.6
动力黏性系数/(m^2/s)	0.25×10^{-6}	0.25×10^{-6}
弹性模量/(N/m^2)	6.3×10^{8}	1.49×10^{9}
低热值/(MJ/kg)	27.6	42.5
着火界限/%	3.4～18.6	0.6～6.5
自燃温度/℃	235	250
蒸发潜热/(kJ/kg)	467	300

某型发动机采用二甲醚时的燃烧特性见图 7-3。将二甲醚作为活性添加剂，通过气缸直喷的方式喷入，当二甲醚喷射比例增加时，着火时刻提前，前期放热速率增加，气缸内燃烧

火焰面积增大，火焰亮度增加；推迟二甲醚喷射时刻能加速着火过程，但后期燃烧放热过程加长。随着二甲醚喷射时刻推迟和喷射比例的增加，火焰传播速度呈增大的趋势。

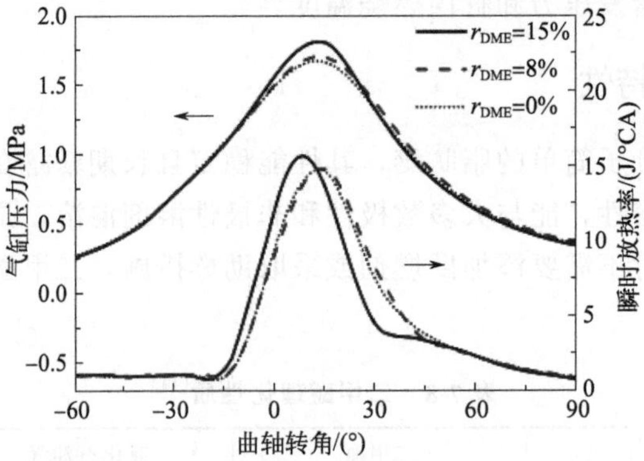

图 7-3　二甲醚及混合燃料燃烧特性（r_{DME} 表示 DME 的喷射比例，°CA 表示每度曲轴转角）

7.1.2.4　二甲氧基甲烷燃烧特性

二甲氧基甲烷是一种含氧量较高（42.1%）的液态醚类燃料，其分子式为 $CH_3O—CH_2—OCH_3$，分子结构如图 7-4 所示。二甲氧基甲烷为无色澄清易挥发易燃液体，具有优良的理化性能，即良好的溶解性、低沸点、与水相溶性好、能够和柴油很好地互溶、稳定性好。二甲氧基甲烷与柴油理化特性参数对比见表 7-10。

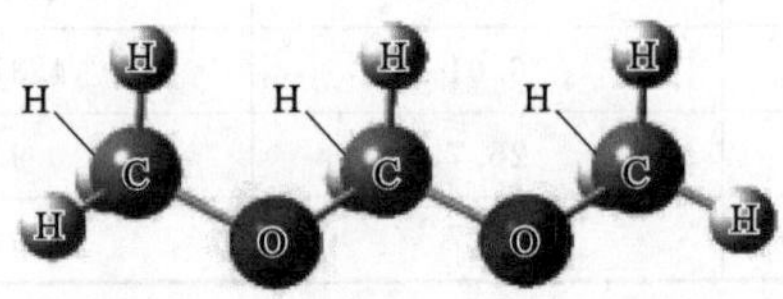

图 7-4　二甲氧基甲烷分子结构式

表 7-10　二甲氧基甲烷与柴油燃料特性[16]参数对比

理化指标	二甲氧基甲烷	柴油
分子量	79	190
密度/(g/cm^3)	0.859	0.865
十六烷值	30	45
汽化潜热/(kJ/kg)	385	260
低热值/(MJ/kg)	22.4	42.5
着火界限/%	3.4～18.6	0.6～6.5
沸点/℃	43	180～330
含氧量（质量分数）/%	42.1	0
含碳量（质量分数）/%	47.4	86
含氢量（质量分数）/%	10.5	14

相较于柴油而言，二甲氧基甲烷有较低的黏度和表面张力，二甲氧基甲烷含量的增加会促进燃料的雾化和油气混合，使更多低沸点的二甲氧基甲烷燃料气化吸热，导致缸内温度下降，缸内温度的降低及混合燃料十六烷值的减少导致了较长的着火延迟，含氧量的增加促进了燃烧，再加上气化的二甲氧基甲烷燃料量增加，导致预混燃料量增加、峰值放热率和压力升高率增大。

7.1.2.5 生物柴油燃烧特性

生物柴油是清洁环保的可再生燃料，一般是由 14～24 个碳原子的脂肪酸单酯组合而成，被称为“液体太阳能燃料”，可由油菜籽、大豆油、向日葵、棕榈树、废弃植物油和动物脂肪提炼而成。生物柴油与柴油的理化特性对比见表 7-11。

表 7-11 生物柴油与柴油理化特性[17-18]对比

理化指标	生物柴油	柴油
密度/(kg/m^3)	880	830
蒸发潜热/(kJ/kg)	200	250
低热值/(kJ/kg)	38810	42500
十六烷值	52	46
运动黏度/(mm^2/s)	7.8	3.11
闪点/℃	166	78
沸点/℃	330	180～330
表面张力/(mN/m^2)	29.5	21.9
含氧量/%	10	0
化学计量空燃比	12.5	14.5

由表 7-11 可以看出，生物柴油中含氧量高，且十六烷值较高，十六烷值是衡量燃料着火和燃烧特性的重要指标，十六烷值高滞燃期短，能够改善柴油发动机的燃烧效率。生物柴油的十六烷值主要取决于生产原料，随着原料中碳链长度的增加，十六烷值增大，随着原料中不饱和双键数目的增加，十六烷值减小。当原料是棕榈油或者牛油的时候，原料中的中长碳链的饱和脂肪酸占比较高，不同原料制造的生物柴油十六烷值对比见图 7-5，从图中可以看出生物柴油的十六烷值普遍较高是生物柴油的一个显著优势。

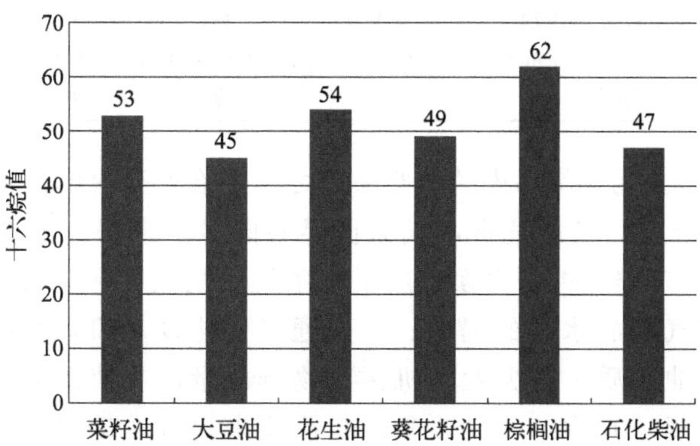

图 7-5 不同原料制备的生物柴油十六烷值比较

除上述优点外，生物柴油与柴油相比也存在一些明显的不足，首先生物柴油热值较低，相同的燃料供给量时，生物柴油发动机燃烧效率较低，且生物柴油的黏度是柴油的 2 倍多，使用生物柴油作为燃料时，柴油机的喷雾特性较差，燃料的低温雾化性能差，在相同的发动机工况下，生物柴油燃烧过程中的火焰发光度与火焰亮度变化、火焰不均度、火焰空间波动等火焰特性参数均低于柴油，而且在较冷的环境下燃油会发生凝固现象，对柴油机的冷启动性能造成一定影响，当提高生物柴油温度时，发动机扭矩增大，燃油消耗量和 CO 排放减小；在中低负荷时，随着生物柴油温度的升高，HC 排放减少，排气温度降低；生物柴油温度对 NO_x 排放没有规律性影响。采用缸内喷射柴油与进气道喷射生物柴油的双燃料喷射方式，在某些工况下，通过调控并采用合理替代率可以降低柴油机的整体排放水平，并可达到较高的当量柴油替代率（80%左右）。

其次，制造生物柴油的原料来源广泛，种类分散。因此，生物柴油的性质有所差异，若原料中饱和脂肪酸含量高则生物柴油的低温流动性较差，若原料中多元不饱和脂肪酸含量高，则生物柴油的氧化安定性较差。

7.1.3 发动机排放性能试验

汽车排放物主要来自排气污染物、蒸发排放物和曲轴箱排放物。其中，排气中污染环境的各种物质主要有一氧化碳、氮氧化物、碳氢化合物和颗粒物。汽车的常规排放物已经明确列入国家标准中，对其的测试方法及限值均有明确的要求和说明。汽车尾气的危害主要表现为烟雾、酸雨、臭氧层减薄和臭氧浓度过高以及温室效应，不同尾气排放物的性质和危害见表 7-12。

表 7-12 汽车常规污染物的性质及危害

排放物	物理性质	危害
CO	无色无味，难溶于水，在空气中燃烧可产生蓝色火焰，产物为 CO_2	CO 可与血液中的血红蛋白相结合，其亲和力比氧大 210 倍，从而使血液的输氧能力下降，造成缺氧现象
HC	HC 是碳氢化合物的总称，按照化学性质的不同可以分为链烷烃、环烷烃和芳香烃	HC 能刺激其他膜，其中烯烃和芳香烃是产生光化学烟雾的根源，部分高分子重芳香烃可以致癌
NO_x	NO_x 主要包括 NO 和 NO_2，是具有刺激性气味的气体，与水反应生成亚硝酸和硝酸	NO_x 对鼻、眼、口腔和咽喉等都有刺激作用，能够使人失眠，是光化学烟雾的主要根源
颗粒物	颗粒物的主要成分是碳烟、有机物及少量的铅化合物、硫氧化物，柴油机尾气中的颗粒物是汽油机含量的 30～60 倍	颗粒物长期沉积在空气中，容易深入肺部，进而引起肺病，当颗粒物粒径小于 0.3μm 时会破坏肺通道的自净功能

汽车尾气污染已经成为环境污染的重要来源之一，给人类的出行和生活带来诸多不便，如何解决汽车排放对环境污染的危害，成为世界各国多年来研究的重要课题之一。20 世纪 70 年代以来，在汽车排放控制方面形成了两条发展主线：一是通过不断严格的汽车排放法规促进发动机尾气排放水平的提升；二是通过优化发动机燃烧技术，提高尾气后处理水平，不断改进燃油品质，减少发动机污染物排放量，或使用清洁能源动力系统来满足不断严格的排放法规。其中，通过改善燃料品质来提升发动机排放性能是方便、有效的途径。

7.1.3.1 燃料品质对发动机排放的影响

（1）辛烷值

辛烷值代表燃料的抗爆性，对发动机的排放有重要影响。随着燃料辛烷值的提高，发动机的 CO 和 HC 排放降低。当燃料中的辛烷值低时会引起发动机爆燃现象的发生，同时会增加 NO_x 的排放量，尤其在较稀混合气的情况下更加显著，较低的辛烷值会限制发动机的压缩比，导致发动机的热效率降低，总污染物排放量增加，尤其是 CO_2 排放量的增大。

（2）十六烷值

燃料的十六烷值主要影响燃烧的滞燃期，当十六烷值太低时，滞燃期较长，初期预混合燃烧的燃油量增加，则预混燃烧放热峰值和燃烧温度较高，NO_x 排放量增大；当十六烷值太高时，燃料容易自燃，通过推迟喷油正时，可以在较低燃油消耗量的情况下降低 NO_x 排放量，但是由于滞燃期缩短，局部混合气过浓或过稀区域增多，发动机的碳烟排放量会有所增加。此外十六烷值也是影响柴油机蓝烟和白烟排放的因素之一，当十六烷值较低时，燃料的冷启动性能差，发动机容易产生白烟。

（3）硫含量

燃料中含硫时，尾气中会生成硫酸盐，进而降低三效催化器的转换效率，对氧传感器产生不利影响，使发动机排放增加，研究表明当燃料中硫的质量分数从 10^{-4} 降至 10^{-5} 数量级时，尾气中的 HC、CO 和 NO_x 都会有显著的下降。当燃料中硫的质量分数从 3×10^{-3} 减小至 5×10^{-4} 时，柴油机的碳烟排放量可以下降 10%～15%。

（4）芳香烃

芳香烃含有很高的辛烷值（RON＞100，MON＞95），燃料中含有一定量的芳香烃有助于提高其抗爆性。但是由于芳香烃分子结构比烷烃稳定，燃烧速度缓慢，在其他条件相同的情况下，芳香烃含量高将导致较高的未燃 HC 排放量，同时芳香烃具有较高的碳氢质量比，因而尾气中会有较高的 CO_2 排放量。燃料中芳香烃质量分数从 50%降至 20%时，CO_2 排放量可以降低 5%。此外，芳香烃的燃烧温度高，会增加 NO_x、HC 和碳烟排放量。现在车用燃料正逐步限制芳香烃含量，特别是对苯含量要求尤为严格。

（5）黏度、密度与馏程温度

黏度、密度和馏程温度主要对柴油机的碳烟产生影响，当柴油的黏度增加时，燃油雾化性能差，燃烧情况有所恶化，碳烟排放量增加。燃料密度高，会引起过度供油效应，导致柴油机的碳烟排放增多。较大的馏程温度会使燃油喷注雾化变差，蒸发迟缓，形成局部过浓的混合气，产生较多的碳烟。

7.1.3.2 甲醇及其混合燃料排放特性

甲醇辛烷值较高，在汽油发动机上可采用较高压缩比设计以改善热效率，根据汽油中掺入甲醇比例的不同，压缩比可提高 0.5～5 个单位。甲醇十六烷值低，着火性能差，通常需要添加一些有机硝酸酯类物质和有机过氧化物，如亚硝酸异戊酯，来提高燃料的十六烷值。甲醇是含氧燃料，其含氧量达 50%，由于本身含氧，使得整个燃烧室内氧分布比较均匀，有利于燃料的完全燃烧，故能减少碳烟、CO 和 HC 排放，但尾气中会有部分未燃的甲醇和不完全氧化产物甲醛，表 7-13 列出了甲醇发动机尾气成分及产生的原因。

表 7-13　甲醇发动机尾气成分、产生原因及影响因素[19]

尾气成分	产生原因	影响因素
HC	HC来源于燃料燃烧不完全和缸壁激冷	发动机转速和负荷等
CO	CO来源于燃烧时的中间产物	空燃比、发动机转速和负荷等
NO_x	高温、富氧和反应时间	发动机压缩比、点火提前角等
CH_2O	在燃烧室内火焰核心形成前的低温反应中形成	空燃比、压缩比、发动机转速、负荷和排气温度等

目前在市场上，甲醇作为发动机燃料主要有两种方式，一种是作为燃料改性剂与基础油掺混形成混合燃料，另一种是燃用纯甲醇或者少量汽油的甲醇。燃用纯甲醇或者高比例的甲醇需要对发动机燃料供给系统进行改装，并对控制系统的参数进行重新标定。多年来的研究表明，低比例甲醇汽油（M10以下），常见的体积分数为3%和5%，不需要对发动机做任何改动就可以使用，不增加设备成本，便于推广。当发动机使用低比例甲醇汽油时能够降低怠速工况下的CO和HC排放，如表7-14所示。

表 7-14　甲醇、汽油发动机高怠速工况排放对照表

怠速污染物		技术要求（GB 18285—2018）	测试结果
汽油	CO/%	≤0.3	0.02
	HC/(mg/L)	≤30	17
甲醇	CO/%	≤0.3	0.01
	HC/(mg/L)	≤30	10

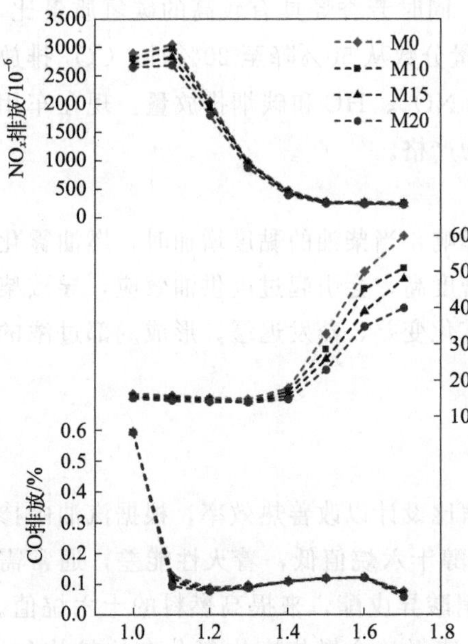

图 7-6　不同甲醇占比在稀燃条件下的排放特性（ϕ_a 代表过量空气系数）

在甲醇与汽油的掺混研究中，较为成熟的是高比例甲醇汽油（M70以上），常用的甲醇掺混比例为85%。发动机燃用高比例甲醇汽油时需要对其结构进行大的改动，如需加装专用的甲醇燃烧装置，采用湍流紧凑燃烧室和排气预热进气装置等措施，能够大幅降低HC和CO排放。吉林大学的黄震等[20]在一台汽油缸内直喷（GDI）增压发动机上，研究了稀燃条件下燃用不同甲醇汽油混合燃料的排放特性。试验结果表明：稀燃条件下，随着甲醇比例的增加，CO排放量逐渐降低，碳氢化合物排放呈先降低后增加的趋势。NO_x排放量总的变化趋势是先增大后逐渐降低，随着甲醇体积分数的增加，NO_x的排放量逐渐降低，且三种甲醇、汽油混合燃料的NO_x和CO排放量都低于汽油燃料，见图7-6。

太原理工大学王铁等[21]对不同比例的甲醇柴油混合燃料开展了一系列研究，对一台增压中冷柴油机的供油系统参数（包括起喷压力、供油提前角和每循环供油量）进行优化，采用EGR来进一步降低NO_x排放。结果表明：经过供油参数优化后混合燃料柴油机的动力性和经济性与原机相当，碳烟排放的最大降幅达到15.4%，NO_x排放的最大升幅达到28.25%，如图7-7所示。

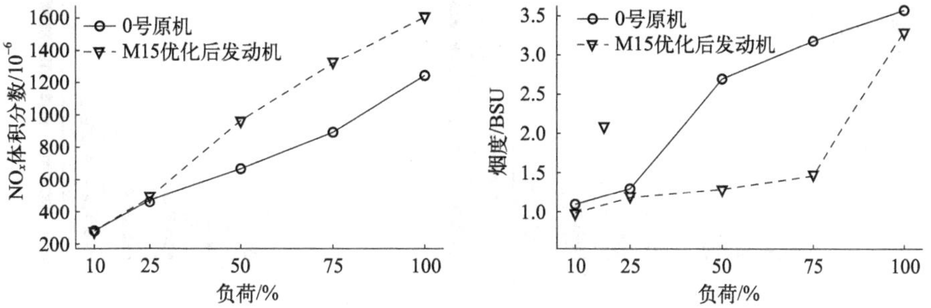

图7-7　优化前后的NO_x和碳烟排放量

7.1.3.3　乙醇及其混合燃料排放特性

乙醇与甲醇具有相似的燃料特性，乙醇含氧量为34.73%，介于甲醇和二甲醚之间，含氧燃料更容易实现完全燃烧。燃烧后产生的HC、CO和碳烟的排放会有不同程度的降低，单独或者与其他燃料掺混时，HC、CO和碳烟排放都会显著改善。乙醇燃料热值较低，在发动机上燃烧时能够降低尾气中的CO_2排放量，但是燃烧产物中含有较多的水。乙醇的理论空燃比为8.45，高于甲醇的6.5，但是要低于汽油的15和柴油的14.6，较低的空燃比使得发动机燃用乙醇燃料时容易处于最佳空燃比附近，进而降低发动机污染物排放量。

由表7-15可以看出，甲醇与乙醇的十六烷值较低，为改善燃料在发动机上的排放特性，在燃料中适当添加着火促进剂很有必要。

表7-15　不同燃料的十六烷值[22]

燃料	甲醇	乙醇	柴油	汽油
十六烷值	3	8	35～50	0～10

乙醇与汽油按照一定比例配制成乙醇汽油混合燃料可以作为一种汽车发动机燃料，在保持发动机原有动力性能的基础上，在汽油中添加体积分数为5%～25%的乙醇。张强等[13]在一台满足国Ⅴ排放标准的双喷射［气口喷射（PFI）＋缸内直喷（GDI）］汽油机上开展了燃用E10乙醇汽油（乙醇体积分数为10%）对发动机非常规排放特性影响的试验研究，对比分析了双喷射模式时各工况下E0和E10两种燃料的非常规排放水平。结果表明，双喷射模式下，加入乙醇有效降低了乙烯、1,3-丁二烯、苯和甲苯的排放量，但会导致乙醛排放升高。双喷射模式下，随着负荷增加，两种燃料的1,3-丁二烯和甲苯排放呈现先升高后降低的趋势，乙烯、甲醛和苯排放则先降低后升高。乙醇能抑制1,3-丁二烯、乙烯生成，PFI和GDI模式下E10的甲醛排放均显著升高，但双喷射模式有效抑制了甲醛排放的增加，如图7-8所示。

7.1.3.4　二甲醚排放特性

二甲醚在常温常压下是一种无色、无毒、无腐蚀并具有轻微醚香味的可燃性气体，燃烧

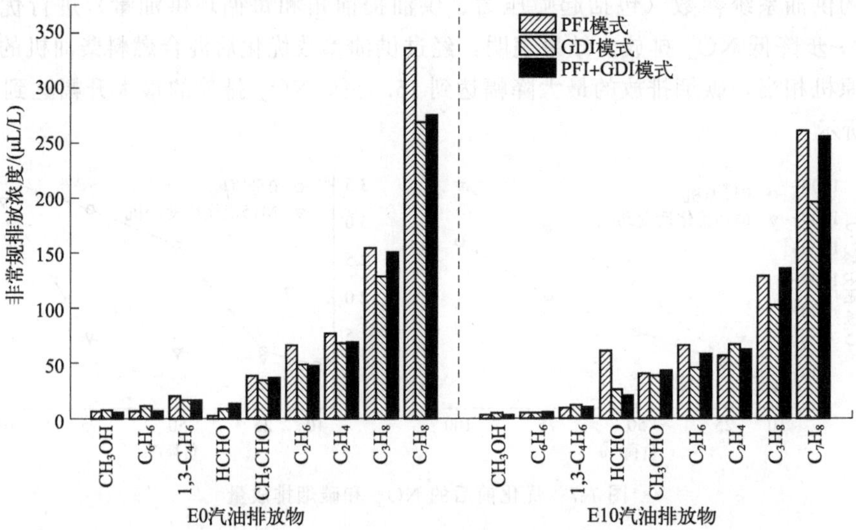

图 7-8　不同模式下 E0 和 E10 非常规排放

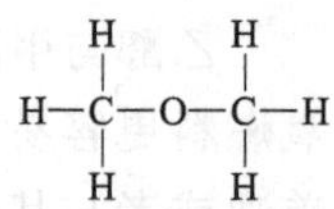

图 7-9　二甲醚分子结构图

时具有明显的蓝色火焰，其分子结构见图 7-9。二甲醚分子本身有 34.8%的氧含量，且分子结构中没有 C—C 化学键，只有 C—H 和 C—O 化学键，键能较低，有利于降低碳烟的排放，实现无烟燃烧，现阶段二甲醚主要是替代柴油作为车用发动机燃料使用。

二甲醚作为车用发动机燃料能够降低有害污染物的生成量，但是仍有一些问题需要解决：

① 二甲醚热值较低，要保持与原机相同的动力性，必须通过增加二甲醚的供给量来实现。

② 二甲醚的黏度是柴油的 1/15～1/20，使用纯二甲醚时摩擦副表面处于极度干摩擦状态，导致发动机燃料供给系统中高压油泵的柱塞和针阀等耦件、气门等部件严重摩擦磨损，较差的润滑性能降低了运动部件使用寿命，严重时将会产生燃油泄漏问题。

③ 二甲醚在常温下蒸发压力较低，随着温度的升高，蒸发压力增加。所以，为了防止气阻现象的产生，通常燃油供给系统的供给压力较高。

7.1.3.5 生物柴油排放特性

生物柴油在车用发动机上的应用最早可以追溯到 1896 年，经过科研工作者大量的实验研究表明生物柴油是一种极具潜力的清洁替代能源。从实际运用角度出发，生物柴油在内燃机上的使用无需明显改变现有发动机结构，可以单独使用，也可以与石化柴油调和使用，与柴油相比，生物柴油具有以下特点：

① 良好的可再生性。与传统化石燃料相比，生物柴油的制备是以可再生的动、植物油脂为原料，并且随着农业和生物技术的发展，其供应量不会枯竭，可以缓解石油供给和需求之间的矛盾，有利于实现人类社会的可持续发展。

② 优良的环保特性。生物柴油含硫量低且不含芳香烃，在柴油机上使用生物柴油可减少 CO、CO_2、PAH 和 PM 排放。生物柴油含氧量高，有利于促进燃料的充分燃烧，可以降低尾气中的 HC 和碳烟。

③ 较好的安全性能。生物柴油的闪点约为传统柴油的两倍，使生物柴油在整个生产、运输、储存和使用过程中具有更高的抗震性和安全性，人类生命及财产安全更有保障。

④ 较好的润滑性能。与传统石油相比，生物柴油的运动黏度更高，容易在运动部件的壁面上形成一层油膜，具有优良的润滑性能，在使用过程中可以减小喷油泵、缸体和连杆的磨损，从而延长运动部件的使用寿命。

⑤ 优良的燃烧特性。生物柴油具有较高的十六烷值和良好的着火性，滞燃期短，燃烧特性优于传统柴油；在实际使用中，生物柴油可以与传统柴油按任意比混合。

⑥ 制备原料广泛。制备生物柴油的原料有传统油料作物、野生油料作物、产油微生物及废油脂，各个国家可以根据本国特色采用不同原料来制备生物柴油。

⑦ 生物柴油氧化稳定性差，低温流动性差以及 NO_x 排放高。

7.2 汽车性能试验

随着环境保护要求的不断提高，煤基含氧燃料在汽车上得到了越来越广泛的应用。燃料性能差异对汽车整车性能有着显著影响，主要涉及汽车启动性、动力性、燃油经济性、整车排放等性能指标。由于汽车的使用条件十分复杂，确保整车性能满足行驶工况和国家法规要求是燃料设计的关键，因而通过整车性能试验评估燃料使用性能是煤基含氧燃料推广应用的必经环节。

7.2.1 汽车性能试验程序和方法

7.2.1.1 汽车性能试验概述

汽车性能试验是为了测定汽车的基本性能而进行的试验，根据试验目的和要求的不同，汽车性能试验项目、试验条件、试验方法及使用的仪器设备都有很大范围的变化。

（1）汽车启动性能试验

汽车启动性能试验分为一般启动试验和低温启动试验。在整车启动性能测试过程中，为了保证测试结果的准确性和可靠性，需要在特定环境中进行重复试验和对比试验。为保证测试结果的准确性，每次试验要间隔 2 小时，以确保发动机的缸体温度接近于常温，并在试验过程中采集进气温度、预热温度、启动时间、启动次数及冷却液温度等参数。

（2）汽车动力性能试验

汽车动力性能试验主要针对常用的三个动力性能指标，即汽车最高车速、加速和爬坡性能进行试验评价。最高车速试验目的是测定汽车所能达到的最高车速，中国规定测试区间是 1.6km 试验路段的最后 500m。加速试验一般包括起步到要求车速、高速挡或次高速挡，以及从设定初速加速到目标车速三项试验内容。爬坡试验包括最大爬坡度与爬长坡两项试验。

（3）汽车燃油经济性试验

汽车燃油经济性试验通常包括道路试验和台架试验，后者能控制大部分的使用因素，重复性好，能模拟实际行驶的复杂情况，能采用各种测量油耗的方法，还能同时测量尾气排放。评价指标包括等速行驶的燃油经济特性、各种路面情况下的平均使用油耗、加速状态下的燃油消耗量等。

(4) 整车排放试验

目前，几乎所有国家均对汽车排放做出了严格的规定，这种规定以汽车排放标准或法规的形式颁布并执行。由于世界各国的政治、经济及技术水平等诸多因素都不一样，所以制定的汽车排放标准也有所不同。汽车排放试验则是围绕着汽车排放标准进行，它包括研究和评价两个方面。

汽车排放试验规程主要参考国家标准 GB 18352.6《轻型汽车污染物排放限值及测量方法（中国第六阶段）》中给出的常温下冷启动后排气污染物排放试验（Ⅰ型试验），实际行驶污染物排放试验（Ⅱ型试验），曲轴箱污染物排放试验（Ⅲ型试验），低温下冷启动后排气中CO、THC和 NO_x 排放试验（Ⅵ型试验）的试验方法和要求。

7.2.1.2 汽车性能试验装置及测试标准

(1) 汽车性能试验装置

① 汽车试验场　一般汽车试验场外围由高速环道围绕，呈封闭式状态。高速环道是汽车试验场的主体设施，是供汽车进行连续高速行驶试验的闭合循环跑道，很大程度上它代表着汽车试验场的建设水平和规模。选用沥青混凝土路面还是水泥混凝土路面是高速环道争论的重点之一，考虑到实际路网中绝大多数都为沥青混凝土路面，且其行驶舒适性好，噪声小，结合沥青混凝土桥式摊铺机的研制，选用沥青混凝土路面将是以后高速环道的发展趋势。另外，试验场内还会有多条长直线性能试验路，可进行汽车一般动力性、燃油经济性、制动性、操纵稳定性试验。为了测试车辆的抗滑性能，还会设置不同摩擦系数试验路等。而且，目前的试验场内一般都会建设有排放试验室，以便车辆在道路试验后可以进行排放检测，使对车辆的试验更加便捷和全面。图 7-10 为东风汽车试验场的平面布局。

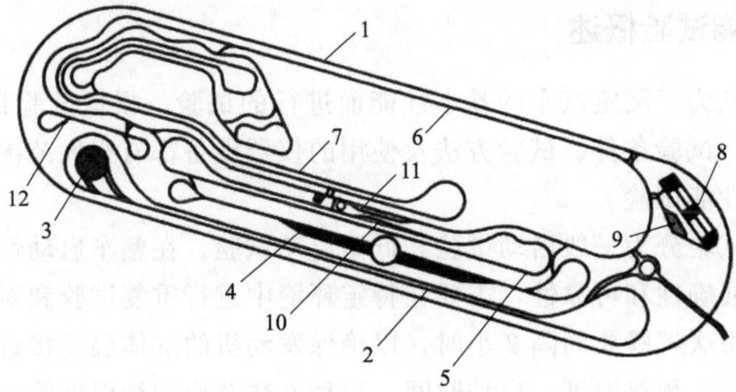

图 7-10　汽车试验场

1—高速环道；2—综合性能路；3—圆广场；4—1 号综合路；5—比利时路；6—2 号环道；7—2 号综合路；8—标准坡道；9—自卸车试验区；10—攒水池；11—涉水池；12—灰尘洞

② 底盘测功机　底盘测功机是汽车底盘综合性能实验设备，可以给车轮加载阻力以模拟车辆在道路上不同工况下的行驶状况。一般由加载装置、测力装置、转鼓组件以及其他辅助装置组成。

③ 油耗计及车速计　车辆燃油经济性的道路试验需要使用油耗计和车速计，由于道路试验与台架试验不同，车辆的各种测试都必须以车辆不解体条件下能保证车辆正常运行为前提，因此汽车道路试验使用的油耗计和车速计都是特制的车载仪器。

④ 尾气测试仪器　对车辆进行的尾气测试试验比较复杂，尤其是进行各种工况的尾气

试验时，需要用到专用的尾气测试仪器。除了废气分析仪、不透光式烟度计，车辆排放试验还需要各种尾气采样设备及颗粒物测试仪器。

(2) 汽车性能测试标准

试验条件、试验方法和场地的不同，会使整车性能测试评价的结果存在很大的差异。为了使评价结果客观、公正，具有可对比性和可信性，需要按照一定的试验标准进行评价。主要包括以下几类：

GB/T 12535《汽车起动性能试验方法》；

GB/T 18276《汽车动力性台架试验方法和评价指标》；

GB/T 12536《汽车滑行试验方法》；

GB/T 12543《汽车加速性能试验方法》；

GB/T 12544《汽车最高车速试验方法》；

GB/T 12539《汽车爬陡坡试验方法》；

GB/T 19233《轻型汽车燃料消耗量试验方法》；

GB/T 27840《重型商用车辆燃料消耗量测量方法》；

QC/T 1130《甲醇汽车燃料消耗量试验方法》；

GB 18352.6《轻型汽车污染物排放限值及测量方法（中国第六阶段）》；

GB 17691《重型柴油车污染物排放限值及测量方法（中国第六阶段）》。

这些标准对适用范围、试验目的、测量仪器精度、试验条件、试验方法、试验过程、试验项目和试验数据的处理均进行了详细的说明，并做了统一的规定，在实验前需要仔细阅读标准，并按照相关要求严格执行。

7.2.2 煤基含氧燃料汽车性能试验分析

7.2.2.1 汽车冷启动性试验分析评价

冷启动时，由于环境温度低，燃油蒸发困难，使得形成的混合气浓度过低，达不到燃料的着火极限，造成启动困难。燃料蒸发性能的评价指标是馏程和蒸气压，而燃料馏程中10%馏出温度标志着其启动性，图7-11为汽油10%馏出温度对发动机性能的影响。

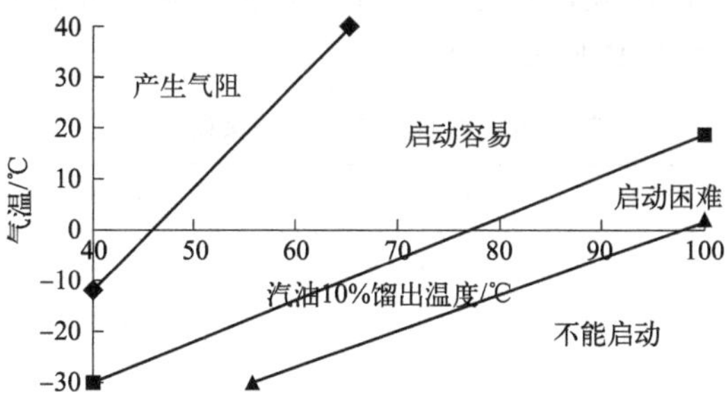

图7-11 10%馏出温度对汽油机性能的影响

7.2.2.2 汽车动力性、经济性和排放性试验分析评价

(1) 甲醇汽油M85性能试验

曾东建和于晓洋通过道路试验研究了车用甲醇汽油M85在实际道路试验条件下的经济

性和动力性。通过对车用甲醇汽油与国标 93 号汽油，在相同试验条件下进行的道路经济性对比试验，检验了车用甲醇汽油的燃油经济性。

① 城市道路　燃油经济性道路试验结果，详见表 7-16。

表 7-16　燃油经济性道路试验结果

项目	93 号汽油	甲醇汽油	变化率/%
行驶里程/km	252	252	—
行驶时间/h	2.92	2.90	—
平均车速/(km/h)	86.30	86.89	—
百公里油耗/L	9.30	12.71	36.67
百公里能耗/MJ	302.60	234.46	−22.52

燃用车用甲醇汽油 M85 后，相对于国标 93 号汽油，车辆百公里燃油体积消耗量增加了 36.67%，百公里能耗降低了 22.52%。通过车辆分别燃用车用甲醇汽油与国标 93 号汽油，在相同试验条件下进行的牵引力（爬坡度）检验汽车燃用车用甲醇汽油的汽车动力性。试验结果见表 7-17。

表 7-17　牵引力与爬坡度对比试验结果

项目	燃料	试验结果	变化率/%
牵引力/N	93 号	6301.4	2.6
	M85	6468.0	
爬坡度/%	93 号	32.2	2.5
	M85	33	

燃用车用甲醇汽油后，相对于国标 93 号汽油，车辆的牵引力增加了 2.6%，而爬坡能力增加了 2.5%。

② 高原地区　通过在平均海拔 3900 米的高原内进行车辆分别燃用车用甲醇汽油和国标 93 号汽油的道路经济性对比试验，检验在高海拔地区车辆燃用车用甲醇汽油的经济性。高海拔区道路经济型性试验结果详见表 7-18。

表 7-18　燃油经济性道路试验结果

项目	93 号汽油	甲醇汽油	变化率/%
行驶里程/km	67	67	—
行驶时间/h	1.59	1.59	—
平均车速/(km/h)	42	53	26.19
百公里油耗/L	14.25	13.88	−2.60
百公里能耗/MJ	463.66	254.19	−45.18

在高海拔地区，燃用车用甲醇汽油后，相对于国标 93 号汽油，车辆百公里燃油消耗量降低了 2.60%，车辆百公里能耗降低 45.18%。

通过在高海拔地区车辆分别燃用车用甲醇汽油和国标 93 号汽油进行的牵引力试验，检验车辆燃用车用甲醇汽油在高海拔缺氧地区的动力优势。

高海拔地区车辆的牵引力（爬坡度）试验结果详见表 7-19。

表 7-19　牵引力与爬坡度对比试验结果

项目	燃料	试验结果	变化率/%
牵引力/N	93 号	3949.4	16.9
	M85	4615.8	
爬坡度/%	93 号	20.2	16.8
	M85	23.6	

试验结果表明：在高海拔地区，车辆燃用车用甲醇汽油后，相对于国标 93 号汽油，车辆的牵引力和爬坡度分别增加了 16.9%和 16.8%。

（2）甲醇汽车与燃气汽车、汽油汽车的性能对比

在汽车试验场，对甲醇燃料汽车、CNG 燃气汽车和汽油汽车进行了动力性能试验和燃料消耗量试验，具体包括最高车速试验、0～100km/h 加速性能试验、90km/h 等速行驶燃料消耗量试验和 120km/h 等速行驶燃料消耗量试验。表 7-20 为试验车辆的主要技术参数。

表 7-20　试验车辆的主要技术参数

项目	甲醇燃料汽车	CNG 燃气汽车	汽油汽车
车辆代号	1 号	2 号	3 号
燃用燃料	全甲醇	压缩天然气	汽油
外形尺寸/(mm×mm×mm)	4435×1710×1430		
车身型式	承载式全金属		
额定座位	5		
整备质量/kg	1130	1170	1130
总质量/kg	1510	1562	1510
轮胎规格	185/60R14		
发动机型式	直列、四缸、水冷、电控多点喷射		
发动机排量/L	1498		
变速器	手动 5 挡		

① 动力性能对比　甲醇燃料汽车、CNG 燃气汽车和汽油汽车的动力性能试验对比见图 7-12。从对比结果可以看出，甲醇燃料汽车与汽油汽车相比，最高车速提高 2.0%，最短加速时间缩短 3.0%，动力性能优于汽油汽车。而与汽油汽车相比，CNG 燃气汽车最高车速降低 13.6%，最短加速时间延长 29.1%，动力性能低于汽油汽车。因此，甲醇燃料汽车的动力性能最优，汽油汽车次之，而 CNG 燃气汽车动力性能最差。

② 燃料经济性能对比　对汽油汽车、甲醇燃料汽车和 CNG 燃气汽车，分别进行 90km/h 和 120km/h 最高挡等速行驶燃料消耗量测试，结果见图 7-13。从直接燃料消耗数值看，甲醇燃料汽车的燃料消耗最高，约为汽油汽车的 1.8 倍；CNG 燃气汽车气耗最低，约为汽油汽车的 85.5%。

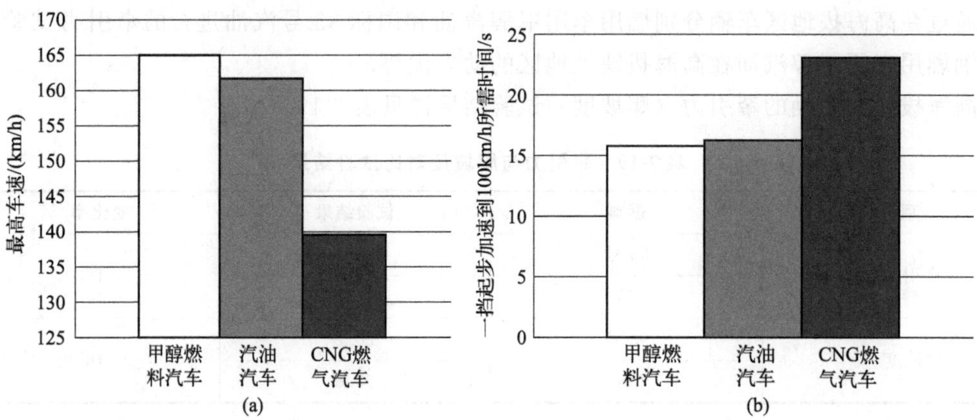

图 7-12　动力性能比较

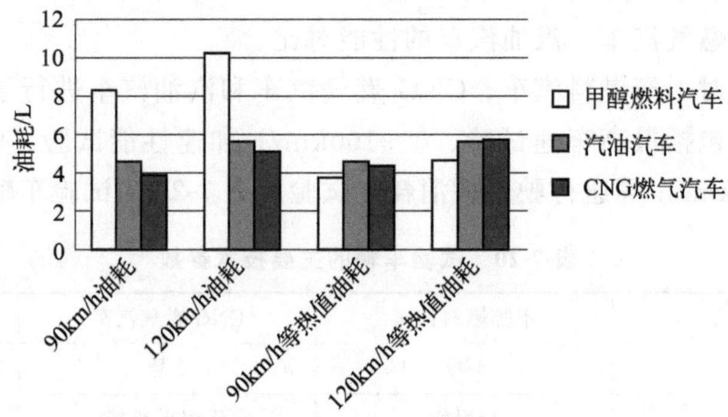

图 7-13　燃料消耗对比

③ 排放性能对比　甲醇燃料汽车、汽油汽车以及 CNG 燃气汽车的排放对比见图 7-14。可以看出，甲醇燃料汽车的污染物排放量最低，CNG 燃气汽车污染物排放量最高，汽油汽车介于两者之间。其中，甲醇燃料汽车的 CO、HC 和 NO_x 排放，较汽油汽车分别降低 41.5%、50%和 50%，较 CNG 燃气汽车分别降低 58.6%、85.7%和 91.7%。

(3) 二甲醚燃料车用性能评价

二甲醚燃料具有高蒸气压、低沸点、低黏度、较高的压缩性、较低热值、压燃性好及混合气形成容易等特性，其理化特性与柴油有很大不同。须根据二甲醚燃料的特殊理化特性，对二甲醚发动机燃油喷射与燃烧系统进行专门设计和开发。柴油机燃用二甲醚的性能结果见表 7-21。

表 7-21　二甲醚汽车的整车性能测试[23]结果

序号	检查项目	测试结果
1	车外加速噪声/ dB(A)	80.6
2	车内噪声/dB(A)	77.8
3	自由加速可见污染物/m^{-1}	未检测出
4	最高车速/(km/h)	83.14
5	直接挡 25～60km/h 加速时间/s	34.9
6	50km/h 行驶时百公里当量油耗/L	17.78

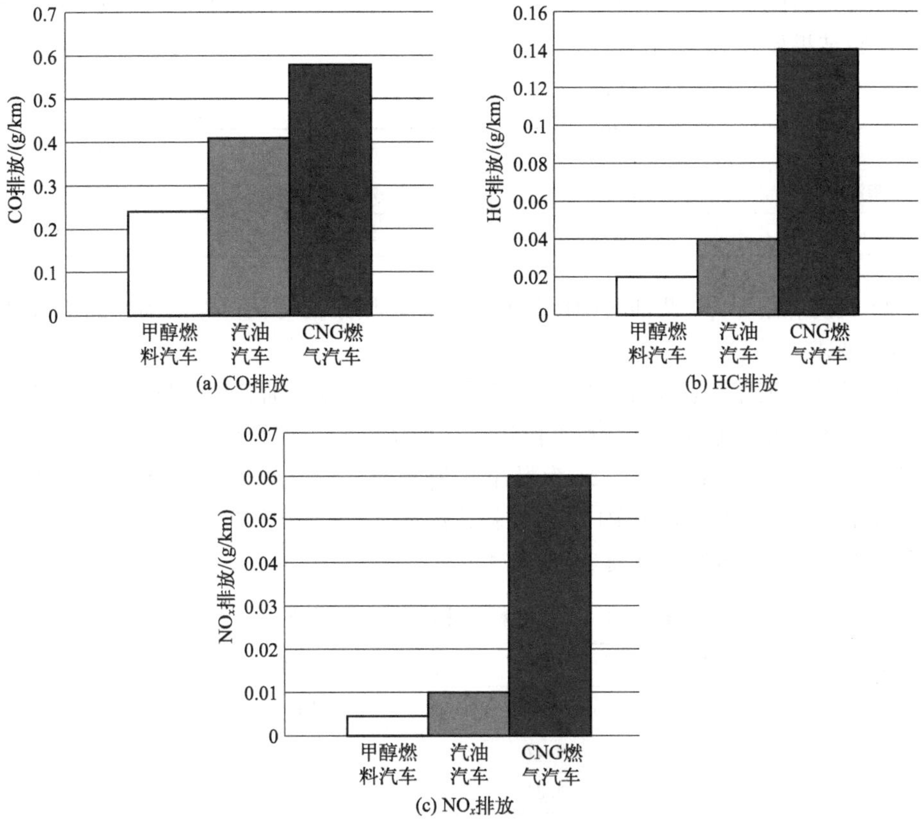

图 7-14 污染物排放比较

（4）生物柴油车用试验研究

生物柴油是由植物油或动物脂肪通过酯化反应而得到的由长链脂肪酸甲基酯组成的发动机代用燃料，可以与柴油以任何比例掺混供发动机燃用，且不必改动或调整发动机的结构与参数。与柴油相比，生物柴油具有十六烷值高、不含硫和芳烃、低挥发性以及燃料中含有氧等优点，这使其具有降低柴油机排放的潜能。生物柴油与 0 号柴油主要特性指标见表 7-22。

表 7-22 试验用生物柴油和 0 号柴油主要特性指标[24]

项目	B100	0 号柴油	标准
硫含量（质量分数）/10^{-6}	25	≤10	GB/T 17476
密度/(kg/m^3)	886.4	834.8	GB/T 17476
黏度（20℃）/(mm^2/s)	8.067	3.393	GB/T 265
十六烷值	60.1	51.1	GB/T 386
低热值/(MJ/kg)	37.3	42.8	GB 384
氧含量/%	11.33	0	元素分析仪

① 冷启动性能　由于生物柴油的黏度高于普通柴油，因此生物柴油在低温下的雾化效果不如柴油好，影响车辆冷启动性能。按照 GB/T 12535《汽车起动性能试验方法》实测的

启动试验时大气温度为－2℃，满足试验标准要求。被测试汽车在燃用 B100 和 0 号柴油时的启动性能试验结果如表 7-23。

表 7-23　汽车冷启动性能测试结果

燃料	启动操作次数	蓄电池电压/V	启动至着火时间/s
0 号柴油	1 次成功	25.0	8.24
B100	1 次成功	24.5	12.71

表 7-23 表明燃用 B100 柴油机的冷启动时间比燃用柴油时长，但启动时间仍满足国家标准（<15s）要求。

② 道路试验　道路试验采用 BJ6596C 客车，使用 0 号柴油、B20 和 B100 燃料，等速百公里油耗试验路段在京沈高速公路平直段进行，使用 5 挡匀速行驶。限定条件下，3 种燃料情况下各运行 1000km 左右。表 7-24 为燃用 3 种不同燃料时的等速百公里油耗对比。在车速为 40～90km/h 范围内，燃用 B100 的油耗比燃用 0 号柴油时高 3.63%～7.27%，而燃用 B20 的油耗则比燃用 0 号柴油时高 1.0%～4.0%。

表 7-24　不同燃料的等速百公里油耗对比

车速/(km/h)	百公里油耗/L		
	0 号柴油	B100	B20
40	8.27	8.77	8.35
50	8.37	8.84	8.71
60	8.57	8.96	8.84
70	10.45	11.21	10.87
80	10.99	11.42	11.32
90	11.30	11.71	11.62

表 7-25 为限定条件下的百公里油耗。燃用 B100 时的百公里油耗比燃用 0 号柴油时增加了 2.4%，而燃用 B20 时比燃用 0 号柴油时增加了 1.75%。

表 7-25　限定条件下的百公里油耗

燃料	0 号柴油	B100	B20
行驶里程/km	1013	1015	961
耗油量/L	116	119	112
百公里油耗/L	11.45	11.72	11.65

7.3 规模应用与推广

内燃机代用燃料层出不穷，其是否具备规模化应用与推广潜力是判定燃料代用能力的重要指标。随着行业发展与法规支持，越来越多煤基含氧燃料投入车用市场获得推广应用，燃料开发与应用技术随之不断改进优化。

7.3.1 甲醇

7.3.1.1 纯甲醇燃料

甲醇乘用车技术成熟度较高，随着国家能源政策对甲醇汽车技术的支持，甲醇燃料有望作为乘用车油品获得规模化推广。在大功率发动机上燃用纯甲醇燃料依然存在技术难点，商用车燃用纯甲醇的研究仍然处于研究试制与推广初期。

瑞典较早开展了纯甲醇燃料的研究开发工作，1984～1986 年期间，由瑞典燃料技术公司组织实施了 M100 燃料车的试验研究。日本于 20 世纪 90 年代初进行了公共汽车和载货车燃用高比例甲醇汽油燃料 M85、M100 的道路试验，考察了发动机的可靠性及耐久性。

1996 年，由美国福特汽车公司、中国科学院工程热物理研究所、大同汽车制造厂共同研制了灵活燃料甲醇汽车。上海华普汽车有限公司和奇瑞汽车股份有限公司已成功开发了 M100 甲醇燃料轿车，并具备批量生产的条件。2012 年，工业和信息化部决定在山西、陕西、上海开展高比例甲醇汽车的试点工作，2013 年，甲醇汽车试点工作在山西省晋中市启动，共 150 辆吉利海景 SC7 甲醇汽车投入运营。运营情况表明，甲醇汽车常规排放满足国Ⅳ标准期间，动力性较同型号发动机的汽油车高 5%～10%，燃料费用节省 40%～50%。

2019 年 4 月 26 日，吉利远程 M100 甲醇重卡在吉利商用车四川南充生产制造基地正式下线开售，翻开了中国乃至世界商用车动力能源新的一页。新车搭载的 M100 甲醇发动机的排量为 12.54L，基于潍柴 WP13 发动机改造而来。在甲醇发动机开发的过程中，吉利与潍柴和玉柴都有着比较密切的合作。与传统重卡发动机相比，甲醇发动机更加偏向于天然气发动机的结构，采用了点燃式的发动机工作形式。但甲醇发动机喷射角度、燃烧特性都有很大差别，所以缸盖、供油、喷油系统等方面都进行了大幅改进。2024 年由中国船舶七一一所研制的纯甲醇燃料中速发动机获得批量商业订单，该船主要从事国内沿海及内河船舶管理业务，整机功率 800～1800kW，转速为 1000r/min，比燃烧柴油减少 90%以上的碳排放、60%的氮氧化物和 99%的硫氧化物排放，标志着纯甲醇燃料船用发动机从示范应用走向商业化应用。

7.3.1.2 甲醇汽油

相比于燃用纯甲醇燃料容易导致发动机低温启动困难和对橡胶管路存在溶胀腐蚀影响，甲醇掺混汽油[25]获得了更多规模化应用与推广。

目前甲醇汽油已在美国、德国、意大利、澳大利亚、巴西等许多国家实现商品化，其中德国和北欧曾对 M15 甲醇汽油进行大规模研究和示范，并配套建设了跨国界的 M15 加油站。由于较高比例甲醇燃料有显著的经济和环保效益，因此 M15 被认为是一种理想的配比。

早在“六五”期间，国家科学技术委员会就组织交通部负责将 M15 甲醇汽油研究列入国家重点攻关项目，并在山西省实施。随后，在“八五”期间开展了中德 M100 甲醇燃料科技合作项目，同期国家把低比例 M3、M15 甲醇汽油应用列入攻关计划，且在江苏、山西、河南、重庆有数百辆汽车投入运营试验。近几年对甲醇汽油的研究更是取得了长足的进步，不但突破了有关技术难题，而且其实际应用更是得以迅猛发展。

在对甲醇燃料的规模化推广使用方面，山西省走在了中国前列。2001 年山西尝试推广甲醇汽油，率先开设两个 M15 加油站；2002 年在临汾、晋城、太原、阳泉 4 个市试点，加油站数量达到了100家左右；2004年山西正式全省推广，截至2015年，销售M15的加油站数量在700家左右。

在山西省甲醇燃料研发、试验和产业化示范过程中，早在“六五”期间就确定和进行了M15甲醇汽油掺烧技术试验研究和示范运营，获得了较好的应用效果。在“七五”“八五”期间，国家科学技术委员会和多家科研院所、大专院校完成了M15甲醇汽油的应用技术成果。1998年开始，山西华顿实业有限公司先后对M5、M15、M30、M85和M100五种甲醇汽油进行了长时间对比试验。经过大量试验得出的结论是：使用M5、M15和M30时，不影响发动机的功率和扭矩，无需对车辆做任何改动，可以直接代替国标汽油在在用车上使用；在各种气候和工况下发动机能够正常启动、正常工作，长期使用发动机及输油系统未见明显异常；可以与同标号国标汽油以任意比例混合使用和替换使用；完全适应现有储存、运输、加注系统。

随着石化能源价格波动和国家政策变化，M15甲醇汽油的规模化推广应用一度陷入反复。2019年3月19日，工业和信息化部、国家发展和改革委员会、科学技术部等八大部委联合发布《关于在部分地区开展甲醇汽车应用的指导意见》，从政策层面为甲醇汽车及甲醇燃料行业的可持续发展，规范了基本原则与体系建设的标准规范。甲醇汽油的推广应用再次得到重视与支持。

7.3.1.3 甲醇柴油

在柴油机上使用甲醇作燃料，不仅可以缓解部分地区柴油供应紧张的局面，而且可以明显降低柴油机碳烟及NO_x排放，更容易达到排放法规的要求。

目前我国已在山西、浙江和陕西开展了甲醇汽车试点，运行情况良好。除了官方认可的应用试点之外，全国已有22个省份在进行甲醇燃料的应用，汽车企业也在积极开展甲醇车的研发，目前陕汽、重汽均已开始了柴油/甲醇混合燃料重卡的开发和试运行。

2016年，陕西汽车控股集团有限公司在第十六届中国西部国际装备制造业博览会上展示了甲醇/柴油双燃料混合动力重卡。此车型在保留原车发动机控制系统的基础上，增加甲醇及柴油控制系统，使其能在纯柴油和甲醇柴油双燃料两种模式下运行。保持与纯柴油车相同的动力性和排放品质，提高了燃烧效率，降低了热负荷，平均百公里节省费用15%以上，可保证不同燃料类型的灵活切换，经济环保。2024年，国内首艘万吨级内河散货船“国能长江01”下水试航，该船搭载由淄柴公司研发的甲醇/柴油双燃料发动机，甲醇平均替代率50%，最高替代率70%，使淄柴成为国内实现甲醇/柴油双燃料发动机产业化应用的企业之一，也为内河航运的绿色转型开辟了新路径。

甲醇燃料作为目前最具潜力的内燃机代用燃料之一，与之相匹配的甲醇柴油机经济性能和排放性能会发生怎样的变化，是否存在非常规排放物的产生，将是未来重点研究的内容之一。

7.3.2 乙醇

7.3.2.1 纯乙醇燃料

当前汽车行业内普遍使用的乙醇汽油燃料中，乙醇的混合比例为E0～E85（乙醇体积分数为0%～85%）[26]。随着乙醇掺混比例的增加，E85～E100乙醇燃料汽化潜热大，在低温下难以挥发。又由于在低温启动过程中，会降低进气道与缸内温度，因此会造成发动机冷启动困难。因此，纯乙醇燃料并未获得规模化车用推广。

7.3.2.2 乙醇汽油

1979 年，在石油危机的背景下，美国为减少对进口原油的依赖，联邦政府制定了“乙醇发展计划”，开始大力推广车用乙醇汽油。作为重要的能源战略，美国还制定了相关的法律和扶持政策，对车用乙醇汽油的生产和使用给予财政补贴。

巴西政府于 1975 年推行使用乙醇汽油计划，并在税收、补贴和优惠贷款等方面对燃料乙醇产业发展配套实施了完整的支持政策。巴西以甘蔗、糖蜜、砂糖为主要原料生产乙醇，2000 年其燃料乙醇总产量达 793 万吨，约占该国汽油消耗量的 1/3。目前，巴西是世界上最大的燃料乙醇生产和消费国，也是唯一不使用纯汽油作为汽车燃料的国家。

“十五”初期，我国开展了燃料乙醇生产和车用乙醇汽油推广使用试点工作。国家八部委先后联合下发了《车用乙醇汽油使用试点方案》和《车用乙醇汽油扩大试点方案》，方案指出“推广使用车用乙醇汽油是国家的一项战略性举措”“车用乙醇汽油在我国适用，采用车用乙醇汽油环保效应利大于弊，推广使用变性燃料乙醇具有较好的社会效益和环境效益，对整个经济的可持续发展、社会的进步及环境质量的改善有很大的促进作用。”

2007 年国家发展和改革委员会印发《可再生能源中长期发展规划》，提出可再生能源发展“不得违法占用耕地，不得大量消耗粮食，不得破坏生态环境”，坚持“因地制宜”。2007 年 12 月，经国家发展和改革委员会批准，由中粮集团在广西北海合浦投资成立以木薯为原料的年产 20 万吨的生物燃料乙醇项目正式投产，这是中国第一个经国家批准并投入生产的以非粮作物为原料的生物燃料乙醇企业，标志着中国生物燃料乙醇的发展路线正向“非粮化”转变。2025 年国务院办公厅发布《关于推动成品油流通高质量发展的意见》，指出支持成品油经营企业研发应用新技术、新设备，提升安全、环保和资源利用水平，推进成品油质量升级和清洁替代能源发展，助力构建清洁低碳、安全高效的现代能源体系，进一步规范生物燃料乙醇和车用乙醇汽油市场秩序。

7.3.2.3 乙醇柴油

将乙醇掺混入柴油形成乳化液、微乳化液，也可以直接在柴油机上应用而无需改变其结构，因此是当前国际上的研究热点和发展趋势。但是乙醇的理化性质与柴油差异较大，导致两者相溶，稳定性很差。因此，将乙醇应用到柴油机上仍存在许多技术难点。

美国 PureEnergy 公司开发的助溶剂可以实现比例最高为 15%乙醇和 85%柴油的泼溅混合，而 ADM 公司开发出的乙醇柴油含醇 15%，只需添加 5%的助溶剂，并使用该乙醇柴油混合燃料进行了 386km 的柴油车行车试验。结果表明，乙醇柴油可使柴油车尾气中颗粒物的排放量减少 20%～30%，但 14 加仑（3.785 升）油的成本要上升 5 美分，经济性比普通柴油要降低 5%。

天津大学内燃机燃烧学国家重点实验室在增压中冷柴油机上进行了柴油机燃用不同比例乙醇柴油的发动机性能及排放试验研究，研究了不同乙醇比例在不同工况下对发动机性能及排放的影响，发现在中低负荷，乙醇柴油的碳烟、HC、CO 及 NO_x 排放均比柴油要高，而在其他工况则得到不同程度的改善。并且随着乙醇比例的增加，乙醇柴油碳烟排放将进一步降低。

长安大学在 ZH1105W 型柴油机上对生物柴油-乙醇-水微乳化燃料及柴油-生物柴油-乙醇燃料进行了试验，研究柴油机燃用不同类型乙醇柴油的性能、排放特性及其放热规律。研究表明燃用乙醇柴油后柴油机的 NO_x 及烟度均有所改善，压力升高率及放热率曲线均后移，燃烧更加完全、放热更加集中。

清华大学汽车安全与节能国家重点实验室对 295 TH 型直喷柴油机燃用乙醇-甲酯-柴油混合燃料的燃烧和排放特性进行了研究，结果表明，在发动机结构不做调整的情况下，燃用含氧燃料使发动机动力性下降，有效燃料消耗率上升，但是其等效燃料消耗率不变。混合燃料中乙醇含量越高，滞燃期越长，而燃烧持续期越短。因此使用乙醇柴油需调整其供油量及十六烷值。

7.3.3 低碳醇

低碳混合醇[27]是由煤炭、天然气经合成气制成的重要化工产品和能源产品。各国甲基燃料或乙基燃料的成分不尽相同，目前还处于试验与试用阶段。这一问题与各国生产甲醇或乙醇的资源和工艺有关。国外把含甲醇 70%、其他醇（或称杂醇：乙醇、丙醇、丁醇和戊醇等）30%的混合醇称为甲基燃料-30；含甲醇 90%、其他醇（或称杂醇：乙醇、丙醇、丁醇和戊醇等）10%的混合醇称为甲基燃料-10。

从性能而言，低碳醇是一种良好的汽油组分，它具有高的辛烷值以及与汽油良好的掺混性能，可以代替 MTBE 作为汽油辛烷值调和组分，具有清洁性及燃烧的低污染等诸多优点，因此，低碳醇与汽油混合代用燃料受到各国的普遍重视[28]。但是从标准化制备与储运销售环节来看，低碳醇燃料的车用推广尚未规模化展开，有待进一步技术改进与应用推广。

7.3.4 二甲醚

二甲醚[29]无毒性，常温下为气态，可在 5 个大气压下液化，液化后方便储存和运输。二甲醚作为车用燃料的推广进度尚未达到大规模产业化的程度。

二甲醚替代柴油始终未获得市场的广泛支持。二甲醚在汽车上的应用仍然处于起步阶段，大规模推广面临着加压配送体系建立、发动机改造、二甲醚车用燃料的规范和标准缺失等问题。2007 年举行了上海 147 路二甲醚公交车队运行，上海交大和上汽集团现正进行第二代发动机和汽车研发；但距离二甲醚汽车产业化和今后商业化还有一段距离，只有实现二甲醚汽车产业化才能缓解二甲醚产能过剩的问题。

同时燃料运输安全也限制了二甲醚的规模化应用与车用推广。目前全国尚未建成一条醇醚输送管道，醇醚无法通过管道运输。按照铁路部门规定，二甲醚尚不能通过铁路灌装运输，当前乃至今后很长一个时期二甲醚企业不得不通过成本最高的公路运输来完成产品运输和销售；而公路运输安全隐患多，易发生事故，企业的危险化学品运输压力和公路安全压力较大。

7.3.5 甲基叔丁基醚

甲基叔丁基醚（MTBE）[28,30-31]是异丁烯和甲醇在强酸性阳离子交换树脂作用下生成的一种高辛烷值汽油组分，其马达法辛烷值为 101，研究法辛烷值为 117。在汽油组分中有良好的辛烷值调和效应，并具有很好的稳定性和互溶性。所以汽油中 MTBE 的添加作用在于它的抗爆性及含氧性。

美国环保署在1979年批准将MTBE作为无铅汽油添加剂使用后，MTBE被广泛用于调和汽油。1990年，美国国会通过清洁空气法修正案，对汽油除了要求控制蒸气压、苯含量外，还要求含氧汽油添加不超过2.7%（质量分数）的氧；新配方汽油添加不少于2.0%（质量分数）的氧。

20世纪90年代末美国国土调查报告显示在全美范围内有27%的城区水井监测到了MTBE。MTBE污染问题越来越受到美国国会和社会公众的关注，美国各州纷纷采取措施逐渐减少直至禁止MTBE的使用。

2006年2月14日，美国国家环保署又颁布取消新配方汽油含氧要求的新法规，法规规定全国自2006年5月6日起，取消新配方汽油中含氧不小于2.0%的要求，同时将停止已实施多年的对MTBE“有缺陷产品保护”，这意味着继续使用MTBE，将有可能面临诉讼的风险，该项法案的实施将对全面禁止使用MTBE产生重要的影响。

7.3.6 碳酸二甲酯

碳酸二甲酯[32]（DMC）可以以任意比例与有机溶剂（醇类、酮类、脂类等）互溶，在低比例的情况下，碳酸二甲酯可以与柴油良好互溶。碳酸二甲酯的含氧特性（含氧量为53%）可以明显降低柴油机污染物排放。但是限于燃料供应与配制储运等问题，碳酸二甲酯仍未获得车用发动机领域规模化应用与推广。

DMC具有含氧量高（质量分数$w=53\%$）、蒸气压低（20℃，5.6kPa）、毒性低以及辛烷值高等特性。因此，DMC可作为MTBE的替代品。甲醇汽油加入DMC可以增强互溶性能，降低相分离温度。以DMC为汽油添加剂，可增加汽油含氧量、提高辛烷值，其研究法辛烷值在101～116之间；油品的馏程和蒸气压无显著变化；但其冰点显著提高，当汽油中DMC的添加比例φ(DMC)为6%时，冰点上升30℃。但由于DMC含氧量高、热值低及在水中的溶解度大，因此添加不能过量。

DMC亦可作柴油添加剂。当柴油中φ(DMC)$\leqslant$15%时，DMC与柴油互溶性好，添加DMC可显著降低柴油机的NO_x、CO、碳氢化合物和碳烟的排放量，并可改变炭烟的颗粒分布；缸内辐射热量随碳烟排放的降低而减少，发动机热效率提高，但其功率略有下降[33]。

7.3.7 脂肪酸甲酯

在过去的十多年间，生物柴油以其良好的性能和高环保性获得了全球各国政府的一致支持，发展生物柴油不仅能够提高油品质量，更可以大规模实现全球碳减排，避免温室效应剧增。如图7-15所示，全球生物柴油产量在2006年至2019年间增长了接近7倍。

2014年，欧盟委员会提出了2020～2030年的《可预见的能源和气候目标框架》，该框架强调各种可替代的可再生燃料将有助于解决2030年的交通运输部门应对碳减排的挑战，将重点更多地放到电动汽车和立足于非粮作物的生物柴油。2015年12月，欧盟公布了生物柴油调和燃料的B20/B30标准，允许在化石柴油中添加20%或30%的生物柴油，相比之前欧盟车用柴油标准，生物柴油与石化柴油的掺混比例进一步提高。

我国生物柴油产业发展处于起步阶段，产业发展面临一系列的问题，我国生物柴油的技术标准、产品检测和认证等体系尚待完善。为适应成分复杂的原料，我国生物柴油技术形成了原

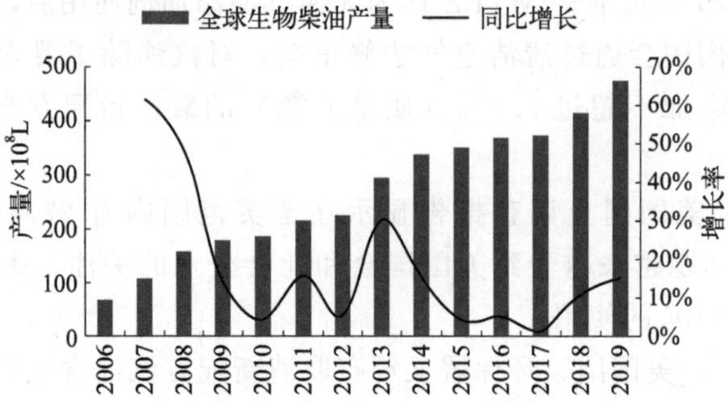

图 7-15　全球生物柴油产量

料适应性较强的工艺路线。具有以废弃油脂和野生树木种子为原料，以常规酸碱和改性酸碱、固体分子筛为催化剂的实用工业技术以及脂酶为催化剂和超临界无催化剂的技术储备体系。

生物柴油的生产属于高新技术和新兴产业，其技术研发和市场培育需要大量资金投入。此外，餐饮废油回收和含油植物规模化种植等原料收集处理是一项庞杂的系统工程，需要国家相关部门、地方政府、企业等健全合作机制，共同推动产业发展。

7.4　非机动车领域燃料应用

除了在机动车领域的燃用推广，煤基含氧燃料在燃料电池、燃灶燃炉、船用、发电等领域均获得了规模化推广，在国民经济和产业发展中发挥了重要的支撑作用。

7.4.1　甲醇燃料电池

甲醇极易和水蒸气重整转化为氢，常温常压下为液体，便于贮存、运输，而且由煤、石油和天然气等化石能源转化为甲醇的技术相当成熟，工业规模巨大，来源可靠，因而甲醇可作为一种储氢介质用于电动车燃料电池。

7.4.1.1　直接甲醇燃料电池

直接甲醇燃料电池（DMFC）[33] 以甲醇为燃料，无需转化为氢。

（1）直接甲醇燃料电池的基本结构及工作原理

如图 7-16 所示，DMFC 主要是由刻有流道的导电流场板、密封用的垫片、多孔扩散层、催化层、聚合物电解质膜等部件构成。其中由分别担载有阳极催化剂和阴极催化剂的多孔扩散层夹在聚合物电解质膜两侧经过高温热压而形成的膜电极（membrane electrode assembly，MEA）是组成 DMFC 最为关键的部件。

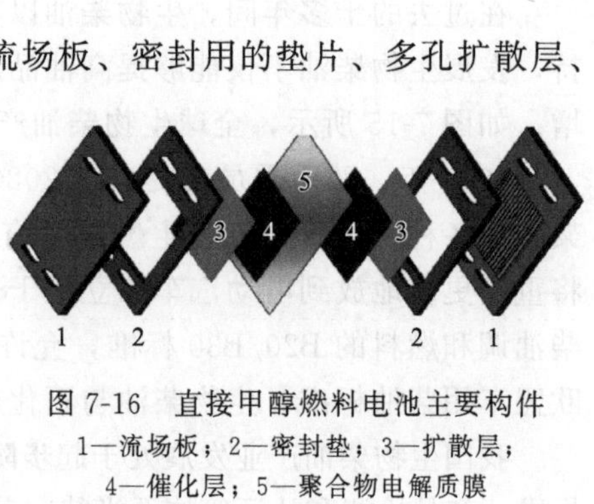

图 7-16　直接甲醇燃料电池主要构件

1—流场板；2—密封垫；3—扩散层；4—催化层；5—聚合物电解质膜

（2）直接甲醇燃料电池的优点及现存问题

DMFC 因其突出的优点被认为是未来便携式设备、小规模用电、移动运输设备等不同领域的主要供能装置之一。其主要的优点如下：

① 燃料经济易得。作为 DMFC 的燃料，甲醇来源丰富、制备简单、价格低廉，可以有效地摆脱对化石燃料的依赖。

② 环境友好、绿色环保。DMFC 的产物主要是水及二氧化碳，且噪声小。

③ 能量转化效率高。由于能量转化效率不受“卡诺循环”的限制，考虑到电极极化、浓差极化以及电解质的欧姆电阻等因素，其能量转化效率也可以达到 50%～80%，远高于内燃机的能量转化效率（25%）。

④ 比能量高。直接甲醇燃料电池质量比能量和体积比能量分别达到 6000W·h/kg 和 4800W·h/L，远高于其他传统发电装置。

⑤ 操作简单、使用方便。除上述优点外，DMFC 还具有易启动、工作温度低、模块化组装等优点。

尽管有以上诸多的优点，DMFC 目前也只有在航天、军事等特殊领域和政府大力补贴的情况下进行小范围的应用，而没有实现全面的商业化大规模应用。这主要是由以下几方面因素造成的：

① 成本太高。目前 DMFC 的制造成本约为 300 美元/kW，而高性能内燃机的制造成本则是 5 美元/kW。DMFC 高昂的成本主要是因为其核心部件 MEA 使用的是价格昂贵的 Pt 系贵金属催化剂和全氟磺酸树脂膜。

② 抗中毒性有待提高。目前 DMFC 中毒问题在阴阳两电极都会发生。在阳极，由于燃料主要为甲醇，甲醇氧化过程中会产生中间物种 CO，而 CO 会强烈地吸附在 Pt 表面，占据活性位点使 Pt 无法进行下一步的催化。在阴极，从阳极渗透过来的甲醇对 Pt 有强烈的毒化作用，吸附在 Pt 表面导致 Pt 无法催化氧还原反应。

③ 使用寿命有待提高。造成 DMFC 工作寿命短的因素有多种，其中催化剂的耐久性是影响电池寿命的最为关键的因素之一。当电池工作时，Pt 基催化剂本身溶解、聚集生长、碳载体的腐蚀等都大大降低了电池的使用寿命。

④ 甲醇渗透问题。在 DMFC 工作过程中，甲醇从阳极极易渗透到阴极直接与氧气发生反应，这不仅造成燃料的浪费而且导致混合电位，从而降低电池的性能。

从以上存在的问题可以看出，要真正实现 DMFC 商业化，依然还有许多的难题需要克服。值得注意的是以上问题多数是由催化剂引起的，因此研究开发性能良好的催化剂对推动 DMFC 的发展具有重要的意义。

7.4.1.2 间接甲醇燃料电池

间接式甲醇燃料电池（IMFC）是以甲醇为原料，通过水气重整反应转化为氢，然后供燃料电池使用。

间接式甲醇燃料电池机动车，除 H_2-O_2 燃料电池外，甲醇重整制氢是另一关键设备，它要求体积小、启动快、安全稳定、寿命长等。

甲醇可以通过 3 种途径制备氢气，即甲醇分解、甲醇部分氧化和甲醇水蒸气重整[34]。后两种比较适宜于燃料电池机动车的要求。

（1）甲醇分解制氢

甲醇分解反应是合成甲醇的逆反应，可以制备出 $H_2/CO=2$ 的 H_2 和 CO 混合气。

$$CH_3OH \longrightarrow CO + 2H_2 \quad (\Delta H = +90.5kJ/mol)$$

在没有催化剂的条件下，甲醇加热到700℃时就发生以上分解反应。在有催化剂的条件下，可降低分解反应的温度。

甲醇分解反应是高温强吸热反应，和水蒸气重整制氢、部分氧化制氢相比，不具有为燃料电池机动车制氢的技术优势，没有竞争力。

(2) 甲醇水蒸气重整制氢

甲醇水蒸气重整反应制氢是甲醇制氢法中氢含量最高的反应。

$$CH_3OH + H_2O \longrightarrow CO_2 + 3H_2 \quad (\Delta H = +49.4kJ/mol)$$

水蒸气重整反应也是吸热反应，需外部提供热量。经过不断地发展，形成了甲醇水蒸气转化用的三大系列催化剂，即镍系催化剂、钯系催化剂和铜系催化剂。

(3) 甲醇部分氧化制氢

甲醇发生部分氧化制氢反应式如下：

$$CH_3OH + 1/2O_2 \longrightarrow CO_2 + 2H_2 \quad (\Delta H = -192.2kJ/mol)$$

与甲醇分解制氢、甲醇水蒸气重整制氢相比，甲醇部分氧化制氢是放热反应，具有反应速度快、条件温和、易于操作、启动快等特点。另外使用氧气作为氧化剂，比使用水蒸气作为氧化剂具有更高的能量效率。甲醇部分氧化制氢的缺点是产物气中 H_2 的含量较低，有时低于50%（燃料电池要求氢的含量为50%～100%），不利于燃料电池的正常工作。氢气含量较低，除反应本身外，氧化剂为空气时，大量氮气的引入也是一个主要原因。

7.4.2 甲醇燃灶燃炉

甲醇燃料在民用领域的应用主要有民用餐饮行业的灶具用燃料和民用供暖的锅炉燃料。

7.4.2.1 灶具用甲醇燃料

(1) 甲醇燃料灶具的行业标准与性能要求

早在1996年，我国就已颁布了GB 16663—1996《醇基液体燃料》标准，NY 312—1997《醇基民用燃料灶具》产品质量标准也于1997年出台。和其他的热力装置一样，甲醇燃料灶具燃烧器也是根据可靠性和耐久性等使用性能指标进行综合评价[35]。

① 额定压力　甲醇燃料灶具依照行业标准其额定压力应小于或等于0.2MPa。这是因为甲醇燃料灶具燃烧器的燃烧区与外部大气直接接触，而大气又与使用者直接接触，所以过高的压力有可能会导致用户产生不适的反应。此外，压力过高会导致燃烧火焰过长，以至于不能够充分地利用燃料燃烧所放出的热量，导致热效率降低。

② 燃烧器热负荷　行业标准规定甲醇燃料灶具燃烧器的热负荷应介于10500kJ/h和16700kJ/h之间，这是根据甲醇燃料灶具燃烧器的适用热负荷范围决定的。当热负荷低于10500kJ/h时，由于甲醇燃料的供给量太小而不能有效地组织燃烧，因此热效率较低；而当热负荷高于16700kJ/h时，这已经超过了甲醇燃料灶具燃烧器的适用范围，会造成资源浪费。甲醇燃料灶具燃烧器的热负荷依照NY 312—1997标准中的测试方法进行测定。

③ 燃烧稳定性　燃烧稳定性是评价甲醇燃料灶具燃烧器的另一重要指标。燃烧稳定性

是指燃烧器燃烧区域的压力、温度、火焰长度等参数在外界条件产生一定变化时仍能保持相对稳定。

④ 燃烧废气　甲醇燃料灶具燃烧器的使用场所应保持空气流通，若使用地点空间狭小、通风不畅，甲醇燃料燃烧产生的废气会使操作空间空气质量下降，甲醛等废气会危害使用者健康。为此，行业标准明确规定了使用甲醇燃料灶具时使用场所大气中有害气体浓度的限值，见表 7-26。

表 7-26　甲醇燃料灶具使用场所的有害气体浓度限值

有害气体	浓度限值/(g/m^3)	有害气体	浓度限值/(g/m^3)
甲醇	≤0.005	CO	≤0.025
甲醛	≤0.00013	SO_2	≤0.001
NO_x	≤0.0005		

⑤ 其他性能要求　由于甲醇燃料灶具的高温工作条件和甲醇燃料自身的腐蚀溶胀性，使得甲醇燃料灶具对特定部件的材料有一定的要求。如：喷嘴使用的有色金属材质规定其熔点应高于 500℃，燃烧器使用的金属材质规定其熔点应高于 700℃，甲醇燃料供给管路应使用耐腐蚀的材料且熔点应不低于 350℃。甲醇燃料灶具同其他灶具一样，对结构强度也有一定要求。此外，甲醇燃料灶具对点火装置的性能也有要求。

(2) 甲醇燃料灶具燃烧器的分类和结构

依据甲醇燃料汽化特点的不同，甲醇燃料燃烧器可以分为液面直燃式燃烧器、打气加压式燃烧器、气体燃料加压式燃烧器、自增压式燃烧器、烟气加压汽化式燃烧器等几类。

根据甲醇燃料燃烧方式的不同，甲醇燃料灶具燃烧器还可分为预混式和非预混式两种。

甲醇燃料预混式燃烧器都具有独立的汽化室和预混室结构，目前市场上的甲醇燃料燃烧器大多数都为预混式燃烧器。此外，在甲醇燃料灶具的使用过程中，有时为了缩短加热时间，会加大甲醇燃料的质量流量，燃烧时火焰过长，这会导致燃烧器放出的热量不能够被完全利用，导致热效率降低。

甲醇燃料非预混式燃烧器也分为两类：一类是甲醇燃料以喷雾的方式燃烧，其过程就像柴油机中燃料燃烧时一样。另一类甲醇燃料非预混式燃烧器的汽化室布置于燃烧器的燃烧区域的下方，利用甲醇燃料在燃烧区域燃烧产生的热量向下传递，使汽化室内的甲醇燃料汽化，再引入燃烧区域与空气混合燃烧。

(3) 在使用和推广中出现的问题

甲醇燃料灶具在使用和推广中仍存在以下问题：

① 甲醛排放　甲醇燃料在燃烧过程中，并不能够百分之百地完全燃烧，一部分甲醇燃料在燃烧器里因不充分燃烧而生成甲醛，过高的甲醛排放会刺激使用者眼部。此问题可在研究过程中结合空燃比的调整来解决。

② 火力较小　上述甲醛排放高的甲醇燃料灶具，燃烧效率较低，火力相对之下软而无力。供油挡位越大，辣眼睛现象越严重。

③ 损坏炉头　甲醇燃料灶具使用一段时间后可能会出现此问题。炉头的损坏也会使甲醇燃料燃烧不充分，还会加剧燃料的不稳定性。

④ 标准缺失　现有民用甲醇燃料的相关国家标准和行业标准是在 20 世纪 90 年代制定的，这些标准只能勉强用于饭店和食堂等大灶，而且现在甲醇燃料的配方与 10 年前也已大

有不同，急需出台新的国家和行业标准。

⑤ 存在安全隐患　某些甲醇燃料生产企业为追求个人利益的最大化，盲目地向甲醇中注水（高达25%以上），降低了甲醇燃料的热值，使用效果变差。某些生产企业采用净化不好的回收醇为原料，添加剂的调配也不科学，导致在甲醇燃料的使用过程中发生熏人、刺激眼睛等问题，同时还存在安全隐患，这一方面也亟须政府出台相关规范措施。

总结来说，甲醇燃料要想占据更大的灶具用燃料市场份额，一方面需加快更新适宜甲醇燃料的灶具设备，另一方面需通过开发新的严谨的科学配比，提高甲醇燃料的环保性、动力性等使用性能，使其在市场中具有更强竞争力。

7.4.2.2　锅炉用甲醇燃料

在中国，甲醇燃料替代散煤用于工业锅炉已经在多地推行，并取得成功经验。2019 年，山西省晋中印发《晋中市支持甲醇锅炉及相关产业做大做强实施方案》，到 2021 年，晋中实现甲醇年储运能力达到 60 万吨以上，甲醇锅炉产能达到 2500 吨以上，甲醇采暖炉产能达到 30 万台以上，甲醇燃烧机产能达到 8 万台以上，利税达到 6.5 亿元，带动直接就业 2500 人。2023 年 12 月，国家发展改革委修订发布《产业结构调整指导目录》，明确将“电解水制氢和二氧化碳催化合成绿色甲醇”纳入新能源鼓励类产业。2024 年政府工作报告提出的年度首要任务是大力推进现代化产业体系建设，加快发展新质生产力。这些法规为甲醇锅炉燃料的应用提供了良好的政策指引，使其能更好地发挥在环境友好、成熟技术和成本竞争力方面的优势。

（1）液体燃料锅炉简介

我国国内火力发电站的锅炉大多为煤粉锅炉，但煤粉锅炉在点火和低负荷运转时，需要使用液体燃料。此外，我国的石油化工部门也有少量的燃油锅炉使用，在一些企业和居民家中也有许多小型的燃油锅炉。一般来说，凡是能够燃烧的液体燃料均可作为锅炉的燃料油使用。目前，使用较多的燃料油有重油、渣油和柴油三种。而面对日益严峻的能源短缺和愈发严重的环境问题，甲醇燃料作为一新型的清洁能源，其作为锅炉燃料油亦受到广泛的研究和应用。

（2）甲醇燃料锅炉汽化燃烧技术

目前液体燃料在锅炉中的燃烧方式大多为喷雾燃烧，而甲醇燃料本身的理化性质决定了其在采用喷雾燃烧的方式时，存在燃烧温度较低、燃烧不稳定、燃烧效率不高的问题。为解决此问题，可在燃油燃烧器的基础上加装汽化器，经预热将甲醇燃料汽化后转化为气体进行燃烧。甲醇燃料的汽化燃烧过程可分为甲醇燃料的预热、汽化阶段和燃料的着火燃烧阶段，通过将燃料汽化和燃烧分开进行的方式，可解决甲醇燃料因汽化潜热大、热值低所导致的燃烧区温度低的问题，从而提高燃烧效率、节约燃料。

（3）甲醇燃料锅炉运行中的燃烧调节

在甲醇燃料燃烧的过程中，通过各种调节手段，保证送入到锅炉炉膛内的甲醇燃料能够及时、稳定、完全和连续地燃烧，并在保证锅炉出力的条件下使燃料的燃烧工况达到最佳。因此，在甲醇燃料锅炉运行的过程中进行合理的燃烧调节将十分重要。在燃用甲醇燃料锅炉的运行过程中，对炉内燃料的燃烧状况有直接影响的主要有燃料量、送风量（鼓风量）、引风量三个参数。

① 燃料量的调节　甲醇燃料锅炉在运行的过程中，其负荷会发生一定的变化，这时需对甲醇燃料的质量流量进行调节，以改变甲醇燃料锅炉的放热量，稳定锅炉的出力，即根据锅炉负荷的变化来调节甲醇燃料的质量流量。

② 送风量的调节　要使进入炉膛中的甲醇燃料能够充分完全燃烧，必须保证要有足够的送风量。在一定的范围之内，甲醇燃料与空气的混合质量会随着送风量的增加而得到提高，有利于甲醇燃料充分燃烧。但是如果送风量过大，一方面会降低炉膛内的温度，造成燃料不完全燃烧，降低热效率；另一方面，由于烟气量的增加，会增加排烟所带走的热量，热损失增大，同时风机的耗电量也会增大。

③ 引风量的调节　调节引风量的目的是保证在锅炉运行的过程中，使炉膛内的负压维持在一定的范围内。当锅炉的负荷发生变化时，甲醇燃料的质量流量亦必将发生变化，甲醇燃料燃烧生成的烟气量也会发生变化。因此，为维持炉膛内一定大小的负压，必须根据烟气量生成的多少及时地调整引风量。

(4) 工业用甲醇（GB 338—2011）

规定了工业用甲醇的要求、试验方法、检验规则及标志、包装、运输、贮存和安全等。适用于以煤、天然气、轻油、重油为原料合成的工业用甲醇。要求甲醇为无色透明液体，无异臭味，无可见杂质。

甲醇作为工业锅炉燃料具备以下四大优势：从环保角度可以大大减少颗粒物、硫氧化物和氮氧化物的排放；技术上，甲醇锅炉本体可以与柴油/天然气锅炉本体兼容；投资上，基础设施投资相对较少；成本上，燃料本身具有竞争力。

7.4.3　二甲醚液化气

我国现行有效的关于液化石油气、二甲醚产品的国家标准、行业标准主要有：GB 11174—2011《液化石油气》、GB/T 25035—2010《城镇燃气用二甲醚》、HG/T 3934—2007《二甲醚》、NY/T 1637—2008《二甲醚民用燃料》、GB 19159—2012《车用液化石油气》和GB/T 26605—2011《车用燃料用二甲醚》。

(1) 液化石油气

①《液化石油气》(GB 11174—2011)　标准规定了液化石油气产品的分类和标记、要求和试验方法、检验规则、标志、包装、运输和贮存、交货验收和安全。适用于用作工业和民用燃料的液化石油气。液化石油气应具有可以察觉的臭味。为确保安全使用液化石油气，当液化石油气无臭味或臭味不足时，需加入具有明显臭味的含硫化合物配制的加臭剂。

②《车用液化石油气》(GB 19159—2012)　标准规定了车用液化石油气的分类和标记、技术要求和试验方法、检验规则、标志、储存和运输、安全和健康等。该标准适用于点燃式内燃机使用的车用液化石油气。车用液化石油气技术要求和试验方法应符合表 7-27 规定。

表 7-27　车用液化石油气技术要求

项目		质量指标	试验方法
密度（15℃）/(kg/m³)		报告	SH/T 0221
马达法辛烷值 MON	≥	89.0	
二烯烃（包括 1,3-丁二烯）摩尔分数/%	≤	0.5	SH/T 0614
硫化氢		无	SH/T 0125
铜片腐蚀（40℃，1h）/级	≤	1	SH/T 0232
总硫含量/(mg/kg)	≤	50	ASTM D6667

续表

项目		质量指标	试验方法
蒸发残留物/(mg/kg)	≤	60	EN 15470
C_5 及以上组分质量分数/%	≤	2.0	SH/T 0614
蒸气压（40℃，表压）/kPa	≤	1550	
游离水		通过	EN 15469

(2) 二甲醚

①《二甲醚》(HG/T 3934—2007) 标准规定了二甲醚的要求、试验方法、检验规则及标志、包装、运输、贮存和安全等，适用于甲醇气相法或液相法脱水生成的二甲醚，或由合成气直接合成的二甲醚，或其他产品生产工艺的回收二甲醚的生产、检验和销售。

该标准将二甲醚产品分为Ⅰ型和Ⅱ型2种产品：Ⅰ型作为工业原料主要用于气雾剂的推进剂、发泡剂、制冷剂、化工原料等；Ⅱ型主要用于民用燃料、车用燃料及工业燃料的原料。二甲醚的技术要求见表7-28。

表7-28 二甲醚技术要求

项目		Ⅰ型	Ⅱ型
二甲醚质量分数/%	≥	99.9	99.0
甲醇质量分数/%	≤	0.05	0.5
水的质量分数/%	≤	0.03	0.3
铜片腐蚀试验/级	≤	—	1
酸度（以硫酸计）/%	≤	0.0003	—

注：Ⅰ型产品作制冷剂时检测酸度。

②《二甲醚民用燃料》(NY/T 1637—2008) 标准规定了二甲醚用作民用燃料的要求、试验方法、检验规则和标志、包装、运输、贮存、安全使用措施，适用于单独或与液化石油气按一定比例配混的二甲醚民用燃料。由于燃烧性质类似，设计使用天然气的厨灶可以直接使用DME而不需要任何改动结构。

该标准根据二甲醚含量将二甲醚民用燃料分为2个等级，二甲醚民用燃料的技术要求见表7-29。

表7-29 二甲醚民用燃料的技术条件

项目		一级品	二级品
二甲醚（$+C_3$～C_4 烃）质量分数/%	≥	99.0	98.0
甲醇质量分数/%	≤	0.6	1.2
水的质量分数/%	≤	0.4	0.8
铜片腐蚀试验/级	≤	1	1
C_3～C_4 烃质量分数/%	≤	0～0.2（报告）	0～0.4（报告）

③《车用燃料用二甲醚》(GB/T 26605—2011) 车用燃料用二甲醚指标应符合表7-30规定。

表 7-30　车用燃料用二甲醚指标

项目	指标	项目	指标
二甲醚（质量分数）/%	≥99.5	酸度（以乙酸计）(质量分数）/%	≤0.0002
甲醇（质量分数）/%	≤0.30	总硫（质量分数）/%	≤0.0005
水（质量分数）/%	≤0.03	蒸发残渣（质量分数）/%	≤0.003
铜片腐蚀试验	≤1a 级		

7.4.4　船用燃料应用

国际海事组织（IMO）致力于通过限制船用燃油的硫含量，控制硫氧化物的排放，从而减少船用燃料对大气的污染，于 2016 年颁布了限硫令，自 2020 年 1 月 1 日起生效。即在全球范围内实施船用燃油硫含量不超过 0.50%（质量分数）的规定（船舶排放控制区为 0.10%）。

甲醇作为船用燃料在海运方面已有成熟经验。2016 年，全球首批甲醇远洋运输船舶问世。加拿大梅赛尼斯公司旗下全资船运公司 Waterfront Shipping（WFS）拥有 9 艘甲醇远洋运输船，使用甲醇燃料的船舶航行时间已累计超过 5 万小时，在运行过程中没有因为安全或机械故障出现过停工或闲置的情况，并且全部符合国际海事组织（IMO）2020 排放规定。中国船级社在 2017 年 12 月发布实施的《船舶应用替代燃料指南》，已将甲醇作为船用替代燃料列入其中。甲醇燃料船舶商业利用的尝试也在进行中。2017～2018 年，梅赛尼斯公司与交通运输部海事局和天津大学利用甲醇/柴油二元组合燃烧技术，成功开展了中国首个甲醇-柴油双燃料渔船试验项目，项目的评审结果显示，改造后的甲醇/柴油双燃料渔船的动力性能保持与柴油模式相同，硫氧化物、氮氧化物排放大幅降低，燃油经济性明显改善。这个试验项目不仅帮助有关部委更好地了解甲醇作为一种清洁燃料在船舶上的应用，也证明我国已经成功研发出适用的专利技术，可以满足日益严苛的环保要求。截至 2024 年 3 月全球共有 31 艘甲醇动力船舶运营，有 122 个港口能提供作为船用燃料的甲醇，此外还有 30 多个生产基地正在筹划中，总产能为 300 万吨绿色甲醇。这些项目对甲醇作为船舶燃料在中国的推广和商业化应用具有积极的示范意义。这些国际和国内的实践已充分证明了甲醇用于船舶燃料技术可行。

尽管表现出种种优势，但实现甲醇燃料在船上的广泛应用，仍需经历漫漫长路，需克服技术标准、燃料成本、船舶布置、关键设备等方面的诸多挑战。

（1）技术标准

虽然少数船级社颁布了甲醇燃料船的技术标准，但仍存在较多差异，且多为功能性要求，不易操作。

（2）燃料成本

虽然单吨甲醇价格较低，但由于甲醇热值只有重油（HFO）一半左右，同等热值的甲醇价格需翻番考虑。如此一来，甲醇与 HFO 相比无任何优势，与 LNG 相比也只有在特定的场景下才具一定优势。

（3）船舶布置

同样由于甲醇热值低，甲醇燃料舱的体积接近燃油舱的 2 倍，比 LNG 燃料舱大 20%左右，对于同等尺度的船舶，更大的燃料舱意味着货舱损失，进而影响船舶营运收益。此外，现行 IGF 规则草案要求对甲醇燃料舱通过隔离舱进行保护，且燃料舱距离舷侧的要求高于国际散装运输危险化学品船舶构造与设备规则（IBC 规则）对甲醇货舱的要求，这对于船舶布置而言是一个不利的方面。

（4）关键设备

甲醇发动机是甲醇燃料船的关键设备，国外已有数家生产厂开发出相关产品，但均处于初始阶段，而且由于订单少，未形成批量化生产，所以价格高昂。

7.4.5 发电燃料应用

甲醇作为燃料不仅能用在运输和其他移动设备上，对静态的设备也很有吸引力。其作为燃料能够直接用在气涡轮上发电。气涡轮通常使用天然气，或者轻的石油馏分作为燃料。与其他燃料相比，甲醇由于相对低的火焰温度，能够释放更多的能量和相对低的 NO_x 排放量。且由于甲醇不含硫，因此不产生 SO_2 排放。

燃气轮机燃用甲醇燃料发电具有以下优点：

① 燃料来源广泛　目前，天然气、煤制甲醇的生产技术相对成熟，而且随着未来科学技术的发展，二氧化碳加氢合成甲醇工艺的成熟，甲醇可以看作可再生资源。

② 热效率得到提高　甲醇易挥发，而且黏度远低于重油，所以甲醇在燃气轮机中的雾化效果要好于重油，加之甲醇本身含氧量高，所以燃烧得更加完全，可以有效地提高热效率。

③ 动力性能得到提高　虽然甲醇的低热值小于重油的低热值，但是由于甲醇本身的含氧量高，单位质量甲醇燃烧需要的空气要比单位质量重油燃烧需要的空气少，比较二者的理论混合气低热值，甲醇为 2.66MJ/kg，重油为 1.97MJ/kg，所以燃气轮机燃用甲醇燃料时相比重油动力性会得到提高。

④ 燃料费用降低　甲醇的低热值为 19.92MJ/kg，不及重油低热值的一半，但考虑到燃烧效率的提高，甲醇的消耗量为重油的 1.8～2.0 倍。而甲醇的价格却远低于重油，所以综合计算，燃气轮机燃用甲醇燃料时的燃料费用降低。

⑤ 排放处理费用降低　甲醇燃烧的生成产物主要为二氧化碳和水，而且二氧化硫的排放量几乎为零，与燃油时相比无需加装排放的后处理系统，节约了排放处理费用。

综上，甲醇燃料在燃气轮机上的应用是可行的，并且相对于重油具有一定的优势，但是甲醇作为燃气轮机燃料也有一些不足之处，比如甲醇汽化潜热大、具有腐蚀溶胀性、润滑性差、燃点低等问题，因此要想在燃气轮机上成功燃用甲醇燃料还需对燃气轮机进行一些改造。

7.5 含氧燃料应用前景展望

7.5.1 车用燃料标准

目前世界汽油质量一般可分为美、欧、日三大标准体系，代表着世界燃料发展的主流。20 世纪 90 年代优质汽油无论硫含量，还是烯烃含量、芳烃含量限值，美、欧、日三大标准差别较大，如优质汽油硫含量从 100～339μg/g 不等，差值在 200 以上。2000 年以后这种差别在不断缩小，三大汽油标准限值不断靠近。

针对世界环保要求的大趋势以及我国目前环境污染的严重事实，我国在提高汽油质量和标准制订上可以说是跳跃式前进的，牌号升级、无铅化和组分优化同步进行。

自 2019 年 1 月 1 日起，中国废止了 GB 252—2015《普通柴油》标准。自 2019 年 1 月 1 日起，实施 GB 17411—2015《船用燃料油》第 1 号修改单和 GB 19147《车用柴油》第 1 号修改单。取消普通柴油，实现“车用柴油、普通柴油、部分船舶用油”三油并轨，是机动车污染防治工作中的重要举措。“三油并轨”将车用汽柴油由国五标准升级到国六标准，对于普通柴油、部分船舶用油升级到国六标准，将大幅降低硫和多环芳烃的含量。“三油并轨”后国六标准的车用柴油硫含量不超过 10mg/kg，硫含量大幅度下降。通过升级并轨将进一步降低移动污染源污染物排放强度，对保护公众身体健康、提升发动机性能起到重要的作用。

随着全球燃料质量标准的不断提高，对燃料炼制工业与清洁燃料开发提出了更高要求。煤基含氧燃料的开发与应用为满足不断加严的汽车排放要求提供了消费比更为优异的技术路线。在车用煤基燃料标准的制定与产业引导方面，中国积累了大量实践经验。

2021 年 2 月 20 日，国家市场监督管理总局、国家标准化管理委员会批准发布 GB 19578—2021《乘用车燃料消耗量限值》。于 2021 年 7 月 1 日起实施。传统能源乘用车和插电式混合动力电动乘用车的试验工况将由 NEDC 切换为 WLTC，将 GB/T 19233—2020《轻型汽车燃料消耗量试验方法》中加载方式由惯性质量加载方式改为连续加载方式，以满足政府主管部门对汽车节能的管理需求，降低汽车碳排放，促进汽车行业健康有序及绿色发展。

7.5.1.1 车用甲醇燃料标准

2010 年山西省质量技术监督局制定发布了《M5、M15 车用甲醇汽油》(DB14/T 92—2010)，该标准的发布，为一些用掺混法生产甲醇汽油的企业提供了依据。但是，随着新型煤化工产业的发展和产业链的延长，有更多煤基化工产品，如焦化轻烃、二甲醚（DME）、甲基叔丁基醚（MTBE）等也成为煤基车用燃料产品的添加剂，流向车用燃料市场。为适应煤基车用燃料产业的发展，政府职能部门制定相应的标准和规则就显得十分重要。

自“六五”计划开始，在国家科学技术委员会的安排下，曾将甲醇生产工艺、甲醇汽车技术开发列为国家重点科研攻关项目，1996～1997 年国家科学技术委员会和美国福特汽车公司共同支持进行了一个国际合作的软课题研究，即“中国山西省及其他富煤地区把煤转化成汽车燃料及其应用的经济环境，能源利用的生命周期评估”，我国 30 多位专家参与了研究工作，研究结果充分肯定了甲醇汽车燃料是最适合于山西省等富煤地区的煤制甲醇燃料。相关企业以甲醇为原料采用甲醇转化技术生产出二甲醚（DME）和甲基叔丁基醚（MTBE）作为柴油添加剂，为高清洁型醇醚柴油的生产提供了新的原料。

2008 年 9 月 23 日，全国醇醚燃料标准化技术委员会（编号为 SAC/T C414）在山西太原成立，这是经国家标准化管理委员会批准，在醇醚燃料及醇醚清洁汽车专业领域内，从事全国标准化工作的技术工作组织，主要负责醇醚燃料及醇醚清洁汽车等领域的国家标准制修订工作。

2009 年 5 月 18 日，中华人民共和国国家质量监督检验检疫总局、中国国家标准化管理委员会发布，从 2009 年 12 月 1 日起实施《车用甲醇汽油（M85)》(GB/T 23799—2009)，并于 2022 年 5 月 1 日采用新标准《车用甲醇汽油（M85)》(GB/T 23799—2021)。甲醇汽油低比例掺混燃料也是目前技术最成熟，产业化示范面最广，最能形成规模化替代的首选产品。而且，该产品的储存、输送、加注设施与目前成品油使用的系统相同，不需要做大的改动，仅在特殊情况下，需稍加改动，但费用很少。因此，车用甲醇汽油（M15）低比例标准更有利于甲醇汽油的推广使用，急需相关部门尽快出台发布标准。

2023 年 5 月 23 日，国家市场监督管理总局、国家标准化管理委员会发布，从 2023 年 9 月 1 日起开始实施 GB/T 42416—2023《M100 车用甲醇燃料》。为避免加入过多添加剂或其他成分影响燃料性能与使用效果，设置 M100 车用甲醇燃料对甲醇含量指标限值为不低于 99.5%，硫的要求为小于 1mg/kg。M100 车用甲醇燃料标准的发布将会给甲醇燃料行业带来更大的发展机遇和挑战。

车用甲醇汽油的产业化推广，促使建立起规范的标准体系，这意味着车用甲醇汽油燃料使用在全面提速，是国家统一规范车用甲醇燃料市场的肇始，这不仅符合国家新能源政策，也使得车用甲醇汽油在燃料领域的应用有了法规依据，预示着国家正在宏观政策上对甲醇汽油推广采取更加明确的行动。同时也标志着车用甲醇汽油获得了国家合法身份，必将全面推进我国车用甲醇汽油的推广使用，扩大甲醇市场需求。国家中长期科学和技术发展规划领导小组早已明确将“生物燃料、煤基醇、醚、氢技术作为重要战略任务”。其中，醇醚燃料是由传统能源向新能源过渡的最可行、最现实的选择，充分体现了“以煤为主”的国情。车用甲醇汽油标准的颁布实施，将有助于缓解当前我国甲醇生产企业面临的生产经营困境。

7.5.1.2 车用乙醇燃料标准

乙醇汽油是我国发展替代能源、减少原油依赖的重要措施。目前欧盟已经全面使用乙醇汽油，美国、巴西等国家也在广泛使用乙醇汽油，我国正在多个省市推广使用乙醇汽油。目前，我国乙醇汽油年均消费量约占汽油消费总量的 1/4，新标准发布实施，为乙醇汽油质量升级工作提供技术依据，实现替代能源推广和油品清洁化的双重目标。

2014 年 5 月 1 日起中国实施了 GB 18350—2013《变性燃料乙醇》标准。该标准根据 GB/T 1.1—2009 给出的规则起草，代替了 GB 18350—2001《变性燃料乙醇》。与 GB 18350—2001 相比，该标准增加了硫含量技术指标要求，“小于或者等于 30mg/kg”。在原标准的基础上修改了变性剂添加量，燃料乙醇与变性剂体积混合比例为“100∶1～100∶5”。修改了无机氯含量为“小于或等于 8mg/L”。

为确保车用乙醇汽油质量，对乙醇汽油质量实施有效的控制，我国于 2017 年 9 月 7 日同时发布并实施了 GB 18351—2017《车用乙醇汽油（E10）》与 GB 22030—2017《车用乙醇汽油调合组分油》标准，为车用乙醇汽油提供明确的技术标准。

新版标准的发布实施，为乙醇汽油质量升级工作提供技术依据，为实现替代能源推广和油品清洁化的双重目标创造了条件。新标准调整了研究法辛烷值、硫含量、烯烃含量值等项目，为更好地规范车用乙醇汽油（E10）中的各项技术指标，使之应用更加合理、方法采用更加具有可操作性提供了依据。为改善汽车燃料在发动机的燃烧性能、减少汽车尾气污染物排放起到了积极的作用。

在 GB 18351—2017 中将烯烃含量（体积分数）降低至 24%以下，能够较大程度上提高汽油的稳定性、改善燃烧性能以及减少汽车尾气三元催化剂转化活性的损失等。但是，烯烃含量会对乙醇汽油的辛烷值产生影响，而车用乙醇汽油（E10）主要是在常规汽油燃料的基础上增添 10%左右体积分数的变性燃料乙醇，以此有效提升汽油抗爆性指数，从而降低了对辛烷值的影响。

虽然 GB 18351—2017 标准修订所降低汽油辛烷值的指标数值相对较小，不至于导致汽油发动机的爆震现象发生，但汽油发动机使用降低了辛烷值的汽油燃料，就必然会对发动机的功率与抗爆性产生不利影响。而将蒸气压修改为 40～65kPa，这既有利于降低产生气阻使油路不畅导致供油不足，影响喷油器流量的稳定，导致发动机燃烧不好和加速不良现象的发生，又可减少汽油存放蒸发损失及蒸发排放对大气的污染。但由于变性燃料乙醇的调入将使车用乙醇汽油的蒸气压升高，因此在生产中，应该严格控制更具挥发性组分的汽油原料。硫含量降低至不大于 10mg/kg，既缩小与发达国家相关标准在此项指标的差距，也有利于减轻硫含量对汽车发动机气缸等部件的腐蚀，同时减少了尾气排放对大气的污染。新标准将锰含量降低至不大于 0.002g/L，对汽油燃料的辛烷值及燃烧性能将产生不利影响，但对减少发动机火花塞堵塞与缸体及部件的磨损，延长发动机的使用寿命，降低对三元催化系统中毒及对环境造成的危害等都产生积极影响。

2023 年 12 月 28 日，吉林省市场监督管理厅发布，从 2024 年 2 月 1 日起开始实施 DB22/T 3622—2023《车用乙醇汽油（E10）快速筛检技术规范》，不断提高乙醇汽油（E10）产品的质量和使用性能，为用户提供更多的选择，满足不同车辆和不同的燃料需求，促进乙醇燃料行业的规范化发展，提高产品质量和市场竞争力。

7.5.1.3 车用二甲醚燃料标准

2011 年 6 月 16 日中华人民共和国国家质量监督检验检疫总局、中国国家标准化管理委员会发布了《车用燃料用二甲醚》（GB/T 26605—2011）标准，于 2011 年 11 月 1 日起实施。标准规定了车用燃料用二甲醚的要求、试验方法、检验规则及标志、包装、运输、贮运和安全。此前由于二甲醚质量、含甲醇浓度、水分等问题，车用二甲醚的国家标准一直未能出台，新标准对这些问题作了详细规定。二甲醚质量分数不低于 99.5%；甲醇质量分数不高于 0.3%；水分不高于 0.03%；总硫质量分数控制在不高于 0.0005%（以硫计）。

国家标准的出台，说明二甲醚已具备进入车用燃料市场的通行证，为二甲醚作为车用燃料的大批量推广应用提供了重要的技术依据，使二甲醚车用新能源的发展有法可依。

7.5.1.4 车用生物柴油燃料标准

生物柴油的研究及应用在欧美等发达地区较为成熟和领先，1991 年奥地利颁布了世界第一个生物柴油——菜籽油酸甲酯标准 ONC1190，随后捷克、德国、法国等欧洲国家先后颁布了各自的生物柴油国家标准，2003 年 7 月欧盟颁布实施了生物柴油标准 EN 14213：2003（加热油用）和 EN 14214：2003（车用），从而取代了各国自己颁布的标准，目前这两个标准的最新版本是 EN 14214：2012/PRA2：2018《液化石油产品 柴油发动机和供热设施用脂肪酸甲酯（FAME）要求和试验方法（包含修改件 PRA2：2018)》，而在欧盟尤其是在德国以前主要是将 B100 用于车用和农业机械，随着欧洲排放法规的日益严格，在车用方面现在主要是将生物柴油和矿物柴油调和使用，欧盟颁布的 EN 590：2004《汽车燃料-柴油-要求和试验方法》就规定了柴油中允许添加不超过 5%（体积分数）的脂肪酸甲酯，而 EN 590：2013《车用燃料-柴油-要求和试验方法》中对脂肪酸甲酯允许添加量为不超过 7%（体积分数），添加和未添加脂肪酸甲酯的柴油执行的标准要求都是一样的。BS EN 590：2022（2023）《汽车燃料 柴油 要求和测试方法》中对脂肪酸甲酯的允许添加量最高也为 7%（体积分数）。美国从 1999 年就开始制定临时的生物柴油标准，2002 年正式颁布了 ASTM D6751-02，之后又陆续修订，现行最新版本为 ASTM D6751-23a《中间馏分燃料用生物柴油混合燃料（B100）标准规范》，在美国对生物柴油的使用就是和矿物柴油的调和使用，比例不超过 20%（体积分数）。

我国在2007年1月5日颁布、2007年5月1日实施了我国第一个生物柴油标准GB/T 20828—2007《柴油机燃料调合用生物柴油（BD100）》，该标准是非等效采用ASTM D6751-03a《馏分燃料调和用生物柴油（B100）标准》制定的，GB/T 20828—2007所属产品可作为组分与矿物柴油调和而成，调和而成的柴油燃料适用于汽车、拖拉机、内燃机车、工程机械、船舶和发电机组等压燃式发动机，后来该标准被GB/T 20828—2015《柴油机燃料调合用生物柴油（BD100）》代替，于2015年5月8日起实施，该标准是非等效采用ASTM D6751-11b《馏分燃料调和用生物柴油（B100）标准》制定的。

我国于2015年5月8日实施了GB 25199—2015《生物柴油调合燃料（B5）》，标准所属产品适用于压燃式发动机，该标准已于2017年9月7日被GB 25199—2017《B5柴油》代替，新标准适用于压燃式发动机使用的、以B100生物柴油为调和组分的B5普通柴油和B5车用柴油。

GB 25199—2017《B5柴油》标准修订时将上述2个国家标准［GB 25199—2015《生物柴油调合燃料（B5）》与GB/T 20828—2015《柴油机燃料调合用生物柴油（BD100）》］整合为1个国家强制标准。随着环保对燃油要求的日益严格，2017年全国实施了国五汽油与柴油标准。修订后的标准作废了B5车用柴油（Ⅳ）技术要求与试验方法，增加了B5车用柴油（Ⅵ）技术要求，也以更为严谨的总污染指标代替机械杂质指标。在附录B100生物柴油的技术要求中修改了闭口闪点要求，取消了甲醇含量和90％回收温度2个指标。

修订后的标准包含了满足国六排放规格的配套燃料要求，对生物柴油产业的发展与车辆排放治理起到了促进作用。

2021年12月22日，国家能源局发布，从2022年6月22日起开始实施NB/T 13007—2021《生物柴油（BD100）原料 废弃油脂》行业标准。解决了我国生物柴油行业对于原料质量的要求长期以来就只有“水杂”（水分＋杂质）的习惯性约束，缺乏严格、科学、统一标准的问题。

7.5.2 非车用燃料标准

作为非车用燃料的含氧燃料以醇基燃料与二甲醚产品为主，国家与地方政府出台了相应的标准对燃料质量与使用方法予以规范。

在GB 16663—1996《醇基液体燃料》标准的基础上，1997年我国又出台了《醇基民用燃料灶具》等国家标准，规定了醇基民用燃料灶具的型号编制、基本参数、技术要求、试验方法、安全事项、抽样和检验、标志、包装、运输、贮存。

河北省质量技术监督局于2018年3月13日发布了DB13/T 2643—2018《锅炉用醇基燃料通用技术要求》地方标准，适用于以甲醇为主要原料，复配一定比例的高热值组分及添加剂制成的锅炉（含窑炉等）用醇基燃料。该标准目前已废止。

二甲醚的非车用用途主要为液化气掺烧，据中国石油和化学工业规划院估算，2007年在国内二甲醚的消费结构中，民用燃料占到了绝对主导地位，为94％，车用燃料仅为2％，其他用途占4％。

我国现行有效的关于液化石油气、二甲醚产品的国家标准、行业标准有GB 11174—2011《液化石油气》、GB 25035—2010《城镇燃气用二甲醚》、HG/T 3934—2007《二甲醚》等。

国家市场监督管理总局、国家标准化管理委员会于 2023 年 11 月 27 日发布了 GB 29436—2023《甲醇、乙二醇和二甲醚单位产品能源消耗限额》，对以煤、天然气、脱焦油和粗脱硫后的焦炉煤气为原料生产甲醇的企业，以乙烯、合成气、煤为原料生产乙二醇的企业和以甲醇为原料生产二甲醚的企业进行能耗计算，控制其能耗。

GB/T 32492—2016《液化石油气中二甲醚含量气相色谱分析法》标准规定了用气相色谱法测定液化石油气中二甲醚含量的分析方法，适用于液化石油气中二甲醚含量的测定。

7.5.3 政策引导

能源与环境问题是建设生态文明、促进经济社会可持续发展的两大突出问题。而新能源产业则是保障能源安全、优化能源结构、保护生态环境、调整产业结构的战略选择。为了促进石油代用燃料的推广应用，国家与地方相关部门出台了系列法规与政策，引导促进了煤基含氧燃料的开发与应用。

2004 年 12 月 16 日，中国石油和化学工业联合会醇醚燃料及醇醚清洁汽车专业委员会在北京成立，这是从事醇醚燃料和醇醚清洁汽车产业发展的全国性跨行业组织。

2005 年 12 月 25 日，国务院办公厅转发了国家发展改革委、建设部、公安部、财政部、监察部、环保总局联合发布的《关于鼓励发展节能环保型小排量汽车的意见》，在制定鼓励节能环保型小排量汽车发展的产业政策中明确指出："鼓励开发、生产柴油轿车和微型车，以及使用醇醚燃料、天然气、混合燃料、氢燃料等新型燃料的汽车。"

2007 年 5 月 23 日，《国务院关于印发节能减排综合性工作方案的通知》（国发〔2007〕15 号）中，强调积极推进能源结构调整。"抓紧开展生物柴油基础性研究和前期准备工作。推进煤炭直接和间接液化、煤基醇醚和烯烃代油大型台套示范工程和技术储备。"

2012 年 8 月 6 日，《国务院关于印发节能减排"十二五"规划的通知》（国发〔2012〕40 号）中，明确了节能减排"十二五"规划的指导思想，提出"推广使用天然气、煤制气、生物质成型燃料等清洁能源""推动柴油车尿素加注基础设施建设。"在节能减排重点工程中，提出节约和替代石油。"推广燃煤机组无油和微油点火、内燃机系统节能、玻璃窑炉全氧燃烧和富氧燃烧、炼油含氢尾气膜法回收等技术。开展交通运输节油技术改造，鼓励以洁净煤、石油焦、天然气替代燃料油。在有条件的城市公交客车、出租车、城际客货运输车辆等推广使用天然气和煤层气。因地制宜推广醇醚燃料、生物柴油等车用替代燃料。实施乘用车制造企业平均油耗管理制度。"

2013 年和 2014 年，工业和信息化部批复了山西、陕西、上海、贵州、甘肃为全国甲醇汽车试点省市。试点甲醇车辆运行平稳正常，最高车速、加速性能、爬坡性能均与设计指标相当，日常维护与其他车辆相当。

2014 年 5 月 15 日，《国务院办公厅关于印发 2014—2015 年节能减排低碳发展行动方案的通知》（国办发〔2014〕23 号）中，提出"加快建设节能减排降碳工程""加大机动车减排力度"。2014 年底前，在全国供应国四标准车用柴油，淘汰黄标车和老旧车 600 万辆。到 2015 年底，京津冀、长三角、珠三角等区域内重点城市全面供应国五标准车用汽油和柴油；全国淘汰 2005 年前注册营运的黄标车，基本淘汰京津冀、长三角、珠三角等区域内的 500 万辆黄标车。加强机动车环保管理，强化新生产车辆环保监管。加快柴油车车用尿素供应体系建设。

2022 年 3 月 18 日，贵州省发展和改革委员会联合多家单位发布《支持在全省推广应用甲醇汽车的若干政策措施》的通知中要求加快甲醇汽车制造体系建设、推进车用甲醇燃料生产及加注体系建设，推动甲醇汽车在出租车、网约车、驾驶培训和考试用车等领域推广应用，鼓励个人购买和使用甲醇汽车。

2023 年 5 月 17 日，山西省工业和信息化厅、山西省发展和改革委员会和山西省公安厅等多部门联合发布《关于加快推动全省甲醇汽车推广应用的若干措施》的通知中提到，要进一步发挥山西省资源禀赋条件和甲醇汽车运行经验优势，加快建设以重卡货运为主的甲醇汽车绿色交通体系建设，助力实现“双碳”目标。

2024 年 5 月 31 日，交通运输部等十三部门关于印发《交通运输大规模设备更新行动方案》的通知中明确指出要大力支持绿醇等燃料动力国际航行船舶发展，逐步扩大绿醇等能源在船舶领域的应用，保障绿醇等能源供应。

上述一系列文件的密集出台和明确要求，有效地支持了车用甲醇燃料的试验。中国石油和化学工业联合会醇醚燃料及醇醚清洁汽车专业委员会的成立、全国五个甲醇汽车试点省市的确定，“条块结合”“上下联动”，有力地推动了车用甲醇燃料的推广。

2017 年 9 月 13 日，国家发展改革委、国家能源局等十五部门联合印发《关于扩大生物燃料乙醇生产和推广使用车用乙醇汽油的实施方案》（下称《方案》）。《方案》提出到 2020 年，在全国范围内推广使用车用乙醇汽油，基本实现全覆盖，并将“以生物燃料乙醇为代表的生物能源”提高到了“国家战略性新兴产业”的地位，指出“车用乙醇汽油推广使用是国家战略性举措，也是复杂的系统工程”。此方案一出，各省的鼓励扶持政策接连出台，推广乙醇汽油的势头十分猛烈，然而两年之后，并未收获预期的效果。

2019 年，由于推广并不顺利，国家发展改革委、国家能源局于 2019 年底召开会议，将全国覆盖的乙醇汽油推广计划调整为“鼓励但不强制”。

2020 年，国家能源局发布《2020 年能源监管重点任务清单》中，乙醇汽油推广专项监管仍位列其中，监管内容包括安徽、江苏、山东等地乙醇汽油推广运行情况。

2022 年 1 月 9 日，河北省人民政府发布《河北省推广使用车用乙醇汽油暂行规定》，要求推广使用车用乙醇汽油应当遵循统一规划、封闭运行、全程服务、依法管理和方便群众的原则，实现环境效益、经济效益和社会效益的统一。

2024 年 1 月 19 日，江苏省能源监管办会同省发展改革委、省商务厅、省市场监督管理局建立乙醇汽油推广常态监管机制，加强乙醇汽油推广市场秩序常态化、长效化监管，以强有力监督促进行业健康发展。

从政策层面看，国家依旧在大力推广乙醇汽油，而从现实的角度出发，推广受到了很大的阻碍——乙醇汽油涨价过快。当前我国生物燃料乙醇产量中，87%的原料来源是玉米。可以看到，目前乙醇汽油对玉米、小麦、稻米等粮食作物的依赖非常大，我国人口众多，粮食安全的重要性不言而喻。乙醇汽油的生产和使用是能源问题，更是粮食问题。乙醇供给能力的不足阻滞了乙醇汽油的全国性推广。

从甲醇燃料和乙醇燃料的政策引导和市场反馈情况可以看出，政府出于保障能源安全和保护生态环境的战略需要制定实施了多项政策法规，以期达成含氧燃料的规模化替代与应用。但是，燃料的应用推广主要是以消费品产销的形式实现的，只有符合市场供给规律的政策引导才能“锦上添花”，实现对燃料推广与产业培育的促进作用。

发展具有可持续供应和安全保障的替代燃料，是我国由传统能源向新能源过渡的现实选择。经过行业多年坚持不懈的艰苦努力，通过大量试验和长期检验，甲醇燃料应用技术已经成熟并得到社会各界的肯定，有望将甲醇燃料应用领域进一步扩大，实现大范围的燃用推广。二甲醚燃料具有石油液化气和柴油的性质，燃烧效率高且清洁，随着安全使用知识的普及和技术的成熟，无论是用作城镇燃气，还是用作车用燃料都将具有巨大的应用前景。乙醇燃料的生产和使用是能源问题，更是粮食问题，加快非粮制乙醇的新技术成果转化和非粮制乙醇原料基地建设，全力解决原料供给的瓶颈问题是乙醇燃料健康发展的关键所在。

参考文献

[1] 欧彪. 燃料分层对乙醇/柴油双燃料发动机燃烧过程的影响 [D]. 武汉：华中科技大学，2018.

[2] 金超. 二甲醚对燃用甲烷-空气混合气发动机燃烧过程影响的可视化研究 [D]. 天津：天津大学，2017.

[3] 穆仕芳，宋灿，尚如静，等. 车用 M85 甲醇汽油理化性质实验研究与动力排放评价 [J]. 天然气化工，2018，43 (1)：111-114，120.

[4] 杨丹，白国福，彭芬，等. 车用 M85 甲醇烃类燃料的发动机性能试验研究 [J]. 新能源进展，2015，3 (5)：352-356.

[5] 朱建军，寇子明，王淑平，等. 纯甲醇发动机冷启动系统的研发 [J]. 汽车工程，2011，33 (4)：298-302.

[6] 吴君华，张光德. 改善二甲醚发动机燃油经济性的试验研究 [J]. 武汉科技大学学报（自然科学版），2016，39 (1)：58-61.

[7] Vancoillie J，Demuynck J，Sileghem L，et al. The potential of methanol as a fuel for flex-fuel and dedicated spark-ignition engines [J]. Applied Energy，2013，102：140-149.

[8] Verhelst S，Turner J W G，Sileghem L，et al. Methanol as a fuel for internal combustion engines [J]. Progress in Energy and Combustion Science，2019，70：43-88.

[9] 韩笑雪. 纯甲醇汽车常规及非常规排放特性研究 [D]. 北京：北京理工大学，2016.

[10] 韩伟强，李博仑，董超，等. 不同喷油定时乙醇/柴油 RCCI 低负荷燃烧与排放特性 [J]. 农业工程学报，2018，34 (20)：59-66.

[11] 吕兴才，张武高，杨剑光，等. 十六烷值改进剂对乙醇-柴油发动机放热率与排放的影响 [J]. 燃烧科学与技术，2005，11 (1)：56-61.

[12] 瞿国凡，姚春德，吴涛阳，等. 乙醇汽油与普通汽油非常规污染物排放特性对比研究 [J]. 环境科学学报，2020，40 (1)：111-118.

[13] 张强，王桂华，李国祥，等. 二甲醚发动机碳氢排放特性试验研究 [J]. 内燃机工程，2016，37 (3)：13-17，22.

[14] 汪文瑞，李东华，张李强，等. EGR 对二甲醚发动机非法规污染物排放特性影响的研究 [J]. 内燃机工程，2015，36 (3)：33-37.

[15] Knothe G，Sharp C A，Iii T W R. Exhaust emissions of biodiesel，petrodiesel，neat methyl esters，and alkanes in a new technology engine [J]. Energy & fuels，2006，20 (1)：403-408.

[16] 叶丽华. 生物柴油喷雾特性与 NO_x 排放控制的研究 [D]. 镇江：江苏大学，2011.

[17] 喻武，张志远，陈财森，等. 生物柴油/甲醇混合燃料发动机的性能和排放 [J]. 装甲兵工程学院学报，2015，29 (3)：47-54.

[18] 袁宝良，洪建海，孙呈祥，等. 甲醇发动机低温启动措施试验研究 [J]. 汽车技术，2017 (10)：12-17.

[19] 于晓洋. 车用甲醇汽油 M85 在电控汽油机上的应用研究 [D]. 成都：西华大学，2012.

[20] 黄震，金兆辉，姜北平，等. 稀燃条件下甲醇汽油发动机燃烧和排放特性的试验研究 [J]. 内燃机工程，2018，39 (2)：48-52.

[21] 王娜，王铁，冯星，等. 柴油机燃用甲醇/柴油混合燃料的参数优化 [J]. 小型内燃机与摩托车，2012，41 (1)：71-75.

[22] 宋金环，金先扬. 甲醇汽车与燃气汽车的性能对比研究 [J]. 中国化工贸易，2017，9 (22)：210-211，213.

[23] 黄震，乔信起，张武高，等. 二甲醚发动机与汽车研究 [J]. 内燃机学报，2008，26 (增)：115-125.

[24] 陆小明，葛蕴珊，吴思进. 生物柴油应用试验研究 [J]. 汽车技术，2006 (12)：31-33.

[25] 李臻，谢军雄，郭越岭. 我国车用甲醇燃料应用现状及发展前景 [J]. 天然气技术，2008 (1)：78-80，96.

[26] 刘钺，杜风光. 中国燃料乙醇发展面临的困难及建议 [J]. 酿酒科技，2018 (3)：129-135.

[27] 王永红，徐小红，刘泉山，等. 低碳醇汽油的研究 [C] //中国内燃机学会. 中国内燃机学会油品与清洁燃料分会成立大会暨第一届学术年会论文集，2007：267-273.
[28] Iwasita T. Electrocatalysis of methanol oxidation [J]. Electrochimica Acta，2002，47 (22-23)：3663-3674.
[29] 曹浩. 二甲醚的生产现状及市场分析 [J]. 河南化工，2009，26 (4)：1-3.
[30] Debe M K. Electrocatalyst approaches and challenges for automotive fuel cells [J]. Nature，2012，486 (7401)：43-51.
[31] Hamnett A. Mechanism and electrocatalysis in the direct methanol fuel cell [J]. Catalysis Today，1997，38 (4)：445-457.
[32] 王宝荣，林民，朱斌，等. 碳酸二甲酯的合成与应用研究进展 [J]. 低碳化学与化工，2014 (6)：90-96.
[33] 张根磊. 直接甲醇燃料电池阳极铂基电催化剂的研究 [D]. 天津：天津大学，2017.
[34] 蔡迎春，徐贤位. 甲醇水蒸气催化转化制氢研究进展 [J]. 分子催化，2000，14 (3)：235-240.
[35] 中华人民共和国农业部. 醇基民用燃料灶具：NY 312—1997 [S]. 北京：中国标准出版社，1997.